中国芳香植物资源
Aromatic Plant Resources in China
（第4卷）

王羽梅　主编

中国林业出版社

图书在版编目（CIP）数据

中国芳香植物资源：全6卷 ／ 王羽梅主编．--北京：中国林业
出版社，2020.9

ISBN 978-7-5219-0790-2

Ⅰ．①中… Ⅱ．①王… Ⅲ．①香料植物－植物资源－中国
Ⅳ．①Q949.97

中国版本图书馆CIP数据核字（2020）第174231号

《中国芳香植物资源》
编 委 会

主 编：王羽梅

副主编：任 飞 任安祥 叶华谷 易思荣

著 者：

王羽梅（韶关学院）

任安祥（韶关学院）

任 飞（韶关学院）

易思荣（重庆三峡医药高等专科学校）

叶华谷（中国科学院华南植物园）

邢福武（中国科学院华南植物园）

崔世茂（内蒙古农业大学）

薛 凯（北京荣之联科技股份有限公司）

宋 鼎（昆明理工大学）

王 斌（广州百彤文化传播有限公司）

张凤秋（辽宁锦州市林业草原保护中心）

刘 冰（中国科学院北京植物园）

杨得坡（中山大学）

罗开文（广西壮族自治区林业勘测设计院）

徐晔春（广东花卉杂志社有限公司）

于白音（韶关学院）

马丽霞（韶关学院）

任晓强（韶关学院）

潘春香（韶关学院）

肖艳辉（韶关学院）

何金明（韶关学院）

刘发光（韶关学院）

郑 珺（广州医科大学附属肿瘤医院）

庞玉新（广东药科大学）

陈振夏（中国热带农业科学院热带作物品种资源
　　　　研究所）

刘基男（云南大学）

朱鑫鑫（信阳师范学院）

叶育石（中国科学院华南植物园）

宛 涛（内蒙古农业大学）

宋 阳（内蒙古农业大学）

李策宏（四川省自然资源科学研究院峨眉山生物站）

朱 强（宁夏林业研究院股份有限公司）

卢元贤（清远市古朕茶油发展有限公司）

寿海洋（上海辰山植物园）

张孟耸（浙江省宁波市鄞州区纪委）

周厚高（仲恺农业工程学院）

杨桂娣（茂名市芳香农业生态科技有限公司）

叶喜阳（浙江农林大学）

郑悠雅（前海人寿广州总医院）

吴锦生〔中国医药大学（台湾）〕

张荣京（华南农业大学）

李忠宇（辽宁省凤城市林业和草原局）

高志恩（广州市昌缇国际贸易有限公司）

李钱鱼（广东建设职业技术学院）

代色平（广州市林业和园林科学研究院）

容建华（广西壮族自治区药用植物园）

段士明（中国科学院新疆生态与地理研究所）

刘与明（厦门市园林植物园）

陈恒彬（厦门市园林植物园）

邓双文（中国科学院华南植物园）

彭海平（广州唯英国际贸易有限公司）

董 上（伊春林业科学院）

徐 婕（云南耀奇农产品开发有限公司）

潘伯荣（中国科学院新疆生态与地理研究所）

李镇魁（华南农业大学）

王喜勇（中国科学院新疆生态与地理研究所）

第 4 卷目录

🌸 北马兜铃
Aristolochia contorta Bunge

马兜铃科　马兜铃属

别名：臭罐罐、臭铃铛、臭瓜蒌、茶叶包、吊挂篮子、马斗铃、铁扁担、河沟精、天仙藤、万丈龙、葫芦罐

分布：辽宁、吉林、黑龙江、内蒙古、河北、河南、山东、山西、甘肃、湖北

【形态特征】草质藤本，茎长达2 m以上，干后有纵槽纹。叶纸质，卵状心形或三角状心形，长3～13 cm，宽3～10 cm，顶端短尖或钝，基部心形，两侧裂片圆形，下垂或扩展，叶面绿色，叶背浅绿色，两面均无毛。总状花序有花2～8朵或有时仅一朵生于叶腋；小苞片卵形，具长柄；花被基部膨大呈球形，向上收狭呈一长管，绿色，管口扩大呈漏斗状；舌片卵状披针形，黄绿色，常具紫色纵脉和网纹。蒴果宽倒卵形或椭圆状倒卵形，长3～6.5 cm，直径2.5～4 cm，6棱，成熟时黄绿色，由基部向上6瓣开裂；种子三角状心形，灰褐色，扁平，具小疣点，具浅褐色膜质翅。花期5～7月，果期8～10月。

【生长习性】生于海拔500～1200 m的山坡灌丛、沟谷两旁以及林缘。喜气候较温暖，适于湿润、肥沃、腐殖质丰富的砂壤中。

【精油含量】水蒸气蒸馏根的得油率为1.68%，茎的得油率为1.22%，果实的得油率为0.05%～0.07%；同时蒸馏萃取果实的得油率为1.54%。

【芳香成分】根：刘应泉等（1994）用水蒸气蒸馏法提取的辽宁绥中产北马兜铃根精油的主要成分为：马兜铃酮（21.80%）、甲酸龙脑酯（10.23%）、龙脑（8.45%）、β-蒎烯（7.92%）、异马兜铃酮（7.37%）、乙酸龙脑酯（5.66%）、三环烯（2.01%）、莰烯（2.01%）、1,8-桉叶油素（1.44%）、龙脑烯（1.44%）、β-古芸烯（1.17%）、四去氢土木香烷（1.10%）、土青木香烯酮（1.05%）、α-蒎烯（1.02%）等。

茎：刘应泉等（1994）用水蒸气蒸馏法提取的辽宁绥中产北马兜铃茎精油的主要成分为：棕榈酸（30.42%）、植物醇（8.14%）、反-石竹烯（5.54%）、γ-杜松烯（3.83%）、9,12,15-亚麻酸（2.69%）、十七烷酸+亚油酸甲酯（2.69%）、酞酸丁二酯（2.69%）、顺-石竹烯（2.68%）、香芹酮（2.52%）、六

氢金合欢丙酮（2.42%）、羟基土青木香酸（2.24%）、十七烷（1.90%）、异橙花叔醇（1.80%）、土青木香烯（1.58%）、十二碳酸（1.46%）、棕榈酸甲酯（1.31%）、愈创䓛（1.21%）、土青木香烯醇（1.04%）、土青木香醇（1.04%）等。

果实：张翠英等（2004）用水蒸气蒸馏法提取的辽宁千山产北马兜铃干燥果实精油的主要成分为：石竹烯（30.59%）、氧化石竹烯（15.30%）、α-石竹烯（4.87%）、l-龙脑（4.05%）、橙花叔醇（2.71%）、异石竹烯（3.26%）、1,7,7-三甲基双环[2.2.1]庚-2-基-内酯丁酸（2.39%）、氧化异石竹烯（1.85%）、丙酸异龙脑酯（1.79%）、异香木兰烯环氧化物（1.76%）、4,4-二甲基-四环[6.3.2.0^{2.5}.0^{1,8}]十三烷-9-醇（1.61%）、十氢化萘（1.26%）、1-甲基-1-乙烯基-2,4-双-(1-甲基乙烯基)-环己烷（1.24%）、1,2,4a,5,6,8a-六氢-4,7-二甲基-1-(1-甲基乙基)-萘（1.10%）等。王慧娟等（2012）用同法分析的吉林产果实精油的主要成分为：4-蔻烯（9.74%）、β-石竹烯（9.65%）、1,5-二甲基-6-亚甲基-螺[2.4]戊烷（7.32%）、2-(3-甲基-1-丁烯)-二环[2.2.1]庚烷（5.88%）、2-正戊基呋喃（5.61%）、莰烯（3.37%）、氧化石竹烯（3.05%）、1,2,4a,5,6,7,8,8a-4a-甲基-2-萘胺（2.44%）、八氢-1,7a-二甲基-5-甲基乙基-1,2,4-甲桥-1H-茚（2.37%）、异香橙烯环氧化物（2.33%）、3,4-二乙基-1,1'-联苯（2.29%）、3-莰烯（2.26%）、顺-1,2-二甲基-环己烷（1.76%）、2-亚甲基-6,8,8-三甲基-三环[5.2.2.0^{1,6}]十一碳-3-醇（1.74%）、异喇叭烯（1.64%）、桉树醇（1.61%）、α-守醇（1.58%）、十氢-3a-甲基-6-亚甲基-1-甲基乙基-丁二环[1,2：3,4]双环戊烯（1.57%）、2-二甲基-环戊醇（1.52%）、α-石竹烯（1.46%）、孕甾-16-烯-20-酮（1.39%）、1-乙烯基-1-甲基-2-甲基乙烯基-4-甲基二乙烯基-环己烷（1.33%）、长叶烯（1.30%）、1-羟基-1,7-二甲基-4-异丙基-2,7-环癸二烯（1.26%）、甲酸异莰酯（1.18%）、珐珇烯（1.18%）、1,2,3-三甲基-4-丙烯基-萘（1.13%）、5-甲氧基-2,2,6-三甲基-1-(3-甲基丁炔基-1,3-二烯基)-7-氧杂双环[4.1.0]庚烷（1.11%）、1,2,4a,5,6,8a-4,7-二甲基-1-甲基乙基-六氢萘（1.09%）、1,7,7-三甲基二环[2.2.1]庚烷-2-醇甲酸酯（1.03%）等。

【利用】根、茎叶、果实药用，根称青木香，有小毒，具健胃、理气止痛之效，并有降血压作用；茎叶称天仙藤，有行气治血、止痛、利尿之效；果实称马兜铃，有清热降气、止咳平喘之效。

🌼 背蛇生

Aristolochia tuberosa C. F. Liang et S. M. Huang

马兜铃科　马兜铃属

别名：朱砂莲、毒蛇药、避蛇生、牛血莲、躲蛇生

分布：广西、云南、贵州、四川、湖北

【形态特征】草质藤本，全株无毛；块根呈不规则纺锤形，长达15 cm或更长，直径达8 cm，常2～3个相连，表皮有不规则皱纹；茎干后有纵槽纹。叶膜质，三角状心形，茎下部的叶常较大，长8～14 cm，宽5～11 cm，上部长渐尖，顶端钝，基部心形，两侧裂片圆形，叶面绿色，有时有白斑，叶背粉绿色。花单生或2～3朵聚生或排成短的总状花序，腋生或生于小枝基部叶腋部；小苞片卵形；基部膨大呈球形，向上急遽收狭成一长管，管口扩大呈漏斗状。蒴果倒卵形，长约3 cm，直径约2.5 cm，6棱；种子卵形，长约4 mm，宽约3 mm，背面平凸状，密被小疣点，腹面凹入。花期11月至翌年4月，果期6～10月。

【生长习性】生于海拔150～1600 m的石灰岩山上或山沟两旁灌丛中。

【芳香成分】郭瑛等（2009）用水蒸气蒸馏法提取的四川乐山产背蛇生根精油的主要成分为：亚油酸（32.70%）、十六碳酸（19.20%）、9-十八碳烯酰胺（5.80%）、2,4,5-三甲基-1,3-二氧戊环（5.00%）、邻苯二甲酸丁酯（4.70%）、对羟基苯甲醛（2.60%）、十六碳酰胺（2.20%）、乙酸（1.70%）、2,6-二特

丁基-4-羟基-4-甲基-2,5-环己二烯-1-酮（1.60%）、2,6-二特丁基-4-甲基苯酚（1.60%）、4-羟基-3-硝基苯甲醛（1.50%）、邻苯二甲酸异丁酯（1.30%）、2,6-特丁基苯醌（1.10%）、苯（1.00%）、十六碳酸甲酯（1.00%）等。

【利用】根供药用，有小毒，有消炎消肿、清热解毒、散血止痛之效，民间用其治疗胃炎、胃溃疡的疗效较佳。

🌼 川南马兜铃

Aristolochia austroszechuanica Chien et Cheng et Cheng Wu

马兜铃科　马兜铃属

别名：大叶青木香、宜宾防己

分布：湖北、四川、贵州

【形态特征】木质藤本，长达数米。地下块根圆而大，有的长而缢缩。茎密被锈色浓毛。叶片革质，心形或卵状心形，长9～20 cm，宽6～18 cm，先端钝或急尖，基部心形，边缘完整，脉上密布锈色毛，缘毛长而密。总状花序1～2枝腋生或侧生于老茎上，具花1～3朵；花被管黄绿色，外面被锈色毛，折曲呈S形，具紫色细点状疣突，管口周围有一平滑无疣点的肉垫区，黄棕色；雄蕊6，无花丝，合蕊柱近球状，柱头3裂，边缘外卷，覆盖于雄蕊之上。蒴果长卵状，长约5 cm，直径约2.5 cm，成熟时褐色，自顶端向下6瓣裂，外被锈色毛。种子三角状卵形，腹面微凹。花期3～4月，果熟期7～8月。

【生长习性】生于疏林下和山谷林中。

【精油含量】水蒸气蒸馏根的得油率为0.36%。

【芳香成分】刘应泉等（1994）用水蒸气蒸馏法提取的四川珙县产川南马兜铃根精油的主要成分为：油酸乙酯（18.90%）、马兜铃酮（5.48%）、四去氢土木香烷（4.28%）、二氢土木香烷（4.25%）、土青木香烯酮（2.76%）、β-古芸烯（2.52%）、龙脑（1.29%）等。

【利用】块根药用，有行气止痛、排脓解毒的功效，用于气滞脘腹胀痛、风湿关节痛、骨关节结核、毒蛇咬伤。

❀ 广防己

Aristolochia fangchi Y. C. Wu ex L. D. Chow et S. M. Hwang

马兜铃科　马兜铃属

别名：木防己、水防己、防己、藤防己、防己马兜铃

分布：广东、广西、贵州、云南

【形态特征】木质藤本，长达4 m；块根长圆柱形，长达15 cm或更长，直径3～7 cm，灰黄色或赭黄色；茎初直立，以后攀缓，基部具纵裂及增厚的木栓层。叶薄革质或纸质，长圆形或卵状长圆形，长6～16 cm，宽3～5.5 cm，顶端短尖或钝，基部圆形，稀心形，边全缘。花单生或3～4朵排成总状花序，生于老茎近基部；小苞片卵状披针形或钻形，密被长柔毛，花被管紫红色，外面密被褐色茸毛；檐部盘状，近圆形，暗紫色并有黄斑。蒴果圆柱形，长5～10 cm，直径3～5 cm，6棱；种子卵状三角形，背面平凸状，边缘稍隆起，腹面稍凹入、中间具隆起的种脊，褐色。花期3～5月，果期7～9月。

【生长习性】生于海拔500～1000 m山坡密林或灌木丛中。

【精油含量】水蒸气蒸馏根的得油率为1.62%。

【芳香成分】刘应泉等（1994）用水蒸气蒸馏法提取的广西宁明产广防己根精油的主要成分为：马兜铃酮（57.27%）、β-古芸烯（13.10%）、羟基土青木香酸（10.11%）、异马兜铃酮（1.72%）、1,2-土青木香烯（1.70%）、土青木香烯酮（1.45%）等。

【利用】块根药用，有祛风止痛、清热利水的功效，主治小便不利、湿热身痛、下肢水肿、风湿痹痛、高血压、蛇咬伤等。

❀ 马兜铃

Aristolochia debilis Sieb. et Zucc.

马兜铃科　马兜铃属

别名：青木香、水马香果、三角草、秋木香罐、兜铃根、独行根、一点气、天仙藤、蛇参果、三百银药、野木香根、定海根

分布：长江流域以南各地区及河南、山东等地

【形态特征】草质藤本；根圆柱形，外皮黄褐色；茎柔弱，暗紫色或绿色，有腐肉味。叶纸质，卵状三角形、长圆状卵形或戟形，长3～6 cm，宽1.5～3.5 cm，顶端钝圆或短渐尖，基部心形，两侧裂片圆形，两面无毛。花单生或2朵聚生于叶腋；

小苞片三角形，长2～3 mm，易脱落；花被长3～5.5 cm，基部膨大呈球形，与子房连接处具关节，向上收狭成一长管，管口扩大呈漏斗状，黄绿色，口部有紫斑。蒴果近球形，顶端圆形而微凹，长约6 cm，直径约4 cm，具6棱，成熟时黄绿色，由基部向上沿室间6瓣开裂；果梗常撕裂成6条；种子扁平，钝三角形，边缘具白色膜质宽翅。花期7～8月，果期9～10月。

【生长习性】生于海拔200～1500 m的山谷、沟边、路旁阴湿处及山坡灌丛中。喜冷凉湿润和半阴环境，耐寒、耐旱、稍耐阴，怕涝、怕强光，宜肥沃、疏松和排水良好的砂质壤土。

【精油含量】水蒸气蒸馏根的得油率为0.23%～1.50%；超临界萃取根的得油率为2.40%。

【芳香成分】邱琴等（2005）用水蒸气蒸馏法提取的山东沂源产马兜铃干燥根精油的主要成分为：马兜铃酮（43.92%）、马兜铃烯（6.50%）、β-古芸烯（5.60%）、脱氢-香橙烯（5.27%）、马兜铃烯环氧化物（2.98%）、5-甲基-3-(1-亚甲基乙基)-1,4-己二烯（2.61%）、4,5-脱氢-异长叶烯（2.33%）、樟脑（2.16%）、绿叶烯（2.01%）、橙花叔醇（1.62%）、马兜铃烯酮（1.49%）、马兜铃醇（1.42%）、亚油酸（1.40%）、马兜铃烯醇（1.33%）、异长叶烯酮（2.12%）等。

【利用】根、茎、果实药用，根称青木香，有行气止痛、解毒消肿的功效；茎称天仙藤，有理气、祛湿、活血止痛的功效；果实有清肺降气、止咳平喘、清肠消痔的功效，用于肺热喘咳，痰中带血，肠热痔血，痔疮肿痛。常在园林中成片种植，作地被植物，2017年10月27日，世界卫生组织国际癌症研究机

构在其公布的致癌物清单中将含马兜铃酸的植物列为一类致癌物，建议少种植或不种植。

🌸 山草果
Aristolochia delavayi Franch. var. *micrantha* W. W. Smith

马兜铃科　马兜铃属

别名： 山蔓草、小花山草果、山胡椒
分布： 云南、四川

【形态特征】柔弱草本，全株无毛，有浓烈辛辣气味；块根圆形，外表有不规则皱纹，暗褐色；茎近直立，细长，粉绿色，高30～60 cm。叶纸质，卵形，长2～8 cm，宽1.5～5 cm，顶端短尖或钝，基部心形而抱茎，边全缘，叶面绿色，叶背粉绿色，密布油点。花单生于叶腋；长2.5～3.5 cm，向上急遽收狭成圆筒形的长管，管口扩大呈漏斗状；子房圆柱形，6棱；合蕊柱粗厚，顶端6裂。蒴果近球形，直径1.2～1.5 cm，明显6棱，顶端圆而具凸尖，成熟时黄褐色，由基部向上沿室间6瓣开裂；种子卵状心形，长宽均约3 mm，背面凸起，暗褐色，密布乳头状突起小点，腹面凹入。花期8～10月，果期12月。

【生长习性】生于干热河谷草地上，常见于海拔1600～1900 m的燥热石灰岩河谷地带，土壤贫瘠、多砾石的红壤地带，年降水量为1400～1600 mm的地区。

【精油含量】水蒸气蒸馏干燥茎的得油率为0.10%，干燥叶的得油率为3.00%～4.00%，新鲜地上部分的得油率为1.10%，干燥地上部分的得油率为3.75%～4.17%。

【芳香成分】叶：孙汉董等（1987）用水蒸气蒸馏法提取的

云南产山草果叶精油的主要成分为：反式-十一烯醛（94.23%）、2-十二烯醛（1.21%）等。

全草：周铁生等（1995）用水蒸气蒸馏法提取的新鲜地上部分精油的主要成分为：反式-2-十一碳烯醛（52.46%）、广藿香烷（7.67%）、癸醇-2（6.54%）、癸醛（3.79%）、反式-2-十二碳烯醛（3.41%）、优香芹酮式A环-长叶蒎烯酮（3.00%）、顺式-4-癸烯醛（1.80%）、辛醛（1.60%）、2-己基-呋喃（1.50%）、顺式-2-十二碳烯醛（1.39%）、庚醛（1.29%）、反式-金合欢醇（1.19%）、芳樟醇（1.14%）等。

【利用】云南用叶作芳香健胃药。叶广泛用作食品香料，用于去除牛羊肉的腥味。

❀ 寻骨风

Aristolochia mollissima Hance

马兜铃科　马兜铃属

别名： 白毛藤、白面风、绵毛马兜铃、猫耳朵草、猴耳草、毛香、毛风草、清骨风、黄木香、穿地筋、烟袋锅

分布： 陕西、山西、山东、河南、安徽、湖北、贵州、湖南、江西、浙江、江苏

【形态特征】木质藤本；嫩枝密被灰白色长绵毛，老枝无毛，干后常有纵槽纹，暗褐色。叶纸质、卵形、卵状心形，长3.5～10 cm，宽2.5～8 cm，顶端钝圆至短尖，基部心形，基部两侧裂片广展，边全缘，叶面被糙伏毛，叶背密被长绵毛。花单生于叶腋；小苞片卵形或长卵形；花被管中部急遽弯曲，外面密生白色长绵毛；檐部盘状，圆形，浅黄色，并有紫色网纹，外面密生白色长绵毛。蒴果长圆状或椭圆状倒卵形，长3～5 m，直径1.5～2 cm，具6条呈波状或扭曲的棱或翅，暗褐色，成熟时自顶端向下6瓣开裂；种子卵状三角形，具皱纹和隆起的边缘，腹面凹入，中间具膜质种脊。花期4～6月，果期8～10月。

【生长习性】生于海拔100～850 m的山坡、草丛、沟边和路旁等处。

【精油含量】水蒸气蒸馏干燥根茎的得油率为0.05%，地上部的得油率为0.20%。

【芳香成分】赵辉等（2004）用水蒸气蒸馏法提取的安徽曹村产寻骨风干燥根茎精油的主要成分为：罗勒烯（18.57%）、

莰醇（12.55%）、1,7,7-三甲基-甲酸-桥二环-[2.2.1]-2-庚醇（5.81%）、(-)-匙叶桉油烯醇（5.29%）、6-丁基-1,2,3,4-四氢-萘烯（4.27%）、1,7,7-三甲基-二环[2.2.1]-乙酸-2-庚酯（2.76%）、1,5,9-三甲基-1,5,9-环十二碳烯（2.42%）、莰烯（2.18%）、1a,2,3,4,4a,5,6,7b-八氢-1,1,4,7-四甲基-[1aR-(1α,4α,4aβ,7bα)]-1H-环丙基-[e]-奠烯（2.03%）、4-乙烯基-1,4-二甲基-环己烯（1.76%）、十氢-1,1,7-三甲基-4-亚甲基-[1aR-(1aα,4aβ,7a,7aβ,7bα)]-1H-环丙基-[e]-奠烯（1.74%）、3-氨基-6-甲基-6,7-二氢-9H-5-氧杂-9-氮杂苯并环己烯-8-酮（1.72%）、新异长叶烯（1.61%）、1,5,5-三甲基-6-亚甲基-环己烷（1.28%）、1,2,3,5,6,7,8,8a-八氢-1,8a-二甲基-7-(1-甲基乙烯基)-[1S-(1α,7α,8aα)]-萘烯（1.20%）、桉叶油素（1.05%）等。

【利用】全株药用，有祛风除湿、活血通络、止痛的功能，治疗风湿痹痛、肢体麻木、筋骨拘挛、脘腹疼痛、跌打伤痛、外伤出血、乳痈及多种化脓性感染、腹痛、疟疾。

❀ 马蹄香

Saruma henryi Oliv.

马兜铃科　马蹄香属

别名： 狗肉香、高脚细辛、假地豆、金钱草、冷水丹、马头细辛、铜钱草、山地豆、月姑草、老虎耳、落地金钱

分布： 云南、江西、湖北、河南、陕西、甘肃、四川、贵州等地

【形态特征】多年生直立草本，茎高50～100 cm，被灰棕色短柔毛，根状茎粗壮，直径约5 mm。叶心形，长6～15 cm，顶端短渐尖，基部心形，两面和边缘均被柔毛；叶柄长3～12 cm，被毛。花单生，花梗长2～5.5 cm，被毛；萼片心形，长约10 mm，宽约7 mm；花瓣黄绿色，肾心形，长约10 mm，宽约8 mm，基部耳状心形，有爪；雄蕊与花柱近等高，花药长圆形，药隔不伸出；心皮大部离生，花柱不明显，柱头细小，胚珠多数，着生于心皮腹缝线上。蒴果蓇葖状，长约9 mm，成熟时沿腹缝线开裂。种子三角状倒锥形，长约3 mm，背面有细密横纹。花期4～7月。

【生长习性】生于海拔600～1600 m山谷林下和沟边草丛中。

【精油含量】水蒸气蒸馏新鲜全草的得油率为0.25%。

【芳香成分】王嘉琳等（1994）用水蒸气蒸馏法提取的湖

北神农架产马蹄香新鲜全草精油的主要成分为：对-聚伞花素（16.64%）、龙脑烯（9.06%）、莰烯（7.47%）、香叶烯（6.28%）、δ-3-蒈烯（4.56%）、龙脑（4.38%）、γ-松油烯（4.19%）、柠檬烯（3.73%）、1,8-桉叶油素（3.07%）、α-蒎烯（2.77%）、γ-榄香烯（2.50%）、β-榄香烯（2.14%）、香荆芥酚甲醚（1.82%）、α-松油醇（1.81%）、β-广藿香烯（1.78%）、β-反式-罗勒烯（1.65%）、乙酸龙脑酯（1.38%）、百里香酚甲醚（1.36%）、α-水芹烯（1.17%）、乙酸松油醇酯（1.07%）等。

【利用】根状茎和根入药，治胃寒痛、关节疼痛；鲜叶外用治疮疡。本药物含烈性致癌物马兜铃酸，亦可致急性肾衰竭和慢性马兜铃肾炎，强烈建议不要药用及作其他用途。

❀ 长茎金耳环

Asarum longirhizomatosum C. F. Ling et C. S. Yang

马兜铃科　细辛属

别名：金耳环、一块瓦

分布：广西

【形态特征】多年生草本；根状茎细长。叶1~2片，叶片长方状卵形或卵状椭圆形，长8~14cm，宽5~8cm，先端渐尖，基部耳形或近截形，两侧裂片略成三角形，顶端圆形，叶面具散生短毛，脉和近边缘较密，叶背无毛；叶柄长10~18cm，无毛；芽苞叶通常窄卵形，长10~15mm，宽约5mm，两面无毛，近边缘有睫毛。每花枝常具一花，淡紫绿色，直径约3cm；花被管圆筒状，长约1.5cm，直径约1cm，喉部

缢缩，膜环宽约2mm，内壁有纵行脊皱，花被裂片宽卵形，顶部和边缘淡紫绿色，中部紫色，近喉部有乳突皱褶区；药隔伸出，舌状；子房半下位，花柱6，顶端2裂，柱头侧生。花期7~12月。

【生长习性】生于海拔200m的林间空地，或岩边阴湿地。

【精油含量】水蒸气蒸馏干燥全草的得油率为0.50%~1.67%。

【芳香成分】水蒸气蒸馏法提取的不同产地的长茎金耳环全草精油的主成分不同，徐植灵等（1986）分析的广西上林产全草精油的主要成分为：黄樟醚（24.05%）、反式-β-金合欢烯（13.56%）、2,4,5-三甲氧基丙烯基苯（8.99%）、甲基丁香酚（8.97%）、芳樟醇（8.18%）、龙脑（4.86%）、乙酸龙脑酯（2.95%）、三甲氧基苯丙烯（Ⅰ）（2.43%）、β-古芸烯（1.84%）、β-蒎烯（1.60%）、2-佛手柑油烯（1.52%）、异甲基丁香酚（1.10%）、三甲氧基苯丙烯（Ⅱ）（1.02%）等；杨广民等（1986）分析的湖南桑植产干燥全草精油的主要成分为：1,8-桉叶油素（18.12%）、反式细辛醚（17.93%）、肉豆蔻醚（14.88%）、甲基丁香酚（9.69%）、金合欢醇（8.81%）、榄香素（6.82%）、3,5-二甲氧基甲苯（4.00%）、表樟脑（3.32%）、莰烯（3.17%）、β-蒎烯（2.83%）、β-甜没药烯（1.97%）、2,5-双特丁基噁酚（1.78%）、α-蒎烯（1.47%）、草蒿脑+侧柏醇异构体（1.20%）等。

【利用】全草入药，有温经散寒、祛痰止咳、散瘀消肿、行气止痛的功效，主治风寒咳嗽、风寒感冒、慢性支气管炎、哮喘、慢性胃炎、风寒痹痛、龋齿痛、跌打损伤、毒蛇咬伤。

❀ 长毛细辛

Asarum pulchellum Hemsl.

马兜铃科　细辛属

别名：白毛细辛、毛乌金、牛毛细辛

分布：安徽、江西、湖北、四川、贵州、云南

【形态特征】多年生草本，全株密生白色长柔毛（干后变黑棕色）；根状茎长可达50cm，地上茎长3~7cm，多分枝。叶对生，1~2对，叶片卵状心形或阔卵形，长5~8cm，宽5~9.5cm，先端急尖或渐尖，基部心形，两侧裂片长1~2.5cm，宽2~3cm，顶端圆形；叶柄长10~22cm，有长柔毛；芽苞叶卵形，长1.5~2cm，宽约1cm。花紫绿色；花被裂片卵形，长约10mm，宽约7mm，紫色，先端黄白色，上部反折；雄蕊与花柱近等长，药隔短舌状；子房具6棱；花柱合生，顶端辐射6裂，柱头顶生。果近球状，直径约1.5cm。花期4~5月。

【生长习性】生于海拔700～1700m的林下腐殖土中。

【精油含量】水蒸气蒸馏干燥全草的得油率为0.60%。

【芳香成分】徐植灵等（1986）用水蒸气蒸馏法提取的四川峨眉产长毛细辛干燥全草精油的主要成分为：十一酮-2（52.18%）、十三酮-2（9.89%）、四甲氧基苯丙烯（6.29%）、榄香脂素（4.49%）、细辛醚（1.19%）等。

【利用】全草入药，有祛风湿、镇痛、疗伤的功效，用于去湿、顺气、止痛。

❀ 川北细辛
Asarum chinense Franch.

马兜铃科　细辛属

别名: 中国细辛

分布: 湖北、四川

【形态特征】多年生草本；根状茎细长横走，直径约1mm。叶片椭圆形或卵形，稀心形，长3～7cm，宽2.5～6cm，先端渐尖，基部耳状心形，两侧裂片长1.5～2cm，宽1.5～2.5cm，叶面绿色，或叶脉周围白色，形成白色网纹，稀中脉两旁有白色云斑，疏被短毛，叶背浅绿色或紫红色；芽苞叶卵形，边缘有睫毛。花紫色或紫绿色；花被管球状或卵球状，长约8mm，径约1cm，喉部缢缩并逐渐扩展成一短颈，膜环宽约1mm，内壁有格状网眼，花被裂片宽卵形，长和宽各约1cm，基部有密生细乳突排列成半圆形；花丝极短，药隔不伸出或稍伸出；花柱离生，柱头着生花柱顶端，稀顶端浅内凹，柱头近侧生。花期4～5月。

【生长习性】生于海拔1300～1500m的林下或山谷阴湿地。

【精油含量】水蒸气蒸馏干燥带根全株的得油率为0.90%，干燥全草的得油率为2.67%。

【芳香成分】徐植灵等（1986）用水蒸气蒸馏法提取的四川城口产川北细辛全草精油的主要成分为：细辛醚（24.90%）、3,5-二甲氧基甲苯（14.53%）、龙脑（13.51%）、2,3,5-三甲氧基甲苯（12.64%）、肉豆蔻醚（7.15%）、黄樟醚（5.35%）、甲基丁香酚（3.93%）、榄香脂素（3.15%）、2-异丙基-5-甲基茴香醚（2.17%）、反式-丁香烯（1.12%）等。

【利用】民间全草药用，具散寒止痛、祛痰止咳的功效，用于治疗头痛、胃痛、肠炎等症。

❀ 川滇细辛
Asarum delavayi Franch.

马兜铃科　细辛属

别名: 牛蹄细辛

分布: 广东、广西、四川、云南、贵州

【形态特征】多年生草本，植株粗壮；根状茎横走，根稍肉质。叶片长卵形、阔卵形或近戟形，长7～12cm，宽6～11cm，

先端通常长渐尖，基部耳形或耳状心形，两侧裂片通常外展，有时互相接近或覆盖，叶面深绿色或具白色云斑，稀叶脉周围白色并成白色脉网，叶背浅绿色，偶为紫红色，有光泽；叶柄长可达21 cm；芽苞叶长卵形或卵形，长1～3 cm，宽8～10 mm，边缘有睫毛。花大，紫绿色，直径4～6 cm；花被管圆筒状，向上逐渐扩展，喉部缢缩，膜环宽约2 mm，内壁有格状网眼，花被裂片阔卵形，基部有乳突状皱褶区；药隔伸出，宽卵形或锥尖；花柱6，离生，顶端2裂，柱头侧生。花期4～6月。

【生长习性】生于海拔800～1600 m的林下阴湿岩坡上。

【精油含量】水蒸气蒸馏干燥全草的得油率为1.40%。

【芳香成分】杨春澍等（1986）用水蒸气蒸馏法提取的四川峨眉产川滇细辛干燥全草精油的主要成分为：细辛醚（24.28%）、肉豆蔻醚（17.83%）、黄樟醚（15.03%）、龙脑＋萜品烯-4-醇＋樟脑（10.05%）、3,5-二甲氧基甲苯（6.95%）、1,8-桉叶油素＋对-聚伞花素（4.61%）、2,3,5-三甲氧基甲苯＋3,4,5-三甲氧基甲苯（2.10%）、β-蒎烯（1.80%）、莰烯（1.38%）、甲基丁香酚（1.36%）、α-蒎烯（1.35%）、榄香脂素（1.33%）、β-古芸烯（1.25%）、乙酸龙脑酯（1.21%）等。

【利用】全草在四川峨眉、乐山等地作土细辛入药，又作兽药。

❀ 大叶马蹄香
Asarum maximum Hemsl.

马兜铃科　细辛属

别名：大花细辛、花脸细辛、花叶细辛、翻天印、马蹄细辛

分布：湖北、四川

【形态特征】多年生草本，植株粗壮；根状茎匍匐，长可达7 cm，根稍肉质。叶片长卵形、阔卵形或近戟形，长6～13 cm，宽7～15 cm，先端急尖，基部心形，两侧裂片长3～7 cm，宽3.5～6 cm，叶面深绿色，偶有白色云斑，叶背浅绿色；芽苞叶卵形，边缘密生睫毛。花紫黑色，直径4～6 cm；花被管钟状，在与花柱等高处向外膨胀形成一带状环突，喉部不缢缩或稍缢缩，无膜环或仅有膜环状的横向间断的皱褶，内壁具纵行脊状皱褶，花被裂片宽卵形，中部以下有半圆状污白色斑块，干后淡棕色，向下具有数行横列的乳突状皱褶；药隔伸出，钝尖；花柱6，顶端2裂，柱头侧生。花期4～5月。

【生长习性】生于海拔600～800 m的林下腐殖土中。

【精油含量】水蒸气蒸馏根的得油率为1.40%，全草的得油率为0.40%～2.30%。

【芳香成分】徐植灵等（1986）用水蒸气蒸馏法提取的

湖北宜昌产大叶马蹄香干燥全草精油的主要成分为：榄香脂素（21.26%）、三甲氧基苯丙烯（Ⅰ）(11.86%)、异榄香脂素（11.68%）、龙脑（10.31%）、2,4,5-三甲氧基丙烯基苯（9.97%）、荜草烯（8.40%）、3,5-二甲氧基甲苯（7.61%）、甲基丁香酚（3.58%）、2,3,5-三甲氧基甲苯（3.53%）、β-古芸烯（1.96%）、反式-β-金合欢烯（1.76%）、反式-丁香烯（1.49%）、细辛醚（1.18%）、肉豆蔻醚（1.18%）等。

【利用】带根全草入药，用于治疗风寒感冒、头痛、咳喘、风湿痛和跌打损伤等。

单叶细辛

Asarum himalaicum Hook. f. et Thoms. ex Klotzsch.

马兜铃科 细辛属
别名：水细辛、土癞蜘蛛香、盆草细辛、毛细辛、西南细辛
分布：湖北、四川、贵州、云南、西藏、甘肃、宁夏、陕西

【形态特征】多年生草本；根状茎细长，有多条纤维根。叶互生，疏离，叶片心形或圆心形，长4～8 cm，宽6.5～11 cm，先端渐尖或短渐尖，基部心形，两侧裂片长2～4 cm，宽2.5～5 cm，顶端圆形，两面散生柔毛；叶柄长10～25 cm，有毛；芽苞叶卵圆形，长5～10 mm，宽约5 mm。花深紫红色；花梗细长，长3～7 cm，有毛，毛渐脱落；花被在子房以上有短管，裂片长圆卵形，长和宽均约7 mm，上部外折，外折部分三角形，深紫色；雄蕊与花柱等长或稍长，花丝比花药长约2倍，药隔伸出，短锥形；子房半下位，具6棱，花柱合生，顶端辐射状6裂，柱头顶生。果近球状，直径约1.2 cm。花期4～6月。

【生长习性】生于海拔1300～3100 m的溪边林下阴湿地。

【精油含量】水蒸气蒸馏带根或不带根全草的得油率为0.40%～1.46%，干燥根的得油率为0.60%～0.80%。

【芳香成分】根（根茎）：王冰冰等（2014）用水蒸气蒸馏法提取的陕西宁强产单叶细辛干燥根及根茎精油的主要成分为：榄香素（42.23%）、广藿香醇（27.42%）、β-蒎烯（4.20%）、水菖蒲烯（3.42%）、香桧烯（3.37%）、蓝桉醇（1.89%）、荜澄茄烯（1.45%）、瓦伦烯（1.34%）、1,2,3,3a,4,5,6,7-八氢-a,a,3,8-四甲基-5-薁甲醇（1.07%）、γ-绿叶烯（1.02%）等；陕西西安产单叶细辛干燥根及根茎精油的主要成分为：广藿香醇（51.95%）、榄香素（13.11%）、β-蒎烯（3.98%）、

1,2,3,3a,4,5,6,7-八氢-a,a,3,8-四甲基-5-薁甲醇（3.16%）、香桧烯（2.27%）、水菖蒲烯（2.10%）、麝香草酚（1.82%）、瓦伦烯（1.46%）、蓝桉醇（1.36%）、细辛醚（1.07%）等。陈蓓等（2010）用固相微萃取法提取的陕西宁强产单叶细辛阴干根精油的主要成分为：醋酸冰片酯（17.92%）、1-(1,4-二甲基-3-环己烯-1-基)乙酮（14.16%）、羟甲雄二烯酮（9.81%）、马兜铃烯（8.74%）、丁香酚（8.29%）、1,3,3-三甲基-三环[2.2.1.0^{2,6}]庚烷（6.19%）、香橙烯（3.69%）、莰烯（3.25%）、β-蒎烯（3.16%）、对-聚伞花素（2.37%）、γ-芹子烯（2.23%）、桧萜醇（2.10%）、蒲勒酮（1.71%）、1,2,3,4,5,6,7,8-八氢-1,4-二甲基-7-(1-丙烯基)-甘菊蓝（1.45%）、柠檬精油（1.22%）、顺式-3-十四烯（1.08%）、1,3,4-三甲基-3-环己烯甲醛（1.00%）等。

茎：陈蓓等（2010）用固相微萃取法提取的陕西宁强产单叶细辛阴干茎精油的主要成分为：1-(1,4-二甲基-3-环己烯-1-基)乙酮（14.24%）、羟甲雄二烯酮（6.58%）、蒲勒酮（4.01%）、丁香酚（3.92%）、α-蒎烯（3.65%）、α-荜澄茄油萜（3.25%）、香橙烯（2.78%）、环氧异长叶烯（2.75%）、β-蒎烯（2.54%）、桉叶醇（2.48%）、莰烯（2.40%）、1,3-二甲基金刚烷（2.10%）、顺式-3-十四烯（1.98%）、γ-芹子烯（1.84%）、里哪醇（1.84%）、2,2,3-三甲基-3-环戊烯-1-乙醛（1.84%）、石竹烯（1.74%）、对-聚伞花素（1.69%）、柠檬精油（1.58%）、桃金娘烯醛（1.56%）、T-杜松醇（1.50%）、4,6,6-三甲基-(1S)-(1α,2α,5α)-二环[3,1,1]庚-3-烯-2-醇（1.40%）、马鞭草烯醇（1.40%）、2-甲基-5-(2-丙烯基)-2-环己烯-1-醇乙酸酯（1.34%）、6,6-二甲基-2-亚甲基-(1S)-(1α,3α,5α)-二环[3.1.1]庚烷-3-醇（1.01%）等。

叶：陈蓓等（2010）用固相微萃取法提取的陕西宁强产单叶细辛阴干叶精油的主要成分为：γ-芹子烯（17.26%）、醋酸冰片酯（13.94%）、甲基丁香酚（6.32%）、肉豆蔻醚（5.15%）、1-(1,4-二甲基-3-环己烯-1-基)乙酮（3.59%）、对-聚伞花素（2.72%）、α-荜澄茄油萜（2.05%）、丁香酚（2.05%）、2,4-二甲基正己烷（1.77%）、3-崖柏烯（1.76%）、石竹烯（1.65%）、β-蒎烯（1.42%）、长龙脑（1.37%）、冬绿油（1.30%）、3-甲基-3-丁烯-2-酮（1.19%）、4-甲基-1-(1-异丙基)环己烯（1.11%）、反式-β-金合欢烯（1.07%）、斯巴醇（1.04%）、反式-3R-4-乙烯基-4-甲基-3-(1-异丙基)-1-(1-异丙基)-环己烯（1.03%）、里哪醇（1.02%）、莰烯（1.01%）等。

全草：杨春澍等（1986）用水蒸气蒸馏法提取的四川南坪产单叶细辛干燥全草精油的主要成分为：乙酸龙脑酯（29.30%）、龙脑（9.60%）、榄香脂素（5.66%）、2-异丙基-5-甲基茴香醚（5.29%）、芳樟醇（2.62%）、乙酸松油醇酯（2.50%）、β-古芸烯（2.37%）、二氢白菖考烯（2.16%）、甲基丁香酚（1.59%）、胡椒烯＋3,5-二甲氧基甲苯（1.00%）等。

【利用】全草在西南地区和陕西作细辛入药，有解表散寒、镇咳止痛的功效，治风寒湿气、外感头痛。根状茎可提芳香油。

地花细辛
Asarum geophilum Hemsl.

马兜铃科　细辛属
别名： 大块瓦、铺地细辛
分布： 广东、广西、贵州

【形态特征】多年生草本，全株散生柔毛。叶卵状心形或宽卵形，长5～10 cm，宽5.5～12.5 cm，先端钝或急尖，基部心形，两侧裂片长1～3 cm，宽2～6 cm；芽苞叶卵形或长卵形，长约8 mm，宽4 mm，密生柔毛。花紫色；花被与子房合生部分球状或卵状，花被管短，中部以上与花柱等高处有窄的凸环，花被裂片卵圆形，浅绿色，表面密生紫色点状毛丛，边缘金黄色（干后紫色），两面有毛；雄蕊花丝比花药稍短，药隔伸出，锥尖或舌状；子房下位，具6棱，被毛，花柱合生，短于雄蕊，顶端6裂，柱头顶生，向外下延成线形。果卵状，棕黄色，直径约12 mm，具宿存花被。花期4～6月。

【生长习性】生于海拔250～700 m的密林下或山谷湿地。
【精油含量】水蒸气蒸馏干燥全草的得油率为0.10%。
【芳香成分】杨春澍等（1986）用水蒸气蒸馏法提取的贵州罗甸产地花细辛干燥全草精油的主要成分为：莨草烯（4.95%）、2,4,5-三甲氧基丙烯基苯（4.20%）、反式-丁香烯（4.14%）、黄樟醚＋β-榄香烯（4.12%）、榄香脂素（3.99%）、γ-榄香烯（2.98%）、细辛醚（2.27%）、β-古芸烯（2.05%）、萘（1.41%）、α-古芸烯（1.29%）、β-蒎烯（1.18%）等。

【利用】根入药，有疏散风寒、宣肺止咳的功效，用于感冒风寒、鼻塞流涕、咳嗽、哮喘、风湿痹痛、毒蛇咬伤。根状茎和根或全草在贵州部分地区作土细辛用，在广西多作兽药。

杜衡
Asarum forbesii Maxim.

马兜铃科　细辛属
别名： 南细辛、苦叶细辛、杜葵、马辛、马细辛、马蹄细辛、马蹄香、双龙麻消、土细辛、钹儿草、泥里花、土里开花
分布： 江苏、安徽、浙江、江西、湖南、湖北、河南、四川

【形态特征】多年生草本；根状茎短，根丛生，稍肉质。叶片阔心形至肾心形，长和宽各为3～8 cm，先端钝或圆，基部心形，两侧裂片长1～3 cm，宽1.5～3.5 cm，叶面深绿色，中脉两旁有白色云斑，脉上及其近边缘有短毛，叶背浅绿色；芽苞叶肾心形或倒卵形，长和宽各约1 cm，边缘有睫毛。花暗紫色；花被管钟状或圆筒状，长1～1.5 cm，直径8～10 mm，喉部不缢缩，喉孔直径4～6 mm，膜环极窄，内壁具明显格状网眼，花被裂片直立，卵形，平滑，无乳突皱褶；药隔稍伸出；子房半下位，花柱离生，顶端2浅裂，柱头卵状，侧生。花期4～5月。

【生长习性】生于海拔800 m以下的林下沟边阴湿地。喜温暖湿润和半阴环境，怕寒冷和干燥，以肥沃、疏松和排水良好的腐叶土为宜。

【精油含量】水蒸气蒸馏全草的得油率为2.40%～2.60%；超临界萃取根的得油率为4.76%～4.83%。

【芳香成分】根：潘艺等（2008）用超临界CO_2萃取法提取的安徽亳州产杜衡干燥根精油的主要成分为：1,2-邻苯二酸二异辛酸二酯（20.47%）、丁香酚甲醚（15.37%）、油酸（13.21%）、亚油酸（12.53%）、榄香素（11.05）、十六碳酸（7.59%）、十八碳酸（4.36%）、十五烷（2.51%）、细辛脑（2.44%）、肉豆蔻醚（1.03%）等。

全草：张峰等（2004）用水蒸气蒸馏法提取的湖南产杜

衡全草精油的主要成分为：α-细辛脑（58.80%）、甲基丁香酚（10.30%）、细辛醚（9.10%）、异榄香脂素（6.30%）、甲基异丁香酚（2.30%）、3,4,5-三甲氧基甲苯（1.90%）等。王乃馨等（2010）用超声辅助法提取的杜衡干燥全草精油的主要成分为：甲基丁香酚（30.97%）、榄香素（19.58%）、细辛脂素（9.95%）、2-氰基-3-(2-二噻吩基)-丙烯硫羰胺（6.90%）、3-甲氧基-4-三甲基硅氧基-苯甲醚（3.08%）、棕榈酸（2.70%）、肉豆蔻醚（2.68%）、卡巴胆碱（2.43%）、3,4,5-三甲氧基甲苯（2.28%）、2-叔丁基对甲苯酚（2.24%）、十五烷（1.29%）、β-细辛脑（1.26%）等。

【利用】全草入药。有散风逐寒、消痰行水、活血、平喘、镇痛的功效，治风寒感冒、痰饮喘咳、水肿、风湿、跌打损伤、头疼、龋齿痛、痧气腹痛。江苏地区作细辛入药，根和地下茎为发汗祛痰药，治感冒、头痛等症。

🌸 短尾细辛
Asarum caudigerellum C. Y. Cheng et C. S. Yang

马兜铃科　细辛属
别名：接气草
分布：湖北、四川、贵州、云南

【形态特征】多年生草本，高20～30 cm；根状茎横走；地上茎长2～5 cm，斜升。叶对生，叶片心形，长3～7 cm，宽4～10 cm，先端渐尖或长渐尖，基部心形，两侧裂片长1～3 cm，宽2～4 cm，叶面深绿色，散生柔毛，脉上较密，叶背仅脉上有毛，叶缘两侧在中部常向内弯；芽苞叶阔卵形，长约2 cm，宽1～1.5 cm。花被在子房以上合生成直径约1 cm的短管，裂片三角状卵形，被长柔毛，先端常具短尖尾，通常向内弯曲；雄蕊长于花柱，花丝比花药稍长，药隔伸出成尖舌状；子房下位，近球状，有6纵棱，被长柔毛，花柱合生，顶端辐射状6裂。果肉质，近球状，直径约1.5 cm。花期4～5月。

【生长习性】生于海拔1600～2100 m的林下阴湿地或水边岩石上。

【精油含量】水蒸气蒸馏全草或带根全株的得油率为0.80%～1.20%。

【芳香成分】杨大峰等（1997）用水蒸气蒸馏法提取的四川峨眉产野生短尾细辛全草精油的主要成分为：β-蒎烯（16.11%）、榄香脂素（13.19%）、甲基丁香酚（12.81%）、1,8-

桉叶油素（12.48%）、α-松油醇（4.36%）、桃金娘醇（4.32%）、6,6-二甲基-2-甲撑-二环[3,3,1]庚烷-3-酮（3.83%）、α-蒎烯（3.58%）、黄樟醚（3.14%）、萜品烯醇-4（2.25%）等。

【利用】全草在四川西南部入药，有散寒、镇咳止痛、祛痰的功能。

🌸 福建细辛
Asarum fukienense C. Y. Cheng et C. S. Yang

马兜铃科　细辛属
别名：土里开花、薯叶细辛、马脚蹄
分布：安徽、浙江、江西、福建

【形态特征】多年生草本；根状茎短，根肉质。叶片近革质，三角状卵形或长卵形，长4.5～10 cm，宽4～7 cm，先端急尖或短尖，基部耳状心形，两侧裂片长2～3 cm，宽1.5～3.5 cm，叶面深绿色，偶有白色云斑，仅沿中脉散生短毛，叶背密生黄棕色柔毛；芽苞叶卵形，长约10 mm，宽5 mm，背面和边缘密生柔毛。花绿紫色；花被管圆筒状，外面被黄色柔毛，喉部不缢缩或稍缢缩，无膜环，花被裂片阔卵形，开花时两侧反折，中部至基部有一半圆形淡黄色垫状斑块；药隔伸出，锥尖；子房下位，具6棱，花柱离生，顶端不裂，柱头卵状，顶生或近顶生。果卵球状，直径7～17 mm，具宿存花被。花期4～11月。

【生长习性】生于海拔300～1000 m的山谷林下阴湿地。

【精油含量】水蒸气蒸馏干燥全草的得油率为1.10%。

【芳香成分】杨春澍等（1986）用水蒸气蒸馏法提取的安徽休宁产福建细辛干燥全草精油的主要成分为：龙脑（23.99%）、甲基丁香酚＋2,3,5-三甲氧基甲苯＋3,4,5-三甲氧基甲苯（12.59%）、3,5-二甲氧基甲苯（8.89%）、乙酸龙脑酯（7.08%）、榄香脂素（6.48%）、橙花叔醇（3.49%）、肉豆蔻醚（3.44%）、异丁酸-β-苯乙酯（2.83%）、α-羟基-对-聚伞花素（2.17%）、葎草烯（1.92%）、α-松油醇（1.64%）、1,8-桉叶油素＋对-聚伞花素（1.62%）、黄樟醚（1.30%）、二氢白菖考烯（1.29%）、芳樟醇（1.23%）、四甲氧基苯丙烯（1.16%）等。

【利用】全草在江西、安徽部分地区入药。

❀ 红金耳环

Asarum petelotii O. C. Schmidt

马兜铃科　细辛属

别名：金耳环

分布：云南

【形态特征】多年生草本，植株粗壮；根状茎横走。叶大，叶片长卵形、三角状卵形或窄卵形，长13～21 cm，宽6.5～13 cm，先端长渐尖或渐尖，基部耳形或近戟形，两侧裂片通常外展，长可达7 cm，宽达6 cm，叶面无毛，叶背初沿脉有毛，后逐渐脱落；芽苞叶卵状披针形，长约16 mm，宽约5 mm，边缘密生睫毛。花绿紫色，直径约4 cm；花被管长管状，中部以上稍缢缩再向外扩展，常向一侧弯曲，花被裂片宽卵

形，顶端及边缘紫绿色，中部有半圆形紫色部分，其下为多列扁平乳突，乳突下延至管内成疏离的纵列，至管的基部呈脊状皱褶；药隔伸出，短舌状；子房近下位，柱头卵形，侧生。花期2～5月。

【生长习性】生于海拔1100～1700 m的林下阴湿地。

【精油含量】水蒸气蒸馏根的得油率为0.39%，茎叶的得油率为0.23%，干燥全草的得油率为2.20%。

【芳香成分】根：丁智慧等（1994）用水蒸气蒸馏法提取的新鲜根精油的主要成分为：芹菜脑（30.42%）、β-雪松烯（20.72%）、1,2,3,4-四甲氧基-5-苯丙烯（15.00%）、肉豆蔻醚（3.90%）、异芹菜脑（2.52%）、β-佛手烯（2.51%）、橙花叔醇（2.34%）、反-β-金合欢烯（2.11%）、顺-β-金合欢烯（1.34%）等。

全草：丁智慧等（1994）用水蒸气蒸馏法提取的新鲜茎叶精油的主要成分为：芹菜脑（28.60%）、榄香脂素（26.44%）、1,2,3,4-四甲氧基-5-苯丙烯（21.49%）、α-蒎烯（3.11%）、龙脑（2.54%）、β-蒎烯（1.94%）、莰烯（1.92%）、异芹菜脑（1.88%）、花柏烯（1.26%）等。杨春澍等（1986）用同法分析的云南屏边产干燥全草精油的主要成分为：四甲氧基苯丙烯（37.13%）、2,5-二甲氧基-3,4-甲二氧基苯丙烯（18.07%）、肉豆蔻醚（9.87%）、榄香脂素（6.02%）、α-姜黄烯（2.74%）、α-佛手柑油烯（1.64%）、细辛醚（1.14%）等。

【利用】全草在云南屏边作金耳环入药。

❀ 金耳环

Asarum insigne Diels

马兜铃科　细辛属

别名：纤梗细辛、一块瓦、小梨头、土细辛、茗叶细辛、茨菇叶细辛、盘山草、山薯、马蹄细辛

分布：广东、广西、江西

【形态特征】多年生草本；根状茎粗短，稍肉质，有浓烈的麻辣味。叶片长卵形、卵形或三角状卵形，长10～15 cm，宽6～11 cm，先端急尖或渐尖，基部耳状深裂，两侧裂片长约4 cm，宽4～6 cm，通常外展，叶面中脉两旁有白色云斑，偶无，叶背可见细小颗粒状油点，脉上和叶缘有柔毛；芽苞叶窄卵形，长1.5～3.5 cm，宽1～1.5 cm，先端渐尖，边缘有睫毛。

花紫色，直径3.5～5.5 cm；花被管钟状，中部以上扩展成一环突，然后缢缩，喉孔窄三角形，无膜环，花被裂片宽卵形至肾状卵形，中部至基部有一半圆形垫状斑块，白色；药隔伸出，锥状或宽舌状；子房下位，外有6棱，花柱6，顶端2裂。花期3～4月。

【生长习性】生于海拔450～700 m的林下阴湿地或土石山坡上。

【精油含量】水蒸气蒸馏干燥根茎的得油率为0.23%～0.24%，干燥全草的得油率为0.50%～1.05%；超临界萃取根茎的得油率为1.72%。

【芳香成分】根茎：瞿万云等（2010）用水蒸气蒸馏法提取的干燥根茎精油的主要成分为：莰烯（13.48%）、α-蒎烯（12.44%）、β-蒎烯（11.07%）、2-莰醇（8.12%）、反式-β-金合欢烯（5.91%）、榄香脂素（5.38%）、5-(2-丙烯基)-1,3-苯并间二氧杂环戊烯（3.06%）、肉豆蔻醚（2.95%）、喇叭烯（2.47%）、桉叶油素（2.33%）、绿叶醇（2.25%）、α-红没药烯（2.04%）、乙酸龙脑酯（1.36%）、反-橙花叔醇（1.31%）、石竹烯氧化物（1.22%）、1,7,7-三甲基三环[2.2.1.0^{2,6}]庚烷（1.19%）、芹菜脑（1.18%）、石竹烯（1.16%）等。

全草：王桂青等（1987）用水蒸气蒸馏法提取的广西兴安产金耳环干燥全草精油的主要成分为：β-金合欢烯（45.47%）、

细辛醚（22.06%）、黄樟油素（6.77%）、α-蒎烯（2.27%）、龙脑（2.15%）、反式-石竹烯（2.04%）、马兜铃烯（1.43%）、β-蒎烯（1.17%）、β-小茴香烯（1.02%）等。

【利用】全草药用，有温经散寒、祛痰止咳、散瘀消肿的功效，用于风寒咳嗽、慢性支气管炎、哮喘、慢性胃炎、风寒痹痛；外用治跌打损伤、毒蛇咬伤。为广东产跌打万花油的主要原料之一。

🌸 辽细辛

Asarum heterotropoides F. Schmidt var. *mandshuricum* (Maxim.) Kitagawa

马兜铃科　细辛属	
别名：	山细辛、北细辛、东北细辛、万病草、细参、细辛、烟袋锅花
分布：	黑龙江、吉林、辽宁

【形态特征】多年生草本；根状茎横走。叶卵状心形或近肾形，长4～9 cm，宽5～13 cm，先端急尖或钝，基部心形，两侧

裂片长3~4cm，宽4~5cm，顶端圆形，叶面在脉上有毛，叶背毛较密；芽苞叶近圆形，长约8mm。花紫棕色，稀紫绿色；花被管壶状或半球状，喉部稍缢缩，花被裂片三角状卵形，由基部向外反折，贴靠于花被管上；雄蕊着生于子房中部，花丝常较花药稍短，药隔不伸出；子房半下位或几近上位，近球形，花柱6，顶端2裂，柱头侧生。果半球状，长约10mm，直径约12mm。花期5月。

【生长习性】生于土质肥沃而阴湿的山坡林下、山沟地上。喜湿、喜肥、喜阴，怕强光，但在林下郁闭度过大时则生长极为缓慢。喜生于排水好、富含腐殖质并较湿润的土壤中。高温季节生长缓慢。

【精油含量】水蒸气蒸馏根及根茎的得油率为1.90%~4.60%，叶片和叶柄的得油率均为0.40%，全草或全株的得油率为0.79%~5.80%；超临界萃取根及根茎的得油率为3.47%~5.50%，全草的得油率为3.00%~3.78%；微波萃取全草的得油率为5.46%；超声辅助浸提干燥地下部分的得油率为3.98%，地上部分的得油率为1.93%。

【芳香成分】根（根茎）：王冰冰等（2014）用水蒸气蒸馏法提取的辽宁桓仁产辽细辛干燥根及根茎精油的主要成分为：黄樟素（32.42%）、甲基丁香酚（28.14%）、3,5-二甲氧基-甲苯（7.89%）、3,4,5-三甲氧基-甲苯（6.33%）、细辛醚（4.73%）、肉豆蔻醚（4.54%）、莰烯-3（3.29%）、优葛缕酮（1.83%）、β-蒎烯（1.29%）等；辽宁桓仁产辽细辛干燥根及根茎精油的主要成分为：甲基丁香酚（62.89%）、优葛缕酮（13.51%）、莰烯-3（3.63%）、3,5-二甲氧基-甲苯（2.00%）、3,4,5-三甲氧基-甲苯（1.61%）、α-水芹烯（1.04%）等。

叶：梁刚等（2012）用气流吹扫微注射器萃取法提取的吉林抚松产辽细辛干燥叶精油的主要成分为：十六烷酸（10.20%）、二氢苯并呋喃（9.77%）、十五烷（8.18%）、叶绿醇（6.65%）、十五醛（5.50%）、谷甾醇（5.49%）、二十四烷醇（5.38%）、二十烷酸（4.64%）、二十七烷醇（3.55%）、2-甲氧基-4-乙烯基苯酚（3.47%）、甲基丁香酚（3.29%）、3-乙基-2-羟基-2-环戊酮（2.98%）、莸草烯（2.68%）、六氢法呢基丙酮（2.48%）、糖醇（2.10%）、叶绿醇（1.86%）、1,2-二甲基-1-环辛烯（1.72%）、绿花白千层醇（1.18%）、苯酚（1.09%）、糖醛（1.08%）等；干燥叶柄精油的主要成分为：亚油酸（14.62%）、甲基丁香酚（12.00%）、十六烷酸（9.49%）、谷甾醇（8.13%）、糖醇（5.99%）、3-乙基-2-羟基-2-环戊酮（4.14%）、十五烷（3.79%）、榄香素（2.96%）、糖醛（2.39%）、2-甲氧基-4-乙烯基苯酚（2.36%）、2-甲氧基苯酚（1.82%）、2,5-二羟基苯乙酮（1.66%）、（2E,4Z,8Z,10E）-N-异丁基-2,4,8,10-十二四烯酰胺（1.59%）、5-甲基呋喃-2-甲醛（1.53%）、1,2-环戊烷二酮（1.38%）、2,6,6-三甲基-2,4-环庚二烯-1-酮（1.06%）等。

全草：周玲等（2008）用水蒸气蒸馏法提取的辽宁凤城产辽细辛干燥全草精油的主要成分为：丁香酚甲基醚（65.97%）、榄香素（11.15%）、优葛缕酮（9.99%）、3,5-二甲氧基甲苯（1.89%）、黄樟脑（1.51%）、3-莰烯（1.18%）、草蒿脑（1.05%）等。杜成智等（2011）用同法分析的吉林产辽细辛全草精油的主要成分为：黄樟醚（25.15%）、甲基丁香酚（20.61%）、3,5-二甲氧基甲苯（11.61%）、3-莰烯（5.00%）、β-蒎烯（4.84%）、α-蒎烯（3.95%）、肉豆蔻醚（3.92%）、优香芹酮（3.88%）、1,2,3-三甲氧基-5-甲基苯（3.40%）、α-水芹烯（2.65%）、龙脑（1.27%）、莰烯（1.01%）等。

【利用】带根全草药用，有散寒祛风、止痛、温肺化饮、通窍的功效，主治风寒表证、头痛、牙痛、风湿痹痛、痰饮咳喘、鼻塞、鼻渊、口疮。

❀ 南川细辛
Asarum nanchuanense C. S. Yang et J. L. Wu

马兜铃科　细辛属	
别名：山花椒	
分布：四川	

【形态特征】多年生草本，根状茎短；根丛生，稍肉质。叶片心形或卵状心形，长5~7.5cm，宽6~8.5cm，先端急尖，基部心形，两侧裂片长2~2.5cm，宽3~3.5cm，叶面深绿色，中

脉两旁有白色云斑，侧脉被短毛，叶背紫红色，有光泽；叶柄长2.5～7.5 cm，芽苞叶阔卵形，长2 cm，宽1.8 cm；边缘有睫毛。花紫色；花梗长1.5 cm；花被管钟状，长2～2.5 cm，直径约2 cm，喉部稍缢缩，膜环不甚明显，内壁有纵行脊皱，花被裂片宽卵形，长和宽均约1.5 cm，基部有直径仅约2 mm的垫状斑块或稀疏乳突状皱褶；药隔伸出成短锥尖；子房半下位，花柱6，顶端微凹，柱头侧生。花期5月。

【生长习性】生于林下岩石缝中，海拔750～1600 m。

【精油含量】水蒸气蒸馏干燥全草的得油率为2.10%。

【芳香成分】杨春澍等（1986）用水蒸气蒸馏法提取的四川南川产南川细辛干燥全草精油的主要成分为：黄樟醚（83.97%）、三甲氧基苯丙烯Ⅰ（2.96%）、2,3,5-三甲氧基甲苯（1.69%）、反式-丁香烯（1.53%）、柠檬烯（1.20%）等。

【利用】全草在产地供药用，具解表散寒、温肺化饮、祛风止痛的功效。

祁阳细辛

Asarum magnificum Tsiang ex C. Y. Cheng et C. S. Yang

马兜铃科　细辛属

别名：山慈姑、南细辛

分布：浙江、江西、湖北、陕西、湖南、广东

【形态特征】多年生草本；根状茎极短，根丛生，稍肉质。叶片近革质，三角状阔卵形或卵状椭圆形，长6～13 cm，宽5～12 cm，先端急尖，基部心状耳形，两侧裂片长2～5 cm，宽2.5～6 cm，外展，叶面中脉被短毛，两侧有白色云斑，叶背无毛，网脉不明显；芽苞叶卵形，长约15 mm，宽约7 mm，边缘密生睫毛。花绿紫色；花被管漏斗状，喉部不缢缩，花被裂片三角状卵形，顶端及边缘紫绿色，中部以下紫色，基部有三角形乳突区，乳突扁平，向下延伸至管部成疏离的纵列，至花被管基部呈纵行脊状皱褶；药隔锥尖；子房下位，花柱离生，顶端2裂，柱头侧生。花期3～5月。

【生长习性】生于海拔300～700 m的林下阴湿处。

【精油含量】水蒸气蒸馏干燥全草的得油率为0.30%。

【芳香成分】徐植灵等（1986）用水蒸气蒸馏法提取的江西德兴产祁阳细辛干燥全草精油的主要成分为：3,5-二甲氧基

甲苯（20.00%）、黄樟醚（18.18%）、反式-丁香烯（14.71%）、龙脑（6.22%）、甲基丁香酚（5.73%）、β-古芸烯（4.15%）、榄香脂素（3.26%）、橙花叔醇（2.63%）、乙酸龙脑酯（1.99%）、三甲氧基苯丙烯（Ⅰ）（1.90%）、2,4,5-三甲氧基丙烯基苯（1.86%）、异甲基丁香酚（1.84%）、β-库毕烯（1.38%）、异榄香脂素（1.13%）等。

【利用】全草入药，治发痧腹痛、风寒头痛、寒端、跌打肿痛。根药用，有镇痛、安神的功效，用于去湿、顺气、止痛。

青城细辛

Asarum splendens (Maekawa) C. Y. Cheng et C. S. Yang

马兜铃科　细辛属

别名：花脸细辛、花脸王、翻天印、花脸王翻天印、花叶细辛、滇细辛

分布：湖北、四川、贵州、云南

【形态特征】多年生草本；根状茎横走；根稍肉质。叶片卵状心形、长卵形或近戟形，长6～10 cm，宽5～9 cm，先端急尖，基部耳状深裂或近心形，两侧裂片长3～5 cm，宽2.5～5 cm，叶面中脉两旁有白色云斑，脉上和近边缘有短毛，叶背绿色；芽苞叶长卵形，长约2 cm，宽约1.5 cm，有睫毛。花紫绿色，直径5～6 cm；花被管浅杯状或半球状，喉部稍缢缩，有宽大喉孔，膜环不明显，内壁有格状网眼，花被裂片宽卵形，长约2 cm，宽约2.5 cm，基部有半圆形乳突皱褶区；雄蕊药隔伸出，钝圆形；子房近上位，花柱顶端Z裂或稍下凹，柱头卵状，侧生。花期4～5月。

【生长习性】生于海拔850～1300 m的陡坡草丛或竹林下阴湿地。

【精油含量】水蒸气蒸馏干燥带根全株的得油率为1.60%，干燥全草的得油率为0.80%。

【芳香成分】杨春澍等（1986）用水蒸气蒸馏法提取的贵州赤水产青城细辛干燥全草精油的主要成分为：榄香脂素（46.95%）、2,3,5-三甲氧基甲苯（7.91%）、樟脑（5.41%）、β-蒎烯（4.29%）、3,5-二甲氧基甲苯（3.67%）、莰烯（3.32%）、α-蒎烯（3.25%）、甲基丁香酚（3.19%）、细辛醚（2.56%）、橙花叔醇（2.22%）、1,8-桉叶油素（2.12%）、四甲氧基苯丙烯（1.34%）等。

【利用】全草在四川、贵州入药。

❀ 山慈姑
Asarum sagittarioides C. F. Liang

马兜铃科　细辛属

别名：大块瓦、土细辛、岩慈姑

分布：广西

【形态特征】多年生草本；根状茎短；根丛生，稍肉质。叶片长卵形、阔卵形或近三角状卵形，长15～25 cm，宽11～14 cm，先端渐尖，基部耳状心形或耳形，两侧裂片长6～11 cm，宽4～6 cm，通常外展，叶面深绿色，偶有云斑，叶背初具短毛，后毛逐渐脱落；芽苞叶卵形，长约1 cm，宽约5 mm，边缘有密生睫毛。花单生，每花枝常具2朵花，紫绿色，直径2.5～3 cm；花被管圆筒状，喉部缢缩，花被裂片卵状肾

形，长10～14 mm，宽12～18 mm，基部有乳突皱褶区；药隔伸出，锥尖或短舌状；子房半下位，花柱离生，顶端2裂，柱头侧生。果卵圆状，直径10～15 mm。花期11月至翌年3月。

【生长习性】生于海拔960～1200 m的山坡林下或溪边阴湿地。

【精油含量】水蒸气蒸馏干燥带根全株的得油率为0.57%～1.00%，干燥全草的得油率为0.20%。

【芳香成分】杨春澍等（1986）用水蒸气蒸馏法提取的广西融水产山慈姑干燥全草精油的主要成分为：龙脑（10.09%）、β-蒎烯（6.05%）、萘（5.51%）、α-蒎烯（4.54%）、芳樟醇（3.37%）、反式-β-金合欢烯（2.61%）、黄樟醚（2.56%）、细辛醚（2.23%）、莰烯（2.22%）、1,8-桉叶油素＋对-聚伞花素（2.21%）、橙花叔醇（2.17%）、α-姜黄烯（2.14%）、α-水芹烯（2.13%）、甲基丁香酚（2.03%）、α-松油醇（2.00%）、乙酸龙脑酯（1.65%）、β-水芹烯（1.64%）、异榄香脂素（1.32%）、柠檬烯（1.32%）、α-古芸烯（1.17%）等。谢宇蓉（2003）用同法分析的干燥带根全草精油的主要成分为：β-金合欢烯（7.56%）、橙花叔醇（6.85%）、芳樟醇（5.62%）、肉桂酸异丁酯（4.93%）、十六酸（4.71%）、β-倍半水芹烯（4.48%）、芹菜脑（3.89%）、细辛醚（3.43%）、异石竹烯（3.29%）、α-金合欢烯（1.75%）、α-佛手柑油烯（1.70%）、姜黄烯（1.63%）、冰片（1.45%）、亚油酸（1.41%）、喇叭茶醇（1.13%）、肉豆蔻醚（1.09%）、油酸（1.05%）等。

【利用】全草入药，治跌打或蛇伤。

❀ 肾叶细辛
Asarum renicordatum C. Y. Cheng et C. S. Yang

马兜铃科　细辛属

别名：肾心细辛、马蹄香

分布：安徽

【形态特征】多年生草本；根状茎斜伸，有多条纤维根。叶2片，对生，叶片肾状心形，长3～4 cm，宽6～7.5 cm，先端钝圆，基部心形，两侧裂片长约2 cm，宽约3 cm，顶端圆形，常内弯与叶柄靠近，叶面散生短柔毛，叶背及边缘的毛较密；芽苞叶阔卵形，长约1 cm。花生于二叶之间；花被裂片下部靠合如管状，外被柔毛，花被裂片上部三角状披针形，长约10 mm，宽约4 mm，先端渐窄成一窄长尖头或短尖头，长2～4 mm；雄蕊与花柱等长或稍长，花丝长约1 mm，药隔锥尖；花柱合生，顶端6裂，裂片常内凹呈倒心形，柱头常位于裂片凹缝处。花期5月。

【生长习性】生于海拔720 m处山地水沟旁。

【精油含量】水蒸气蒸馏干燥全草的得油率为0.40%。

【芳香成分】杨春澍等（1986）用水蒸气蒸馏法提取的安徽黄山产肾叶细辛干燥全草精油的主要成分为：2,4,5-三甲氧基丙烯基苯（49.25%）、黄樟醚（8.80%）、乙酸龙脑酯（6.40%）、异甲基丁香酚（5.70%）、三甲氧基苯丙烯Ⅱ（2.20%）、α-松油醇（2.20%）、榄香脂素（1.61%）、四甲氧基苯丙烯（1.10%）等。

【利用】全草入药。

双叶细辛

Asarum caulescens Maxim.

马兜铃科　细辛属

别名：乌金草、毛乌金七

分布：湖北、陕西、甘肃、四川、贵州等地

【形态特征】多年生草本；根状茎横走；地上茎匍匐，有1～2对叶。叶片近心形，长4～9 cm，宽5～10 cm，先端常具长1～2 cm的尖头，基部心形，两侧裂片长1.5～2.5 cm，宽2.5～4 cm，顶端圆形，常向内弯接近叶柄，两面散生柔毛，叶背毛较密；芽苞叶近圆形，长宽各约13 mm，边缘密生睫毛，花紫色；花被裂片三角状卵形，长约10 mm，宽约8 mm，开花时上部向下反折；雄蕊和花柱上部常伸出花被之外，花丝比花药长约2倍，药隔锥尖；子房近下位，略成球状，有6纵棱，花柱合生，顶端6裂，裂片倒心形，柱头着生于裂缝外侧。果近球状，直径约1 cm。花期4～5月。

【生长习性】生于海拔1200～1700 m的林下腐殖土中。

【精油含量】水蒸气蒸馏全草或带根全株的得油率为0.50%～0.93%。

【芳香成分】陈蓝兰等（2006）用水蒸气蒸馏法提取的湖北五峰产双叶细辛干燥全草精油的主要成分为：β-蒎烯（24.35%）、桉叶油素（18.05%）、3-蒈烯（6.78%）、α-水菖香萜（4.91%）、(-)-4-松油醇（4.70%）、α-蒎烯（4.13%）、β-月桂烯（3.50%）、β-松油烯（3.22%）、α-松油醇（2.87%）、(-)-乙酸冰片酯（2.09%）、杜鹃酮（2.07%）、β-沉香醇（1.88%）、莰烯（1.65%）、α-乙酸松油醇酯（1.56%）等。

【利用】全草药用，湖北民间用其治胃痛有良效。

铜钱细辛

Asarum debile Franch.

马兜铃科　细辛属

别名：胡椒七、铜钱乌金、毛细辛

分布：安徽、湖北、陕西、四川

【形态特征】多年生草本，植株通常矮小，高10～15 cm；根状茎横走；根纤维状。叶2片对生于枝顶，叶片心形，长2.5～4 cm，宽3～6 cm，先端急尖或钝，基部心形，两侧裂片长7～20 mm，宽10～25 mm，顶端圆形，叶缘在中部常内弯，叶面深绿色，散生柔毛，脉上较密，叶背浅绿色，光滑或脉上有毛；芽苞叶卵形，长约10 mm，宽约7 mm，边缘密生睫毛。花紫色；花被在子房以上合生成短管，裂片宽卵形，被长柔毛，先端渐窄；雄蕊12，稀较少，与花柱近等长，药隔通常不伸出，稀略伸出；子房下位，近球状，具6棱，初有柔毛，后逐渐脱落，花柱合生，顶端辐射6裂，柱头顶生。花期5～6月。

【生长习性】生于海拔1300～2300 m的林下石缝或溪边湿地上。

【精油含量】水蒸气蒸馏干燥全草或带根全株的得油率为0.50%～0.60%。

【芳香成分】根：陈蓓等（2010）用固相微萃取技术提取的陕西宁强产铜钱细辛阴干根精油的主要成分为：α-蒎烯（41.25%）、β-蒎烯（29.68%）、松油醇（6.37%）、β-愈创木烯（6.26%）、桉树脑（4.81%）、α-愈创木烯（3.96%）、十五烷（3.14%）、丁香酚（2.90%）、蒜头烯（2.83%）、环异首蓿烯（2.49%）、1,2,4a,5,6,8a-六氢-4,7-二甲基-1-(1-异丙基)-(1α,4aα,8aα)-萘（2.28%）、白菖烯（2.23%）、2-叔丁基-1,4-二甲氧基苯（2.06%）、细辛醚（1.76%）、橙花叔醇（1.32%）、β-水芹烯（1.27%）、γ-榄香烯（1.21%）、对叔丁基苯甲酸乙烯酯

（1.15%）、[S-(R,S)]-3-(1,5-二甲基-4-己烯基)-6-亚甲基-环己烯（1.07%）、醋酸冰片酯（1.01%）等。

茎：陈蓓等（2010）用固相微萃取技术提取的陕西宁强产铜钱细辛阴干茎精油的主要成分为：β-蒎烯（20.16%）、桉树脑（9.95%）、松油醇（9.11%）、α-檀香萜（7.00%）、α-蒎烯（5.27%）、环异苜蓿烯（5.08%）、长叶烯（4.56%）、十五烷（4.06%）、橙花叔醇（3.62%）、β-水芹烯（1.59%）、γ-榄香烯（1.57%）、可巴烯（1.55%）、醋酸冰片酯（1.46%）、[S-(R,S)]-3-(1,5-二甲基-4-己烯基)-6-亚甲基-环己烯（1.38%）、柠檬烯（1.27%）、1,5,9-环十二烷三烯（1.24%）、1-十五碳烯（1.20%）、4,6,6-三甲基-(1S)-(1α,2α,5α)-二环[3,1,1]庚-3-烯-2-醇（1.05%）、石竹烯（1.03%）等。

叶：陈蓓等（2010）用固相微萃取技术提取的陕西宁强产铜钱细辛阴干叶精油的主要成分为：β-蒎烯（26.79%）、松油醇（6.61%）、桉树脑（5.84%）、γ-榄香烯（4.53%）、1,3,3-三甲基-三环[2.2.1.0^{2,6}]庚烷（4.24%）、α-荜澄茄油萜（3.20%）、β-愈创木烯（3.19%）、对-聚伞花素（2.08%）、丁香酚（1.80%）、醋酸冰片酯（1.74%）、芳樟醇（1.69%）、β-月桂烯（1.61%）、长叶烯（1.37%）、长叶环烯（1.37%）、橙花叔醇（1.37%）、环异苜蓿烯（1.35%）、桃金娘烯醛（1.20%）、柠檬烯（1.20%）、6,6-二甲基-2-亚甲基-(1S)-(1α,3α,5α)-二环[3.1.1]庚烷-3-醇（1.08%）、β-水芹烯（1.05%）等。

全草：徐植灵等（1986）用水蒸气蒸馏法提取的陕西汉中产铜钱细辛干燥全草精油的主要成分为：2,4,5-三甲氧基丙烯基苯（69.89%）、异甲基丁香酚（6.61%）、榄香脂素（3.55%）、橙花叔醇（3.01%）、三甲氧基苯丙烯（Ⅰ）（2.03%）、反式-丁香烯（1.72%）等。

【利用】全草在产区供药用，有祛湿、顺气、止痛等功效。

❀ 尾花细辛

Asarum caudigerum Hance

马兜铃科　细辛属

别名：白马蹄香、白三百棒、白倒插花、土细辛、圆叶细辛、顺河香、魂筒草、铁螃蟹、花脸细辛、小麻药、蜘蛛香、金耳环、马蹄香、马蹄金

分布：浙江、江西、福建、台湾、湖北、湖南、广东、广西、四川、贵州、云南等地

【形态特征】多年生草本，全株被散生柔毛；根状茎粗壮。叶片阔卵形或卵状心形，长4～10 cm，宽3.5～10 cm，先端急尖至长渐尖，基部耳状或心形，叶面深绿色，脉两旁偶有白色云斑，疏被长柔毛，叶背浅绿色，稀稍带红色，被较密的毛；芽苞叶卵形或卵状披针形，长8～13 cm，宽4～6 mm，背面和边缘密生柔毛。花被绿色，被紫红色圆点状短毛丛；花被裂片直立，下部靠合如管，喉部稍缢缩，花被裂片上部卵状长圆形，先端骤窄成细长尾尖，外面被柔毛；药隔伸出，锥尖或舌状；子房下位，具6棱，花柱合生，顶端6裂。果近球状，具宿存花被。花期4～5月，云南、广西可晚至11月。

【生长习性】生于海拔350～1660 m的林下、溪边和路旁阴湿地。喜阴。

【精油含量】水蒸气蒸馏全草的得油率为0.08%～0.40%。

【芳香成分】朱亮锋等（1993）用水蒸气蒸馏法提取的广东增城产尾花细辛全草精油的主要成分为：(E)-异榄香脂素（83.35%）、三甲氧基烯丙基苯（Ⅱ）（2.24%）、榄香脂素（1.97%）、(Z)-异丁香酚甲醚（1.64%）、三甲氧基烯丙基苯（Ⅰ）（1.34%）、3,4,5-三甲基苯甲醛（1.11%）等。

【利用】全草入药，有温经散寒、化痰止咳、消肿止痛的功效，主治风寒感冒、头痛、咳嗽哮喘、风湿痹痛、跌打损伤、口舌生疮、毒蛇咬伤、疮疡肿毒。根茎入药，广西民间作细辛用，具散寒止咳之效。全草可作兽药。

🌸 五岭细辛
Asarum wulingense C. F. Liang

马兜铃科　细辛属
别名：山慈姑、倒插花
分布：江西、湖南、广东、广西、贵州

【形态特征】多年生草本；根状茎短，稍肉质而较粗壮。叶片长卵形或卵状椭圆形，稀三角状卵形，长7～17 cm，宽5～9 cm，先端急尖至短渐尖，基部耳形或耳状心形，两侧裂片长2～5 cm，宽1.5～4 cm，叶面绿色，偶有白色云斑，叶背密被棕黄色柔毛；芽苞叶卵形，长约12 mm，宽约8 mm，叶面无毛，芽苞叶背有毛，边缘密生睫毛。花绿紫色；花被管圆筒状，基部常稍窄缩，外面被黄色柔毛，喉部缢缩或稍缢缩，膜环宽约1 mm，内壁有纵行脊皱；花被裂片三角状卵形，长宽各约1.5 cm，基部有乳突皱褶区；药隔伸出，舌状；子房下位，花柱离生，顶端2叉分裂，柱头侧生。花期12月至翌年4月。

【生长习性】生于海拔1100 m的林下阴湿地。

【精油含量】水蒸气蒸馏全草的得油率为0.80%～1.70%。

【芳香成分】徐植灵等（1986）用水蒸气蒸馏法提取的湖南新宁产五岭细辛全草精油的主要成分为：榄香脂素（21.67%）、四甲氧基苯丙烯（20.13%）、龙脑（5.38%）、3,5-二甲氧基甲苯（4.24%）、肉豆蔻醚（4.06%）、甲基丁香酚（3.64%）、细辛醚（3.58%）、反式-丁香烯（3.44%）、黄樟醚（3.15%）、反式-β-金合欢烯（2.63%）、β-蒎烯（2.14%）、乙酸龙脑酯（2.00%）、α-蒎烯（1.83%）、2,3,5-三甲氧基甲苯（1.58%）、2,5-二甲基-3,4-甲二氧基苯丙烯（1.58%）、莰烯（1.19%）等。杨广民等

（1986）用同法分析的湖南怀化产五岭细辛干燥全草精油的主要成分为：反式细辛醚（17.33%）、2,5-双特丁基噁酚（15.94%）、金合欢醇（14.00%）、肉豆蔻醚（9.19%）、黄樟醚（7.41%）、3,5-二甲氧基甲苯（5.04%）、表樟脑（4.56%）、甲基丁香酚（4.03%）、草蒿脑+侧柏醇异构体（3.23%）、β-蒎烯（1.96%）、细辛醇（1.78%）、科绕魏素（1.75%）、莰烯（1.58%）、β-甜没药烯（1.40%）、β-水芹烯（1.29%）、柠檬烯（1.18%）、α-蒎烯（1.02%）等。

【利用】全草入药。

🌸 细辛
Asarum sieboldii Miq.

马兜铃科　细辛属
别名：白细辛、大药、马蹄香、华细辛、西细辛、盆草细辛
分布：山东、安徽、广东、广西、云南、陕西、四川、湖南、江西、河南、湖北、福建、浙江

【形态特征】多年生草本；根状茎直立或横走，有多条须根。叶通常2枚，叶片心形或卵状心形，长4～11 cm，宽4.5～13.5 cm，先端渐尖或急尖，基部深心形，两侧裂片长1.5～4 cm，宽2～5.5 cm，顶端圆形，叶面疏生短毛，脉上较密，叶背仅脉上被毛；芽苞叶肾圆形，长与宽各约13 mm，边缘疏被柔毛。花紫黑色；花被管钟状，内壁有疏离纵行脊皱；花被裂片三角状卵形，直立或近平展；雄蕊着生子房中部，花丝与花药近等长或稍长，药隔突出，短锥形；子房半下位或几近上位，球状，花柱6，较短，顶端2裂，柱头侧生。果近球状，直径约1.5 cm，棕黄色。花期4～5月。

【生长习性】生于海拔1200～2100 m的林下阴湿腐殖土中。喜肥、喜湿润、习阴凉、怕强光。

【精油含量】水蒸气蒸馏根及根茎的得油率为0.62%～4.40%，茎枝的得油率为0.32%，叶的得油率为0.18%～0.60%，叶柄的得油率为0.40%，全草的得油率为0.31%～3.30%。

【芳香成分】根（根茎）：潘红亮等（2011）用水蒸气蒸馏法提取的干燥根精油的主要成分为：甲基丁香酚（29.38%）、3,5-二甲氧基甲苯（13.97%）、黄樟醚（12.75%）、十五烷（5.67%）、卡枯醇（3.56%）、3,4-(亚甲基二氧)苯丙酮（3.41%）、优葛缕酮（3.16%）、龙脑（3.13%）、2,4-二甲氧基-3-甲基苯丙酮（2.89%）、

榄香素（2.19%）、草蒿脑（1.84%）、肉豆蔻醚（1.36%）、2-羟基-4,5-亚甲二氧基苯丙酮（1.30%）、广藿香醇（1.25%）、N-异丁基十二碳四烯酰胺（1.02%）等；胡苏莹等（2012）用同法分析的陕西华山产野生细辛干燥根精油的主要成分为：环十五烷（29.78%）、黄樟醚（27.49%）、肉豆蔻醚（21.09%）、1,8-桉树脑（4.09%）、γ-芹子烯（3.65%）、甲基丁香酚（2.32%）、4-(1-异丙基)-苯甲醛（1.08%）等；陕西宁强产野生细辛干燥根精油的主要成分为：1,8-桉树脑（19.86%）、十四烷（19.39%）、肉豆蔻醚（18.28%）、环十五烷（16.87%）、甲基丁香酚（14.89%）、黄樟醚（8.70%）、4-萜烯醇（1.84%）、γ-芹子烯（1.53%）、α-松油醇（1.21%）等；陕西太白产野生细辛干燥根精油的主要成分为：黄樟醚（37.01%）、十五烷（21.57%）、环十五烷（18.70%）、1,8-桉树脑（8.42%）、γ-芹子烯（3.32%）、正十三烷（1.35%）等；陕西长安产野生细辛干燥根精油的主要成分为：顺-3-十六碳烯（27.52%）、黄樟醚（27.13%）、甲基丁香酚（23.97%）、环十五烷（7.66%）、1-甲基-4-异丙基-1,4-环己二烯（6.46%）、β-水芹烯（1.98%）、α-水芹烯（1.59%）、β-反式-罗勒烯（1.33%）、对-聚伞花素（1.29%）等。王冰冰等（2014）用同法分析的辽宁宽甸产细辛变型汉城细辛干燥根及根茎精油的主要成分为：甲基丁香酚（58.66%）、优葛缕酮（11.13%）、榄香素（9.49%）、莒烯-3（4.41%）、β-蒎烯（3.07%）、草蒿脑（2.28%）、α-水芹烯（2.16%）、3,4,5-三甲氧基-甲苯（1.25%）、异松油烯（1.02%）等。

茎：胡苏莹等（2012）用水蒸气蒸馏法提取的陕西华山产野生细辛干燥茎精油的主要成分为：β-顺式-罗勒烯（30.06%）、环十五烷（25.41%）、γ-芹子烯（24.72%）、肉豆蔻醚（12.31%）等；陕西宁强产野生细辛干燥茎精油的主要成分为：环十五烷（18.81%）、甲基丁香酚（11.73%）、甲基-4-异丙基-1,4-环己二烯（8.12%）、α-檀香脑（1.94%）、α-松油醇（1.76%）、十五烷（1.71%）、γ-芹子烯（1.52%）等；陕西太白产野生细辛干燥茎精油的主要成分为：十五烷（27.41%）、肉豆蔻醚（14.75%）、1,8-桉树脑（12.22%）、α-水芹烯（5.73%）、β-蒎烯（3.36%）、β-水芹烯（2.41%）、γ-芹子烯（2.24%）、对-聚伞花素（1.61%）、4-萜烯醇（1.54%）、α-松油醇（1.27%）等；陕西洛南产野生细辛干燥茎精油的主要成分为：肉豆蔻醚（31.22%）、环十五烷（22.10%）、十三烷（2.65%）、甲基丁香酚（1.22%）、1,8-桉树脑（1.16%）等；陕西长安产野生细辛干燥茎精油的主要成分为：γ-芹子烯（25.45%）、十五烷（22.69%）、肉豆蔻醚

（22.51%）、环十五烷（21.94%）、白菖油萜（1.58%）等。

叶：胡苏莹等（2012）用水蒸气蒸馏法提取的陕西华山产野生细辛干燥叶精油的主要成分为：花侧柏烯（43.55%）、十五烷（29.43%）、β-榄香烯（15.58%）等；陕西宁强产野生细辛干燥叶精油的主要成分为：δ-芹子烯（42.33%）、肉豆蔻醚（1.70%）等；陕西太白产野生细辛干燥叶精油的主要成分为：5-[1-(四氢-5-甲基-5-乙烯基呋喃-2-基)亚乙基]-2,5-二氢-2,2-二甲基呋喃（39.60%）、肉豆蔻醚（32.73%）、δ-芹子烯（20.23%）、黄樟醚（9.83%）、α-金合欢烯（8.47%）、β-榄香烯（5.74%）、甲基丁香酚（1.34%）、β-蒎烯（1.21%）等；陕西洛南产野生细辛干燥叶精油的主要成分为：T-杜松醇（43.57%）、肉豆蔻醚（25.68%）、黄樟醚（11.07%）、十八烷（9.73%）、α-没药醇（1.57%）等。

花：崔浪军等（2010）用顶空固相微萃取法提取的花精油的主要成分为：丁香酚甲醚（51.04%）、十五烷（21.46%）、肉豆蔻醚（14.09%）、1-十八烷烯（9.57%）、α-松油醇（1.05%）、黄樟醚（1.00%）等。

种子：崔浪军等（2010）用顶空固相微萃取法提取的种子精油的主要成分为：丁香酚甲醚（42.18%）、十五烷（20.67%）、肉豆蔻醚（14.64%）、1-十八烷烯（12.60%）、黄樟醚（3.74%）、α-松油醇（1.34%）等。

【利用】全草入药，有解表散寒、祛风止痛、通窍、温肺化饮的功效，用于风寒感冒、头痛、牙痛、鼻塞流涕、鼻衄、鼻渊、风湿痹痛、痰饮喘咳。全草和根茎可提取精油，广泛用于肥皂、化妆品、牙膏等；具有抗菌、消炎、止血、镇痛等疗效。

🌸 小叶马蹄香
Asarum ichangense C. Y. Cheng et C. S. Yang

马兜铃科　细辛属

别名：宜昌细辛、马蹄香、土细辛
分布：安徽、浙江、福建、江西、湖北、湖南、广东、广西

【形态特征】多年生草本；根状茎短，根稍肉质。叶心形、卵心形或稀近戟形，长3～6 cm，宽3.5～7.5 cm，先端急尖或钝，基部心形，两侧裂片长2～4 cm，宽2.5～6 cm，叶面通常深绿色，有时在中脉两旁有白色云斑，在脉上或近边缘处有短毛，叶背浅绿色或紫色，或初呈紫色而逐渐消退；芽苞叶卵形或长卵形，长约10 mm，宽7 mm，边缘有睫毛。花紫色；花被

管球状，喉部强度缢缩，膜环宽约1 mm，内壁有格状网眼，花被裂片三角卵形，长1～1.4 cm，宽8～10 mm，基部有乳突皱褶区；药隔伸出，圆形，中央微内凹；子房近上位，花柱6，柱头卵状，顶生。花期4～5月。

【生长习性】生于海拔330～1400 m的林下草丛或溪旁阴湿地。

【精油含量】水蒸气蒸馏干燥全草的得油率为0.53%～0.93%。

【芳香成分】袁尚仪等（2004）用水蒸气蒸馏法提取的湖北宜昌产小叶马蹄香干燥全草精油的主要成分为：反式-β-金合欢烯（17.57%）、龙脑（11.44%）、黄樟醚（9.36%）、β-蒎烯（3.99%）、莰烯（3.95%）、1,2,3-三甲氧基苯丙烯（3.72%）、α-蒎烯（3.33%）、香橙烯（3.00%）、广藿香醇（2.75%）、β-蛇床烯（1.79%）、1,8-桉叶油素（1.28%）、金合欢醇（1.20%）、反式-丁香烯（1.16%）、β-芹子烯（1.08%）等。

【利用】全草在浙江、江西、湖北、湖南作药用。

❀ 皱花细辛
Asarum crispulatum C. Y. Cheng et C. S. Yang

马兜铃科　细辛属
别名： 盆草细辛、皱边细辛
分布： 四川

【形态特征】多年生草本；根状茎短，稍肉质。叶片三角状卵形或长卵形，长5～9 cm，宽2.5～5 cm，先端急尖或短渐尖，基部心形或耳状心形，两侧裂片长2～3.5 cm，宽2～4.5 cm，叶面深绿色，偶有白色云斑，散生短毛，或仅侧脉上及叶缘处有毛，叶背浅绿色，网脉不明显；芽苞叶卵形，长约2 cm，宽1.3 cm，两面无毛，边缘密被睫毛。花1至数朵，紫绿色，直径3～5 cm；花被管倒圆锥状，膜环宽约1.5 mm，内壁有格状网眼，花被裂片卵形，基部有乳突皱褶区，边缘常多少上下波状弯曲；花丝短，药隔伸出，锥尖或钝圆；子房半下位，花柱6，顶端2裂，柱头沿花柱裂槽下延，平展或钩状。花期4月。

【生长习性】生于山坡路边林下阴湿地。

【精油含量】水蒸气蒸馏干燥全草的得油率为1.00%。

【芳香成分】杨春澍等（1986）用水蒸气蒸馏法提取的四川南川产皱花细辛干燥全草精油的主要成分为：黄樟醚（29.78%）、细辛醚（15.53%）、龙脑（6.17%）、3,5-二甲氧基甲苯（5.82%）、β-水芹烯（4.87%）、β-蒎烯（4.49%）、α-蒎烯（4.31%）、莰烯（3.44%）、2,3,5-三甲氧基甲苯（2.50%）、肉豆蔻醚（2.46%）、反式-丁香烯（2.31%）、2,4,5-三甲氧基丙烯基苯（1.80%）、榄香脂素（1.73%）、香叶烯（1.59%）、反式-β-金合欢烯（1.47%）、芳樟醇（1.17%）等。

【利用】全草在产地作细辛药用。具有较高的观赏价值。

❀ 甘肃醉鱼草
Buddleja purdomii W. W. Smith

马钱科　醉鱼草属
别名： 白胡子花、白袍花、白皮消、洞庭草、毒鱼藤、短序醉鱼草、防痛树、光子、红鱼波、红鱼皂、花玉成、鸡公尾、金鸡尾、驴尾草、老阳花、萝卜树子、鲤鱼花草、闹鱼药、水泡木、四方麻、四棱麻、四季青、铁帚尾、土蒙花、五霸蔷、痒见消、羊脑髓、羊尾巴、羊饱药、羊白婆、阳包树、鱼鳞子、药杆子、药鳗老醋、药鱼子、野巴豆、醉鱼儿草
分布： 甘肃

【形态特征】小灌木，高约50 cm。枝条纤细；幼枝、叶片叶背、叶柄、花序、苞片、小苞片、花萼外面和花冠外面均密被灰白色或黄白色星状短绒毛。叶对生，长枝上的叶片为长圆状披针形至披针形，短枝上或萎缩小枝上的叶片为椭圆形或

卵形，长1～2.2 cm，宽5～10 mm，顶端钝至圆，基部圆，全缘。头状或近头状聚伞花序顶生，长约3 cm，宽约2 cm，着花6～15朵；苞片卵形，小苞片线状披针形；花萼筒状，花萼裂片狭披针形；花冠紫红色或淡紫色，花冠管弯曲；子房卵状，柱头钻状。蒴果卵状，长约5 mm，直径约3 mm，基部有宿存花萼；种子卵形，具短翅。花期4～6月，果期7～10月。

【生长习性】生于海拔1000～1300 m的山坡或溪边灌木丛中。喜光，耐半阴，较耐寒，耐旱，忌水涝，耐瘠薄。

【芳香成分】张映华等（2005）用乙醇渗漉，再经石油醚萃取的甘肃陇南产甘肃醉鱼草全草低极性精油的主要成分为：14-异丙基-8,11,13-罗汉松三烯-13-醇（7.68%）、20(29)-羽扇烯-3β-醇乙酸酯（4.57%）、亚油酸乙酯（4.20%）、8,24-羊毛甾二烯-3β-醇乙酸酯（2.76%）、12-熊果烯-3-酮-24-酸甲酯（2.01%）、棕榈酸乙酯（1.86%）、全反式-角鲨烯（1.73%）、9,12-十八碳二烯酸乙酯（1.71%）、13,27-环乌苏酮-3（1.48%）、2-甲基己烷（1.38%）、己烷（1.27%）、13(18)-齐墩果烯（1.11%）、4(14),11-桉叶二烯（1.01%）等。

【利用】全草药用，治久疟成癖、疳积、烫伤等。渔民常采其花、叶用来麻醉鱼。可作道路绿化带、绿地、花坛用花灌木。

❀ 密蒙花
Buddleja officinalis Maxim.

马钱科　醉鱼草属

别名：虫见死、断肠草、疙瘩皮树花、黄饭花、黄花树、鸡骨头花、酒药花、老蒙花、蒙花、蒙花树、糯米花、米汤花、染饭花、水锦花、小锦花、羊耳朵

分布：山西、陕西、江苏、安徽、福建、河南、湖北、湖南、广东、广西、云南、贵州、四川、甘肃、西藏

【形态特征】灌木，高1～4 m。小枝略呈四棱形，灰褐色；小枝、叶背、叶柄和花序均密被灰白色星状短绒毛。叶

对生，叶片纸质，狭椭圆形至长圆状披针形，长4～19 cm，宽2～8 cm，顶端渐尖、急尖或钝，基部楔形或宽楔形，有时下延至叶柄基部，通常全缘，稀有疏锯齿，叶面深绿色，叶背浅绿色。花多而密集，组成顶生聚伞圆锥花序；小苞片披针形；花萼钟状，裂片三角形或宽三角形，顶端急尖或钝；花冠紫堇色，后变白色或淡黄白色，喉部桔黄色，花冠裂片卵形；子房卵珠状，柱头棍棒状。蒴果椭圆状，2瓣裂，基部有宿存花被；种子多颗，狭椭圆形，两端具翅。花期3～4月，果期5～8月。

【生长习性】生于海拔200～2800 m的向阳山坡、河边、村旁的灌木丛中或林缘。适应性较强，石灰岩山地亦能生长。喜温暖湿润的环境，温度在25 ℃下适宜其生长，稍耐寒，忌积水。对土壤要求不严，一般土壤均可栽培。

【精油含量】水蒸气蒸馏干燥花蕾和花序的得油率为0.28%～2.50%。

【芳香成分】叶：刘和等（2010）用同时蒸馏萃取法提取的贵州关岭产野生密蒙花干燥叶精油的主要成分为：三十四烷（13.63%）、正十六酸（9.48%）、六氢化法呢基丙酮（8.58%）、植物醇（7.10%）、异丙基乙醚（5.82%）、芳樟醇（3.71%）、西洋丁香醇B（3.26%）、6-(羟甲基)-1,4,4-三甲基双环[3.1.0]-2-己醇（2.57%）、油酸（2.57%）、壬酸（2.47%）、苯乙醛（2.34%）、2-乙基己酸（2.21%）、3-己烯酸（2.10%）、α-苯乙醇（2.03%）、苯甲醇（1.61%）、三十五烷（1.54%）、十四烷基环氧乙烷（1.48%）、中氮茚（1.47%）、(7Z,10Z,13Z)-7,10,13-十六（三）烯醛（1.32%）、(Z)-7-十六烯醛（1.24%）、4-氧代异佛尔酮（1.19%）、雪松醇（1.11%）等。

花：张兰胜等（2010）用水蒸气蒸馏法提取的云南大理产密蒙花干燥花蕾和花序精油的主要成分为：棕榈酸

（14.07%）、6,10,14-三甲基-2-十五烷酮（12.92%）、二十一烷（6.15%）、二十七烷（3.28%）、芳樟醇（2.99%）、2,2,4,6,6-五甲基-庚烷（2.91%）、α-松油醇（2.51%）、橙花叔醇（2.39%）、1,2,3,4,4a,7,8,8a-八氢-1,6-二甲基-2-(1-甲基乙烯基)-[1R-(1,4β,4aβ,8aβ)]-1-萘酚（2.30%）、2,4,6,7,8,8a-六氢-3,8-二甲基-4-(1-甲基乙缩醛)-(8S-顺式)-5(1H)-薁酮（2.15%）、2,6,6-三甲基-2-环己烯-1,4-二酮（2.12%）、4,4a,5,6,7,8-六氢-4a,7,7-三甲基-(R)-2(3H)-萘酮（1.93%）、2,2,6-三甲基环己烷-1,4-二酮（1.82%）、2-异亚丙基-3-甲基-3,5-二烯-己醛（1.58%）、2,6,10-三甲基十二烷（1.45%）、丁香醛（1.42%）、二十烷（1.37%）、5-羟基-4,4,6-三甲基-7-氧杂二环[4.1.0]庚烷-2-酮（1.24%）、紫丁香醇D（1.18%）、8-羟基芳樟醇（1.18%）、2,2,6-三甲基-辛烷（1.07%）等。贺银菊（2015）用同法分析的贵州三都产密蒙花干燥花蕾和花序精油的主要成分为：3-甲基-1-丁醇（8.78%）、己醛（6.82%）、苯乙醇（6.29%）、5-乙基-2-壬醇（5.07%）、邻苯二甲酸丁基异己酯（32.69%）、6-甲基-2-十三烷酮（4.38%）、优葛缕酮（3.10%）、苯乙醛（2.69%）、2-溴-6-甲基庚烷（2.39%）、4-氧代异佛尔酮（2.22%）、3-甲基-1,5-戊二醇（2.03%）、莰烯（1.95%）、2-吡啶硫醇（1.89%）、异佛尔酮（1.77%）、9,9-二甲基-3,7-二氮杂双环[3.3.1]壬烷（1.62%）、1-十三炔-4-醇（1.59%）、2-正戊基呋喃（1.52%）、环庚烷（1.27%）、2-溴十四烷（1.23%）、邻苯二甲酸单(2-乙基己基)酯（1.18%）、苯甲醛（1.17%）等。

【利用】全株供药用，花（包括花序）有清热利湿、明目退翳之功效，为眼科常用药物，用于目赤肿痛、多泪、眼生翳膜、肝虚目暗、视物昏花；根可清热解毒。兽医用枝叶治牛和马的红白痢。花可提取刺槐素、鼠李糖和葡萄糖等供药用，还可提取芳香油及黄色食品染料。茎皮纤维可作造纸原料。在南方是一种较好的庭园观赏植物。

🌼 马桑
Coriaria nepalensis Wall.

马桑科　马桑属

别名： 紫桑、毒空木、扶桑、黑龙须、黑果果、黑虎大王、马鞍子、马桑柴、闹鱼儿、千年红、水马桑、野马桑、乌龙须、醉鱼儿

分布： 湖北、陕西、甘肃、西藏、河南、四川、贵州、云南等地

【形态特征】灌木，高1.5～2.5 m，小枝四棱形或成四狭翅，幼枝常带紫色，老枝紫褐色，具圆形突起的皮孔；芽鳞膜质，卵形或卵状三角形，紫红色。叶对生，纸质至薄革质，椭圆形或阔椭圆形，长2.5～8 cm，宽1.5～4 cm，先端急尖，基部圆形，全缘。总状花序生于二年生的枝条上，雄花序长1.5～2.5 cm，多花密集；苞片和小苞片卵圆形，膜质，半透明；萼片卵形，上部具流苏状细齿；花瓣极小，卵形；药隔伸出；雌花序轴被腺状微柔毛；苞片稍大，带紫色；萼片与雄花同；花瓣肉质，较小，龙骨状。果球形，果期花瓣肉质增大包于果外，成熟时由红色变紫黑色，径4～6 mm；种子卵状长圆形。

【生长习性】生于海拔400～3200 m的灌丛中。适应性很强，喜温凉湿润的气候条件，能耐干旱、低温、高温、瘠薄的环境，在深厚肥沃、排水良好的中性偏碱性土壤中生长良好。喜光树种，初期稍耐荫蔽，后期需光性增强。

【芳香成分】张雁冰等（2004）用水蒸气蒸馏法提取的马桑茎精油的主要成分为：二苯胺（1.61%）、邻苯二甲酸异丁酯（1.05%）等；叶精油的主要成分为：二苯胺（10.22%）、邻苯二甲酸异丁酯（10.07%）、苯甲醇（1.54%）、十二碳酸（1.09%）等。

【利用】叶药用，有清热解毒，消肿止痛，杀虫的功效，用于痈疽、肿毒、疥癣、黄水疮、烫火伤、痔疮、跌打损伤；根药用，有清热明目、生肌止痛、散瘀消肿的功效，用于风湿痹痛、牙痛、瘰疬、跌打损伤、狂犬咬伤及烧烫伤；树皮药用，可收敛口疮。果可提酒精。种子榨油可作油漆和油墨。茎叶可提栲胶。全株含马桑碱，有毒，可作土农药。是荒山绿化树种。

【生长习性】生于海拔700～2500 m的山坡、山谷及溪边的林中，局部分布于阳光充足处。为阳性树种，能耐干旱瘠薄的土壤，但喜欢较湿润的生境。

【芳香成分】姜志宏等（1994）用水蒸气蒸馏法提取的广西桂林产马尾树干燥叶精油的主要成分为：9-二十炔（6.24%）、3-二十炔（5.81%）、棕榈酸（5.37%）、十八醛（5.25%）、亚油酸（5.00%）、十九醇（3.62%）、植醇（3.50%）、3-二十烯（3.25%）、鲨烯（3.12%）、1,7,11-三甲基-4-异丙基环十四醇（2.62%）、十五烷酸（2.12%）、二十五烷（2.00%）、三十五烷（1.87%）、十九烯（1.62%）、邻苯二甲酸丁辛酯（1.50%）、二十八烷（1.37%）、6,10,14-三甲基-5,9,13-十五碳三烯-2-酮（1.25%）、十六烯（1.25%）、邻苯二甲酸二异辛酯（1.25%）、二十六醇（1.25%）、二十烷（1.12%）、金合欢醇（1.12%）、肉豆蔻酸（1.12%）等。

🌸 马尾树
Rhoiptelea chiliantha Diela et Hand.-Mazz.

马尾树科　马尾树属

别名：马尾丝、马尾花、漆榆

分布：贵州、广西、云南

【形态特征】落叶乔木，高达20 m，胸径可达60 cm；树皮灰色或灰白色，浅纵裂；小枝初具棱后变圆，褐色或紫褐色，密生浅黄褐色皮孔；幼枝、托叶、叶轴、叶柄及化序都密被腺体及细小而弯曲的毛。单数羽状复叶，互生，常具6～8对小叶；小叶互生，无柄；托叶叶状，扇状半圆形，全缘而成波状皱折。复圆锥花序偏向一侧而俯垂，常由6～8束腋生的圆锥花序组成。团伞花序由1～7花组成，基部为卵形苞片所包围，小苞片较小，花倒圆锥状球形，花被片倒卵状圆形，淡黄绿色，干后变成褐色，宿存于果实基部。小坚果倒梨形，略扁；种子卵形。花期10～12月，果实7～8月成熟。

【利用】木材可作建筑、家具、器具等的用材。叶及树皮可提取栲胶。可作造林树种。为单种属植物，第三纪残遗种，对研究被子植物系统发育、植物系以及古植物学等有重要的科学价值。木材是培养香菇的好材料。

🌸 买麻藤
Gnetum montanum Markgr.

买麻藤科　买麻藤属

别名：倪藤

分布：福建、广东、海南、广西、云南等地

【形态特征】大藤本，高达10 m以上，小枝圆或扁圆，光滑，稀具细纵皱纹。叶形大小多变，通常呈矩圆形，革质或半革质，长10～25 cm，宽4～11 cm，先端具短钝尖头，基部圆或宽楔形。雄球花序1～2回三出分枝，排列疏松，长2.5～6 cm，雄球花穗圆柱形，具13～17轮环状总苞，每轮环状总苞内有雄花25～45，排成两行，假花被稍肥厚呈盾形筒，顶端平，呈不规则的多角形或扁圆形，花丝连合；雌球花序侧生老枝上，单生或数序丛生，每轮环状总苞内有雌花5～8，胚珠椭圆状卵圆形。种子矩圆状卵圆形或矩圆形，熟时黄褐色或红褐色，光滑，有时被亮银色鳞斑。花期6～7月，种子8～9月成熟。

【生长习性】生于海拔1600～2000 m地带的森林中，缠绕于树上。喜欢湿润的气候环境，要求生长环境的空气相对湿度在70%～80%。喜欢高温高湿环境，温度在10℃以下停止生长。喜欢半阴环境。

【精油含量】水蒸气蒸馏干燥藤茎的得油率为0.07%。

【芳香成分】刘建华等（2003）用水蒸气蒸馏法提取的买麻藤干燥藤茎精油的主要成分为：β-桉叶油醇（14.48%）、α-蒎烯（9.28%）、石竹烯氧化物（7.35%）、α-桉叶油醇（7.24%）、榄香醇（4.69%）、γ-桉叶油醇（4.27%）、α-蛇床烯（3.86%）、蒿脑（3.80%）、δ-荜澄茄烯（3.34%）、β-石竹烯（3.23%）、香榧醇（2.47%）、β-蒎烯（1.99%）、L-芳樟醇（1.54%）、莰烯（1.43%）、β-水芹烯（1.43%）、β-榄香烯（1.43%）、十六烷酸（1.17%）、β-蛇床烯（1.06%）、3,8-二甲基-5-(1-甲基乙烯基)-1,2,3,4,5,6,7,8-八氢薁-6-酮（1.01%）等。

【利用】茎叶或根入药，有祛风除湿、活血散瘀、止咳化痰的功效，茎叶用于治疗跌打损伤、风湿骨痛；根用于治疗鹤膝风、风寒咳嗽等。茎皮可织麻袋、渔网、绳索等，又作为制人造棉的原料。种子可炒食或榨油，供食用或作润滑油，亦可酿酒。树液为清凉饮料。

❀ 灰背老鹳草
Geranium wlassowianum **Fisch. ex Link**

牻牛儿苗科　老鹳草属
别名：青岛老鹳草
分布：东北、山西、河北、山东、内蒙古

【形态特征】多年生草本，高30～70 cm。根茎短粗，具簇生纺锤形块根。茎2～3，具棱角，假二叉状分枝，被倒向短柔毛。叶基生和茎上对生；托叶三角状披针形或卵状披针形，长7～8 mm，宽3～4 mm，先端具芒状长尖头；基生叶具长柄，被短柔毛；叶片五角状肾圆形，基部浅心形，长4～6 cm，宽6～9 cm，5深裂达中部或稍过之，背面灰白色，沿脉被短糙毛。花序腋生和顶生，具2花，苞片狭披针形；萼片长卵形或矩圆形状椭圆形，先端具长尖头；花瓣淡紫红色，具深紫色脉纹，宽倒卵形；花丝棕褐色，花药棕褐色；雌蕊被短糙毛。蒴果长约3 cm，被短糙毛。花期7～8月，果期8～9月。

【生长习性】生长于海拔400～900 m的山地草甸及林缘。

【芳香成分】李琳波等（1998）用水蒸气蒸馏法提取的山东烟台产灰背老鹳草干燥地上部分精油的主要成分为：十六碳烷（17.98%）、十五碳烷（9.55%）、十四碳烷（6.53%）、十七碳烷（4.11%）、正十六碳烷（3.74%）、正十五碳烷（3.62%）、十三碳烷（3.18%）、正十四碳烷（3.11%）、正十七碳烷（2.82%）、2,3-二氢-1,1,3-三甲基-3-苯基茚（2.52%）、正十三碳烷（2.46%）、十八碳烷（1.99%）、4-(2,6,6-三甲基环己烯)-3-丁烯-2-酮（1.98%）、正十八碳烷（1.89%）、2,6-二(1,1-二甲基乙基)-4-甲基苯酚（1.74%）、3-甲基十一碳烷（1.51%）、十一碳烷（1.07%）等。

【利用】在东北地区作老鹳草药用。

🌼 老鹳草

Geranium wilfordii Maxim.

牻牛儿苗科　老鹳草属

别名： 老鹳嘴、老鸦嘴、老贯筋、老牛筋、贯筋、鸭脚草

分布： 东北、华北、华东、华中地区及陕西、甘肃和四川等地

【形态特征】多年生草本，高30～50 cm。根茎直生，上部围以残存基生托叶。茎直立，单生，具棱槽，假二叉状分枝，被倒向短柔毛。叶基生和茎生叶对生；托叶卵状三角形或上部为狭披针形，长5～8 mm，宽1～3 mm，基生叶和茎下部叶具长柄，茎上部叶柄渐短或近无柄；基生叶片圆肾形，长

3～5 cm，宽4～9 cm，5深裂达2/3处，茎生叶3裂至3/5处。花序腋生和顶生，每梗具2花；苞片钻形；萼片长卵形或卵状椭圆形；花瓣白色或淡红色，倒卵形；雄蕊稍短于萼片，花丝淡棕色；雌蕊被短糙状毛，花柱分枝紫红色。蒴果长约2 cm，被短柔毛和长糙毛。花期6～8月，果期8～9月。

【生长习性】生于海拔1800 m以下的低山林下、草甸。喜温暖湿润气候，耐寒、耐湿。喜阳光充足。以疏松肥沃、湿润的壤土栽种为宜。

【精油含量】水蒸气蒸馏新鲜全草的得油率为0.01%。

【芳香成分】薛晓丽等（2016）用水蒸气蒸馏法提取的吉林省吉林市产老鹳草新鲜全草精油的主要成分为：石竹烯（8.85%）、1(10)，4-杜松二烯（5.80%）、大根香叶烯D（5.79%）、邻苯二甲酸二丁酯（5.76%）、2-(苯基甲氧基)丙酸甲酯（5.48%）、β-瑟林烯（4.91%）、β-芹子烯（3.62%）、植醇（3.16%）、蛇麻烯（2.99%）、β-法呢烯（2.27%）、长叶烯（2.60%）、母菊奠（2.45%）、植酮（2.30%）、α-杜松醇（2.01%）、脱氢香薷酮（1.99%）、十四烷基环氧乙烷（1.86%）、澳白檀醇（1.77%）、正二十七烷（1.63%）、β-榄香烯（1.38%）、β-波旁烯（1.27%）、芳樟醇（1.26%）、斯巴醇（1.03%）、氧化石竹烯（1.03%）等。

【利用】全草供药用，有祛风活血、清热解毒的功效，治风湿疼痛、拘挛麻木、痈疽、跌打、肠炎、痢疾。可作园林地被植物。

🌼 牻牛儿苗

Erodium stephanianum Willd.

牻牛儿苗科　牻牛儿苗属

别名： 牛扁、长嘴老鹳草、太阳花

分布： 黑龙江、吉林、辽宁、山西、新疆、青海、甘肃、宁夏、陕西、安徽、四川、西藏

【形态特征】多年生草本，高通常15～50 cm。茎多数，具节，被柔毛。叶对生；托叶三角状披针形，分离，被疏柔毛，边缘具缘毛；基生叶和茎下部叶具长柄；叶片轮廓卵形或三角状卵形，基部心形，长5～10 cm，宽3～5 cm，二回羽状深裂，小裂片卵状条形，全缘或具疏齿。伞形花序腋生，每梗具2～5花；苞片狭披针形，分离；萼片矩圆状卵形，先端具长芒，被长糙毛；花瓣紫红色，倒卵形，先端圆形或微凹；花丝紫色；花柱紫红色。蒴果长约4 cm，密被短糙毛。种子褐色，具斑点。花期6～8月，果期8～9月。

【生长习性】生于山坡、农田边、砂质河滩地和卓原凹地等。

【精油含量】水蒸气蒸馏干燥地上部分的得油率为0.02%。

【芳香成分】尹海波等（2009）用水蒸气蒸馏法提取的辽宁大连产牻牛儿苗干燥地上部分精油的主要成分为：叶绿醇（40.51%）、十四(烷)酸（30.36）、(E,E,E)-8,11,14-二十碳三烯酸（19.83%）、6,10,14-三甲基-2-十五碳酮（1.66%）、异植醇（1.08%）等。

【利用】全草供药用，有祛风除湿、清热解毒的功效，主要用于风湿痹痛、麻木拘挛、筋骨酸痛、泄泻痢疾等。嫩茎叶可作蔬菜食用。全草可提取黑色染料。

波旁天竺葵

Pelargonium asperum Willd.

牻牛儿苗科　天竺葵属

分布：浙江、福建等地

【形态特征】株高约53 cm，冠幅约60 cm；新茎绿色，老茎褐色，主茎被毛，光滑。单叶对生，有柄有托叶，叶长8.87 cm，叶宽9.17 cm，掌状近圆形，叶缘深裂，成熟叶缘波浪度小，叶尖撕裂状，叶基箭形，绿色。花序复伞状，花冠轮状，小花宽度1.80 cm，花色玫红，花有香味，聚药雄蕊，子房上位。现蕾时间3月底，盛花期4月，末花期5月底。

【生长习性】原产于印度洋岛屿。

【精油含量】水蒸气蒸馏新鲜茎叶的得油率为0.12%。

【芳香成分】李珊珊等（2018）用水蒸气蒸馏法提取的福建漳州产波旁天竺葵新鲜茎叶精油的主要成分为：(-)-β-香茅烯（7.97%）、香茅醇（7.64%）、6,9-愈创木二烯（5.98%）、薄荷酮（5.96%）、牻牛儿醇（5.10%）、惕各酸牻牛儿酯（4.50%）、丁酸香茅酯（3.85%）、丁香烯（3.60%）、丁酸牻牛儿酯（3.59%）、芳樟醇（3.12%）、大根香叶烯D（2.81%）、惕各酸香茅酯（2.50%）、惕各酸苯乙酯（2.38%）、丙酸香茅酯（2.29%）、二十烷（2.24%）、甲酸橙花酯（2.15%）、苦本醇（2.09%）、丙酸牻牛儿酯（2.02%）、喇叭烯（1.84%）、愈创木烯（1.63%）、柠檬醛（1.58%）、天竺葵酮A（1.53%）、β-波旁烯（1.44%）、庚酸香茅酯（1.27%）、乙酸香茅酯（1.25%）、玫瑰醚（1.22%）、己酸橙花酯（1.20%）、(2E,6E)-戊酸金合欢酯（1.18%）、异己酸香茅酯（1.05%）、α-杜松醇（1.01%）等。

【利用】叶可提取精油，用于芳香按摩等。

豆蔻天竺葵

Pelargonium odoratissimum (Linn.) L'Hér. ex Ait.

牻牛儿苗科　天竺葵属

别名：碰碰香、苹果香、扒了香、苹果香草

分布：全国各地

【形态特征】灌木状草本植物。蔓生，茎枝棕色，嫩茎绿色或具红晕。全株芳香。多分枝，全株被有细密的白色绒毛。叶交互对生，肉质或厚革质，绿色，卵形或倒卵形，边缘有钝锯齿。伞形花序，花小，有深红、粉红及白色等；花通常两侧对称；萼片5，覆瓦状排列，基部合生，近轴1枚延伸成长距并与花梗合生；花瓣5，覆瓦状排列，上方2枚较大而同形，下方3枚同形；雄蕊10，花丝基部通常合生或偏生，其中1~3枚无药或花药发育不全；子房合生，5心皮，5室，花柱分枝5。蒴果具喙，5裂，成熟时果瓣由基部向上卷曲，附于喙的顶端，每室具1种子。种子无胚乳。包于两子叶之间。

【生长习性】在亚热带的气候条件下生长。喜阳光，也较耐阴。喜温暖，不耐寒冷，冬季需要5~10 ℃的温度。不耐水湿。喜疏松、排水良好的土壤。

【芳香成分】叶：王建刚（2011）用顶空固相微萃取法提取的吉林省吉林市产豆蔻天竺葵新鲜叶精油的主要成分为：D-柠檬烯（61.18%）、芳樟醇（4.09%）、大牻牛儿烯（3.38%）、4-蒈烯（2.92%）、异松油烯（2.86%）、α-蒎烯（2.19%）、桧烯（2.15%）、邻伞花烃（2.07%）、1,7,7-三甲基双环[2,2,1]庚-2-乙酸酯（1.98%）、β-石竹烯（1.75%）、珀耙烯（1.67%）、桉叶醇（1.31%）、月桂烯（1.24%）等。

全草：孟雪等（2014）用水蒸气蒸馏法提取的干燥全草精油的主要成分为：罗勒烯（53.95%）、α-蒎烯（15.48%）、莰烯（7.42%）、桧烯（5.52%）、β-蒎烯（5.08%）、蒈烯（2.25%）等。

【利用】全草可提取精油，广泛应用于香料与化妆品。宜盆栽观赏。叶片泡茶、酒，可提神醒脑、清热解暑、驱避蚊虫。打汁加蜜生食缓解喉咙痛。

玫瑰天竺葵

Pelargonium roseum Ehrh.

牻牛儿苗科　天竺葵属

别名：玫瑰香叶、花头天竺葵

分布：云南有栽培

【形态特征】多年生草本植物，株高约38 cm，冠幅约54 cm，新茎绿色，老茎褐色，主茎被毛。单叶互生，有柄有托叶，掌状近圆形，长约7.3 cm，宽约9 cm，叶尖突尖，叶基截形，叶缘浅裂，成熟叶缘波浪度大，嫩叶绿色，成熟叶深绿色。复伞状花序，花冠轮状，小花宽度约1.8 cm，花色玫红，花有香味，聚药雄蕊，子房上位。现蕾时间4月初，盛花期5月末，花期6月初。

【生长习性】原产于非洲。

【精油含量】水蒸气蒸馏新鲜茎叶的得油率为0.0.07%～0.15%。

【芳香成分】马剑冰等（1991）用水蒸气蒸馏法提取的云南宾川产玫瑰天竺葵新鲜茎叶精油的主要成分为：香茅醇（23.53%）、香叶醇（14.99%）、芳樟醇（12.81%）、异薄荷酮（10.03%）、甲酸香茅酯（7.71%）、甲酸香叶酯（3.78%）、愈创醇（3.01%）、异丁酸香叶酯（1.44%）、α-松油醇（1.25%）、β-木罗烯（1.24%）、丙酸香叶酯（1.07%）、异己酸香叶酯（1.06%）等。

【利用】全草可提取精油，主要用于调配各种高级香皂、香水和其他玫瑰香型香精。对人体有良好的保健功效，还有防治库蚊、除螨防蜱、抑制真菌活性等作用。

❀ 天竺葵

Pelargonium hortorum Bailey

牻牛儿苗科　天竺葵属
别名： 洋葵、石蜡红、洋绣球
分布： 全国各地

叶片圆形或肾形，茎部心形，直径3～7 cm，边缘波状浅裂，具圆形齿，两面被透明短柔毛，叶面叶缘以内有暗红色马蹄形环纹。伞形花序腋生，具多花；总苞片数枚，宽卵形；萼片狭披针形，外面密腺毛和长柔毛，花瓣红色、橙红、粉红或白色，宽倒卵形，长12～15 mm，宽6～8 mm，先端圆形，基部具短爪，下面3枚通常较大；子房密被短柔毛。蒴果长约3 cm，被柔毛。花期5～7月，果期6～9月。

【生长习性】喜冬暖夏凉，最适温度为15～20 ℃。喜燥恶湿，冬季浇水不宜过多，要见干见湿。需要充足的阳光。不喜大肥。

【形态特征】多年生草本，高30～60 cm。茎直立，基部木质化，上部肉质，具明显的节，密被短柔毛，具浓烈鱼腥味。叶互生；托叶宽三角形或卵形，长7～15 mm，被柔毛和腺毛；

【芳香成分】根：王巨媛等（2012）用索氏萃取法提取的天竺葵新鲜根精油的主要成分为：1,7-二甲基-4-(1-甲基乙基)环癸烷（30.30%）、1,2-苯二甲酸双(1-甲基乙基)酯（7.23%）、

5-甲基-2-苯基-1H-吲哚（6.18%）、十九烷（4.71%）、棕榈酸甲酯（3.79%）、1-三十烷醇（3.58%）、二十烷（2.72%）、2,4-二甲基苯并[H]喹啉（2.26%）、角鲨烯（2.14%）、1-十九碳烯（2.01%）、二十烷（2.00%）、十七烷（1.86%）、3-甲氧基苯乙腈（1.80%）、十八烷（1.54%）、1-甲基-4-[4,5-二羟苯基]六氢吡啶（1.39%）、9-乙基-9-庚基十八烷（1.29%）、三甲基硅氧烷（1.16%）、六甲基环三硅氧烷（1.01%）等。

茎：王巨媛等（2010）用索氏萃取法提取的天竺葵茎精油的主要成分为：顺-9-二十三烯（22.44%）、1-二十二烯（16.03%）、二十一烷（6.36%）、二十二烷醇（4.03%）、维生素E（3.69%）、二十四烷（3.66%）、1-二十六烷醇（3.19%）、顺-9-二十烯（2.77%）、1-十八烷烯（2.73%）、磷酸三（正）丁酯（2.68%）、油酸（2.65%）、正二十醇（2.21%）、软脂酸（1.80%）、1-二十二烯（1.59%）、菜油甾醇（1.56%）、磷酸二甲酸二丁酸（1.03%）、角鲨烯（1.03%）等。

叶：王巨媛等（2010）用索氏萃取法提取的天竺葵干燥叶精油的主要成分为：二十二烷（16.86%）、二十一烷（10.75%）、维生素E（8.81%）、γ-谷甾醇（7.20%）、植物固醇（5.08%）、9,12-十八碳二烯酸（5.03%）、二十四（碳）烷（4.08%）、二十七（碳）烷（3.02%）、邻苯二甲酸二正辛酯（2.65%）、羽扇豆醇（2.62%）、十六酸（2.48%）、β-香树素（2.09%）、正十七碳烷（1.40%）、岩藻甾醇（1.35%）、角鲨烯（1.27%）、二十烷（1.16%）、磷酸三丁酯（1.07%）等。

花：王巨媛等（2010）用索氏萃取法提取的天竺葵阴干花瓣精油的主要成分为：正二十四烷（12.43%）、1-十九烯

（8.70%）、γ-谷甾醇（5.62%）、二十七烷（5.59%）、邻苯二甲酸二丁酯（5.19%）、乙酸-4-甲基苯基酯（3.70%）、(Z)-9-十八烯酸酰胺（3.55%）、磷酸三丁酯（2.99%）、十八烷（2.85%）、十八酸铅盐（2.44%）、邻苯二甲酸二丁酯（2.23%）、二十烷（2.02%）、3,5-二烯豆甾醇（1.77%）、菜油甾醇（1.75%）、1-十八烯（1.29%）、正二十三烷（1.18%）、生育酚（1.01%）等。

【利用】全草药用，有止血、收缩血管、排毒、利尿等功效，可平抚焦虑、沮丧，还能提振情绪，让心理恢复平衡，纾解压力。全草可提取精油，精油可帮助肝、肾排毒，能治疗黄疸、肾结石和多种尿道感染症；也可以帮助许多妇女减轻经前体液滞留的症状。适用于室内摆放，花坛布置等。

🌼 香茅天竺葵
Pelargonium citrenella

牻牛儿苗科　天竺葵属

别名：驱蚊香草、驱蚊草、蚊净香草
分布：全国各地有栽培

【形态特征】多年生草本植物，株高60～100 cm，茎肉质多汁，基部木质化，多分枝，全体密被白色细毛。叶互生，叶柄长，叶片肥大深绿，叶缘深绿有锯齿，茎叶均有特殊芳香气味。伞状花序，顶生，总花梗长，花瓣有白色、粉色、紫色等多色，花柱上有5个分支。

【生长习性】喜冷凉，忌炎热。较喜有机肥，喜松软、湿润的土壤，忌黏性土壤。土壤pH5.5～6.5为最佳，防止土壤碱化。对温度适应性较强，0～35 ℃均可以存活，10～30 ℃条件下均可生长，15～25 ℃是其最佳生长温度。喜通风，喜光照。

【芳香成分】李勇慧等（2008）用水蒸气蒸馏法提取的香茅天竺葵干燥叶精油的主要成分为：香叶醇（44.62%）、3,7-二甲基-6-辛烯-1-醇（8.30%）、β-芳樟醇（8.01%）、右旋-异薄荷酮（5.56%）、γ-桉叶油醇（3.88%）、巴豆酸基香叶酯（3.34%）、十烷酸（3.18%）、十六酸（2.46%）、马兜铃烯（1.91%）、十六烷基乙酸酯（1.81%）、邻苯二甲酸二异辛酯（1.64%）、香茅酸（1.60%）、苯乙基巴豆酸酯（1.54%）、十八烷基乙酸酯（1.24%）、库毕醇（1.16%）等。

【利用】具有家庭盆栽观赏和驱蚊等多重作用。

🌸 香叶天竺葵
Pelargonium graveolens L'Her.

牻牛儿苗科　天竺葵属
别名： 香叶、摸摸香、香艾、驱蚊草、柠檬天竺葵
分布： 全国各地

【形态特征】多年生草本或灌木状，高可达1 m。茎直立，基部木质化，上部肉质，密被具光泽的柔毛，有香味。叶互生；托叶宽三角形或宽卵形，长6～9 mm，先端急尖；叶柄与叶片近等长，被柔毛；叶片近圆形，基部心形，直径2～10 cm，掌状5～7裂达中部或近基部，裂片矩圆形或披针形，小裂片边缘为不规则的齿裂或锯齿，两面被长糙毛。伞形花序与叶对生，具花5～12朵；苞片卵形，被短柔毛，边缘具绿毛；萼片长卵形，绿色，先端急尖；花瓣玫瑰色或粉红色，先端钝圆，上面2片较大；雄蕊与萼片近等长，下部扩展；心皮被茸毛。蒴果长约2 cm，被柔毛。花期5～7月，果期8～9月。

【生长习性】喜温耐旱，不耐寒，怕涝，对高温多湿气候敏感。喜日照充足、排水良好、肥沃的土壤。适宜在中性或弱碱性的土壤中生长，黏重的土壤和低洼排水不良的土地不宜栽培。

【精油含量】水蒸气蒸馏茎的得油率为0.02%，全草或叶的得油率为0.03%～2.00%，花的得油率为0.34～0.42%；有机溶剂萃取叶的得油率为0.17%～0.68%。

【芳香成分】叶：郑青荷等（2011）用水蒸气蒸馏法提取的新鲜叶精油的主要成分为：香茅醇（30.69%）、甲酸香茅酯（11.89%）、异薄荷酮（9.73%）、β-古芸烯（6.89%）、芳樟醇（3.52%）、顺-玫瑰醚（3.38%）、大牻牛儿烯（3.13%）、香叶醇（3.05%）、α-石竹烯（2.55%）、α-蒎烯（2.43%）、β-石竹烯（2.31%）、α-二去氢菖蒲烯（2.21%）、β-榄香烯（2.19%）、丙酸香茅酯（2.08%）、薄荷酮（1.47%）、α-水芹烯（1.38%）、愈创

木醇（1.22%）、(+)-4-蒈烯（1.17%）、荜澄茄烯（1.15%）、反-玫瑰醚（1.12%）等。刘晓生等（2015）用顶空固相微萃取法提取的广东潮州产香叶天竺葵新鲜叶精油的主要成分为：香叶醇（17.77%）、愈创蓝油烃（14.63%）、D-杜松烯（12.04%）、香茅醇（8.71%）、(1aR)-八氢-1,1,3aβ,7-四甲基-1H-环丙[α]萘（7.54%）、惕各酸香叶酯（7.21%）、异薄荷酮（5.34%）、丙酸香叶酯（4.67%）、丁酸香叶酯（3.07%）、α-荜澄茄醇（1.57%）、(1S,2S,4R)-1-乙烯基-1-甲基-2,4-双环(1-甲基乙烯基)环己烷（1.51%）、橙花醇（1.33%）、月桂烯（1.21%）、(+)-香橙烯（1.20%）等。

全草：林霜霜等（2017）用水蒸气蒸馏法提取的福建产香叶天竺葵新鲜茎叶精油的主要成分为：β-香茅醇（32.21%）、甲酸香草酯（17.82%）、(-)-薄荷酮（5.50%）、惕各酸香叶酯（3.60%）、惕各酸苯乙酯（3.20%）、(1R,3S,4S)-1,3-二甲基-3-(4-甲基戊-3-烯-1-基)（2.52%）、丙酸香茅酯（2.33%）、丁酸香茅酯（2.21%）、惕各酸香茅酯（1.66%）、香叶醇（1.52%）、(Z)-3,7-二甲基-2,6-亚辛基-1-醇丙酸酯（1.54%）、1-[(1S)-3α-甲基-2α-(3-异丙基呋喃-2-基)环戊烷-1α-基]乙酮（1.30%）、乙酸橙花酯（1.20%）、桉油烯醇（1.14%）、(3E)-2,5,5-三甲基-3,6-庚二烯-2-醇（1.09%）、(1R)-1β-(1-甲基乙基)-4α,7-二甲基-1,2,3,4,4a,5,6,8aβ-八氢萘-4aβ-酚（1.08%）、芳樟醇（1.05%）等。

【利用】露地可装饰岩石园、花坛及花境；盆栽可点缀客厅、居室、会场及其他公共场所；也可用于切花生产。全株可提取精油，用以调制香精、香水，作食油、香皂和牙膏等的添加剂，为香料工业的重要原料之一。

🌸 蓝侧金盏花
Adonis coerulea Maxim.

毛茛科　侧金盏花属
分布： 西藏、青海、四川、甘肃

【形态特征】多年生草本，除心皮外，全部无毛。根状茎粗壮。茎高3～15 cm，常在近地面处分枝，基部和下部有数个鞘状鳞片。茎下部叶有长柄，上部的有短柄或无柄；叶片长圆形或长圆状狭卵形，少有三角形，长1～4.8 cm，宽1～2 cm，二至三回羽状细裂，羽片4～6对，稍互生，末回裂片狭披针形或披针状线形，顶端有短尖头。花直径1～1.8 cm；萼片5～7，倒

卵状椭圆形或卵形，顶端圆形；花瓣约8，淡紫色或淡蓝色，狭倒卵形，顶端有少数小齿；花药椭圆形，花丝狭线形；心皮多数，子房卵形，花柱极短。瘦果倒卵形，长约2 mm，下部有稀疏短柔毛。4～7月开花。

【生长习性】生于海拔3350～5200 m的高山草地或灌丛中。

【精油含量】水蒸气蒸馏干燥全草的得油率为1.25%。

【芳香成分】钱帅等（2017）用水蒸气蒸馏法提取的青海平安产蓝侧金盏花干燥全草精油的主要成分为：莰烯（9.70%）、α-蒎烯（5.70%）、红没药醇（4.82%）、罗勒烯（4.37%）、萜品烯（4.22%）、反-3,7-二甲基-2,6-辛二烯-1-醇乙酸酯（3.95%）、芳樟醇（3.85%）、吉玛烯（2.39%）、乙酸癸酯（1.90%）、洋芹醚（1.72%）、匙桉醇（1.59%）、石竹烯（1.58%）、3-甲基丁酸戊酯（1.39%）、肉桂酯（1.38%）、γ-榄香烯（1.27%）、对甲基苯异丙醇（1.25%）、(E)-罗勒烯（1.24%）、壬烷（1.10%）、长叶烯（1.08%）、正戊酸己酯（1.01%）等。

【利用】全草药用，治阳虚水湿停聚引起的水肿、小便不利、心阳虚、心气虚、心悸、气短、健忘、失眠症；外敷治疮疥和牛皮癣等皮肤病。

❀ 天山翠雀花
Delphinium tianshanicum W. T. Wang

毛茛科　翠雀属
别名：飞燕草
分布：新疆

【形态特征】茎高40～115 cm，被白色硬毛。基生叶在开花时通常枯萎；叶片五角状肾形，长6～9 cm，宽9～14 cm，三深裂，中央深裂片菱状倒梯形或宽菱形，急尖，在中部之上三浅裂，有少数锐牙齿，侧深裂片斜扇形，不等二裂近中部，两面被稍密的糙伏毛。顶生总状花序有8～15花；轴和花梗密被反曲的短糙伏毛；基部苞片三裂，其他苞片披针状线形，小苞片线形或披针状线形，背面有短糙伏毛；萼片脱落，蓝紫色，卵形或倒卵形，花瓣黑色，微凹；退化雄蕊黑色，瓣片近卵形，二裂，上部有长缘毛，腹面有黄色髯毛。蓇葖长0.9～1.1 cm；种子倒圆锥状四面体形，长1.5 mm，密生成层排列的鳞状横翅。7～9月开花。

【生长习性】生于海拔1700～2700 m的山地草坡、灌丛或沟边草地。

【芳香成分】曾祯等（2017）用顶空固相微萃取法提取的新疆伊犁产天山翠雀花干燥全草精油的主要成分为：6,10,14-三甲基-2-十五烷酮（8.57%）、(E)-2-庚烯醛（8.25%）、苯乙醇（8.19%）、(E,E)-2,4-庚二烯醛（5.65%）、正辛醇（5.51%）、苯甲醛（4.47%）、3,5-辛二烯-2-酮（3.88%）、壬醛（3.74%）、反-2-己烯醛（2.64%）、己醛（2.60%）、2-呋喃甲醛（2.58%）、1-辛烯-3-酮（2.55%）、二氢猕猴桃内酯（2.41%）、苯甲醇（2.38%）、香叶基丙酮（2.13%）、2-辛烯醛（2.04%）、苯乙醛（2.02%）、1,4-二甲氧基苯（1.92%）、E-2-丁烯醛（1.88%）、1-己醇（1.80%）、1-辛烯-3-醇（1.67%）、2-戊基呋喃（1.62%）、9-甲基-反-十氢化萘-1,8-二酮（1.54%）、α-柏木烯（1.38%）、十六酸乙酯（1.28%）、戊醛（1.13%）、辛醛（1.02%）等。

【利用】全草药用，具有清热解毒、祛湿除热的功效，治大肠湿热、泻痢脓血、里急后重、三焦湿热症；民间用于清小肠热、干黄水、愈疮疡、止赤痢。

🌸 伊犁翠雀花
Delphinium iliense Huth

毛茛科　翠雀属

分布： 新疆、甘肃、西藏、四川、青海

【形态特征】茎高22～80 cm，疏被白色硬毛，通常不分枝。基生叶数个，茎生叶1～4个；叶片肾形或近五角形，长3～6.5 cm，宽5.5～11 cm，三深裂稍超过中部，侧深裂片斜扇形，两面疏被糙毛。总状花序狭，有5～12花；基部苞片三裂或披针形，长约2 cm，其他苞片较小，狭披针形，长0.7～1.2 cm，边缘有白色长毛；小苞片狭披针形或线状倒披针形，边缘疏被白色长毛；萼片蓝紫色，上萼片卵形，其他萼片倒卵形；花瓣黑色，近无毛；退化雄蕊黑色，瓣片宽卵形，二浅裂，上部疏被长缘毛，腹面有黄色髯毛，爪比瓣片稍短；雄蕊无毛。心皮3，近无毛。种子只沿棱有翅。7～8月开花。

【生长习性】生于海拔2000 m一带的山地灌木丛中或多石砾山坡。

【芳香成分】曾祯等（2017）用顶空固相微萃取法提取的新疆伊犁产伊犁翠雀花干燥全草精油的主要成分为：(E)-2-庚烯醛（7.76%）、苯甲醛（7.62%）、正辛醇（7.16%）、3,5-辛二烯-2-酮（6.12%）、己醛（3.53%）、(E,E)-2,4-庚二烯醛

（3.40%）、1,4-二甲氧基苯（3.27%）、壬醛（3.12%）、反-β-金合欢烯（2.92%）、1-辛烯-3-酮（2.86%）、苯甲醇（2.66%）、2-戊基呋喃（2.62%）、γ-依兰油烯（2.55%）、1-辛烯-3-醇（2.53%）、2-己烯醛（2.52%）、苯乙醇（2.30%）、2,6-二甲基-2,6-辛二烯（2.22%）、6,10,14-三甲基-2-十五烷酮（2.17%）、E-2-丁烯醛（2.13%）、二氢猕猴桃内酯（1.73%）、β-紫罗酮（1.71%）、对伞花烃（1.65%）、2-辛烯醛（1.57%）、α-柏木烯（1.43%）、戊醛（1.42%）、6-甲基-5-庚烯-2-酮（1.22%）、3-辛烯-2-酮（1.13%）、香叶基丙酮（1.11%）、大根香叶烯D（1.08%）、γ-萜品烯（1.06%）、3-甲基丁醛（1.03%）等。

【利用】全草药用，具有清热解毒、祛湿除热的功效，治大肠湿热、泻痢脓血、里急后重、三焦湿热症。

🌸 黑种草
Nigella damascena Linn.

毛茛科　黑种草属

别名： 斯亚旦

分布： 云南、新疆等地有栽培

【形态特征】植株全部无毛。茎高25～50 cm，不分枝或上部分枝。叶为二至三回羽状复叶，末回裂片狭线形或丝形，顶端锐尖。花直径约2.8 cm，下面有叶状总苞；萼片蓝色，卵形，顶端锐渐尖，基部有短爪；花瓣约8，有短爪，上唇小，披针形，下唇二裂超过中部，裂片宽菱形，边缘有少数柔毛；重瓣品种与萼片形状相同；心皮通常5，子房合生至花柱基部。蒴果椭圆球形，长约2 cm。

【生长习性】喜生于荒地上，较耐寒，喜向阳、肥沃、排水良好的土壤。对土质要求不严。

【精油含量】水蒸气蒸馏种子的得油率为5.10%。

【芳香成分】解成喜等（2002）用水蒸气蒸馏法提取的新疆产黑种草种子精油的主要成分为：异长叶烯（52.56%）、松蒈（11.11%）、4-甲基-1-(1-异丙基)-3-环乙烯-1-酮（7.10%）、百里醌（5.92%）、1-甲基-1～2-(1-异丙基)-苯（3.18%）、α-长蒎烯（2.68%）、4-甲烯基-1-异丙基-环[3,10]已烷（1.98%）、1-冰片（1.71%）、1,2-甲基-5-(1-异丙基)-苯酚（1.45%）、棕榈酸（1.33%）、1-甲氧基-4-(1-丙烯基)-苯（1.21%）、樟脑（1.19%）、4-(1-异丙基)-苯甲醛（1.03%）等。

【利用】栽培供观赏、切花用。可作蜜源植物。种子可用

作调味品。种子入药，有益气养心、散寒通经、利乳活血、祛风止咳的功效，治疗心悸、失眠、体虚、风寒感冒、头痛、咳嗽；种子可驱虫。种子可提取精油。

腺毛黑种草
Nigella glandulifera Freyn et Sint.

毛茛科　黑种草属

别名： 瘤果黑种草

分布： 新疆、云南、西藏

【形态特征】茎高35～50 cm，有少数纵棱，被短腺毛和短柔毛，上部分枝。叶为二回羽状复叶。叶片卵形，长约5 cm，宽约3 cm，羽片约4对，近对生，末回裂片线形或线状披针形，表面无毛，背面疏被短腺毛。花直径约2 cm；萼片白色或带蓝色，卵形，基部有短爪，无毛；花瓣约8，有短爪，上唇小，比下唇稍短，披针形，下唇二裂超过中部，裂片宽菱形，顶端近球状变粗，基部有蜜槽；雄蕊无毛，花药椭圆形；心皮5，子房合生到花柱基部，散生圆形小鳞状突起，花柱与子房等长。蒴果长约1 cm，有圆鳞状突起，宿存花柱与果实近等长；种子三棱形，长约2.5 mm，有横皱。

【生长习性】较耐寒，喜向阳、肥沃、排水良好的土壤。

【精油含量】水蒸气蒸馏干燥种子的得油率为0.33%。

【芳香成分】耿东升等（2009）用水蒸气蒸馏法提取的新疆墨玉产腺毛黑种草干燥种子精油的主要成分为：间-伞花烃（61.48%）、α-蒎烯（12.95%）、3-甲基-1-{3-[5-(3,3-二甲基环氧乙烷基)]}乙酮（6.86%）、百里醌（3.73%）、β-蒎烯（2.81%）、1R-α-蒎烯（2.31%）、长叶烯（2.25%）、τ-萜品烯（1.63%）、桧烯（1.03%）等。黄娜等（2015）用顶空固相微萃取法提取的干燥成熟种子精油的主要成分为：百里醌（47.62%）、百里香烯（23.93%）、α-侧柏烯（11.21%）、长叶烯（2.90%）、α-蒎烯（2.30%）、β-蒎烯（1.96%）、柠檬烯（1.25%）、桧烯（1.14%）、β-环柠檬醛（1.04%）等。

【利用】种子、幼苗为民族常用药，有通经活血、通乳、利尿的功效，用于耳鸣健忘、经闭乳少、热淋、石淋、白癜风、疮疥；另外拌醋食用可打虫，拌蜜食用可治气喘。种子和幼苗可作香料用。

黄连
Coptis chinensis Franch.

毛茛科　黄连属

别名： 味连、川连、鸡爪连

分布： 四川、贵州、湖南、湖北、陕西

【形态特征】根状茎黄色，常分枝，密生多数须根。叶有长柄；叶片稍带革质，卵状三角形，宽达10 cm，三全裂，中央全裂片卵状菱形，长3～8 cm，宽2～4 cm，顶端急尖，3或5对羽状深裂，在下面分裂最深，边缘生具细刺尖的锐锯齿，侧全裂片斜卵形，不等二深裂。花葶1～2条，高12～25 cm；二歧或多歧聚伞花序有3～8朵花；苞片披针形，三或五羽状深裂；萼片黄绿色，长椭圆状卵形；花瓣线形或线状披针形，顶端渐尖，中央有蜜槽；雄蕊约20；心皮8～12，花柱微外弯。蓇葖

长6～8 mm，柄约与之等长；种子7～8粒，长椭圆形，长约2 mm，宽约0.8 mm，褐色。2～3月开花，4～6月结果。

【生长习性】生于海拔500～2000 m的山地林中或山谷阴处。喜冷凉、湿润、荫蔽，忌高温、干旱。不能经受强烈的阳光，喜弱光，需要遮阴。适宜表土疏松肥沃、有丰富的腐殖质、土层深厚的土壤，pH5.5～6.5，为微酸性。

【芳香成分】左定财等（2017）用固相微萃取法提取的贵州江口产黄连干燥根茎精油的主要成分为：月桂酸乙酯（25.99%）、癸酸乙酯（12.12%）、棕榈酸乙酯（10.44%）、柠檬烯（5.91%）、月桂酸丁酯（5.90%）、癸酸丁酯（4.43%）、亚油酸乙酯（4.22%）、橙花醛（2.99%）、十八烯酸乙酯（2.57%）、β-甜没药烯（2.55%）、月桂酸甲酯（2.50%）、4,6-双（4-甲基-3-戊烯基)-6-甲基-1,3-环己二烯-1-甲醛（2.39%）、香叶醛（2.24%）、环葑烯（2.02%）、反式-β-金合欢烯（1.73%）、棕榈酸甲酯（1.71%）、9,12-十八碳二烯酸甲酯（1.36%）、β-月桂烯（1.26%）、β-石竹烯（1.24%）、肉豆蔻酸乙酯（1.22%）等。

【利用】根状茎为著名中药，有清热燥湿、泻火解毒的功效，用于湿热痞满、呕吐吞酸、泻痢、黄疸、高热神昏、心火亢盛、心烦不寐、血热吐衄、目赤、牙痛、消渴、痈肿疔疮；外治湿疹、湿疮、耳道流脓。

长瓣金莲花
Trollius macropetalus Fr. Schmidt

毛茛科　金莲花属
分布： 辽宁、吉林、黑龙江

【形态特征】植株全部无毛。茎高70～100 cm，疏生3～4叶。基生叶2～4个，长20～38 cm，有长柄；叶片长5.5～9.2 cm，宽11～16 cm，与短瓣金莲花及金莲花的叶片均极相似。花直径3.5～4.5 cm；萼片5～7片，金黄色，干时变橙黄色，宽卵形或倒卵形，顶端圆形，生不明显小齿，长1.5～2（2.5）cm，宽1.2～1.5 cm；花瓣14～22个，在长度方面稍超过萼片或超出萼片达8 mm，有时与萼片近等长，狭线形，顶端渐变狭，常尖锐，长1.8～2.6 cm，宽约1mm；雄蕊长1～2 cm，花药长3.5～5 mm；心皮20～40。蓇葖长约1.3 cm，宽约4 mm，喙长3.5～4 mm；种子狭倒卵球形，长约1.5 mm，黑色，具4棱角。7～9月开花，7月开始结果。

【生长习性】生于海拔450～600 m的湿草地。

【精油含量】水蒸气蒸馏干燥花的得油率为0.05%。

【芳香成分】张大军等（1991）用水蒸气蒸馏法提取的吉林蛟河产长瓣金莲花干燥花精油的主要成分为：十六酸（16.50%）、9,12-二烯十八酸（16.30%）、十二酸（12.50%）、十四酸（11.00%）、正二十五烷（9.90%）、正二十七烷（6.00%）、正二十六烷（4.70%）、2,6-二叔丁基苯甲酚（4.20%）、邻苯二甲酸丁基辛基酯（3.10%）、2,6,10,14-四甲基十九烷（2.80%）、2,7,10-三甲基十二烷（1.90%）、正十四烷（1.90%）、

正十九烷（1.90%）、沉香醇（1.60%）、正二十八烷（1.10%）等。

【利用】花药用，有清热解毒的功效。主治上呼吸道感染，急性或慢性扁桃体炎，急性结膜炎，急性中耳炎，急性淋巴管炎，急性痢疾，急性阑尾炎。种子油可制肥皂和油漆。

❀ 短瓣金莲花
Trollius ledebourii Reichb.

毛茛科　金莲花属
分布： 黑龙江及内蒙古东部地区

【形态特征】植株全体无毛。茎高60～100 cm，疏生3～4个叶。基生叶2～3个，长15～35 cm，有长柄；叶片五角形，长4.5～6.5 cm，宽8.5～12.5 cm，基部心形，三全裂，全裂片分开，中央全裂片菱形，顶端急尖，侧全裂片斜扇形，不等二深裂近基部。茎生叶与基生叶相似，上部的较小。花单独顶生或2～3朵组成稀疏的聚伞花序，直径3.2～4.8 cm；苞片三裂；萼片5～8片，黄色，干时不变绿色，外层的椭圆状卵形，其他的倒卵形，椭圆形，有时狭椭圆形，顶端圆形，生少数不明显的小齿；花瓣10～22个，线形，顶端变狭；心皮20～28。蓇葖长约7 mm，喙长约1 mm。6～7月开花，7月结果。

【生长习性】生于海拔110～900 m的湿草地或林间草地或河边。喜光，喜温暖，怕严寒酷暑。最适生长温度为14～24 ℃。喜生于含腐殖质较丰富的微酸性到中性砂质壤土中，pH5～6为好。不耐盐碱土。

【精油含量】水蒸气蒸馏干燥花的得油率为0.15%～0.45%。

【芳香成分】吴新安等（2011）用水蒸气蒸馏法提取的内蒙古大兴安岭产短瓣金莲花干燥花精油的主要成分为：(2-乙基己基)-苯二甲酸单酯（14.90%）、十六烷酸（14.20%）、十六烷（8.20%）、十四烷酸（6.70%）、邻苯二甲酸二丁酯（6.50%）、十七烷（4.70%）、二十烷（3.70%）、十八烷（2.90%）、3,4-二甲氧基苯甲酸（2.10%）、十八烷酸乙酯（1.80%）、十二烷酸（1.40%）、亚油酸乙酯（1.30%）等。

【利用】花药用，治慢性扁桃体炎。

❀ 金莲花
Trollius chinensis Bunge

毛茛科　金莲花属
别名： 旱金莲
分布： 山西、河南、河北、内蒙古、辽宁、吉林

【形态特征】植株全体无毛。茎高30～70 cm，不分枝，疏生2～4叶。基生叶1～4个，长16～36 cm，有长柄；叶片五角形，长3.8～6.8 cm，宽6.8～12.5 cm，基部心形，三全裂，全裂片分开，中央全裂片菱形，顶端急尖，三裂达中部或稍超过中部，边缘密生锐锯齿，侧全裂片斜扇形；叶柄基部具狭鞘。茎生叶似基生叶。花单独顶生或2～3朵组成稀疏的聚伞花序，直径3.8～5.5 cm；苞片三裂；萼片6～19片，金黄色，干时不变绿色，椭圆状卵形或倒卵形；花瓣18～21个，狭线形，顶端渐

狭；心皮20～30。蓇葖长1～1.2 cm，宽约3 mm，具稍明显的脉网；种子近倒卵球形，黑色，光滑，具4～5棱角。6～7月开花，8～9月结果。

【生长习性】生于海拔1000～2200 m的山地草坡或疏林下。喜冷凉湿润环境，耐寒。

【精油含量】水蒸气蒸馏花的得油率为0.07%～0.20%；同时蒸馏萃取花的得油率为0.52%～0.78%。

【芳香成分】冯学锋（1998）用水蒸气蒸馏法提取的干燥花精油的主要成分为：十四烷酸（21.34%）、十二烷酸（20.57%）、十六烷酸（5.46%）、9,12,15-十八碳三烯酸（4.47%）、正二十一烷（2.30%）、十四酸甲酯（1.51%）、十六酸甲酯（1.50%）、癸酸（1.37%）、邻-苯二甲酸二丁酯（1.34%）、芳樟醇（1.32%）等。王建玲等（2012）用同法分析的内蒙古产金莲花干燥花精油的主要成分为：十六酸（20.89%）、十四酸（16.63%）、月桂酸（11.15%）、二十三碳烷（10.21%）、亚油酸（6.69%）、亚麻酸（5.74%）、邻苯二甲酸二异丁酯（3.83%）、二十五碳烷（3.54%）、二十一碳烷（3.19%）、二十七烷（1.52%）、油酸（1.18%）等。

【利用】花入药，有清热解毒的功效，治上感、扁桃体炎、咽炎、急性中耳炎、急性鼓膜炎、急性结膜炎、急性淋巴管炎、口疮、疔疮。嫩梢、花蕾、新鲜种子可作为食品调味料。绿色种荚可腌制泡菜。干花可制成茶供饮用。花和鲜嫩叶可拌色拉生食。

❀ 猫爪草

Ranunculus ternatus Thunb.

毛茛科　毛茛属
别名：小毛茛
分布：台湾、安徽、江苏、浙江、江西、湖南、湖北、河南、贵州、陕西、广西等地

【形态特征】一年生草本。簇生多数肉质小块根，块根卵球形或纺锤形，顶端质硬，形似猫爪，直径3～5 mm。茎铺散，高5～20 cm，多分枝。基生叶有长柄；叶片形状多变，单叶或3出复叶，宽卵形至圆肾形，长5～40 mm，宽4～25 mm，小叶3浅裂至3深裂或多次细裂。茎生叶无柄，叶片较小，全裂或细裂，裂片线形。花单生茎顶和分枝顶端，直径1～1.5 cm；萼片5～7，外面疏生柔毛；花瓣5～7或更多，黄色或后变白色，倒卵形，基部有爪，蜜槽棱形；聚合果近球形，直径约6 mm；瘦果卵球形，长约1.5 mm，无毛，边缘有纵肋，喙细短，长约0.5 mm。花期早，春季3月开花，果期4～7月。

【生长习性】生于丘陵、旱坡、田埂、路旁、荒地阴湿处。中性植物，喜光，也耐阴。喜温暖湿润气候，适应性强。对土壤要求不严，以疏松、适湿、肥沃的腐殖质壤土为宜，较耐水湿。

【精油含量】水蒸气蒸馏干燥块根的得油率为0.80%；超声波辅助水蒸气蒸馏干燥块根的得油率为1.00%；微波辅助水蒸气蒸馏干燥块根的得油率为0.94%。

【芳香成分】张海松等（2006）用水蒸气蒸馏法提取的干燥块根精油的主要成分为：4-氧-戊酸丁酯（30.12%）、丁二酸甲基-二异丁酯（23.14%）、丁二酸二异丁酯（22.06%）、1-甲

基萘（5.36%）、2-甲基萘（4.04%）、四十四烷（3.86%）、四十烷（3.67%）、二十五烷（3.48%）、1,2-二甲基萘（3.13%）、丙三醇（3.12%）、2,6-二甲基萘（3.05%）、二十二烷（2.39%）、二十四烷（2.26%）、邻苯二甲酸二异丁酯（2.12%）、(Z)-7-十六烯醛（2.02%）、乙酸十八烷基酯（1.91%）、己二酸二异丁酯（1.87%）、邻苯二甲酸二丁酯（1.80%）、2,6-二甲基癸烷（1.74%）、二十三烷（1.51%）、二十一烷（1.44%）、硬脂酸甲酯（1.39%）、十六酸（1.32%）、萘（1.29%）、(Z)-9-十八烯酸甲酯（1.20%）等。

【利用】宜成片植于草坪、疏林下、洼地、溪边等潮湿处作地被覆盖。块根药用，有解毒、化痰散结的功效，主治瘰疬、结核、咽炎、疔疮、蛇咬伤、疟疾、偏头痛、牙痛。

❀ 扬子毛茛

Ranunculus sieboldii Miq.

毛茛科　毛茛属

别名： 辣子草、水辣草、地胡椒、小野棉花、起泡草、平足草

分布： 四川、云南、贵州、广西、湖南、湖北、江西、江苏、浙江、福建、陕西、甘肃

【形态特征】多年生草本。茎铺散，斜升，高20～50 cm，多分枝，密生白色或淡黄色柔毛。基生叶与茎生叶相似，为3出复叶；叶片圆肾形至宽卵形，长2～5 cm，宽3～6 cm，基部心形，中央小叶宽卵形或菱状卵形，3浅裂至较深裂，边缘有锯齿；侧生小叶不等2裂；叶柄基部扩大成褐色膜质的宽鞘抱茎，上部叶较小。花与叶对生，径1.2～1.8 cm；萼片狭卵形，

长4～6 mm，花期向下反折；花瓣5，黄色或上面变白色，狭倒卵形至椭圆形，下部渐窄成长爪，蜜槽小鳞片位于爪的基部；雄蕊20余枚；花托粗短。聚合果圆球形，直径约1 cm；瘦果扁平，成锥状外弯。花果期5～10月。

【生长习性】生于海拔300～2500 m的山坡林边及平原湿地。

【精油含量】水蒸气蒸馏新鲜全草的得油率为0.42%。

【芳香成分】刘香等（2005）用水蒸气蒸馏法提取的贵州贵阳产扬子毛茛新鲜全草精油的主要成分为：6,10,14-三甲基-2-十五烷酮（17.93%）、植醇（12.56%）、α-雪松醇（4.69%）、3-甲基-2-[3,7,11-三甲基-月桂烯基]呋喃（2.62%）等。

【利用】全草药用，捣碎外敷，发泡截疟及治疮毒、腹水浮肿。

❀ 白花芍药

Paeonia sterniana Fletcher

毛茛科　芍药属

别名： 白芍

分布： 西藏

【形态特征】多年生草本。茎高50～90 cm，无毛。下部叶为二回三出复叶，上部叶3深裂或近全裂；顶生小叶3裂至中部或2/3处，侧生小叶不等2裂，裂片再分裂，小叶或裂片狭

长圆形至披针形，长10～12 cm，宽1.2～2 cm，顶端渐尖，基部楔形，下延，全缘，叶面深绿色，叶背淡绿色，两面均无毛。花盛开1朵，上部叶腋有发育不好的花芽，直径8～9 cm；苞片3～4，叶状，大小不等；萼片4，卵形，长2～3 cm，宽1～1.5 cm，干时带红色；花瓣白色，倒卵形，长约3.5 cm，宽2 cm；心皮3～4，无毛。蓇葖卵圆形，长2.5～3 cm，直径约1 cm，成熟时鲜红色，果皮反卷，无毛，顶端无喙，有也极短。果期9月。

【生长习性】生于海拔2800～3500 m的山地林下。喜阳光、喜温、喜肥。有一定的耐寒、耐旱性。在年均温14.5 ℃，7月均温27.8 ℃，极端最高温42.1 ℃的条件下生长良好。

【芳香成分】周剑等（2008）用索式法提取的根精油的主要成分为：8,11-十八碳二烯酸甲酯（42.01%）、十六酸甲酯（16.92%）、8-十八碳烯酸甲酯（6.09%）二十三烷（2.62%）、二十二烷（1.89%）、二十四烷（1.83%）、豆甾醇（1.79%）、硬脂酸甲酯（1.74%）、油菜甾醇（1.39%）、二十一烷（1.14%）、十九烷（1.12%）、十七酸甲酯（1.08%）等。

【利用】具有一定的观赏价值。肉质块根可作药用。

🌸 川赤芍

Paeonia veitchii Lynch

毛茛科　芍药属

别名：京赤芍、木芍药、赤芍药、红芍药、草芍药

分布：西藏、四川、青海、甘肃、陕西

【形态特征】多年生草本。茎高30～80 cm，无毛。叶为二回三出复叶，叶片轮廓宽卵形，长7.5～20 cm；小叶成羽状分裂，裂片窄披针形至披针形，宽4～16 mm，顶端渐尖，全缘，叶面深绿色，叶脉疏生短柔毛，叶背淡绿色，无毛；叶柄长3～9 cm。花2～4朵，生茎顶端及叶腋，有时仅顶端一朵开放，而叶腋有发育不好的花芽，直径4.2～10 cm；苞片2～3，分裂或不裂，披针形，大小不等；萼片4，宽卵形，长1.7 cm，宽1～1.4 cm；花瓣6～9，倒卵形，长3～4 cm，宽1.5～3 cm，紫红色或粉红色；花丝长5～10 mm；花盘肉质，仅包裹心皮基部；心皮2～5，密生黄色绒毛。蓇葖长1～2 cm，密生黄色绒毛。花期5～6月，果期7月。

【生长习性】生于海拔1800～3700 m的山坡林下草丛中、疏林中及路旁。喜温和、较为干燥的气候，耐旱忌湿。喜阳光又耐半阴。宜高燥、土层深厚、肥沃、排水良好、pH6～7.5的砂壤土。

【精油含量】水蒸气蒸馏干燥根的得油率为2.22%。

【芳香成分】吕金顺等（2009）用水蒸气蒸馏法提取的甘肃天水产川赤芍干燥根精油的主要成分为：苯甲酸（21.64%）、2-羟基苯甲醛（20.24%）、二十烷（9.01%）、油酸（8.76%）、十六酸（6.84%）、(Z,Z)-9,12-十八二烯酸（3.85%）、糠醛（2.49%）、己酸（2.43%）、(1R)-6,6-二甲基-二环[3.1.1]庚烷-2-酮（2.38%）、2,2-二甲基-3-辛烯（2.22%）、苯酚（1.53%）、二十二烷（1.30%）、水杨酸甲酯（1.22%）、(Z,Z,Z)-9,12-十八三烯酸（1.01%）等。

【利用】根供药用，称赤芍，能活血通经、凉血散瘀、清热解毒、用于温毒发斑、吐血衄血、目赤肿痛、肝郁胁痛、经闭痛经、癥瘕腹痛、跌扑损伤、痈肿疮疡。

🌸 大花黄牡丹

Paeonia ludlowii (Stern et Taylor) D. Y. Hong

毛茛科　芍药属

分布：西藏

【形态特征】落叶灌木，基部多分枝而成丛。高1～3.5 m，茎灰色。叶为2回3出复叶，两面无毛，叶面绿色，叶背淡灰色，叶柄长9～15 cm，小叶9枚，叶片长12～30 cm，宽14～30 cm，每边的侧生3小叶的主小叶柄长2～3 cm，顶

生3小叶的主小叶柄长5～9 cm；小叶近无柄，长6～12 cm，宽5～13 cm，通常3裂至近基部，全裂片长4～9 cm，宽1.5～4 cm，渐尖，大多3裂至中部，裂片长2～5 cm，宽0.5～1.5 cm，渐尖，全缘或有1～2齿。花2～4朵簇生枝顶或叶腋，直径8～12 cm；花瓣、花丝与花药均为黄色；心皮1，少数2。花期5月，果期8～9月。

湿。种植海拔范围为50～1500 m，年均气温13～25 ℃，可短期耐受高温。极限最低温度为–12 ℃，年降水量500 mm地区能正常生长。适于在黏性不重、排水良好的砂壤、黄壤以及紫色土中生长，pH5.5～8.5，15～25° 缓坡种植。

【精油含量】亚临界萃取花瓣的得油率为0.06%。

【生长习性】生于海拔2900～3200 m的雅鲁藏布江河谷及山坡林缘。为喜光植物。对高海拔、半干旱半湿润生境有很强的适应能力，抗旱能力较弱，种子在半湿润半遮阴的条件下萌发生长良好。喜温暖，不耐瘠薄，畏炎热。

【精油含量】水蒸气蒸馏干燥根皮的得油率为1.36%。

【芳香成分】蒋丽丽等（2016）用水蒸气蒸馏法提取的西藏林芝产大花黄牡丹干燥根皮精油的主要成分为：1-(2-羟基-4-甲氧基苯基)-乙酮（57.19%）、N,N-二甲基-甲酰胺（16.17%）、2-羟基-2甲基-丙酸（8.99%）、N,N'-二苯甲酰氧基-庚二酰胺（5.72%）、十四甲基-环庚硅氧烷（3.43%）、十六甲基-环辛硅氧烷（1.19%）、2-辛基-环丙烷十四烷酸甲酯（1.13%）等。

【利用】是极珍贵的牡丹观赏、育种材料。属于国家二级保护植物。根皮作为藏药入药，有镇痛、镇痉、抗炎、清热凉血、活血散瘀、促进血液循环等功效。

🌸 凤丹牡丹

Paeonia ostii T. Hong et J. X. Zhang

毛茛科　芍药属

别名：铜陵牡丹、凤丹、铜陵凤丹
分布：山东、河南、安徽、湖北、重庆等地

【形态特征】落叶小灌木，茎分枝较少，当年生新枝可长达40 cm。下部叶为二回羽状复叶，小叶9～15枚，大多不裂。顶生小叶长卵圆形或披针形，长7～14 cm，宽3～8 cm，通常不裂，顶端尾状渐尖。侧生小叶通常不裂。花朵以单瓣为主，花瓣纯白色，或极少数植株花瓣内面带有粉红色晕，但绝无紫斑和其他色彩。花瓣10～15，长7～10 cm，宽5～8 cm，无瓣化雄蕊。雄蕊多数，长2～3 cm，花丝紫红色，花药黄色。心皮5～8枚，柱头紫红色。蓇葖果5～8。花期3月下旬至4月中旬，果期6～8月。

【生长习性】适应性强，喜相对温暖湿润的气候，耐高温多

【芳香成分】余辉攀等（2014）用水蒸气蒸馏法提取的山东菏泽产凤丹牡丹干燥花精油的主要成分为：9-辛基-十七烷（12.77%）、正十九烷（11.10%）、正二十一烷（8.76%）、正十七烷（7.48%）、亚油酸乙酯（7.23%）、4-苯基-4,4a,5,6,7,8-六氢-2(3H)-萘酮（5.00%）、棕榈酸（4.42%）、棕榈酸乙酯（3.45%）、亚麻酸乙酯（3.45%）、肉豆蔻酸乙酯（3.12%）、顺-5-十九碳烯（2.45%）、8,11-十八碳二烯酸甲酯（2.23%）、吉马酮（1.94%）、棕榈酸甲酯（1.34%）、顺-12-二十五烯（1.33%）、正二十七烷（1.25%）、(Z)-顺式-9-二十三烯（1.14%）、14-甲基十五烷酸甲酯（1.12%）、6,9-十七碳二烯（1.11%）、正十八烷（1.06%）、亚油酸甲酯（1.01%）等。于荟等（2015）分析的山东菏泽产凤丹牡丹新鲜花瓣精油的主要成分为：1,3,5-三甲氧基苯（44.86%）、顺-α,α-5-三甲基-5-乙烯基四氢呋喃-2-甲醇（14.46%）、α-萜品醇（10.44%）、反-α,α-5-三甲基-5-乙烯基四氢化-2-呋喃甲醇（8.29%）、芳樟醇（6.13%）、3-苯丙醇（3.09%）、橙花醇（2.57%）、肉桂醛（2.29%）、2,6-二甲基-5,7-辛二烯-2-醇（1.03%）、环癸酮（1.01%）等。刘俊民等（2017）用亚临界萃

取的山东菏泽产凤丹牡丹花瓣净油的主要成分为：亚油酸乙酯（12.68%）、1,3,5-三甲氧基苯（8.62%）、棕榈酸乙酯（8.10%）、油酸乙酯（7.37%）、正十九烷（5.57%）、正十七烷（3.65%）、二十烷（3.02%）、十九烷基-环己烷（2.89%）、正二十一烷（2.32%）、二十二烷（2.31%）、正二十六烷（2.20%）、十八酸乙酯（1.94%）、顺式-9-二十三烯（1.79%）、二十五烷（1.77%）、1-十九碳烯（1.71%）、右旋香芹酮（1.68%）、正二十烷（1.47%）等。

【利用】根皮药用，是著名中药材丹皮，有舒筋活血、清瘀、清热、凉血、镇痛、抗过敏、消炎等作用。种子油是高端食用油。作为嫁接牡丹优良品种的砧木被广泛使用。可供观赏。根精油可作抗心血管系统疾病的药物，还可作为牙膏、香皂、花露水等日化产品的添加剂。

牡丹
Paeonia suffruticosa Andr.

毛茛科　芍药属

别名： 花王、木芍药、洛阳花、谷雨花、鹿韭、白两金、国色天香、宝贵花、鼠姑

分布： 华北、华中、西北等地区

【形态特征】落叶灌木。茎高达2m；分枝短而粗。叶通常为二回三出复叶；顶生小叶宽卵形，长7~8cm，宽5.5~7cm，3裂至中部，裂片不裂或2~3浅裂，叶面绿色，叶背淡绿色；侧生小叶狭卵形或长圆状卵形，长4.5~6.5cm，宽2.5~4cm，不等2裂至3浅裂或不裂。花单生枝顶，直径10~17cm；苞片5，长椭圆形，大小不等；萼片5，绿色，宽卵形，大小不等；花瓣5，或为重瓣，玫瑰色、红紫色、粉红色至白色，倒卵形，长5~8cm，宽4.2~6cm，顶端呈不规则的波状；花丝紫红色、粉红色，上部白色，花药长圆形；花盘革质，杯状，紫红色。蓇葖长圆形，密生黄褐色硬毛。花期5月；果期6月。

【生长习性】喜温凉气候，较耐寒，不耐湿热，可耐-30℃的低温。在年平均相对湿度45%左右的地区可正常生长。喜光，亦稍耐阴。耐旱，不耐水渍。要求疏松、肥沃、排水良好的中性壤土或砂壤土，强酸性土壤、盐碱地、黏土、低湿地及树阴下不宜种植。

【精油含量】水蒸气蒸馏根皮的得油率为0.25%~1.26%，新鲜花的得油率为0.10%；超临界萃取干燥根皮的得油率为

1.88%~2.50%，新鲜花的得油率为0.60%；亚临界萃取新鲜花的得油率为0.51%；超声波辅助乙醚萃取干燥根皮的得油率为2.50%；有机溶剂萃取新鲜花的得油率为0.47%~0.50%。

【芳香成分】根：武子敬等（2011）用同时蒸馏萃取法提取的根皮精油的主要成分为：芍药醇（88.65%）、油酸（3.69%）、棕榈酸（3.12%）等。

花：刘建华等（1999）用水蒸气蒸馏法提取的山东菏泽产牡丹鲜花精油的主要成分为：4-甲基-8-羟基喹啉（18.95%）、3-甲基-十七烷（18.24%）、二十烷（8.79%）、5-乙基四氢化-a,a,5-三甲基-2-呋喃甲醇（5.60%）、6,10,14-三甲基-2-十五烷酮（5.29%）、3,7-二甲基-2,6-辛二烯-1-醇（4.96%）、3,3-二甲基-双环[2,2,1]-庚烷-2-酮（4.04%）、1-丁基-2-丙基环戊烷（3.81%）、[1aR-(1aα,4α,4aβ,7β,7aβ,7bα)]十氢化-1,1,4,7-四甲基，1H-环丙(E)甘菊薁环-4-醇（3.23%）、十四烷（3.20%）、3-十六炔（2.05%）、2,6-二甲基十七烷（1.73%）、十九烷（1.65%）、3,7-二甲基，(E)2,6-辛二烯-1-醇（1.63%）、9,17-十八二烯醛（1.48%）、(E)-1,4-十一二烯（1.45%）、双环[2,2,1]，庚-2-醇（1.24%）等。张静等（2013）用同时蒸馏萃取法提取分析了陕西杨凌产不同品种牡丹盛开期新鲜花的精油成分，'绿香球'的主要成分为：香茅醇（35.68%）、苯乙醇（9.43%）、叶醇（4.88%）、罗勒烯（4.81%）、乙酸-3,7-二甲基-6-辛烯酯（4.74%）、十五烷（4.06%）、正己醇（3.66%）、香叶醇（3.58%）、十三烷（3.22%）、十一烷（3.14%）、6-甲基-5-庚烯-2-醇（1.96%）、十四烷（1.54%）、香叶醛（1.45%）、1,4-二甲氧基苯（1.42%）、1,3,5-三甲氧基苯（1.16%）等；'首案红'

的主要成分为：香茅醇（19.91%）、1,4-二甲氧基苯（13.23%）、十五烷（10.08%）、十七烷（6.76%）、6,9-十七碳二烯（6.70%）、苯乙醇（3.65%）、叶醇（2.60%）、十六烷（2.46%）、二十烷（1.96%）、正己醇（1.95%）、十四烷（1.92%）、1-十六碳烯（1.43%）、十一烷（1.07%）等；'葛巾紫'的主要成分为：香叶醇（16.41%）、1,3,5-三甲氧基苯（10.61%）、叶醇（9.78%）、1,4-二甲氧基苯（6.35%）、正己醇（6.29%）、苯乙醇（3.39%）、1R-α-蒎烯（3.07%）、(1à,4aá,8aà)-1,2,3,4,4a,5,6,8a-八氢-7-甲基-4-甲烯基-1-(1-甲乙基)-萘（2.78%）、香茅醇（1.87%）、乙酸己烯酯（1.85%）、香叶醛（1.67%）、α-蒎烯（1.63%）、十五烷（1.41%）、乙酸-3,7-二甲基-6-辛烯酯（1.29%）等；'赵粉'的主要成分为：香叶醇（9.26%）、罗勒烯（8.17%）、正己醇（7.33%）、叶醇（7.03%）、十一烷（6.42%）、十三烷（5.47%）、十五烷（4.66%）、苯乙醇（4.59%）、1,4-二甲氧基苯（4.25%）、(Z)-6-十二烯（3.70%）、十四烷（3.49%）、1R-α-蒎烯（2.94%）、香叶醛（1.90%）、(E)-3,7-二甲基-1,3,6-辛三烯（1.41%）、[1S-(1à,4aá,8aà)]-1,2,4a,5,8,8a-六氢-4,7-二甲基-1-(1-甲乙基)-萘（1.22%）等；'景玉'的主要成分为：1,3,5-三甲氧基苯（13.24%）、十五烷（8.74%）、香茅醇（8.41%）、十七烷（7.25%）、叶醇（6.93%）、E,Z-2,13-十八碳二烯-1-醇（5.44%）、6,9-十七碳二烯（5.44%）、正己醇（4.78%）、8-十七碳烯（4.43%）、二十烷（2.79%）、9-十九烷烯（2.81%）、金合欢烯（2.76%）、2-甲基十六烷（1.87%）、十三烷（1.78%）、十一烷（1.63%）、乙酸-3,7-二甲基-6-辛烯酯（1.57%）、十六烷（1.56%）、3-苯基-2-丙烯-1-醇（1.33%）、十四烷（1.20%）、3-甲基十五烷（1.14%）、顺-乙酸-7-十四碳烯酯（1.02%）等。李双等（2015）用水蒸气蒸馏法提取的山东菏泽产牡丹晾干花瓣精油的主要成分为：邻苯二甲酸二乙酯（18.41%）、邻苯二甲酸二甲酯（8.78%）、十七烷（8.61%）、二十一烷（8.44%）、1,3,5-三甲氧基苯（5.22%）、棕榈酸（3.47%）、苯二甲酸二丁酯（3.04%）、芳樟醇（2.84%）、香叶醇（2.71%）、小茴香醇（2.70%）、月桂醇（2.63%）、2,6-二甲基萘（2.32%）、十五烷（2.31%）、Z-5-十九烯（2.25%）、1,3-二甲基萘（2.01%）、橙花醇（1.89%）、2,2,4-三甲基环戊-3烯-1-乙醇（1.62%）、4-甲基十二烷（1.43%）、1-(3-羟基-4-甲氧基苯基)乙酰（1.35%）、十七醇（1.23%）、壬酸（1.08%）、4-(甲硫基)-苯甲醛（1.03%）等。

【利用】是我国著名的观花植物，栽培品种有500余种。花可供食用，或配菜添色，花瓣还可蒸酒。根皮入药，系常用凉血祛瘀中药，有清热凉血、活血化瘀的功效，用于温毒发斑、吐血衄血、夜热早凉、无汗骨蒸、经闭痛经、痈肿疮毒、跌扑伤痛等症。

芍药
Paeonia lactiflora Pall.

毛茛科　芍药属

别名： 赤芍、白芍、将离、离草、婪尾春、余容、犁食、没骨花、黑牵夷、红药

分布： 东北、华北、陕西、甘肃、四川、贵州、安徽、山东、浙江等地

【形态特征】多年生草本。茎高40～70 cm，无毛。下部茎生叶为二回三出复叶，上部茎生叶为三出复叶；小叶狭卵形、椭圆形或披针形，顶端渐尖，基部楔形或偏斜，边缘具白色骨质细齿，两面无毛，叶背沿叶脉疏生短柔毛。花数朵，生茎顶和叶腋，有时仅顶端一朵开放，直径8～11.5 cm；苞片4～5，披针形，大小不等；萼片4，宽卵形或近圆形，长1～1.5 cm，宽1～1.7 cm；花瓣9～13，倒卵形，长3.5～6 cm，宽1.5～4.5 cm，白色，有时基部具深紫色斑块；花丝黄色；花盘浅杯状，包裹心皮基部，顶端裂片钝圆。蓇葖长2.5～3 cm，直径1.2～1.5 cm，顶端具喙。花期5～6月；果期8月。

【生长习性】生于海拔480～2300 m的山坡草地及林下。耐寒，在我国北方都可以露地越冬。喜肥，以深厚、湿润、排水良好的壤土最适宜。低洼地、盐碱地均不宜栽培。喜光照，耐旱。

【精油含量】水蒸气蒸馏干燥根的得油率为0.06%，干燥花瓣的得油率为0.02%～0.08%。

【芳香成分】根：刘玉峰等（2011）用水蒸气蒸馏法提取的干燥根精油的主要成分为：n-十六烷酸（43.46%）、(Z,Z)-9,12-十八碳烯酸（6.78%）、油酸（2.82%）、十五烷酸（2.43%）、[1S-(1α,2α,5α)]-6,6-二甲基-二环[3.1.1]庚烷-2-甲醇（2.18%）、十六烷酸乙酯（1.56%）、9,12-十八碳烯酸乙酯（1.49%）、Z-β-松油基苯甲酸脂（1.42%）、1-(2-羟基-4-甲氧基苯基)-乙酮（1.25%）、(R)-1-甲烯基-3-(1-甲基-乙烯基)环己烷（1.15%）等。

花：程明等（2010）用水蒸气蒸馏法提取的内蒙古多伦产野生芍药干燥花瓣精油的主要成分为：十六烷酸（36.13%）、9,12-十八碳二烯酸（17.78%）、二十三烷（12.10%）、二十五烷（6.78%）、亚麻酸（4.37%）、法呢酮（3.24%）、六羟基法呢丙酮（2.62%）、二十一烷（2.60%）、二十四烷（1.20%）、邻苯二甲酸二丁酯（1.14%）、肉豆蔻酸（1.09%）等；新鲜花瓣精油的主要成分为：二十三烷（24.79%）、二十五烷（23.95%）、二十七烷（9.48%）、苯乙醇（5.67%）、二十一烷（5.12%）、三十烷（3.87%）、二十四烷（2.89%）、棕榈酸甲酯（2.48%）、二十二烷（1.38%）、六羟基法呢丙酮（1.32%）等。李海亮等（2017）用同法分析的甘肃张掖产芍药新鲜花精油的主要成分为：正二十五烷（21.14%）、正二十九烷（10.52%）、正二十三烷（9.31%）、棕榈酸（9.14%）、亚油酸（8.43%）、正二十四烷（6.74%）、3-十二烷基-2,5-呋喃二酮（4.13%）、正二十一烷（3.58%）、金合欢基丙酮（3.45%）、正二十六烷（3.21%）、香叶基芳樟醇（2.78%）、Z-2-(9-十八烯氧)-乙醇（2.17%）、六氢金合欢基丙酮（1.48%）、3-乙基-5-(2-乙丁基)-十八烷（1.48%）、十四烷酸（1.36%）、β-桉叶醇（1.35%）等。郑伟颖等（2016）用顶空固相微萃取法提取分析了黑龙江哈尔滨产不同芍药盛开期新鲜花精油的成分，'东方红'的主要成分为：香叶醇（37.19%）、II-乙酸薰衣草酯（24.60%）、甲基丁香酚（22.45%）、苯乙醇（11.31%）、(3Z,6E)-α-金合欢烯（4.46%）等；'莲花托金'的主要成分为：香叶醇（84.60%）、橙花醇（5.38%）、苯乙醇（4.41%）、柠檬醛（3.04%）、1-石竹烯（2.47%）等；'粉黛'的主要成分为：香茅醇（56.06%）、香叶醇（27.44%）、1-石竹烯（7.51%）、苯乙醇（4.50%）、紫苏烯（3.07%）、α-罗勒烯（1.43%）等；'冰清'的主要成分为：对苯二甲醚（61.26%）、1-石竹烯（35.44%）乙酸香茅酯（3.30%）等；'粉玉装'的主要成分为：苯乙醇（67.01%）、乙酸苯乙酯（23.56%）、乙酸叶醇酯（6.82%）、对苯二甲醚（1.59%）、1-石竹烯（1.03%）等。

【利用】栽培供观赏，可作切花、花坛用花等。花可食用，也可泡茶饮用。根供药用，具有镇痉、镇痛、通经作用，对妇女的腹痛、胃痉挛、眩晕、痛风、利尿等病症有效，主治月经不调、瘀滞腹痛、关节肿痛、胸痛、胁痛等症。种子可榨油，供制肥皂或掺合油漆作涂料用。根和叶可提制栲胶，也可用作土农药。

🌸 升麻
Cimicifuga foetida Linn.

毛茛科　升麻属

别名： 绿升麻、西升麻、川升麻
分布： 西藏、云南、陕西、四川、青海、甘肃、河南、山西

【形态特征】根状茎粗壮，有许多内陷的圆洞状老茎残迹。茎高1～2 m，微具槽，分枝，被短柔毛。叶为二至三回三出状羽状复叶；茎下部的叶三角形，宽达30 cm；顶生小叶具长柄，菱形，长7～10 cm，宽4～7 cm，常浅裂，边缘有锯齿，侧生小叶斜卵形。上部的茎生叶较小。花序具分枝3～20条，轴密被灰色或锈色的腺毛及短毛；苞片钻形；花两性；萼片倒卵状圆形，白色或绿白色；退化雄蕊宽椭圆形；花药黄色或黄白色。蓇葖长圆形，长8～14 mm，宽2.5～5 mm，有伏毛，基部渐狭成长2～3 mm的柄，顶端有短喙；种子椭圆形，褐色，长2.5～3 mm，有横向的膜质鳞翅，四周有鳞翅。7～9月开花，8～10月结果。

【生长习性】生于海拔1700～2300 m的山地林缘、林中或路旁草丛中。喜温暖湿润气候。耐寒，当年幼苗在-25 ℃低温下能安全越冬。幼苗期怕强光直射，开花结果期需要充足光照。怕涝，忌土壤干旱，喜微酸性或中性的腐殖质土，在碱性或重黏土中栽培生长不良。

【精油含量】水蒸气蒸馏根茎的得油率为0.28%。

【芳香成分】李毅然等（2012）用水蒸气蒸馏法提取的辽宁产升麻干燥根茎精油的主要成分为：(Z,Z)-亚油酸（30.18%）、棕榈酸（19.63%）、4-乙烯基愈创木酚（18.02%）、顺-十六碳烯酸（3.87%）、肉豆蔻醚（3.01%）、1H-4-(3-甲基-2-丁烯基)吲哚（1.96%）、胡薄荷酮（1.45%）、十五烷酸（1.35%）、间-甲氧基苯乙酮（1.29%）、黄樟烯（1.03%）、十四烷酸（1.01%）等；四川产升麻干燥根茎精油的主要成分为：棕榈酸（21.34%）、

(Z,Z)-亚油酸（16.36%）、4-乙烯基愈创木酚（12.53%）、顺-十六碳烯酸（4.19%）、肉豆蔻醚（3.67%）、3,4-二甲氧基苯乙烯（2.21%）、十五烷酸（2.21%）、丹皮酚（1.91%）、十四烷酸（1.69%）、1H-4-(3-甲基-2-丁烯基)吲哚（1.64%）、胡薄荷酮（1.47%）、芳樟醇（1.03%）等。卢化等（2018）用顶空固相微萃取法提取的四川产升麻干燥根茎挥发油的主要成分为：γ-柠檬烯（36.28%）、β-蒎烯（11.71%）、罗勒烯（5.62%）、β-侧柏烯（5.05%）、萜品烯（4.76%）、蒎烯（3.69%）、丁香酚（3.56%）、D2-蒈烯（2.63%）、萜品油烯（2.04%）、3,5-辛二烯-2-酮（1.66%）、十三烷（1.56%）、癸醛（1.51%）、3-崖柏烯（1.48%）、1-石竹烯（1.29%）、植烷（1.22%）、别罗勒烯（1.21%）等。

【利用】根茎药用，有发表透疹、清热解毒、升阳举陷的功效，主治时气疫疠、头痛寒热、喉痛、口疮、斑疹不透、中气下陷、久泻久痢、脱肛、妇女崩漏带下、子宫下坠、痈肿疮毒。也可作土农药。幼叶可作蔬菜食用。

🌸 天葵

Semiaquilegia adoxoides (DC.) Makino

毛茛科　天葵属

别名： 千年耗子屎、夏无踪、蛇不见、紫背天葵、耗子屎、天葵子、老鼠屎

分布： 四川、贵州、湖北、湖南、广西、江西、福建、浙江、江苏、安徽、陕西

【形态特征】块根长1～2cm，外皮棕黑色。茎1～5条，高10～32cm，被稀疏的白色柔毛，分歧。基生叶多数，为掌状三出复叶；叶片轮廓卵圆形至肾形，长1.2～3cm；小叶扇状菱形或倒卵状菱形，三深裂，深裂片又有2～3个小裂片；叶柄基部扩大呈鞘状。茎生叶与基生叶相似，较小。花小，直径4～6mm；苞片小，倒披针形至倒卵圆形，不裂或三深裂；萼片白色，常带淡紫色，狭椭圆形，顶端急尖；花瓣匙形，顶端近截形，基部凸起呈囊状；雄蕊线状披针形，白膜质。蓇葖卵状长椭圆形，表面具凸起的横向脉纹，种子卵状椭圆形，褐色至黑褐色，表面有许多小瘤状突起。3～4月开花，4～5月结果。

【生长习性】生于海拔100～1050m的疏林下、路旁或山谷地的较阴处。耐寒怕热，适宜生长的平均温度是0～25℃。喜阴湿，忌积水，以排水良好、疏松、肥沃的壤土为好。

【芳香成分】吴雪平等（2005）用溶剂法提取的贵州贵阳产天葵干燥块根精油的主要成分为：β-谷甾醇（38.26%）、亚油酸（18.73%）、油酸（15.68%）、棕榈酸（13.51%）、硬脂酸

（2.44%）等。彭全材等（2009）用顶空固相微萃取法提取的贵州贵阳产天葵干燥块根精油的主要成分为：苯乙醛（13.87%）、3-溴-3,3-二氟-1-丙烯（12.40%）、癸醛（8.51%）、己醛（8.35%）、壬醛（7.14%）、2-甲氧基-3-(1-甲基乙基)-吡嗪（5.92%）、1-十一醇（4.83%）、1-壬醇（3.29%）、2,3-二甲基苯甲醚（3.16%）、反式-邻-[（五氟苯基）甲基]-4-己烯醛肟（3.11%）、甲基N-羟基苯羧酰亚胺酯（3.03%）、辛醛（2.27%）、苯甲醛（2.20%）、桉树脑（2.05%）、2-甲基-丙酸-2,2-二甲基-1-(2-羟基-1-甲基乙基)丙基酯（1.99%）、2-戊基呋喃（1.72%）、1-辛醇（1.66%）、1-甲基-4-(1-甲基乙基)苯（1.48%）、(E)-2-壬醛（1.30%）、壬基环丙烷（1.19%）、邻二甲氧基苯（1.06%）等。

【利用】块根药用，有小毒，有清热解毒、散结消肿的功效，用于乳腺炎、扁桃体炎、淋巴结核、瘰疬、痈肿疔疮、跌打损伤、毒蛇咬伤。地上部分药用，可清热解毒、利尿排石。块根也可作土农药，防治蚜虫、红蜘蛛、稻螟等虫害。

❀ 重瓣铁线莲

Clematis florida Thunb. var. *plena* D. Don

毛茛科　铁线莲属

别名： 十二时辰
分布： 云南、浙江有野生，各地有栽培

【形态特征】草质藤本，长约1～2 m。茎棕色或紫红色，具六条纵纹，节部膨大。二回三出复叶，连叶柄长达12 cm；小叶片狭卵形至披针形，长2～6 cm，宽1～2 cm，顶端钝尖，基部圆形或阔楔形，边缘全缘。花单生于叶腋；花梗中下部生一对叶状苞片；苞片宽卵圆形或卵状三角形，长2～3 cm，被黄色柔毛；花直径约5 cm；萼片6枚，白色，倒卵圆形或匙形，顶端较尖，基部渐狭，密被绒毛；雄蕊紫红色，花丝宽线形，花药侧生，长方矩圆形；子房狭卵形，被淡黄色柔毛，柱头膨大成头状。瘦果倒卵形，扁平，边缘增厚，宿存花柱伸长成喙状，细瘦。花期1～2月，果期3～4月。

【生长习性】野生于海拔高达1700 m的山坡、溪边及灌丛中，喜阴湿环境。

【芳香成分】黄泽豪等（2014）用超声辅助有机溶剂萃取后再水蒸气蒸馏的方法提取的福建福安产重瓣铁线莲干燥根及根茎精油的主要成分为：棕榈酸（33.46%）、十六酸乙酯（15.93%）、油酸乙酯（4.09%）、棕榈酸甲酯（2.20%）、亚

油酸乙酯（1.73%）、(Z)-6-十八烯酸（1.47%）、正二十一烷（1.37%）、十五烷酸（1.12%）等。

【利用】栽培供观赏。

❀ 粗齿铁线莲

Clematis argentilucida (Lévl. et Vant.) W. T. Wang

毛茛科　铁线莲属

别名： 银叶铁线莲、大木通、大蓑衣藤、白头公公、小木通、线木通
分布： 云南、贵州、四川、甘肃、陕西、河南、湖北、湖南、安徽、浙江、河北、山西

【形态特征】落叶藤本。小枝密生白色短柔毛，老时外皮剥落。一回羽状复叶，有5小叶，有时茎端为三出叶；小叶片卵形或椭圆状卵形，长5～10 cm，宽3.5～6.5 cm，顶端渐尖，基部圆形、宽楔形或微心形，常有不明显3裂，边缘有粗大锯齿状牙齿。腋生聚伞花序常有3～7花，或成顶生圆锥状聚伞花序多花，花直径2～3.5 cm；萼片4，开展，白色，近长圆形，长1～1.8 cm，宽约5 mm，顶端钝，两面有短柔毛。瘦果扁卵圆形，长约4 mm，有柔毛，宿存花柱长达3 cm。花期5～7月，果期7～10月。

【生长习性】生于山坡或山沟灌丛中。宜选土质疏松、排水良好的地块，以地势高燥、土层深厚、富含腐殖质和渗水力强的壤土为宜。

【精油含量】水蒸气蒸馏干燥藤茎的得油率为1.24%。

【芳香成分】张雯等（2011）用水蒸气蒸馏法提取的浙江天目山产粗齿铁线莲干燥藤茎精油的主要成分为：棕榈酸（49.66%）、植醇（13.89%）、(Z),12(Z)-十八碳二烯酸（10.20%）、亚麻酸（7.39%）、酞酸-二异丁酯（2.70%）、正十四酸（1.68%）、二十八烷（1.27%）、二十六烷（1.16%）等。

【利用】根药用，能行气活血、祛风湿、止痛，主治风湿筋骨痛、跌打损伤、血疼痛、肢体麻木等症。茎藤药用，能杀虫解毒，主治失音声嘶、杨梅疮毒、虫疮久烂等症。园林栽培供观赏。

粉绿铁线莲
Clematis glauca Willd.

毛茛科　铁线莲属

分布： 新疆、青海、甘肃、陕西、山西

【形态特征】毛茛科铁线莲属植物。草质藤本。茎纤细，有棱。一至二回羽状复叶；小叶有柄，2～3全裂或深裂、浅裂至不裂，中间裂片较大，椭圆形或长圆形、长卵形，长1.5～5 cm，宽1～2 cm，基部圆形或圆楔形，全缘或有少数牙齿，两侧裂片短小。常为单聚伞花序，3花；苞片叶状，全缘或2～3裂；萼片4，黄色，或外面基部带紫红色，长椭圆状卵形，顶端渐尖，长1.3～2 cm，宽5～8 mm，除外面边缘有短绒毛外，其余无毛，瘦果卵形至倒卵形，长约2 mm，宿存花柱长4 cm。花期6～7月，果期8～10月。

【生长习性】生于海拔1000～2600 m的山坡、路边灌丛中。耐寒、耐旱。较喜光照，但不耐暑热强光。喜深厚肥沃、排水良好的碱性壤土及轻砂质壤土。不耐水渍。

【芳香成分】刘正信等（2001）用水蒸气蒸馏法提取的青海湟原产粉绿铁线莲全草精油的主要成分为：十六酸乙酯（24.06%）、9,12,15-十八三烯酸乙酯（9.75%）、亚油酸乙酯（5.10%）、正十七烷（3.35%）、十九烷（2.61%）、正二十五烷（2.45%）、正十六烷（2.06%）、正二十六烷（1.92%）、正二十七烷（1.89%）、正二十四烷（1.75%）、正二十三烷（1.60%）、正二十八烷（1.46%）、6,10,14-三甲基-2-十五烷酮（1.43%）、2,4-二氟-1-异氰基苯（1.37%）、双(2-乙基己基)邻苯二甲酸酯（1.27%）、十四酸乙酯（1.25%）、正二十一

烷（1.23%）、正十五酸乙酯（1.21%）、十八烷酸乙酯（1.09%）、正二十二烷（1.08%）、2-甲基-8-丙基-十二烷（1.07%）、2,3-二甲基十七烷（1.07%）、9,12,15-十八三烯酸甲酯（1.05%）等。

【利用】全草入药，可祛风湿、止痒，主治慢性风湿关节炎、关节疼痛；疮疖熬膏外敷；枝叶水煎外洗，可止瘙痒症。园林栽培供观赏。

合柄铁线莲
Clematis connata DC.

毛茛科　铁线莲属

分布： 西藏、云南、四川

【形态特征】木质藤本，茎圆柱形，微有纵沟纹，枝及叶柄无毛。一回羽状复叶，小叶3～7枚；小叶片卵圆形或卵状心形，长7～10 cm，宽4～6 cm，顶端尾状渐尖，基部心形，边缘有整齐的钝锯齿；叶柄基部扁平增宽与对生的叶柄合生，抱茎。聚伞花序或聚伞圆锥花序腋生，有花11～15朵；在花序的分枝处有一对披针形的叶状苞片，苞片长1～2 cm；花钟状，直径1 cm；萼片4枚，淡黄绿色或淡黄色，长方椭圆形至狭卵形，边缘密被白色绒毛；花丝狭窄，密被长柔毛，花药线形，侧生；心皮被绢状柔毛。瘦果卵圆形，扁平，长4～6 mm，宽3 mm，棕红色，边缘增厚，被短柔毛。花期8～9月，果期9～10月。

【生长习性】生于海拔2000～3400 m的江边、山沟边的云杉林下及杂木林中，攀缘于树冠上。耐寒（茎和根系可耐-10℃低温），耐旱，较喜光照，但不耐暑热强光。喜深厚肥沃、排水良好的碱性壤土及轻砂质壤土。不耐水渍。

【芳香成分】赵燕强等（2017）用乙醇回流-石油醚萃取法提取的云南玉龙产合柄铁线莲干燥全草精油的主要成分为：二十烷（5.51%）、十六酸（3.82%）、(Z,Z)-亚油酸（3.44%）、吡啶-3-甲酰胺肟（2.70%）、9,12-亚油酸甲酯（2.47%）、二十三烷（2.05%）、二十二烷（2.02%）、亚油酸乙酯（1.56%）、十七烷（1.45%）、2,6,10,14-四甲基十六烷（1.39%）、亚麻酸甲酯（1.32%）、2-十二烷基醚乙醇（1.32%）、(Z)-9-烯十八酰胺（1.01%）等。

【利用】根为药用，有祛瘀、利尿、解毒的功效。叶药用，治消化不良、胃寒、腹部包块、疮疡溃烂；地上部分用于培根病、胃部寒性痞块、寒性水肿、慢性胃病、腹部痞块、消化不良、呕吐、肠痈、炭疽病、包囊虫病、疮疡久溃不敛、流黄水、脓液。有很高的观赏价值。

❀ 辣蓼铁线莲

Clematis terniflora DC. var. *mandshurica* (Rupt.) Ohwi

毛茛科　铁线莲属

别名： 东北铁线莲、山辣椒秧子、蓼叶铁线莲、威灵仙

分布： 山西、辽宁、吉林、黑龙江、内蒙古

【形态特征】木质藤本。一回羽状复叶，通常3～7，茎基部为单叶或三出复叶；小叶片卵形、长卵形或披针状卵形，顶端渐尖或锐尖，很少钝。圆锥状聚伞花序腋生或顶生，多花，花序较长而挺直，长可达25 cm；花直径1.5～3 cm；萼片通常4，开展，白色，狭倒卵形或长圆形，顶端锐尖或钝。瘦果橙黄色，常5～7个，倒卵形至宽椭圆形，扁，长4～6 mm，宽2.5～4 mm，边缘凸出，有贴伏柔毛，宿存花柱长达4 cm。花期6～8月，果期7～9月。

【生长习性】生于山坡灌丛中、杂木林内或林边。对土质要求不严。喜凉爽，耐寒、耐旱。生育期对水分要求严格，忌积水，喜排水及保水性能好、含腐殖质较丰富的砂壤土。对光照要求不严，长、短日照均可开化。

【精油含量】水蒸气蒸馏根及根茎的得油率为2.30%，茎叶的得油率为0.90%；同时蒸馏萃取干燥花的得油率为3.10%。

【芳香成分】根：张海丰等（2008）用水蒸气蒸馏法提取的吉林通化产辣蓼铁线莲根精油的主要成分为：邻苯二甲酸异丁辛酯（40.22%）、棕榈酸（9.37%）、(Z,Z)-亚油酸（7.94%）、苯乙醛（4.43%）、(Z,Z,Z)-亚麻酸（2.48%）、苯乙醇（1.49%）、2,4-二(1,1-二甲基乙基)苯酚（1.41%）、松油醇（1.15%）、1,2-邻-苯二羧酸丁环己酯（1.07%）等。

全草：张海丰等（2008）用水蒸气蒸馏法提取的吉林通化产辣蓼铁线莲茎叶精油的主要成分为：棕榈酸（18.80%）、苯乙醛（15.07%）、(Z,Z,Z)-亚麻酸（4.86%）、(Z,Z)-亚油酸

（3.66%）、邻苯二甲酸二甲酯（2.59%）、苯乙醇（2.59%）、苯甲醇（2.13%）、硬脂酸（2.07%）、香兰素（1.88%）、2,4-二(1,1-二甲基乙基)苯酚（1.80%）等。

花：辛广等（2000）用同时蒸馏萃取法提取的辽宁千山产野生辣蓼铁线莲干燥花精油的主要成分为：2-环戊烯-1,4-酮（56.67%）、2,5-呋喃二酮（6.29%）、山嵛酸甲酯（1.30%）等。

果实：杨美林等（1997）用石油醚回流法提取的吉林长白山产辣蓼铁线莲果实精油的主要成分为：二十二烷（9.57%）、1,2,3,4-四氢-1,1,4,4-四甲基-6,7-二乙基葵（8.90%）、十六烷酸（8.79%）、十三-二烯酸（5.89%）、酞酸二丁酯（5.89%）、十六酸乙酯（5.50%）、十九烷（4.71%）、三十九烷（4.69%）、二十烷（3.91%）、十八烷（3.86%）、二十五烷（3.17%）、十二烷酸（3.01%）、二十三烷（3.00%）、十二烷醇（2.88%）、十七烷（2.63%）、十六烷酸甲酯（2.59%）、十四烷（2.54%）、二十一烷（2.54%）、2,4-二烯葵酮（2.36%）、6,10,14-三甲基十五烷酮（2.31%）、三十烷（2.20%）、十八烷酸（2.11%）、壬酸二双甲丙基酯（2.06%）、十五烷酸（2.06%）、3,4,5,6-四氢-6-正戊基-吡喃酮[2]1.12,1-甲醚-1,2,4-三羟基-蒽醌（1.94%）、十八二烯酸（1.84%）、β-香树脂醇（1.61%）、十六烷（1.58%）、十一烷酸（1.57%）、二十四烷（1.30%）、十二烯醇（1.12%）、辛烯-2-酮（1.12%）、癸烯-2-酮（1.10%）、十四烷酮（1.09%）、九烷酸（1.07%）、十五烷（1.06%）等。

【利用】根及根状茎药用，有镇痛、利尿作用，治风湿性关节炎、半身不遂、水肿、神经痛、偏头痛、颜面神经麻痹、鱼刺哽喉。全草可作农药。种子油可制肥皂。可用于布置花坛、花镜、岩石园、假山、拱门等攀缘植物，也可作地被植物栽植。

🌸 毛茛铁线莲
Clematis ranunculoides Franch.

毛茛科　铁线莲属
分布：云南、四川、广西、贵州

【形态特征】直立草本或草质藤本，长0.5～2 m。茎基部常四棱形，上部六棱形，有深纵沟。基生叶有长柄，长7～10 cm，有3～5小叶，茎生叶柄短，常为三出复叶；小叶片薄纸质或亚革质，卵圆形至近于圆形，长4～6 cm，宽2～4 cm，顶端钝圆或钝尖，基部宽楔形，边缘有不规则的粗锯齿，常3裂，两面被疏柔毛。聚伞花序腋生，1～3花；花梗基部有一对叶状苞片；花钟状，直径1.5 cm；萼片4枚，紫红色，卵圆形，边缘密被淡黄色绒毛，两面微被柔毛，外面脉纹上有2～4条凸起的翅；花药线形。瘦果纺锤形，长3～4 mm，宽2 mm，两面凸起，棕红色，被短柔毛。花期9～10月，果期10～11月。

【生长习性】常生于海拔500～3000 m的山坡、沟边、林下及灌丛中。耐寒（茎和根系可耐-10 ℃低温），耐旱，较喜光照，但不耐暑热强光。喜深厚肥沃、排水良好的碱性壤土及轻砂质壤土。不耐水渍。

【芳香成分】赵燕强等（2017）用乙醇回流-石油醚萃取法提取的云南玉龙产毛茛铁线莲干燥全草精油的主要成分为：二十八烷（30.37%）、二十烷（18.45%）、吡啶-3-甲酰胺肟（4.80%）、1-氯代二十七烷（3.25%）、角鲨烯（3.06%）、二十四烷（1.07%）等。

【利用】根药用，有祛瘀、利尿、解毒的功效。彝药用全株治角膜云翳、青光眼、小儿疳积、手足麻木；藏药用全株治消化不良、痞块、脓疮。有很高的观赏价值，多作高档盆花栽培。

🌸 棉团铁线莲
Clematis hexapetala Pall.

毛茛科　铁线莲属
别名：威灵仙、山蓼、棉花子花、野棉花
分布：甘肃、陕西、山西、河北、内蒙古、辽宁、吉林、黑龙江

【形态特征】直立草本，高30～100 cm。老枝圆柱形，有纵沟；茎疏生柔毛。叶片近革质绿色，干后常变黑色，单叶至复叶，一至二回羽状深裂，裂片线状披针形，长椭圆状披针形至椭圆形，或线形，长1.5～10 cm，宽0.1～2 cm，顶端锐尖或凸尖，有时钝，全缘。花序顶生，聚伞花序或为总状、圆锥状聚伞花序，有时花单生，花直径2.5～5 cm；萼片4～8，通常6，白色，长椭圆形或狭倒卵形，长1～2.5 cm，宽0.3～1.5 cm，外面密生棉毛，花蕾时像棉花球。瘦果倒卵形，扁平，密生柔毛，宿存花柱长1.5～3 cm，有灰白色长柔毛。花期6～8月，果期7～10月。

【生长习性】生于固定沙丘、干山坡或山坡草地。耐寒，耐旱。较喜光照，但不耐暑热强光。喜深厚肥沃、排水良好的碱性壤土及轻砂质壤土。不耐水渍。

【精油含量】水蒸气蒸馏根茎的得油率为0.08%，干燥根及

根茎的得油率为3.10%。

【芳香成分】江滨等（1990）用水蒸气蒸馏法提取的云南昆明产棉团铁线莲根茎精油的主要成分为：棕榈酸（18.35%）、3-羟基-4-甲氧基苯甲醛（18.04%）、二十烷（8.09%）、反式-大茴香醚（4.65%）、2-羟基-4-甲基苯乙酮（3.66%）、壬酸（3.20%）、异丁酸百里香酯（2.35%）、1,3,5-三异丙基苯（1.51%）、己酸（1.17%）、萘（1.17%）、十七烷（1.13%）等。

【利用】根药用，有解热、镇痛、利尿、通经作用，治风湿症、水肿、神经痛、痔疮肿痛。可作土农药，对马铃薯疫病和红蜘蛛有良好防治作用。可作观赏植物。

🌸 女萎

Clematis apiifolia DC.

毛茛科　铁线莲属

别名： 百根草、花木通、风藤、白棉纱、一把抓

分布： 江西、福建、浙江、江苏、安徽

【形态特征】藤本。小枝和花序梗、花梗密生贴伏短柔毛。三出复叶，连叶柄长5～17 cm，叶柄长3～7 cm；小叶片卵形或宽卵形，长2.5～8 cm，宽1.5～7 cm，常有不明显3浅裂，边缘有锯齿，叶面疏生贴伏短柔毛或无毛，叶背通常疏生短柔毛或

仅叶脉较密。圆锥状聚伞花序多花；花直径约1.5 cm；萼片4，开展，白色，狭倒卵形，长约8 mm，两面有短柔毛，外面较密；雄蕊无毛，花丝比花药长5倍。瘦果纺锤形或狭卵形，长3～5 mm，顶端渐尖，不扁，有柔毛，宿存花柱长约1.5 cm。花期7～9月，果期9～10月。

【生长习性】生于山野林边。耐寒，耐旱。较喜光照，但不耐暑热强光。喜深厚肥沃、排水良好的碱性壤土及轻砂质壤土。不耐水渍。

【精油含量】水蒸气蒸馏藤茎及叶的得油率为0.25%。

【芳香成分】宋龙等（2006）用水蒸气蒸馏法提取的浙江天目山产女萎藤茎叶精油的主要成分为：棕榈酸（52.37%）、植醇（9.82%）、9(Z)，12(Z)-十八碳二烯酸（9.11%）、亚麻酸（6.74%）、酞酸-二异丁酯（2.00%）、鲸蜡醇（1.80%）、正十四酸（1.59%）、正二十八烷（1.28%）、硬脂酸（1.08%）、二十七烷（1.07%）、6,10,14-三甲基-2-十五烷酮（1.03%）等。

【利用】根、茎藤或全株入药，能消炎消肿、利尿通乳，主治肠炎、痢疾、甲状腺肿大、风湿关节痛、尿路感染，乳汁不下；鲜根外敷患处可治风火牙痛。园林栽培供观赏。

🌸 秦岭铁线莲
Clematis obscura Maxim.

毛茛科　铁线莲属
别名： 木通藤
分布： 四川、湖北、甘肃、陕西、河南、山西

【形态特征】木质藤本，干时变黑。一至二回羽状复叶，有5～15小叶，茎上部有时为三出叶，基部二对常不等2～3深裂、全裂至3小叶；小叶片或裂片纸质，卵形至披针形，或三角状卵形，长1～6cm，宽0.5～3cm，顶端锐尖或渐尖，基部楔形、圆形至浅心形，全缘，偶有1缺刻状牙齿或小裂片。聚伞花序3～5花或更多，有时花单生，腋生或顶生，与叶近等长或较短；花直径2.5～5cm；萼片4～6，开展，白色，长圆形或长圆状倒卵形，长1.2～2.5cm，顶端尖或钝，外面边缘密生绒毛。瘦果椭圆形至卵圆形，扁，长约5mm，有柔毛，宿存花柱长达2.5cm，有金黄色长柔毛。花期4～6月，果期8～11月。

【生长习性】生山地丘陵灌丛中或山坡、山谷阳处，海拔400～2600m。耐寒，耐旱，较喜光照，但不耐暑热强光，喜深厚肥沃、排水良好的碱性壤土及轻砂质壤土。不耐水渍。

【精油含量】水蒸气蒸馏阴干根的得油率为0.14%。

【芳香成分】徐涛等（2005）用水蒸气蒸馏法提取的四川茂县产秦岭铁线莲阴干根精油的主要成分为：十六酸（29.10%）、11,14,17-二十碳三烯酸甲酯（20.30%）、肉豆蔻酸（3.35%）、十六酸甲酯（2.85%）、6,10,14-三甲基-十五烷酮（2.72%）、9,12,15-十八碳三烯酸乙酯（2.31%）、十五烷酸（2.23%）、9,12,15-十八碳三烯酸甲酯（2.12%）、1,2-苯二羧酸丁基辛基二酯（2.11%）、十二烷酸（1.92%）、4-羟基-十八碳酸甲酯（1.72%）、9,12-十八碳二烯酸甲酯（1.66%）、十氢环丙薁-7-醇（1.33%）、环己烷（1.33%）、2-十五烷酮（1.30%）、柠檬烯（1.25%）、十八碳酸甲酯（1.06%）等。

【利用】全株药用，有祛风湿、活血通经的功效，用于痛风。园林栽培供观赏。

🌸 芹叶铁线莲
Clematis aethusaefolia Turcz.

毛茛科　铁线莲属
别名： 辣蓼铁线莲、山辣椒秧子、透骨草
分布： 青海、甘肃、宁夏、陕西、山西、河北、内蒙古

【形态特征】多年生草质藤本，幼时直立，以后匍匐，长0.5～4m。茎纤细，有纵沟纹。二至三回羽状复叶或羽状细裂，连叶柄长达7～15cm，末回裂片线形，顶端渐尖或钝圆。聚伞花序腋生，常1～3花；苞片羽状细裂；花钟状下垂，直径1～1.5cm；萼片4枚，淡黄色，长方椭圆形或狭卵形，长1.5～2cm，宽5～8mm，外面边缘上密被乳白色绒毛；花丝扁平，线形或披针形，两端渐窄；子房扁平，卵形，被短柔毛，花柱被绢状毛。瘦果扁平，宽卵形或圆形，成熟后棕红色，长3～4mm，被短柔毛，宿存花柱长2～2.5cm，密被白色柔毛。花期7～8月，果期9月。

【生长习性】生于山坡及水沟边，海拔300～1700m。

【芳香成分】巩江等（2010）用水蒸气蒸馏法提取的芹叶铁线莲地上部分精油的主要成分为：苯甲醛（18.20%）、石竹烯（11.63%）、大牻牛儿烯D（7.55%）、4-乙烯基-2-甲氧基酚（4.77%）、苯乙醇（3.63%）、β-蒎烯（2.94%）、苯甲醇（2.76%）、α-石竹烯（2.74%）、β-芳樟醇（2.65%）、苯乙

醛（2.56%）、蒿酮（2.19%）、1,2,3,4,5,6,7,8-八氢-1-甲基-蒽（1.92%）、植醇（1.84%）、β-反式-罗勒烯（1.75%）、壬醛（1.68%）、环己酮（1.66%）、松蕈醇（1.65%）、中氮茚（1.44%）、香草醛（1.35%）、乙烯氧基苯（1.12%）等。

【利用】全草入药，能健胃、消食，治胃包囊虫和肝包囊虫；外用除疮、排脓。

🌸 山木通

Clematis finetiana Lévl. et Vant.

毛茛科　铁线莲属

别名：大叶光板力刚、过山照、九里花、老虎须、老虎毛、雪球藤

分布：云南、贵州、四川、河南、湖北、湖南、浙江、江苏、安徽

【形态特征】木质藤本。茎圆柱形，有纵条纹，小枝有棱。三出复叶，基部有时为单叶；小叶片革质，卵状披针形至卵形，长3～13cm，宽1.5～5.5cm，顶端锐尖至渐尖，基部圆形、浅心形或斜肾形，全缘。花常单生，或为聚伞花序、总状聚伞花序，腋生或顶生，有1～7花，少数7朵以上而成圆锥状聚伞花序；在叶腋分枝处常有多数长三角形至三角形宿存芽鳞；苞片小，钻形，有时下部苞片为宽线形至三角状披针形；萼片4～6，开展，白色，狭椭圆形或披针形，外面边缘密生短绒毛；药隔明显。瘦果镰刀状狭卵，长约5mm，有柔毛，宿存花柱长达3cm，有黄褐色长柔毛。花期4～6月，果期7～11月。

【生长习性】生于海拔100～1200m的山坡疏林、溪边、路旁灌丛中及山谷石缝中。耐寒，耐旱，较喜光照，不耐暑热强光，喜深厚肥沃、排水良好的碱性壤土及轻砂质壤土。不耐水渍。

【芳香成分】根（根茎）：王祥培等（2011）用水蒸气蒸馏法提取的根及根茎精油的主要成分为：棕榈酸（19.30%）、亚油酸（9.35%）、山胡椒酸（4.32%）、1-辛烯-3-醇（3.91%）、6-甲基-甲酯（3.27%）、α-蒎烯（3.21%）、桃金娘烯醇（2.88%）、1-(2,4,5-三乙基苯基)乙醇（2.88%）、α-松油醇（2.36%）、肉豆蔻酸（2.25%）、1,8-桉叶油素（1.61%）、松油烯-1-醇（1.61%）、L-龙脑（1.41%）、十五酸（1.37%）、(+/-)-5-表-葡萄柚醇（1.16%）、松香芹酮（1.09%）、古芸烯（1.06%）等。

全草：王祥培等（2011）用水蒸气蒸馏法提取的茎叶精油

的主要成分为：棕榈酸（14.42%）、1,8-桉叶油素（9.44%）、植醇（3.60%）、棕榈酸甲酯（3.50%）、L-龙脑（3.40%）、油酸（3.22%）、β-石竹烯（3.16%）、松油烯-4-醇（2.45%）、(+/-)-5-表-葡萄柚醇（2.31%）、亚油酸（2.01%）、樟脑（2.01%）、肉豆蔻酸（1.97%）、艾醇（1.77%）、石竹烯氧化物（1.73%）、原白头翁素（1.63%）、棕榈酸乙酯（1.60%）、蒿醇（1.40%）、α-松油醇（1.32%）、植烷（1.31%）、(E,E)-金合欢烯（1.25%）、亚麻酸乙酯（1.13%）、9,12,15-十八碳三烯酸甲酯（1.12%）、大根香叶烯D（1.11%）、α-侧柏酮（1.10%）、丁香酚（1.08%）、甲基苯酯（1.00%）等。

【利用】全株药用，有清热解毒、止痛、活血、利尿的功效，治感冒、膀胱炎、尿道炎、跌打劳伤；花可治扁桃体炎、咽喉炎。园林栽培供观赏。

🌸 疏金毛铁线莲

Clematis chrysocoma Franch. var. *glabrescens* Comb.

毛茛科　铁线莲属

分布：云南、四川

【形态特征】木质藤本，或呈灌木状。茎、枝圆柱形，有纵条纹。三出复叶，数叶与花簇生，或对生；小叶片较厚，革质，两面密生绢状毛，2～3裂，边缘疏生粗牙齿，顶生小叶片卵形、菱状倒卵形或倒卵形，侧生小叶片较小，卵形至卵圆形或倒卵形，稍偏斜。花1～5朵与叶簇生，新枝上1～2花生叶腋或为聚伞花序；花直径3～8cm；萼片4，开展，白色、粉红色或带紫红色，倒卵形或椭圆状倒卵形。瘦果扁，卵形至倒卵形，长4～5mm，有绢状毛，宿存花柱长达4cm，有金黄色绢状毛。花期4～7月，果期7～11月。

【生长习性】生于海拔1100～3000m的山坡、沟边林中或林边。

【芳香成分】赵燕强等（2017）用乙醇回流-石油醚萃取法提取的云南玉龙产疏金毛铁线莲干燥全草精油的主要成分为：二十烷（8.45%）、二十八烷（7.16%）、角鲨烯（6.81%）、二十三烷（3.30%）、吡啶-3-甲酰胺肟（3.06%）、二十四烷（2.38%）、四十三烷（1.46%）、2,6,10,14-四甲基十六烷（1.29%）、2,6-二叔丁基对甲基苯酚（1.11%）、环二十四烷（1.02%）等。

❀ 威灵仙
Clematis chinensis Osbeck

毛茛科　铁线莲属

别名: 铁脚威灵仙、青风藤、白钱草、乌头力刚、九里火、移星草

分布: 云南、贵州、四川、陕西、广西、广东、湖南、湖北、河南、福建、台湾、江西、浙江、江苏、安徽

【形态特征】木质藤本。干后变黑色。一回羽状复叶有5小叶，有时3或7，偶尔基部一对以至第二对2～3裂至2～3小叶；小叶片纸质，卵形至卵状披针形，或为线状披针形、卵圆形，长1.5～10 cm，宽1～7 cm，顶端锐尖至渐尖，偶有微凹，基部圆形、宽楔形至浅心形，全缘，两面近无毛，或疏生短柔毛。常为圆锥状聚伞花序，多花，腋生或顶生；花直径1～2 cm；萼片4～5，开展，白色，长圆形或长圆状倒卵形，长0.5～1.5 cm，顶端常凸尖，外面边缘密生绒毛或中间有短柔毛。瘦果扁，3～7个，卵形至宽椭圆形，长5～7 mm，有柔毛，宿存花柱长2～5 cm。花期6～9月，果期8～11月。

【生长习性】生于海拔100～1500 m的山坡、山谷灌丛中或沟边、路旁草丛中。对气候、土壤要求不严，以凉爽、湿润的气候和富含腐殖质的山地棕壤土或砂质壤土为佳。在过于低洼、易涝或干旱的地块生长不良。

【精油含量】水蒸气蒸馏根及根茎的得油率为0.15%～2.60%；超临界萃取干燥根及根茎的得油率为0.44%。

【芳香成分】徐涛等（2005）用水蒸气蒸馏法提取的

四川峨眉山产威灵仙阴干根精油的主要成分为：十五烷酸（29.10%）、9,12-十八碳二烯酸（20.20%）、氧环十六碳-2-酮（2.85%）、十四酸（2.77%）、2H环丙萘-2-酮（2.11%）、百里香酚（1.92%）、1-甲氧基-4-甲基乙基苯（1.77%）、环十二烷（1.72%）、二十二烷（1.67%）、1,4,5,6,7,7a-六氢-7a-甲基-茚-2-酮（1.33%）、4,7,7-三甲基-二环庚-3-醇（1.31%）、6,6-二甲基-双环庚-2-酮（1.25%）、1-甲基-3-丙基苯（1.06%）、三氟乙酰基-表异龙脑（1.04%）等。

【利用】根入药，能祛风湿、利尿、通经、镇痛，治风寒湿热、偏头疼、黄疸浮肿、鱼骨硬喉、腰膝腿脚冷痛。鲜株能治急性扁桃体炎、咽喉炎；根治丝虫病，外用治牙痛。全株可作农药，防治造桥虫、菜青虫、地老虎、孑孓等。

❀ 柱果铁线莲
Clematis uncinata Champ.

毛茛科　铁线莲属

别名: 威灵仙、小叶光板力刚、花木通、猪娘藤、钩铁线莲、癞子藤

分布: 云南、四川、贵州、甘肃、陕西、广东、湖南、浙江、福建、台湾、江西、安徽、江苏

【形态特征】藤本，干时常带黑色，除花柱有羽状毛及萼片外面边缘有短柔毛外，其余光滑。茎圆柱形，有纵条纹。一至二回羽状复叶，有5～15小叶，基部二对常为2～3小叶，茎基部为单叶或三出叶；小叶片纸质或薄革质，宽卵形、卵形、长圆状卵形至卵状披针形，长3～13 cm，宽1.5～7 cm，顶端渐尖至锐尖，偶有微凹，基部圆形或宽楔形，有时浅心形或截形，全缘，叶面亮绿，叶背灰绿色，两面网脉突出。圆锥状聚伞花序腋生或顶生，多花；萼片4，开展，白色，干时变褐色至黑色，线状披针形至倒披针形。瘦果圆柱状钻形，干后变黑，长5～8 mm，宿存花柱长1～2 cm。花期6～7月，果期7～9月。

【生长习性】生于海拔100～2000 m的山地、山谷、溪边的灌丛中或林边，或石灰岩灌丛中。耐寒、耐旱，较喜光照，不耐暑热强光，喜深厚肥沃、排水良好的碱性壤土及轻砂质壤土。不耐水渍。

【芳香成分】王祥培等（2008）用水蒸气蒸馏法提取的柱果铁线莲干燥根及根茎精油主要成分为：亚油酸（29.70%）、

棕榈酸（12.37%）、α-松油醇（8.55%）、4-乙烯-2-甲氧基-苯酚（6.47%）、2-正戊基呋喃（4.06%）、2-羟基-4-甲氧基-6-甲基苯甲酸甲酯（3.70%）、2-环戊烯-1,4-二酮（2.99%）、芳樟醇（2.67%）、十六碳烯（2.47%）、亚油酸甲酯（2.01%）、辛酸（1.67%）、反-2-壬烯醛（1.58%）、正六醇（1.47%）、亚麻酸甲酯（1.08%）、反-2-己烯醛（1.07%）等。

【利用】根入药，能祛风除湿、舒筋活络、镇痛，治风湿性关节痛、牙痛、骨鲠喉；叶外用治外伤出血。园林栽培供观赏。

❀ 铁筷子

Helleborus thibetanus Franch.

毛茛科　铁筷子属

别名： 黑毛七、小山桃儿七、见春花、九百棒、九龙丹、九朵云

分布： 四川、甘肃、陕西、湖北

【形态特征】茎高30～50 cm，上部分枝，基部有2～3个鞘状叶。基生叶1～2个，有长柄；叶片肾形或五角形，长7.5～16 cm，宽14～24 cm，鸡足状三全裂，中全裂片倒披针形，边缘在下部之上有密锯齿，侧全裂片具短柄，扇形，不等三全裂；叶柄长20～24 cm。茎生叶较基生叶为小，中央全裂片狭椭圆形，侧全裂片不等二或三深裂。花1～2朵生茎或枝端；萼片初粉红色，在果期变绿色，椭圆形或狭椭圆形；花瓣8～10，淡黄绿色，圆筒状漏斗形，腹面稍二裂；花药椭圆形，花丝狭线形；心皮2～3。蓇葖扁，长1.6～2.8 cm，宽0.9～1.2 cm，有横脉，喙长约6 mm；种子椭圆形，扁，光滑，有1条纵肋。4月开花，5月结果。

【生长习性】生于海拔1100～3700 m的山地林中或灌丛中，多生长于含砾石比较多的砂壤、棕壤土中。耐寒，喜半阴潮湿环境，忌干冷。

【芳香成分】娄方明等（2010）用水蒸气蒸馏法提取的贵州遵义产铁筷子根茎精油的主要成分为：桉树脑（33.67%）、龙脑（13.98%）、氧化石竹烯（10.15%）、莰烯（9.83%）、α-蒎烯（4.87%）、(+)-表-双环倍半水芹烯（3.91%）、1-乙酸龙脑酯（2.15%）、α-去二氢菖蒲烯（1.62%）、α-可巴烯（1.44%）、3,4-二甲基-3-环己烯-1-甲醛（1.42%）、β-蒎烯（1.13%）、α-依兰烯（1.03%）等。

【利用】根及根茎药用，有清热解毒、活血散瘀、消肿止痛的功效，治膀胱炎、尿道炎、疮疖肿毒、跌打损伤、劳伤。可作室内盆栽、草坪地被等供观赏。

❀ 白喉乌头

Aconitum leucostomum Worosch.

毛茛科　乌头属

分布： 新疆、甘肃

【形态特征】茎高约1 m，中部以下疏被反曲的短柔毛或几无毛，上部有开展的腺毛。基生叶约1枚；叶片长约达14 cm，宽达18 cm，叶背疏被短曲毛；叶柄长20～30 cm。总状花序长20～45 cm，有多数密集的花；基部苞片三裂，其他苞片线形；小苞片生花梗中部或下部，狭线形或丝形，长3～8 mm；萼片淡蓝紫色，下部带白色，外面被短柔毛，上萼片圆筒形，高1.5～2.4 cm，中部粗4～5 mm，外缘在中部缢缩，然后向外下

方斜展，下缘长 0.9～1.5 cm；花瓣无毛，距比唇长，稍拳卷；雄蕊无毛，花丝全缘；心皮 3，无毛。蓇葖长 1～1.2 cm；种子倒卵形，有不明显 3 纵棱，生横狭翅。7～8 月开花。

【生长习性】生于海拔 1400～2550 m 的山地草坡或山谷沟边。

【芳香成分】艾克拜尔江·阿巴斯等（2010）用水蒸气蒸馏法提取的新疆尼勒克产白喉乌头干燥块根精油的主要成分为：顺,顺-亚油酸（29.48%）、n-棕榈酸（21.08%）、芳姜黄酮（4.78%）、十五烷酸（3.30%）、1,4-顺-1,7-反-菖蒲烯酮（2.85%）、2-羟基环十五烷酮（2.83%）、亚油酸甲酯（2.50%）、亚油酸乙酯（1.55%）、棕榈酸甲酯（1.41%）等。

【利用】块根药用，有除湿镇痛的功效。

❀ 北乌头

Aconitum kusnezoffii Reichb.

毛茛科　乌头属

别名： 草乌、蓝靰鞡花、鸡头草、蓝附子、五毒根、鸭头、小叶鸭儿芦、穴种、小叶芦、勒草拉花

分布： 山西、河北、内蒙古、辽宁、吉林、黑龙江

【形态特征】块根圆锥形或胡萝卜形，长 2.5～5 cm，粗 7～10 cm。茎高 65～150 cm，通常分枝。叶片纸质或近革质，五角形，长 9～16 cm，宽 10～20 cm，基部心形，三全裂，中央全裂片菱形，渐尖，近羽状分裂，小裂片披针形，侧全裂片斜扇形，不等二深裂，叶面疏被短曲毛，叶背无毛。顶生总状花序具 9～22 朵花，通常与其下的腋生花序形成圆锥花序；下部苞片三裂，其他苞片长圆形或线形；小苞片线形或钻状线形；萼片紫蓝色，上萼片盔形或高盔形，有喙，下萼片长圆形；花

瓣向后弯曲或近拳卷；心皮4~5枚。蓇葖直，长0.8~2cm；种子长约2.5mm，扁椭圆球形，沿棱具狭翅，只在一面生横膜翅。7~9月开花。

【生长习性】生于海拔200~2400m的山地草坡或疏林中。喜凉爽湿润环境，耐寒，冬季地下根部可耐-30℃左右的严寒。雨季注意防涝。土壤以肥沃疏松的砂质壤土为最好，黏土或低洼易积水地区不宜栽培。

【精油含量】水蒸气蒸馏块根的得油率为0.01%。

【芳香成分】赵英永等（2007）用水蒸气蒸馏法提取的北乌头块根精油的主要成分为：棕榈酸（34.04%）、邻-(丁氧羰基)苯甲酰羟基乙酸乙酯（22.22%）、7-乙烯基十六内酯（11.77%）、

邻苯二甲酸二丁酯（6.19%）、亚油酸甲酯（5.89%）、4-氨基联苯（5.33%）、棕榈酸甲酯（3.38%）、(顺,顺,顺)-9,12,15-十八烷三烯-1-醇（2.11%）、十三烷酸乙酯（1.51%）、1,5-二甲基己胺（1.33%）、十一烯酸（2.25%）等。

【利用】块根有剧毒，经炮制后可入药，有祛风除湿、温经止痛的功效，用于风湿性关节炎、心腹冷痛、寒疝作痛、麻醉止痛、神经痛、牙痛、中风等症。块根可作农药，防治稻螟虫、棉蚜等虫害以及棉花立枯病、小麦秆锈病等病害，也可消灭蝇蛆、孑孓等。叶药用，有小毒，有清热、止痛的功效，用于热病发热、泄泻腹痛、头痛、牙痛。

✿ 甘青乌头

Aconitum tanguticum (Maxim.) Stapf

毛茛科 乌头属
别名： 榜嘎、辣椒草、雪乌、翁阿鲁、山附子
分布： 西藏、云南、四川、青海、甘肃、陕西

【形态特征】块根小，纺锤形或倒圆锥形，长约2cm。茎高8~50cm。基生叶7~9枚，有长柄；叶片圆形或圆肾形，长1.1~3cm，宽2~6.8cm，三深裂至中部或中部之下，深裂片互相稍覆压，深裂片浅裂边缘有圆牙齿，两面无毛；叶柄基部具鞘。茎生叶1~4枚，较小。顶生总状花序有3~5花；苞片线形，或有时最下部苞片三裂；小苞片生花梗上部或与花近邻接，卵形至宽线形；萼片蓝紫色，偶尔淡绿色，外面被短柔毛；花瓣无毛，稍弯，瓣片极小，唇不明显，微凹，距短，直；花丝疏被毛，全缘或有2小齿；心皮5，无毛。蓇葖长约1cm；种子倒卵形，长2~2.5mm，具三纵棱，只沿棱生狭翅。7~8月开花。

【生长习性】生于海拔3200~4800m的山地草坡或沼泽草地。

【精油含量】水蒸气蒸馏地上部分的得油率为0.70%。

【芳香成分】张春江等（2009）用水蒸气蒸馏法提取的甘肃南部产甘青乌头地上部分精油的主要成分为：(-)-反式-松香芹乙酸酯（15.60%）、庚烷（14.88%）、桉树脑（6.82%）、3-马鞭草酮（3.64%）、(+)-蒎烷二醇（3.57%）、2,2-二甲基-戊醛（3.47%）、松茨酮（3.34%）、甲基环己烷（3.22%）、杜松醇（2.93%）、十氢-1,1,4,7-四甲基-4αH-环丙[e]甘菊环烃-4α-醇（2.47%）、荜澄茄油烯醇（2.33%）、松香芹醇（2.16%）、氧化芳樟醇（2.15%）、1,5-甲基-1-乙烯基-4-己烯基-邻氨基苯甲酸

（2.00%）、顺式-1,2-二甲基环戊烷（2.00%）、4-烯丙氧基-2-甲基戊-2-醇（1.98%）、2(10)-蒎烯（1.46%）、荜澄茄烯（1.22%）、丁基羟基甲苯（1.13%）等。

【利用】块根药用，有温中散寒、祛风止痛、散瘀止血的功效。全草药用，用于发热、肺炎。

❀ 松潘乌头

Aconitum sungpanense Hand.-Mozz.

毛茛科　乌头属

别名：火焰子、金牛七、蔓乌药、羊角七、千锤打、草乌

分布：甘肃、四川、青海、宁夏、陕西、山西

【形态特征】块根长圆形，长约3.5 cm。茎缠绕，长达2.5 m，分枝。叶片草质，五角形，长5.8～10 cm，宽8～12 cm，三全裂，中央全裂片卵状菱形或近菱形，渐尖，在下部三裂，两面有稀疏短柔毛。总状花序有5～9花；下部苞片三裂，其他苞片线形；小苞片线状钻形；萼片淡蓝紫色，有时带黄绿色，外面无毛或疏被短柔毛；花瓣无毛或疏被短毛，唇长4～5 mm，微凹，距长1～2 mm，向后弯曲；花丝无毛或疏被短毛，全缘；心皮3～5，无毛或子房疏被紧贴的短毛。蓇葖长1～1.5 cm；种子三棱形，长约3 mm，沿棱生狭翅，只在一面密生横膜翅。8～9月开花。

【生长习性】生于海拔1400～3000 m的山地林中、林边或灌丛中。对气候、土壤条件要求不严，喜温和气候，怕高温、怕涝。

【精油含量】水蒸气蒸馏根的得油率为0.23%。

【芳香成分】王锐等（1992）用同时水汽蒸馏萃取法提取的甘肃产松潘乌头根精油的主要成分为：4-特丁基苯酚（27.03%）、2-戊基呋喃（14.59%）、十一酸-2,3-二羟基丙酯（8.36%）、乙酸（5.88%）、9,15-二烯-硬脂酸甲酯（5.64%）、庚酸（5.60%）、2,3-二氢苯并呋喃（5.41%）、2-甲氧基苯酚（3.15%）、2-羟甲基咪唑（1.92%）、2-甲基-3-癸醇（1.42%）、癸酸-2,3-二羟基丙醇酯（1.28%）、己醛（1.24%）、糠醛（1.23%）、月桂酸（1.08%）等。

【利用】根供药用，有大毒，有祛风止痛、散瘀消肿的功效，治跌打损伤、风湿性关节痛等症。

❀ 太白乌头

Aconitum taipeicum Hand.-Mazz.

毛茛科　乌头属

别名：金牛七

分布：陕西、河南

【形态特征】块根倒卵球形或胡萝卜形，长1.5～3 cm。茎高35～60 cm，上部被反曲并紧贴的短柔毛，上部分枝。叶片五角形，长3.5～5.5 cm，宽5～7 cm，三深裂至距基部2.5～5 mm处，中央深裂片宽菱形，近羽状分裂，侧深裂片斜扇形，不等二深裂，两面疏被短柔毛；叶柄长约22 cm，被反曲的短柔毛，无鞘。总状花序生茎及分枝顶端，有2～4花；苞片三裂或长圆形；小苞片线形，长0.6～1.1 cm，宽约0.5 mm；萼片蓝色，上萼片盔形，具不明显的爪，下缘稍凹，喙短；花瓣无毛，距小，向

后弯曲；花丝有2小齿；心皮5，子房无毛或疏被短柔毛。蓇葖长约8mm；种子三棱形，只在一面密生横翅。9月开花。

【生长习性】生于海拔2600～3400 m的高山草地。

【精油含量】超临界萃取干燥根的得油率为2.70%。

【芳香成分】王凯等（2010）用超临界CO_2萃取法提取的陕西秦岭产太白乌头干燥根精油的主要成分为：亚油酸（30.72%）、谷甾酮（17.46%）、棕榈酸（13.10%）、2,2′-亚甲基二（6-叔丁基）对酚（10.43%）、7-十四醛（7.17%）、邻苯二甲酸二异辛基酯（3.52%）、硬脂酸（2.71%）、二十四烷（2.15%）等。

【利用】根供药用，有大毒，有祛风除湿、活血散瘀、消肿止痛的功效，治风湿性关节炎、跌打损伤、筋骨疼痛、瘀血肿痛、劳伤、痈肿宁毒、无名肿毒等症。

🌸 铁棒锤

Aconitum pendulum Busch

毛茛科 乌头属

别名： 铁牛七、雪上一枝蒿、一枝箭、三转半

分布： 西藏、云南、四川、青海、甘肃、陕西、河南

【形态特征】块根倒圆锥形。茎高26～100 cm，中部以上密生叶。叶片形状似伏毛铁棒锤，宽卵形，长3.4～5.5 cm，宽4.5～5.5 cm，小裂片线形。顶生总状花序有8～35朵花；下部苞片叶状，或三裂，上部苞片线形；小苞片披针状线形，长

4～5 mm，疏被短柔毛；萼片黄色，常带绿色，有时蓝色，外面被近伸展的短柔毛，上萼片船状镰刀形或镰刀形，具爪，下缘长1.6～2 cm，弧状弯曲，外缘斜，侧萼片圆倒卵形，下萼片斜长圆形；花瓣无毛或有疏毛，向后弯曲；花丝全缘，无毛或疏被短毛；心皮5。蓇葖长1.1～1.4 cm；种子倒卵状三棱形，长约3 mm，光滑，沿棱具不明显的狭翅。7～9月开花。

【生长习性】生于海拔2800～4500 m的山地草坡或林边。耐旱，喜凉，怕积水。宜生长于含有丰富的腐殖质、疏松肥沃、排水良好的壤土、砂壤土、黑钙土。

【芳香成分】王凯等（2009）用水蒸气蒸馏法提取的陕西太白山产铁棒锤根精油的主要成分为：十六酸（9.09%）、2-乙氧基-3-氯丁烷（8.12%）、6-氧杂-硫代-辛烯酸（7.85%）、苯甲醛（3.21%）、苯胺（3.16%）、2,4,6-三甲基癸烷（2.20%）、2,6-二甲基癸烷（1.98%）、十九烷（1.78%）、1,2-邻苯二甲酸二(2-甲丙基)酯（1.50%）、5-(1-乙氧基-乙氧基)-4-甲基-2-己烯醛（1.37%）、二十烷（1.37%）、十四酸（1.33%）、二丁基邻苯二甲酸酯（1.33%）、1,2-邻苯二甲酸二异辛酯（1.31%）、二十一烷（1.28%）、十七烷（1.24%）、二十八烷（1.20%）、8-甲基十七烷（1.19%）、棕榈酸乙酯（1.19%）、4,6-二甲基十二烷（1.18%）、亚油酸（1.14%）、苯并噻唑（1.10%）、2-(2-丙烯基)-1,3-二噁茂烷（1.04%）、2,4-二(1,1-二甲乙基)-苯酚（1.01%）等。杨长花等（2017）用微波法提取的干燥块根精油的主要成分为：9,12-十八碳二烯酸（28.11%）、十六烷酸（21.98%）、2-乙氧基丙烷（10.50%）、2,2-二羟基丙二酸（4.26%）、1-乙氧基丙烷（3.69%）、2-乙氧基丁烷（2.99%）、N-叔丁基脲（2.41%）、1,2-二乙氧基乙烷（2.30%）、乙酸乙酯（2.05%）、二十烷酸（1.86%）、9-十八炔酸（1.63%）、1,2,3-丁三醇（1.56%）、9-十六烯酸（1.27%）、9,12,15-十八碳三烯酸（1.21%）、丙三醇（1.13%）等；用超声波法提取的干燥块根精油的主要成分为：8-环十五烯内酯（52.99%）、十六烷酸（14.91%）、1,1-二乙氧基乙烷（10.70%）、甲苯（5.80%）、9,12,15-十八烷三烯酸（3.49%）、13-甲基-2,11-羰基氧杂十四环（3.18%）、9-十六碳烯酸（2.09%）等。

【利用】块根供药用，有剧毒，治跌打损伤、骨折、风湿腰痛、冻疮等症。

❀ 乌头

Aconitum carmichaelii Debx.

毛茛科 乌头属

别名：卡氏乌头、川乌头、草乌、乌药、盐乌头、鹅尔花、铁花、五毒

分布：云南、四川、湖北、贵州、湖南、广西、广东、江西、浙江、江苏、安徽、陕西、河南、山东、辽宁

【形态特征】块根倒圆锥形，长2～4 cm，粗1～1.6 cm。茎高60～200 cm，分枝。叶片薄革质或纸质，五角形，长6～11 cm，宽9～15 cm，基部浅心形三裂达或近基部，中央全裂片宽菱形，有时倒卵状菱形或菱形，急尖，有时短渐尖近羽状分裂，二回裂片约2对，斜三角形，生1～3枚牙齿，间或全缘，侧全裂片不等二深裂，表面疏被短伏毛。顶生总状花序长6～25 cm；下部苞片三裂，其他的狭卵形至披针形；萼片蓝紫色，外面被短柔毛，上萼片高盔形，下缘稍凹，喙不明显；花瓣无毛，微凹，通常拳卷；心皮3～5。蓇葖长1.5～1.8 cm；种子长3～3.2 mm，三棱形，只在二面密生横膜翅。9～10月开花。

【生长习性】生于山地草坡或灌丛中。喜温暖湿润气候，选择阳光充足、表上疏松、排水良好、中等肥力土壤为佳，适应性强，忌连作。

【精油含量】水蒸气蒸馏干燥地上部分的得油率为0.36%。

【芳香成分】根（块根）：王加等（2014）用水蒸气蒸馏法提取的干燥母根精油的主要成分为：棕榈酸（29.62%）、硬脂炔酸（20.54%）、异辛基乙烯醚（5.77%）、2,10-二甲基-十一烷（4.91%）、4,4'-双氧代-2-戊烯（3.80%）、环己基异硫氰酸酯（2.40%）、月桂酸环己酯（1.95%）、亚硝酸异丁酯（1.56%）、2,9-二甲基癸烷（1.45%）等；索氏法提取的干燥母根精油的主要成分为：9,12-十八碳二烯酸甲酯（71.12%）、棕榈酸甲酯（26.67%）等；挥发油提取器法提取的干燥母根精油的主要成分为：十五烷酸（47.75%）、硬脂炔酸（36.64%）、E-9-十四碳烯基乙酸酯（2.95%）、9,12-十八碳二烯酸甲酯（1.66%）等。陈红英（2011）用水蒸气蒸馏法提取的四川江油产乌头母根精油的主要成分为：2,4-亚甲基-2H-茚并(1,2-b：5,6-b'])-8氢-双环氧乙烯（2.09%）、4,16-雄甾二烯-3-酮（2.15%）、1,7-二甲氧基萘（1.69%）等；子根精油的主要成分为：7,10-十六碳二烯酸甲酯（2.79%）等；须根精油的主要成分为：亚硝酸丙酯（3.28%）、异丙氧基乙醇（2.05%）、1,1-二乙氧基乙烷（1.79%）、氯苯（1.36%）等。张荣祥等（2011）贵州龙里产乌头块根精油的主要成分为：十六烷酸（18.29%）、9,12-十八二烯乙醇（5.55%）、亚油酸（2.34%）、正十五腈（2.31%）、安香息酸（2.14%）、棕榈酸乙酯（1.72%）、亚油酸甲酯（1.43%）、2,4-二叔丁基苯酚（1.04%）等。

全草：张荣祥等（2011）用水蒸气蒸馏法提取的贵州龙里产乌头茎叶精油的主要成分为：植醇（38.58%）、6,10,14-三甲基-2-十五烷酮（19.41%）、正二十九烷（3.03%）、正二十五烷（1.27%）、正二十三烷（1.23%）、正二十七烷（1.11%）、亚油酸甲酯（1.06%）、6,10,14-三甲基-2-十五烷醇（1.01%）等。

【利用】母根入药，加工后称川乌，为镇痉剂，治风湿神经痛、中风、拘挛疼痛、半身不遂、风痰积聚、癫痫等症。侧根（子根）入药，称附子，有回阳、逐冷、祛风湿的作用，治大汗亡阳、四肢厥逆、霍乱转筋、肾阳衰弱、腰膝冷痛、形寒爱冷、精神不振以及风寒湿痛、脚气等症。有大毒，宜慎用。块根可作箭毒，也可作土农药，防治农作物易感的一些病害和虫害。栽培可供观赏。

❀ 展毛多根乌头

Aconitum karakolicum Rapaics var. *patentipilum* W. T. Wang

毛茛科　乌头属
别名：草乌
分布：新疆

【形态特征】块根长2～5 cm，粗1～1.8 cm，数个形成水平或斜的链。茎高约1 m，密生叶，分枝。叶片五角形，长7～11 cm，宽7～14 cm，三全裂，中央全裂片宽菱形，二回羽状细裂，末回裂片狭线形，顶端渐尖，干时常稍反卷，侧全裂片斜扇形，不等二裂几达基部。顶生总状花序多少密集；小苞片钻形，长约3.5 mm；萼片紫色，外面疏被短柔毛，上萼片盔形或船状盔形，具爪，侧萼片长1～1.6 cm，下萼片倒卵状长圆形；花瓣无毛或有少数毛，瓣片大，唇长约5.5 mm，向后弯曲；花丝上部疏被短柔毛，全缘或有2小齿；心皮3～5，无毛。7～8月开花。

【生长习性】生于海拔1800～2000 m的山地草坡或山谷林下。

【精油含量】水蒸气蒸馏根的得油率为0.17%。

【芳香成分】王锐等（1992）用同时水汽蒸馏萃取法提取的新疆产展毛多根乌头根精油的主要成分为：4-特丁基苯酚（26.76%）、葵酸-2,3-二羟基丙酯（12.32%）、8-炔-硬脂酸甲酯（10.95%）、联-2,4,6-环庚三烯（7.79%）、乙酸（6.15%）、糠醛（5.97%）、2,3-戊二酮（3.01%）、2-炔-十五碳醇（2.88%）、2-甲氧基苯酚（2.47%）、3-甲基丁酸（2.15%）、己醛（1.92%）、对苯二酚（1.87%）、糠醇（1.86%）、邻苯二甲酸双（辛-2,4-二烯）酯（1.25%）、2-戊基呋喃（1.20%）、2-乙酰呋喃（1.07%）等。

【利用】根为新疆民间常用草药之一，主治神经痛、牙痛等症。

❀ 阿尔泰银莲花

Anemone altaica Fisch.

毛茛科　银莲花属
别名：九节菖蒲、小菖蒲、外菖蒲、京玄参、菊形双瓶梅、玄参、穿骨七
分布：湖北、河南、陕西、山西

【形态特征】植株高11～23 cm。根状茎横走或稍斜。基生叶1或不存在，有长柄；叶片薄草质，叶片宽菱形或宽卵形，长2.4～6.5 cm，宽2.5～7.5 cm，基部浅心形，三全裂，中全裂片狭菱形，三浅裂，中部以上边缘有不整齐锯齿，侧全裂片二浅裂宽卵形。花葶近无毛；苞片3，萼片8～9，白色，倒卵状

长圆形或长圆形，长 1.5～2 cm，宽 3.5～7 mm，顶端圆形，无毛；雄蕊长 5～6 mm，花丝近丝形，心皮 20～30，子房密被柔毛，花柱短，柱头小。瘦果卵球形，长约 4 mm，有柔毛。3～5 月开花。

【生长习性】生于海拔 1200～1800 m 的山地谷中林下，潜丛中或沟边。

【精油含量】水蒸气蒸馏干燥根茎的得油率为 0.01%。

【芳香成分】冯学峰（1998）用水蒸气蒸馏法提取的阿尔泰银莲花干燥根茎精油的主要成为：雪松醇（23.69%）、9,12-十八碳二烯酸（14.93%）、β-桉叶醇（8.49%）、十六烷酸（4.77%）、榄香醇（2.80%）、十五烷酸（1.50%）等。

【利用】根茎药用，有开窍醒神、散湿浊、开胃的功效，治癫痫、神经衰弱、风湿关节痛等症；蒙药用于热病昏迷、痰浊蒙窍、癫痫、神经官能症、耳鸣耳聋、胸闷腹胀、食欲不振；外用治痈疽疮癣。

❁ 打破碗花花
Anemone hupehensis Lem.

毛茛科　银莲花属

别名：野棉花、遍地爬、五雷火、霸王草、满天飞、盖头花、山棉花、火草花、大头翁、地闻王、一把抓、青水胆

分布：四川、陕西、湖北、贵州、云南、广西、广东、江西、浙江

【形态特征】植株高 20～120 cm。根状茎斜或垂直。基生叶 3～5，有长柄，通常为三出复叶，有时 1～2 个或全部为单叶；中央小叶有长柄，小叶片卵形或宽卵形，长 4～11 cm，宽

3～10 cm，顶端急尖或渐尖，基部圆形或心形，不分裂或 3～5 浅裂，边缘有锯齿，两面有疏糙毛；侧生小叶较小；叶柄基部有短鞘。花莛直立，疏被柔毛；聚伞花序 2～3 回分枝，有较多花；苞片 3，为三出复叶，似基生叶；萼片 5，紫红色或粉红色，倒卵形，长 2～3 cm，宽 1.3～2 cm，外面有短绒毛；花药黄色，椭圆形；心皮约 400，柱头长方形。聚合果球形，直径约 1.5 cm；瘦果长约 3.5 mm，有细柄，密被绵毛。7～10 月开花。

【生长习性】生于海拔 400～1800 m 的低山或丘陵地带的草坡及沟边。喜凉爽温暖气候。耐寒，喜潮湿。喜生于含腐殖质较丰富的微酸性到中性砂质壤土中，尤以在 pH 为 5～6 的微酸性土中生长最旺盛。喜光，喜温暖，最适宜生长的温度是 14～24 ℃。

【芳香成分】李香等（2015）用顶空固相微萃取法提取的贵州贵定产打破碗花花新鲜根精油的主要成为：3-甲基丁醛（13.69%）、2-甲基丁醛（11.34%）、3-甲基丁醇（9.20%）、3-

辛酮（6.37%）、十九烷（5.95%）、二十一烷（5.15%）、2-甲基丁醇（4.92%）、2-正戊基-呋喃（4.86%）、1-己醇（4.21%）、乙醛（3.43%）、异丁醛（2.41%）、二甲基硫醚（2.27%）、顺式-3-乙烯醇（1.94%）、壬醛（1.89%）、苯乙醛（1.76%）、2-甲基-1-丙酮（1.28%）、5-甲基-2-己酮（1.07%）等；用同时蒸馏萃取法提取的新鲜根精油的主要成分为：豆甾-4-烯-3-酮（32.09%）、α-蒎烯（13.14%）、甲氧基-苯基-肟（5.00%）、柠檬烯（3.68%）、1,2,3,4-四羟基-2,2,5,7-四甲基萘（3.60%）、28-降齐墩果-17-烯-3-酮（3.55%）、豆甾醇（3.32%）、1,4,6-三甲基萘（3.31%）、E-罗勒烯（3.14%）、甘油三癸酸酯（3.10%）、穿贝海绵甾醇（2.75%）、邻苯二甲酸二异辛酯（2.46%）、1,1,6,8-四甲基-1,2-二氢萘（1.53%）等。

【利用】根状茎药用，治热性痢疾、胃炎、各种顽癣、疟疾、消化不良、跌打损伤等症。全草用作土农药，水浸液可防治稻苞虫、负泥虫、稻螟、棉蚜、菜青虫、蝇蛆等以及小麦叶锈病、小麦秆锈病等。根可与猪脚炖食。

❀ 多被银莲花
Anemone raddeana Regel

毛茛科　银莲花属
别名：两头尖、老鼠屎
分布：山东、辽宁、吉林、黑龙江

【形态特征】植株高10～30 cm。根状茎横走，圆柱形，长2～3 cm，粗3～7 mm。基生叶1，有长柄，长5～15 cm；叶片三全裂，全裂片有细柄，三或二深裂，变无毛，叶柄长2～7.8 cm，有疏柔毛。花草近无毛，苞片3，有柄，叶片近扇形，长1～2 cm，三全裂，中全裂片倒卵形或倒卵状长圆形，顶端圆形，上部边缘有少数小锯齿，侧全裂片稍斜；花梗1，长1～1.3 cm，变无毛；萼片9～15，白色，长圆形或线状长圆形，长1.2～1.9 cm，宽2.2～6 mm，顶端圆或钝，无毛；雄蕊长4～8 mm，花药椭圆形，长约0.6 mm，顶端圆形，花丝丝形；心皮约30，子房密被短柔毛，花柱短。4～5月开花。

【生长习性】生海拔800 m上下的山地林中或草地阴处。

【精油含量】水蒸气蒸馏新鲜根茎的得油率为0.01%。

【芳香成分】刘大有等（1984）用水蒸气蒸馏法提取的吉林蛟河产多被银莲花新鲜根茎精油的主要成分为：2,6-叔丁基-4-甲基苯酚（41.00%）、十九烷醇（9.50%）、4-羟基-3-甲氧基苯乙酮（4.00%）、2-甲基十六碳烷（1.90%）、7,9-二甲基十六碳烷（1.20%）、苯乙醛（1.00%）等。

【利用】根状茎入药，有毒，有祛风湿、消痈肿的功效，用于风湿腰腿痛、关节痛、风寒感冒、咳嗽多痰、骨节痛、疮疖痈毒等症。

美人蕉
Canna indica Linn.

美人蕉科 美人蕉属

别名: 枫膀小腴、兰蕉、昙华

分布: 全国各地

【形态特征】植株全部绿色,高可达1.5 m。叶片卵状长圆形,长10~30 cm,宽达10 cm。总状花序疏花;略超出于叶片之上;花红色,单生;苞片卵形,绿色,长约1.2 cm;萼片3,

披针形,长约1 cm,绿色而有时染红;花冠管长不及1 cm,花冠裂片披针形,长3~3.5 cm,绿色或红色;外轮退化雄蕊3~2枚,鲜红色,其中2枚倒披针形,长3.5~4 cm,宽5~7 mm,另一枚如存在则特别小,长1.5 cm,宽仅1 mm;唇瓣披针形,长3 cm,弯曲;发育雄蕊长2.5 cm,花药室长6 mm;花柱扁平,长3 cm,一半和发育雄蕊的花丝连合。蒴果绿色,长卵形,有软刺,长1.2~1.8 cm。花果期3~12月。

【生长习性】喜温暖湿润气候,不耐霜冻,生育适温25~30 ℃。喜阳光,耐干旱,稍耐水湿,适应性强,在肥沃、湿润、排水良好的土壤中生长良好。畏强风。

【芳香成分】孔杜林等(2013)用水蒸气蒸馏法提取的海南海口产美人蕉新鲜叶精油的主要成分为:1,1-二乙氧基乙烷(5.56%)、二甲基氰膦(4.53%)、邻苯二甲酸单(2-乙基己基)酯(3.61%)、2-乙氧基丁烷(2.54%)、(Z)-1-(1-乙氧基乙氧基)-3-己烯(1.81%)、3-甲基-3-乙基戊烷(1.24%)等。

【利用】根茎药用,有清热利湿、安神降压、舒筋活络的功效,治黄疸肝炎、神经官能症、高血压症、久痢、咯血、缸崩、带下病、月经不调、疮毒痈肿、风湿麻木、外伤出血、跌打损伤、子宫下垂、心气痛等。花药用,可止血,用于金疮及其他外伤出血。茎叶纤维可制人造棉、织麻袋、搓绳。叶可提取芳香油,提取残渣可作造纸原料。可园林盆栽或地栽,装饰花坛供观赏,具有净化空气、保护环境作用。

🌸 对萼猕猴桃

Actinidia valvata Dunn

猕猴桃科　猕猴桃属

别名：猫人参

分布：安徽、浙江、江西、湖北、湖南等地

【形态特征】中型落叶藤本；着花小枝淡绿色，长10～15 cm；隔年枝灰绿色，皮孔较显著。叶近膜质，阔卵形至长卵形，长5～13 cm，宽2.5～7.5 cm，顶端渐尖至浑圆形，基部阔楔形至截圆形，两侧稍不对称；边缘有细锯齿，叶面绿色，叶背稍淡。花序2～3花或1花单生；苞片钻形；花白色，径约2 cm；萼片2～3片，卵形至长方卵形，长6～9 mm；花瓣7～9片，长方倒卵形，长1～1.5 cm，宽10～12 mm；花丝丝状，花药橙黄色，条状矩圆形；子房瓶状，花柱比子房稍长。果成熟时橙黄色，卵珠状，稍偏肿，长2～2.5 cm，无斑点，顶端有尖喙，基部有反折的宿存萼片；种子长1.75～3.5 mm。

【生长习性】生于低山区山谷丛林中。较为耐旱。

【芳香成分】李玲等（2016）用顶空固相微萃取法提取的安徽产对萼猕猴桃干燥根精油的主要成分为：5-甲基-2-(1-甲基乙基)-2-环己烯-1-酮（14.78%）、糠醛（9.57%）、5-甲基-3-(1-甲基乙基亚乙基)-4-己烯-2-酮（9.45%）、3,6-二甲基-2,3,3a,4,5,7a-六氢-苯并呋喃（8.22%）、肉豆蔻醚（7.37%）、1,3,4-三甲基-3-环己烯甲醛（4.86%）、β-石竹烯（3.45%）、β-环柠檬醛（2.94%）、5-甲基糠醛（2.16%）、2,2,3-三甲基-3-环己烯-1-甲醛（2.12%）、2-亚乙基-6-甲基-3,5-庚二烯醛（2.08%）、7-乙炔基-1,4a-二甲基-4a,5,6,7,8,8a-六氢-2(1H)-萘（2.04%）、β-桉叶烯（1.90%）、莳萝脑（1.89%）、2-异亚丙基-5-甲基-己-4-烯醛（1.61%）、3-丁基环己烯（1.42%）、桉叶-3,7(11)-二烯（1.31%）、癸醛（1.26%）、黏蒿三烯（1.22%）、壬醛（1.14%）等。

【利用】果实作为水果食用。是江浙一带常用的民间中药材，具有清热解毒的功效，常用于治疗肝癌、肺癌及消化道肿瘤等。

🌸 狗枣猕猴桃

Actinidia kolomikta (Maxim. et Zucc.) Maxim.

猕猴桃科　猕猴桃属

别名：狗枣子、深山木天蓼

分布：黑龙江、吉林、辽宁、河北、四川、云南

【形态特征】大型落叶藤本；小枝紫褐色，隔年枝褐色，皮孔显著。叶膜质或薄纸质，阔卵形至长方倒卵形，长6～15 cm，宽5～10 cm，顶端急尖至短渐尖，基部心形，少数圆形至截形，两侧不对称，边缘有单锯齿或重锯齿，两面近同色，上部往往变为白色，后渐变为紫红色。聚伞花序，雄性的有花3朵，雌性的通常1花单生，苞片小，钻形。花白色或粉红色，芳香，直径15～20 mm；萼片5片，长方卵形，边缘有睫状毛；花瓣5片，长方倒卵形；果柱状长圆形、卵形或球形，长达2.5 cm，未熟时暗绿色，成熟时淡桔红色，并有深色的纵纹。种子长约2 mm。花期5月下旬至7月初，果熟期9～10月。

【生长习性】生于海拔800～2900 m的山地混交林或杂木林中的开旷地。喜生于土壤腐殖质肥沃的半阴坡针叶阔叶混交林及灌木林中。通风良好、较湿润的环境生长更好。

【精油含量】水蒸气蒸馏阴干根的得油率为0.10%，阴干茎的得油率为0.04%，干燥叶的得油率为0.32%。

【芳香成分】根：李平亚等（1988）用乙醇萃取法提取的吉林抚松产狗枣猕猴桃阴干根精油的主要成分为：11,14,17-二十碳三烯酸甲基酯（33.70%）、十七碳烷（21.20%）、2-甲基十六烷甲酯（17.50%）、2,4,6-三甲基辛烷（4.95%）、正十四碳烷（3.56%）、2,7-二甲基辛烷（3.39%）、吡啶（2.89%）、4,7-二甲基十一烷（2.85%）、3,8-二甲基十一烷（2.19%）、4,6,10,14-四甲基十六烷酸（2.11%）、二丁基-1,2-苯二羧酸二甲酯（1.75%）、

2,4-二甲基十一烷（1.08%）等。

茎：王玉敏等（1994）用水蒸气蒸馏法提取的吉林长白产狗枣猕猴桃阴干茎精油的主要成分为：十六碳酸（32.13%）、十六碳二烯酸乙酯（30.71%）、十二烷酸（23.20%）、十六碳二烯酸乙酯（6.27%）、2-甲基-十六碳二烯酸（2.28%）、9,12-十八碳二烯醛（1.84%）等。

叶：常晓丽等（1991）用水蒸气蒸馏法提取的干燥叶精油的主要成分为：乙酸戊基酯（21.10%）、4-甲氧基丁酸甲酯（16.80%）、十七碳烷（6.90%）、4-乙基-十四烷（5.40%）、1,2-苯二羧酸二丁基酯（5.00%）、十五烷（4.20%）、9-十七(烷)醇（3.70%）、二十碳烷（3.40%）、2-甲基-十七烷（3.00%）、1,1-二乙氧基乙烷（2.30%）、2-甲基-十三烷（2.30%）、1-十八碳烯（2.30%）、2-甲基-十二烷（2.20%）、正二十一碳烷（1.50%）、二十五（碳）烷（1.40%）、2,4-己二烯-1-醇（1.20%）、二十一碳酮（1.20%）等。

【利用】果实作水果食用。果实药用，有滋补强壮的作用，用于坏血病。

❀ 毛花猕猴桃
Actinidia eriantha Benth.

猕猴桃科　猕猴桃属
别名：毛冬瓜、白洋桃、白毛桃、白葡萄、白藤梨、生毛藤梨、山蒲桃、毛花杨桃
分布：浙江、福建、江西、湖南、贵州、广东、广西等地

【形态特征】大型落叶藤本；小枝、叶柄、花序和萼片密被乳白色或淡污黄色绒毛；多分枝；茎皮常从皮孔的两端向两方裂开。叶软纸质，卵形至阔卵形，长8～16 cm，宽6～11 cm，顶端短尖，基部圆形、截形或浅心形，边缘具硬尖小齿，叶面草绿色，叶背粉绿色，密被星状绒毛。聚伞花序1～3花；苞片钻形；花直径2～3 cm；萼片2～3片，淡绿色，瓢状阔卵形；花瓣顶端和边缘橙黄色，中央和基部桃红色，倒卵形，边缘常呈餐蚀状；雄蕊极多，花丝纤细，浅红色，花药黄色，长圆形；子房球形。果柱状卵珠形，密被不脱落的乳白色绒毛，宿存萼片反折；种子纵径2 mm。花期5月上旬～6月上旬，果熟期11月。

【生长习性】生于海拔250～1000 m的山地灌木丛林中。喜凉爽、湿润的气候。

【精油含量】水蒸气蒸馏阴干根的得油率为0.06%。

【芳香成分】郭维等（2009）用水蒸气蒸馏法提取的江西玉山产毛花猕猴桃阴干根精油的主要成分为：τ-依兰油醇（13.28%）、库贝醇（8.98%）、1-[2-羟基-4-甲氧基苯基]-乙酮（7.50%）、1,2,4a,5,8,8a-六氢-4,7-二甲基--1-[1-甲基-乙基]萘（7.20%）、α-杜松醇（5.39%）、四[1-甲基乙烯]-环丁烷（3.72%）、[1R-(1α,4β,4aβ,8aβ)]-1,2,3,4,4a,7,8,8a-八氢-1,6-二甲基-4-[1-甲基-乙基]-1-萘醇（3.55%）、(-)-斯巴醇（3.49%）、正十六酸（3.04%）、(Z,Z,Z)-十八碳三烯酸-2,3-二羟基丙基酯（2.88%）、2,6,10-三甲基-十四烷（2.64%）、3,4-二氢-8-羟基-3-甲基-1H-2-苯并吡喃-1-酮（2.43%）、石竹烯氧化物（2.22%）、1,6-二甲基-4-[1-甲基乙基]萘（2.11%）、(Z,Z)-9,12-十八碳二烯酸（1.97%）、苯甲醇（1.92%）、苯乙醇（1.83%）、8-丙氧基-柏木烷（1.78%）、龙脑（1.72%）、5-乙基-2-甲基-吡啶（1.32%）、1,2-二甲氧基-4-[2-丙烯基]苯（1.27%）、2,6,11-三甲基十二烷（1.20%）、异香树烯环氧化合物（1.17%）、4-甲基-1-[1-甲基乙基]-3-环己烯-1-醇（1.12%）、蓝桉醇（1.08%）、丁子香酚（1.08%）、1,2,4a,5,6,8a-六氢-4,7-二甲基-1-[1-甲基-(1α,4a,α,8aα)]萘（1.04%）、十八酸（1.04%）、香草醛（1.02%）等。

【利用】果实作为水果食用。根为畲族习用药材，具有抗肿瘤、抗氧化等功效，适应症为胃癌、肝硬伴腹水、慢性肝炎、白血病、肠癌、病气、脱肛、子宫脱垂。

❀ 美味猕猴桃
Actinidia deliciosa C. F. Liang et A. R. Ferguson

猕猴桃科　猕猴桃属
分布：湖南、湖北、广西、江西、陕西、云南、贵州、四川、河南、甘肃等地

【形态特征】大型落叶藤本；小枝紫褐色。叶膜质或薄纸质，阔卵形、长方卵形至长方倒卵形，边缘有锯齿，上部往往变为白色，后渐变为紫红色，叶面散生软弱的小刺毛。聚伞花序，雄性的有花3朵，雌性的通常1花单生，花序柄和花柄纤弱，苞片钻形，花白色或粉红色，芳香，萼片长方卵形，两面被有极微弱的短绒毛，边缘有睫状毛；花瓣长方倒卵形，花丝丝状，花药黄色，长方箭头状，子房圆柱状，果柱状长圆形、卵形或球形，果皮洁净无毛，无斑点，未熟时暗绿色，成熟时淡桔红色，并有深色的纵纹；果熟时花萼脱落。5月下旬至7月初开花，9～10月果熟。

【生长习性】生于山地混交林或杂木林中的开旷地及山谷灌丛中，海拔500～1500 m。阳性树种，耐半阴。喜阴凉湿润环境，怕旱、涝、风。耐寒，不耐早春晚霜。宜选背风向阳的山坡或空地，土壤深厚、湿润、疏松、排水良好、有机质含量高、pH在5.5～6.5的微酸性砂质壤土。忌低洼积水环境。

【精油含量】水蒸气蒸馏阴干根的得油率为0.05%。

【芳香成分】根：甄汉深等（2008）用水蒸气蒸馏法提取的广西桂林产美味猕猴桃阴干根精油的主要成分为：2,4-双(1,1-二甲基)苯酚（15.04%）、3-(4-甲氧苯基)-2-丙烯酸乙酯（12.76%）、(Z)-9-十八碳烯酸甲酯（10.73%）、八甲基环戊硅烷（10.20%）、十甲基环戊硅烷（9.56%）、(Z,Z)-9,12-十八碳二烯酸甲酯（9.53%）、14-甲基十五酸（5.80%）、1,5-联二苯-2H-1,2,4-三唑啉-3-硫酮（3.79%）、4-[3-(三甲氧硅烷基)丙基]吗啉（3.21%）、十八碳烯酸甲酯（2.02%）、十五烷（1.61%）、二十五烷（1.52%）、6,10-二甲基-2-十一烷酮（1.09%）等。

茎：葛静等（2008）用水蒸气蒸馏法提取的茎精油的主要成分为：磷酸三丁酯（80.56%）、邻苯二甲酸双-2-甲基丙酯（5.61%）、3,7-二甲基-3-羟基-1,6-辛二烯（1.73%）、2,4-二(1,1-二甲基乙基)苯酚（1.48%）、反式-2-甲基-5-(1-甲基乙烯基)环己酮（1.38%）、十六烷酸丁酯（1.00%）等。

果实：谭皓等（2006）用顶空固相微萃取法提取的湖南湘西产美味猕猴桃'金魁'果实香气的主要成分为：乙醇（27.83%）、(E)-2-己烯醛（17.14%）、丁酸乙酯（16.88%）、乙酸乙酯（7.35%）、己醇（7.15%）、苯甲酸乙酯（2.98%）、苯乙烯（2.90%）、(E,E)-2,4-己二烯醛（2.61%）、(E)-2-己烯醇（2.59%）、甲基肼（2.48%）等。李盼盼等（2016）用同法分析的浙江泰顺产'布鲁诺'新鲜果实香气的主要成分为：2-己烯醛（44.62%）、2-己烯醇（11.81%）、壬醛（5.22%）、硬脂酸（4.73%）、棕榈酸（3.84%）、己醛（2.32%）、里哪醇（1.63%）、2-烯-癸酮（1.57%）、癸醛（1.55%）、丁酸-2-己烯酯（1.38%）、1,7,7-三甲基-双环[2,2,1]-七碳-2-烯（1.37%）、2-烯-壬醛（1.28%）、水杨酸三甲环己酯（1.21%）、辛醛（1.19%）等。

【利用】果实可食用、酿酒及入药。树皮可纺绳及织麻布。

✿ 软枣猕猴桃

Actinidia arguta (Sieb. et Zucc.) Planch.

猕猴桃科　猕猴桃属
别名：软枣子、猕猴梨、藤瓜
分布：黑龙江、吉林、辽宁、山东、山西、河北、河南、安徽、浙江、云南等地

【形态特征】大型落叶藤本。叶膜质或纸质，卵形、长圆形、阔卵形至近圆形，长6～12 cm，宽5～10 cm，顶端急短尖，基部圆形至浅心形，边缘具繁密的锐锯齿，叶面深绿色，叶背绿色。花序腋生或腋外生，为1～2回分枝，1～7花，被淡褐色短绒毛，苞片线形。花绿白色或黄绿色，芳香，直径1.2～2 cm；萼片4～6枚；卵圆形至长圆形，长3.5～5 mm，边缘较薄；花瓣4～6片，楔状倒卵形或瓢状倒阔卵形，长7～9 mm，1花4瓣的其中有1片二裂至半；花丝丝状，花药黑色或暗紫色，长圆形箭头状；子房瓶状。果圆球形至柱状长圆形，长2～3 cm，不具宿存萼片，成熟时绿黄色或紫红色。种子纵径约2.5 mm。

【生长习性】生于阴坡的针阔混交林和杂木林中。喜生于土质肥沃、向阳、水分充足的地方。喜凉爽、湿润的气候。

【精油含量】水蒸气蒸馏根的得油率为0.17%，茎的得油率为0.03%，干燥叶的得油率为0.02%。

【芳香成分】根：杨宗辉等（2000）用水蒸气蒸馏法提取的吉林磐石产软枣狝猴桃根精油的主要成分为：2,6,10-三甲基十二烷（25.60%）、十五烷酸甲酯（11.00%）、十四烷（9.17%）、十七烷（7.07%）、门冬氨酸（3.61%）、2,4,6-三甲基癸酸（2.62%）、3,7-二甲基-1,8-壬二烯（2.56%）、十四烷醇（1.56%）、8-甲基十七烷（1.22%）、十二烷（1.10%）等。

茎：石钺等（1991）用水蒸气蒸馏法提取的吉林扶县产软枣狝猴桃茎精油的主要成分为：2-羟基丁酸乙酯（33.04%）、乙酸丙酯（30.74%）、4-辛烯-3-酮（28.24%）、丁酸甲酯（4.42%）、甲酸异丙酯（1.81%）等。

叶：常晓丽等（1991）用水蒸气蒸馏法提取的吉林抚松产软枣狝猴桃干燥叶精油的主要成分为：4-甲氧基丁酸甲酯（93.51%）、2-羟基-丙酸（4.81%）等。

果实：杨明非等（2006）用连续蒸馏法提取的吉林磐石产软枣狝猴桃果实精油的主要成分为：丁酸乙酯（86.89%）、2-烯己醛（3.39%）、乙酸乙酯（2.26%）、苯甲酸乙酯（2.08%）、己醇（1.96%）等。杨婧等（2012）用同时蒸馏萃取法提取的辽宁鞍山产软枣狝猴桃新鲜果实精油的主要成分为：糠醛（11.06%）、(E)-2-己烯醛（9.29%）、棕榈酸（8.52%）、正己醇（6.07%）、1-甲基-4-(1-甲基亚乙基)环己烯（2.97%）、(E)-2-己烯-1-醇（2.47%）、苯乙醛（1.66%）、1-甲基-4-(1-甲基乙烯

基)苯（1.60%）、(Z,Z,Z)-9,12,15-十八烷三烯酸乙酯（1.57%）、α,α,4-三甲基-3-环己烯-1-甲醇（1.56%）、(E)-3-己烯-1-醇（1.12%）等。

【利用】果实主要用于生食，也可酿酒、加工蜜饯、果脯、罐头等。根、茎皮、果药用，有清热解毒、利湿、补虚益损的功效，用于吐血、慢性肝炎、月经不调、风湿关节痛。可用作绿化观赏植物。花为蜜源。花可提芳香油。

中华狝猴桃
Actinidia chinensis Planch.

狝猴桃科　狝猴桃属
别名： 狝猴桃、阳桃、藤桃、藤梨、红藤梨、羊桃、猴子梨、野洋桃、毛桃子、羊桃藤
分布： 陕西、湖北、湖南、河南、安徽、江苏、浙江、江西、福建、广西、广东等地

【形态特征】大型落叶藤本。叶纸质，倒卵形至近圆形，长6～17 cm，宽7～15 cm，顶端截平形并中间凹入或具突尖、急尖至短渐尖，基部钝圆形、截平形至浅心形，边缘具睫状小齿，叶面深绿色，叶背苍绿色，密被星状绒毛。聚伞花序1～3花；苞片小，卵形或钻形，被丝状绒毛；花初放时白色，后变淡黄色，有香气，直径1.8～3.5 cm；萼片3～7片，卵状长圆形，两面密被黄褐色绒毛；花瓣3～7片，阔倒卵形，有短距；雄蕊极多；子房球形，密被刷毛状糙毛。果黄褐色，近球形、圆柱形、倒卵形或椭圆形，长4～6 cm，被茸毛、长硬毛或刺毛状长硬毛，具小而多的淡褐色斑点；宿存萼片反折；种子纵径2.5 mm。

【生长习性】生于海拔200～1850 m的山林中，一般多出现于高草灌丛、灌木林或次生疏林中。喜生于温暖湿润、背风向阳环境。喜光，略耐阴。喜温暖气候，有一定耐寒能力。喜深厚、肥沃、湿润而排水良好的土壤。不耐涝，要求空气相对湿度在70%～80%，年降雨量1000 mm左右。

【芳香成分】不同研究者用不同方法提取的不同品种的中华狝猴桃果实香气主成分不同。涂正顺等（2001,2002）用溶剂萃取法提取的江西奉新产'魁蜜'食用期果实精油的主要成分为：十六酸（20.03%）、(Z,Z,Z)-9,12,15-三烯十八

酸甲酯（16.03%）、(E)-2-己烯醛（12.99%）、羟基-6-胞嘧啶（11.14%）、(Z,E)-4,8,12-三甲基-3,7,11-三烯十三酸甲酯（10.67%）、(E,E)-2,4-庚二烯醛（5.66%）、己醛（3.04%）、(Z)-2-庚烯醛（2.67%）、(E)-2-丁烯醛（2.52%）、(E,E)-1,3,6-辛三烯（2.47%）、(E)-2-癸烯醛（2.00%）、2,5,5-三甲基-1,6-庚二烯（1.00%）等；'早鲜'的主要成分为：十六酸（22.02%）、辛酸（6.19%）、油酸（6.01%）、3-羟基丁酸乙酯（4.97%）、(Z,Z)-9,12-十八二烯酸（4.41%）、1,2,4-三羟基-(对)-萜烷（4.35%）、1,2-苯二甲酸双(2-甲氧基乙基)酯（3.29%）、十八酸（3.05%）、2-己烯醛（2.90%）、11,14,17-三烯二十酸甲酯（2.39%）、己醇（2.38%）、2,4-癸二烯醛（2.35%）、二氢化-2(3H)-呋喃酮（2.33%）、(E)-2-庚烯醛（2.32%）、1,2-苯二甲酸-丁基-2-甲基丙酯（2.13%）、(E)-2-己烯醇（2.03%）、3-烯-2-戊醇（2.02%）、十四酸（1.92%）、1,5-二甲基-7-氧杂二环[4.1.0]庚烷（1.69%）、3-羟基-2-丁酮（1.52%）、苯乙酸（1.47%）、3,4-二氢-8-羟基-3-甲基-1H-2-苯并吡喃-1-酮（1.37%）、1-甲基-5-硝基-1H-咪唑（1.31%）、(E,E)-2,4-癸二烯醛（1.28%）、2,3-二氢化噻吩（1.21%）、4-氧基-戊酸（1.18%）、3-乙基-4-甲基-1H-吡咯-2,5-二酮（1.16%）等。陈雪等（1995）用连续蒸馏萃取法提取的贵州贵阳产新鲜果肉精油的主要成分为：丁酸乙酯（37.17%）、丁酸甲酯（9.91%）、甲酸丁酯（9.38%）、反-2-己烯醇（7.98%）、2-己烯醛（4.93%）、糠醛（3.97%）、邻苯二甲酸二丁酯（2.80%）、己醇（2.78%）、丁酸丁酯（2.57%）、己酸乙酯（2.12%）、反-氧化芳樟醇（2.02%）、异丁醇（2.01%）、顺-氧化芳樟醇（1.25%）等。董婧等（2018）用顶空固相微萃取法提取的'翠玉'新鲜果肉香气的主要成分为：丁酸乙酯（77.57%）、己酸乙酯（7.23%）、丁酸甲酯（2.91%）、乙酸乙酯（2.36%）、(E)-2-己烯醛（2.09%）、苯甲酸甲酯（1.26%）、甲酸己酯（1.03%）、苯甲酸乙酯（1.03%）等；'金桃'的主要成分为：丁酸乙酯（53.35%）、萜品油烯（11.48%）、苯甲酸乙酯（7.18%）、(E)-2-己烯醛（6.80%）、丁酸丁酯（3.15%）、己醛（2.79%）、己酸乙酯（2.56%）、(E)-2-壬醇（1.79%）、α-松油醇（1.43%）、甲酸己酯（1.29%）、(E)-2-己烯醇（1.22%）、苯甲酸甲酯（1.02%）等；'金艳'的主要成分为：丁酸乙酯（65.29%）、己酸乙酯（13.34%）、丁酸甲酯（11.17%）、苯甲酸乙酯（2.98%）、(E)-2-己烯醛（1.46%）、丁酸甲酯（1.32%）等；'楚红'的主要成分为：(E)-2-己烯醛（60.44%）、己醛（10.32%）、(E)-2-己烯醇（7.41%）、丁酸甲酯（3.15%）、甲酸己酯（2.42%）、芳樟醇（1.55%）、蒎烯（1.18%）、草酸,环己基甲基十三烷基酯（1.09%）等；'东红'的主要成分为：萜品油烯（63.05%）、苯甲酸甲酯（6.62%）、丁酸甲酯（6.59%）、右旋柠檬烯（5.61%）、己醛（2.88%）、(E)-2-己烯醛（2.09%）、芳樟醇（1.82%）、罗勒烯（1.55%）、伞花烃（1.08%）等；'西选'的主要成分为：桉油精（45.65%）、(E)-2-己烯醛（25.22%）、己醛（18.98%）、乙醇（1.95%）、(E)-2-己烯醇（1.92%）、丁酸甲酯（1.34%）、甲酸己酯（1.28%）、反式-2-癸烯醇（1.02%）等。杨丹等（2012）用同法分析的成都产'红阳'新鲜果肉香气的主要成分为：(E)-2-己烯醛（14.04%）、丁酸乙酯（14.03%）、丁酸甲酯（12.80%）、己酸乙酯（9.74%）、2-羟基-2-甲基丁酸甲酯（9.12%）、草酸烯丙基丁酯（6.08%）、己醛（4.22%）、1,3,3-三甲基-2-氧杂二环[2.2.2]辛烷（3.12%）、苯甲酸甲

酯（2.72%）、丙酮（1.70%）、1-己醇（1.54%）、(Z)-2-己烯醇（1.52%）、辛醇（1.45%）、6,6-二甲基-2-亚甲基-双环[3.1.1]庚烷（1.41%）、(E)-3-己烯醇（1.04%）等。陈雪等（1995）用连续蒸馏萃取法提取的新鲜果皮精油的主要成分为：丁酸乙酯（18.00%）、甲酸丁酯（13.10%）、反-2-己烯醇（8.47%）、丁酸（6.22%）、己醇（5.09%）、丁酸异丁酯（4.22%）、邻苯二甲酸二丁酯（3.04%）、己酸乙酯（2.51%）、糠醛（2.31%）、异丁醇（2.28%）、反-氧化芳樟醇（2.03%）、棕榈酸（1.95%）、乙酸乙酯（1.75%）、丁酸甲酯（1.64%）、2-己烯醛（1.34%）、丁酸己酯（1.34%）、顺-氧化芳樟醇（1.24%）、肉豆蔻酸（1.22%）、异戊醇（1.16%）、芳樟醇（1.13%）、异松油烯（1.08%）等。郭丽芳等（2013）用顶空固相微萃取法提取的四川浦江产'金艳猕猴桃'（中华猕猴桃与毛花猕猴桃杂交选育而来）的新鲜果实香气的主要成分为：(E)-2-己烯醛（74.35%）、己醛（13.17%）、壬醛（2.11%）、2-十一烯醛（2.03%）、(E)-2-癸烯醛（1.69%）、α-荜澄茄烯（1.01%）等。

【利用】果实作为水果供鲜食，也可加工成各种食品和饮料，如果酱、果汁、罐头、果脯、果酒、果冻等。全株均可药用，果实有调中理气、生津润燥、解热除烦的功效，用于消化不良、食欲不振、呕吐、黄疸、石淋、痔疮烧、烫伤；根、根皮有清热解毒、活血消肿、祛风利湿的功效，用于风湿性关节炎、跌打损伤、线虫病、肝炎、痢疾、淋巴结结核、痈疖肿毒、癌症；枝叶有清热解毒、散瘀、止血的功效，用于痈肿疮疡、烫伤、风湿关节痛、外伤出血；藤有和中开胃、清热利湿的功效，用于消化不良、反胃呕吐、黄疸、石淋。花可提取芳香油。

🌸 八角
Illicium verum Hook. f.

木兰科　八角属

别名：八角茴香、大茴香、大料

分布：广东、广西、云南、贵州、福建、江西

【形态特征】乔木，高10～15 m；树皮深灰色；枝密集。叶不整齐互生，在顶端3～6片近轮生或松散簇生，革质，厚革质，倒卵状椭圆形，倒披针形或椭圆形，长5～15 cm，宽

2～5 cm，先端骤尖或短渐尖，基部渐狭或楔形；密布透明油点。花粉红至深红色，单生叶腋或近顶生；花被片7～12片，常具不明显的半透明腺点，最大的花被片宽椭圆形到宽卵圆形，长9～12 mm，宽8～12 mm；雄蕊11～20枚，药隔截形；心皮7～11，花柱钻形。聚合果，蓇葖多为8，呈八角形，长14～20 mm，宽7～12 mm，厚3～6 mm，先端钝或钝尖。种子长7～10 mm，宽4～6 mm，厚2.5～3 mm。正糙果3～5月开花，9～10月果熟，春糙果8～10月开花，翌年3～4月果熟。

【生长习性】生于海拔200～1600 m的丘陵山地。为南亚热带树种，喜冬暖夏凉的山地气候，适宜种植在土层深厚、排水良好、肥沃湿润、偏酸性的砂质壤土或壤土上，在干燥瘠薄或低洼积水地段生长不良。

【精油含量】水蒸气蒸馏茎的得油率为1.70%～1.90%，叶或枝叶的得油率为0.30%～2.00%，果实或果皮的得油率为0.80%～13.50%，种子的得油率为0.19%～5.92%；超临界萃取果实的得油率为2.88%～15.84%，果皮的得油率为4.40%，种子得油率为9.40%；亚临界萃取枝条的得油率为1.76%，叶片的得油率为3.11%，果实的得油率为7.49%～14.15%；有机溶剂萃取干燥果实的得油率为4.27%～23.36%，果皮的得油率为2.26%，种子的得油率为25.60%。

【芳香成分】茎：梁颖等（2010）用水蒸气蒸馏法提取的茎精油的主要成分为：反式-茴香脑（78.25%）、小茴香灵（6.59%）、草蒿脑（1.64%）、芳樟醇（1.61%）、β-丁香烯（1.08%）、α-姜烯（1.07%）等。

叶：谭冬明等（2016）用水蒸气蒸馏法提取的广西产八角干燥叶精油的主要成分为：草蒿脑（38.25%）、茴香脑（33.35%）、对-丙烯基苯基异戊烯醚（5.13%）、茴香醛（4.03%）、4-甲氧基苯基丙酮（3.29%）、2-(2-吡啶基)-环己醇（2.56%）、柠檬烯（2.41%）、芳樟醇（1.17%）等。梁颖等（2010）用同法分析的叶精油的主要成分为：反式-茴香脑（75.95%）、柠檬烯（4.25%）、茴香醛（1.93%）、草蒿脑（1.77%）、芳樟醇（1.69%）、1,8-桉油素（1.58%）、β-丁香烯（1.50%）、α-姜烯（1.03%）等。

全草：徐汉虹等（1996）用水蒸气蒸馏法提取的广东信宜产八角枝叶精油的主要成分为：反-大茴香脑（88.78%）、爱草脑（5.59%）、芳樟醇（1.69%）等。

果实：黄明泉等（2009）用水蒸气蒸馏法提取的广西防城港产八角果实精油主要成分为：反式-茴香脑（81.66%）、柠檬烯（5.28%）、草蒿脑（2.43%）、对-丙烯基-1-(3-甲基-2-丁烯氧基)苯（2.07%）、顺式-茴香脑（1.01%）等。梁颖等（2010）分析的广西梧州产八角果皮精油的主要成分为：反式-茴香脑（80.83%）、小茴香灵（4.46%）、草蒿脑（4.31%）、茴香醛（2.13%）、芳樟醇（1.02%）等。

种子：梁颖等（2010）用水蒸气蒸馏法提取的广西梧州产八角种子精油的主要成分为：反式-茴香脑（70.52%）、小茴香灵（5.39%）、柠檬烯（4.15%）、草蒿脑（3.48%）、1,8-桉油素（1.84%）、茴香醛（1.48%）、芳樟醇（1.18%）等。

【利用】果实为著名的调味香料，可直接使用，也可加工成五香调味粉。果实药用，有祛风理气、和胃调中的功能，用于中寒呕逆、腹部冷痛、胃部胀闷等。木材可供细木工、家具、箱板等用材。可用于园林绿化。果皮、种子、叶均可提取精油，果实精油简称茴油，是制造化妆品和酿造甜香酒、啤酒等食品工业的重要原料；是制药工业中的原料；用于提制茴香脑，配制牙膏香精及药物、饮料、食品的增香剂等。

🌸 大八角

Illicium majus Hook. F. et Thoms

木兰科　八角属

别名：神仙果

分布：四川、贵州、湖南、广西、广东、云南等地

【形态特征】乔木，高达20 m；芽鳞覆瓦状，长圆状椭圆

形，早落。叶3～6片排成不整齐的假轮生，近革质，长圆状披针形或倒披针形，长10～20 cm，宽2.5～7 cm，先端渐尖，基部楔形。花近顶生或腋生，单生或2～4朵簇生；花被片15～21片，外层花被片常具透明腺点，内层花被片肉质，最大的花被片椭圆形或倒卵状长圆形，长8～15 mm，宽4～9 mm，最内层花被片6～10片，椭圆状长圆形；雄蕊1～2轮，12～21枚，花丝舌状或近棍棒状，常肉质，心皮11～14枚，子房扁卵状，花柱纤细、钻形。蓇葖10～14枚，长12～25 mm，宽5～15 mm，厚3～5 mm，突然变狭成一明显钻形尖头；种子长6～10 mm，宽4.5～7 mm。花期4～6月，果期7～10月。

【生长习性】生于海拔200～2000 m的混交林、密林、灌丛或有林的石坡、溪流沿岸。

【精油含量】水蒸气蒸馏树皮的得油率为0.05%～0.38%，新鲜叶的得油率为0.75%，果实的得油率为0.50%。

【芳香成分】叶：张俊巍等（1996）用水蒸气蒸馏法提取的贵州正安产大八角新鲜叶精油的主要成分为：1,8-桉叶油素（24.70%）、β-侧柏烯（5.54%）、β-蒎烯（5.50%）、α-榄香烯（5.42%）、o-伞花烃（3.75%）、(E,E)-金合欢醇（3.57%）、卡达烯（3.54%）、芳樟醇（2.78%）、M-伞花烃（2.40%）、α-杜松醇（2.40%）、β-杜松烯（2.00%）、β-乙酸松油醇酯（1.56%）、γ-杜松烯（1.25%）、α-广藿香烯（1.18%）、Δ³-蒈烯（1.15%）、α-水芹烯（1.03%）等。

树皮：刘布鸣等（1996）用水蒸气蒸馏法提取的广西全州产大八角干燥树皮精油的主要成分为：1,8-桉叶油素（18.74%）、芳樟醇（5.92%）、α-蒎烯（5.89%）、松油-4-醇（5.43%）、β-蒎

烯（4.88%）、α-松油醇（4.86%）、α-杜松醇（4.04%）、β-荜澄茄烯（3.63%）、柠檬烯（2.28%）、雪松醇（2.19%）、α-红没药醇（2.14%）、香叶烯（1.85%）、异松油烯（1.82%）、匙叶桉油烯醇（1.79%）、莰烯（1.68%）、γ-松油烯（1.52%）、γ-依兰油烯（1.46%）、β-红没药醇（1.34%）等。

果实：刘慧等（1989）用水蒸气蒸馏法提取的广西桂林产大八角果实精油的主要成分为：对-伞花烃（20.06%）、1,8-桉叶油素（19.90%）、柠檬烯（12.18%）、α-松油醇（4.44%）、松油醇-4（3.72%）、α-蒎烯（3.33%）、丁香酚甲醚（3.30%）、芳樟醇（2.86%）、桃金娘烯醛（2.70%）、香芹酮（2.41%）、桃金娘烯醇（2.20%）、乙酸松油酯（1.82%）、蒎-葛缕醇（1.30%）、榄香脂素（1.24%）、β-蒎烯（1.14%）、二甲基苯乙烯（1.06%）、δ-3-蒈烯（1.02%）等。

【利用】果实、树皮均有毒，可毒鱼。根、树皮、叶及果实可药用，有镇呕、行气止痛、生肌接骨之效，可治胃寒呕吐、膀胱疝气、胸前胀痛；外用治风湿骨痛、跌打损伤。可用于园林绿化。植株煮水，作为土农药，可毒杀农田害虫。

❀ 大花八角
Illicium macranthum A. C. Smith

木兰科　八角属

别名：恨叶树

分布：云南、四川

【形态特征】灌木或小乔木，高3～8 m。芽鳞披针形。叶互生或向顶端2～4片稀疏聚生，革质，长圆状或倒卵状椭圆形，长8～14 cm，宽2.5～6.3 cm，先端渐尖，基部变狭或急尖。花腋生，向小枝顶端密集排列；花被片27～32枚，白色到略带绿色，最外层2～3枚，近膜质，长圆形，长7～17 mm，宽

4～7 mm，有短睫毛，最大花被片5～15枚，膜质，线形，内层花被片无短睫毛，长15～21 mm，宽1～2.5 mm；雄蕊21～26，黄色，花丝舌状，花药长圆形，药隔骤尖；心皮在花期13～14枚，花柱钻形，渐尖；成熟蓇葖常减少至11枚，长16～20 mm，宽6～9 mm，厚3～4 mm，突然变狭。种子稻秆黄色。花期1～3月，果期7～11月。

【生长习性】生于海拔1650～2800 m的山坡、山顶林中。

【精油含量】水蒸气蒸馏树皮的得油率为0.05%。

【芳香成分】杨春澍等（1990）用水蒸气蒸馏法提取的四川南川产大花八角树皮精油的主要成分为：1,6-二甲基-4-异丙基萘（18.24%）、β-桉叶醇（12.19%）、二氢白菖考烯（8.60%）、δ-杜松烯（3.58%）、α-依兰油烯（3.49%）、别香橙烯（1.95%）、正十七烷（1.75%）、β-芹子烯（1.56%）、γ-依兰油烯（1.44%）等。

【利用】叶、花及果实均有剧毒，可作土农药，毒杀害虫。

地枫皮

Illicium difengpi B. N. Chang et al.

木兰科　八角属

别名： 地枫、枫榔、矮丁香、钻地枫、追他枫、高山龙

分布： 广西

【形态特征】灌木，高1～3 m，全株具芳香气味。嫩枝褐色，树皮有纵向皱纹。叶常3～5片聚生或在枝的近顶端簇生，革质或厚革质，倒披针形或长椭圆形，长7～14 cm，宽2～5 cm，先端短尖或近圆形，基部楔形，边缘稍外卷，两面密布褐色细小油点。花紫红色或红色，腋生或近顶生，单朵或2～4朵簇生；花被片11～20，最大一片宽椭圆形或近圆形，长15 mm，宽10 mm，肉质；雄蕊20～23枚；心皮常为13枚，子房长2～2.5 mm。聚合果直径2.5～3 cm，蓇葖9～11枚，长12～16 mm，宽9～10 mm，厚3 mm，顶端常有向内弯曲的尖头，长3～5 mm；种子长6～7 mm，宽4.5 mm，厚1.5～2.5 mm。花期4～5月，果期8～10月。

【生长习性】常生于海拔200～500 m的石灰岩石山山顶与有土的石缝中或石山疏林下，海拔700～1200 m的石山也有分布。

【精油含量】水蒸气蒸馏树皮的得油率为0.49%～0.75%，新鲜去皮茎的得油率为0.03%，新鲜叶的得油率为1.27%，干燥叶的得油率为3.11%，枝的得油率为1.55%，果实的得油率为0.60%～1.00%。

【芳香成分】茎：霍丽妮等（2010）用水蒸气蒸馏法提取的广西德保产地枫皮去皮茎精油的主要成分为：异黄樟脑（68.75%）、α-杜松醇（5.87%）、τ-依兰油醇（4.37%）、(+)-δ-荜澄茄烯（2.16%）、α-芹子烯（1.80%）、β-芳樟醇（1.53%）、石竹烯（1.50%）、1,1,7-三甲基-4-亚甲基十氢-1H-环丙[e]并薁-7-醇（1.28%）、β-荜澄茄烯（1.12%）、α-荜澄茄烯（1.00%）等；树皮精油的主要成分为：异黄樟脑（57.16%）、β-芳樟醇（9.30%）、桉树脑（4.77%）、τ-依兰油醇（3.34%）、β-蒎烯（2.36%）、(-)-β-荜澄茄烯（1.68%）、(+)-α-萜品醇（1.66%）、石竹烯（1.23%）、4-萜品醇（1.11%）、(-)-α-蒎烯（1.02%）等。

枝：芮和恺等（1984）用水蒸气蒸馏法提取的枝精油的主要成分为：黄樟醚（55.71%）、芳樟醇（16.08%）、β-蒎烯（5.71%）、1,8-桉叶油素（5.30%）、α-蒎烯（3.24%）、樟脑（2.47%）等。

叶：霍丽妮等（2010）用水蒸气蒸馏法提取的新鲜叶精油的主要成分为：异黄樟脑（38.12%）、β-芳樟醇（13.26%）、桉树脑（9.52%）、β-蒎烯（7.43%）、α-蒎烯（5.53%）、d-萜品醇（3.47%）、石竹烯（2.79%）、4-萜品醇（2.41%）、(-)-樟脑（1.77%）、α-杜松醇（1.20%）、γ-萜品烯（1.08%）等。

果实：王嘉琳等（1994）用水蒸气蒸馏法提取的广西河池产地枫皮果实精油的主要成分为：柠檬烯（9.54%）、1,8-桉叶油素（9.00%）、α-白菖考烯（8.29%）、β-甜没药烯（2.71%）、4,10-二甲基-7-异丙基二环[4.4.0]-1,4-癸二烯+α-甜没药烯（2.38%）、γ-桉叶醇（2.15%）、α-松油醇（2.00%）、愈创木薁（1.94%）、α-依兰油烯（1.62%）、萜品烯醇（1.53%）、α-桉叶醇（1.26%）、α-雪松烯（1.23%）、花侧柏烯（1.11%）、γ-杜松烯（1.02%）等。

【利用】树皮药用，为祛风除湿药，有小毒，有祛风除湿、行气止痛的功效，主治风湿性关节痛、腰肌劳损等症。可用于园林绿化。

滇南八角

Illicium modestum A. C. Smith

木兰科　八角属

别名： 小八角

分布： 云南

【形态特征】灌木或小乔木，高近3m。叶2～3片生顶端，近革质，狭长圆状椭圆形，长5～7.5cm，宽1.5～2.5cm，先端短尖，基部急尖；中脉在叶面凹陷，在叶背突起，侧脉每边5～7条；叶柄长4～7mm。花近顶生、单生或成对；花梗长9～17mm，直径1.5mm，顶端增粗；花被片约19片，绿黄色，纸质，最大的椭圆形或长圆状椭圆形，长8～9mm，宽5～6mm，雄蕊约17枚，2轮，长2.7～3mm，花丝肉质，长1.5～1.8mm，药隔不明显截形，药室突起，长1.2～1.3mm；心皮在开花期约12枚，长2.8～3.2mm，子房扁卵球状，长1.4～1.6mm，花柱圆锥状钻形，长与子房近相等。花期6月。

【生长习性】生于海拔1900m左右的山坡森林中。

【精油含量】水蒸气蒸馏果皮的得油率为0.40%。

【芳香成分】黄建梅等（1996）用水蒸气蒸馏法提取的云南文山产滇南八角果皮精油的主要成分为：柠檬烯+β-水芹烯（20.06%）、1,8-桉叶油素（20.06%）、萜品烯醇（7.87%）、α-松油醇（6.85%）、芳樟醇（6.78%）、α-蒎烯（5.89%）、γ-松油烯（3.92%）、β-蒎烯（3.63%）、α-松油烯（2.84%）、1,5,7-三甲基茚满（2.73%）、香叶烯（2.44%）、异松油烯（2.00%）、β-反式-罗勒烯（1.75%）、桃金娘烯醇（1.69%）、二甲基-苯乙烯（1.50%）、对-聚伞花素（1.40%）、α-水芹烯（1.00%）等。

【利用】果实有散寒、理气、开胃的功效，胃寒呃逆、寒疝腹痛、心腹冷痛、小肠疝气痛者宜食；阴虚火旺、眼病患、干燥综合症、糖尿病、更年期综合症、活动性肺结核、胃热便秘者忌食。

短梗八角

Illicium pachyphyllum A. C. Smith

木兰科　八角属

别名： 短柄八角、厚叶八角、山八角、野八角

分布： 广西

【形态特征】灌木，高2～3m。叶4～7片成假轮生或簇生，革质，有香气，椭圆形或狭椭圆形长6～9cm，宽1.5～3.3cm，先端渐尖或短尾状，基部渐窄，中脉在叶面凹下，在叶背突起；叶柄长3～12mm。花芳香，腋生或近顶生，单生或2～3朵集生；花被片9～12，粉红、紫红或白色，最大的花被片倒卵形或长圆形，长6～8.5mm，宽5～7mm；雄蕊13～17枚，长2.2～2.6mm，花丝肉质长1.5～1.7mm，药隔截形，药室长0.8～0.9mm；心皮8～10枚，长4～4.3mm，花柱长2.5～2.7mm，子房长1.5～1.7mm；果梗长可达9mm，蓇葖长11～13mm，宽6～7mm，厚4～5mm，顶端具向内弯曲的尖

头。花期12～3月，果期9～10月。

【生长习性】常生于海拔400～1290m的山谷水旁或山地林下阴处。

【精油含量】水蒸气蒸馏果实的得油率为0.60%，果皮的得油率为0.80%。

【芳香成分】黄建梅等（1994）用水蒸气蒸馏法提取的广西龙胜产短梗八角果皮精油的主要成分为：1,8-桉叶油素（27.42%）、α-依兰油烯（5.10%）、萜品烯醇（3.31%）、芳樟醇（2.96%）、α-松油醇（2.72%）、1,4-二甲基-7-(1-甲基乙基)-奠（1.86%）、花侧柏烯（1.70%）、α-榄香烯（1.65%）、杜松萜醇+α-杜松萜醇（1.52%）、白菖考烯（1.52%）、黄樟醚（1.32%）、γ-杜叶醇（1.20%）、反式-石竹烯（1.08%）、β-反式罗勒烯（1.04%）等。

【利用】根、树皮、叶入药，根、树皮外用有消肿止痛之效，可治跌打损伤、风湿骨痛；叶可治毒蛇咬伤、水肿。可用于园林绿化。

短柱八角

Illicium brevistylum A. C. Smith

木兰科　八角属

分布： 广东、广西、湖南、云南

【形态特征】灌木或乔木，高可达15m；顶芽卵圆形、侧芽侧扁，芽鳞厚，有细缘毛；树皮有香气。叶3～5片簇生或互生，薄革质，狭长圆状椭圆形或倒披针形，长5～14cm，宽1.5～4.5cm，先端急尖或短尾状渐尖，基部渐狭，下延成狭翅。花腋生或近顶生；花被片9～11片，淡红色，外面的纸质，内面的肉质，最大的花被片近圆形，长、宽各为6～11mm；雄蕊1或2轮，14～20枚，药隔截形，药室突起；心皮12～13枚，花柱圆锥状钻形。蓇葖11～13枚，长13～17～29mm，宽6～10mm，厚3～4mm；种子长6～7mm，宽4.5～5mm，厚2.5～3mm。花期4～5月和10月，果期10～11月和4～5月。

【生长习性】生于海拔400～1700m的森林、灌丛中或岩石上。

【精油含量】水蒸气蒸馏果实的得油率为1.00%；乙醇回流法提取的干燥树皮的得油率为4.98%。

【芳香成分】树皮：陈岚等（2015）用乙醇回流法提取的广西金秀产短柱八角干燥树皮精油的主要成分为：β-谷甾醇

（16.78%）、十六烷酸（16.52%）、3,5-二环己基-4-羟基苯甲酸甲酯（6.07%）、顺-13-十八碳烯酸（3.35%）、邻苯二甲酸二甲酯（2.91%）、α-杜松醇（2.78%）、豆甾烷醇（2.77%）、十八烯酸乙酯（2.64%）、邻苯二甲酸二异丁酯（1.69%）、十六烷酸甲酯（1.43%）、菜油甾醇（1.22%）、二缩三丙二醇二丙烯酸酯（1.15%）、ξ-依兰油烯（1.10%）、γ-谷甾醇（1.10%）、紫罗兰醛（1.03%）等。

果实：黄建梅等（1996）用水蒸气蒸馏法提取的果实精油的主要成分为：芳樟醇（28.84%）、1,8-桉叶油素（20.00%）、柠檬烯+β-水芹烯（10.36%）、萜品烯醇-4（9.36%）、香叶烯（5.78%）、α-松油醇（4.48%）、桧烯（3.15%）、γ-松油烯（2.40%）、反式-丁香烯（2.03%）、α-松油烯（1.56%）、香叶烯（1.25%）、牻牛儿醇（1.20%）等。

【利用】根皮、树皮可入药，一般外用于治疗风湿骨痛及跌打损伤。可用于园林绿化。

🌸 红毒茴

Illicium lanceolatum A. C. Smith

木兰科　八角属

别名： 披针叶八角、披针叶茴香、莽草、窄叶红茴香、山木蟹、大茴、红茴香

分布： 江苏、安徽、浙江、江西、福建、广东、广西、云南、湖北、湖南、贵州

【形态特征】灌木或小乔木，高3~10 m；枝条纤细，树皮浅灰色至灰褐色。叶互生或稀疏地簇生于小枝近顶端或排成假轮生，革质，披针形、倒披针形或倒卵状椭圆形，长5~15 cm，宽1.5~4.5 cm，先端尾尖或渐尖，基部窄楔形。花腋生或近顶生，单生或2~3朵，红色或深红色；花被片10~15，肉质，最大的花被片椭圆形或长圆状倒卵形，长8~12.5 mm，宽6~8 mm；雄蕊6~11枚，花药分离，药室突起；心皮10~14枚，花柱钻形，骤然变狭。蓇葖10~14枚轮状排列，直径3.4~4 cm，单个蓇葖长14~21 mm，宽5~9 mm，厚3~5 mm，向后弯曲的钩状尖头；种子长7~8 mm，宽5 mm，厚2~3.5 mm。花期4~6月，果期8~10月。

【生长习性】生于混交林、疏林、灌丛中，常生于海拔300~1500 m的阴湿狭谷和溪流沿岸。造林应选择有西晒的山谷阴坡，土壤肥沃湿润处。

【精油含量】水蒸气蒸馏树皮的得油率为0.25%，叶、细茎的得油率为0.16%，果实的得油率为1.02%。

【芳香成分】树皮：杨春澍等（1990）用水蒸气蒸馏法提取的浙江淳安产红毒茴树皮精油的主要成分为：榄香素（21.37%）、肉豆蔻醚（9.99%）、四甲氧基烯丙基苯（7.90%）、芹菜脑（6.40%）、β-榄香烯（2.97%）、α-依兰油烯（2.27%）、甲基丁香酚（2.01%）、别香橙烯（1.75%）、胡椒烯（1.64%）、γ-杜松烯（1.31%）等。

果实：刘慧等（1989）用水蒸气蒸馏法提取的果实精油的主要成分为：柠檬烯（21.64%）、1,8-桉叶油素（8.26%）、榄香脂素（5.50%）、葛缕酮（4.39%）、乙酸松油酯（3.70%）、桃金娘烯醛（2.38%）、蒎-葛缕醇（2.33%）、乙酸龙脑酯（2.22%）、桃金娘醇（2.11%）、松油醇-4（2.09%）、β-蒎烯（1.70%）、α-蒎烯（1.30%）等。

【利用】果实和叶可提芳香油，为高级香料的原料。根和根皮有毒，入药有祛风除湿、散瘀止痛的功效，治跌打损伤，风湿性关节炎，用鲜根皮加酒捣烂敷患处。种子有毒、浸出液可杀虫，作土农药。果实有毒。可作为园林绿化及生态林树种。

🌸 红花八角

Illicium dunnianum Tutch.

木兰科　八角属

别名： 野八角、山八角

分布： 福建、湖南、广东、广西、贵州等地

【形态特征】灌木，通常高1~2 m，稀达10 m。幼枝纤

细。叶密集生近枝顶，3～8片簇生，或假轮生，薄革质，狭披针形或狭倒披针形，长5～12 cm，宽0.8～2.7 cm，先端急尾状渐尖或渐尖，基部渐狭，下延至叶柄成明显狭翅。花单生于叶腋或2～3朵簇生于枝梢叶腋；花被片12～20，粉红色到红色、紫红色，最大的花被片椭圆形到近圆形，长6～11 mm，宽4～8 mm，雄蕊19～31枚；心皮8～13；果较小，直径1.5～3 cm，蓇葖通常7～8枚，少13枚，长9～15 mm，宽4 mm，厚2～3 mm，有明显钻形尖头，略弯曲。种子较小，长4～5 mm，宽2.5～3.3 mm，厚1.7～2.2 mm。花期3～7月，果期7～10月，也有的花期10～11月。

【生长习性】生于海拔400～1000 m的河流沿岸、山谷水旁、山地林中、湿润山坡或岩石缝中。

【精油含量】水蒸气蒸馏新鲜嫩枝叶的得油率为6.00%～7.00%，果实的得油率为0.42%；乙醇回流法提取干燥树皮的得油率为0.17%。

【芳香成分】树皮：陈岚等（2015）用乙醇回流法提取的广西麻栗坡产红花八角干燥树皮精油的主要成分为：6-(2-丙烯)-1,3-二氧苯-5-醇（27.48%）、2-烯丙基芝麻酚（10.08%）、榄香烯（5.16%）、2,5-二甲基吡嗪（4.78%）、τ-杜松醇（4.07%）、α-杜松醇（3.50%）、δ-杜松醇（1.82%）、十六烷酸甲酯（1.59%）、γ-谷甾醇（1.13%）等。

枝叶：张俊巍等（1988）用水蒸气蒸馏法提取的贵州黔西产红花八角新鲜嫩枝叶精油主要成分为：α-蒎烯（15.87%）、1,3,3-三甲基-2-氧杂二环[2.2.2]辛烷（9.15%）、4-甲基-1-(1-甲基-乙基)-3-环己烯-1-醇（7.75%）、芳樟醇（6.77%）、3,7,11-三甲基-1,6,10-三烯十二醇-3（6.40%）、香桧烯（5.35%）、β-蒎烯（5.20%）、长松针烯（3.84%）、1,4-二甲基-7-烯异丙基-萘酚-1（3.05%）、香木兰烯（4aα）（2.86%）、β-麝子油烯（2.80%）、1,1,4,7-四甲基-1,8-环丙基奥烯-7（2.80%）、月桂烯（2.32%）、4,7-二甲基-1-异丙基-萘-3,7-二烯（2.25%）、α-松油烯（2.19%）、α-松油醇（2.01%）、4,7-二甲基-4α-羟基-1-异丙基-萘-7-烯（1.62%）、1-甲基-1-乙烯基2,4-二异丙烯基环己烷（1.40%）、(E)-3,7-二甲基-1,3,6-辛三烯（1.21%）、α-麝子油烯（1.12%）、异松油烯（1.07%）等。

果实：杨春澍等（1992）用水蒸气蒸馏法提取的广西龙胜产红花八角果实精油的主要成分为：柠檬烯（46.22%）、1,8-桉叶油素（10.59%）、β-水芹烯（6.78%）、α-蒎烯（4.08%）、反式-β-金合欢烯（3.27%）、α-松油醇（3.07%）、顺式-石竹烯（2.83%）、芳樟醇（2.76%）、对伞花烃（2.45%）、2-十一酮（2.25%）、松油醇-4（1.10%）、月桂烯（1.03%）等。

【利用】民间以根、树皮入药，外用于治疗风湿骨痛、跌打损伤及挫伤骨折等症。适合应用于园林绿化中作花篱或整形树，也可制作成盆景观赏。

❀ 红茴香
Illicium henryi Diels

木兰科　八角属

别名：山大茴、红毒茴、野八角、桂花钻、享氏八角
分布：陕西、甘肃、安徽、江苏、江西、福建、河南、云南、湖北、湖南、贵州、广东、广西、四川等地

【形态特征】灌木或乔木，高3～8m，有时可达12m；树皮灰褐色至灰白色。芽近卵形。叶互生或2～5片簇生，革质，倒披针形，长披针形或倒卵状椭圆形，长6～18cm，宽1.2～6cm，先端长渐尖，基部楔形。花粉红至深红色、暗红色，腋生或近顶生，单生或2～3朵簇生；花被片10～15，最大的花被片长圆状椭圆形或宽椭圆形，长7～10mm；宽4～8.5mm；雄蕊11～14枚，药室明显凸起；心皮7～12枚，花柱钻形。蓇葖7～9，长12～20mm，宽5～8mm，厚3～4mm，先端明显钻形，细尖，尖头长3～5mm。种子长6.5～7.5mm，宽5～5.5mm，厚2.5～3mm。染色体2n=28。花期4～6月，果期8～10月。

【生长习性】生于海拔300～2500m的山地、丘陵、盆地的密林、疏林、灌丛、山谷、溪边或峡谷的悬崖峭壁上。阴性树种，喜阴湿。适生温度为-15～42℃，耐寒性强，在-12℃下不受冻害。喜土层深厚、排水良好、腐殖质丰富、疏松的砂质壤土。不耐旱，尚耐瘠薄。

【精油含量】水蒸气蒸馏树皮的得油率为0.08%～0.30%，叶的得油率为0.30%，果实的得油率为0.87%～2.25%。

【芳香成分】树皮：杨春澍等（1990）用水蒸气蒸馏法提取的江西庐山产红茴香树皮精油的主要成分为：δ-杜松烯（27.89%）、雪松烯醇（18.70%）、雪松醇（2.36%）、α-依兰油烯（1.77%）、反式-石竹烯（1.52%）、γ-依兰油烯（1.07%）等；四川巫溪产'多蕊红茴香'树皮精油的主要成分为：β-桉叶醇（41.43%）、芳樟醇（9.23%）、δ-杜松烯（6.08%）、β-芹子烯（2.68%）、胡椒烯（2.38%）、α-蒎烯（1.62%）、α-松油醇（1.46%）、1,8-桉叶油素（1.16%）、γ-依兰油烯（1.14%）等。

叶：靳凤云等（2002）用水蒸气蒸馏法提取的贵州印江产红茴香叶精油的主要成分为：α-蒎烯（18.94%）、乙酸龙脑酯（9.86%）、1,8-桉叶油素（6.80%）、β-蒎烯（5.95%）、芳樟醇（5.76%）、莰烯（4.36%）、(E,E)-金合欢醇（4.02%）、β-杜松烯（3.28%）、β-古芸烯（2.94%）、α-杜松醇（4α）（2.77%）、β-石竹烯（IR）（2.52%）、β-月桂烯（2.45%）、黄樟油素（2.31%）、间伞花烃（2.22%）、樟脑（1.89%）、Δ²-蒈烯（1.65%）、4-香芹烯醇(R)（1.22%）、β-侧柏烯（1.18%）、α-广藿香烯（1.06%）等。

果实：刘慧等（1989）用水蒸气蒸馏法提取的江西庐山产红茴香果实精油主要成分为：柠檬烯（27.43%）、细辛醚（21.69%）、1,8-桉叶油素（6.76%）、黄樟油素（3.46%）、β-水芹烯（3.00%）、桧烯（2.87%）、肉豆蔻醚（2.80%）、2,5-二甲氧基-3,4-甲二氧基苯丙烯（2.63%）、β-蒎烯（2.42%）、α-松油醇（1.60%）、芳樟醇（1.49%）、桃金娘烯醛（1.34%）、顺式-葛缕醇（1.34%）、蒎葛缕醇（1.16%）、δ-3-蒈烯（1.13%）、胡椒烯（1.08%）、桃金娘烯醇（1.02%）等。

【利用】叶和果实可提取净油，可镇呕行气、治胃寒呕吐、达健胃之功效；也可作香料。果实有剧毒，不能作食用香料。根、根皮入药，有毒，具有祛风通络、舒筋活血、散瘀止痛的功效，治跌打损伤、胸腹疼痛、腰肌劳损、风湿痹痛、痈疽肿毒等症，使用时宜慎，民间用作祛风除湿、散疲止痛，治跌打、风湿等。为良好园林观赏树种。

🌸 厚皮香八角
Illicium ternstroemioides A. C. Smith

木兰科　八角属
分布：海南、福建、广东

【形态特征】乔木，高5～12m。叶3～5片簇生，革质，长圆状椭圆形或倒披针形或狭倒卵形，长7～13cm，宽2～5cm，先端渐尖或长渐尖，基部宽楔形。花红色，单生或2～3朵聚生于叶腋或近顶生；花梗直径1～1.5mm，长7～30mm；花被片10～14，最大的1片宽椭圆形或近圆形，长宽均为7～12mm；雄蕊22～30枚，长1.8～3.4mm，药隔截形或微缺，药室突起，长0.7～1mm；心皮12～14枚，长2.5～4mm，子房长1.3～2.5mm，花柱长1.1～2mm。果梗长2.5～4.5mm；蓇葖

12～14，长13～20 mm，宽6～9 mm，厚3～5 mm，顶端渐狭尖，弯曲。种子长6～7 mm，宽4～4.5 mm，厚2～3 mm。花期1～8月，果期4～11月。

【生长习性】生于海拔850～1700 m的密林、峡谷、溪边林中。

【精油含量】水蒸气蒸馏果实的得油率为0.50%。

【芳香成分】杨春澍等（1992）用水蒸气蒸馏法提取的海南吊罗山产厚皮香八角果实精油的主要成分为：柠檬烯（8.73%）、α-蒎烯（6.68%）、β-水芹烯（4.96%）、α-松油醇（4.28%）、松油醇-4（3.79%）、1,8-桉叶油素（3.73%）、乙酸香叶酯（2.88%）、芳樟醇（2.58%）、顺式-石竹烯（2.45%）、对伞花烃（2.33%）、珀珋烯（2.00%）、α-依兰油烯（1.67%）、蛇麻烯（1.31%）、γ-杜松烯（1.05%）等。

【利用】果实有毒，切勿误食。

❀ 假地枫皮

Illicium jiadifengpi B. N. Chang

木兰科　八角属
别名：百山祖八角
分布：广西、广东、湖南、江西等地

【形态特征】乔木，高8～20 m，胸径15～25 cm；树皮褐黑色，剥下为板块状，非卷筒状；芽卵形，芽鳞卵形或披针形，长3～5 mm，有短缘毛。叶常3～5片聚生于小枝近顶端，狭椭圆形或长椭圆形，长7～16 cm，宽2～4.5 cm，先端尾尖或渐尖，基部渐狭，下延至叶柄形成狭翅，边缘外卷。花白色或带浅黄色，腋生或近顶生；花被片34～55，薄纸质或近膜质，狭舌形，最大的长14～17 mm，宽3 mm；雄蕊28～32枚，药室突起；心皮12～14枚。果直径3～4 cm，蓇葖12～14枚，长15～19 mm，宽5～8 mm，厚2～4 mm，顶端有向上弯曲的尖头，长3～5 mm。种子长8 mm，宽4～5 mm，厚2～3 mm，浅黄色。花期3～5月，果期8～10月。

【生长习性】生于海拔1000～1950 m的山顶、山腰的密林、疏林中。

【精油含量】水蒸气蒸馏树皮的得油率为0.31%～0.54%，干燥叶的得油率为1.36%，果实的得油率为0.50%～0.75%。

【芳香成分】树皮：刘布鸣等（1996）用水蒸气蒸馏法提取的广西兴安产假地枫皮干燥树皮精油的主要成分为：芳樟醇（39.24%）、β-蒎烯（7.87%）、香叶烯（6.08%）、1,8-桉叶油

素（6.08%）、α-松油醇（3.84%）、α-蒎烯（3.76%）、松油-4-醇（3.07%）、β-红没药醇（2.18%）、γ-依兰油烯（1.72%）、乙酸龙脑酯（1.60%）、莰烯（1.48%）、橙花醇（1.39%）、异石竹烯（1.38%）、异松油烯（1.19%）、匙叶桉油烯醇（1.08%）、γ-杜松醇（1.07%）等。

叶：芮和恺等（1984）用水蒸气蒸馏法提取的广西龙胜产假地枫皮干燥叶精油的主要成分为：芳樟醇（47.87%）、α-蒎烯（5.69%）、1,8-桉叶油素（1.98%）等。

果实：黄建梅等（1996）用水蒸气蒸馏法提取的广西龙胜产假地枫皮果实精油的主要成分为：柠檬烯+β-水芹烯（40.15%）、芳樟醇（16.89%）、香叶烯（5.78%）、α-松油醇（3.90%）、萜品烯醇-4（3.56%）、α-蒎烯（2.71%）、乙酸牻牛儿醇酯（2.01%）、δ-杜松烯（1.79%）、γ-松油烯（1.74%）、β-蒎烯（1.73%）、α-杜松醇（1.73%）、牻牛儿醇（1.72%）、1,8-桉叶油素（1.70%）、β-侧柏烯（1.33%）、α-松油烯（1.26%）、γ-杜松醇（1.10%）等。

【利用】根皮入药，外用治风湿骨痛、跌打损伤。可用于园林绿化。

❀ 闽皖八角

Illicium minwanense B. N. Chang et S. D. Zhang

木兰科　八角属
分布：福建、安徽

【形态特征】乔木，高7～11 m，树皮灰白色至褐黑色，块状脱落。叶薄革质至革质，互生，常3～5片聚生于小枝近顶端，长椭圆形或椭圆形，长8～20 cm，宽2.5～7.5 cm，先端尾状渐尖，基部渐狭，下延至叶柄形成狭翅。花淡黄色、白色、有时带紫色，腋生或簇生于枝端，或生于老茎上；花梗长5～20 mm；花被片17～33片，薄纸质或近膜质，雄蕊22～25枚，药室突起；心皮12～13。果径3～4.4 cm，蓇葖11～13枚，长10～22 mm，宽5～15 mm，厚3～8 mm，尖头长5～7 mm，内弯。种子长5～8 mm，宽4～6 mm，厚2～4 mm。花期4月，果期9～10月。

【生长习性】生于海拔1100～1850 m的沟谷两侧和溪边林缘。

【精油含量】水蒸气蒸馏果实的得油率为0.65%。

【芳香成分】杨春澍等（1992）用水蒸气蒸馏法提取的安徽休宁产闽皖八角果实精油的主要成分为：柠檬烯+β-水芹烯

（35.90%）、1,8-桉叶油素+对伞花烃（9.27%）、月桂烯+β-侧柏烯（6.81%）、松油醇-4+珂珇烯（5.76%）、芳樟醇（4.66%）、α-松油醇（3.90%）、乙酸香叶酯+γ-杜松烯（3.39%）、α-蒎烯（2.85%）、γ-依兰油烯（2.30%）、β-蒎烯（1.56%）、α-依兰油烯（1.14%）等。

【利用】果实有毒，不能代替八角食用。有很高观赏价值，适宜园林栽培或作行道树种。

🌸 文山八角
Illicium tsaii A. C. Smith

木兰科　八角属
分布： 云南

【形态特征】灌木或乔木，高3～10 m；小枝纤细。叶互生或在枝条顶端聚生，近革质，长圆状披针形，长5～9 cm，宽1.5～3 cm，先端渐尖，常有短尖头，基部急尖。花芳香，在小枝顶端腋生；花被片16～19片，白色，最外面的3片纸质，长圆形，长6～7 mm，宽2.5～4.5 mm，最大的7～10片膜质，狭长圆状椭圆形，长8～12 mm，宽2.5～4.5 mm，最内的3～9片披针状舌形，近急尖，长7～12 mm，宽1.5～3 mm；雄蕊12··13枚，花丝舌状，花杜钻形。聚合果直径3.2 cm，蓇葖6～8，较细瘦，长1.5～1.7 cm，宽3～4 mm，厚3 mm，先端渐尖，有向内弯曲的细尖头，种子长7 mm，宽4 mm，厚2 mm。花期2月，果期9月。

【生长习性】生于海拔1800～2000 m的林中或沟边。

【精油含量】水蒸气蒸馏果实的得油率为1.40%；乙醇回流法提取干燥树皮的得油率为1.16%。

【芳香成分】树皮：陈岚等（2015）用乙醇回流法提取的广西麻栗坡产文山八角干燥树皮精油的主要成分为：异海松酸甲酯（17.91%）、β-桉叶醇（9.35%）、桧烯（7.73%）、松香酸（7.45%）、海松酸（4.07%）、泪柏烯（3.94%）、α-榄香醇（3.71%）、甲氧基苯酚（3.55%）、愈创醇（3.38%）、橙花叔醇（2.73%）、甲基四氢枞酸酯（1.71%）、τ-杜松醇（1.66%）、2-萘甲酸（1.02%）等。

果实：杨春澍等（1992）用水蒸气蒸馏法提取的云南文山产文山八角果实精油的主要成分为：柠檬烯（21.23%）、反式-松香芋醇（5.89%）、(-)-藏茴香酮（4.72%）、甲基苯乙酮+反式-香芋醇+对聚伞花素-α-醇（4.51%）、α-蒎烯（4.37%）、β-蒎烯（3.87%）、桃金娘醇（3.13%）、乙酸龙脑酯+桃金娘醛（3.06%）、1,8-桉叶油素（2.61%）、3,4-二甲基苯乙烯（1.77%）、月桂烯（1.62%）、松油醇-4+珂珇烯（1.44%）、芳樟醇（1.13%）、α-松油醇（1.09%）等。

🌸 小花八角
Illicium micranthum Dunn

木兰科　八角属
别名： 野八角、小八角
分布： 湖北、湖南、广东、云南、广西、四川、贵州

【形态特征】灌木或小乔木，高可达10 m，但通常较小；芽在枝梢3～4并生，近圆球形。叶不整齐地互生或近对生或

3～5片簇生在梢上，革质或薄革质、倒卵状椭圆形、狭长圆状椭圆形或披针形，长4～11 cm，宽1.3～4 cm，先端常尾状渐尖或渐尖，基部楔形。花很小，芳香，在叶腋单生或几朵在近顶端成假轮生，幼花带绿白色，但花被片呈红色，桔红色；花被片14～21片，具不明显的透明腺点，最大的花被片椭圆形，长5～8 mm，宽3.5～8 mm；雄蕊10～12枚。蓇葖6～8枚，直径1.7～2.1 cm，单个长9～14 mm，宽3～7 mm，厚2～3.5 mm，尖头短。种子长4.5～5 mm，宽3～3.5 mm，厚2 mm。花期4～6月，果期7～9月。

【生长习性】生于海拔500～2600 m的灌丛或混交林内、山涧、山谷疏林、密林中或峡谷溪边。

【精油含量】水蒸气蒸馏新鲜叶的得油率为0.50%，果实的得油率为0.24%，果皮的得油率为0.40%。

【芳香成分】叶：张俊巍等（1994）用水蒸气蒸馏法提取的贵州正安产小花八角新鲜叶精油的主要成分为：1,8-桉叶油素（19.24%）、β-侧柏烯（12.25%）、α-松油烯（11.80%）、4-香芹蓋烯醇（7.64%）、Δ³-蒈烯（3.67%）、α-蒎烯（3.57%）、β-蒎烯（3.57%）、桃金娘烯醇醛（2.87%）、桃金娘烯醛（2.75%）、β-杜松烯（2.60%）、间伞花烃（1.96%）、α-广藿香烯（1.66%）、α-榄香醇（1.56%）、2,4-二甲基-苯乙酮（1.56%）、金合欢醇（1.05%）等。

果实：李红玲等（1994）用水蒸气蒸馏法提取的四川奉节

产小花八角果实精油的主要成分为：1,8-桉叶油素（21.47%）、α-萜品醇（10.40%）、樟脑（8.09%）、乙酸冰片酯（5.38%）、4-萜品醇（5.25%）、甲基丁香酚（4.28%）、芳樟醇（3.80%）、二甲基二苯酮（3.78%）、黄樟醚（2.89%）、β-丁香烯（2.68%）、2-羟基联苯（2.37%）、α-玷𤩳烯（1.79%）、榄香烯（1.23%）、松樟醇（1.19%）、细辛醚（1.18%）等。黄建梅等（1996）用同法分析的云南屏边产小花八角果皮精油的主要成分为：黄樟醚（11.83%）、柠檬烯（8.65%）、芳樟醇（8.64%）、α-松油醇（5.33%）、δ-杜松醇（5.00%）、反式丁香烯（4.99%）、丁香烯氧化物（4.00%）、α-杜松醇（3.22%）、萜品烯醇（3.00%）、匙叶桉油烯醇（2.71%）、1,8-桉叶素（2.52%）、δ-杜松烯（1.70%）、肉豆蔻醚（1.52%）、α-蒎烯（1.46%）、β-蒎烯（1.35%）、榄香素（1.23%）、细辛醚（1.19%）、α-红没药醇（1.15%）、β-桉叶醇（1.00%）等。

【利用】根、根皮、树皮、叶、果实均可入药，根皮、树皮有散瘀止痛、祛风除湿之效，可治风湿腰痛跌打损伤；叶、果实有祛风解表、行气止痛、止吐泻之效，可治风湿骨痛、感冒风寒、呕吐腹泻、胸腹气痛。植株煮水，作为乡土农药，可毒杀农田害虫和毒鱼。可用于园林绿化。

🌸 野八角
Illicium simonsii Maxim.

木兰科　八角属
别名：樟木钻
分布：云南、四川、贵州

【形态特征】乔木，高达9 m；幼枝褐绿色，稍具棱，老枝灰色；芽卵形或尖卵形，外芽鳞具棱。叶近对生或互生，有时3～5片聚生，革质，披针形至椭圆形，或长圆状椭圆形，通常长5～10 cm，宽1.5～3.5 cm，先端急尖或短渐尖，基部渐狭楔形，下延至叶柄成窄翅；干时叶面暗绿色，叶背灰绿色或浅棕色。花芳香，淡黄色，有时为奶油色或白色，或粉红色，腋生，常密集于枝顶端聚生；花被片18～23片，最外面的2～5片，薄纸质，椭圆状长圆形，里面的花被片渐狭，最内的几片狭舌形。蓇葖8～13枚，长11～20 mm，宽6～9 mm，厚2.5～4 mm，先端具钻形尖头。种子灰棕色至稻秆色。花期几乎全年，果期6～10月。

【生长习性】生于海拔1700～4000 m的杂木林、灌丛中或开阔处，常生于山谷、溪流、沿江两岸潮湿处。

【精油含量】水蒸气蒸馏树皮的得油率为0.25%，果实的得油率为0.40%～1.00%。

【芳香成分】树皮：杨春澍等（1990）用水蒸气蒸馏法提取的四川筠连产野八角树皮精油的主要成分为：β-桉叶醇（46.53%）、芳樟醇（5.26%）、δ-杜松烯（3.70%）、γ-杜松烯（1.42%）、α-松油醇（1.06%）、胡椒烯（1.02%）等。

果实：刘慧等（1989）用水蒸气蒸馏法提取的四川筠连产野八角果实精油的主要成分为：柠檬烯（24.90%）、β-水芹烯（22.08%）、α-蒎烯（8.24%）、反式丁香烯（7.32%）、芳樟醇（6.83%）、香叶烯（5.76%）、1,8-桉叶油素（4.89%）、α-松油醇（2.67%）、橙花醇（1.83%）、β-桉叶醇（1.80%）、细辛醚（1.61%）、乙酸橙花酯（1.31%）、萜品烯醇（1.13%）、β-蒎烯（1.08%）等。

【利用】根、根皮、树皮、叶等均可入药，有大毒，有散瘀消肿、祛风止痛、杀菌生肌等功效，外敷可治风湿性关节炎、跌打损伤、腰肌劳损、外伤出血、久溃大疮等症。果、叶、花均有毒，植株煮水，作为乡土农药，毒杀农田害虫等。可用于园林绿化。

🌸 中缅八角
Illicium burmanicum Wils.

木兰科 八角属
别名：缅甸八角
分布：云南

【形态特征】灌木或乔木，高4～12 m；幼枝略有皱纹；树皮灰色，厚。芽鳞披针状卵形。叶4～10片簇生在小枝顶端，纸质，长圆状披针形至倒卵状长圆形，有时披针形，长7～12 cm，宽2.5～4.5 cm，先端骤尖到短急尖，基部阔楔形。花白色多少带紫色，芳香，腋生；花被片20～27，纸质，具密的透明腺体，椭圆形或长圆状椭圆形，有短睫毛，顶端圆，中层花被片最大，长圆状倒卵形，长13～15 mm，宽3～5.5 mm，最内层花被片渐变短，较窄。蓇葖8～10枚，长20 mm，宽8～9 mm，厚4 mm，尖头喙状向下弯曲，长3～4 mm。花期4～11月，果期8月。

【生长习性】生于海拔2300～2700 m的高山。

【精油含量】水蒸气蒸馏果皮的得油率为0.60%。

【芳香成分】黄建梅等（1994）用水蒸气蒸馏法提取的云南怒江产中缅八角果皮精油的主要成分为：反式-β-金合欢烯（13.44%）、柠檬烯+β-水芹烯+1,8-桉叶油素（12.78%）、芳樟醇（10.25%）、α-蒎烯（6.92%）、α-松油醇（4.60%）、萜品烯醇（3.69%）、牻牛儿醛（2.31%）、牻牛儿醇乙酸酯（2.30%）、香叶烯（2.13%）、α-杜松萜醇（2.10%）、β-蒎烯（2.06%）、α-水芹烯（1.84%）、对-伞花烃（1.61%）、牻牛儿醇（1.60%）、γ-松油烯（1.53%）、乙酸龙脑酯（1.50%）、α-松油烯（1.33%）、α-雪松烯（1.27%）、橙花醛（1.18%）、异松油烯（1.13%）、δ-杜松烯（1.11%）、爱草脑（1.06%）等。

【利用】根、叶和果实可入药，有镇呕、行气止痛、生肌接骨的作用，外用于疮疖、骨折。有大毒，煮水可杀虫灭蚤虱。

🌸 单性木兰
Kmeria septentrionalis Dandy

木兰科 单性木兰属
别名：细蕊木兰
分布：广西、贵州

【形态特征】乔木，高达18 m，胸径40 cm，树皮灰色。叶革质，椭圆状长圆形或倒卵状长圆形，长8～15 cm，宽

3.5～6 cm，先端圆钝而微缺，基部阔楔形。花单性异株，雄花花被片白带淡绿色，外轮3片倒卵形，长2～3 cm，宽约2 cm，内轮2片，椭圆形，稍狭小；雌花外轮花被片3，倒卵形，长2.5～3 cm，宽2～2.5 cm，内轮花被片8～10，线状披针形。聚合果近球形，果皮革质，熟时红色，径3.5～4 cm，蓇葖背缝全裂，具种子12颗；种子外种皮红色，豆形或心形，宽10～12 mm，高7～9 mm，去外种皮种子黑褐色，顶端平或稍凹，具狭长沟，腹背两面数块具不规则凸起。花期5～6月，果期10～11月。

【生长习性】生于海拔300～500 m的石灰岩山地林中。喜温暖、湿润的环境。土壤要求深厚、松软、湿润。

【精油含量】水蒸气蒸馏种皮的得油率为4.20%。

🌼 鹅掌楸
Liriodendron chinense (Hemsl.) Sargent.

木兰科　鹅掌楸属
别名：马褂木
分布：陕西、安徽、浙江、福建、湖北、湖南、广西、四川、贵州、云南、台湾

【芳香成分】花：朱亮锋等（1993）用树脂吸附法收集的广东广州产单性木兰鲜花头香的主要成分为：芳樟醇（22.94%）、3-甲基-1H-吡唑（6.53%）、葫芦巴碱（2.99%）、顺式-氧化芳樟醇（呋喃型）（2.98%）、反式-氧化芳樟醇（呋喃型）（2.15%）、顺式-氧化芳樟醇（吡喃型）（1.97%）、2-甲酰氨基苯甲酸甲酯（1.94%）、α-罗勒烯（1.92%）、对-伞花烃（1.02%）等。

种皮：黄品鲜等（2010）用水蒸气蒸馏法提取的广西环江产单性木兰种皮精油的主要成分为：罗勒烯（37.30%）、D-苧烯（9.03%）、对-伞花烃（8.10%）、β-月桂烯（7.79%）、β-反-罗勒烯（4.08%）、对-蓋-1-烯（4.00%）、α-侧柏烯（3.11%）、丁酸-3-己烯酯（1.60%）、β-金合欢烯（1.22%）、3-丁烯-2-酮（1.02%）、乙酸乙烯酯（1.01%）等。

【利用】是城市园林绿化和营造用材林的优选树种。

【形态特征】乔木，高达40 m，胸径1 m以上，小枝灰色或灰褐色。叶马褂状，长4～18 cm，近基部每边具1侧裂片，先端具2浅裂，叶背苍白色，叶柄长4～16 cm。花杯状；花被片9，外轮3片绿色，萼片状，向外弯垂，内两轮6片，直立，花瓣状、倒卵形，长3～4 cm，绿色，具黄色纵条纹；花药长10～16 mm，花丝长5～6 mm，花期时雌蕊群超出花被之上，心皮黄绿色。聚合果长7～9 cm，具翅的小坚果长约6 mm，顶端钝或钝尖，具种子1～2颗。花期5月，果期9～10月。

【生长习性】生于海拔900～1000 m的山地林中。喜光及温和湿润气候，有一定的耐寒性，喜深厚肥沃、适湿而排水良好的酸性或微酸性土壤（pH4.5～6.5），在干旱土地上生长不良，忌低湿水涝。

【芳香成分】樊二齐等（2012）用水蒸气蒸馏法提取的浙江临安产鹅掌楸阴干叶精油的主要成分为：橙花叔醇（15.15%）、Z-罗勒烯（14.91%）、松油烯（10.48%）、牻牛儿烯D（8.42%）、石竹烯（5.99%）、β-榄香烯（5.82%）、邻聚伞花素（4.56%）、牻牛儿烯（4.11%）、萜烯（3.98%）、芳樟醇（2.11%）、β-桉叶

醇（2.08%）等；程满环等（2015）用同法分析的安徽黄山产鹅掌楸新鲜叶精油的主要成分为：(Z)-罗勒烯（10.19%）、β-榄香烯（9.19%）、2,2'-亚甲基双-(4-甲基-6-叔丁基苯酚)（8.48%）、1-石竹烯（7.53%）、正十五烷（6.81%）、正十六烷（4.79%）、正三十一烷（3.36%）、正二十六烷（3.23%）、(Z)-β-法呢烯（2.54%）、邻苯二甲酸二异丁酯（1.76%）、1,2,3,4,4a,5,6,8a-八氢-7-甲基-4-亚甲基-1-异丙基萘（1.72%）、大根香叶烯D（1.63%）、δ-杜松烯（1.52%）、(Z,Z,Z)-1,5,9,9-四甲基-1,4,7-环十一（三）烯（1.45%）、2,6,10,10-四甲基双环[7.2.0]十一烷-2,6-二烯（1.42%）、8-乙基-1,1,4,6-四甲基十氢萘（1.35%）、柏木脑（1.08%）、2,6,10,14-四甲基十六烷（1.08%）、正十七烷（1.02%）、1,2,3,4,4a,7,8,8a-八氢-1,6-二甲基-4-异丙基-1-萘酚（1.01%）、2,6,10-三甲基十四烷（1.00%）等。

【利用】木材是建筑、造船、家具、细木工的优良用材，亦可制胶合板。叶和树皮入药，有祛风除湿，散寒止咳的作用，主治风湿痹痛，风寒咳嗽，临床治因受水湿风寒所引起的咳嗽、气急、口渴、四肢微浮。栽培供观赏。

顶端急尖或钝，基部楔形，叶面绿色；叶柄基部膨大。花蕾的佛焰苞状苞片一侧开裂，被柔毛，芳香；花被片象牙黄色，有红色小斑点，狭倒卵状椭圆形，外轮的最大；雄蕊30～45枚，花丝白色或带红色；雌蕊9～13枚，狭卵圆形，花柱钻状，红色。聚合果长椭圆体形，长达13 cm，直径约9 cm，垂悬于具皱纹的老枝上，外果皮榄绿色，有苍白色孔，干时深棕色，具显著的黄色斑点；果瓣厚，1～2 cm；种子在每心皮内4～6枚，椭圆体形或三角状倒卵圆形，长约15 mm，宽约8 mm。花期3月，果期10～12月。

【生长习性】生于海拔500～1000 m的岩山地常绿阔叶林中。适宜生长于气候温暖湿润，土壤深厚肥沃的区域。分布区的年平均气温17～23 ℃，绝对最低温可达0 ℃以下，年降雨量1200～1600 mm，相对湿度不低于80%。多生于砂页岩的山地黄壤或红壤上，pH4～6。为弱阳性树种，幼龄耐阴，长大喜光。

🌸 观光木
Tsoongiodendron odorum Chun

木兰科　观光木属
别名：香花木
分布：湖南、江西、云南、广西、广东、海南、福建

【形态特征】常绿乔木，高达25 m，树皮淡灰褐色，具深皱纹；小枝、芽、叶柄、叶面中脉、叶背和花梗均被黄棕色糙伏毛。叶片厚膜质，倒卵状椭圆形，长8～17 cm，宽3.5～7 cm，

【精油含量】水蒸气蒸馏叶的得油率为0.14%；有机溶剂萃取叶的得油率为9.00%。

【芳香成分】叶：郝小燕等（1999）用水蒸气蒸馏法提取的云南昆明产观光木叶精油的主要成分为：β-桉叶醇（20.82%）、α-芹子烯（14.16%）、β-石竹烯（12.83%）、γ-雪松烯（6.69%）、α-石竹烯（4.31%）、β-芹子烯（3.27%）、荜烯（2.62%）、芳樟醇（2.60%）、罗勒烯（2.51%）、3-己烯-1-醇（2.48%）、芳萜烯（2.35%）、β-榄香烯（2.31%）、榄香醇（1.93%）、δ-杜松烯（1.73%）、α-蒎烯（1.69%）、γ-古芸烯（1.33%）、柠檬烯（1.28%）、δ-榄香烯（1.16%）、γ-松油烯（1.07%）等；樊二齐等（2012）用同法分析的浙江临安产观光木阴干叶精油的主要成分为：牻牛儿烯（21.40%）、β-榄香烯（12.82%）、石竹烯（10.86%）、α-杜松醇（4.60%）、α-石竹烯（4.37%）、γ-古芸烯（3.45%）、牻牛儿烯D（3.14%）、榄香醇（3.01%）、γ-桉叶油醇（2.04%）、β-桉叶醇（1.92%）反式石竹烯（1.84%）、反式斯巴醇（1.58%）、2-异丙基-5-甲基-9-甲烯基-双环[4.4.0]癸-1-烯（1.57%）、芳樟醇（1.34%）等。

花：朱亮锋等（1993）用树脂吸附法收集的观光木鲜花头香的主要成分为：2-庚酮（45.97%）、5-甲基-2-己醇（23.72%）、2-壬酮（8.31%）、2-壬醇（3.00%）、2-甲基丁酸甲酯（2.04%）、柠檬烯（1.37%）、乙酸-1-乙氧基乙酯（1.32%）、十五烷（1.29%）、乙酸-4-己烯酯（1.05%）等。

【利用】木材是高档家具、建筑、细工、乐器和胶合板等的用材。是优良庭园观赏树种和行道树种。花、叶可提取精油。种子可榨油，供工业用。

❀ 白花含笑
Michelia mediocris Dandy

木兰科　含笑属
别名：苦子、吊鳞苦梓、苦梓
分布：广东、广西、海南

【形态特征】常绿乔木，高达25 m，胸径90 cm，树皮灰褐色；芽顶端尖，被红褐色微柔毛。叶薄革质，菱状椭圆形，长6～13 cm，宽3～5 cm，先端短渐尖，基部楔形或阔楔形，叶背被灰白色平伏微柔毛。花蕾椭圆体形，长1～1.5 cm，直径5～9 mm，密被褐黄色或灰色平伏微柔毛；佛焰苞状苞片3；花白色，花被片9，匙形，长1.8～2.2 cm，宽5～8 mm。聚合果熟时黑褐色，长2～3.5 cm；蓇葖倒卵圆形或长圆体形或球形，稍扁，长1～2 cm，有白色皮孔，顶端具圆钝的喙；种子鲜红色，长5～8 mm，宽约5 mm。花期12月至翌年1月，果期6～7月。

【生长习性】生于海拔400～1000 m的山坡杂木林中。可耐半阴。

【精油含量】水蒸气蒸馏新鲜叶的得油率为0.27%。

【芳香成分】叶：杜金风等（2016）用水蒸气蒸馏法提取的海南昌江产白花含笑新鲜叶精油的主要成分为：(+)-1(10)-马兜铃烯（13.06%）、桉叶醇（12.01%）、榄香醇（9.76%）、5,7-二乙基-5,6-癸二烯-3-炔（9.11%）、2-苯基-4,5-二氢-1H-咪唑（7.57%）、(-)-大根香叶烯D（3.66%）、氧化石竹烯（3.27%）、橙花叔醇（2.88%）、蓝桉醇（2.58%）、1，1,2,3,4,4a,5,6,8a-八氢-α,α,4a,8-四甲基-(2α,4aα,8aα)-2-萘醇（2.48%）、喇叭茶醇（2.16%）、石竹烯（2.09%）、(-)-斯巴醇（1.87%）、(-)-β-榄香烯（1.73%）、单(2-乙基己基)-1,2-苯并二羧酸酯（1.72%）、双环大根香叶烯（1.40%）等。

花：朱亮锋等（1993）用树脂吸附法收集的白花含笑鲜花头香的主要成分为：十五烷（29.96%）、1,2-二甲氧基苯（21.60%）、1,8-桉叶油素（17.74%）、对伞花烃（2.99%）、顺式-氧化芳樟醇（呋喃型）（1.53%）、反式-氧化芳樟醇（呋喃型）（1.33%）、十三烷（1.18%）、马鞭草烯酮（1.11%）等。

【利用】是庭院观赏、园林绿化、美化环境的理想树种。

❀ 白兰

Michelia alba DC.

木兰科　含笑属

别名：白兰花、白玉兰、白缅花、白缅桂、玉兰花、缅桂、把玉兰、把兰

分布：福建、广东、广西、云南、四川等地

【形态特征】常绿乔木，高达17 m，枝广展，呈阔伞形树冠；胸径30 cm；树皮灰色；揉枝叶有芳香；嫩枝及芽密被淡黄白色微柔毛，老时毛渐脱落。叶薄革质，长椭圆形或披针状

椭圆形，长10～27 cm，宽4～9.5 cm，先端长渐尖或尾状渐尖，基部楔形，叶面无毛，叶背疏生微柔毛，干时两面网脉均很明显；叶柄长1.5～2 cm，疏被微柔毛；托叶痕几达叶柄中部。花白色，极香；花被片10片，披针形，长3～4 cm，宽3～5 mm；雄蕊的药隔伸出长尖头；雌蕊群被微柔毛，雌蕊群柄长约4 mm；心皮多数，通常部分不发育，成熟时随着花托的延伸，形成蓇葖疏生的聚合果；蓇葖熟时鲜红色。花期4～9月，夏季盛开，通常不结实。

【生长习性】喜日照充足、温暖潮湿、通风良好的环境。不耐寒，不耐阴，怕高温和强光。适合于微酸性土壤，不耐干旱和水涝，对二氧化硫、氯气等有毒气体比较敏感。

【精油含量】水蒸气蒸馏阴干茎的得油率为0.12%，枝的得油率为1.29%，叶的得油率为0.20%～3.20%，花或花蕾的得油率为0.10%～0.79%；亚临界萃取干燥叶的得油率为0.79%；冷冻法提取新鲜花蕾或花的得油率为0.10%～0.20%；有机溶剂萃取花的得油率为0.22%～0.30%。

【芳香成分】茎：黄相中等（2009）用水蒸气蒸馏法提取的云南昆明产白兰阴干茎精油的主要成分为：芳樟醇（69.62%）、大根叶烯D（4.49%）、石竹烯（3.35%）、α-细辛醚（2.65%）、反式罗勒烯（2.07%）、β-荜澄茄烯（1.81%）、异喇叭茶烯（1.66%）、橙花叔醇（1.59%）、α-荜澄茄烯（1.47%）、石竹烯氧化物（1.23%）、α-葎草烯（1.00%）等。

枝：陆生椿（1997）用水蒸气蒸馏法提取的广东广州产

白兰枝精油的主要成分为：芳樟醇（87.33%）、异戊酸苯乙酯（1.36%）、顺式-氧化芳樟醇（1.01%）等。

叶：黄相中等（2009）用水蒸气蒸馏法提取的云南昆明产白兰阴干叶精油的主要成分为：芳樟醇（70.07%）、橙花叔醇（7.40%）、石竹烯（4.41%）、异香树烯环氧化物（3.53%）、β-荜澄茄烯（2.60%）、反式橙花醛（2.02%）、(+)-2-茨酮（1.86%）、α-葎草烯（1.78%）、α-杜松醇（1.63%）、顺式橙花醛（1.32%）等。

花：黄相中等（2009）用水蒸气蒸馏法提取的云南昆明产白兰花精油的主要成分为：芳樟醇（62.95%）、丁香油酚甲醚（5.57%）、α-小茴香烯（5.16%）、反式罗勒烯（3.21%）、2,4-二异丙烯基-1-甲基-1-乙烯基环己烷（3.06%）、石竹烯（2.41%）、大根香叶烯D（2.11%）、芹子-6-烯-4-醇（1.35%）、橙花叔醇（1.27%）等。朱亮锋等（1984）用XAD-4憎水性树脂吸附法提取的广东广州产白兰新鲜花头香的主要成分为：d，l-α-甲基丁酸甲酯（43.59%）、丁酸甲酯（9.71%）、对-伞花烃（1.49%）等。

【利用】是南方园林中的骨干树种，北方盆栽供观赏。花、叶可提取精油或浸膏，是我国特有的名贵香料，主要用于配制食用香精、化妆品、香皂等高档香精；花浸膏也供药用，有行气化浊、治咳嗽等效。花、根、叶可入药，具有芳香化湿、利尿，止咳化痰的功效，根主治泌尿系统感染、小便不利、痈肿；根皮治便秘；叶可治支气管炎、尿闭；花能治百日咳、胸闷、口渴、前列腺炎、白带。花可薰茶；也可作菜的配料；还可作襟花佩戴。

🌸 大叶含笑
Michelia fallaxa Dandy

木兰科　含笑属

分布：西南、中南和江西、福建、浙江、安徽等地

【形态特征】常绿乔木，树高达30 m，胸径60～80 cm，树形伞形，枝下高20 m，树干通直，全株无毛，树皮银灰色，有三角状大斑纹。一年生枝条绿色，有少量灰色皮孔；老枝灰色，有较密的突出孔。冬芽两型：枝芽柱状长圆形，有毛；花芽卵形，无毛。单叶互生，革质，全缘，矩圆形或矩圆状椭圆形，先端急尖，基部楔形，长8～18 cm，宽3～8 cm，叶面绿色有光泽。花单生于枝梢叶腋，大形，白色，花不全开，有浓烈芳香。

果序穗状，下垂，长4～15 cm；心皮发育成果数不一，每穗有10～20余个，骨葖果矩圆形，有黄色皮孔，种子短圆形，有红色假种皮。花期3～4月，10月中旬果熟。

【生长习性】主要分布于海拔350～600 m的沟谷及沟谷两旁的混交林中。喜中性偏阳，幼时耐阴，后期偏阳。喜生于含腐殖质多的肥沃湿润的土壤中。

【精油含量】水蒸气蒸馏新鲜叶的得油率为0.13%～0.32%，新鲜花的得油率为0.06%～0.24%。

【芳香成分】叶：孙凌峰等（1993）用水蒸气蒸馏法提取的江西宜丰产大叶含笑新鲜叶精油的主要成分为：橙花叔醇（12.83%）、β-石竹烯（10.11%）金合欢醇（8.17%）、愈创木醇（7.86%）、δ-榄香烯（5.64%）、别香树烯（4.94%）、榄香素（4.51%）、乙酸香叶酯（4.32%）、乙酸松油酯（3.62%）、β-蒎烯（3.58%）、榄香脑（3.38%）、1-戊烯-3-醇（2.68%）、α-荜草烯（2.33%）、γ-榄香烯（2.06%）、甲基丁子香酚（2.02%）、月桂烯（1.83%）、α-古芸烯（1.79%）、α-香柠檬烯（1.56%）、香树烯（1.26%）、反-β-金合欢烯（1.24%）、β-橙椒烯（1.21%）、三环烯（1.13%）、芳樟醇氧化物（1.09%）、己醇（1.01%）等。

花：孙凌峰等（1993）用水蒸气蒸馏法提取的江西宜丰产大叶含笑新鲜花精油的主要成分为：β-石竹烯（20.40%）、顺-罗勒烯（14.15%）、β-蒎烯（10.89%）、月桂烯（6.74%）、三环烯（3.53%）、金合欢醇（3.53%）、乙酸松油酯（3.49%）、愈创木醇（2.98%）、α-蒎烯（2.87%）、橙花叔醇（2.71%）、香柠檬脑（2.52%）、乙酸香叶酯（2.25%）、Δ^3-蒈烯（1.92%）、甲基丁子香酚（1.71%）、β-瑟林烯（1.63%）、δ-榄香烯（1.63%）、1-戊烯-3-醇（1.24%）、芳樟醇氧化物（1.12%）、α-荜草烯（1.12%）、α-古芸烯（1.09%）等。

【利用】可作行道树或庭园观赏树。全株可提取芳香油。木材是建筑和制家具的优良用材。

🌸 多花含笑
Michelia floribunda Finet et Gagnep.

木兰科　含笑属
分布：云南、四川、湖北

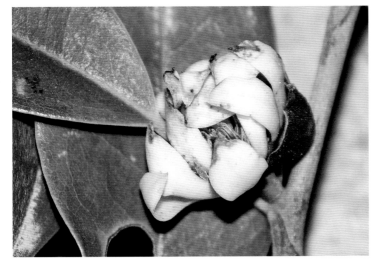

【形态特征】乔木，高达20 m，树皮灰色。叶革质，狭卵状椭圆形、披针形、狭倒卵状椭圆形，长7～14 cm，宽2～4 cm，先端渐尖或尾状渐尖，基部阔楔形或圆，叶面深绿色，有光泽，

叶背苍白色，被白色长平伏毛。花蕾狭椭圆体形，稍弯曲，被金黄色平伏柔毛，具1～2苞片脱落痕，密被银灰色平伏细毛；花被片白色，11～13片，匙形或倒披针形，长2.5～3.5 cm，宽4～7 mm，先端常有小突尖；雄蕊长10～14 mm，药隔伸出成长尖头；子房卵圆形，密被银灰色微毛，花柱约与子房等长。聚合果长2～6 cm；扭曲，蓇葖扁球形或长球体形，长6～15 mm，顶端微尖，有白色皮孔。花期2～4月，果期8～9月。

【生长习性】生于海拔1300～2700 m的林间。喜温暖阴湿环境。要求土层深厚、排水良好、富含腐殖质的酸性或微酸性土壤。

【精油含量】水蒸气蒸馏叶的得油率为4.77%。

【芳香成分】熊江等（2001）用水蒸气蒸馏法提取的云南昆明产多花含笑叶精油的主要成分为：γ-木罗烯（12.04%）、十六碳三烯酸甲酯（7.45%）、蓝桉醇（7.38%）、1,8-桉叶素（5.76%）、α-愈创木烯（5.64%）、香桧烯（4.62%）、十六碳二烯酸甲酯（4.26%）、β-榄香烯（3.76%）、β-蒎烯（3.20%）、十八碳二烯酸甲酯（2.81%）、α-木罗烯（2.64%）、芳樟醇（2.10%）、α-杜松醇（2.01%）、δ-杜松醇（1.89%）、δ-杜松烯（1.73%）、α-蒎烯（1.71%）、金合欢醇（1.64%）、β-石竹烯（1.64%）、大香叶烯B（1.59%）、β-桉叶油醇（1.54%）、3-己烯-1-醇（1.45%）、喇叭茶醇（1.34%）、十八碳三烯酸甲酯（1.24%）等。

【利用】为优良的园林绿化树种，可作行道树或盆栽观赏。材质优良。花可提取芳香油。

🌸 多脉含笑
Michelia polyneura C. Y. Wu

木兰科　含笑属
分布：云南

【形态特征】乔木，高10～20 m；芽圆柱形，密被灰色短柔毛；小枝散生微柔毛和灰黄色皮孔。叶薄革质，长圆形或椭圆状长圆形，长11～15 cm，宽4～6 cm，先端渐尖，基部楔形或圆钝。花梗长约2.5 mm，密被黄色绒毛；花被白色，3轮，花被片9，近相似，长圆形或倒卵状长圆形，长2.3～3 cm，宽0.8～1 cm；雄蕊约80枚，长8～10 mm，花药长4～5 mm，药隔伸出长约1.5～2 mm的锐尖头；雌蕊群圆柱形，长1～1.2 cm，无毛；雌蕊群柄长2～7 mm（果时长1.2～1.5 cm）；心皮多数。聚合果长3～4 cm；蓇葖黄绿色，密生皮孔。花期2～3月，果

期9～10月。

【生长习性】生于海拔1200m的杂林中。

【精油含量】同时蒸馏萃取叶的得油率为0.19%，果实的得油率为0.21%。

【芳香成分】叶：马惠芬等（2011）用同时蒸馏萃取法提取的云南昆明产多脉含笑新鲜叶精油的主要成分为：α-金合欢烯（40.65%）、β-橄榄烯（18.58%）、大根香叶烯B（9.34%）、朱栾倍半萜（7.03%）、β-榄香烯（3.68%）、罗勒烯（2.85%）、匙叶桉油烯醇（2.16%）、反式罗勒烯（1.79%）、β-芳樟醇（1.66%）、α-紫穗槐烯（1.61%）、β-蒎烯（1.46%）、绿叶烯（1.34%）、别香橙烯（1.06%）等。

果实：马惠芬等（2011）用同时蒸馏萃取法提取的云南昆明产多脉含笑新鲜果实精油的主要成分为：大根香叶烯D（44.19%）、β-橄榄烯（24.37%）、朱栾倍半萜（8.79%）、β-蒎烯（3.84%）、大根香叶烯B（2.73%）、茅苍术醇（2.46%）、α-愈创烯（2.34%）、香树烯（1.38%）、菖蒲二烯（1.26%）、β-榄香烯（1.02%）等。

【利用】是庭院观赏、园林绿化、美化环境的理想树种。

🌸 广西含笑
Michelia guangxiensis Law et Zhou

木兰科　含笑属
分布：广西

【形态特征】乔木或小乔木，高5～10m，胸径10～20cm；芽、幼枝、叶柄及花梗被褐色绒毛。当年生枝绿色，老枝灰褐色。叶革质，长圆形或倒卵状长圆形，长6～15cm，宽3～5cm，先端急尖或短渐尖，基部楔形或阔楔形，叶面亮深绿色，叶背灰绿色，疏生褐色毛。花芳香；花被白色，肉质，花被片6,2轮，近相似，外轮3片，倒卵形，长3～4cm，宽1.3～1.5cm，内轮3片，狭倒卵形，长3～4cm，宽1～1.3cm。聚合果长5～10cm；蓇葖10～15，每个呈卵圆形，倒卵球形或椭球状卵形，全裂，顶端具短尖。

【生长习性】生于广西海拔2142m林中。

【芳香成分】朱亮锋等（1993）用树脂吸附法收集的广东广州产广西含笑鲜花头香的主要成分为：己酸乙酯（71.08%）、乙酸丁酯（14.44%）、乙酸-2-甲基丁酯（6.69%）、己酸-2-甲基丙

酯（1.56%）、2-甲基丙酸-2-甲基丙酯（1.44%）、2-甲基丁酸乙酯（1.26%）等。

【利用】可栽培供观赏，适于庭院树、行道树和专类园种植。

🌸 含笑花
Michelia figo (Lour.) Spreng.

木兰科　含笑属
别名：香蕉花、寒霄、含笑
分布：广东、福建、广西、海南、云南

【形态特征】常绿灌木，高2～3m，树皮灰褐色，分枝繁密；芽、嫩枝、叶柄、花梗均密被黄褐色绒毛。叶革质，狭椭圆形或倒卵状椭圆形，长4～10cm，宽1.8～4.5cm，先端钝短尖，基部楔形或阔楔形，叶面有光泽。花直立，长12～20mm，宽6～11mm，淡黄色而边缘有时红色或紫色，具甜浓的芳香，花被片6，肉质，较肥厚，长椭圆形，长12～20mm，宽6～11mm；雄蕊长7～8mm，药隔伸出成急尖头，雌蕊群无毛，长约7mm，超出于雄蕊群；雌蕊群柄长约6mm，被淡黄色绒毛。聚合果长2～3.5cm；蓇葖卵圆形或球形，顶端有短尖的喙。花期3～5月，果期7～8月。

【生长习性】生于阴坡杂木林中，溪谷沿岸尤为茂盛。喜光，耐半阴，忌强烈阳光直射，不耐干旱，喜暖热潮湿气候及微酸性、排水良好的砂质壤土，喜肥，怕积水。

【精油含量】水蒸气蒸馏新鲜根茎的得油率为0.11%，茎的得油率为0.03%，叶的得油率为0.04%～0.22%，花的得油率为0.08%～1.58%；超临界萃取新鲜花的得油率为3.75%。

【芳香成分】根茎：典灵辉等（2006）用水蒸气蒸馏法提取的广东湛江产含笑花根茎精油的主要成分为：β-榄香烯（33.58%）、γ-榄香烯（10.23%）、香桦烯（9.22%）、(Z)-2-(3-环丙基-7-降莰基)醋酸甲酯（4.99%）、β-古芸烯（4.25%）、T-依兰油醇（4.14%）、δ-榄香烯（3.12%）、δ-愈创木烯（2.34%）、α-石竹烯（2.30%）、大根香叶烯（2.12%）、大根香叶烯（1.95%）、榄香醇（1.77%）、石竹烯氧化物（1.75%）、法呢醇（1.69%）、α-金合欢烯（1.45%）、依兰烯（1.39%）、芳樟醇（1.12%）、δ-杜松醇（1.00%）等。

茎：汪洪武等（2007）用水蒸气蒸馏法提取的茎精油主要成分为：大牻牛儿烯B（30.46%）、十八碳二烯酸甲酯（11.43%）、长蠕孢吉玛烯（7.61%）、β-荜澄茄烯（7.43%）、丁香烯（7.22%）、9,12,15-十八碳三烯-1-醇（4.88%）、β-杜松醇（4.52%）、丁香烯氧化物（2.45%）、γ-桉叶油醇（2.42%）、α-愈创木醇（2.41%）、γ-榄香烯（2.02%）、δ-杜松烯（1.85%）、α-杜松醇（1.72%）、α-丁香烯（1.68%）、δ-榄香烯（1.29%）等。

叶：郑怀舟等（2011）用水蒸气蒸馏法提取的福建福州产含笑花新鲜叶精油的主要成分为：β-榄香烯（29.82%）、石竹烯（11.87%）、甘香烯（8.39%）、γ-榄香烯（7.26%）、(Z)-5,11,14,17-二十碳四烯酸甲酯（5.70%）、α-杜松醇（4.11%）、大根香叶烯D（3.65%）、榄香醇（3.15%）、杜松烯（2.45%）、α-石竹烯（2.36%）、τ-杜松醇（1.71%）、布藜醇（1.35%）、匙叶桉油烯醇（1.23%）、δ-榄香烯（1.21%）、蓝桉醇（1.21%）、桉烷-4(14),11-二烯（1.03%）等。

花：郑怀舟等（2011）用水蒸气蒸馏法提取的福建福州产含笑花新鲜花精油的主要成分为：β-榄香烯（41.08%）、(Z)-5,11,14,17-二十碳四烯酸甲酯（14.56%）、石竹烯（9.53%）、甘香烯（7.31%）、大根香叶烯D（5.43%）、榄香醇（3.48%）、α-杜松醇（2.12%）、杜松烯（1.97%）、4a,8-二甲基-2-异丙烯基-1,2,3,4,4a,5,6,7-八氢萘（1.44%）、δ-榄香烯（1.37%）、1,6-二甲基-4-(1-甲基乙基)-1,2,3,4,4a,7-六氢萘（1.03%）等；杨波华等（2011）用同法分析的湖南长沙产含笑花新鲜花精油的主要成分为：α-松油烯（30.59%）、2-甲基-乙酸丙酯（18.19%）、马兜铃烯（8.48%）、石竹烯（7.65%）、(Z)-3-十七碳烯-5-炔（5.00%）、8-丙烯-1,5-二甲基-环癸-1,5-二烯（3.53%）、2-甲基-丙酸乙酯（3.20%）、γ-榄香烯（2.26%）、β-香桦烯（2.20%）、榄香醇（2.07%）、δ-杜松醇（2.02%）、α-石竹烯（1.35%）、丁香烯环氧化物（1.32%）、β-月桂烯（1.30%）、α-芹子烯（1.25%）等。朱亮锋等（1993）用树脂吸附法收集的广东广州产含笑花新鲜花头香的主要成分为：乙酸丁酯（53.06%）、己酸乙酯（9.58%）、丁酸乙酯（4.97%）、乙酸-2-甲基丁酯（4.24%）、2-甲基苯酸乙酯（3.67%）、2-甲基丁酸乙酯（1.86%）、2-甲基丙酸丁酯（1.16%）、1,3-丁二醇（1.14%）等。

【利用】栽培供观赏，用于盆栽，庭园造景。花可提取浸膏，用于调配花香型香精。花瓣可拌入茶叶制成花茶。花蕾药用，主治月经不调、痛经、胸肋间作痛等症。

🌸 黄兰

Michelia champaca Linn.

木兰科 含笑属

别名: 黄葛兰、黄兰花、黄玉兰、黄缅桂、大黄桂

分布: 西藏、云南、福建、台湾、广东、海南、广西

【形态特征】常绿乔木，高达10余m；枝斜上展，呈狭伞形树冠；芽、嫩枝、嫩叶和叶柄均被淡黄色的平伏柔毛。叶薄革质，披针状卵形或披针状长椭圆形，长10～25 cm，宽4.5～9 cm，先端长渐尖或近尾状，基部阔楔形或楔形，叶背稍被微柔毛。花黄色，极香，花被片15～20片，倒披针形，长3～4 cm，宽4～5 mm；雄蕊的药隔伸出成长尖头；雌蕊群具毛；雌蕊群柄长约3 mm。聚合果长7～15 cm；蓇葖倒卵状长圆形，长1～1.5 cm，有疣状凸起；种子2～4枚，有皱纹。花期6～7月，果期9～10月。

【生长习性】喜温暖、潮湿、阳光充沛的气候，不耐寒，不耐阴，怕高温和强光。土壤以肥沃、排水良好的微酸性砂质壤土为宜。不耐碱土，不耐干旱，忌过于潮湿，尤忌积水。

【精油含量】水蒸气蒸馏叶的得油率为0.28%～3.60%；同时蒸馏萃取新鲜叶的得油率为0.29%，新鲜花的得油率为0.53%，新鲜果实的得油率为0.32%；超临界萃取叶的得油率为3.30%；有机溶剂萃取新鲜叶的得油率为0.05%～0.25%，花的得油率为0.20%～0.31%；微波萃取叶的得油率为2.10%；超声波萃取叶的得油率为1.60%。

【芳香成分】**叶:** 周波等（2011）用水蒸气蒸馏法提取的广东广州产黄兰新鲜叶精油的主要成分为: 吉玛烯D（16.40%）、石竹烯（16.00%）、γ-榄香烯（12.83%）、β-榄香烯（11.49%）、榄香烯（8.18%）、Z,Z,Z-1,5,9,9-四甲基-1,4,7-环十一碳三烯（4.84%）、1,5-二甲基-8-(1-甲基乙烯基)-1,5-环癸二烯（3.42%）、8-十六碳炔（2.35%）、δ-荜澄茄烯（1.99%）、δ-榄香烯（1.98%）、3,7-二甲基-1,6-辛二烯-3-醇（1.75%）、氧化石竹烯（1.53%）、(-)-匙叶桉油烯醇（1.34%）、α-杜松醇（1.31%）、珋玗烯（1.03%）等。马惠芬等（2012）用同时蒸馏萃取法提取的云南昆明产黄兰新鲜叶精油的主要成分为: 大根香叶烯B（14.15%）、β-芳樟醇（13.72%）、罗勒烯（13.45%）、石竹烯（11.60%）、桉叶醇（6.49%）、β-榄香烯（6.08%）、异丁酸苯乙酯（6.06%）、α-葎草烯（4.14%）、α-荜澄茄烯（3.75%）、异石竹烯（3.04%）、大根香叶烯D（2.42%）、莰烯（2.10%）、桉萜（1.91%）、二氧化柠檬烯（1.69%）、β-蒎烯（1.58%）、α-蒎烯（1.43%）等。

花: 朱亮锋等（1993）用水蒸气蒸馏法提取的花精油的主要成分为: 1,8-桉叶油素（12.08%）、苯乙醇（7.62%）、α-松油醇（3.88%）、芳樟醇（3.84%）、6,10-二甲基-5,9-十一碳二烯-2-酮（2.09%）、β-榄香烯（1.73%）、3-甲基-2-戊基-3-环己酮（1.25%）等；用溶剂萃取，低温脱蜡法提取的花净油的主要成分为: 油酸甲酯（22.68%）、苯乙醇（3.59%）、12-甲基十三酸甲酯（2.89%）、3-戊醇（2.57%）、邻氨基苯甲酸甲酯（1.97%）、吲哚（1.95%）、苯甲酸丙烯酯（1.87%）、氧化芳樟醇（呋喃型）(1.69%）、苯甲酯甲酯（1.61%）、3-己醇（1.17%）等；用树脂吸附法收集的新鲜花头香的主要成分为: 庚醛（17.07%）、亚油酸甲酯（14.18%）、吲哚（7.20%）、邻氨基苯甲酸甲酯（5.15%）、肉豆蔻酸甲酯（5.05%）、芳樟醇（5.04%）、苯乙醇（3.15%）、橙花叔醇（1.18%）、2-甲基己烷（1.02%）等。许柏球等（2014）用顶空固相微萃取法提取的广东深圳产黄兰新鲜花精油的主要成分为: 3,7-二甲基-1,6-辛二烯-3-醇（41.34%）、苯甲酸甲酯（9.68%）、4-(2,6,6-三甲基-2-环己烯-1-基)-2-丁酮（7.93%）、苯甲醛（6.70%）、(E)-4-(2,6,6-三甲基-1-环己烯-1-基)-3-丁烯-2-酮（4.29%）、β-月桂烯（4.06%）、D-苧烯（3.55%）、6-乙烯基四氢-2,2,6-三甲基-2H-呋喃-3-醇（3.35%）、3,7-二甲基-1,3,7-辛三烯（1.50%）、(E)-4-(2,6,6-三甲基-2-环己烯-1-基)-3-丁烯-2-酮（1.30%）、苯乙醇（1.10%）、吲哚（1.05%）、2-甲基-丁醇肟（1.02%）、(E)-3,7-二甲基-1,3,6-

辛三烯（1.01%）等。马惠芬等（2012）用同时蒸馏萃取法提取的云南昆明产黄兰新鲜花精油的主要成分为：β-芳樟醇（21.08%）、桉叶醇（12.97%）、α-玷理烯-11-醇（5.42%）、罗勒烯（5.29%）、β-榄香烯（5.14%）、大牻牛儿烯B（4.65%）、α-金合欢烯（4.59%）、二氧化柠檬烯（4.56%）、β-蒎烯（3.58%）、α-荜澄茄烯（2.96%）、石竹烯（2.32%）、反式罗勒烯（2.22%）、棕榈酸甲酯（2.13%）、氧化芳樟醇（1.96%）、榄香烯（1.93%）、桧萜（1.74%）、苯甲酸甲酯（1.69%）、苯乙醛（1.22%）、香树烯（1.20%）、亚麻酸甲酯（1.19%）、α-蒎烯（1.11%）、β-月桂烯（1.08%）、β-二氢紫罗兰酮（1.03%）、吲哚（1.00%）等；

果实：马惠芬等（2012）用同时蒸馏萃取法提取的云南昆明产黄兰新鲜果实精油的主要成分为：桉叶醇（13.22%）、α-荜澄茄烯（8.66%）、β-蒎烯（8.33%）、β-榄香烯（6.96%）、罗勒烯（6.85%）、二氧化柠檬烯（6.72%）、大牻牛儿烯B（6.34%）、石竹烯（5.52%）、桧萜（4.30%）、反式罗勒烯（3.66%）、α-蒎烯（3.28%）、β-月桂烯（3.27%）、α-玷理烯-11-醇（2.86%）、β-芳樟醇（2.84%）、榄香烯（2.23%）、氧化芳樟醇（1.96%）、β-杜松烯（1.63%）、葎草烯（1.54%）、3-十七烯-5-炔（1.37%）、右旋柠檬烯（1.37%）、玷理烯（1.36%）、莰烯（1.09%）等。

【利用】为著名的观赏树种，对有毒气体抗性较强。花可提取净油或浸膏，用以配制各类高级化妆品香精，也可入药。叶可提取精油，供调制香料用。为华南地区的重要造林树种，木材为造船、家具的珍贵用材。根、叶、花、果实均可药用，有祛风除湿、清利咽喉的功效，根用于风湿骨痛、骨刺卡喉、泌尿系统感染、小便不利、痈肿；叶可治支气管炎、尿闭；花能治百日咳、胸闷、口渴、前列腺炎、白带；果实用于胃痛及消化不良。花可薰茶。花朵还可作襟花佩戴。

黄心夜合
Michelia martinii (Lévl.) Lévl.

木兰科　含笑属
别名：马氏含笑
分布：河南、湖北、四川、贵州、云南

【形态特征】乔木，高可达20m，树皮灰色，平滑；嫩枝榄青色，老枝褐色，疏生皮孔。芽卵圆形或椭圆状卵圆形，密被灰黄色或红褐色竖起长毛。叶革质，倒披针形或狭倒卵状椭圆形，长12～18cm，宽3～5cm，先端急尖或短尾状尖，基部楔形，叶面深绿色。花淡黄色、芳香，花被片6～8片，外轮倒卵状长圆形，长4～4.5cm，宽2～2.4cm，内轮倒披针形，长约4cm，宽1.1～1.3cm；花丝紫色；雌蕊群淡绿色，心皮椭圆状卵圆形。聚合果长9～15cm，扭曲；蓇葖倒卵圆形或长圆状卵圆形，长1～2cm，成熟后腹背两缝线同时开裂，具白色皮孔，顶端具短喙。花期2～3月（有在12月开一次花），果期8～9月。

【生长习性】生于海拔1000～2000m的林间。喜温暖阴湿环境。较耐寒。要求土层深厚、排水良好而肥沃的酸性或微酸性土壤。

【精油含量】水蒸气蒸馏新鲜叶的得油率为0.09%～0.24%，花蕾的得油率为0.70%。

【芳香成分】枝：雷凌华等（2016）用水蒸气蒸馏法提取的贵州贵阳春季采收的新鲜嫩枝精油的主要成分为：桉叶油-4(14)-烯-11-醇（14.98%）、绿花白千层醇（8.12%）、四甲基环癸二烯异丙醇（5.99%）、莰烯（4.87%）、β-蒎烯（4.57%）、花柏烯（3.70%）、香芹烯（3.44%）、δ-杜松醇（3.24%）、愈创木醇（3.22%）、α-蒎烯（2.62%）、大根香叶烯（2.59%）、马兜铃烯（2.47%）、γ-桉叶油醇（2.35%）、γ-杜松烯（2.26%）、桉叶素（1.61%）、匙叶桉油烯（1.60%）、马兜铃烯（1.58%）、β-反式-罗勒烯（1.28%）、4(14)，11-桉叶二烯（1.28%）、氧化石竹烯（1.20%）、喇叭茶醇（1.18%）、δ-栀子烯（1.06%）等；冬季采收的新鲜嫩枝精油的主要成分为：β-罗勒烯（12.20%）、大根香叶烯（9.76%）、β-蒎烯（9.63%）、β-反式-罗勒烯（9.34%）、桉叶油-4(14)-烯-11-醇（6.65%）、δ-杜松醇（4.00%）、四甲基环癸二烯异丙醇（3.47%）、桉叶素（3.05%）、α-蒎烯（2.95%）、香芹烯（2.41%）、5-甲基-3-(1-甲基亚乙基)-1,4-己二烯（2.32%）、香桧烯（2.27%）、2,4-二异丙烯基-1-甲基环己烷（2.21%）、花柏烯（2.02%）、绿花白千层醇（1.56%）、莰烯（1.42%）、4-萜品醇（1.38%）、石竹烯（1.23%）、樟脑（1.21%）等。

叶：雷凌华等（2017）用水蒸气蒸馏法提取的贵州贵阳春季采收的新鲜叶精油的主要成分为：莰烯（14.49%）、β-罗勒烯（12.00%）、β-月桂烯（7.02%）、桉叶素（6.03%）、α-蒎烯（5.82%）、蓝桉醇（5.36%）、β-蒎烯（5.06%）、香芹烯（4.54%）、α-水芹烯（4.38%）、α-芹子烯（3.24%）、β-反式-罗勒烯（2.37%）、大根香叶烯D（2.30%）、[1R-(1α,3α,4β)]-4-乙烯基-α,α,4-三甲基-3-(1-异丙烯基)-环己甲醇（2.24%）、香桧烯（1.83%）、三环烯（1.54%）、γ-榄香烯（1.50%）、葎草烷-1,6-二烯-3-醇（1.45%）、桉叶油-4(14)-烯-11-醇（1.29%）等；夏

季采收的新鲜叶精油的主要成分为：β-罗勒烯（14.58%）、β-蒎烯（10.71%）、β-反式-罗勒烯（7.75%）、香芹烯（6.53%）、[1R-(1α,3α,4β)]-4-乙烯基-α,α,4-三甲基-3-(1-异丙烯基)-环己甲醇（5.91%）、α-蒎烯（4.75%）、γ-依兰油烯（4.47%）、蓝桉醇（3.98%）、莰烯（3.50%）、环异长叶烯（2.87%）、2,4-二异丙烯基-1-甲基环己烷（1.98%）、β-月桂烯（1.77%）、β-芳樟醇（1.75%）、[1aR-(1aα,4α,4aβ,7bα)]-1a,2,3,4,4a,5,6,7b-八氢-1,1,4,7-四甲基-1H-环丙[e]奥（1.58%）、杜松-3,9-二烯（1.55%）、桉叶素（1.44%）、桉叶油-4(14)-烯-11-醇（1.33%）、β-愈创木烯（1.32%）、γ-榄香烯（1.23%）、桉叶油-7(11)-烯-4-醇（1.21%）、γ-桉叶油醇（1.15%）、4(14),11-桉叶二烯（1.05%）、香桧烯（1.01%）等；冬季采收的新鲜叶精油的主要成分为：罗勒烯（20.36%）、β-蒎烯（6.51%）、β-反式-罗勒烯（5.29%）、香芹烯（4.47%）、β-月桂烯（4.46%）、大根香叶烯D（3.86%）、桉叶素（3.61%）、环异长叶烯（3.52%）、环异长叶烯（3.52%）、β-芳樟醇（3.24%）、2,4-二异丙烯基-1-甲基环己烷（3.00%）、莰烯（2.68%）、α-蒎烯（2.54%）、δ-芹子烯（2.34%）、α-水芹烯（2.23%）、[1R-(1α,3α,4β)]-4-乙烯基-α,α,4-三甲基-3-(1-异丙烯基)-环己甲醇（2.07%）、桉叶烷-7(11)-烯-4-醇（1.91%）、香桧烯（1.85%）、花柏烯（1.58%）、绿花白千层醇（1.43%）、橙花叔醇（2.38%）、β-荜橙茄醇（1.33%）、4,4,6,6-四甲基二环[3.1.0]-2-己烯（1.19%）等。

【花】徐植灵等（1989）用水蒸气蒸馏法提取的四川马边产黄心夜合干燥花蕾精油的主要成分为：β-榄香烯（10.00%）、β-蒎烯（9.54%）、对-聚伞花素（7.13%）、γ-荜澄茄烯（4.00%）、α-蒎烯（3.60%）、α-依兰油烯（3.10%）、喇叭醇（3.01%）、氧化石竹烯（3.00%）、δ-荜澄茄烯（2.44%）、萜品烯-4-醇（2.24%）、1,8-桉叶素（2.12%）、莰烯（2.02%）、δ-荜澄茄醇（2.01%）、β-桉叶醇（2.01%）、对伞聚花-α-醇（2.00%）、反式石竹烯（1.96%）、δ-3-蒈烯（1.88%）、γ-依兰油烯（1.18%）等。

【利用】适于作庭荫树、行道树或风景林的树种，也可盆栽或作切花。花可提取芳香油。

🌸 金叶含笑
Michelia foveolata Merr. ex Dandy

木兰科　含笑属
别名：金叶白兰
分布：贵州、湖北、湖南、江西、广东、广西、云南

【形态特征】乔木，高达30m，胸径达80cm；树皮淡灰或深灰色；芽、幼枝、叶柄、叶背、花梗、密被红褐色短绒毛。叶厚革质，长圆状椭圆形，椭圆状卵形或阔披针形，长17～23cm，宽6～11cm，先端渐尖或短渐尖，基部阔楔形，圆钝或近心形，通常两侧不对称，叶面深绿色，叶背被红铜色短绒毛。花被片9～12片，淡黄绿色，基部带紫色，外轮3片阔倒卵形，长6～7cm，中、内轮倒卵形，较狭小；雄蕊约50枚，花丝深紫色。聚合果长7～20cm；蓇葖长圆状椭圆体形，长1～2.5cm。花期3～5月，果期9～10月。

【生长习性】生于海拔500～1800m的阴湿林中。适应性广，耐寒性强。

【精油含量】水蒸气蒸馏新鲜叶的得油率为0.56%。

【芳香成分】叶：钟瑞敏等（2005）用水蒸气同步蒸馏法提取的广东韶关产野生金叶含笑新鲜叶精油的主要成分为：α-桉叶油醇（49.70%）、桉叶油-4(15),7-二烯-1-β-醇（13.74%）、(E,E)-金合欢醇（7.43%）、柠檬烯-6-醇特戊酸酯（4.45%）、反式-石竹烯（3.78%）、(E)-金合欢烯过氧化物（3.21%）、β-白菖考烯（2.00%）、大根香叶烯D（1.11%）、β-桉叶烯（1.05%）等。

花：朱亮锋等（1993）用树脂吸附法收集的广东广州产金叶含笑花头香的主要成分为：1-甲氧基-3,7-二甲基-2,6-辛二烯（15.50%）、2-戊醇（9.13%）、顺式-3-己烯醇（8.84%）、2-甲基丁酸甲酯（7.73%）、十五烷（6.29%）、3-甲基-2-丁烯酸甲酯（5.93%）、己酸甲酯（4.56%）、乙酸-1-乙氧基乙酯（4.26%）、苯乙醇（3.41%）、β-蒎烯（3.21%）、苯甲酸甲酯（2.39%）、辛酸甲酯（1.56%）、柠檬烯（1.55%）、α-蒎烯（1.26%）、3-甲

基-2-己醇（1.15%）等。

【利用】是优美观赏树种。木材是建筑、家具、雕刻和胶合板等的优良用材。

苦梓含笑
Michelia balansae (A. DC.) Dandy

木兰科　含笑属

别名： 苦梓、绿楠、八角苦梓、春花苦梓

分布： 福建、广东、海南、广西、云南

【形态特征】乔木，高达7～10 m，胸径达60 cm；树皮平滑，灰色或灰褐色；芽、嫩枝、叶柄、叶背、花蕾及花梗均密被褐色绒毛。叶厚革质，长圆状椭圆形，或倒卵状椭圆形，长10～28 cm，宽5～12 cm，先端急短尖，基部阔楔形，叶柄基部膨大。花芳香，花被片白色带淡绿色，6片，倒卵状椭圆形，长35～37 mm，宽13～15 mm，最内1片较狭小，倒披针形；药隔伸出成短尖头；雌蕊群卵圆形。聚合果长7～12 cm，柄长4.5～7 cm；蓇葖椭圆状卵圆形，倒卵圆形或圆柱形，长2～6 cm，宽1.2～1.5 cm，顶端具向外弯的喙；种子近椭圆体形，长1～1.5 cm，外种皮鲜红色，内种皮褐色。花期4～7月，果期8～10月。

【生长习性】生于海拔350～1000 m的山坡、溪旁、山谷密林中。

【芳香成分】朱亮锋等（1993）用树脂吸附法收集的新鲜花

头香的主要成分为：己酸乙酯（61.01%）、柠檬烯（15.70%）、乙酸丁酯（2.81%）、乙酸-2-甲基丁酯（2.80%）、2-甲基丙酸-2-甲基丙酯（1.86%）、己酸-2-甲基丙酯（1.32%）等。

【利用】木材宜作上等家具、文具、细木工、胶合板及建筑、造船等用；在海南被列为珍贵家具、建筑用材。为庭园观赏植物。花、叶可提取芳香油。

乐昌含笑
Michelia chapensis Dandy

木兰科　含笑属

别名： 景列含笑、南方兰花、南方白兰花、广东含笑

分布： 湖南、广东、浙江、安徽、云南、贵州、江西、广西、福建

【形态特征】乔木，高15～30 m，胸径1 m，树皮灰色至深褐色。叶薄革质，倒卵形，狭倒卵形或长圆状倒卵形，长6.5～16 cm，宽3.5～7 cm，先端骤狭短渐尖，或短渐尖，尖头钝，基部楔形或阔楔形。花被片淡黄色，6片，芳香，2轮，外轮倒卵状椭圆形，长约3 cm，宽约1.5 cm；内轮较狭；雄蕊长1.7～2 cm，花药长1.1～1.5 cm，药隔伸长成1 mm的尖头；雌蕊群狭圆柱形；心皮卵圆形，花柱长约1.5 mm；胚珠约6枚。聚合果长约10 cm，果梗长约2 cm；蓇葖长圆体形或卵圆形，长1～1.5 cm，宽约1 cm，顶端具短细弯尖头，基部宽；种子红

色，卵形或长圆状卵圆形，长约1 cm，宽约6 mm。花期3～4月，果期8～9月。

【生长习性】生于海拔500～1500 m的山地林间。喜温暖、湿润的气候，生长适宜温度为15～32℃，夏季能抗41℃高温，冬季能耐–18℃短时低温，小苗及幼树能适应–11℃低温。喜光，但苗期喜偏阴。对土壤要求不严，在pH5.0～8.1的酸性、中性、碱性土壤中均能生长，喜土壤深厚、疏松、肥沃、排水良好的酸性至微碱性土壤。

【精油含量】水蒸气蒸馏的新鲜叶得油率为0.51%～1.56%；超声波法提取干燥叶的得油率为2.48%。

【芳香成分】刘群等（2008）用水蒸气蒸馏法提取的江苏南京产乐昌含笑新鲜叶精油的主要成分为：十四氢化芘（18.89%）、3,6-二甲基-5-丙烯基-6-乙烯基-4,5,6,7-四氢-1-苯并呋喃（16.07%）、2,5-二环戊亚基-环戊酮（9.44%）、3,3-二甲基-5-叔丁基-1-茚酮（8.89%）、乙酸-3a,9b-二甲基-7-羰十氢化环戊并[a]萘-3-酯（8.02%）、1,3-二甲基-2-丁烯基-5-叔丁基苯（5.72%）、β-丁香烯（4.72%）、7,9-二羟基-6,9a-二甲基-3-甲烯基十氢化薁并[4,5-b]呋喃-2-酮（4.24%）、5,11(13)-桉叶二烯-8,12-内酯（4.01%）、β-橄香烯（3.23%）、7-(4-甲氧基苯甲烯基)二环[4.1.0]庚烷（2.59%）、2-羟基-4-异丙烯基-5-(3-甲基-2-丁烯基)-2,4,6-环庚三烯-1-酮（2.04%）、γ-杜松烯（1.98%）、β-法呢烯（1.81%）、δ-杜松烯（1.16%）、β-乙酸化白檀油透

（1.14%）、含木香内酯（1.08%）等；钟瑞敏等（2006）分析的广东韶关产乐昌含笑新鲜叶精油的主要成分为：大根香叶烯A（16.05%）、(E,E)-金合欢醇（10.02%）、α-没药醇（7.85%）、δ-桉叶烯（4.52%）、β-石竹烯环氧化物（4.06%）、δ-杜松萜烯（2.12%）、α-蛇麻烯（2.02%）、(Z,Z)-金合欢醇（1.55%）、β-榄香烯（1.50%）、耳草莒烷醇（1.49%）、对薄荷烷-1-烯-4-醇（1.25%）等。

【利用】木材是高级家具、车厢、工艺品、胶合板、房屋门窗、室内装饰等用材。是优良绿化景观树种，可作为木本花卉、风景树及行道树推广应用。

🌼 亮叶含笑
Michelia fulgens Dandy

木兰科　含笑属
分布：广东、海南、广西、云南

【形态特征】乔木，高达25 m，胸径50 cm；芽、嫩枝、叶下面、叶柄、花梗均密被紧贴的银灰色或带有红褐色的短绒毛。叶革质，狭卵形、披针形或狭椭圆状卵形，长10～20 cm，宽3.5～6.5 cm，通常中上部渐狭而渐尖，基部楔形或钝，有时稍偏斜；托叶与叶柄离生。花蕾椭圆体形，长3～3.5 cm，直径1.5～1.8 cm，密被红褐色或银灰色的短绢毛；苞片3～5；花被片9～12,3轮，每轮3～4片，近相似，外轮椭圆形，或倒卵状椭圆形，里面数轮较小。聚合果长7～10 cm；蓇葖长圆体形或倒卵圆形，长1～2 cm，顶端圆或具短尖的喙，基部宽阔，紧贴于轴上；种子红色，扁球形或扁卵圆形，长6～7 mm。花期3～4月，果期9～10月。

【生长习性】生于海拔1300～1700 m的山坡、山谷密林中。

【精油含量】水蒸气蒸馏阴干茎的得油率为0.08%，叶的得油率为1.05%～2.38%，阴干叶芽的得油率为1.86%，阴干假种皮的得油率为1.79%。

【芳香成分】茎：刘璐等（2017）用水蒸气蒸馏法提取的贵州黎平产亮叶含笑阴干二年生茎精油的主要成分为：顺-三环[5.1.0.0(2,4)]辛-5-烯（62.00%）、石竹烯氧化物（9.06%）、喇叭茶醇（3.97%）、9-异丙基-1-甲基-2-亚甲基-5-氧杂三环

[5.4.0.0(3,8)]正十一烷（3.90%）、桉油烯醇（3.49%）、(+)-香橙烯（3.41%）、4,6,6-三甲基-2-(3-甲基-1,3-二丙烯)-3-氧三环[5.1.0.0(2,4)]辛烷（3.23%）、(2)-氧化香橙烯（2.72%）、6,7-二甲基-1,2,3,5,8,8a-六氢萘（2.18%）、肉豆蔻醚（1.84%）、异长叶烯（1.50%）、金合欢醛（1.35%）等。

叶：刘璐等（2017）用水蒸气蒸馏法提取的贵州黎平产亮叶含笑阴干叶精油的主要成分为：顺-三环[5.1.0.0(2,4)]辛-5-烯（60.46%）、(+)-香橙烯（10.17%）、金合欢醇（7.94%）、香木兰烯（6.99%）、(2)-氧化香橙烯（5.07%）、1,2,3,6-四甲基-2,2,2-八环-2,5-二烯（1.68%）、1,5-环癸二烯（1.56%）、桉油烯醇（1.55%）、石竹烯（1.41%）等。

花：刘璐等（2017）用水蒸气蒸馏法提取的贵州黎平产亮叶含笑阴干花瓣精油的主要成分为：异长叶烯-5-酮（41.79%）、石竹烯氧化物（11.06%）、乙酸冰片酯（9.30%）、α-香附酮（6.18%）、(+)-冰片（5.87%）、喇叭茶醇（5.65%）、罗汉柏木烯（5.37%）、1,2,3,6-四甲基-2,2,2-八环-2,5-二烯（4.33%）、α-环氧葎草烯（3.69%）、α-去二氢菖蒲烯（3.55%）、双环[4.4.0]癸-2-烯-4-醇（3.21%）等；阴干雄蕊精油的主要成分为：石竹烯氧化物（9.65%）、乙酸冰片酯（8.87%）、异长叶烯-5-酮（8.49%）、(+)-冰片（7.52%）、2-萘甲醇（6.84%）、罗汉柏木烯（6.44%）、长马鞭草烯酮（4.84%）、双环[4.4.0]癸-2-烯-4-醇（3.59%）、α-蒎烯（3.54%）、α-环氧葎草烯（3.54%）、α-去二氢菖蒲烯（3.29%）、长叶烯（2.96%）、新丁香三环烯（2.86%）、喇叭茶醇（2.73%）、(+)-环异酒剔烯（2.71%）、(2)-氧化香橙烯（2.69%）等；阴干雌蕊精油的主要成分为：异长叶烯-5-酮（34.28%）、(+)-冰片（8.39%）、烟叶酮（7.83%）、石竹烯氧化物（6.92%）、可巴烯（5.31%）、乙酸冰片酯（4.99%）、(+)-环异酒剔烯（4.51%）、罗汉柏木烯（4.46%）、(2)-氧化香橙烯（3.82%）、1,2,3,6-四甲基-2,2,2-八环-2,5-二烯（3.39%）、蓝桉醇（2.96%）、双环[4.4.0]癸-2-烯-4-醇（2.77%）、α-环氧葎草烯（2.63%）、喇叭烯氧化物（2.13%）、大马酮（2.05%）、肉豆蔻醚（1.80%）、长叶烯（1.76%）等；阴干苞片精油的主要成分为：异长叶烯-5-酮（38.24%）、α-香附酮（10.44%）、石竹烯氧化物（6.64%）、(2)-氧化香橙烯（6.46%）、喇叭茶醇（4.52%）、可巴烯（4.32%）、(+)-香橙烯（4.08%）、乙酸冰片酯（3.55%）、肉

豆蔻醚（3.27%）、双环[4.4.0]癸-2-烯-4-醇（3.23%）、罗汉柏木烯（2.89%）、桉油烯醇（2.62%）、(+)-环异酒剔烯（2.59%）、α-环氧葎草烯（2.48%）、(+)-冰片（2.40%）、柠檬烯环氧化物（2.27%）等。

假种皮：刘璐等（2017）用水蒸气蒸馏法提取的贵州黎平产亮叶含笑阴干假种皮精油的主要成分为：(+)-香橙烯（24.58%）、顺-三环[5.1.0.0(2,4)]辛-5-烯（22.80%）、1-乙烯基-1-甲基-2,4-双(1-甲基乙烯基)-环己烷（8.82%）、香木兰烯（8.10%）、6,7-二甲基-1,2,3,5,8,8a-六氢萘（7.26%）、芳樟醇（5.68%）、石竹烯氧化物（4.66%）、反式-α-香柠檬醇（3.04%）、异长叶烯（2.63%）、异长叶烯-5-酮（1.98%）、(2)-氧化香橙烯（1.95%）、蓝桉醇（1.70%）、1,6-环癸二烯（1.42%）、花柏烯（1.34%）、4,4,11,11-四甲基-7-四环己基[6,2,1,0(3,8)0(3,9)]十一醇（1.12%）等。

【利用】木材可供作家具、建筑及胶合板等用。是庭院观赏、园林绿化、美化环境的理想树种。

❀ 马关含笑

Michelia opipara Hung T. Chang et B. L. Chen

木兰科　含笑属
别名：绢毛含笑
分布：云南、广西

【形态特征】为常绿或半常绿乔木，高达16 m，枝繁叶茂，花橙黄色，芳香美丽，花被片8片。芽长卵球形，被白色绢毛。叶薄革质，倒卵形，叶背粉白色；中脉在叶面上稍凹陷；托叶痕为叶柄长的1/4～1/3。花芳香，花被片8，黄色，外轮3片，倒卵形，最内2片倒披针形；心皮被柔毛。聚合果穗状；果柄被淡黄色柔毛；蓇葖卵球形。花期4月，果熟期9～10月。

【生长习性】生于海拔1250～1850 m的常绿阔叶林中。喜温暖湿润，生长适温为16～28℃。

【精油含量】水蒸气蒸馏阴干花的得油率为0.35%。

【芳香成分】叶：马惠芬等（2012）用同时蒸馏萃取法提取的云南昆明产马关含笑新鲜叶精油的主要成分为：[+]-橙花叔醇（56.20%）、α-蒎烯（12.03%）、β-芳樟醇（7.09%）、3,7-

二甲基-2,6-辛二烯醛（4.14%）、β-柠檬醛（3.12%）、罗勒烯（2.85%）、大根香叶烯B（2.52%）、金合欢醛（1.75%）、莰烯（1.45%）、异石竹烯（1.40%）、桧萜（1.14%）等。

花：芮和恺等（1991）用水蒸气蒸馏法提取的马关含笑阴干花精油的主要成分为：1,2-二甲氧基苯（15.48%）、7-(1-甲基乙基叉)-二环[4.1.0]庚烷（3.55%）、苯乙醇（2.01%）、1,2,3-三甲氧基苯（1.90%）、3-蒈烯（1.52%）、香茅醇（1.52%）、芳樟醇（1.37%）等。

【利用】适合作园景树、行道树。

深山含笑

Michelia maudiae Dunn

木兰科　含笑属

别名：背粉白兰、光叶木兰、光叶白兰、光叶白兰花、莫夫人玉兰、莫夫人含笑花

分布：我国特有，湖南、广东、浙江、安徽、云南、贵州、江西、广西、福建等地

【形态特征】乔木，高达20 m，各部均无毛；树皮浅灰色或灰褐色；芽、嫩枝、叶下面、苞片均被白粉。叶革质，长圆状椭圆形，很少卵状椭圆形，长7～18 cm，宽3.5～8.5 cm，先端骤狭短渐尖或短渐尖而尖头钝，基部楔形、阔楔形或近圆钝。佛焰苞状苞片淡褐色，薄革质，长约3 cm；花芳香，

花被片9片，纯白色，基部稍呈淡红色，外轮的倒卵形，长5～7 cm，宽3.5～4 cm，顶端具短急尖，基部具长约1 cm的爪，内两轮则渐狭小；近匙形，顶端尖。聚合果长7～15 cm，蓇葖长圆体形、倒卵圆形、卵圆形、顶端圆钝或具短突尖头。种子红色，斜卵圆形，长约1 cm，宽约5 mm，稍扁。花期2～3月，果期9～10月。

【生长习性】生于海拔600～1500 m的密林中。喜温暖、湿润环境，有一定耐寒能力。喜光，幼时较耐阴。抗干热，对二氧化硫的抗性较强。喜土层深厚、疏松、肥沃而湿润的酸性砂质土。

【精油含量】水蒸气蒸馏叶的得油率为0.78%～1.65%，花的得油率为0.18%。

【芳香成分】叶：刘超祥等（2008）用水蒸气蒸馏法提取的江苏南京产深山含笑新鲜叶精油的主要成分为：丁子香烯（12.46%）、莰烯（10.03%）、(-)-β-蒎烯（8.83%）、柠檬油精（7.94%）、松油醇（5.55%）、沉香醇（5.40%）、1R-α-蒎烯（4.73%）、异松油精（4.11%）、樟脑油（3.84%）、L-4-萜品醇（3.54%）、杜松烯（3.33%）、荜草烯（2.75%）、龙脑（2.27%）、氧化石竹烯（2.10%）、异子香丁烯（2.07%）、γ-古芸烯（1.84%）、β-库毕烯（1.76%）、3-异丙烯基-1.2-二甲基环戊醇（1.66%）、橙花叔醇（1.63%）、α,α,4-三甲基苯甲醇（1.53%）、荜酮（1.52%）、桉树精（1.42%）、α-愈创烯（1.14%）等。钟瑞敏等（2006）用同法分析的广东韶关产深山含笑新鲜叶精油的

主要成分为：莰烯（26.08%）、α-侧柏烯（16.00%）、D-柠檬烯（12.54%）、β-蒎烯（10.54%）、β-石竹烯环氧化物（10.01%）、芳樟醇（2.21%）、月桂烯（2.04%）、萜品油烯（1.67%）、樟脑（1.62%）、(E)-表石竹烯（1.18%）、蓝桉醇（1.14%）、对薄荷烷-1-烯-4-醇（1.02%）等。

花：方小平等（2010）用水蒸气蒸馏法提取的贵州贵阳产深山含笑花精油的主要成分为：石竹烯氧化物（15.33%）、斯巴醇（12.79%）、桃金娘帖烯醛（4.99%）、表蓝桉醇（3.69%）、双环大根叶烯（3.66%）、β-蒎烯（3.09%）、[S-(Z)]-反-橙花叔醇（2.86%）、荜菱醇（2.70%）、莰烯（2.56%）、十六烷（2.56%）、龙脑（2.35%）、L-松香芹醇（2.26%）、石竹烯（2.23%）、1,5,5,8-四甲基-12-氧杂二环[9.1.0]十二烷-3,7-二烯（2.13%）、屈他雄酮（2.09%）、绿花白千层醇（2.02%）、2-乙氧基丙烷（1.75%）、松香芹酮（1.60%）、β-榄香烯（1.36%）、2-亚甲基-6,8,8-三甲基-三环[5.2.2.0^{1,6}]十一烷-3-醇（1.33%）、香树烯（1.33%）、α-蒎烯（1.32%）、2,6-二甲基-1,7-辛二烯-3-醇（1.16%）、[1R-(1α,4β,4aβ,8aβ)]-1,2,3,4,4a,7,8,8a-八氢-1,6-二甲基-4-(1-甲基乙基)-1-萘（1.07%）、苧烯（1.04%）等；朱亮锋等（1993）分析的新鲜花精油的主要成分为：1,8-桉叶油素（40.13%）、β-蒎烯（13.46%）、α-松油醇（7.23%）、芳樟醇（5.44%）、松油醇-4（4.03%）、莰烯（3.23%）、β-石竹烯（2.76%）、樟脑（1.86%）、α-蒎烯（1.85%）、γ-榄香烯（1.33%）、龙脑（1.08%）等。

【利用】木材供家具、建造、板料、绘图版、细木工用材。花、叶可提取芳香油。花药用，有散风寒、通鼻窍、行气止痛的功效。根药用，有清热解毒、行气化浊、止咳的功效。为庭园观赏树种和四旁绿化树种。

🌸 香子含笑
Michelia hedyosperma Law

木兰科　含笑属
别名：八角香兰、麻罕
分布：海南、广西、云南

【形态特征】乔木，高达21 m，胸径60 cm；小枝黑色，老枝浅褐色，疏生皮孔；芽、嫩叶柄、花梗、花蕾及心皮密被平伏短绢毛，其余无毛。叶揉碎有八角气味，薄革质，倒卵形或椭圆状倒卵形，长6～13 cm，宽5～5.5 cm，先端尖，尖头钝，基部宽楔形，两面鲜绿色，有光泽。花蕾长圆体形，长约2 cm，花芳香，花被片9，3轮，外轮膜质，条形，内两轮肉质，狭椭圆形。聚合果果梗较粗，长1.5～2 cm，雌蕊群柄果时增长至2～3 cm；蓇葖灰黑色，椭圆体形，长2～4.5 cm，宽1～2.5 cm，密生皮孔，顶端具短尖，基部收缩成柄，柄长2～8 mm，果瓣质厚，熟时向外反卷，露出白色内皮；种子1～4。花期3～4月，果期9～10月。

【生长习性】生于海拔300～800 m的山坡、沟谷林中。分布区的年平均温17～22 ℃，极端最低温0～3 ℃，年降雨量1000～1700 mm，干湿季明显。在排水良好的山坡下部或沟谷中生长良好，幼苗稍耐阴，成年树较喜光。

【精油含量】水蒸气蒸馏叶的得油率为0.47%，果实的得油率为2.03%～8.70%，干燥种子的得油率为11.00%～12.00%。

【芳香成分】刘杰凤等（2007）用水蒸气蒸馏法提取的云南景洪产香子含笑阴干果实精油的主要成分为：黄樟醚（92.81%）、柠檬烯（2.51%）等。

【利用】木材为产区值得推广种植的优良用材。在云南产区用种子作调味品或药用。为四旁绿化、庭园观赏、美化环境的理想树种。种子精油是很好的食用辛香料；富含黄樟素，是合成洋茉莉醛等重要调配香料的原料。

❀ 云南含笑
Michelia yunnanensis Franch. ex Finet et Gagnep.

木兰科　含笑属
别名：皮袋香、山辛夷
分布：云南、贵州、四川

【形态特征】灌木，枝叶茂密，高可达4m；芽、嫩枝、嫩叶叶面及叶柄、花梗密被深红色平伏毛。叶革质、倒卵形，狭倒卵形、狭倒卵状椭圆形，长4～10cm，宽1.5～3.5cm，先端圆钝或短急尖，基部楔形，叶面深绿色，有光泽，叶背常残留平伏毛。花白色，极芳香，花被片6～17片，倒卵形，倒卵状椭圆形，长3～3.5cm，宽1～1.5cm，内轮的狭小，花丝白色，雌蕊群卵圆形或长圆状卵圆形。聚合果通常仅5～9个蓇葖发育，蓇葖扁球形，宽5～8mm，顶端具短尖，残留有毛；种子1～2粒。花期3～4月，果期8～9月。

【生长习性】生于海拔1100～2300m的山地灌丛中。喜光，耐半阴。适应性较强，喜温暖多湿气候，有一定耐寒力，喜微酸性土壤，怕水渍。

【精油含量】水蒸气蒸馏叶的得油率为0.20%，新鲜枝叶的得油率为0.31%；溶剂萃取鲜花得膏率为3.00%，净油得率为2.00%。

【芳香成分】叶：郝小燕等（1999）用水蒸气蒸馏法提取的云南昆明产云南含笑叶精油的主要成分为：香桧烯（18.58%）、龙脑乙酸酯（10.18%）、樟脑（8.32%）、顺式-橙花叔醇（6.82%）、莰烯（5.72%）、匙叶桉油烯醇（3.42%）、柠檬烯（2.48%）、丁香烯氧化物（2.21%）、δ-杜松醇（2.17%）、松油-4-醇（2.08%）、芳樟醇（1.72%）、龙脑（1.42%）、δ-杜松烯（1.32%）、甲基丁香酚（1.02%）等。

枝叶：李志刚等（2000）用水蒸气蒸馏法提取的云南曲靖产云南含笑新鲜枝叶精油的主要成分为：乙酸冰片酯（12.44%）、樟脑（8.77%）、氧化石竹烯（6.93%）、冰片（5.97%）、桉叶油素（4.57%）、芳樟醇（1.89%）、油酸乙酯（1.37%）、4-香芹盖烯醇（1.32%）、3-乙酰基-1,2-二氢-1-羟基-6,7-二甲基萘（1.24%）、5-乙烯基四氢-2',2',5-三甲基-2-呋喃甲醇（1.09%）等。

花：陆碧瑶（1984）用树脂吸附法收集的云南昆明产云南含笑新鲜花头香的主要成分为：十五烷（41.49%）、柏木烯（25.39%）、乙酸龙脑酯（13.93%）、樟脑（3.10%）、柠檬烯（2.27%）、茉莉酮（1.60%）、十四碳烷（1.48%）、十五碳-1-烯（1.32%）、2-甲基-8-苯基癸烷（1.08%）等。

【利用】是城市绿化的优良观赏树种。花可提取浸膏。叶可磨制香粉。当地把叶磨碎作调味品。花蕾入药，有清热解毒的功效，治风热感冒、头目昏花、咽喉痛、鼻塞流涕、目赤、头痛、喉炎、鼻炎、结膜炎、脑漏。幼果挤汁治中耳炎；根治崩漏。

❀ 醉香含笑
Michelia macclurei Dandy

木兰科　含笑属
别名：火力楠
分布：广东、广西、海南、湖南

【形态特征】乔木，高达30m，胸径1m左右；树皮灰白色，光滑；芽、嫩枝、叶柄、托叶及花梗均被红褐色短绒毛。

叶革质，倒卵形、椭圆状倒卵形，菱形或长圆状椭圆形，长7～14 cm，宽5～7 cm，先端短急尖或渐尖，基部楔形，叶背被灰色毛杂有褐色平伏短绒毛。花蕾内有时包裹2～3小花蕾，形成2～3朵的聚伞花序，花被片白色，通常9片，匙状倒卵形或倒披针形，长3～5 cm，内面的较狭小。聚合果长3～7 cm；蓇葖长圆体形、倒卵状长圆体形或倒卵圆形，长1～3 cm，宽约1.5 cm，顶端圆，基部宽阔着生于果托上，疏生白色皮孔；沿腹背二瓣开裂；种子1～3颗，扁卵圆形。花期3～4月，果期9～11月。

【生长习性】生于海拔500～1000 m的密林中。中性偏阳树种，喜光稍耐阴。喜温暖湿润气候，对温度要求高，引种地区年平均气温17.5℃、1月平均气温6.6℃能正常生长。耐寒、抗旱，抗污染，忌积水。喜土层深厚的酸性土壤，耐旱耐瘠。

【精油含量】水蒸气蒸馏根皮的得油率为0.14%，晾干心材的得油率为0.15%，树皮的得油率为0.16%，叶的得油率为0.12%～0.16%，花的得油率为0.28%。

【芳香成分】根：宋晓凯等（2011）用水蒸气蒸馏法提取的浙江金华产醉香含笑晾干根皮精油的主要成分为：N,N'-二苯甲酰基-庚二酰胺（28.97%）、棕榈酸（3.55%）、高香草酸（3.25%）、甲苯（3.21%）、4-[(1E)-3-羟基-1-丙烯基]-2-甲氧基-苯酚（3.16%）、木香烯内酯（2.33%）、3,4,5-三甲氧基-苯酚（2.32%）、异香橙烯氧化物（2.31%）、反-11-十六烯酸（2.30%）、2-乙氧基-2-[(2-硝基苯基)胺基]-1-苯乙酮（1.91%）、5-羟甲基-2-糠醛（1.12%）、十五烷酸（1.01%）等。

茎：宋晓凯等（2011；2014）用水蒸气蒸馏法提取的晾干树皮精油的主要成分为：N,N'-二苯甲酰基-庚二胺（9.55%）、全反式-鲨烯（5.81%）、棕榈酸（5.62%）、亚油酸乙酯（5.25%）、Z-5-甲基-6-二十一烯-11-酮（4.54%）、己二酸二-(2-乙基己基)酯（3.79%）、棕榈酸乙酯（3.08%）、双十五基酮（2.91%）、11-十六烯酸（2.78%）、肉豆蔻酸（2.41%）、双-(2-乙基己基)邻苯二甲酸酯（2.09%）、邻苯二甲酸二丁酯（1.82%）、1,1'-(2-十三烷基-1,3-丙二基)-二环己烷（1.49%）、亚麻酸乙酯（1.45%）、18-三十五烷基酮（1.20%）、异香橙烯氧化物（1.12%）、细辛脑（1.05%）等；晾干心材精油的主要成分为：β-榄香烯（14.67%）、棕榈酸乙酯（14.65%）、亚油酸乙酯（13.23%）、油酸乙酯（8.53%）、β-红没药烯（5.61%）、1,1,3-三甲基-3-苯基茚满（5.34%）、异喇叭烯（5.31%）、水菖蒲酮（5.14%）、β-倍半水芹烯（3.91%）、α-依兰油烯（3.47%）、α-姜黄烯（2.78%）、δ-杜松烯（2.41%）、β-芹子烯（1.61%）、δ-紫穗槐烯（1.59%）、石竹烯（1.34%）、十七酸乙酯（1.34%）、δ-芹子烯（1.07%）、去氢白菖烯（1.07%）等。

叶：黄儒珠等（2009）用水蒸气蒸馏法提取的福建福州产醉香含笑叶精油的主要成分为：石竹烯（18.74%）、β-榄香烯（14.56%）、榄香醇（13.14%）、γ-榄香烯（9.18%）、α-桉叶醇（7.22%）、α-石竹烯（5.20%）、γ-桉叶醇（4.90%）、别香树烯（2.20%）、大根香叶烯D（2.04%）、桉烷-4(14)，11-二烯（1.87%）、杜松烯（1.63%）、蓝桉醇（1.31%）、δ-榄香烯（1.30%）、环异长叶烯（1.13%）、愈创木奠醇（1.11%）等。

花：马惠芬等（2011）用同时蒸馏萃取法提取的云南昆明产醉香含笑花精油的主要成分为：异石竹烯（13.51%）、δ-杜松醇（11.17%）、异长叶烯（10.30%）、庚醛（8.68%）、6,9-

十八碳二烯酸甲酯（6.40%）、4-甲基-1-异丙基-3-环己烯-1-醇（5.52%）、1,2-二甲氧基苯（5.25%）、β-蒎烯（2.77%）、γ-桉叶油醇（2.51%）、正十五烷（2.41%）、别香橙烯（2.20%）、α-荜澄茄烯（1.84%）、朱栾倍半萜（1.75%）、壬醛（1.65%）、2-莰烯（1.63%）、大根香叶烯D（1.58%）、匙叶桉油烯醇（1.56%）、α-金合欢烯（1.38%）、β-芳樟醇（1.15%）、α-紫穗槐烯（1.01%）等。朱亮锋等（1993）用树脂吸附法收集的新鲜花头香的主要成分为：苯甲酸甲酯（56.50%）、2-甲基-6-亚甲基-1,7-辛二烯-3-酮（19.67%）、1,2-二甲氧基苯（12.17%）、桧烯（3.06%）、β-蒎烯（1.97%）、α-蒎烯（1.40%）等。

【利用】木材是建筑、家具、箱板等的优质用材。花可提取精油。是美丽的庭园和行道树种，也是理想的生态造林树种。树皮、根、叶可药用，有清热解毒的功效。种子油可作燃料用油。

🌸 展毛含笑

Michelia macclurei Dandy var. *sublanea* Dandy

木兰科	含笑属

别名： 火力楠

分布： 广东、海南、广西、福建

【形态特征】与原变种区别在于嫩枝、叶柄、托叶、苞片及花梗的短绒毛或柔毛展开。

【芳香成分】朱亮锋等（1993）用树脂吸附法收集的花头香的主要成分为：苯甲酸甲酯（21.55%）、1,2-二甲氧基苯（17.56%）、苯乙酮（15.59%）、β-蒎烯（6.87%）、桧烯（5.83%）、芳樟醇（3.80%）、β-榄香烯（3.31%）、γ-榄香烯（2.16%）、乙酸龙脑酯（2.02%）、α-蒎烯（2.01%）、庚醛（1.83%）、β-石竹烯（1.75%）、1,8-桉叶油素（1.64%）、柠檬烯（1.40%）、β-荜澄茄烯（1.16%）等。

【利用】木材是供建筑、家具的优质用材。花可提取精油。是美丽的庭园观赏树种和行道树种。

【生长习性】生于海拔500～1000 m的密林中。

华盖木
Manglietiastrum sinicum Law

木兰科　华盖木属
别名：缎子绿豆树
分布：云南

【芳香成分】刘美凤等（2016）用水蒸气蒸馏法提取的广东徐闻产华盖木新鲜叶精油的主要成分为：β-水芹烯（34.74%）、香松烯（11.33%）、β-蒎烯（8.76%）、4-羟基-4-甲基-2-戊酮（6.03%）、4-甲基-1-(1-甲基乙基)-3-环己烯（4.53%）、α-蒎烯（3.75%）、石竹烯（2.65%）、桉叶醇（2.14%）、β-月桂烯（2.10%）、γ-松油烯（2.02%）、(+)-2-莕烯（1.95%）、α-蒎烯（1.42%）、4-香芹薄荷醇（1.35%）、(-)-匙叶桉油烯醇（1.02%）等。

【利用】可为庭园观赏树种。对植物分类系统的古植物区系等研究有学术价值。

凹叶木兰
Magnolia sargentiana Rehd. et Wils.

木兰科　华盖木属
别名：凹叶玉兰、姜朴、应春花、厚皮
分布：四川、云南

【形态特征】常绿大乔木，高达40 m，胸径1.2 m；树皮灰白色，细纵裂；干基部稍具板根；全株无毛。叶革质，狭倒卵形或狭倒卵状椭圆形，长15～30 cm，宽5～9.5 cm，先端圆，具长约5 mm的急尖，基部渐狭楔形，下延，边缘稍背卷。花单生枝顶，花蕾绿色，倒卵圆形或卵球形，花被片9,3片1轮；外轮3片长圆状匙形，中轮及内轮6片，倒卵状匙形，较小。聚合果成熟时绿色，干时暗褐色，倒卵圆形或椭圆状卵圆形，长5～8.5 cm，径3.5～6.5 cm；蓇葖厚木质，狭长圆状椭圆体形或倒卵状椭圆体形；每心皮有种子1～3颗，种子横椭圆体形，两侧扁，宽1～1.3 cm，高约7 mm，腹孔凹入，中有凸点。

【生长习性】生于海拔1300～1500 m的山坡上部、向阳的沟谷、潮湿山地上的南亚热带季风常绿阔叶林中。产地夏季温暖，冬无严寒，四季不明显，干湿季分明，年平均温16～18 ℃，年降雨量1200～1800 mm，年平均相对湿度在75%以上，雾期长。土壤为山地黄壤或黄棕壤，呈酸性反应，pH4.8～5.7。

【精油含量】水蒸气蒸馏新鲜叶的得油率为0.56%。

【形态特征】落叶乔木，高8～25 m，径1 m。当年生枝黄绿色，后变灰色。叶近革质，倒卵形、少长圆状倒卵形，长10～19 cm，宽6～10 cm，先端圆、凹缺或具短尖，基部狭楔形或阔楔形，叶背密被银灰色波曲的长柔毛。花蕾卵圆形，长3.5 cm，被淡黄色长毛，花先叶开放，稍芳香，直径15～36 cm，花被片淡红色或淡紫红色，肉质，10～17片，3轮，倒卵状匙形或狭倒卵形，长8～10 cm，宽3～4.3 cm，先端圆或微凹。聚合果圆柱形，长8～17 cm，径2～3 cm，通常扭曲；蓇葵黑紫色，半圆形或近圆球形，密生细疣点，顶端具短喙；外种皮红褐色，近肾形，不规则圆形或倒卵圆形，两侧扁。花期4～5月，果期9月。

【生长习性】生于海拔1400～3000 m潮湿的阔叶林中。

【精油含量】水蒸气蒸馏花蕾的得油率为0.30%～0.40%。

【芳香成分】方洪钜等（1988）用水蒸气蒸馏法提取的四川甘洛产凹叶木兰花蕾精油的主要成分为：乙酸龙脑酯（10.07%）、香叶烯（7.78%）、α-蒎烯（5.64%）、反式-石竹烯（4.78%）、α-桉叶醇（3.44%）、雅槛蓝烯（3.07%）、石竹烯氧化物（2.94%）、γ-依兰油烯（2.67%）、β-桉叶醇（2.65%）、β-蒎烯（2.36%）、芳樟醇（2.36%）、莰烯（2.21%）、对伞花烃（1.97%）、榄香醇（1.72%）、柠檬烯（1.55%）、γ-桉叶醇（1.52%）、γ-杜松烯（1.41%）、香桧烯（1.35%）等。徐植灵等（1989）用同法分析的四川马边产凹叶木兰干燥花蕾精油的主要成分为：樟脑（40.00%）、乙酸龙脑酯（5.93%）、β-榄香烯（4.00%）、对-聚伞花素（3.81%）、龙脑（3.18%）、萘（2.69%）、1,8-桉叶素（2.27%）、内-异樟脑酮（2.26%）、α-松油醇（2.21%）、γ-荜澄茄烯（2.00%）、芳樟醇（1.98%）、莰烯（1.96%）、氧化石竹烯（1.80%）、香叶烯（1.78%）、α-蒎烯（1.42%）、β-甜没药烯（1.37%）、柠檬烯（1.26%）、香桧烯（1.15%）、对伞聚花-α-醇（1.00%）等。

【利用】木材适合做家具、纤维等，可作用材树种。根、花、种子、芽等均可入药，树皮作厚朴代用品，花蕾是辛夷的代用品。是优良的园林绿化观赏树种。

982

宝华玉兰
Magnolia zenii Cheng

木兰科 木兰属

分布：国家级极危种江苏

【形态特征】落叶乔木，高达11 m，胸径达30 cm，树皮灰白色，平滑。嫩枝绿色，老枝紫色，疏生皮孔；芽狭卵形，顶端稍弯，被长绢毛。叶膜质，倒卵状长圆形或长圆形，长7～16 cm，宽3～7 cm，先端宽圆具渐尖头，基部阔楔形或圆钝，叶面绿色，叶背淡绿色。花蕾卵形，花先叶开放，有芳香，直径约12 cm；花被片9，近匙形，先端圆或稍尖，长6.8～7.8 cm，宽2.7～3.8 cm，内轮较狭小，白色，背面中部以下淡紫红色，上部白色。聚合果圆柱形，长5～7 cm；成熟蓇葖近圆形，有疣点状凸起，顶端钝圆。花期3～4月，果期8～9月。

【生长习性】生于海拔约220 m的丘陵地，零星生长在常绿落叶阔叶混交林中。产地年平均温度16℃，7月平均最高温度32℃，冬季低温通常–6～–8℃，极端最低温约–14℃，年降水量约900 mm。土壤为酸性砂壤土。

【精油含量】水蒸气蒸馏干燥根皮的得油率为0.15%，干燥树皮的得油率为0.19%。

【芳香成分】根：宋晓凯等（2012）用水蒸气蒸馏法提取的江苏句容产宝华玉兰干燥根皮精油的主要成分为：山稔甲素（54.36%）、丙羟木栓酮（7.49%）、亚油酸乙酯（6.25%）、木香烯内酯（5.43%）、细辛醚（3.16%）、环氧十七碳-8-烯-2-酮（2.85%）、密花豚草素（2.63%）、芹菜脑（2.44%）、β-榄香烯（2.22%）、棕榈酸乙酯（2.16%）、棕榈酸（2.15%）、1-氟-3-异硫氰基-苯（1.19%）等。

树皮：宋晓凯等（2012）用水蒸气蒸馏法提取的江苏句容产宝华玉兰干燥树皮精油的主要成分为：3,3α,4,7,8,8α-6氢-7-甲基-3-亚甲基-6-(3-氧代丁基)-2氢-环庚[b]呋喃-2-酮（26.33%）、9,12-蓖麻醇酸乙酯（14.93%）、1,2-双[1-(2-羟乙基)-3,6-二氮杂高金刚烷型-烯-9]肼（12.37%）、棕榈酸乙酯（7.28%）、1,6-二氢-3-呋喃核糖基-7基-吡唑并[4,3,d]嘧啶-7-酮（1.94%）、4-羟基-3-甲基-苯乙酮（1.79%）、豆甾醇（1.72%）、9-脱氧-9-乙酰氧基-3,8,12-三-氧-乙酰氧基巨大戟二萜醇（1.19%）等。

种子：宋晓凯等（2012）用水蒸气蒸馏法提取的江苏句容产宝华玉兰种子精油的主要成分为：山稔甲素（95.48%）等。

【利用】为优美的庭园观赏树种。对研究木兰属的分类有一定的意义。

🌼 长喙厚朴
Magnolia rostrata W. W. Smith

木兰科　木兰属
别名：滇缅厚朴、大叶木兰
分布：云南、西藏

【形态特征】落叶乔木，高达25 m，树皮淡灰色；芽、嫩枝被红褐色长柔毛，腋芽圆柱形，灰绿色。叶坚纸质，7～9片集生于枝端，倒卵形或宽倒卵形，长34～50 cm，宽21～23 cm，先端宽圆，具短急尖，或有时2浅裂，基部宽楔形，圆钝或心形，叶面绿色，叶背苍白色，被红褐色长柔毛。花白色，芳香，直径8～9 cm，花被片9～12，外轮3片背面绿而染粉红色，腹面粉红色，长圆状椭圆形，向外反卷；内两轮通常8片，纯白色，直立，倒卵状匙形，基部具爪。聚合果圆柱形，长11～20 cm，直径约4 cm，近基部宽圆向上渐狭；蓇葖具长6～8 mm的喙；种子扁，长约7 mm，宽约5 mm。花期5～7月，果期9～10月。

【生长习性】生于海拔2100～3000 m的山地阔叶林中。分布区年平均温约10 ℃，最热月平均温约15 ℃，极端最高温约32 ℃，最冷月平均温约3～5 ℃，极端最低温-8.5～13.5 ℃，年降水量约1500 mm，干湿季明显，雨量分配不均，年平均相对湿度77%左右。土壤为黄棕壤或棕壤。

【精油含量】水蒸气蒸馏干树皮的得油率为0.07%～0.17%，花蕾的得油率为0.15%。

【芳香成分】苏世文等（1992）水蒸气蒸馏法提取的云南六库产长喙厚朴干燥树皮精油的主要成分为：榧叶醇（28.40%）、α-依兰烯（8.24%）、胡椒烯（4.93%）、β-甜没药烯（4.58%）、δ-荜澄茄烯（4.11%）、香附烯（2.84%）、β-桉叶醇（2.58%）、顺-1,2,3,4-四氢-1,6-二甲基-4-(1-甲基乙基)萘（2.23%）、γ-荜澄茄烯（2.11%）、荜澄茄烯（2.11%）、愈创薁（1.84%）、α-顺式-β-佛手柑油烯（1.53%）等。

【利用】树皮入药作厚朴代用品，树皮和花有温中理气的功效，傣族民间常用它治疗消化不良、腹胀、呕吐等疾病。木材是建筑、家具、细木工等的良材。是优良的观赏树种。

🌼 滇藏木兰
Magnolia campbellii Hook. f. et Thoms.

木兰科　木兰属
分布：云南、西藏

【形态特征】落叶大乔木，高达30 m，树皮灰褐色，嫩枝黄绿色，老枝红褐色。叶纸质，椭圆形、长圆状卵形、宽倒卵形，长10～33 cm，宽4.5～14 cm，先端急尖或短渐尖，基部圆或阔楔形，叶面深绿色，叶背灰绿色，被白色平伏柔毛。花大，稍芳香，径15～35 cm，先叶开放；花蕾卵圆形，被淡黄色绢毛；花被片12～16，深红色或粉红色，或有时白色，倒卵状匙形或长圆状卵形，基部渐狭成爪。外轮3片平展，或外反折向下垂，最内轮直立，靠合，宽卵形或近圆形。聚合果紫红色，转褐色，圆柱形，长11～20 cm，直径2.5～3 cm；蓇葖紧贴，质薄，沿背缝线开裂成两瓣；种子心形，侧扁，高1～1.2 cm，宽0.8～1 cm，腹面稍凹，顶端孔大，不凹入，基部具锐尖。花期3～5月，果期6～7月。

【生长习性】生于海拔2500～3500 m的林间。产地年均温12～14 ℃，最冷月1月，月均温1～3 ℃，最热月6月，月均温15～17 ℃，年降雨量约1100～1200 mm。适宜生长土壤为森林棕壤，土壤肥力中等。

【精油含量】水蒸气蒸馏干燥花蕾的得油率为1.40%。

长约1.5 cm。聚合果长约8 cm，直径约3 cm；蓇葖卵圆形或倒卵圆形，长1～1.5 cm，熟时黑色，具白色皮孔；种子深褐色，宽倒卵圆形或倒卵圆形，侧扁。花期2～3月，果期9～10月。

【生长习性】喜光线充足，耐半阴。喜温暖湿润的气候，对温度很敏感，抗寒性较强，能在-21 ℃条件下安全越冬。宜选深厚、肥沃、排水良好的土壤，耐旱，移植难。

【精油含量】水蒸气蒸馏花的得油率为0.05%～1.50%；微波萃取新鲜花的得油率为0.01%～0.02%；吸附法提取花的得油率为0.01%。

【芳香成分】徐植灵等（1989）用水蒸气蒸馏法提取的云南碧江产滇藏木兰干燥花蕾精油的主要成分为：对-聚伞花素（25.69%）、萜品烯-4-醇（8.92%）、乙酸龙脑酯（6.63%）、莰烯（5.54%）、对伞聚花-α-醇（5.00%）、樟脑（4.47%）、樟脑（4.47%）、β-蒎烯（3.79%）、1,8-桉叶素（3.72%）、桃金娘醛（2.90%）、马鞭草烯酮（2.60%）、邻乙基异丙基苯（2.20%）、柠檬烯（1.96%）、α-蒎烯（1.74%）、香桧烯（1.74%）、桃金娘醇（1.73%）等。

【利用】是较好的城市和庭院绿化观赏树种。

🌸 二乔木兰

Magnolia soulangeana Soul.-Bod.

木兰科 木兰属

别名： 玉兰与辛夷杂交种 二乔玉兰、朱砂玉兰

分布： 浙江、广东、云南有栽培

【形态特征】小乔木，高6～10 m。叶纸质，倒卵形，长6～15 cm，宽4～7.5 cm，先端短急尖，2/3以下渐狭成楔形，叶面基部中脉常残留有毛，叶背多少被柔毛，侧脉每边7～9条，干时两面网脉凸起，叶柄被柔毛，托叶痕约为叶柄长的1/3。花蕾卵圆形，花先叶开放，浅红色至深红色，花被片6～9，外轮3片花被片常较短约为内轮长的2/3；雄蕊长1～1.2 cm，花药长约5 mm，侧向开裂，药隔伸出成短尖，雌蕊群无毛，圆柱形，

【芳香成分】赵东方等（2017）用水蒸气蒸馏法提取的河南长垣产二乔木兰干燥花蕾精油的主要成分为：β-蒎烯（33.27%）、桉油精（17.72%）、β-水芹烯（16.03%）、α-蒎烯（6.40%）、吉玛烯（4.69%）、D-柠檬烯（4.21%）、β-桉叶油醇（2.96%）、莰佛精（2.62%）、β-石竹烯（2.56%）、α-桉叶油醇（2.16%）、δ-杜松烯（2.01%）、α-金合欢烯（1.52%）、γ-萜烯（1.03%）等；变型'萼朱砂玉兰'干燥花蕾精油的主要成分为：β-水芹烯（30.67%）、β-蒎烯（18.80%）、α-蒎烯（13.19%）、2-苧烯（8.77%）、D-柠檬烯（5.94%）、桉油精（3.36%）、吉玛烯（2.83%）、β-石竹烯（1.66%）、γ-萜烯（1.48%）、α-金合欢烯（1.39%）、L-4-松油醇（1.29%）、β-桉叶油醇（1.28%）、乙酸异冰片酯（1.17%）等；变型'红运朱砂玉兰'干燥花蕾精油的主要成分为：桉油精（20.80%）、2-苧烯（17.32%）、β-水

芹烯（14.23%）、β-蒎烯（9.17%）、α-金合欢烯（6.12%）、吉玛烯（5.73%）、α-蒎烯（4.44%）、β-石竹烯（2.62%）、δ-杜松烯（1.61%）、γ-萜烯（1.55%）、α-松油醇（1.50%）、莰佛精（1.29%）等。丁靖恺等（1991）用同法分析的云南昆明产二乔木兰鲜花精油的主要成分为：月桂烯（18.37%）、β-橙椒烯（13.08%）、香桧烯（7.55%）、α-金合欢烯（6.40%）、芳樟醇（4.97%）、1,8-桉叶油素（3.76%）、柠檬烯（3.06%）、α-杜松烯（2.85%）、β-丁香烯（2.81%）、橙花椒醇（2.62%）、β-桉叶醇（2.53%）、4-莕烯（2.39%）、δ-杜松烯（1.70%）、乙酸香叶酯（1.49%）、反式芳樟醇氧化物（1.42%）、γ-杜松烯（1.33%）、β-蒎烯（1.23%）等；用XAD-4吸附法提取的新鲜花头香的主要成分为：十五烷（53.12%）、β-橙椒烯（6.43%）、芳樟醇（4.16%）、邻苯二甲酸二丁酯（1.74%）、柠檬烯（1.60%）、反式芳樟醇氧化物（1.36%）、1,8-桉叶油素（1.00%）等。

【利用】木材供家具、图板、细木工等用。花蕾入药与辛夷功效相同。花可提取精油或制浸膏。花被片可食用或用以熏茶。种子榨油供工业用。为驰名中外的庭园观赏树种。

🌸 荷花玉兰
Magnolia grandiflora Linn.

木兰科　木兰属
别名：洋玉兰、大花玉兰、广玉兰、玉兰、大山朴
分布：长江流域及其以南各地

【形态特征】常绿乔木，在原产地高达30 m；树皮淡褐色或灰色，薄鳞片状开裂；小枝、芽、叶背、叶柄均密被褐色或灰褐色短绒毛。叶厚革质，椭圆形、长圆状椭圆形或倒卵状椭圆形，长10～20 cm，宽4～7(10)cm，先端钝或短钝尖，基部楔形，叶面深绿色，有光泽。花白色，有芳香，直径15～20 cm；花被片9～12，厚肉质，倒卵形，长6～10 cm，宽5～7 cm。聚合果圆柱状长圆形或卵圆形，长7～10 cm，径4～5 cm，密被褐色或淡灰黄色绒毛；蓇葖背裂，背面圆，顶端外侧具长喙；种子近卵圆形或卵形，长约14 mm，径约6 mm，外种皮红色，除去外种皮的种子，顶端延长成短颈。花期5～6月，果期9～10月。

【生长习性】喜温暖湿润气候，耐夏季高温，耐寒性不强。喜光，也耐半阴，幼苗期颇耐阴。适生于湿润肥沃、排水良好的砂质壤土，在干燥、积水和碱土上生长不良。对二氧化硫、氯气、氟化氢等有毒气体抗性较强，也耐烟尘。

【精油含量】水蒸气蒸馏果壳和种子的得油率均为0.10%；超临界萃取干燥叶的得油率为2.92%；有机溶剂萃取叶的得油率为0.25%～5.75%。

【芳香成分】叶：杜广钊等（2010）用水蒸气蒸馏法提取的山东威海产荷花玉兰新鲜叶精油的主要成分为：反式斯巴醇（14.85%）、β-榄烯（13.84%）、11-桉叶二烯（6.47%）、(4aS-顺)-2,4a,5,6,7,8,9,9a-八氢-3,5,5-三甲基-9-亚甲基苯并环庚烯（5.70%）、石竹烯（5.59%）、τ-榄香烯（4.97%）、[1R-(1α,4aβ,8aα)]-十氢-1,4a-二甲基-7-(1-甲基乙叉基)-1-萘醇（3.93%）、柏木烯醇（3.90%）、异香橙烯环氧物（3.67%）、α-石竹烯（3.45%）、[2R-(2α,4aα,8aβ)]-1,2,3,4,4a,5,6,8a-八氢-4a,8-二甲基-2-(1-甲基乙烯基)-萘（3.13%）、[1R-(1α,3aβ,4α,7β)]-1,2,3,3a,4,5,6,7-八氢-1,4-二甲基-7-(1-甲基乙烯基)薁苷菊环（2.74%）、α-荜茄醇（2.72%）、4,6,6-三甲基-2-(3-甲基丁-1,3-二烯基)-3-氧代三环[5.1.0.0²,⁴]辛烷（2.54%）、1-甲基-1-乙烯基-2-(1-甲基乙烯基)-4-(1-甲基亚乙基)环己烷（2.21%）、喇叭烯氧化物-(II)（1.99%）、乙酸(反式)松香芹酯（1.95%）、反式-橙花叔醇氧化-(2)（1.86%）、石竹烯氧化物（1.61%）、β-蒎烯（1.57%）、蓝桉醇（1.53%）、香木兰烯（1.38%）、1,3,4,5,7,8-六甲基-三环[5.1.0.0³,⁵]八烷-2,6-二酮（1.11%）、顺-Z-α-环氧甜没药烯（1.00%）等。

（1.24%）、α-甜没药烯（1.16%）、α-长叶蒎烯（1.09%）、2-甲氧基-4-甲基苯酚（1.09%）、异大花桉油醇（1.08%）等。

种子：范小春等（2010）用水蒸气蒸馏法提取的贵州产荷花玉兰种子精油的主要成分为：δ-杜松烯（13.66%）、α-紫穗槐烯（6.21%）、β-石竹烯（4.39%）、α-库比烯（2.71%）、可巴烯（2.11%）、大牻牛儿烯D（1.57%）、棕榈酸甲酯（1.37%）等。

【利用】木材可供装饰材用。叶、幼枝和花可提取芳香油；花可制浸膏。种子可榨油。叶入药，治高血压。花入药，有祛风散寒、行气止痛的功效，用于外感风寒、头痛鼻塞、脘腹胀痛、呕吐腹泻、高血压、偏头痛。树皮药用，有燥湿、行气止痛的功效，用于湿阻、气滞胃痛。为美丽的庭园绿化观赏树种；是净化空气、保护环境的优良树种。

🌸 厚朴
Magnolia officinalis Rehd. et Wils.

木兰科　木兰属

别名：川厚朴、制川朴、紫油厚朴、川朴、油朴、烈朴
分布：陕西、湖北、甘肃、河南、四川、湖南、云南、贵州、广西、浙江、福建、江西、广东

【形态特征】落叶乔木，高达20 m；树皮厚，褐色；顶芽大，狭卵状圆锥形。叶大，近革质，7～9片聚生于枝端，长圆状倒卵形，长22～45 cm，宽10～24 cm，先端具短急尖或圆钝，基部楔形，全缘而微波状，叶面绿色，无毛，叶背灰绿色，被灰色柔毛，有白粉。花白色，径10～15 cm，芳香；花被片9～17，厚肉质，外轮3片淡绿色，长圆状倒卵形，长8～10 cm，宽4～5 cm，盛开时常向外反卷，内两轮白色，倒卵状匙形，长8～8.5 cm，宽3～4.5 cm，基部具爪，最内轮7～8.5 cm，花盛开时中内轮直立。聚合果长圆状卵圆形，长9～15 cm；蓇葖具长3～4 mm的喙；种子三角状倒卵形，长约1 cm。花期5～6月，果期8～10月。

【生长习性】生于海拔300～1500 m的山地林间。喜温暖、潮湿、雨雾多、相对湿度大的气候，能耐寒，绝对最低气温在-10 ℃以下也不受冻害。怕炎热，在夏季高温达38 ℃以上的地方生长极为缓慢。为喜光的中生性树种，幼龄期需荫蔽。在土层深厚、肥沃、疏松、腐殖质丰富、排水良好的微酸性或中性土壤上生长较好。

【精油含量】水蒸气蒸馏根皮的得油率为0.09%～0.26%，树皮的得油率为0.05%～1.40%，枝皮的得油率为0.30%～0.51%，新鲜叶的得油率为1.58%～1.96%，干燥叶的得油率为2.10%，花蕾的得油率为0.19%～0.38%，新鲜种

花：叶生梅等（2017）以乙醚为溶剂用索氏法提取的安徽芜湖产荷花玉兰干燥花精油的主要成分为：石竹烯（37.94%）、芳樟醇（11.06%）、香茅醇（9.94%）、桉叶油醇（3.95%）、2-甲基丁酸乙酯（3.86%）、β-榄香烯（3.02%）、β-蒎烯（2.67%）、α-古芸烯（2.55%）、甲基丁香油酚（2.19%）、匙叶桉油烯醇（1.66%）、氧化芳樟醇（1.47%）、反式柠檬醛（1.40%）、愈创木烯（1.38%）等。朱亮锋等（1993）用树脂吸附法收集的新鲜花头香的主要成分为：α-蒎烯（11.11%）、马鞭草烯酮（10.27%）、1,8-桉叶油素（9.34%）、β-蒎烯（8.69%）、月桂酸甲酯（6.83%）、苯乙醇（6.81%）、松樟酮（4.14%）、癸酸甲酯（3.49%）、香叶醇（2.52%）、茉莉酮（2.45%）、桃金娘烯醛（2.12%）、己酸甲酯（2.00%）、辛酸甲酯（1.78%）、α-柠檬醛（1.30%）、芳樟醇（1.01%）、6-甲基-5-庚烯-2-酮（1.00%）等。

果皮：范小春等（2010）用水蒸气蒸馏法提取的贵州产荷花玉兰果皮精油的主要成分为：桉叶油烯醇（7.22%）、δ-杜松烯（6.42%）、石竹素（5.93%）、绿花白千层醇（5.42%）、β-芹子烯（3.85%）、α-紫穗槐烯（3.49%）、β-石竹烯（2.63%）、大牻牛儿烯D（1.65%）、α-柏木烯（1.55%）、二去氢菖蒲烯

子的得油率为0.15%～0.81%；超临界萃取树皮的得油率为5.26%～8.60%。

【芳香成分】根皮：李玲玲（2001）用水蒸气蒸馏法提取的湖北恩施产厚朴根皮精油的主要成分为：β-桉叶油醇（38.48%）、p-聚伞花素（19.29%）、δ-蛇麻烯（5.40%）、D-柠檬烯（5.39%）、α，γ-桉叶油醇（4.37%）、α-蒎烯（3.89%）、桉叶油素（2.18%）、龙脑（1.76%）、莰烯（1.51%）、(-)-芳樟醇（1.44%）、α-萜品醇（1.19%）等。

枝皮：李玲玲（2001）用水蒸气蒸馏法提取的湖北恩施产厚朴枝皮精油的主要成分为：β-桉叶油醇（49.34%）、p-聚伞花素（9.06%）、δ-蛇麻烯（5.63%）、α，γ-桉叶油醇（5.15%）、D-柠檬烯（4.64%）、乙酸龙脑酯（3.27%）、α-蒎烯（2.02%）、十六烷酸（2.20%）、异香橙烯（1.71%）、莰烯（1.26%）、桉叶油素（1.08%）等。

树皮：李玲玲（2001）用水蒸气蒸馏法提取的湖北恩施产厚朴树皮精油的主要成分为：β-桉叶油醇（40.51%）、p-聚伞花素（14.06%）、δ-蛇麻烯（5.70%）、α，γ-桉叶油醇（4.81%）、α-蒎烯（4.67%）、D-柠檬烯（4.67%）、桉叶油素（2.54%）、龙脑（2.20%）、莰烯（1.92%）、佳味酚（1.90%）、(-)-芳樟醇（1.78%）、α-萜品醇（1.15%）、樟脑（1.08%）等。曹迪等（2015）用同法分析的干燥树皮精油的主要成分为：2-萘甲醇（28.93%）、沉香螺醇（23.01%）、β-桉叶醇（15.85%）、2-乙酰呋喃（2.69%）、异喇叭烯（2.64%）、烟草烯（2.60%）、愈创醇（2.16%）、石竹烯氧化物（2.13%）等。曾志等（2006）用同法分析的干燥树皮精油的主要成分为：α-桉醇（28.27%）、十氢-α,α,4a-三甲基-8-亚甲基-2-萘甲醇（23.13%）、1,2,3,4,4a,5,6,8a-八氢-8-四甲基-2-萘甲醇（15.15%）、4,5,6,6a-四氢-2(1H)-并环戊二烯酮（4.57%）、4-亚甲基-1-甲基-2-(2-甲基-1-丙烯)-1-乙烯基-环庚烷（2.80%）、1,2,3,5,6,8a-六氢-4,7-二甲基-1-异丙基萘（2.31%）、桉叶二烯（1.84%）、1,2,3,4,5,6,7,8-八氢-1,4-二甲基-7-异丙烯基薁（1.58%）、1,6-甲基-4-异丙基萘（1.52%）、2-异丙烯基-4a,8-二甲基-1,2,3,4,4a,5,6,7-八氢萘（1.33%）、2,3,4,4a,5,6,7,8-八氢-α,α,4a,8-四甲基-2-羟甲基萘（1.09%）、1,2,3,3a,4,5,6,7-八氢-1,4-二甲基-7-异丙烯基薁（1.09%）等；用超临界CO_2萃取法提取的干燥树皮精油的主要成分为：厚朴酚（50.82%）、和厚朴酚（35.08%）、3-甲氧基-雌-1,3,5,7,9-戊烯-17-酮（2.74%）、

5-亚甲基-1,3a,4,5,6,6a-六氢并环戊二烯-1-醇-2,4,6-三甲基-苯甲酸酯（2.11%）、3-苯基-2-(3'-甲基-1H-吲哚-2'-基)-1H-吲哚（1.52%）、十氢-α,α,4a-三甲基-8-亚甲基-2-萘甲醇（1.16%）、1,2,3,4,4a,5,6,8a-八氢-8-四甲基-2-萘甲醇（1.02%）等。

叶：赖普辉等（2012）用同法分析的陕西秦巴山区4月份采收的新鲜叶精油的主要成分为：β-氧化石竹烯（34.24%）、4-丙烯基-苯酚（26.90%）、棕榈酸（7.95%）、α-氧化石竹烯（3.96%）、桉叶油醇（3.70%）、亚油酸（2.47%）、α-亚麻酸（2.32%）、α-杜松烯醇（2.10%）、乙酸-龙脑酯（1.74%）、球朊醇（1.33%）、三十一烷-16-酮（1.30%）、2-乙酮基-5-甲氧基-苯酚（1.12%）等；8月份采收的新鲜叶精油的主要成分为：4-丙烯基-苯酚（53.76%）、棕榈酸（10.60%）、β-氧化石竹烯（7.15%）、α-亚麻酸（5.06%）、正三十二烷（2.46%）、桉叶油醇（1.86%）、喇叭醇（1.46%）、α-氧化石竹烯（1.23%）、硬脂酸（1.12%）、苯乙醛（1.02%）等。蒋军辉等（2012）用水蒸气蒸馏法提取的湖南道县产厚朴阴干叶精油的主要成分为：β-桉叶油醇（28.21%）、γ-桉叶油醇（14.67%）、α-桉叶油醇（13.10%）、α-芹子烯（3.84%）、雅槛蓝（树）油烯（3.60%）、α-蒎烯（2.96%）、石竹烯（2.04%）、芍药醇（1.88%）、芳樟醇（1.71%）、1,1,4,7-四甲基-1a,2,3,4,4a,5,6,7b-八氢-1H-环丙[e]甘菊环烃（1.34%）等。

花：王洁等（2012）用固相微萃取法提取的浙江富阳产野生厚朴雌雄蕊精油的主要成分为：4-异丙基甲苯（30.73%）、正十五烷（12.83%）、十四烷（8.63%）、柠檬烯（8.40%）、1-香叶基乙醚（4.96%）、橙花醇（4.21%）、α-蒎烯（4.11%）、莰烯（3.79%）、罗勒烯异构体混合物（3.04%）、芳樟醇（3.01%）、4-异丙烯基甲苯（2.26%）、苯甲酸甲酯（1.84%）、4-萜烯醇（1.65%）、β-蒎烯（1.59%）、桧烯（1.36%）、2,6-二甲基-6-(4-甲基-3-戊烯基)-二环[3.1.1]庚-2-烯（1.17%）、L-乙酸冰片酯（1.07%）等；浙江金华产栽培厚朴雌雄蕊精油的主要成分为：α-蒎烯（24.79%）、β-月桂烯（23.81%）、柠檬烯（12.37%）、石竹烯（11.49%）、(Z,Z,Z)-1,5,9,9-四甲基-1,4,7-环十一碳三烯（4.02%）、莰烯（3.67%）、4-异丙基甲苯（2.15%）、(1S-顺)-4,7二甲基-1-异丙基-1,2,3,5,6,8a-六氢化萘（1.84%）、L-乙酸冰片酯（1.67%）、2-莰醇（1.26%）等；浙江富阳产野生厚朴花瓣精油的主要成分为：1-甲氧基-3,7-二甲基-2,6-辛二烯（49.56%）、1-香叶基乙醚（28.45%）、苯乙酮（8.01%）、石竹烯

（2.06%）、β-月桂烯（1.81%）、柠檬烯（1.57%）等；浙江金华产栽培厚朴花瓣精油的主要成分为：柠檬烯（30.86%）、β-蒎烯（20.05%）、α-蒎烯（12.85%）、石竹烯（5.76%）、4-癸烯酸甲酯（5.54%）、己酸（5.39%）、β-月桂烯（2.41%）、(Z,Z,Z)-1,5,9,9-四甲基-1,4,7-环十一碳三烯（2.03%）、(1S-顺)-4,7二甲基-1-异丙基-1,2,3,5,6,8a-六氢化萘（1.78%）、[4aR-(4aα,7α,8aβ)]-4a-甲基-1-亚甲基-7-异丙烯基-十氢化萘（1.76%）、(Z)-4-辛烯酸甲酯（1.65%）等。

种子：杨占南等（2012）用固相微萃取法提取的贵州习水产厚朴新鲜种子精油的主要成分为：α-蒎烯（18.14%）、1-柠檬烯（15.10%）、β-蒎烯（11.74%）、龙脑（7.93%）、芳樟醇（5.28%）、2-[4-(1-甲基-2-丙烯基)苯基]丙醛（5.26%）、β-石竹稀（5.09%）、4～1-对异丙基甲苯（4.75%）、莰烯（4.48%）、石竹烯氧化物（4.02%）、β-没药烯（3.46%）、龙脑乙酯（2.25%）、姜黄烯（1.76%）、α-石竹烯（1.65%）、α-松油醇（1.43%）、β-桉叶油醇（1.39%）、3-乙基-2,5-二甲基-1,3-己二烯（1.26%）、反-α-佛手柑油烯（1.15%）等。

【利用】木材供建筑、板料、家具、雕刻、乐器、细木工等用。种子可榨油，用于制肥皂。树皮、根皮、花、种子及芽皆可入药，以树皮为主，为著名中药，有化湿导滞、行气平喘、化食消痰、驱风镇痛的功效，主治食积气滞、腹胀便秘、湿阻中焦、脘痞吐泻、痰壅气逆、胸满喘咳；花具宽中理气、开郁化湿的功效，主治胸脘痞胀满等症；果实有理气、温中、消食等功能；种子有明目益气功效；芽作妇科药用。树皮精油是化妆品的重要原料。可作绿化观赏树种。

🌼 凹叶厚朴

Magnolia officinalis Rehd. et Wils. subsp. *biloba* Rehd. et Wils.

木兰科　木兰属

别名：庐山厚朴、温朴

分布：浙江、江苏、福建、江西、安徽、湖南、广东、广西

【形态特征】通常叶较小而狭窄，呈狭倒卵形，叶先端凹缺成2钝圆浅裂是与厚朴唯一明显的区别特征。侧脉较少，聚合果顶端较狭尖。花大，单朵顶生，直径10～15 cm，白色，芳香，与叶同时开放，花期5～6月，果期8～10月。

【生长习性】生于海拔300～1400 m的林中，多栽培于山麓和村舍附近。喜冷凉湿润气候，畏酷暑和干热。幼苗期喜欢半阴、半阳，成苗期喜欢光照充足。喜肥沃、排水良好的中性、微酸性砂壤上，忌黏重土壤。

【精油含量】水蒸气蒸馏根皮的得油率为0.12%～0.86%，树皮的得油率为0.24%～3.50%，枝皮的得油率为0.30%～1.35%，新鲜叶芽的得油率为0.73%，新鲜叶的得油率为0.61%，干燥叶的得油率为1.02%，阴干花的得油率为3.00%，阴干果实的得油率为2.60%，新鲜果皮的得油率为0.46%，种子的得油率为0.64%。

【芳香成分】根：卢永书等（2011）用顶空固相微萃取法提取的贵州贵阳产凹叶厚朴根精油的主要成分为：4(14),11-桉叶二烯（26.04%）、(1S-顺)-1,4-二甲基-7-(1-甲基亚乙基)-薁（24.94%）、石竹烯（9.41%）、β-桉叶醇（7.28%）、α-荜澄茄油烯（3.77%）、α-石竹烯（3.63%）、β-芳樟醇（3.32%）、7,11-二甲基-3-亚甲基-1,6,10-十二碳三烯（2.61%）、1a,β,2,3,4,4a,α,5,6,7b,β-十一氢-1,1,4,7-四甲基-1氢-环丙[e]薁（2.33%）、大根香叶烯D（1.82%）、可巴烯（1.67%）、1,2-苯二羧酸双十一烷基酯（1.60%）、石竹烯氧化物（1.23%）、愈创醇（1.09%）等。杨占南等（2012）用同法分析的新鲜根皮精油的主要成分为：异喇叭茶烯（13.85%）、α-桉叶醇（10.67%）、石竹烯（10.18%）、β-花柏烯（10.04%）、α-依兰油烯（8.80%）、反-α-香柠檬烯（7.23%）、α-石竹烯（5.53%）、雪松-3(12),4-二烯（2.93%）、β-金合欢烯（2.58%）、反-香叶醇（2.52%）、可巴烯（2.12%）、4(14),11-桉叶二烯（1.98%）、α-芳樟醇（1.85%）、1-(1-甲酰乙基)-4-(1-丁烯-3-基)-苯（1.79%）、石竹烯氧化物（1.68%）、库贝醇（1.07%）等。钟凌云等（2015）用气蒸馏法提取的干燥根皮精油的主要成分为：α-桉叶醇（62.26%）、(2R-顺)-1,2,3,4,4a,5,6,7-八氢-α,α,4a,8-四甲基-2-萘甲醇（16.84%）、4-异丙基-1,6-二甲基萘（12.90%）、氧化石竹烯（2.82%）、α-芹子烯（2.47%）、[2R-(2α,4aα,8aβ)]-2-异丙基-4a,8-二甲基-1,2,3,4,4a,5,6,7-八氢萘（2.14%）、依兰油烯（1.93%）、杜松烯（1.90%）、1,2,4a,5,6,8a-六氢-4,7-二甲基-1-(1-甲乙基)-萘（1.69%）、1,2,4a,5,6,8a-六氢-4,7-二甲基-1-(1-甲乙基)-萘

（1.69%）、红没药醇（1.29%）、(-)-α-蒎烯（1.26%）等。

茎：卢永书等（2011）用顶空固相微萃取法提取的贵州贵阳产凹叶厚朴茎精油的主要成分为：β-桉叶醇（36.93%）、愈创醇（10.21%）、花柏烯（9.93%）、4(14)，11-桉叶二烯（8.79%）、α-荜澄茄油烯（5.23%）、石竹烯（4.31%）、里哪醇（3.54%）、石竹烯氧化物（2.86%）、可巴烯（2.57%）、α-石竹烯（2.02%）、α-蒎烯环氧化物（1.70%）、(-)-Δ-杜松醇（1.68%）、顺-α-红没药烯（1.58%）等。方小平等（2012）用同法分析的贵州贵阳产凹叶厚朴干燥茎皮精油的主要成分为：石竹烯（35.12%）、α-石竹烯（8.23%）、4(14)，11-桉叶二烯（7.00%）、4-(2-丙烯基)-苯酚（5.68%）、4,7-二甲基-1-(1-甲基乙基)-萘烯（5.36%）、蛇麻烯-(v1)（4.77%）、β-桉叶醇（4.34%）、Δ-杜松醇（4.27%）、石竹烯氧化物（4.19%）、可巴烯（3.35%）、7,11-二甲基-3-亚甲基-1,6,10-十二碳三烯（2.33%）等；贵州习水产凹叶厚朴干燥茎皮精油的主要成分为：[1S-顺]-1,2,3,5,6,8a-六氢-4,7-二甲基-1-甲基乙基-萘（21.83%）、α-依兰油烯（11.25%）、[S-(E,E)]-1-甲基-5-亚甲基-8-(1-甲基乙基)-1,6-环癸二烯（10.41%）、石竹烯（8.73%）、4(14),11-桉叶二烯（8.26%）、7,11-二甲基-3-亚甲基-1,6,10-十二碳三烯（5.22%）、可巴烯（5.20%）、α-石竹烯（3.05%）、1-(1-甲酰乙基)-4-(1-丁烯-3-基)-苯（2.06%）、旱麦草烯（1.83%）、3,7-二甲基-1,6-辛二烯-3-醇（1.63%）、1a,2,3,4,4a,5,6,7b-八氢化-1,1,4,7-四甲基-1H-环丙[e]薁（1.63%）、恰迪纳-1(10)，4-二烯（1.48%）、β-桉叶醇（1.46%）、香榧醇（1.07%）等。杨占南等（2012）用同法分析的新鲜茎皮精油的主要成分为：β-桉叶醇（28.89%）、β-花柏烯（10.68%）、4(14)，11-桉叶二烯（10.02%）、雪松-3(12)，4-二烯（7.68%）、石竹烯（7.48%）、1,4-杜松二烯（5.59%）、β-金合欢烯（4.80%）、异喇叭茶烯（4.44%）、反-α-香柠檬烯（3.75%）、α-石竹烯（3.33%）、石竹烯氧化物（3.25%）、α-芳樟醇（3.22%）、马榄烯（3.17%）、α-桉叶醇（1.56%）、库贝醇（1.38%）、3,5-二甲基-1-环己烯-4-甲醛（1.25%）、可巴烯（1.11%）等。韦嘉苑等（2010）用水蒸气蒸馏法提取的湖南道县产凹叶厚朴自然风干树皮精油的主要成分为：α-桉叶油醇（33.80%）、β-桉叶油醇（27.59%）、γ-桉叶油醇（14.27%）、石竹烯氧化物（6.64%）、顺式十氢萘（3.04%）、乙酸丁酯（2.91%）、油酸（2.49%）、1-十一醇（1.42%）、2-戊基呋喃（1.40%）等。

枝：卢永书等（2011）用固相微萃取法提取的枝精油的主要成分为：β-桉叶醇（21.44%）、石竹烯氧化物（16.01%）、花柏烯（7.74%）、2,3-环氧蒎烷（7.62%）、4(14)，11-桉叶二烯（7.60%）、石竹烯（6.53%）、愈创醇（4.77%）、α-石竹烯（3.63%）、肉豆蔻酸（3.32%）、可巴烯（2.96%）、对-烯丙基苯酚（2.94%）、冰片（2.17%）、(1S-顺)-1,4-二甲基-7-(1-甲基亚乙基)-薁（2.08%）、里哪醇（1.87%）、α-萜品醇（1.86%）、(1S-顺)-1,6-二甲基-4-(1-甲基乙基)-萘烯（1.43%）、1,7,7-三甲基二环[2.2.1]-2-乙酸庚酯（1.30%）、顺-α-红没药烯（1.19%）等。杨占南等（2012）用同法分析的新鲜枝皮精油的主要成分

为：α-桉叶醇（33.79%）、石竹烯（24.00%）、石竹烯氧化物（16.39%）、雪松-3(12)，4-二烯（9.65%）、4(14)，11-桉叶二烯（7.58%）、异喇叭茶烯（7.55%）、β-花柏烯（5.14%）、3,5-二甲基-1-环己烯-4-甲醛（3.96%）、β-桉叶醇（1.68%）、α-石竹烯（1.53%）、1-(1-甲酰乙基)-4-(1-丁烯-3-基)-苯（1.27%）等。

叶：杨占南等（2012）用固相微萃取法提取的贵州锦屏产凹叶厚朴新鲜叶芽精油的主要成分为：石竹烯（27.55%）、α-石竹烯（11.21%）、冰片（8.96%）、1-(1-甲酰乙基)-4-(1-丁烯-3-基)-苯（8.23%）、α-桉叶醇（6.81%）、α-芳樟醇（4.92%）、石竹烯氧化物（3.74%）、1反-α-香柠檬烯（3.12%）、4(14)，11-桉叶二烯（2.95%）、龙脑乙酯（2.81%）、异喇叭茶烯（2.76%）、β-花柏烯（2.49%）、α-萜品醇（2.25%）、雪松-3(12)，4-二烯（1.56%）、3,5-二甲基-1-环己烯-4-甲醛（1.21%）等；新鲜叶精油的主要成分为：石竹烯氧化物（25.36%）、石竹烯（14.64%）、反-香叶醇（8.71%）、3,5-二甲基-1-环己烯-4-甲醛（5.55%）、α-石竹烯（5.11%）、4(14)，11-桉叶二烯（4.72%）、β-花柏烯（4.51%）、α-桉叶醇（4.29%）、1-(1-甲酰乙基)-4-(1-丁烯-3-基)-苯（2.65%）、α-芳樟醇（2.60%）、赛切烯（2.42%）、异喇叭茶烯（2.40%）、反-α-香柠檬烯（1.52%）、乙酸香叶醇酯（1.45%）、龙脑乙酯（1.43%）、冰片（1.23%）、α-蒎烯（1.17%）、β-芳樟醇（1.01%）等。曾红等（2015）用水蒸气蒸馏法提取的阴干叶精油的主要成分为：1-石竹烯（11.09%）、α-桉叶油醇（9.68%）、β-桉叶油醇（8.51%）、石竹烯氧化物（8.32%）、α-石竹烯（3.47%）、二十七烷（2.84%）、桉叶醇（2.47%）、三十一烷（2.34%）、三十六烷（2.19%）、荜草烯环氧化物（2.15%）、α-芹子烯（2.13%）、4-羟基-4-甲基-2-戊酮（2.10%）、四十四烷（2.07%）、1-亚甲基-2-羟甲基-3,3-二甲基-4-(3-异戊烯基)-环己烷（1.87%）、二十四烷（1.82%）、(-)-愈创醇（1.75%）、2-亚甲基-5-(1-甲基乙烯)-8-甲基-双环[5.3.0]癸烷（1.68%）、三十四烷（1.57%）、橙花醇（1.28%）、四十三烷（1.27%）、香树烯氧化物（1.13%）、二十八烷（1.13%）等。

花：曾红等（2015）用水蒸气蒸馏法提取的阴干花精油的主要成分为：4-羟基-4-甲基-2-戊酮（57.57%）、莰烯（4.07%）、二十七烷（3.41%）、二十八烷（1.99%）、1-溴丙酮（1.93%）、四十三烷（1.77%）、三十四烷（1.65%）、氯代十八烷（1.39%）、三十八烷（1.35%）、四十四烷（1.01%）等。

果实：杨占南等（2012）用固相微萃取法提取的新鲜果皮精油的主要成分为：石竹烯（38.71%）、α-石竹烯（14.43%）、石竹烯氧化物（7.90%）、α-萜品醇（5.90%）、α-芳樟醇（4.53%）、3,5-二甲基-1-环己烯-4-甲醛（3.25%）、β-花柏烯（3.24%）、4(14),11-桉叶二烯（2.67%）、1-(1-甲酰乙基)-4-(1-丁烯-3-基)-苯（2.62%）、冰片（2.55%）、α-桉叶醇（2.08%）、α-蒎烯（1.66%）、异喇叭茶烯（1.50%）、β-蒎烯（1.18%）等。曾红等（2015）用水蒸气蒸馏法提取的阴干果实精油的主要成分为：1-石竹烯（19.89%）、α-蒎烯（18.32%）、β-蒎烯（9.92%）、D-柠檬烯（9.12%）、芳樟醇（8.43%）、桉树脑（4.43%）、α-松油醇（4.15%）、莰烯（4.01%）、2-莰醇（3.07%）、α-石竹

烯（2.55%）、葑醇（1.66%）、α-蛇床烯（1.33%）、4-萜品醇（1.29%）等。

种子：杨占南等（2012）用固相微萃取法提取的新鲜种子精油的主要成分为：石竹烯氧化物（36.01%）、石竹烯（32.90%）、α-桉叶醇（19.24%）、α-石竹烯（6.63%）、β-桉叶醇（2.14%）等。

【利用】木材供建筑、板料、家具、雕刻、细木工、乐器、铅笔杆等用。树皮、根皮、花、种子及芽皆可入药，以树皮为主，为著名中药，有化湿导滞、行气平喘、化食消痰、驱风镇痛的功效；种子有明目益气功效；芽作妇科药用。种子榨油可制肥皂。可作绿化观赏树种。

🌸 黄山木兰
Magnolia cylindrica Wils.

木兰科　木兰属

分布：安徽、湖北、江西、浙江、福建

【形态特征】落叶乔木，高达10 m，树皮灰白色。嫩枝、叶柄、叶背被淡黄色平伏毛。老枝紫褐色，皮揉碎有辛辣香气。叶膜质，倒卵形、狭倒卵形，倒卵状长圆形，长6～14 cm，宽2～6.5 cm，先端尖或圆，很少短尾状钝尖，叶面绿色，叶背灰绿色。花先叶开放；花蕾卵圆形，被淡灰黄色或银灰色长毛；

花被片9，外轮3片膜质，萼片状，中内两轮花瓣状，白色，基部常红色，倒卵形，基部具爪，内轮3片直立。聚合果圆柱形，长5～7.5 cm，直径1.8～2.5 cm，下垂，初绿带紫红色后变暗紫黑色；种子心形，高7～10 mm，宽9～11 mm，侧扁，顶端具V形口，基部突尖，腹部具宽的凹沟。花期5～6月，果期8～9月。

【生长习性】生于海拔700～1600 m的山地林间。适生于雨量充沛、温凉、多雾的山地气候，耐寒而不耐干热，年平均温7.7～16 ℃，极端最低气温-8～12 ℃，年降水量600～2300 mm以上，无霜期230～265 d，土壤为黄棕壤或黄壤，pH4.5～5.5。在肥厚疏松、富含腐殖质和排水良好的砂壤土上生长良好。幼树稍耐阴。

【精油含量】水蒸气蒸馏干燥花蕾的得油率为1.60%。

【芳香成分】胡一明等（1995）用水蒸气蒸馏法提取的安徽合肥产黄山木兰干燥花蕾精油的主要成分为：β-蒎烯（33.45%）、柠檬烯（8.54%）、α-蒎烯（8.16%）、1,8-桉叶油素（7.96%）、月桂烯（5.19%）、松油醇-4（3.41%）、γ-荜澄茄油烯（3.14%）、反式石竹烯（2.18%）、莰烯（1.60%）、乙酸龙脑酯（1.60%）、β-桉叶醇（1.52%）、1,4-桉叶油素（1.15%）、α-松油醇（1.12%）等。

【利用】木材可供高级家具用材。花蕾入药，有润肺止咳、利尿、解毒的功能，主治肺虚咳嗽、痰中带血。花可提取浸膏，用于调配香皂用的香精和化妆品香精等。是园林观赏绿化树种。

酯（1.47%）、β-侧柏烯（1.39%）、δ-荜澄茄烯（1.18%）、莰烯（1.06%）等。

【利用】花蕾入药，具有利尿、祛痰、消炎、止咳及预防哮喘等作用。是优良观赏树种，可作为庭院和四旁树种。可以作为水土保持林、水源涵养林的主要树种。木材是当地民用建筑、家具等的主要用材。

🌼 罗田玉兰
Magnolia pilocarpa Z. Z. Zhao et Z. W. Xie

木兰科　木兰属

分布：湖北

【形态特征】落叶乔木，高12～15 m，树皮灰褐色；幼枝紫褐色。叶纸质，倒卵形或宽倒卵形，长10～17 cm，宽8.5～11 cm，先端宽圆稍凹缺，具短急尖，基部楔形或宽楔形，叶面深绿色，叶背浅绿色。花先叶开放，花蕾卵圆形，长约3 cm，外被黄色长柔毛，花被片9，外轮3片黄绿色，膜质，萼片状，锐三角形，长1.7～3 cm，内两轮6片，白色，肉质，近匙形，长7～10 cm，宽3～5 cm。聚合果圆柱形，长10～20 cm，直径约3.5 cm，残存有毛；种子豆形或倒卵圆形，外种皮红色，内种皮黑色。花期3～4月，果期9月。

【生长习性】生于海拔500 m的林间。产地属北亚热带温暖湿润季风气候区，具有典型的山地气候特征。

【精油含量】水蒸气蒸馏阴干花蕾的得油率为2.90%～3.45%。

【芳香成分】徐植灵等（1989）用水蒸气蒸馏法提取的湖北罗田产罗田玉兰干燥花蕾精油的主要成分为：β-蒎烯（25.06%）、1,8-桉叶素（14.53%）、香桧烯（7.92%）、柠檬烯（5.25%）、萜品烯-4-醇（4.26%）、对-聚伞花素（4.00%）、樟脑（4.00%）、α-松油醇（4.00%）、α-蒎烯（3.81%）、β-荜澄茄油烯（3.10%）、反式石竹烯（2.87%）、香叶烯（2.00%）、乙酸龙脑

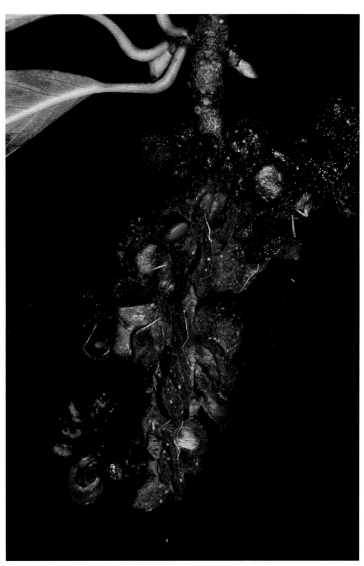

🌼 天目木兰
Magnolia amoena Cheng

木兰科　木兰属

分布：江苏、安徽、浙江、江西、湖北、湖南

【形态特征】落叶乔木，高达12 m，树皮灰色或灰白色；芽被灰白色紧贴毛。叶纸质，宽倒披针形，倒披针状椭圆形，长10～15 cm，宽3.5～5 cm，先端渐尖或骤狭尾状尖，基部阔楔形或圆形。花蕾卵圆形，长2.5～3 cm，密被长绢毛。花先叶开放，红色或淡红色，芳香，直径约6 cm；佛焰苞状苞片紧接花被片；花被片9，倒披针形或匙形，长5～5.6 cm。聚合果圆柱形，长4～10 cm，常由于部分心皮不育而弯曲；果梗长约1 cm，残留有长柔毛；蓇葖扁圆球形，顶端钝圆，有尖凸起小瘤状点，背面全分裂为二果爿，宽约10 mm，高6～7 mm；种子去外种皮，心形，宽约8～9 mm，高约5～6 mm，花期4～5月，果期9～10月。

【生长习性】生于海拔700～1000 m的林中。分布区属中亚热带，年平均温12 ℃，多雾而潮湿，相对湿度可达92%～94%，年降水量1600 mm。土壤为山地黄壤，pH4～5。耐阴树种。耐寒而不耐干热。在肥沃湿润、排水良好的酸性土长势较好，忌积水。

【精油含量】水蒸气蒸馏干燥花蕾的得油率为2.30%。

【芳香成分】胡一明等（1995）用水蒸气蒸馏法提取的安徽贵池产天目木兰干燥花蕾精油的主要成分为：1,8-桉叶油素（25.35%）、β-蒎烯（10.97%）、α-松油醇（6.60%）、莰尼酮（6.43%）、α-蒎烯（6.37%）、芳樟醇（4.47%）、松油醇-4（4.18%）、莰烯（2.13%）、水合香桧烯（1.13%）、月桂烯（1.10%）等。

【利用】花蕾供药用，有清热利尿、解毒消肿、润肺止咳的功效，主治酒疸、重舌、痈肿疮毒、肺燥咳嗽、痰中带血。

天女木兰
Magnolia sieboldii K. Koch

木兰科　木兰属

别名：天女花、小花木兰

分布：辽宁、安徽、浙江、江西、福建、广西

【形态特征】落叶小乔木，高可达10 m。叶膜质，倒卵形或宽倒卵形，长6～25 cm，宽4～12 cm，先端骤狭急尖或短渐尖，基部阔楔形、钝圆、平截或近心形，叶背苍白色，通常被褐色

及白色多细胞毛，有散生金黄色小点。花与叶同时开放，白色，芳香，杯状，盛开时碟状，直径7～10 cm；花被片9，近等大，外轮3片长圆状倒卵形或倒卵形，基部被白色毛，顶端宽圆或圆，内两轮6片，较狭小，基部渐狭成短爪。聚合果熟时红色，倒卵圆形或长圆体形，长2～7 cm；蓇葖狭椭圆体形，沿背缝线二瓣全裂。顶端具长约2 mm的喙；种子心形，外种皮红色，内种皮褐色，长与宽6～7 mm，顶孔细小末端具尖。

【生长习性】生于海拔1600～2000 m的山地，多生于阴坡湿润山谷中。喜凉爽、湿润气候及肥沃、湿润土壤。

【精油含量】水蒸气蒸馏新鲜叶的得油率为0.10%。

【芳香成分】叶：张绪成等（1993）用水蒸气蒸馏法提取的新鲜叶精油的主要成分为：β-榄香烯（25.27%）、反-罗勒烯（21.43%）、松烯（13.91%）、香树烯（7.11%）、γ-松油烯（2.67%）、δ-杜松烯（2.33%）、石竹烯（2.00%）、橙花叔醇（1.76%）、松油-4-醇（1.67%）、姜油酮（1.63%）、α-反-β-香柠檬烯（1.59%）、正十四烷（1.52%）、葎草烯（1.25%）、芳樟醇（1.22%）、α-愈创木烯（1.20%）等。

枝叶：季怡萍等（1993）用水蒸气蒸馏法提取的吉林吉安产天女木兰花枝叶混合物精油的主要成分为：榄香烯（28.00%）、罗勒烯（24.00%）、香桧烯（13.00%）、橙花油叔醇（11.00%）、香木兰醇（7.00%）、γ-卡蒂烯醇（6.00%）、金合欢醇（5.00%）、叶醇（3.00%）、3-异丙基环环氧丁烷（1.00%）等。

【利用】木材可制农具。为著名的庭园观赏树种。花入药。花、叶、根均可提取高级香料。

🌸 望春玉兰

Magnolia biondii Pampan.

木兰科　木兰属

别名: 望春花、连翘望春花、华中木兰

分布: 河南、陕西、甘肃、湖北、四川等地

【形态特征】落叶乔木,高可达12 m,胸径达1 m;树皮淡灰色;顶芽卵圆形,长1.7~3 cm,密被淡黄色长柔毛。叶椭圆状披针形、卵状披针形、狭倒卵或卵形,长10~18 cm,宽3.5~6.5 cm,先端急尖或短渐尖,基部阔楔形或圆钝,边缘干膜质,叶面暗绿色,叶背浅绿色。花先叶开放,直径6~8 cm,芳香;花被9,外轮3片紫红色,近狭倒卵状条形,中内两轮近匙形,白色,外面基部常紫红色,内轮的较狭小。聚合果圆柱形,长8~14 cm,常因部分不育而扭曲;蓇葖浅褐色,近圆形,侧扁,具凸起瘤点;种子心形,外种皮鲜红色,内种皮深黑色,顶端凹陷,具V形槽,中部凸起,腹部具深沟。花期3月,果熟期9月。

【生长习性】生于海拔600~2100 m的山林间。

【精油含量】水蒸气蒸馏干燥花蕾的得油率为1.65%~5.00%,新鲜花蕾的得油率为0.26%,新鲜花的得油率为0.21%;超临界萃取干燥花蕾的得油率为3.80%~9.50%。

【芳香成分】不同研究者用水蒸气蒸馏法提取的望春玉兰花蕾精油的主成分不同。杨健等(1998)分析的河南南召产干燥花蕾精油的主要成分为:1,8-桉油素(18.39%)、月桂烯(11.27%)、反-反-金合欢醇(10.95%)、β-蒎烯(7.71%)、香桧烯(5.26%)、樟脑(5.24%)、δ-荜澄茄烯(4.67%)、α-松油醇(4.10%)、α-蒎烯(4.02%)、α-荜澄茄醇(3.67%)、莰烯(2.25%)、tau-荜澄茄醇(2.00%)、γ-荜澄茄烯(1.70%)、(Z,E)-α-金合欢烯(1.58%)、α-依兰油烯(1.51%)、大牻牛儿烯-D-4-醇(1.40%)、反-石竹烯(1.40%)、τ-依兰油醇(1.33%)、牻牛儿基丙酮(1.21%)、芳樟醇(1.20%)、β-榄香烯(1.11%)、柠檬烯(1.00%)等。陈友地等(1994)分析的安徽怀宁产望春玉兰新鲜花精油的主要成分为:月桂烯(35.60%)、桧烯(25.00%)、桉叶油素(16.60%)、α-蒎烯(5.80%)、乙酸松油酯(4.80%)、γ-依兰油烯(4.60%)、α-松油醇(2.30%)、松油-4-醇(2.20%)、2-甲基-5-(1-甲基乙基)-3,1,0双环己烯[2](1.10%)、4-甲基-1-(1-甲基乙基)-3-环己烯醇乙酸酯(1.10%)等。杨琼梁等(2016)分析的湖南产望春玉兰干燥花蕾精油的主要成分为:β-松油醇(20.00%)、桉油精(11.31%)、香叶基芳樟醇(11.18%)、α-松油醇(5.23%)、τ-杜松醇(4.31%)、[1S-(1α,4aβ,8aα)]-4,7-二甲基-1-(1-异丙基)-1,2,4a,5,8,8a-六氢萘(4.06%)、[1R(1α,4β,4aβ,8aβ)]-1,6-二甲基-4-(1-异丙基)-八氢萘酚(4.05%)、芳樟醇(3.93%)、(-)-4-萜品醇(2.84%)、[3aS-(3aα,3bβ,4β,7α,7aS*)]-1-八氢-7-甲基-3-亚甲基-4-(1-甲基乙基)-1H-环戊[1,3]环丙[1,2]苯(2.70%)、β-蒎烯(2.60%)、莰烯(2.55%)、2-甲基-5-异丙基双环[3.1.0]己-2-烯(2.26%)、4-蒈烯(2.23%)、α-依兰油烯(2.17%)、γ-松油烯(2.16%)、γ-依兰油烯(1.67%)、石竹烯(1.60%)、α-蒎烯(1.52%)、乙酸龙脑酯(1.46%)、香茅醇(1.37%)、(1α,4aβ,8aα)-7-甲基-4-亚甲基-1-(1-异丙基)-1,2,3,4,4a,5,6,8a-八氢萘(1.24%)等;广西产望春玉兰干燥花蕾精油的主要成分为:柑橘柠烯(14.56%)、香叶基芳樟醇(12.67%)、α-松油醇(6.56%)、β-蒎烯(5.61%)、α-水芹烯(5.35%)、桉油精(5.27%)、(-)-4-萜品醇(4.39%)、γ-松油烯(3.84%)、2-茨酮(3.81%)、芳樟醇(3.74%)、τ-杜松醇(3.19%)、α-蒎烯(2.88%)、香茅醇(2.79%)、4-蒈烯(2.76%)、β-月桂烯(2.49%)、[3aS-(3aα,3bβ,4β,7α,7aS*)]-1-八氢-7-甲基-3-亚甲基-4-(1-甲基乙基)-1H-环戊[1,3]环丙[1,2]苯(2.36%)、[1S-(1α,4aβ,8aα)]-4,7-二甲基-1-(1-异丙基)-1,2,4a,5,8,8a-六氢萘(2.31%)、[1R(1α,4β,4aβ,8aβ)]-1,6-二甲基-4-(1-异丙基)-八氢萘酚(2.07%)、石竹烯(1.99%)、柠檬醛

（1.92%）、γ-依兰油烯（1.02%）、α-依兰油烯（1.00%）等。

【利用】花蕾入药称辛夷，是我国传统的珍贵中药材，能散风寒、通肺窍，有收敛、降压、镇痛、杀菌等作用，对治疗头痛、感冒、鼻炎、肺炎、支气管炎等有特殊疗效。花含芳香油，提取的精油可作饮料和糕点等食品的原料，提制的浸膏可供配制香皂化妆品香精。木材是建筑和制作家具的优质良材。为美化环境，绿化庭院的优良树种。可作玉兰及其他同属种类的砧木。

❀ 武当木兰

Magnolia sprengeri Pampan.

木兰科　木兰属

别名：武当玉兰、迎春树、湖北木兰

分布：河南、四川、陕西、湖北、湖南、安徽、浙江、甘肃

【形态特征】落叶乔木，高可达21 m，树皮淡灰褐色或黑褐色，老干皮具纵裂沟呈小块片状脱落。小枝淡黄褐色，后变灰色，无毛。叶倒卵形，长10～18 cm，宽4.5～10 cm，先端急尖或急短渐尖，基部楔形，叶面仅沿中脉及侧脉疏被平伏柔毛，叶背初被平伏细柔毛。花蕾直立，被淡灰黄色绢毛，花先叶开放，杯状，有芳香，花被片12(14)，近相似，外面玫瑰红色，有深紫色纵纹，倒卵状匙形或匙形，长5～13 cm，宽2.5～3.5 cm。聚果圆柱形，长6～18 cm；蓇葖扁圆，成熟时褐

色。花期3～4月，果期8～9月。

【生长习性】生于海拔1300～2400 m的山林间或灌丛中。喜光照，怕高温，不耐寒，适合于微酸性土壤。喜温暖湿润，不耐干旱和水涝，对二氧化硫、氯气等有毒气体比较敏感，抗性差。

【精油含量】水蒸气蒸馏枝的得油率为0.20%，花或花蕾的得油率为0.20%～2.90%，果实的得油率为1.50%。

【芳香成分】枝：方洪钜等（1987）用水蒸气蒸馏法提取的四川绵阳产武当木兰枝条精油的主要成分为：桧烯（12.18%）、对伞花烃（7.31%）、石竹烯氧化物（6.87%）、乙酸龙脑酯（6.10%）、β-蒎烯（5.81%）、芳樟醇（4.76%）、反式-石竹烯（4.61%）、月桂烯（3.38%）、α-蒎烯（3.28%）、柠檬烯（2.38%）、丁香酚甲醚（1.67%）、莰烯（1.42%）、β-桉叶醇（1.29%）、桉叶油素（1.28%）、樟脑（1.18%）、香茅醇（1.12%）等。

花：马逾英等（2005）用水蒸气蒸馏法提取的四川北川产武当木兰干燥花蕾精油的主要成分为：乙酸龙脑酯（15.75%）、香叶烯（14.35%）、莰烯（4.93%）、β-桉叶醇（3.50%）、柠檬烯（2.40%）、芳樟醇（2.39%）、左旋樟脑（2.18%）、β-榄香烯（2.10%）、α-蒎烯（1.71%）、榄香醇（1.53%）、1,6-大根香叶二烯-5-醇（1.52%）、β-蒎烯（1.28%）、对-聚伞花素（1.16%）、β-水芹烯（1.11%）、香桧烯（1.01%）、α-桉叶醇（1.00%）等。

【利用】花蕾代辛夷入药，用于风寒头痛、鼻塞、鼻渊、浊涕。树皮代厚朴入药，功效同厚朴。为优良庭园树种。

醇（3.75%）、C-β-罗勒烯（3.45%）、α-蒎烯（3.29%）、2-戊醇（2.79%）、对-聚伞花素（2.36%）、β-愈创烯（2.22%）、c-α-杜松醇（2.09%）、β-丁香烯（2.06%）、塞舌尔烯（2.04%）、别芳萜烯（1.96%）、樟脑（1.71%）、δ-杜松烯（1.68%）、橙花叔醇（1.19%）、δ-杜松醇（1.15%）、蛇麻烯（1.02%）等。

【利用】是珍稀名贵的庭园观赏植物。

❀ 馨香玉兰
Magnolia odoratissima Law et R. Z. Zhou

木兰科　木兰属

别名： 馨香木兰
分布： 云南

【形态特征】常绿乔木，高5～6 m，嫩枝密被白色长毛；小枝淡灰褐色。叶革质，卵状椭圆形，椭圆形或长圆状椭圆形，长8～30 cm，宽4～10 cm，先端渐尖或短急尖，基部楔形或阔楔形，叶面深绿色，叶背淡绿色，被白色弯曲毛；托叶与叶柄连生，托叶痕几达叶柄全长。花直立，花蕾卵圆形，长3～3.5 cm，直径2～2.2 cm，花白色，极芳香；花被片9，凹弯，肉质，外轮3片较薄，倒卵形或长圆形，长5～6 cm，宽2.5～3 cm，具约9条纵脉纹，中轮3片倒卵形，长5～6 cm，宽2～3 cm，内轮3片倒卵状匙形，长4～4.5 cm，宽2～2.5 cm；雄蕊约175枚，长约3 cm，花药内向开裂，药隔伸出三角短尖。果未见。

❀ 香木兰
Magnolia guangnanensis Y. W. Law et R. Z. Zhou

木兰科　木兰属

别名： 广南木兰
分布： 濒危种，零星分布于云南和广西

【形态特征】常绿小乔木，高7 m左右，胸径10～26 cm，树皮灰白色有叶痕；叶片厚、草质、粗糙，手揉有响声，长约20 cm，宽8～10 cm。花大，白色，花瓣共有三轮，每轮有三瓣，厚肉质。春季开的花外轮花瓣卵形，秋季开的花外轮花瓣匙形；花朵开放时直径可达10 cm；每年从5月～10月都在陆续开花，香味甚浓。

【生长习性】生于石灰岩山上的阴湿环境中，海拔1400～1950 m。生长环境土层浅薄，自然竞争力强。

【精油含量】水蒸气蒸馏鲜叶的得油率为0.15%～0.22%。

【芳香成分】叶：李玉媛等（1996）用水蒸气蒸馏法提取的云南产香木兰新鲜叶精油的主要成分为：香桧烯（35.70%）、C-β-罗勒烯（15.28%）、β-蒎烯（8.77%）、γ-榄香烯（4.76%）、β-榄香烯（4.51%）、C-(t)-β-金合欢烯（3.77%）、α-蒎烯（3.57%）、β-香柠檬烯（2.15%）、月桂烯（1.85%）、β-没药烯（1.57%）、Δ⁴-蒈烯（1.57%）、橙花叔醇（1.41%）、γ-木罗烯（1.36%）、1-β-罗勒烯（1.28%）等。

花：李玉媛等（1996）用水蒸气蒸馏法提取的云南产香木兰鲜花精油的主要成分为：β-蒎烯（16.21%）、香桧烯（8.53%）、2,3,4,5-四甲基三环[3.2.1]辛-3-醇（6.86%）、月桂烯（6.69%）、柠檬烯（5.11%）、γ-木罗烯（3.98%）、松油烯-4-

【生长习性】群落所处林地均为石灰岩陡峭山地，土壤pH平均为5.9，为弱酸性土壤。

【精油含量】水蒸气蒸馏阴干叶的得油率为0.14%，新鲜叶的得油率为0.10%，新鲜花的得油率为0.11%～0.12%。

【芳香成分】叶：李玉媛等（1996）用水蒸气蒸馏法提取的云南产馨香玉兰新鲜叶精油的主要成分为：C-β-罗勒烯（23.04%）、β-愈创烯（15.91%）、γ-木罗烯（8.40%）、香桧烯（6.64%）、β-榄香烯（5.95%）、别芳萜烯（4.84%）、δ-杜松烯（3.54%）、塞舌尔烯（3.36%）、甲基丁香酚（2.66%）、α-白菖考烯（2.12%）、1-β-罗勒烯（1.87%）、β-马榄烯（1.82%）、乙酸龙脑酯（1.74%）、β-丁香烯（1.71%）、β-蒎烯（1.43%）、橙花叔醇（1.36%）、c-α-杜松醇（1.19%）等。

花：李玉媛等（1996）用水蒸气蒸馏法提取的云南产馨香

玉兰鲜花精油的主要成分为：α-水芹烯（20.43%）、C-β-罗勒烯（14.20%）、香桧烯（10.55%）、1,8-桉叶油素（10.00%）、α-蒎烯（6.54%）、月桂烯（6.31%）、β-蒎烯（5.13%）、莰烯（4.40%）、松油烯-4-醇（3.80%）、芳樟醇（1.96%）、柠檬烯（1.88%）、Δ^4-蒈烯（1.38%）、乙酸香叶酯（1.09%）、2-甲基丁酸甲酯（1.08%）、α-侧柏烯（1.02%）等。

【利用】是中国名贵的观赏花木，也是园林绿化的优良树种。

夜香木兰

Magnolia coco (Lour.) DC.

木兰科　木兰属

别名： 夜合花、夜合
分布： 浙江、广东、广西、福建、台湾、云南、香港

【形态特征】常绿灌木或小乔木，高2～4 m，全株无毛；树皮灰色，小枝绿色，稍具角棱。叶革质，椭圆形、狭椭圆形或倒卵状椭圆形，长7～28 cm，宽2～9 cm，先端长渐尖，基部楔形，叶面深绿色有光泽，稍起波皱，边缘稍反卷。花圆球形，直径3～4 cm，花被片9，肉质，倒卵形，腹面凹，外面的3片带绿色，有5条纵脉纹，长约2 cm，内两轮纯白色，长3～4 cm，宽约4 cm；药隔伸出成短尖头；花丝白色；雌蕊群绿色，卵形；聚合果长约3 cm；蓇葖近木质；种子卵圆形，高约1 cm，内种皮褐色，腹面顶端具侧孔，腹沟不明显，基部尖。花期夏季，在广州几乎全年持续开花，果期秋季。

【生长习性】生于海拔600～900 m的湿润肥沃土壤林下。喜温暖湿润和阳光充足的环境，对气候和土壤适应性强，耐阴，好肥，也耐瘠薄土壤和干旱气候。宜排水良好、肥沃、微酸性砂质土壤，忌石灰质土壤。

【精油含量】水蒸气蒸馏叶的得油率为0.24%，干燥花的得油率为0.22%～0.31%；超临界萃取干燥花的得油率为2.93%；加热回流法提取干燥花的得膏率为10.91%。

【芳香成分】叶：芮和恺等（1991）用水蒸气蒸馏法提取的云南昆明产夜香木兰叶精油的主要成分为：β-松油烯（37.57%）、松油醇-4（6.50%）、α-蒎烯（3.50%）、去氢白菖烯（2.76%）、芳樟醇（2.44%）、α-姜黄烯（2.44%）、桉叶油素（2.06%）、三环烯（1.62%）、蒈烯-3（1.51%）、蒈烯-4（1.24%）、β-月桂烯（1.03%）等。

花：朱小勇等（2011）用水蒸气蒸馏法提取的广西南宁产夜香木兰干燥花精油的主要成分为：α-蒎烯（20.23%）、橙花叔醇（12.23%）、石竹烯（10.18%）、吉玛烯D（6.90%）、双环吉玛烯（6.60%）、β-蒎烯（5.86%）、β-月桂烯（2.69%）、α-石竹烯（2.24%）、甘香烯（2.10%）、α-榄香烯（1.54%）、δ-杜松烯（1.18%）、桉叶油素（1.07%）、莰烯（1.02%）等。胡志忠等（2013）用加热回流法提取夜香木兰干燥花浸膏，再用同时蒸馏萃取法提取的精油的主要成分为：2-甲基丁酸（45.32%）、橙花叔醇（22.70%）、棕榈酸（8.25%）、亚油酸（2.37%）、棕榈酸乙酯（1.58%）、亚油酸乙酯（1.32%）、γ-依兰油烯（1.26%）、十六碳烯酸（1.23%）等。

【利用】为华南著名庭园观赏树种。花可提取精油，也可掺入茶叶内作熏香剂。根皮入药，能散瘀除湿、治风湿跌打。花可治肝郁气痛、跌打损伤、妇女白带等。

玉兰
Magnolia denudata Desr.

木兰科　木兰属

别名: 白玉兰、白兰花、辛夷、木笔花、迎春花、应春花、望春花、木兰、玉堂春、紫玉兰、玉兰花

分布: 浙江、安徽、江西、湖南、贵州、广东、广西等地

【形态特征】落叶乔木，高达25 m，胸径1 m；树皮深灰色，粗糙开裂；冬芽及花梗密被淡灰黄色长绢毛。叶纸质，倒卵形、宽倒卵形或倒卵状椭圆形，基部徒长枝的叶椭圆形，长10～18 cm，宽6～12 cm，先端宽圆、平截或稍凹，具短突尖，中部以下渐狭成楔形，叶面深绿色，叶背淡绿色。花蕾卵圆形，花先叶开放，芳香，直径10～16 cm；花梗显著膨大，密被淡黄色长绢毛；花被片9片，白色，基部常带粉红色，长圆状倒卵形。聚合果圆柱形，长12～15 cm，直径3.5～5 cm；蓇葖厚木质，褐色，具白色皮孔；种子心形，侧扁，外种皮红色，内种皮黑色。花期2～3月（亦常于7～9月再开一次花），果期8～9月。

【生长习性】生于海拔500～1000 m的林中。喜向阳，略耐半阴。喜温暖湿润，有较强的耐寒性。喜肥沃、排水良好、富含腐殖质的中性或偏酸性土壤，在弱碱性土上也能生长。有一定的耐旱能力，怕积水。

【精油含量】水蒸气蒸馏叶的得油率为0.27%～0.58%，花蕾的得油率为1.44%～4.50%，花的得油率为0.21%～3.81%，干燥花苞片的得油率为0.46%，干燥花瓣的得油率为2.10%，干燥雄蕊的得油率为2.01%，干燥雌蕊的得油率为0.51%，果壳的得油率为0.10%，种子的得油率为0.10%～0.26%；超临界萃取干燥花蕾的得油率为4.46%。

【芳香成分】叶：李军集等（2012）用水蒸气蒸馏法提取的广西南宁产玉兰新鲜叶精油的主要成分为：芳樟醇（63.73%）、橙花叔醇（5.29%）、石竹烯（5.04%）、2,4-二异丙烯基-1-甲基-1-乙烯环己烷（3.34%）、β-石竹烯（2.03%）、氧化石竹烯（1.61%）、桉叶烯（1.40%）、松油醇（1.12%）、甲基丁香酚（1.01%）等。樊二齐等（2012）用同法分析的浙江临安产玉兰阴干叶精油的主要成分为：石竹烯（16.79%）、牻牛儿烯（16.67%）、(Z,Z,Z)-1,5,9,9-四甲基-1,4,7-环十一碳三烯（5.41%）、橙花叔醇（5.35%）、Z-罗勒烯（4.16%）、α-杜松醇（3.61%）、石竹烯氧化物（3.02%）、T-杜松醇（2.87%）、松油烯（2.23%）、莰烯（1.91%）、邻聚伞花素（1.55%）、α-水芹烯（1.50%）、β-榄香烯（1.23%）等。

花：李军集等（2012）用水蒸气蒸馏法提取的广西南宁产玉兰新鲜花精油的主要成分为：芳樟醇（67.52%）、橙花叔醇（3.33%）、2,4-二异丙烯基-1-甲基-1-乙烯环己烷（2.15%）、罗勒烯（1.53%）、石竹烯（1.42%）、氧化石竹烯（1.36%）、Tau-依兰油醇（1.31%）、双环[3.1.1]庚-2-烯-2,6,6-三甲基（1.26%）、桉叶烯（1.16%）、甲基丁香酚（1.14%）等。张永欣等（2011）用同法分析的北京产玉兰白色鲜花精油的主要成分为：十五烷（16.82%）、β-蒎烯（10.19%）、月桂烯（9.50%）、

大根香叶烯D（9.45%）、香桧烯（5.36%）、桉树脑（5.11%）、正庚醛（4.05%）、蒎烯（3.24%）、二十一烷（2.44%）、达乌卡-5,8-二烯（2.36%）、石竹烯（2.33%）、4-蒈烯（1.56%）、柠檬烯（1.55%）、β-罗勒烯（1.49%）、十九烷（1.31%）、壬醛（1.03%）等；紫色花精油的主要成分为：桉树脑（17.57%）、香桧烯（8.94%）、正庚醛（8.26%）、月桂烯（7.33%）、β-蒎烯（7.06%）、柠檬烯（5.31%）、十五烷（5.27%）、蒎烯（3.19%）、α-松油醇（2.76%）、二十三烷（2.12%）、大根香叶烯D（1.88%）、二十一烷（1.51%）、壬醛（1.32%）、二十五烷（1.26%）等。赵东欣等（2010）用水蒸气蒸馏法提取的河南郑州产'伊丽莎白'玉兰（渐尖玉兰与玉兰杂交种）花蕾精油主要成分为：β-蒎烯（20.04%）、吉玛烯D（12.63%）、β-月桂烯（10.72%）、桉油精（10.22%）、β-水芹烯（8.08%）、α-蒎烯（5.36%）、石竹烯（4.86%）、D-柠檬烯（3.33%）、吉玛醇（3.16%）、布藜醇（3.02%）、δ-杜松烯（2.88%）、愈创醇（2.12%）、β-桉叶油醇（2.04%）、γ-榄香烯（1.62%）、异松油烯（1.30%）、α-石竹烯（1.29%）等。

果实：刘虹宇等（2010）用水蒸气蒸馏法提取的贵州产玉兰果皮精油的主要成分为：β-石竹烯（16.65%）、β-蒎烯（12.63%）、吉玛烯-D（9.69%）、β-水芹烯（7.24%）、香桧烯（6.14%）、α-蛇麻烯（5.15%）、α-水芹烯（3.78%）、月桂烯（3.78%）、α-蒎烯（3.44%）、内切-1-波旁醇（2.97%）、α-杜松醇（2.88%）、δ-杜松烯（2.59%）、p-甲基-异丙基苯（2.12%）、τ-紫穗槐醇（1.52%）、氧化石竹烯（1.27%）、β-桉叶油醇（1.26%）、γ-杜松烯（1.21%）、γ-萜品烯（1.10%）、芳樟醇（1.01%）、α-可巴烯（1.01%）等。

种子：刘虹宇等（2010）用水蒸气蒸馏法提取的种子精油的主要成分为：γ-萜品烯（15.70%）、β-石竹烯（8.67%）、顺-罗勒烯（7.31%）、p-甲基-异丙基苯（6.94%）、柠檬烯（6.59%）、δ-杜松烯（5.75%）、(+)-2-蒈烯（5.62%）、反-β-罗勒烯（5.17%）、月桂烯（4.28%）、α-水芹烯（3.05%）、α-蛇麻烯（2.38%）、γ-杜松烯（2.27%）、吉玛烯D（1.87%）、γ-依兰油烯（1.66%）、β-蒎烯（1.60%）、α-蛇床烯（1.22%）、红樟油（1.15%）、香茅醇（1.13%）、α-依兰油烯（1.11%）、芳樟醇（1.08%）等。赵武等（2015）分析的北京产玉兰新鲜肉质外种皮精油的主要成分为：甲基庚烯酮（31.95%）、乙酸丁酯（17.69%）、对-伞花烃（13.64%）、芳樟醇（6.61%）、4-萜烯醇（3.64%）、柑橘柠烯（2.98%）、癸烷（2.84%）、2,3-二甲基

辛烷（2.63%）、α-松油醇（2.23%）、石竹烯（2.12%）、香茅醇（1.58%）、β-月桂烯（1.31%）、异松油烯（1.21%）等。

【利用】花蕾药用，有祛风散寒、通窍、宣肺通鼻的功效，用于头痛、血瘀型痛经、鼻塞、急慢性鼻窦炎、过敏性鼻炎等症。花被片可食用，也可泡茶饮用。木材供家具、图板、细木工等用。花可提取配制香精或制浸膏，广泛用于化妆品、香精香料、医药等工业。种子榨油供工业用。为驰名中外的庭园观赏树种，亦可作为切花材料。

❀ 淡紫玉兰
Magnolia denudate Desr. var. *dilutipurpurascens* Z. W. Xie & Z. Z. Zhao

木兰科 木兰属
分布：安徽、江苏、浙江、江西、湖南等地

【形态特征】与原变种主要区别点在于：花被片较窄长，外部淡紫色，内苞片的内面有数条较明显几近平行的脉纹。第2层苞片外表面贴生的小叶呈倒卵形，先端宽圆，具急短尖头，基部楔形。树冠塔形。

【生长习性】喜光，略耐半阴。喜温暖湿润，有较强的耐寒性。喜肥沃、排水良好、富含腐殖质的中性或偏酸性土壤。有一定的耐旱能力，怕积水。

【精油含量】水蒸气蒸馏干燥花蕾的得油率为3.00%。

【芳香成分】徐植灵等（1989）用水蒸气蒸馏法提取的安徽怀宁产淡紫玉兰干燥花蕾精油的主要成分为：β-蒎烯（16.55%）、1,8-桉叶素（16.28%）、香桧烯（13.42%）、对-聚伞花素（8.14%）、α-蒎烯（5.67%）、柠檬烯（4.14%）、α-松油醇（3.33%）、萜品烯-4-醇（2.83%）、香叶烯（2.70%）、β-桉叶醇（2.06%）、氧化石竹烯（1.30%）、芳樟醇（1.08%）等。

【利用】花蕾为药用辛夷的主要品种之一。

❀ 紫玉兰
Magnolia liliflora Desr.

木兰科 木兰属
别名：木笔花、木笔、望春花、辛夷
分布：福建、湖北、四川、云南等地

【形态特征】落叶灌木，高达 3 m，常丛生，树皮灰褐色，小枝绿紫色或淡褐紫色。叶椭圆状倒卵形或倒卵形，长 8～18 cm，宽 3～10 cm，先端急尖或渐尖，基部渐狭沿叶柄下延至托叶痕，叶面深绿色，幼嫩时疏生短柔毛，叶背灰绿色。花蕾卵圆形，被淡黄色绢毛；花叶同时开放，瓶形，直立于粗壮、被毛的花梗上，稍有香气；花被片 9～12，外轮 3 片萼片状，紫绿色，披针形长 2～3.5 cm，常早落，内两轮肉质，外面紫色或紫红色，内面带白色，花瓣状，椭圆状倒卵形，长 8～10 cm，宽 3～4.5 cm。聚合果深褐紫色，变褐色，圆柱形，长 7～10 cm；成熟蓇葖近圆球形，顶端具短喙。花期 3～4 月，果期 8～9 月。

【生长习性】生于海拔 300～1600 m 的山坡林缘。喜温暖湿润气候，不耐寒，较耐暑热。喜肥沃湿润、排水量好的酸性砂壤土。喜阳光充足环境，不耐旱和盐碱，怕水淹。

【精油含量】水蒸气蒸馏叶的得油率为 0.28%，花蕾或花的得油率为 0.98%～5.00%；超临界萃取干燥花蕾的得油率为 4.15%。

【芳香成分】叶：李峰等（2000）用水蒸气蒸馏法提取的叶精油的主要成分为：大根香叶烯 D（17.31%）、檀紫三烯（16.85%）、石竹烯（11.19%）、3,7-二甲基-1,3,7-辛三烯（5.41%）、莰烯（5.16%）、3-环己烯甲酸乙酯（4.81%）、α-石竹烯（4.06%）、愈创醇（3.98%）、β-蒎烯（3.77%）、3,7,11-三甲基-1,6,10-十二烷三烯-3-醇（3.33%）、罗汉柏烯（2.76%）、β-水芹烯（2.14%）、δ-芹子烯（1.70%）、α-荜澄茄醇（1.67%）、1-甲基-4-(1-甲基乙基)-1,4-环己二烯（1.21%）等。

花：胡一明等（1995）用水蒸气蒸馏法提取的安徽桐城产

紫玉兰干燥花蕾精油的主要成分为：1,8-桉叶油素（13.39%）、α-荜澄茄醇（5.60%）、橙花叔醇（5.38%）、α-荜澄茄烯（4.19%）、月桂烯（3.66%）、乙酸龙脑酯（3.48%）、6-甲基-5-庚烯-2-酮（2.27%）、柠檬烯（2.25%）、β-蒎烯（2.02%）、榄香烯（1.93%）、松油醇-4（1.83%）、α-松油醇（1.65%）、δ-荜澄茄醇（1.56%）、氧化石竹烯（1.44%）、芳樟醇（1.24%）、香叶醇（1.17%）、β-荜澄茄烯（1.13%）、龙脑（1.06%）等。

【利用】树皮、叶、花蕾均可入药，花蕾入药称辛夷，主治鼻炎、头痛，作镇痛消炎剂。是著名的早春观赏花木。作玉兰等木兰科植物的嫁接砧木。花蕾可作花茶。

大叶木莲
Manglietia megaphylla Hu et Cheng

木兰科　木莲属
别名：丹氏木莲
分布：国家 II 级保护的濒危植物，广西、云南

【形态特征】乔木，高达 30～40 m，胸径 80～100 cm；小枝、叶背、叶柄、托叶、果柄、佛焰苞状苞片均密被锈褐色长绒毛。叶革质，常 5～6 片集生于枝端，倒卵形，先端短尖，2/3 以下渐狭，基部楔形，长 25～50 cm，宽 10～20 cm。紧靠花被下具 1 厚约 3 mm 的佛焰苞状苞片；花被片厚肉质，9～10 片，3 轮，外轮 3 片倒卵状长圆形，长 4.5～5 cm，宽 2.5～2.8 cm，

腹面具约7条纵纹，内面2轮较狭小；花丝宽扁；雌蕊群卵圆形，具60～75枚雌蕊。聚合果卵球形或长圆状卵圆形，长6.5～11 cm；蓇葖长2.5～3 cm，顶端尖，稍向外弯，沿背缝及腹缝开裂；果梗粗壮，长1～3 cm，直径1～1.3 cm。花期6月，果期9～10月。

【芳香成分】朱亮锋等（1993）用树脂吸附法收集的大叶木莲新鲜花头香的主要成分为：1,8-桉叶油素（60.55%）、桧烯（14.15%）、α-蒎烯（11.29%）、β-蒎烯（9.22%）、月桂烯（1.80%）等。

【利用】木材供建筑、家具、胶合板等用。宜选作四旁绿化、庭园观赏树。

滇桂木莲
Manglietia forrestii W. W. Smith ex Dandy

木兰科　木莲属
别名：丹氏木莲
分布：国家Ⅱ级保护的濒危植物，广西、云南

【形态特征】乔木，高达25 m，胸径30 cm。嫩枝、芽、叶柄、外轮花被片背面基部、花梗均被红褐色、平伏、有光泽的柔毛。叶革质、倒卵形、长圆状倒卵形，长11～20 cm，宽5～9.5 cm，顶端骤急尖或渐尖，基部楔形或阔楔形，叶背被散生红褐色竖起毛；托叶痕长3～10 mm。花白色，芳香，花被片9(10)，外轮3片长圆状倒卵形，长4.5～7 cm，背面基部被红褐色平伏柔毛，内两轮厚肉质，无毛，倒卵形，长约4.5 cm，内轮3片较狭小。聚合果卵圆形或卵球形，长4～6 cm；蓇葖密生瘤状凸起，顶端具短缘，背缝线与腹缝线同时开裂；去种皮的种子黑色，基部尖，腹沟凹入，背面有数纵沟。花期6月，果期9～10月。

【生长习性】生于海拔450～1500 m的南亚热带常绿阔叶林中。半阴性树种，喜生于较阴湿的沟谷两旁，或山沟下部较低洼处。土壤为山地黄壤或黄棕壤，pH4.5～5.7，腐殖质层厚达10～20 cm，少见于干燥山坡土壤瘠瘠处。

【生长习性】生于海拔1100～2900 m的林中。喜肥、喜湿，忌水涝。适应热带、南亚热带、中亚热带、亚热带、温带等气候种植，具有较强的抗风能力，净化环境和抗污染能力。

【精油含量】水蒸气蒸馏新鲜叶的得油率为0.07%。

【芳香成分】刘美凤等（2011）用水蒸气蒸馏法提取的广东徐闻产滇桂木莲新鲜叶精油的主要成分为：4-羟基-4-甲基-2-戊酮（8.50%）、反式-橙花叔醇（7.95%）、τ-杜松醇（6.74%）、α-萜品烯（6.38%）、库贝醇（5.01%）、1(10),4-杜松二烯（4.90%）、3,7(11)-桉叶二烯（4.63%）、黑松醇（4.40%）、桉油精（3.98%）、大香叶烯D-4-醇（3.98%）、3,7-二甲基-1,6-辛烯-3-醇（3.70%）、桥-二环倍半水芹烯（3.63%）、二-表-α-柏木烯（2.86%）、1,2,3,4-四氢化-1,6-二甲基-4-(1-甲基乙基)-萘（2.67%）、石竹烯醇（2.33%）、4(14),11-桉叶二烯（2.32%）、4-甲基-1-甲基乙基-3-环己烯醇（2.08%）、α-没药醇（2.06%）、顺式-香叶醛（1.84%）、金合欢醇（1.39%）、异喇叭烯（1.38%）、1,5,5,8-四甲基-3,7-环十一碳二烯-1-醇（1.14%）、α-去二氢菖蒲烯（1.05%）等。

【利用】木材可作家具、门窗等用。适于庭园观赏。

❀ 桂南木莲
Manglietia chingii Dandy

木兰科　木莲属
别名：万山木莲、仁昌木莲、南方木莲
分布：广东、云南、广西、贵州

【形态特征】常绿乔木，高可达20 m，树皮灰色、光滑，芽、嫩枝有红褐色短毛。叶革质，倒披针形或狭倒卵状椭圆形，长12～15 cm，宽2～5 cm，先端短渐尖或钝，基部狭楔形或楔形，叶面深绿色有光泽，叶背灰绿色，嫩叶被微硬毛或具白粉；托叶痕长3～5 mm。花蕾卵圆形；花被片9～11片，每轮3片，外轮3片常绿色，质较薄，椭圆形，长4～5 cm，宽约2.5～2.8 cm，顶端圆钝，中轮肉质，倒卵状椭圆形，长5～5.5 cm，宽2～2.5 cm，内轮肉质，3～4片，倒卵状匙形，长4～4.5 cm，宽1.5～2 cm；药隔伸出成三角形的尖。聚合果卵圆形，长4～5 cm；蓇葖具疣点凸起，顶端具短喙；种子内种皮具突起点。花期5～6月，果期9～10月。

【生长习性】生于海拔700～1300 m的砂页岩山地，山谷潮湿处。抗寒，抗旱，对土壤要求不严，喜湿润肥沃的山地黄壤，pH5～6。耐高温与抗灰尘能力较差，在干旱贫瘠的土壤中生长不良。

淡，疏生红褐色平伏微毛；叶柄基部稍膨大；托叶痕半圆形。佛焰苞状苞片薄革质，阔圆形，顶端开裂，两面有粒状凸起；花被片9，每轮3片，外轮的薄革质，倒卵形，外面绿色，长5～6 cm，宽3.5～4 cm，顶端有浅缺，内2轮的白色，肉质，倒卵形。聚合果褐色，卵圆形或椭圆状卵圆形，长5～6 cm；种子红色，稍扁，长7～8 mm，宽5～6 mm。花期4～5月，果期9～10月。

【芳香成分】何开跃等（2007）用有机溶剂萃取法提取的江苏南京产桂南木莲叶精油主要成分为：4-甲基环戊烯（26.22%）、2,6-双(1,1-二甲基乙基)-4-乙基-苯酚（19.49%）、癸烷（12.72%）、L-丙氨酸乙酯（11.46%）、2,4,5,6,12,14,甲氧基乙酸（7.44%）、(S)-2-羟基丙酸（6.24%）、2,3-丁二醇（5.71%）、2-甲基-4-(1,1,2,3-四甲基丁基)苯酚（4.91%）、3-(3,4-二甲氧基苯基)-6,7-二甲氧基-4H-1-苯并吡喃-4-酮（3.40%）、1-甲氧基-2-丙醇（2.54%）、(S)-2-羟基丙酸乙酯（1.94%）、甲苯（1.89%）、神圣亚麻三烯（1.54%）、5-(1-甲基亚乙基)-1,3-环戊二烯（1.30%）等。

【生长习性】生于海拔300～1200 m的溪边、密林中。分布区气候温暖潮湿，雨量充沛。年平均气温17～22℃，最冷月（1月）平均气温13～17℃，最热月（7月）平均气温20～25℃，极端最低气温达-3～0℃。相对湿度80%以上。年降水量1600～2000 mm，干湿季明显。抗寒力较强，能耐短时间霜冻而不受寒害。土壤质地为中壤土和重壤土，呈酸性弱酸性反应，pH5.0～5.6。

【精油含量】水蒸气蒸馏的干燥叶的得油率0.53%。

【利用】木材供建筑、家具、细木工用。作庭园观赏树种。广西用树皮作为厚朴的代用品。

🌸 海南木莲
Manglietia hainanensis Dandy

木兰科　木莲属
别名：绿楠、尤楠、龙楠树、绿灯楠、绿兰
分布：海南

【形态特征】乔木，高达20 m，胸径约45 cm；树皮淡灰褐色。叶薄革质，倒卵形、狭倒卵形、狭椭圆状倒卵形，很少为狭椭圆形，长10～20 cm，宽3～7 cm，边缘波状起伏，先端急尖或渐尖，基部楔形，沿叶柄稍下延，叶面深绿色，叶背较

【芳香成分】叶：毕和平等（2006）用水蒸气蒸馏法提取的海南乐东产海南木莲干燥叶精油的主要成分为：橙花叔醇（16.44%）、3,7-二甲基-2,6-辛二烯-1-醇（5.27%）、3,7-二甲基-1,6-辛二烯-3-醇（5.12%）、α-丁香烯（4.97%）、1,2,3,4,5,6,7,8-八氢-α,α,3,8-四甲基-5-甘菊环甲醇（4.64%）、丁香烯（4.48%）、十氢-9a-甲基-2H-苯并环庚烯-2-酮（4.20%）、1,2,3,5,6,8a-六氢-4,7-二甲基-1-(1-甲乙基)-(1S-顺)

萘（3.76%）、氧化丁香烯（3.52%）、1,5,5,8-四甲基-2-氧二环[9.1.0]-十二二烯（3.10%）、1,2,3,4,4a,5,6,8a-八氢-α,α,4a,8-四甲基-[4R-(2α,4aα,8aβ)]-2-萘甲醇（3.00%）、十氢-α,α,4a-三甲基-8-亚甲基-[2R-(2α,4aα,8aβ)]-2-萘甲醇（2.81%）、3,7,11-三甲基-2,6,10-十二三烯-1-醇（2.66%）、4,11-二烯桉叶烷（2.05%）、1,5,5,8-四甲基-3,7-环十一烷二烯-1-醇（1.98%）、4-亚甲基-1-甲基-2-(2-甲基-1-丙基-1)-乙烯基-环庚烷（1.93%）、二环倍半水芹烯（1.88%）、6-乙烯基-6-甲基-1-(1-甲乙基)-3-(1-甲乙基二烯)-环乙烯（1.79%）、1,2,3,4-四氢-1,6-二甲基-4-(甲乙基)-(1S-顺)-萘（1.64%）、1,2,3,4,4a,5,6,8a-八氢-4a,8-二甲基-2-(1-甲乙基)-[2R-(2α,4aα,8aβ)]-萘（1.60%）、4,11,11-三甲基-8-亚甲基-二环[7.2.0]十一-4-烯（1.50%）、α-杜松醇（1.49%）、外蓝桉醇（1.45%）、1,7,7-三甲基-乙酸酯-二环[2.2.1]庚-2-醇（1.36%）、1,2,3,3a,4,5,6,7-八氢-2,2,3,8-四甲基-[3S-(3α,3aβ,5α)]-5-甘菊环甲醇（1.35%）、十氢-1,1,7-三甲基-4-甲乙基-1H-环丙基[e]甘菊环（1.33%）、2-(1,1-二甲基乙基)-5-甲基-苯酚（1.32%）、1,2,3,4,4a,5,6,7-八氢-α,α,4a,8-四甲基-2-萘甲醇（1.21%）、异龙脑（1.08%）、tau-木罗醇（1.03%）等。

花：朱亮锋等（1993）用树脂吸附法收集的新鲜花头香的主要成分为：β-蒎烯（40.66%）、α-蒎烯（9.43%）、橙花醇（7.94%）、桃金娘烯醛（5.16%）、柠檬烯（3.52%）、蒎葛缕醇（2.35%）、香叶酸甲酯（2.17%）、1,8-桉叶油素（1.41%）、莰烯（1.24%）、β-月桂烯（1.15%）、马鞭草烯酮（1.09%）等。

【利用】木材为桅杆、仪器箱、水箱、高级家具、室内装饰、文具、乐器等用材，为海南一类木材。果及树皮入药，治便秘和干咳。是优良庭园绿化树种。

❀ 红色木莲

Manglietia insignis (Wall.) Blume

木兰科　木莲属

别名：红花木莲、显著木莲、木莲花、小叶子厚朴、枝子皮、西昌厚朴

分布：湖南、广西、四川、贵州、云南、西藏

【形态特征】常绿乔木，高达30 cm，胸径40 cm。叶革质，倒披针形，长圆形或长圆状椭圆形，长10~26 cm，宽4~10 cm，先端渐尖或尾状渐尖，自2/3以下渐窄至基部，叶面无毛，叶背中脉具红褐色柔毛或散生平伏微毛；托叶痕长0.5~1.2 cm。花芳香，花被片9~12，外轮3片褐色，腹面染红色或紫红色，倒卵状长圆形，长约7 cm，向外反曲，中内轮6~9片，直立，乳白色染粉红色，倒卵状匙形，长5~7 cm，1/4以下渐狭成爪；药隔伸出成三角尖；雌蕊群圆柱形。聚合果鲜时紫红色，卵状长圆形，长7~12 cm；蓇葖背缝全裂，具乳头状突起。花期5~6月，果期8~9月。

【生长习性】生于海拔900~1200 m的林间，适应性强，高山，丘陵长势均佳。分布区属中亚热带，向南可延伸至南亚热带和北热带，气候温凉湿润，雨量充沛，日照较少，云雾多，湿度大，年平均温约13 ℃，年降水量1500 mm以上，土壤pH4.5~6.0。喜暖和潮湿润泽、太阳光丰足的环境，能耐-16 ℃低温，耐旱，略耐阴。对土质要求不严。

【精油含量】水蒸气蒸馏新鲜叶的得油率为0.21%，花蕾的得油率为0.68%。

【芳香成分】刘美凤等（2016）用水蒸气蒸馏法提取的广东徐闻产红色木莲新鲜叶精油的主要成分为：大牻牛儿烯B（7.70%）、α-杜松醇（6.70%）、反-橙花叔醇（6.11%）、(-)-蓝桉醇（5.57%）、1,2,4a,5,8,8a-六氢-4,7-二甲基-1-(1-甲基乙基)-[1S-(1α,4aβ,8aα)]-萘（4.71%）、4-羟基-4-甲基-2-戊酮（4.16%）、乙酸异冰片酯（3.04%）、石竹烯（3.02%）、τ-杜松醇（2.97%）、(-)-匙叶桉油烯醇（2.90%）、β-水芹烯（2.47%）、(-)-β-蒎烯（2.38%）、大牻牛儿烯D（2.37%）、9-雪松烯（2.18%）、β-蛇麻烯（2.12%）、1,2,4a,5,8,8a,六氢化-4,7-双甲基-1-甲基乙基-萘（2.10%）、十九烷（2.06%）、桉油精（1.82%）、4-松油醇（1.58%）、金合欢醇异构体（1.51%）、6-芹子烯-4-醇（1.48%）、α-蒎烯（1.40%）、异长叶醇（1.34%）、(-)-菖蒲烯（1.06%）、α-石竹烯（1.00%）、荜澄茄油烯醇（1.00%）等。何开跃等（2007）用有机溶剂萃取法提取的江苏南京产红色木莲叶精油的主要成分为：4-亚甲基环戊烯（29.98%）、癸烷（27.45%）、高丝氨酸（15.77%）、2,4,5,6,12,14-甲氧基乙酸（5.91%）、2,5-降冰片二烯（4.17%）、5-(1-甲基亚乙基)-1,3-环戊二烯（2.81%）、对二甲苯（1.55%）、1-甲氧基-2-丙醇（1.49%）、3,5,7-三甲氧基-2-(4-甲氧基苯基)-4H-1-苯并吡喃-4-酮（1.46%）、邻二甲苯（1.16%）等。

【利用】木材为家具等优良用材。作庭园观赏树种。嫩花瓣可以食用。花、叶、树皮、树根均可提取芳香油，树皮也可提取厚朴酚。树皮和枝皮入药，有行气醒脾、消积导滞的功效，用于脾湿所致的纳呆少食、腹胀、脘腹不舒等症；治食积胃脘所致的腹痛、腹泻、嗳腐吞酸、舌苔厚腻等症。

❀ 落叶木莲
Manglietia decidua Q. Y. Zhang

木兰科　木莲属

别名： 华木莲

分布： 国家一级保护植物，江西

【形态特征】落叶乔木，长成的大树高达30 m，胸径有60 cm，树干通直，树皮灰白色，具规则的裂纹，树冠宽卵形，枝条开展，小枝灰褐色，无毛，散生苍白色皮孔。单叶互生，叶近纸质，多集生于近枝端；叶片椭圆形、长椭圆形或倒卵形，长14～20 cm，宽3.7～7 cm，先端钝短尖，基部楔形，全缘。每年4月开花，花单生枝顶，花被片通常15～16枚，淡黄色，螺旋状排列成5轮。聚合蓇葖果卵形或近球形，9～10月成熟。

【生长习性】阳性树种，中等喜光，幼年稍耐阴。喜凉爽湿润气候和深厚肥沃的酸性土壤。不耐干燥瘠薄。

【芳香成分】樊二齐等（2012）用水蒸气蒸馏法提取的浙江临安产落叶木莲阴干叶精油的主要成分为：橙花叔醇（34.00%）、石竹烯（16.20%）、金合欢醇（14.99%）、石竹烯氧化物（10.74%）、香叶醇（4.21%）、(Z,Z,Z)-1,5,9,9-四甲基-1,4,7-环十一碳三烯（2.23%）、α-杜松醇（2.01%）、α-芹子烯（1.06%）、2-异丙基-5-甲基-9-甲烯基-双环[4.4.0]癸-1-烯（1.01%）等。

【利用】可作为大径材培养，也可作为绿化观赏树种培养。

❀ 毛桃木莲
Manglietia moto Dandy

木兰科　木莲属

别名： 垂果木莲

分布： 湖南、广东、福建、广西

【形态特征】乔木，高达14 m，胸径约50 cm；树皮深灰色，具数个横列或连成小块的皮孔；嫩枝、芽、幼叶、果柄均密被锈褐色绒毛。叶革质，倒卵状椭圆形、狭倒卵状椭圆形或

倒披针形，长12～25 cm，宽4～8 cm，先端短钝尖或渐尖，基部楔形或宽楔形，叶背和叶柄均被锈褐色绒毛；托叶披针形，长约6 cm，宽约1.2 cm，被锈褐色绒毛。花芳香；花被片9，乳白色，外轮3片近革质，长圆形，长6.5～7.5 cm，中轮3片厚肉质，倒卵形，长6.5～7 cm，宽3.5～4 cm，内轮3片厚肉质，倒卵状匙形。聚合果卵球形，长5～7 cm，径3.5～6 cm；蓇葖背面有疣状凸起，顶端具长2～3 mm的喙。花期5～6月，果期8～12月。

【生长习性】生于海拔400～1200 m的酸性阔叶林中。喜温暖湿润环境，适宜生长于深厚、富含有机质、排水良好、pH为5～6.5的山地黄壤和黄棕壤。

【精油含量】水蒸气蒸馏新鲜叶的得油率为0.20%。

【芳香成分】叶：钟瑞敏等（2006）用水蒸气蒸馏法提取的广东韶关产毛桃木莲新鲜叶精油的主要成分为：δ-杜松萜醇（20.57%）、(E)-橙花叔醇（14.61%）、β-石竹烯环氧化物（6.79%）、香叶醇（6.76%）、δ-杜松萜烯（6.42%）、α-依兰油醇（5.31%）、杜松萜-1,3,5-三烯（3.60%）、大根香叶烯A（3.41%）、γ-桉叶油醇（1.81%）、大根香叶烯D（1.76%）、对薄荷烷-1-烯-3-醇（1.62%）、β-红没药烯（1.56%）、反式-葛缕醇（1.32%）、蓝桉醇（1.11%）等。

花：朱亮锋等（1993）用水蒸气蒸馏法提取的新鲜花精油的主要成分为：1,8-桉叶油素（28.19%）、α-松油淳（10.83%）、香叶醇（3.98%）、β-杜松烯（3.81%）、珂杷烯（3.40%）、松油醇-4（3.40%）、β-蒎烯（3.31%）、β-石竹烯（2.43%）等。

【利用】木材可供一般家具、建筑、细木工用材。为庭园绿化观赏树种。

每轮3片，外轮3片质较薄，近革质，凹入，长圆状椭圆形，长6~7cm，宽3~4cm，内2轮的稍小，常肉质，倒卵形，长5~6cm，宽2~3cm。聚合果褐色，卵球形，长2~5cm，蓇葖露出面有粗点状凸起，先端具长约1mm的短喙；种子红色。花期5月，果期10月。

【生长习性】生于海拔1200 m的花岗岩、砂质岩山地丘陵。幼年耐阴，成长后喜光。喜温暖湿润气候及深厚肥沃的酸性土。在干旱炎热之地生长不良。有一定的耐寒性，在绝对低温-7.6~-6.8℃下，顶部略有枯萎现象。不耐酷暑。

【芳香成分】叶：樊二齐等（2012）用水蒸气蒸馏法提取的浙江临安产木莲阴干叶精油的主要成分为：橙花叔醇（27.67%）、石竹烯醇（14.86%）、蓝桉醇（9.19%）、α-石竹烯（7.86%）、石竹烯（6.27%）、(+)-香橙烯（2.66%）、桉叶醇（2.17%）、芳樟醇（2.16%）、2-异丙基-5-甲基-9-甲烯基-双环[4.4.0]癸-1-烯（1.80%）、α-松油醇（1.42%）、E-罗勒烯（1.03%）等。

花：朱亮锋等（1993）用树脂吸附法收集的鲜花头香的主要成分为：β-蒎烯（43.58%）、橙花醇（27.01%）、α-蒎烯（8.01%）、β-月桂烯（5.36%）、柠檬烯（4.31%）、β-石竹烯（1.69%）等。

【利用】木材供建筑、家具、板料、细工用材。果及树皮入药，有通便、止咳的功效，治便秘和老人干咳。是园林观赏的优良树种。

🌸 木莲
Manglietia fordiana Oliv.

木兰科　木莲属
别名：黄心树
分布：江西、福建、广东、广西、贵州、云南等地

【形态特征】乔木，高达20 m，嫩枝及芽有红褐短毛，后脱落无毛。叶革质、狭倒卵形、狭椭圆状倒卵形，或倒披针形，长8~17cm，宽2.5~5.5cm。先端短急尖，通常尖头钝，基部楔形，沿叶柄稍下延，边缘稍内卷，叶背疏生红褐色短毛；叶柄基部稍膨大；托叶痕半椭圆形，长3~4 mm。花被片纯白色，

顶端钝尖，基部渐狭长成爪状，内轮狭小。聚合果卵圆形或长圆形，长5~9cm，宽约4cm。花期2~4月，果期9~10月。

【生长习性】喜温暖湿润环境。

【芳香成分】朱亮锋等（1993）用树脂吸附法收集的鲜花头香的主要成分为：α-蒎烯（12.13%）、β-蒎烯（11.97%）、莳烯-3（9.53%）、1,8-桉叶油素（8.86%）、柠檬烯（7.84%）、桧烯（5.01%）、苯甲酸甲酯（4.76%）、β-月桂烯（3.22%）、对伞花烃（2.61%）、薁（1.64%）、樟脑（1.35%）、莰烯（1.23%）、β-石竹烯（1.19%）、萘（1.18%）等。

【利用】可作行道树和庭园绿化观赏树种。木材供建筑，家具及胶合板用。

❀ 乳源木莲
Manglietia yuyuanensis Law

木兰科　木莲属
别名：木莲、狭叶木莲
分布：安徽、浙江、江西、福建、湖南、广东

【形态特征】乔木，高达8m，胸径18cm；树皮灰褐色，枝黄褐色；除外芽鳞被金黄色平伏柔毛外余无毛。叶革质，倒披针形、狭倒卵状长圆形或狭长圆形，长8~14cm，宽2.5~4cm，先端稍弯呈尾状渐尖或渐尖，基部阔楔形或楔形，叶面深绿色，叶背淡灰绿色。花被片9,3轮，外轮3片带绿色，薄革

❀ 睦南木莲
Manglietia chevalieri Dandy

木兰科　木莲属
分布：广东、广西有栽培

【形态特征】乔木，高达10m，树皮灰褐色，芽鳞、嫩枝、叶背、叶柄及托叶痕均被淡红褐色平伏毛。嫩枝绿色。叶革质，倒卵形、狭倒卵形，长10~20cm，宽3.5~6.5cm，先端骤狭短尾状，基部楔形叶面无毛；托叶痕半圆形或半椭圆形。花被片9,3轮，外轮3(-2)片质薄，背面带绿色，长圆状椭圆形，长约7.5cm，宽约3cm，内两轮肉质，白色而微带黄色，倒卵形，

质，倒卵状长圆形，长约4 cm，宽约2 cm，中轮与内轮肉质，纯白色，中轮倒卵形，长约2.5 cm，宽约2 cm，内轮3片狭倒卵形，长约3 cm，宽约1 cm；药隔伸出成近半圆形的尖头；雌蕊群椭圆状卵圆形。聚合果卵圆形，熟时褐色，长2.5～3.5 cm。花期5月，果期9～10月。

【生长习性】生于海拔700～1200 m的林中。喜温暖湿润气候环境，偏阴性，幼树耐阴。适宜于土层深厚、潮润、肥沃、排水良好的酸性黄壤土上生长。

【精油含量】水蒸气蒸馏新鲜叶的得油率为0.16%～0.50%。

【芳香成分】钟瑞敏等（2006）用水蒸气蒸馏法提取的广东韶关产乳源木莲新鲜叶精油的主要成分为：(E)-橙花叔醇（11.92%）、δ-杜松萜烯（10.84%）、(Z,Z)-金合欢醇（7.78%）、α-依兰油醇（7.70%）、大根香叶烯A（6.92%）、δ-杜松萜醇（6.92%）、β-红没药烯（4.34%）、杜松萜-1,3,5-三烯（4.10%）、蓝桉醇（3.42%）、大根香叶烯D（3.41%）、γ-桉叶油醇（2.55%）、α-蛇麻烯（1.53%）、愈创木醇（1.25%）、γ-表桉叶油醇（1.19%）、β-石竹烯（1.16%）、香叶醇（1.14%）、β-橙椒烯（1.05%）、β-石竹烯环氧化物（1.04%）、α-甜旗烯（1.03%）等。

【利用】果实药用，可治肝胃气痛、脘胁作胀、便秘、老年干咳等。树皮可作为厚朴代用品。花可提取芳香油。木材可供上等家具、工艺品、文具、仪器箱盒及胶合板、车船等用材。是优良庭园观赏和四旁绿化树种。

🌸 香木莲
Manglietia aromatica Dandy

木兰科　木莲属
分布： 云南、广西

【形态特征】乔木，高达35 m，胸径1.2 m，树皮灰色，光滑；新枝淡绿色，除芽被白色平伏毛外全株无毛，各部揉碎有芳香；顶芽椭圆柱形，长约3 cm，直径约1.2 cm。叶薄革质，倒披针状长圆形、倒披针形，长15～19 cm，宽6～7 cm，先端短渐尖或渐尖，1/3以下渐狭至基部稍下延。花被片白色，11～12片，4轮排列，每轮3片，外轮3片，近革质，倒卵状长圆形，长7～11 cm，宽3.5～5 cm，内数轮厚肉质，倒卵状匙形，基部成爪，长9～11.5 cm，宽4～5.5 cm。聚合果鲜红色，近球形或卵状球形，直径7～8 cm，成熟蓇葖沿腹缝及背缝开裂。花期5～6月，果期9～10月。

【生长习性】生于海拔900～1600 m的山地、丘陵常绿阔叶林中。分布区跨南亚热带季风常绿阔叶林地带及北热带季雨林地带，气候较为温凉湿润，年平均温18～20 ℃，冬无严寒，夏不酷热，最冷10.6 ℃，最热月平均温为24.4 ℃，年降水量1300～1700 mm，年平均相对湿度在80%以上，土壤为石灰岩土，pH7.0～7.7。阳性树种。

【精油含量】水蒸气蒸馏阴干花瓣的得油率为0.29%。
【芳香成分】芮和恺等（1991）用水蒸气蒸馏法提取的云南

产香木莲阴干花瓣精油的主要成分为：α-蒎烯（25.30%）、β-松油烯（22.22%）、1-乙醛-2,2,3-三甲基-环戊烯-3（5.90%）、杜松烯（1.80%）、桃金娘烯醇（1.15%）、β-蒎烯（1.14%）、马鞭草烯酮（1.01%）等。

花头香的主要成分为：乙酸甲酯（65.03%）、1,8-桉叶油素（20.80%）、桧烯（3.04%）、α-蒎烯（2.56%）、β-蒎烯（2.37%）、3-己烯酸甲酯（1.92%）、间伞花烃（1.01%）等。

【利用】木材可作家具、旋切胶合板，亦可作纤维原料，经耐腐处理则可作室外用材。是庭园观赏的优良树种。枝、叶、花及木材都可提取精油，作香料用。

锈毛木莲
Manglietia rufibarbata Dandy

木兰科　木莲属
分布：云南

【形态特征】乔木，高达10m；树皮灰白色，光滑。芽、嫩枝、叶柄、叶背中脉及花梗均被褐色长毛。叶革质，倒卵形或倒卵状椭圆形，长10~25cm，宽4~9cm，先端渐尖或长尖，基部楔形，很少圆钝，叶面无毛，叶背被淡红色长柔毛。花被片9~12，外轮3片质较薄，长圆状椭圆形，长约3cm，宽约2cm，具5条纵脉纹，内两轮，倒卵形，较狭小；稍离花被片下具1佛焰苞状苞片；雄蕊长12~16mm，花药长约10mm，药隔伸出长1mm的凸尖头；雌蕊群狭卵圆形。聚合果狭长圆体形，长5~7cm，径2~3cm；果梗长3.5~6cm；蓇葖背缝线全裂，腹缝线多少开裂或不裂。花期5~6月，果期9~10月。

【生长习性】生于海拔1300~1600m的山谷密林中。
【芳香成分】朱亮锋等（1993）用树脂吸附法收集的鲜

【利用】可作庭园绿化观赏树种。

黑老虎
Kadsura coccinea (Lem.) A. C. Smith

木兰科　南五味子属
别名：臭饭团、大叶南五味、大钻、过山龙、过山龙藤、红过山、厚叶五味子、酒饭团、冷饭团、糯饭团、万丈红、透地连珠、紫根藤、外红消、钻骨风
分布：广东、香港、广西、海南、福建、江西、湖南、云南、贵州、四川等地

【形态特征】藤本，全株无毛。叶革质，长圆形至卵状披针形，长7~18cm，宽3~8cm，先端钝或短渐尖，基部宽楔

形或近圆形，全缘。花单生于叶腋，稀成对，雌雄异株；雄花花被片红色，10～16片，中轮最大1片椭圆形，长2～2.5 cm，宽约14 mm，最内轮3片明显增厚，肉质；花托长圆锥形，长7～10 mm，顶端具1～20条分枝的钻状附属体；雄蕊14～48枚；花丝顶端为两药室包围着；雌花花被片与雄花相似，花柱短钻状。聚合果近球形，红色或暗紫色，径6～10 cm或更大；小浆果倒卵形，长达4 cm，外果皮革质。种子心形或卵状心形，长1～1.5 cm，宽0.8～1 cm。花期4～7月，果期7～11月。

【生长习性】生于海拔1500～2000 m的林中，多生于山谷河溪旁与常绿的阔叶林中，攀缘于林木间。喜光而又耐阴，好温暖而又耐寒，除严寒的北方以外，均可露地越冬。以偏酸性的砂壤土为宜。

【精油含量】水蒸气蒸馏根及根茎的得油率为0.17%～1.80%；超临界萃取根及根茎的得油率为0.37%。

【芳香成分】根：邓海鸣等（2011）用水蒸气蒸馏法提取的干燥根精油的主要成分为：β-石竹烯（20.49%）、δ-杜松烯（13.98%）、法呢醇（12.74%）、α-芹子烯（6.67%）、β-芹子烯（6.09%）、α-柏木烯（4.96%）、石竹烯氧化物（4.67%）、α-珀珀烯（3.79%）、α-葎草烯（3.45%）、内龙脑（2.49%）、愈创醇（1.39%）、α-荜澄茄烯（1.17%）等。杨艳等（2018）用同法分析的贵州锦屏产黑老虎新鲜根精油的主要成分为：石竹烯（11.59%）、荜澄茄烯（10.56%）、珀珀烯（9.56%）、d-苦橙花醇（9.13%）、荜澄茄油烯（8.56%）、水菖蒲烯（5.69%）、d-杜松烯（5.40%）、γ-马榄烯（2.59%）、α-杜松醇（2.54%）、蛇床烯（2.37%）、tau.-木罗醇（2.12%）、香橙烯（2.03%）、蒎烯（1.96%）、(1α,4aα,8aα)-1,2,3,4,4a5,6,8a-八氢-7-甲基-4-亚甲基-1-(1-甲基乙基)-萘（1.24%）、α-蛇麻烯（1.23%）、表圆线藻烯（1.03%）、榄香烯（1.02%）、1,6-二甲基-4-异丙基-1,2,3,4,4a,7-六氢萘（1.02%）等；用顶空固相微萃取法分析的新鲜根精油的主要成分为：荜澄茄烯（12.37%）、荜澄茄油烯（11.59%）、石竹烯（11.01%）、珀珀烯（9.69%）、d-苦橙花醇（9.65%）、水菖蒲烯（6.82%）、d-杜松烯（6.54%）、γ-马榄烯（2.92%）、α-杜松醇（2.77%）、蛇床烯（2.76%）、蒎烯（2.62%）、tau.-木罗醇（2.22%）、香橙烯（1.93%）、

(1α,4aα,8aα)-1,2,3,4,4a5,6,8a-八氢-7-甲基-4-亚甲基-1-(1-甲基乙基)-萘（1.63%）、表圆线藻烯（1.18%）、α-蛇麻烯（1.13%）、1,6-二甲基-4-异丙基-1,2,3,4,4a,7-六氢萘（1.03%）等。

茎：杨艳等（2018）用水蒸气蒸馏法提取的贵州锦屏产黑老虎新鲜茎精油的主要成分为：石竹烯（28.57%）、荜澄茄烯（15.29%）、珀珀烯（9.01%）、d-杜松烯（3.60%）、榄香烯（3.26%）、蛇床烯（3.03%）、牻牛儿烯（2.87%）、d-苦橙花醇（2.75%）、月桂烯（2.59%）、蒎烯（2.01%）、荜澄茄油烯（1.96%）、α-蛇麻烯（1.63%）、香橙烯（1.52%）、tau.-木罗醇（1.23%）、大根香叶烯B（1.20%）、α-杜松醇（1.05%）等。

叶：杨艳等（2018）用水蒸气蒸馏法提取的贵州锦屏产黑老虎新鲜叶精油的主要成分为：石竹烯（30.57%）、荜澄茄烯（11.98%）、蛇床烯（10.23%）、蒎烯（8.26%）、(-)-α-芹子烯（7.56%）、d-苦橙花醇（7.24%）、巴伦西亚橘烯（3.79%）、1-乙烯基-1-甲基-2,4-双(1-甲基乙烯基)环己烯（1.89%）、桉油烯醇（1.77%）、香橙烯（1.52%）等。

【利用】根药用，能行气活血、消肿止痛、治胃病、风湿骨痛、跌打瘀痛、腰肌劳损，并为妇科常用药，用于痛经、产后积瘀。果实成熟后可食。可作园林配置，矮化盆栽。

❀ 冷饭藤

Kadsura oblongifolia Merr.

木兰科　南五味子属
别名：饭团藤、吹风散
分布：海南、广西、广东

【形态特征】藤本，全株无毛。叶纸质，长圆状披针形、狭长圆形或狭椭圆形，长5～10 cm，宽1.5～4 cm，先端圆或钝，基部宽楔形，边有不明显疏齿。花单生于叶腋，雌雄异株；雄花花被片黄色，12～13片，中轮最大的1片椭圆形或倒卵状长圆形，长5～8 mm，宽3.5～5.5 mm，花托椭圆体形，雄蕊群球形，雄蕊约25枚；雌花花被片与雄花相似，雌蕊35～60枚。聚合果近球形或椭圆体形，径1.2～2 cm；小浆果椭圆体形或倒卵圆形，长约5 mm，顶端外果皮薄革质。干时显出种子；种子2～3，肾形或肾状椭圆形，长4～4.5 mm，宽3～4 mm，种脐稍凹入。花期7～9月，果期10～11月。

【生长习性】生于海拔500～1000 m的疏林中。
【精油含量】水蒸气蒸馏干燥根皮的得油率为0.98%。

【芳香成分】廖静妮等（2014）用水蒸气蒸馏法提取的广西梧州产冷饭藤干燥根皮精油的主要成分为：莰烯（17.77%）、异龙脑（12.08%）、(1,7,7-三甲基降冰片烷-2-YL)乙酸（8.24%）、(+)-d-杜松烯（7.32%）、β-蒎烯（5.88%）、3-蒈烯（4.81%）、α-蒎烯（4.55%）、桉叶油醇（4.22%）、(-)-柠檬烯（3.29%）、3-亚甲基-6-(1-甲基乙基)环己烯（1.98%）、4-萜烯醇（1.67%）、香附子烯（1.61%）、α-依兰油烯（1.48%）、异松油烯（1.37%）、(+)-依兰（1.34%）、左旋-β-蒎烯（1.30%）、佛术烯（1.25%）、1,7,7-三甲基三环[2.2.1.0^{2,6}]庚烷（1.18%）、邻异丙基甲苯（1.07%）、香榧醇（1.01%）等。

【利用】藤或根药用，有祛风除湿、行气止痛的功效，主治感冒、风湿痹痛、心胃气痛、痛经、跌打损伤。

🌸 南五味子

Kadsura longipedunculata Finet et Gagnep.

木兰科　南五味子属

别名：春头草、长梗南五味子、大红袍、风沙藤、红木香、盘柱南五味子、西五味子、小钻、小钻骨风、小血藤、紫金藤、紫荆皮、紫金皮、血头果

分布：江苏、安徽、浙江、江西、福建、湖北、湖南、广东、广西、四川、云南等地

【形态特征】藤本，各部无毛。叶长圆状披针形、倒卵状披针形或卵状长圆形，长5～13 cm，宽2～6 cm，先端渐尖或尖，基部狭楔形或宽楔形，边有疏齿。花单生于叶腋，雌雄异株；雄花花被片白色或淡黄色，8～17片，中轮最大1片椭圆形，长8～13 mm，宽4～10 mm；花托椭圆体形，顶端伸长成

圆柱状。雌花花被片与雄花相似，雌蕊群椭圆体形或球形，具雌蕊40～60枚；子房宽卵圆形。聚合果球形，径1.5～3.5 cm；小浆果倒卵圆形，长8～14 mm，外果皮薄革质，干时显出种子。种子2～3，稀4～5，肾形或肾状椭圆体形，长4～6 mm，宽3～5 mm。花期6～9月，果期9～12月。

【生长习性】生于海拔1000 m以下的山坡、林中。喜温暖湿润气候，适应性很强，对土壤要求不太严格，喜微酸性腐殖土。耐旱性较差。在肥沃、排水好、湿度均衡适宜的土壤上发育最好。

【精油含量】水蒸气蒸馏根皮的得油率为1.15%～1.60%。

【芳香成分】根：姜泽静等（2017）用水蒸气蒸馏法提取的福建福安产南五味子干燥根精油的主要成分为：(+)-δ-杜松烯（27.60%）、γ-荜澄茄烯（23.74%）、异朱栾倍半萜（12.99%）、顺-菖蒲烯（7.33%）、α-依兰油烯（4.28%）、石竹烯（4.01%）、紫穗槐烯（2.07%）、脱二氢异构长叶烯（1.92%）、雪松烯（1.22%）等。田恒康等（1993）用同法分析的浙江临安产南五味子新鲜根皮精油的主要成分为：莰烯（17.78%）、龙脑（16.81%）、δ-荜澄茄烯（11.04%）、聚伞花素+柠檬烯+1,8-桉叶油素（3.52%）、α-蒎烯（3.37%）、乙酸龙脑酯（2.64%）、α-依兰油烯（2.01%）、松油烯-4-醇（1.87%）、β-蒎烯（1.78%）、γ-依兰油烯（1.57%）、荜草烯（1.33%）、三环烯（1.30%）、4,10-二甲基-7-异丙基-二环[4.4.0]-1,4-癸二烯（1.11%）、珐琲烯（1.05%）、γ-荜澄茄烯（1.04%）等。

果实： 姜泽静等（2017）用水蒸气蒸馏法提取的干燥果实精油的主要成分为：石竹烯（12.61%）、γ-荜澄茄烯（9.90%）、紫穗槐烯（8.15%）、δ-榄香烯（6.51%）、顺-菖蒲烯（6.27%）、蛇床烯（4.31%）、(+)-δ-杜松烯（4.14%）、β-榄香烯（3.68%）、珀玛烯（3.31%）、紫穗槐烯（3.17%）、葎草烯（2.38%）、萜品烯（2.31%）、β-瑟林烯（2.29%）、α-金合欢烯（2.08%）、(+)-α-榄香烯（1.83%）、十六酸乙酯（1.30%）、马榄烯（1.12%）、α-荜澄茄烯（1.06%）等。

【利用】 根、茎、叶、种子均可入药，根具有行气消肿、活血止痛的功效，常用于治疗气滞腹胀痛、胃痛、伤痛等；种子为滋补强壮剂和镇咳药，有收敛固涩、益气生津、补肾宁心的功效，用于久咳虚喘、梦遗滑精、遗尿尿频、久泻不止、自汗、盗汗、津伤口渴、短气脉虚、内热消渴、心悸失眠、神经衰弱、支气管炎等症。茎、叶、果实可提取芳香油。茎皮可作绳索。果实可酿酒、制果汁。是庭园和公园垂直绿化的良好树种。

急尖，基部阔楔形或近圆钝，全缘或上半部有疏离的小锯齿。花单生于叶腋，雌雄异株，花被片白色或浅黄色，11～15片，外轮和内轮的较小，中轮的最大1片，椭圆形至倒卵形，长8～16 mm，宽5～12 mm；雄花花托椭圆体形，顶端伸长圆柱状。雌花子房长圆状倒卵圆形。聚合果近球形，直径2.5～4 cm；成熟心皮倒卵圆形，长10～22 mm；干时革质；种子2～5粒，长圆状肾形，长5～6 mm，宽3～5 mm。花期5～8月，果期8～12月。

【生长习性】 生于海拔400～900 m的山谷、溪边、密林中。

【精油含量】 水蒸气蒸馏干燥藤茎的得油率为0.75%～1.60%；超临界萃取藤茎的得油率为3.10%。

🌸 异形南五味子

Kadsura heteroclita (Roxb.) Craib.

木兰科　南五味子属

别名： 广东海风藤、异形五味子、大叶过山龙、大风沙藤、吹风散、大钻骨风、地血香

分布： 湖北、广东、广西、海南、贵州、云南

【形态特征】 常绿木质大藤本；小枝褐色，干时黑色，有明显深入的纵条纹，具椭圆形点状皮孔，老茎块状纵裂。叶卵状椭圆形至阔椭圆形，长6～15 cm，宽3～7 cm，先端渐尖或

【芳香成分】 李晓光等（2002）用水蒸气蒸馏法提取的广东信谊产异形南五味子干燥藤茎精油的主要成分为：δ-杜

松烯（22.59%）、δ-杜松醇（17.64%）、白菖烯（7.63%）、大根香叶烯D（5.24%）、α-依兰油烯（5.18%）、α-依兰油醇（3.95%）、γ-依兰油烯（3.27%）、β-荜澄茄油烯（3.25%）、斯巴醇（2.00%）、α,α,4-三甲基-3-(1-甲基乙烯基)-4-乙烯基-环己烷甲醇（1.81%）、1,2,3,4,4a,7-六氢-1,6-二甲基-4-(1-甲基乙基)萘（1.74%）、γ-杜松烯（1.58%）、异喇叭烯（1.54%）、松油烯-4-醇（1.52%）、可巴烯（1.44%）、喇叭烯（1.15%）、α-佛手柑油烯（1.02%）等。焦豪妍等（2012）用同法分析的广东产异形南五味子干燥藤茎精油的主要成分为：T-杜松醇（18.20%）、δ-杜松烯（11.49%）、α-没药醇（8.30%）、瓦伦烯（6.67%）、1S,顺-去氢白菖蒲烯（3.09%）、γ-杜松烯（3.06%）、橙花椒醇（3.03%）、α-胡椒烯（2.74%）、依兰油醇（2.51%）、α-依兰油烯（2.37%）、反式-β-L-丁子香烯（1.53%）、α-古香油烯（1.45%）、顺反顺三环[7.3.0.0^{2,6}]十二烷（1.36%）、β-L-荜澄茄烯（1.21%）、α-紫穗槐烯（1.19%）、异喇叭烯（1.09%）、(+)-匙叶桉油烯醇（1.06%）、α-白昌考烯（1.04%）等。

【利用】藤及根称鸡血藤，药用，有行气止痛、祛风除湿的功效，治风湿骨痛、跌打损伤。果实药用，有补肾宁心，止咳祛痰的功效，用于肾虚腰痛、失眠健忘、咳嗽。

❀ 光叶拟单性木兰
Parakmeria nitida (W. W. Smith) Law

木兰科　拟单性木兰属
分布： 西藏、云南

【形态特征】常绿乔木，高达30 m，直径达1 m。叶革质，椭圆形，长圆状椭圆形，很少倒卵状椭圆形，长5.5～9.5 cm，宽2～4 cm，先端急尖或短渐尖，基部楔形或阔楔形，叶面深绿色，有光泽，嫩叶红褐色；侧脉每边7～13条；叶柄长1～4 cm。花两性，芳香，花被片约12，外轮3片，背面中部带紫红色，倒卵状匙形，长4～5 cm，宽2.3～2.5 cm，内3轮淡黄白色，渐狭小；雄蕊长10～17 mm，花药长约10 mm，药隔伸出长约3 mm。雌蕊群绿色，花柱红色。聚合果绿色，长圆状卵圆形或椭圆状卵圆形，长5～7.5 cm；种子具鲜黄色外种皮。花期3～5月，果期9～10月。

【生长习性】生于海拔1800～2500 m的山坡阔叶林中。多生于红黄壤或黄壤土上。稍耐阴，抗风力差。

【精油含量】水蒸气蒸馏新鲜叶的得油率为1.29%。

【芳香成分】杨守晖等（2009）用水蒸气蒸馏法提取的江苏南京产光叶拟单性木兰新鲜叶片精油的主要成分为：香桧烯（13.52%）、β-松节烯（7.62%）、1R-α-蒎烯（7.43%）、间-甲基异丙基苯（7.21%）、桉油醇（7.14%）、松油-4-醇（6.08%）、β-石竹烯（5.58%）、β-荜澄茄烯（4.44%）、δ-杜松烯（3.93%）、β-沉香醇（3.24%）、β-榄香烯（3.23%）、β-蒎烯（2.98%）、樟脑（2.72%）、γ-榄香烯（2.38%）、α-葎草烯（2.11%）、α-水芹烯（1.81%）、莰烯（1.79%）、β-顺-罗勒烯（1.70%）、3,7-二甲基-1羟基-2,6-辛二烯（1.56%）、γ-松油烯（1.52%）、α-珀珆烯（1.28%）、蓝桉醇（1.27%）、R-(+)-β-香茅醇（1.22%）、反-橙花叔醇（1.19%）、绿花白千层醇（1.15%）等。

【利用】园林绿化和观赏树种。

❀ 乐东拟单性木兰
Parakmeria lotungensis (Chun. et. C. Tsoong) Law

木兰科　拟单性木兰属
别名： 光叶木兰、乐东木兰、隆南
分布： 广东、广西、海南、江西、福建、湖南、浙江、贵州

【形态特征】常绿乔木，高达30 m，胸径30 cm，树皮灰白色。叶革质，狭倒卵状椭圆形、倒卵状椭圆形或狭椭圆形，长6～11 cm，宽2～5 cm，先端尖而尖头钝，基部楔形，或狭楔形；叶面深绿色，有光泽。花杂性，雄花两性花异株；雄花花被片9～14，外轮3～4片浅黄色，倒卵状长圆形，长2.5～3.5 cm，宽1.2～2.5 cm，内2～3轮白色，较狭少；雄蕊30～70枚，花丝及药隔紫红色；两性花花被片与雄花同形而较

小，雄蕊10～35枚，具雌蕊10～20枚。聚合果卵状长圆形体或椭圆状卵圆形，很少倒卵形，长3～6 cm；种子椭圆形或椭圆状卵圆形，外种皮红色，长7～12 mm，宽6～7 mm。花期4～5月，果期8～9月。

【生长习性】生于海拔700～1400 m的肥沃阔叶林中。适生于年均气温为19～22 ℃，年平均最低气温16 ℃，年降雨量1800～2000 mm，砖红性黄壤土。

【精油含量】水蒸气蒸馏干燥花的得油率为0.46%。

【芳香成分】叶：樊二齐等（2012）用水蒸气蒸馏法提取的浙江临安产乐东拟单性木兰阴干叶精油的主要成分为：β-蒎烯（16.16%）、萜烯醇（10.51%）、柠檬烯（9.68%）、β-水芹烯（8.19%）、α-蒎烯（7.08%）、β-侧柏烯（5.46%）、松油烯（5.27%）、石竹烯（4.52%）、榄香醇（4.17%）、莰烯（3.46%）、芳樟醇（3.46%）、γ-桉叶油醇（2.27%）、异松油烯（1.66%）、α-松油醇（1.65%）、α-水芹烯（1.44%）、桉叶醇（1.24%）、苡烯（1.21%）、β-桉叶醇（1.12%）等。

花：陈炳华等（2002）用水蒸气蒸馏法提取的福建永泰产乐东拟单性木兰干燥花精油的主要成分为：β-蒎烯（12.85%）、D-柠檬烯（7.78%）、石竹烯（4.89%）、十氢-4a-甲基-1-亚甲基-7-(1-甲基乙烯基)-萘（4.70%）、α-杜松醇（3.61%）、1H-环戊[1,3]并环丙[1,2]苯（3.52%）、丁香烯氧化物（3.33%）、1,2,3,4,4a,5,6,8a-八氢-4a,8-二甲基-萘（3.27%）、α-蒎烯（3.22%）、1,2,3,5,6,8a-六氢-4,7-二甲基-1-萘（2.80%）、1,6-二甲基-4-(1-甲基乙基)萘（2.48%）、1-乙烯基-1-甲基-2,4-双(1-甲基乙烯基)-环己烷（2.39%）、1-甲基-2-(1-甲基乙基)苯（2.10%）、正二十一碳烷（1.93%）、τ-杜松醇（1.81%）、

(R-)-4-甲基-1-(1-甲基乙基)-3-环己烯-1-醇（1.78%）、3-蒈烯（1.47%）、α-石竹烯（1.40%）、4-甲基-1-(1-甲基乙基)-二环[3.1.0]己烷（1.27%）、1,2,3,4,4a,5,6,8a-八氢-1-甲基-4-亚甲基-萘（1.22%）、1,2,3,4,4a,5,6,8a-八氢-7-甲基-4-亚甲基-1-萘（1.11%）、十氢-1,4a-二甲基-7-(1-甲基亚乙基)-1-萘酚（1.03%）、3,7-二甲基-1,6-辛二烯-3-醇（1.02%）等。

【利用】是珍贵的园林绿化和观赏树种。木材适于作建筑、家具、车厢、门窗、墙壁板、室内装修及其他镜框、相架制作等用材，又可作车旋玩具、装饰品与雕刻等用，也适于作包装材料。

❀ 云南拟单性木兰
Parakmeria yunnanensis Hu

木兰科　拟单性木兰属	
别名： 云南拟克林丽木、黑心绿豆	
分布： 云南、贵州、四川、广东、广西	

【形态特征】常绿乔木，高达30 m，胸径50 cm，树皮灰白色，光滑不裂。叶薄革质，卵状长圆形或卵状椭圆形、长6.5～20 cm，宽2～5 cm，先端短渐尖或渐尖，基部阔楔形或近圆形，叶面绿色，叶背浅绿色，嫩叶紫红色。花杂形，雄花两性花异株，芳香；雄花花被片12，4轮，外轮红色，倒卵形，长约4 cm，宽约2 cm，内3轮白色，肉质，狭倒卵状匙形，基部渐狭成爪状；雄蕊约30枚，花丝红色，花托顶端圆；两性花花被片与雄同而雄蕊极少，雌蕊群卵圆形，绿色，聚合果长圆状卵圆形，长约6 cm，蓇葖菱形，熟时背缝开裂；种子扁，长6～7 mm，宽约1 cm，外种皮红色。花期5月，果期9～10月。

【生长习性】生于海拔1200～1500 m的山谷密林中。分布区跨亚热带及中亚热带常绿阔叶林区，气候温暖、湿润，多雨，雾日多，年平均温15.8～22 ℃，年降水量1250～1750 mm，干雨季明显，相对湿度80%以上，土壤多为山地黄壤或黄红壤，石灰岩山地亦能生长。在土壤潮湿、肥沃、腐殖质层较厚的酸性土壤（pH4.5～6.5）上生长良好。阳性树种。

【精油含量】水蒸气蒸馏叶的得油率为0.21%～0.47%，花或花蕾得油率为0.11%～0.28%。

【芳香成分】叶：李洁等（1992）用水蒸气蒸馏法提取的云南文山产野生云南拟单性木兰新鲜叶精油的主要成分为：芳樟醇（23.94%）、β-蒎烯（14.07%）、樟脑（5.34%）、1,8-桉叶油素

（5.28%）、柠檬烯（5.20%）、香叶醇（4.16%）、桧脑（4.15%）、α-蒎烯（3.93%）、α-水芹烯（3.76%）、月桂烯（3.62%）、香桧烯（2.61%）、松油烯-4-醇（2.13%）、莰烯（2.08%）、β-丁香烯（1.68%）、对-聚伞花素（1.62%）、β-榄香烯（1.58%）等。

花：李洁等（1992）用水蒸气蒸馏法提取的云南文山产野生云南拟单性木兰新鲜花精油的主要成分为：桧脑（8.92%）、γ-木罗烯（4.87%）、γ-榄香烯（4.83%）、α-愈创烯（4.15%）、δ-杜松烯（3.37%）、3-甲基-2-(1,3-戊二烯)-2-环戊烯-1-酮（3.34%）、芳樟醇（3.17%）、β-榄香烯（3.15%）、1,8-桉叶油素（3.03%）、β-蒎烯（2.53%）、δ-杜松醇（2.27%）、β-古芸烯（1.92%）、香桧烯（1.81%）、松油烯-4-醇（1.74%）、柠檬烯（1.62%）、β-中合木烯（1.45%）、龙脑（1.26%）、γ-杜松烯（1.24%）、樟脑（1.19%）、月桂烯（1.16%）、β-丁香烯（1.09%）等。

【利用】是重要的用材和绿化树种。叶精油可用于化妆品及皂用香精。

合蕊五味子

Schisandra propinqua (Wall.) Baill.

木兰科　五味子属
别名：满山香
分布：广东、广西、云南、西藏

【形态特征】落叶木质藤本，当年生枝褐色，有银白色角质层。叶坚纸质，卵形至狭长圆状卵形，长7～17 cm，宽2～5 cm，先端渐尖，基部圆或阔楔形，下延至叶柄，叶面干时褐色，叶背带苍白色，具疏离的胼胝质齿，有时近全缘。花橙黄色，常单生或2～3朵聚生于叶腋，或1花梗具数花的总状花序；具约2小苞片。雄花花被片9(15)，外轮3片绿色，最小的椭圆形或卵形，中轮最大的一片近圆形、倒卵形或宽椭圆形，最内轮的较小；雌花花被片与雄花相似，心皮密生腺点。聚合果长3～15 cm，直径1～2 mm，具10～45成熟心皮；种子近球形，种皮浅灰褐色，种脐狭长，稍凹入。花期6～7月。

【生长习性】生于海拔2000～2200 m的河谷、山坡常绿阔叶林中。

【精油含量】水蒸气蒸馏新鲜藤的得油率为0.05%，果实的得油率为5.50%。

【芳香成分】茎：芮和恺等（1984）用水蒸气蒸馏法提取的云南玉溪产合蕊五味子新鲜藤精油的主要成分为：α-蒎

烯（7.09%）、龙脑（4.86%）、β-蒎烯（3.91%）、α-松油醇（2.80%）、丁香油酚（2.32%）、对聚伞花素（2.18%）、香草醛（1.67%）、龙脑乙酸酯（1.61%）、柠檬烯（1.14%）等。

叶：李俊等（2003）用水蒸气蒸馏法提取的广西桂林产合蕊五味子新鲜叶精油的主要成分为：水杨酸甲酯（95.25%）。

果实：李俊等（2006）用水蒸气蒸馏，石油醚萃取法提取的广西桂林产合蕊五味子果实精油的主要成分为：水杨酸甲酯（94.56%）。

【利用】茎、叶、果实可提取芳香油。根、茎、叶、种子入药，有祛风去痰的功效，根及茎有舒筋活血、止痛消肿的功效，用于风湿麻木、跌打损伤、月经不调、疮毒、毒蛇咬伤；叶外用于外伤出血；果实用于肾虚；种子主治神经衰弱。

铁箍散

Schisandra propinqua (Wall.) Baill. var. *sinensis* Oliv.

木兰科　五味子属
别名：血糊藤、香巴戟、小血藤、狭叶五味子
分布：陕西、甘肃、江西、河南、湖北、湖南、四川、贵州、云南

【形态特征】与原变种不同处在于花被片椭圆形，雄蕊较少，6～9枚；成熟心皮亦较小，10～30枚。种子较小，肾形，近圆形，长4～4.5 mm，种皮灰白色，种脐狭V形，约为宽的1/3。花期6～8月，果期8～9月。

【生长习性】生于海拔500～2000 m的沟谷、岩石山坡林中。

【芳香成分】李群芳等（2010）用水蒸气蒸馏法提取的贵州遵义产铁箍散干燥根茎精油的主要成分为：4-萜烯醇（20.22%）、1,2,3,4,4a,7-六氢-1,6-二甲基-4-(1-甲基乙基)-萘（13.25%）、γ-杜松烯（12.33%）、T-依兰油醇（11.85%）、可巴烯（4.31%）、(+)-叶桉油烯醇（4.13%）、α-荜澄茄醇（2.60%）、α-荜澄茄油烯（2.32%）、左旋环烯庚烯醇（2.05%）、α-紫穗槐烯（2.03%）、龙脑（2.03%）、2-异丙基-5-甲基-9-亚甲基-二环[4.4.0]癸-1-烯（1.69%）、α-依兰油烯（1.56%）、(+)-表-双环倍半水芹烯（1.21%）等。

【利用】茎、叶、果实可提取芳香油。根、叶入药，有祛风去痰之效，根及茎治风湿骨痛、跌打损伤等症。种子入药主治神经衰弱。

华中五味子

Schisandra sphenanthera Rehd. et Wils.

木兰科　五味子属
别名：南五味子、香苏、红铃子、楔药北五味子
分布：山西、陕西、甘肃、山东、江苏、安徽、浙江、江西、福建、河南、湖北、湖南、四川、贵州、云南

【形态特征】落叶木质藤本，全株无毛。冬芽、芽鳞具长缘毛，小枝红褐色，具密而凸起的皮孔。叶纸质，倒卵形至倒卵状长椭圆形，有时圆形，长3～11 cm，宽1.5～7 cm，先端短急尖或渐尖，基部楔形或阔楔形，干膜质边缘至叶柄成狭翅，叶面深绿色，叶背淡灰绿色，有白色点，1/2～2/3以上边缘具疏离、胼胝质齿尖的波状齿。花生于近基部叶腋，苞片膜质，花被片5～9，橙黄色，近相似，椭圆形或长圆状倒卵形，具缘毛，背面有腺点。雄花雄蕊群倒卵圆形，花托圆柱形；雌花雌蕊群卵球形，雌蕊30～60枚，子房近镰刀状椭圆形。聚合果径约4 mm，成熟小浆果红色，长8～12 mm，宽6～9 mm；种子长圆体形或肾形，种脐斜V字形，种皮褐色。花期4～7月，果期7～9月。

【生长习性】生于海拔600～3000 m的湿润山坡边或灌丛中。喜阴凉湿润气候，耐寒，不耐水浸，需适度荫蔽，幼苗期尤忌烈日照射。以疏松、肥沃、富含腐殖质的壤土栽培为宜。

【精油含量】水蒸气蒸馏果实的得油率为0.50%～2.14%，种子的得油率为1.80%；超临界萃取果实的得油率为8.20%～18.46%；有机溶剂萃取果实的得油率为15.42%；超声辅助水蒸气蒸馏果实的得油率为1.40%。

【芳香成分】茎：黄泽豪等（2011）用水蒸气蒸馏法提取的福建永泰产华中五味子干燥藤茎精油的主要成分为：石竹烯（20.93%）、1,2,4a,5,6,8a-六氢-4,7-二甲基-1-(1-甲基乙基)-萘（19.17%）、1,2,3,5,6,8a-六氢-4,7-二甲基-1-(1-甲基乙基)-萘（17.94%）、2-十三烷酮（6.10%）、1,5,9,9-四甲基-1,4,7-环十一碳三烯（4.43%）、珀坦烯（3.57%）、1,2,3,4,4a,5,6,8a-八氢-7-甲基-4-亚甲基-1-(1-甲基乙基)-萘（2.46%）、长叶蒎烯（2.44%）、1,2,3,4,4a,5,6,8a-八氢-7-甲基-4-甲基-1-(1-甲基乙基)-萘（2.14%）、1,2,3,4,4a,7-六氢-1,6-甲基-4-(1-甲基乙基)-萘（2.05%）、1,2,3,4-四氢-1,6-甲基-4-(1-甲基乙基)-萘（1.87%）、1,2,3,4,4a,5,6,8a-八氢-7-甲基-4-亚甲基-1-(1-甲基乙基)-萘（1.84%）、8,9-脱氢-新异长叶烯（1.83%）、1,2,3,4,4a,5,6,8a-八氢-4a,8-二甲基-2-(1-甲基乙烯基)-萘（1.73%）、2-十九烷酮（1.41%）等。朱玉梅等（2013）用同法分析的贵州贵阳产华中五味子干燥藤茎精油的主要成分为：金合欢醇（22.62%）、δ-杜松烯（10.69%）、β-蒎烯（4.60%）、α-水芹烯（4.58%）、α-蒎烯（4.35%）、柠檬烯（4.27%）、对伞花烃（4.14%）、ζ-木罗醇（4.05%）、α-松油烯-4-醇（4.01%）、α-杜松烯（3.29%）、丁子香烯（2.78%）、α-依兰油烯（2.37%）、香桧烯（2.16%）、斯巴

醇（2.08%）、α-杜松醇（1.81%）、松油烯（1.64%）、γ-杜松烯（1.63%）、α-崖柏烯（1.50%）、珂珀烯（1.46%）、大根香叶烯D（1.39%）、β-香叶烯（1.27%）、表-双环倍半水芹烯（1.09%）、α-萜品烯（1.05%）等。

果实：崔九成等（2005）用水蒸气蒸馏法提取的陕西产华中五味子果实精油的主要成分为：β-雪松烯（14.50%）、α-檀香烯（14.30%）、γ-杜松萜烯（12.79%）、δ-榄香烯（8.44%）、γ-蛇麻烯（4.70%）、4,6,6-三甲基-2-(3-甲基丁基-1,3-二烯基)-3-氧杂三环[5.1.0.0²·⁴]辛烷（4.61%）、(R)-(+)-花侧柏烷（2.99%）、β-檀香烯（2.44%）、大根香叶烯B（2.23%）、α-檀香醇（2.09%）、2-(4a,8-二甲基-1,2,3,4,4a,5,6,7-八氢萘-2)-1-丙烯醇（2.00%）、喇叭烯（1.99%）、β-红没药烯（1.97%）、珂珀烯（1.28%）、α-红没药醇（1.20%）等。李昕等（2014）分析的成熟果实精油的主要成分为：τ-依兰油烯（32.21%）、长叶蒎烯（23.45%）、花柏烯（6.38%）、α-白檀油烯醇（5.11%）、依兰烯（3.15%）、β-古芸烯（2.62%）、反-β-紫罗兰酮（2.38%）、τ-古芸烯（2.25%）、β-藿香萜烯（1.93%）、石竹烯（1.89%）、(3'aS,6'R,9'aR)-八氢-螺[环丙烷-1,8'(1H')[3a.6]甲醇[3ah]环戊烯并环辛烯]-10'-酮（1.82%）、马兜铃烯（1.48%）、二-表-α-雪松烯（1.35%）、异喇叭烯（1.29%）等。

种子：唐志书等（2005）用水蒸气蒸馏法提取的陕西山阳产华中五味子种子精油的主要成分为：β-雪松烯（11.49%）、γ-杜松萜烯（10.87%）、α-檀香烯（10.65%）、δ-榄香烯（6.48%）、2-(4a,8-二甲基-1,2,3,4,4a,5,6,7-八氢萘-2)-1-丙烯醇（5.42%）、α-檀香醇（3.73%）、β-雪松烯（2.46%）、γ-蛇麻烯（2.18%）、大根香叶烯B（2.17%）、6-(1,3-二甲基-丁基-1,3-二烯基)-1,5,5-三甲基-7-氧杂-二环[4.1.0]-2-庚烯（2.02%）、(R)-(+)-花侧柏烷（1.62%）、a-叉芷香烯（1.33%）、γ-蛇麻烯（1.12%）、4,6,6-三甲基-2-(3-甲基丁基-1,3-二烯基)-3-氧杂三环[5.1.0.0²·⁴]辛烷（1.12%）、β-檀香烯（1.04%）、荜澄茄醇（1.03%）等。

【利用】果实供药用，为五味子代用品，有收敛、滋补、生津、止泻的功效，用于肺虚咳嗽、津亏口渴、自汗、盗汗、慢性腹泻。根、茎药用，治慢性胃炎、胎动不安、痛经、风湿疼痛、月经不调、胃溃疡、劳伤吐血、跌打损伤、外伤出血、烧烫伤。种子榨油可制肥皂或作润滑油。是庭园和公园垂直绿化的良好树种。

🌸 五味子
Schisandra chinensis (Tuecz.) Baill.

木兰科　五味子属
别名：五梅子、辽五味子、北五味子、山花椒
分布：黑龙江、吉林、辽宁、内蒙古、河北、山西、宁夏、甘肃、山东

【形态特征】落叶木质藤本，除幼叶叶背被柔毛及芽鳞具缘毛外余无毛；幼枝红褐色，老枝灰褐色，常起皱纹，片状剥落。叶膜质，宽椭圆形、卵形、倒卵形、宽倒卵形，或近圆形，长3～14 cm，宽2～9 cm，先端急尖，基部楔形，上部边缘具胼胝质的疏浅锯齿，近基部全缘；叶柄两侧由于叶基下延成极狭的翅。雄花具狭卵形苞片，花被片粉白色或粉红色，6～9片，长圆形或椭圆状长圆形，长6～11 mm，宽2～5.5 mm，外面的较狭小；雌花花被片和雄花相似。聚合果长1.5～8.5 cm；小浆果红色，近球形或倒卵圆形，径6～8 mm，果皮具不明显腺点；种子1～2粒，肾形，长4～5 mm，宽2.5～3 mm，淡褐色，种皮光滑，种脐明显凹入成U形。花期5～7月，果期7～10月。

【生长习性】生于海拔1200～1700 m的沟谷、溪旁、山坡。耐早春寒冷，抗寒性强。喜湿润而阴凉的环境，不耐低洼积水，不耐干旱。喜肥沃微酸性土壤。幼苗前期忌烈日照射，后期要求比较充足的阳光。在肥沃、排水好、湿度均衡适宜的土壤上发育最好。

【精油含量】水蒸气蒸馏茎皮的得油率为0.30%，干燥藤茎的得油率为0.38%，果实的得油率为0.13%～3.43%，种子的得油率为1.60%；同时蒸馏萃取叶的得油率为5.05%，干燥果实的得油率为6.30%；超临界萃取藤茎的得油率为0.43%，果实的得油率为6.74%～20.00%；超声辅助水蒸气蒸馏干燥藤茎的得油率为2.17%，果实的得油率为1.80%。

【芳香成分】茎：徐海波等（2005）用水蒸气蒸馏法提取的吉林蛟河产五味子干燥藤茎精油的主要成分为：[+]-桥-二环倍半水芹烯（15.31%）、[S-(Z)]-3,7,11-三甲基-1,6,10-十二三烯-3-醇（14.41%）、2-十三酮（5.48%）、(R)-1-甲基-4-(1,2,2-三甲基环戊基)-苯（2.74%）、α-杜松醇（2.22%）、珂妃烯（2.18%）、1,2,3,4,4a,7-六氢-1,6-二甲基-4-(1-甲乙基)-萘（2.17%）、2-异丙基-5-甲基-9-亚甲基-二环[4.4.0]癸-1-烯（1.44%）、2-甲基-5-[1-甲乙基]-苯酚（1.29%）、2-十一烷酮（1.22%）等。孙广仁等（1991）用同法分析的吉林浑江产茎皮精油的主要成分为：β-萜品烯（14.71%）、十一烷-2-酮（9.81%）、δ-杜松醇（7.93%）、β-萜品醇（6.50%）、三环萜（5.97%）、α-蒎烯（4.92%）、γ-萜品醇（4.83%）、对-伞花烃（3.71%）、4-萜品醇（2.93%）、γ-依兰油烯（2.48%）、十三烷-2-酮（2.44%）、4-莰烯（2.20%）、δ-3-长松针烯（2.16%）、β-榄香烯（2.01%）、异胡薄荷醇（1.89%）、3,7-二甲基-1,6-辛二烯-3-醇（1.57%）、对-异丙基苯甲酸（1.50%）、α-水芹烯（1.24%）、5,6,7,8,9,10-六氢愈创薁（1.19%）等。姚慧娟等（2014）用超声波萃取法提取的吉林长白山野生五味子干燥茎皮（藤皮）精油的主要成分为：(1R)-(+)-α-蒎烯（19.94%）、β-蒎烯（11.06%）、反式-橙花叔醇（9.16%）、右旋萜二烯（5.42%）、石竹烯（4.86%）、表双环倍半水芹烯（3.89%）、月桂烯（2.30%）、3-亚甲基-6-(1-甲基乙基)环己烯（2.28%）、异硫氰酸甲酯（2.02%）、α-蒎烯（1.97%）、2-十三烷酮（1.58%）、3-莰烯（1.31%）、铃兰醛（1.17%）、β-榄香烯（1.00%）等。

叶：谷昊等（2009）用同时蒸馏萃取法提取的辽宁岫岩产五味子干燥叶精油的主要成分为：1-乙烯基-1-甲基-2,4-二(丙-1-烯-2-基)环己烷（6.33%）、2,6-二甲基-6-(4-甲基-3-戊烯基)-双环[3.1.1]庚-2-烯（4.40%）、1-甲基-5-亚甲基-8-(1-甲乙基)-1,6-环癸二烯（3.98%）、橙花叔醇（2.25%）、(1S-顺)-1,2,3,5,6,8a-六氢-4,7-二甲基-1-(1-甲乙基)-萘（2.15%）、6,10,14-三甲基-2-十五烷酮（2.15%）、7,11-二甲基-3-亚甲基-1,6,10-十二碳三烯（2.05%）、十氢-3α-甲基-6-亚甲基-1-(甲乙基)环丁[1,2：3,4]二环戊烯（1.97%）、α-杜松醇（1.69%）、乙酸（1.61%）、1,2,4a,5,8,8a-六氢-4,7-二甲基-1-(1-甲乙基)-萘（1.40%）、2-甲基-巴豆酸（1.26%）、4-亚甲基-2,8,8-三甲基-2-乙烯基-双环[5.2.0]壬烷（1.16%）等。

果实：韩红祥等（2011）用水蒸气蒸馏法提取的干燥成熟果实精油的主要成分为：α-柏木萜烯（20.96%）、依兰烯（14.65%）、花柏烯（10.00%）、β-雪松烯（7.23%）、新长叶烯

（3.85%）、倍半水芹烯（3.24%）、菖蒲二烯（3.22%）、乙酸冰片酯（2.61%）、γ-萜品烯（2.30%）、橙花叔醇（2.18%）、邻伞花烃（1.79%）、麝香草酚甲醚（1.29%）、别香橙烯（1.11%）、β-波旁烯（1.06%）等。李昕等（2014）用同法分析的成熟果实精油的主要成分为：依兰烯（38.34%）、α-香柠檬烯（10.00%）、柏木烯（9.46%）、τ-古芸烯（7.07%）、cedr-8-en-13-ol（4.44%）、倍半萜烯类化合物（3.63%）、斯巴醇（3.01%）、花柏烯（2.20%）、β-古芸烯（2.12%）、α-古芸烯（1.96%）、α-雪松烯（1.95%）、乙酸龙脑酯（1.37%）、吉玛烯D（1.20%）等。

【利用】果实为著名中药，有敛肺止咳、滋补涩精、止泻止汗、益智安神等功效，主治肺虚咳喘、自汗、盗汗、慢性腹泻、痢疾、口渴、神经衰弱、头昏健忘、心悸、不眠、四肢乏力、慢性肝炎转氨酶升高、视力减退等症。叶、茎、果实可提取芳香油。种仁榨油可作工业原料、润滑油。茎皮纤维可供制绳索。花、果、茎蔓、根、叶均有较高的食疗价值，为药食两用植物。果实可以酿酒。

✿ 榴莲
Durio zibethinus Murr.

木棉科　　榴莲属
别名：韶子、麝香猫果
分布：海南、广东、广西、云南、台湾

【形态特征】常绿乔木，高可达25 m，幼枝顶部有鳞片。托叶长1.5～2 cm，叶片长圆形，有时倒卵状长圆形，短渐尖或急渐尖，基部圆形或钝，两面发亮，叶面光滑，叶背有贴生鳞片。聚伞花序簇生于茎上或大枝上，每序有花3～30朵；花蕾球形；花梗被鳞片，长2～4 cm。苞片托住花萼，比花萼短，萼筒状，高2.5～3 cm，基部肿胀，内面密被柔毛，具5～6个短宽的萼齿；花瓣黄白色，长3.5～5 cm，为萼长的2倍，长圆状匙形，后期外翻；雄蕊5束，每束有花丝4～18，花丝基部合生1/4～1/2；蒴果椭圆状，淡黄色或黄绿色，长15～30 cm，粗13～15 cm，每室种子2～6，假种皮白色或黄白色，有强烈的气味。花果期6～12月。

【生长习性】热带作物，生长所在地日平均温度22 ℃以上。无霜冻的地区可以种植。

【精油含量】同时蒸馏萃取新鲜果肉的得油率为0.17%，新鲜内果皮的得油率为0.43%，新鲜外果皮的得油率为0.18%。

【芳香成分】刘倩等（1999）用溶液萃取法捕集的榴莲果实香气的主要成分为：3-羟基-丁酮（23.44%）、十六酸（16.08%）、十八碳烯酸（15.57%）、2-甲基-丁酸乙酯（9.73%）、丙酸乙酯（7.46%）、1,1-二乙氧基乙烷（3.39%）、十八碳烯酸乙酯（3.03%）、十四醇（2.81%）、1-乙氧基丙烷（2.23%）、乙酸乙酯（2.10%）、十六酸乙酯（1.51%）、2-甲基丁酸（1.39%）、十八醇（1.36%）、十八醛（1.27%）等。高婷婷等（2014）用固相微萃取法提取的'金枕'榴莲新鲜果肉香气的主要成分为：2-甲基丁酸乙酯（31.48%）、丙酸乙酯（22.27%）、乙酸乙酯（7.22%）、丁酸乙酯（5.61%）、反式-2-丁烯酸乙酯（5.19%）、3,5-二硫杂庚烷（4.41%）、二乙基二硫醚（3.09%）、2-甲基丁酸丙酯（2.03%）、反-2-甲基-2-丁烯酸乙酯（1.80%）、2-甲基丁酸甲酯（1.51%）、3,5-二甲基-1,2,4-三硫环戊烷（1.41%）、乙硫醇（1.16%）等。张博等（2012）用同时蒸馏萃取法提取的'金枕'榴莲新鲜果肉精油的主要成分为：二烯丙基三硫醚（26.83%）、棕榈酸（15.24%）、二乙基二硫醚（10.80%）、二烯丙基四硫醚（5.48%）、S-三聚硫代甲（5.24%）、3-顺-甲氧基-5-顺-甲基-1R-环己烷（1.83%）、十八碳-9-烯酸（1.67%）、硬脂酸（1.62%）、4,5-二氢-3-硫-1,2,4-三唑（1.59%）、正二十三烷（1.19%）、油酸乙酯（1.08%）、1-十九烯（1.06%）等；新鲜内果皮精油的主要成分为：13-十八烯酸甲酯（18.64%）、棕榈酸（16.96%）、棕榈酸甲酯（10.41%）、邻苯二甲酸二(2-甲基)丙酯（6.77%）、亚油酸甲酯（5.51%）、邻苯二甲酸二丁酯（5.33%）、3-羟基-2-丁

酮（3.81%）、2-甲基丁酸（3.74%）、Z-11-十六烯酸（2.51%）、十五烷酸（1.99%）、五甲基呋喃溴酸酯（1.76%）、油酸乙酯（1.10%）、正丁醇（1.07%）、2-甲基-1-丁醇（1.07%）、(Z)-1-(1-乙氧基乙氧基)-3-己烯（1.03%）、硬脂酸甲酯（1.01%）、邻苯二甲酸丁酯（1.01%）等；新鲜外果皮精油的主要成分为：2-甲基丁酸乙酯（17.20%）、十八碳烯酸（16.80%）、棕榈酸乙酯（14.90%）、油酸乙酯（12.50%）、棕榈酸（9.79%）、二乙基二硫醚（4.31%）、棕榈醛（4.20%）、13-十八烯酸酯（4.16%）、丁酸异丁酯（3.29%）、2-羟-3-甲基丁酸乙酯（2.79%）、苯乙醛（2.22%）、月桂酸乙酯（1.92%）、亚油酸乙酯（1.80%）、棕榈酸甲酯（1.11%）等。张继等（2003）用水蒸气蒸馏法提取的果皮精油的主要成分为：十八烷（7.52%）、十九烷（5.98%）、二十九烷（5.31%）、十七烷（4.22%）、二十烷（3.95%）、11-丁基-二十二烷（3.78%）、二十七烷（3.63%）、二十五烷（2.87%）、二十六烷（2.84%）、十六烷（2.69%）、3,5-二羟基-苯甲酸（2.65%）、六甲基-环三硅氧烷（2.64%）、三十烷（2.56%）、2,6,10,14-四甲基-十六烷（1.97%）、二十四烷（1.85%）、十五烷（1.82%）、四十四烷（1.68%）、3-甲基-1H-吡唑（1.58%）、二十三烷（1.44%）、9-甲基-十九烷（1.40%）、1-碘-十二烷（1.39%）、十六烷酸乙酯（1.34%）、5-丁基-壬烷（1.20%）、八甲基-环四硅氧烷（1.19%）、2,6,10,14-四甲基-十六烷（1.17%）、2-亚甲基-环戊醇（1.06%）等。

【利用】果实供食用为大型热带水果，有"果中之王"之称；果未成熟时供蔬食；还可作为轻工业品的原料用于制造肥皂，润滑油及抛光剂。种子可炒食。全草药用，有滋阴强壮、疏风清热、利胆退黄、杀虫止痒、补身体的功效。果皮可食，可作妇女滋补汤，能去胃寒。果核有温和补肾的功效，可用于精血亏虚、须发早白、衰老等症。果肉可供药用，可用于精血亏虚、须发早白、衰老、风热、黄疸、疥癣、皮肤瘙痒等症。

🌸 木棉
Bombax malabaricum DC.

木棉科　木棉属

别名：古贝、斑枝花、斑芝棉、斑芝树、攀枝花、红棉、琼枝、英雄树、攀枝

分布：广东、广西、江西、四川、云南、贵州、福建、台湾等地

【形态特征】落叶大乔木，高可达25 m，树皮灰白色，幼树的树干通常有圆锥状的粗刺。掌状复叶，小叶5～7片，长圆形至长圆状披针形，长10～16 cm，宽3.5～5.5 cm，顶端渐尖，基部阔或渐狭，全缘；托叶小。花单生枝顶叶腋，通常红色，有时橙红色，直径约10 cm；萼杯状，长2～3 cm，内面密被淡黄色短绢毛，萼齿3～5，半圆形，花瓣肉质，倒卵状长圆形，长8～10 cm，宽3～4 cm，二面被星状柔毛。蒴果长圆形，钝，长10～15 cm，粗4.5～5 cm，密被灰白色长柔毛和星状柔毛；种子多数，倒卵形，光滑。花期3～4月，果夏季成熟。

【生长习性】生于海拔1700 m以下的干热河谷及稀树草原，也可生长在沟谷季雨林内。喜温暖干燥和阳光充足环境。不耐寒，生长适温20～30 ℃，冬季温度不低于5 ℃。稍耐湿，忌积水。耐旱、抗污染、抗风力强。以深厚、肥沃、排水良好的中性或微酸性砂质土壤为宜。

【芳香成分】何峙等（2008）用同时蒸馏萃取法提取的云南元阳产木棉干燥花精油的主要成分为：(Z,Z)-9～12-十八碳二烯酸（63.73%）、十六酸（20.41%）、十六酸乙酯（4.21%）、1-癸炔（1.15%）等。林敬明等（2001）用超临界CO$_2$萃取法提取的干燥花精油的主要成分为：邻苯二甲酸二异丁酯（31.87%）、α-细辛醚（9.99%）、十四烷酸（9.13%）、十五烷酸（8.33%）、细辛醚（4.49%）、6,10,14-三甲基-2-十五烷酮（4.45%）、十四烷酸乙酯（3.40%）、十五烷酸乙酯（3.31%）、5,6,7,7a-四甲基-2(4H)-苯并呋喃酮（1.41%）、棕榈酸甲酯（1.31%）、雪松脑（1.29%）、异水菖蒲二醇（1.18%）、(2α,3β,6α)-3-乙烯基-3-甲基-2-(1-甲基乙烯基)-6-[1-甲基乙烯基]-环己酮（1.13%）等。王辉等（2003）用有机溶剂萃取法提取的广东广州产木棉干燥花精油的主要成分为：十六烷酸（24.76%）、β-雪松醇（19.68%）、3-甲基-3-氢苯并呋喃-2-酮（8.00%）、α-雪松醇（5.82%）、十四烷酸（4.38%）、己酸（2.78%）、癸酸（2.10%）、十二烷酸（1.92%）、4,4,7a-三甲基-5,6,7,7a-四氢苯并[2,3-b]呋喃-2-酮（1.88%）、邻苯二甲酸二丁酯（1.66%）、苯甲酸（1.46%）、邻苯二甲酸二异丁酯（1.44%）、1-甲基-5-硝基咪唑（1.41%）、十八烷酸（1.16%）、辛酸（1.13%）等。张建业等（2015）用水蒸气蒸馏法提取的广东佛山产木棉新鲜花1号样精油的主要成分为：[(1S,3R,4R)-4,7,7-三甲基-3-双环[2.2.1]庚基]乙酸乙酯（16.59%）、十四烷酸（15.15%）、2,3,3-三甲基辛烷（11.65%）、(1S,3R,4R,5R)-4,6,6-三甲基[3.1.1]庚烷-3-醇（9.52%）、2,4,6-三甲基癸烷（9.12%）、4-(二乙氧基甲基)苯甲醛（8.56%）、十二烷醛（7.06%）、2,7-二甲基-1-辛醇（6.88%）、二乙基苯-1,2-二羧酸（6.67%）、2-乙基-1-癸醇（6.21%）、1-己氧基-3-甲基己烷（6.10%）、2-(6-甲基-7-氧杂双环[4.1.0]-3-庚基)-2-丙基乙酸（5.46%）、1-己氧基-5-甲基己烷（5.44%）、双环[3.1.1]庚烷-3-醇（5.34%）、壬烷（5.09%）、4-甲基十四烷（5.01%）、3-癸炔-2-醇（4.49%）、2,3,5,8-四甲基癸烷（4.41%）、1-丙氧基辛烷（4.08%）、4-羟基-2-丁酮（4.05%）、苄基(9Z,12Z)-9,12-十八碳二烯酸（3.97%）、4,6,8-三甲基-1-壬烯（3.78%）、1-氧乙烯-6-甲基庚烷（3.71%）、2-丁基-1-辛醇（3.47%）、6,10,14-三甲基-2-十五烷酮（3.18%）、4,4-二甲基二氢-2(3H)-呋喃酮（2.57%）等；2号样精油的主要成分为：1-己氧基-3-甲基己烷（15.18%）、苄基(9Z,12Z)-9,12-十八碳二烯酸（8.72%）、1-己氧基-5-甲基己烷（8.40%）、二乙基苯-1,2-二羧酸（7.88%）、4-羟基-2-丁酮（7.84%）、2,3,3-三甲基辛烷（7.45%）、2,7-二甲基-1-辛醇（6.58%）、2,4,6-三甲基癸烷（6.41%）、1-丙氧基辛烷（6.41%）、3-癸炔-2-醇（5.99%）、2-乙基-1-癸醇（5.91%）、1-氧乙烯-6-甲基庚烷（5.85%）、2-(6-甲基-7-氧杂双环[4.1.0]-3-庚基)-2-丙基乙酸（5.69%）、4-(二乙氧基甲基)苯甲醛（4.83%）、十二烷醛（4.71%）、双环[3.1.1]庚烷-3-醇（4.67%）、壬烷（4.46%）、4,6,8-三甲基-1-壬烯（4.33%）、2,3,5,8-四甲基癸烷（4.17%）、4,4-二甲基二氢-2(3H)-呋喃酮（3.97%）、(1S,3R,4R,5R)-4,6,6-三甲基[3.1.1]庚烷-3-醇（3.21%）、[(1S,3R,4R)-4,7,7-三甲基-3-双环[2.2.1]庚基]乙酸乙酯（2.82%）、十四烷酸（2.74%）、4-甲基十四烷（2.69%）、6,10,14-三甲基-2-十五烷酮（2.58%）、2-丁基-1-辛醇（2.54%）等；3号样精油的主要成分为：4,4-二甲基二氢-2(3H)-呋喃酮（14.98%）、双环[3.1.1]庚烷-3-醇（13.09%）、1-丙氧基辛烷（9.32%）、(1S,3R,4R,5R)-4,6,6-三甲基[3.1.1]庚烷-3-醇（8.07%）、2-丁基-1-辛醇（7.09%）、十二烷醛（6.65%）、苄基(9Z,12Z)-9,12-十八碳二烯酸（6.61%）、4-羟基-2-丁酮（6.45%）、3-癸炔-2-醇（6.22%）、2,7-二甲基-1-辛醇（6.21%）、2-乙基-1-癸醇（6.08%）、2,4,6-三甲基癸烷（5.84%）、2,3,3-三甲基辛烷（5.55%）、2-(6-甲基-7-氧杂双环[4.1.0]-3-庚基)-2-丙基乙酸（4.93%）、1-氧乙烯-6-甲基庚烷（4.51%）、1-己氧基-5-甲基己烷（5.44%）、1-己氧基-3-甲基己烷（5.33%）、4-(二乙氧基甲基)苯甲醛（4.63%）、二乙基苯-1,2-二羧酸（4.54%）、[(1S,3R,4R)-4,7,7-三甲基-3-双环[2.2.1]庚基]乙酸乙酯（4.38%）、4,6,8-三甲基-1-壬烯（4.30%）、壬烷（4.11%）、4-甲基十四烷（3.86%）、十四烷酸（3.00%）、6,10,14-三甲基-2-十五烷酮（2.55%）、2,3,5,8-四甲基癸烷（2.50%）等；4号样精油的主要成分为：苄基(9Z,12Z)-9,12-十八碳二烯酸（11.24%）、4-羟基-2-丁酮（10.55%）、[(1S,3R,4R)-4,7,7-三甲基-3-双环[2.2.1]庚基]乙酸乙酯（7.24%）、壬烷（7.03%）、1-己氧基-5-甲基己烷（6.76%）、十二烷醛（6.54%）、2,7-二甲基-1-辛醇（6.21%）、2,4,6-三甲基癸烷（5.97%）、2,3,3-三甲基辛烷（5.69%）、2,3,5,8-四甲基癸烷（5.67%）、3-癸炔-2-醇（5.37%）、2-乙基-1-癸醇（5.17%）、1-氧乙烯-6-甲基庚烷（5.08%）、4,6,8-三甲基-1-壬烯（5.03%）、2-(6-甲基-7-氧杂双环[4.1.0]-3-庚基)-2-丙基乙酸（4.99%）、1-丙氧基辛烷（4.83%）、十四烷酸（4.47%）、4-甲基十四烷（4.39%）、4-(二乙氧基甲基)苯甲醛（4.03%）、双环[3.1.1]庚烷-3-醇（3.55%）、2-丁基-1-辛醇（3.50%）、6,10,14-三甲基-2-十五烷酮（3.58%）、(1S,3R,4R,5R)-4,6,6-三甲基[3.1.1]庚烷-3-醇（3.40%）、4,4-

二甲基二氢-2(3H)-呋喃酮（2.61%）、二乙基苯-1,2-二羧酸（2.14%）、1-己氧基-3-甲基己烷（1.65%）等；广东江门产木棉新鲜花1号样精油的主要成分为：1-(6,6-二甲基-4-亚甲基-3-双环[3.1.1]庚烷基)丙-2-酮（14.10%）、3-甲基二氢-2,5-呋喃二酮（10.26%）、4-羟基-2-丁酮（6.99%）、2,4,6-三甲基癸烷（6.66%）、2-(6-甲基-7-氧杂双环[4.1.0]-4-庚基)2-丙基乙酸（6.14%）、4-乙基-1-己炔-3-醇（5.87%）、2,2,4-三甲基戊基乙烯基醚（5.53%）、2,2,5-三甲基己烷-3,4-二酮（5.52%）、壬烷（5.36%）、乙酸癸酯（5.21%）、二乙基苯-1,2-二羧酸（5.04%）、5-甲基-3-亚甲基己烷-2-酮（4.98%）、乙酸庚酯（4.85%）、2,3-脱氢-4-氧代-β-紫罗兰醇（4.58%）、1-丁基癸酯（4.33%）、乙酸辛酯（4.09%）、1,6-脱水-β-D-呋喃葡萄糖（3.98%）、2,4,6-三甲基癸烷（3.93%）、4-甲基十三烷（3.79%）、6-甲基十三烷-2-酮（3.74%）、(4E)-7-甲基-4-十一碳烯（3.56%）、1-甲基十四烷基酯（3.55%）、1,2-苯二甲酸二(2-甲基丙基)酯（3.14%）、二丁基苯-1,2-二羧酸（2.91%）、2-叔丁基-4-甲基-5-氧代-1,3-二氧戊环-4-羧酸（2.87%）、2,8-二甲基-十一烷（2.58%）、2,6-二甲基壬烷（2.49%）等；2号样精油的主要成分为：2,2,5-三甲基己烷-3,4-二酮（12.46%）、3-甲基二氢-2,5-呋喃二酮（12.45%）、2,6-二甲基壬烷（10.46%）、1-丁基癸酯（9.44%）、乙酸癸酯（8.03%）、2,4,6-三甲基癸烷（7.61%）、2-(6-甲基-7-氧杂双环[4.1.0]-4-庚基)2-丙基乙酸（7.48%）、4-乙基-1-己炔-3-醇（7.18%）、1-(6,6-二甲基-4-亚甲基-3-双环[3.1.1]庚烷基)丙-2-酮（7.15%）、壬烷（6.96%）、1-甲基十四烷基酯（6.43%）、2,3-脱氢-4-氧代-β-紫罗兰醇（6.37%）、2,2,4-三甲基戊基乙烯基醚（6.23%）、二乙基苯-1,2-二羧酸（6.19%）、4-羟基-2-丁酮（6.02%）、乙酸庚酯（5.97%）、4-甲基十三烷（5.61%）、乙酸辛酯（5.18%）、6-甲基十三烷-2-酮（4.86%）、5-甲基-3-亚甲基己烷-2-酮（4.55%）、2,4,6-三甲基癸烷（3.71%）、1,6-脱水-β-D-呋喃葡萄糖（3.60%）、二丁基苯-1,2-二羧酸（3.57%）、2,8-二甲基-十一烷（3.40%）、2-叔丁基-4-甲基-5-氧代-1,3-二氧戊环-4-羧酸（3.33%）、(4E)-7-甲基-4-十一碳烯（2.94%）、1,2-苯二甲酸二(2-甲基丙基)酯（2.90%）等；3号样精油的主要成分为：3-甲基二氢-2,5-呋喃二酮（13.97%）、壬烷（11.38%）、4-羟基-2-丁酮（9.77%）、2,3-脱氢-4-氧代-β-紫罗兰醇（8.13%）、1-(6,6-二甲基-4-亚甲基-3-双环[3.1.1]庚烷基)丙-2-酮（8.07%）、4-甲基十三烷（7.57%）、乙酸庚酯（7.46%）、2-(6-甲基-7-氧杂双环[4.1.0]-4-庚基)2-丙基乙酸（6.92%）、4-乙基-1-己炔-3-醇（6.28%）、2,6-二甲基壬烷（6.12%）、1,6-脱水-β-D-呋喃葡萄糖（6.10%）、5-甲基-3-亚甲基己烷-2-酮（5.72%）、2,4,6-三甲基癸烷（5.70%）、乙酸辛酯（5.55%）、2,4,6-三甲基癸烷（4.75%）、(4E)-7-甲基-4-十一碳烯（4.40%）、2,2,4-三甲基戊基乙烯基醚（4.40%）、乙酸癸酯（4.38%）、二丁基苯-1,2-二羧酸（3.90%）、2,2,5-三甲基己烷-3,4-二酮（3.81%）、二乙基苯-1,2-二羧酸（3.67%）、1-甲基十四烷基酯（3.48%）、1,2-苯二甲酸二(2-甲基丙基)酯（3.39%）、6-甲基十三烷-2-酮（3.30%）、2-叔丁基-4-甲基-5-氧代-1,3-二氧戊环-4-羧酸（3.04%）、1-丁基癸酯（2.7%）、2,8-二甲基-十一烷（2.75%）等。

【利用】是优良的行道树、庭荫树和风景树，供园林栽培观赏。木材可供蒸笼、包装箱、火柴梗、造纸等用。果内绵毛可作枕、褥、救生圈等填充材料。花朵药用，有清热、利湿、解毒的功效，用于泄泻、痢疾、血崩、疮毒。树皮广东作海桐皮

入药，有宣散风湿的功效，用于治痢疾和月经过多。根皮药用，有祛风湿、理跌打的功效。花可供蔬食。种子油可作润滑油、制肥皂。

🌸 大血藤
Sargentodoxa cuneata (Oliv.) Rehd. et Wils.

木通科　大血藤属

别名： 血藤、红皮藤、大活血、红藤

分布： 陕西、四川、贵州、湖北、湖南、云南、广西、广东、海南、江西、浙江、安徽

【形态特征】落叶木质藤本，长10余m。藤径粗9cm，全株无毛；当年枝暗红色，老树皮有时纵裂。三出复叶，或兼具单叶；小叶革质，顶生小叶近棱状倒卵圆形，长4~12.5cm，宽3~9cm，先端急尖，基部渐狭成6~15mm的短柄，全缘，侧生小叶斜卵形，先端急尖，基部内面楔形，外面截形或圆形，叶面绿色，叶背干时常变为红褐色，略大。总状花序长6~12cm；苞片1枚，长卵形，膜质；萼片6，花瓣状，长圆形，顶端钝；花瓣6，小，圆形，蜜腺性。浆果近球形，直径约1cm，成熟时黑蓝色。种子卵球形，长约5mm，基部截形；种皮黑色，光亮，平滑；种脐显著。花期4~5月，果期6~9月。

【生长习性】常见于山坡灌丛、疏林和林缘等，海拔常为数百米。

【精油含量】水蒸气蒸馏干燥藤茎的得油率为0.24%。

【芳香成分】高玉琼等（2004）用水蒸气蒸馏法提取的干燥藤茎精油的主要成分为：α-杜松醇（10.23%）、δ-杜松醇（5.33%）、δ-荜澄茄烯（5.13%）、α-紫穗槐烯（4.53%）、α-珀珆烯（3.75%）、罗汉柏烯（3.40%）、β-石竹烯（2.90%）、T-紫穗槐醇（2.89%）、表圆线藻烯（2.72%）、雪松烯（2.44%）、β-广藿香烯（2.27%）、吉玛烯D（1.98%）、表二环倍半水芹烯（1.92%）、石竹烯氧化物（1.89%）、α-蛇床烯（1.87%）、芳姜黄烯（1.71%）、荜澄茄-1,4-二烯（1.65%）、刺柏烯（1.62%）、α-姜烯（1.08%）、斯巴醇（1.02%）等。

【利用】根及茎均可供药用，有通经活络、散瘀痛、理气行血、杀虫等功效，用于急慢性阑尾炎、风湿痹痛、赤痢、血淋、月经不调、疝积、虫痛、跌打损伤。茎皮可制绳索。枝条可为藤条代用品。

🌸 三叶木通
Akebia trifoliata (Thunb.) Koidz.

木通科　木通属

别名： 八月瓜、八月瓜藤、八月楂、八月扎、八月炸、三叶拿藤、活血藤、甜果木通、拿藤、爆肚拿、木通子、预知子、腊瓜

分布： 河北、山西、山东、河南、陕西、甘肃至长江流域各地

【形态特征】落叶木质藤本。茎皮灰褐色，有稀疏的皮孔及小疣点。掌状复叶互生或在短枝上簇生；小叶3片，纸质或薄革质，卵形至阔卵形，长4～7.5 cm，宽2～6 cm，先端通常钝或略凹入，具小凸尖，基部截平或圆形，边缘具波状齿或浅裂，叶面深绿色，叶背浅绿色。总状花序自短枝上簇生叶中抽出，下部有1～2朵雌花，上部约有15～30朵雄花，长6～16 cm；雄花萼片3，淡紫色，阔椭圆形或椭圆形；雌花萼片3，紫褐色，近圆形。果长圆形，长6～8 cm，直径2～4 cm，成熟时灰白略带淡紫色；种子极多数，扁卵形，长5～7 mm，宽4～5 mm，种皮红褐色或黑褐色，稍有光泽。花期4～5月，果期7～8月。

【生长习性】生于海拔250～2000 m的山地沟谷边疏林或丘陵灌丛中。喜温暖湿润和阳光充足环境，较耐寒、耐半阴，土壤以富含腐殖质、排水良好的酸性砂质壤土为宜。

【芳香成分】全株：王升匀等（2010）用水蒸气蒸馏法提取的贵州都匀产三叶木通全株精油的主要成分为：3-羧基-乌苏-12-烯（20.03%）、二十九烷（15.94%）、齐墩果-12-烯（11.73%）、二十八烷（8.22%）、α-香树精（5.72%）、三十烷（4.96%）、三十一烷（4.78%）、β-谷甾醇（4.63%）、鲨烯（4.46%）、β-香树素（2.71%）、二十七烷（1.88%）、棕榈酸（1.13%）、二十六烷（1.04%）等。

果实：符智荣等（2014）用水蒸气蒸馏法提取新鲜成熟果实果皮精油的主要成分为：3-甲基庚烷（20.89%）、(E)-

9-十八烷烯酸（20.74%）、2-甲基庚烷（12.74%）、2-甲基-3-乙基戊烷（5.33%）、乙基环戊烷（5.10%）、(Z)-十八烷烯酸甲酯（4.77%）、2,3-二甲基己烷（3.77%）、乙酰环氧乙酮（3.60%）、肉豆蔻酸（3.21%）、(9Z,12Z)-9,12-十八烷二烯酸甲酯（2.42%）、(9Z,17Z)-9,17-十八碳烯（2.33%）、2,4-二甲基-3-乙基戊烷（2.24%）、正辛烷（2.19%）、(1a,2a,3b)-三甲基环戊烷（1.33%）、5-甲基异噁唑（1.32%）等。

【利用】果、根、茎、种子均可入药，能通乳，治疗风湿关节疼痛、腹痛、脚痛、肝癌、肺癌、疝气等，外涂能治蛇虫咬伤、解毒、止痒；茎藤有解毒利尿、行水泻火、舒经活络及安胎之效；果实能疏肝健脾、和胃顺气、生津止渴，并有抗癌作用；根能补虚、止痛、止咳、调经。果实可作为水果食用；也可酿酒。种子可榨油。是一种很好的观赏植物，亦可作盆栽、桩景材料。

🌸 白蜡树
Fraxinus chinensis Roxb.

木犀科　梣属

别名：秦皮
分布：南北各地

【形态特征】落叶乔木，高10～12 m；树皮灰褐色，纵裂。芽阔卵形或圆锥形，被棕色柔毛或腺毛。小枝黄褐色，粗糙。羽状复叶长15～25 cm；小叶5～7枚，硬纸质，卵形、倒卵状

长圆形至披针形，长3～10 cm，宽2～4 cm，顶生小叶与侧生小叶近等大或稍大，先端锐尖至渐尖，基部钝圆或楔形，叶缘具整齐锯齿。圆锥花序顶生或腋生枝梢，长8～10 cm；花雌雄异株；雄花密集，花萼小，钟状，无花冠；雌花疏离，花萼大，桶状，4浅裂。翅果匙形，长3～4 cm，宽4～6 mm，常呈犁头状，翅平展，坚果圆柱形，长约1.5 cm；宿存萼紧贴于坚果基部，常在一侧开口深裂。花期4～5月，果期7～9月。

【生长习性】生于海拔800～1600 m的山地杂木林中。属于阳性树种，喜光。对土壤的适应性较强，耐瘠薄干旱，在酸性土、中性土及钙质土上均能生长，耐轻度盐碱，喜湿润、肥沃的砂质和砂壤质土壤。

【芳香成分】崔伟等（2014）用水蒸气蒸馏法提取的贵州产白蜡树干燥干皮精油的主要成分为：4-己基-2,5-二氧代呋喃-3-乙酸（10.20%）、3-氟-4-甲氧基苯胺（9.85%）、葡萄螺烷（7.25%）、1-十五烯（7.23%）、右旋橙花叔醇（6.50%）、氧化芳樟醇（5.47%）、α-红没药醇（4.96%）、反-氧化芳樟醇（4.58%）、4-萜烯醇（3.20%）、柠檬烯（2.13%）、正癸酸（2.02%）、正己醛（1.76%）、反式-茴香脑（1.68%）、芳樟醇（1.54%）、丁香酚甲醚（1.45%）、β-蒎醇（1.35%）、壬醛（1.20%）、γ-杜松烯（1.19%）等。

【利用】是防风固沙和护堤护路的优良树种。是工厂、城镇绿化美化的优良树种。木材供编制各种用具，也可用来制作家具、农具、车辆、胶合板等；枝条可编筐。藏药用枝皮和干皮入药，用于热痢、带下、目赤肿痛、角膜云翳、骨热、骨折。可放养白蜡虫生产白蜡。

🌸 湖北梣

Fraxinus hupehensis Chu. Shang et Su

木犀科　梣属

别名： 对节白蜡、湖北白蜡、对节树、望乡树
分布： 湖北

【形态特征】落叶大乔木，高达19 m，胸径达1.5 m；树皮深灰色，老时纵裂；营养枝常呈棘刺状。羽状复叶长7～15 cm；叶轴具狭翅，小叶着生处有关节，至少在节上被短柔毛；小叶7～11枚，革质，披针形至卵状披针形，长1.7～5 cm，宽0.6～1.8 cm，先端渐尖，基部楔形，叶缘具锐锯齿，叶面无毛，叶背沿中脉基部被短柔毛。花杂性，密集簇生于去年生枝上，呈甚短的聚伞圆锥花序，长约1.5 cm；两性花花萼钟状，雄蕊2，花药长1.5～2 mm，花丝较长，长5.5～6 mm，雌蕊具长花柱，柱头2裂。翅果匙形，长4～5 cm，宽5～8 mm，中上部最宽，先端急尖。花期2～3月，果期9月。

【生长习性】生于海拔600 m以下的低山丘陵地。
【精油含量】同时蒸馏萃取阴干叶的得油率为2.68%。
【芳香成分】张良菊等（2017）用同时蒸馏萃取法提取的湖北荆州产湖北梣阴干叶精油的主要成分为：邻苯二甲酸二丁酯（87.00%）、丙酰胺（9.41%）、蒽（1.44%）、正二十二烷（1.28%）等。

【利用】是很好的材用树种。树皮作为中药秦皮的来源之一药用。是作景点、盆景、根雕的极品树种，被誉为"活化石"或"盆景之王"。

🌸 绒毛白蜡

Fraxinus velutina Torr.

木犀科　梣属

别名： 津白蜡、绒毛梣
分布： 华北、内蒙古、长江下游

【形态特征】落叶乔木，高可达10 m，小枝密被短柔毛，树皮暗灰色光滑雌雄异株，花杂性，圆锥花序侧生于上年枝上，先开花后展叶。翅果，长3～4.5 cm，内含一枚种子。果实成熟时黄褐色。种子千粒重30～36 g。5月开花，9～10月果实成熟。

【生长习性】喜光，对气候、土壤要求不严，耐寒，耐干旱，耐水湿，耐盐碱。抗风，抗烟尘。
【芳香成分】秦勤等（2013）用水蒸气蒸馏法提取的天津产绒毛白蜡新鲜枝叶精油的主要成分为：乙基苯（29.01%）、邻苯二甲酸二甲酯（10.77%）、苯酚（8.58%）、苯并噻唑（5.88%）、邻甲氧基苯酚（5.12%）、大马士酮（3.64%）、苯乙醛（2.16%）、4-乙烯基-2-甲氧基苯酚（2.07%）、正癸烷（2.01%）、烟酸甲酯（1.95%）、4-(2,2-二甲基-6-亚甲基环己基)-2-丁酮（1.83%）、苯甲醇（1.47%）、2-甲氧基-6-烯丙基苯酚（1.39%）、乙酰柠檬酸三丁酯（1.36%）、3-羟基-4-甲氧基苯甲醛（1.06%）、4-丙烯基-2-甲氧基苯酚（1.05%）等。

【利用】是优良的造景树种，可作四旁绿化、农田防护林、行道树及庭院绿化，可供沙荒、盐碱地造林。

🌸 暴马丁香

Syringa reticulata (Blume) Hara var. *amurensis* (Rupr.) Pringle

木犀科　丁香属

别名： 暴马子、荷花丁香、白丁香、青杠子、阿穆尔丁香
分布： 吉林、辽宁、黑龙江、内蒙古、河北、陕西、甘肃、宁夏

【形态特征】落叶小乔木或大乔木，高4～15 m；树皮紫灰褐色，具细裂纹。枝灰褐色，当年生枝绿色或略带紫晕，二年生枝棕褐色，具较密皮孔。叶片厚纸质，宽卵形、卵形至椭圆状卵形，或为长圆状披针形，长2.5～13 cm，宽1～8 cm，先端短尾尖至尾状渐尖或锐尖，基部常圆形，或为楔形、宽楔形至截形，叶面黄绿色，干时呈黄褐色。圆锥花序由1到多对着生于同一枝条上的侧芽抽生，长10～27 cm，宽8～20 cm；花萼长1.5～2 mm，萼齿钝、凸尖或截平；花冠白色，呈辐状，长4～5 mm，裂片卵形，先端锐尖；花药黄色。果长椭圆形，长1.5～2.5 cm，先端常钝，或为锐尖、凸尖。花期6～7月，果期8～10月。

【生长习性】生于山坡灌丛或林边、草地、沟边，或针阔叶混交林中，海拔10～1200 m。喜温暖、湿润及阳光充足，稍耐阴。喜潮湿土壤，耐寒、耐旱。对土壤的要求不严，耐瘠薄，喜肥沃、排水良好的土壤，忌在低洼地种植，选土壤肥沃、排水良好的向阳处种植。

【精油含量】乙醇浸提新鲜花的得油率为0.19%～0.26%。

【芳香成分】赵德修等（1988）用乙醇浸提法提取的浑江产暴马丁香花净油的主要成分为：邻苯二甲酸丁基异丁基酯（22.51%）、棕榈酸乙酯（16.64%）、油酸乙酯（4.81%）、2,6,6-三甲基-2-乙烯基-5-羟基吡喃（4.33%）、肉豆蔻酸乙酯（3.08%）、金合欢烯（3.06%）、硬脂酸乙酯（1.55%）、δ-杜松烯（1.29%）等。才燕等（2015）用顶空固相微萃取法提取的吉林长春产暴马丁香新鲜花蕾香气的主要成分为：棕榈油酸（27.61%）、α-蒎烯（24.84%）、棕榈酸（10.39%）、Z-7-十四碳烯酸（8.83%）、乙酸叶醇酯（8.33%）、十五烷酸（4.33%）、肉豆蔻酸（3.57%）、(+)-环苜蓿烯（3.12%）、8-十八碳烯一酸甲酯（2.38%）、1,2,4a,5,6,8a-六氢-4,7-二甲基-1-(1-甲基乙基)萘（1.11%）、Z-11-十六碳烯酸（1.03%）、11,14-十八碳二烯酸甲酯（1.03%）等；盛花期新鲜花香气的主要成分为：棕榈酸（21.26%）、β-罗勒烯（15.82%）、肉豆蔻酸（10.49%）、Z-2-甲基-4-十四碳烯（5.99%）、顺-9-十六（碳）烯酸（5.79%）、荜澄茄油萜（4.28%）、正十九烷（3.53%）、正十五烷（3.39%）、柠檬醛（3.09%）、芳樟醇（2.93%）、乙酸叶醇酯（2.91%）、十八烷酸（2.70%）、十五烷酸（2.60%）、反-9-十八碳烯酸甲酯（2.29%）、氧化芳樟醇（2.11%）、4-丙烯基-2-甲氧基苯酚（2.10%）、香茅醛（1.78%）、(9-顺，11-反)-十八碳二烯酸甲酯（1.20%）、溴-3,7-二甲基辛烷（1.14%）、正十七烷（1.13%）、癸醛（1.02%）等；衰花期新鲜花香气的主要成分为：苯乙醇（66.01%）、棕榈酸（14.54%）、肉豆蔻酸（6.36%）、α-罗勒烯（5.33%）、正十五烷（3.77%）、甲基丁香酚（2.25%）、7,11-二甲基-3-亚甲基-1,6,10-十二碳三烯（1.74%）等。孔令瑶等（2015）用超临界CO_2萃取法提取的吉林九站产暴马丁香新鲜花精油的主要成分为：2-(苯基甲氧基)丙酸甲酯（17.27%）、环庚三烯（17.16%）、2R-4-(4-羟基苯基)-2-丁醇（11.74%）、苯乙醇（6.86%）、α-(1-苯乙胺基)苯甲醇（5.69%）、正三十四烷（3.09%）、正二十四烷（2.85%）、乙基苯（2.54%）、7-羟基-6-甲氧基香豆素（2.08%）、4-戊基-1-(4-丙基环己烯)环己烯（2.07%）、间二甲苯（1.95%）、邻苯二甲酸单乙基己基酯（1.81%）、2-乙基丙二酸-2-异丁酯（1.61%）、苯甲醇（1.57%）、苯乙酸-2-酮（1.52%）、4-甲氧基-3-羟基苯乙酮（1.52%）、9,12-二丁基-10,12-十八碳二烯酸（1.51%）、对羟基苯乙醇（1.36%）、4-(乙酰氧基苯基)-2-丁酮（1.29%）、1,3-二苯基-2-丙醇（1.13%）、十六酸乙酯（1.11%）等。

【利用】树皮、树干及枝条均可药用，有消炎、镇咳、利尿的功效，用于治疗痰鸣喘嗽、痰多以及支气管炎、支气管哮喘和心脏性浮肿等症。嫩叶、嫩枝、花可调制保健茶叶。叶可作烤胶原料。木材可供建筑、器具、家具及细木工用材，尤宜作茶叶筒、食具等。根可作熏香原料。花可作为蜜源。种子可榨取供工业用。花可提制浸膏，广泛调制各种香精。为著名的观赏花木之一，也可作盆栽、切花等用。还是很好的蜜源植物。

北京丁香

Syringa pekinensis Rupr.

木犀科　丁香属

别名：臭多罗

分布：河北、河南、北京、山西、陕西、内蒙古、甘肃、四川、青海等地

【形态特征】大灌木或小乔木，高2～10 m；树皮褐色或灰棕色，纵裂。小枝带红褐色，具显著皮孔，萌枝被柔毛。叶片纸质，卵形、宽卵形至近圆形，或为椭圆状卵形至卵状披针形，长2.5～10 cm，宽2～6 cm，先端长渐尖、骤尖、短渐尖至锐尖，基部圆形、截形至近心形，或为楔形，叶面深绿色，干时略呈褐色，叶背灰绿色。花序由1对或2至多对侧芽抽生，长5～20 cm，宽3～18 cm；花萼长1～1.5 mm，截形或具浅齿；花冠白色，呈辐状，长3～4 mm，裂片卵形或长椭圆形，先端锐尖或钝，或略呈兜状。果长椭圆形至披针形，长1.5～2.5 cm，先端锐尖至长渐尖，光滑，稀疏生皮孔。花期5～8月，果期8～10月。

【生长习性】生于山坡灌丛、疏林、密林或沟边，或山谷沟

边林下，海拔600～2400 m。喜光，稍耐阴。耐寒性较强，也耐高温。对土壤要求不严，耐旱，喜湿润及土层深厚的壤土。

【芳香成分】巩江等（2010）用水蒸气蒸馏法提取的陕西秦岭产北京丁香叶精油的主要成分为：苯甲醇（22.92%）、苯甲醛（8.03%）、β-蒎烯（4.53%）、3-烯丙基-2-甲氧基酚（4.17%）、苯乙醇（4.03%）、苯甲酸（3.47%）、α-蒎烯（2.68%）、环己基乙醇（2.66%）、顺式-茉莉酮（2.30%）、牻牛儿醇（2.21%）、1,3-二（羟甲基）环戊烷（2.09%）、1-甲氧基-2-吲哚酮（1.92%）、反式-β-突厥酮（1.83%）、顺-甲酸-3-己烯-1-醇酯（1.69%）、4-乙烯基-2-甲氧基苯酚（1.57%）、壬醛（1.52%）、反-(+)-橙花叔醇（1.27%）、香茅醇（1.22%）、苯并呋喃（1.06%）、苯乙醛（1.04%）等。

【利用】北京庭园广为栽培供观赏。是优良丁香品种嫁接繁殖的首选砧木。也可用作景观树和行道树。

❀ 欧丁香
Syringa vulgaris Linn.

木犀科　丁香属

别名：洋丁香

分布：原产东南欧，中国华北各地普遍栽培，中国东北、西北以及江苏各地也有栽培

【形态特征】灌木或小乔木，高3～7 m；树皮灰褐色。小枝、叶柄、叶片两面、花序轴、花梗和花萼均无毛，或具腺毛，老时脱落。小枝棕褐色，略带四棱形，疏生皮孔。叶片卵形、宽卵形或长卵形，长3～13 cm，宽2～9 cm，先端渐尖，基部截形、宽楔形或心形，叶面深绿色，叶背淡绿色。圆锥花序由侧芽抽生，宽塔形至狭塔形，或近圆柱形，长10～20 cm；花芳香；萼齿锐尖至短渐尖；花冠紫色或淡紫色，长0.8～1.5 cm，直径约1 cm，裂片呈直角开展，椭圆形、卵形至倒卵圆形，先端略呈兜状，或不内弯；花药黄色。果倒卵状椭圆形、卵形至长椭圆形，长1～2 cm，先端渐尖或骤凸。花期4～5月，果期6～7月。

【生长习性】喜光，稍耐阴。喜湿润、肥沃、排水量好的土壤，忌低湿，有较强的抗逆性。

【精油含量】同时蒸馏萃取新鲜叶的得油率为0.24%～0.42%，新鲜花的得油率为0.23%；索氏法提取新鲜果实的得油率为0.25%。

【芳香成分】叶：王海英等（2016）用同时蒸馏萃取法提取分析的黑龙江哈尔滨产欧丁香不同月份采收的新鲜叶精油主成分不同，4月份采收的主要成分为：叔丁基对甲酚（16.64%）、二十九烷（9.83%）、植醇（8.70%）、二十四烷（2.86%）、乙苯（2.48%）、对二甲苯（1.99%）、顺-1,3-二甲基环己烷（1.91%）、3-甲基庚烷（1.60%）、2,4-二甲基己烷（1.59%）、花椒油素（1.54%）、邻苯二甲酸二异丁酯（1.45%）、β-波旁烯（1.28%）、二氢鸡蛋果素（1.04%）、十甲基环戊硅氧烷（1.00%）等；5月份采收的主要成分为：棕榈酸（25.06%）、二十五烷（16.72%）、十一烷（8.85%）、二十四烷（5.68%）、十四甲基环七硅氧烷（4.66%）、十六甲基环八硅氧烷（4.22%）、柏木醇（4.16%）、龙胆酸（3.36%）、十八甲基环九硅氧烷（3.01%）、十二甲基环六硅氧烷（2.86%）、3-羟基-7-异齐墩果酮（2.33%）、甲基膦酸二壬酯（2.16%）、二十甲基环十硅氧烷（1.85%）、[1-(2,2-二甲基肼基)乙基]-丁基二氮烯（1.12%）等；6月份采收的主要成分为：十一烷（32.28%）、甲苯（15.73%）、十四甲基环七硅氧烷（10.22%）、十二甲基环六硅氧烷（6.66%）、十六甲基环八硅氧烷（6.48%）、十八甲基环九硅氧烷（4.07%）、2,4-二叔丁基苯酚（2.16%）、乙酸叶醇酯（1.86%）、萘（1.60%）、16-甲基十七酸甲酯（1.06%）等；9月份采收的主要成分为：十四甲基环七硅氧烷（20.73%）、十六甲基环八硅氧烷（13.78%）、十二甲基环六硅氧烷（12.70%）、十一烷（9.18%）、十八甲基环九硅氧烷（8.09%）、2,4-二叔丁基苯酚（3.22%）等。

花：王海英等（2016）用同时蒸馏萃取法提取的黑龙江哈尔滨产欧丁香新鲜花精油的主要成分为：十四甲基环七硅氧烷（11.31%）、十二甲基环六硅氧烷（9.67%）、顺-1,3-二甲基环己烷（6.67%）、2,4-二甲基己烷（5.88%）、3-甲基庚烷（5.80%）、2,4-二叔丁基苯酚（2.84%）、十六甲基环八硅氧烷（2.75%）、甲苯（2.58%）、氯苯（2.34%）、乙基环己烷（2.27%）、4,5-二甲基壬烷（2.20%）、1-甲基萘（2.21%）、二十一烷（1.91%）、十甲基环戊硅氧烷（1.89%）、异佛尔酮（1.22%）、1-乙基丁基氢过氧化物（1.20%）、叔丁基对甲酚（1.10%）、1-乙基-4-甲基环己烷（1.00%）等。赵庆柱等（2015）用顶空固相微萃取法分析了不同品种的欧丁香新鲜花挥发油的主要成分，'瓷蓝'的主要成分为：β-罗勒烯（36.79%）、3,4-二甲基-2,4,6-十八烷三烯（10.76%）、2,6-二甲基-2,4,6-十八烷三烯（8.44%）、对二甲氧基苯（6.75%）、β-蒎烯（5.30%）、苄基甲基醚（4.50%）、罗勒烯（4.09%）、5,5-二甲基-2-丙基-1,3-环戊二烯（3.40%）、苯醛（2.55%）、别罗勒烯（2.11%）、1-乙基-6-亚乙基-1-环己烯（1.85%）、3-异丙烯基-5,5-二甲基环戊烯（1.43%）等；'裘利'的主要成分为：β-罗勒烯（31.90%）、2,6-二甲基-2,4,6-十八烷三烯（12.75%）、对二甲氧基苯（10.53%）、别罗勒烯（9.96%）、苄基甲基醚（5.61%）、1-乙基-6-亚乙基-1-环己烯（4.89%）、罗勒烯（3.17%）、萜品油烯（2.43%）、5,5-二甲基-2-丙基-1,3-环戊二烯（1.95%）、3-异丙烯基-5,5-二甲基环戊烯（1.63%）、α-蒎烯（1.34%）、苯甲醛（1.09%）、2,7-二甲基-1,3,7-十八烷三烯（1.00%）等；'麦肯'的主要成分为：亚麻三烯（26.87%）、3,7-二甲基-1,3,6-十八烷三烯（16.47%）、3,4-二甲基-2,4,6-三辛烯（10.04%）、2,6-二甲基-2,4,6-十八烷三烯（7.91%）、对二甲氧基苯（6.61%）、苄基甲基醚（6.54%）、3-蒈烯（3.76%）、1-乙基-6-亚乙基-1-环己烯（3.18%）、萜品油烯（2.21%）、苯甲醛（2.07%）、5,5-二甲基-2-丙基-1,3-环戊二烯（1.65%）、3-异丙烯基-5,5-二甲基环戊烯（1.59%）、别罗勒烯（1.44%）、2,7-二甲基-1,3,7-十八烷三烯（1.14%）等；'莫斯加'的主要成分为：α-蒎烯（22.78%）、3,4-二甲基-2,4,6-三辛烯（12.38%）、对二甲氧基苯（11.27%）、2,6-二甲基-2,4,6-十八烷三烯（9.61%）、苄基甲基醚（8.40%）、5,5-二甲基-2-丙基-1,3-环戊二烯（4.80%）、苯甲醛（4.39%）、β-罗勒烯（3.42%）、罗勒烯（2.55%）、萜品油烯（2.50%）、3-异丙烯基-5,5-二甲基环戊烯（1.81%）、1-乙基-6-亚乙基-1-环己烯（1.80%）、别罗勒烯（1.43%）、3-乙烯基-1,2-二甲基-1,4-环己二烯（1.08%）等；'沙萱'的主要成分为：亚麻三烯（27.66%）、β-罗勒烯（13.51%）、3,4-二甲基-2,4,6-十八烷三烯（9.85%）、2,6-二甲基-2,4,6-十八烷三烯（9.00%）、苄基甲基醚（7.67%）、对二甲氧基苯（5.30%）、α-蒎烯（5.00%）、1-乙基-6-亚乙基-1-环己烯（3.09%）、蒈烯（2.12%）、5,5-二甲基-2-丙基-1,3-环戊二烯（1.68%）、2,7-二甲基-1,3,7-十八烷三烯（1.52%）、苯甲醛（1.47%）、3-异丙烯基-5,5-二甲基环戊烯（1.38%）、丁香醇B（1.23%）等。

果实：王海英等（2016）用索氏法提取的黑龙江哈尔滨产欧丁香新鲜果实精油的主要成分为：十四甲基环七硅氧烷（9.85%）、十一烷（8.28%）、十六甲基环八硅氧烷（7.89%）、十八甲基环九硅氧烷（4.60%）、十二甲基环六硅氧烷（4.42%）、苯酚（4.02%）、2,6,10-三甲基十四烷（1.85%）、2-己基癸醇（1.64%）、2,4-二叔丁基苯酚（1.32%）、二十一烷（1.25%）等。

【利用】用于庭院观赏、丛植，也可作为切花。

🌸 巧玲花
Syringa pubescens Turcz.

木犀科　丁香属
别名: 小叶丁香、毛叶丁香、雀舌花、毛丁香
分布: 河南、河北、陕西、山东、山西、甘肃等地

【形态特征】灌木，高1～4 m；树皮灰褐色。小枝带四棱形，疏生皮孔。叶片卵形、椭圆状卵形、菱状卵形或卵圆形。长1.5～8 cm，宽1～5 cm，先端锐尖至渐尖或钝，基部宽楔形至圆形，叶缘具睫毛。圆锥花序直立，通常由侧芽抽生，稀顶生，长5～16 cm，宽3～5 cm；花序轴与花梗、花萼略带紫红色；花序轴明显四棱形；花萼长1.5～2 mm，截形或萼齿锐尖、渐尖或钝；花冠紫色，盛开时呈淡紫色，后渐近白色，长0.9～1.8 cm，裂片展开或反折，长圆形或卵形，先端略呈兜状而具喙；花药紫色。果通常为长椭圆形，长0.7～2 cm，宽3～5 mm，先端锐尖或具小尖头，或渐尖，皮孔明显。花期5～6月，果期6～8月。

【生长习性】生于山坡、山谷灌丛中或河边沟旁，海拔900～2100 m。喜光，喜温暖、湿润及阳光充足，稍耐阴。具有一定耐寒性和较强的耐旱力。对土壤的要求不严，耐瘠薄，喜肥沃、排水良好的土壤，忌在低洼地种植。

【精油含量】水蒸气蒸馏叶和花的得油率为0.46%，花的得油率为0.52%。

【芳香成分】叶、花：尹卫平等（1998）用水蒸气蒸馏法提取的河南伏牛山产巧玲花叶和花混合物精油的主要成分为：3,7-二甲基-1,6-辛二烯-3-醇（18.87%）、乙酸（12.82%）、1,2-二乙

氧基乙烷（7.67%）、2-呋喃甲醛（5.56%）、1-己醇（4.44%）、1-戊烯（4.34%）、3-乙烯基吡啶（3.18%）、正己醛（3.16%）、甲酸（2.84%）、3-己烯-1-醇（2.12%）、苯甲醛（1.79%）、α-萜品醇（1.50%）、5-三甲基-5-乙烯基四氢-2-呋喃甲醇（1.45%）、2-烯-己醛（1.45%）等。

花：段文录等（2008）用超临界CO₂萃取法提取的河南嵩县产巧玲花花精油的主要成分为：4-羟基-苯乙醇（27.63%）、油酸（11.96%）、己内酰胺（7.65%）、棕榈酸（4.71%）、顺-氧化芳樟醇（3.67%）、苯乙醇（3.02%）、3-乙烯基-环己六酮（2.94%）、2,6-二甲基1,7-辛二烯-3-醇（2.68%）、苯甲醇（2.41%）、8-羟基芳樟醇（2.26%）、4-乙烯基环己烯二氧化物（1.65%）、2,6-二甲基-4H-吡喃-4-酮（1.60%）、十八烷酸（1.60%）、3-甲氧基-1,2丙二醇（1.29%）、2,3-二氢噻吩（1.24%）、2-甲氧基苯酚（1.11%）、愈创木基丙酮（1.00%）等。

【利用】树皮药用，有清热、镇咳、利水的功效。园林栽培供观赏，也可作盆栽、切花等用。

🌸 关东巧玲花
Syringa pubescens Turcz. subsp. *patula* (Palibin) M. C. Chang et X. L. Chen

木犀科　丁香属
别名: 关东丁香
分布: 辽宁、吉林

【形态特征】本亚种特点在于其小枝、花序轴、花梗和花萼均被微柔毛、短柔毛或近无毛；叶片卵状椭圆形、椭圆形、长椭圆形至披针形，或倒卵形至近圆形，先端尾状渐尖，常歪斜，或近凸尖；花冠淡紫色、粉红色或白色带蔷薇色，略呈漏斗状，长1～1.5 cm，花冠管长0.7～1.1 cm；花药淡紫色或紫色，着生于距花冠管喉部0～1 mm处。花期5～7月，果期8～10月。

【生长习性】生于山坡草地、灌丛、林下或岩石坡，海拔300～1200 m。

【芳香成分】刘同新等（2016）用水蒸气蒸馏法提取的叶精油的主要成分为：邻苯二甲酸二丁酯（15.29%）、棕榈酸（10.32%）、芳樟醇（8.31%）、4α,8α-二甲基-3,4,5,6,7,8-六氢基-2-酮（6.07%）、α-松油醇（3.85%）、2,3-二氢-1,1,5,6-四基-1H-茚（3.71%）、突厥酮（2.88%）、氯代十四烷（2.33%）、

叶绿醇（2.06%）、十八烷基磺酰氯（1.65%）、十八炔（1.62%）、甲基二十四烷（1.56%）、异长（松）叶烷-7-醇（1.37%）、十六烷基环氧乙烷（1.15%）等。

【利用】叶药用，有清热解毒，利湿退黄，消炎的功能，用于急性黄疸型肝炎。

❀ 光萼巧玲花

Syringa pubescens Turcz. subsp. *julianae* (Schneid.) M. C. Chang et X. L. Chen

木犀科　丁香属

别名：毛序紫丁香、紫丁香、公紫丁香、毛序丁香、赫斯丁香
分布：湖北

【形态特征】本亚种特点在于其小枝、花序轴、花梗和叶片叶背通常被较密短柔毛或柔毛，尤以叶背叶脉为密；叶片常为椭圆状卵形至椭圆状倒卵形；花萼紫色，无毛；花冠管稍呈漏斗状，长6～9 mm；花药紫色，着生于距花冠管喉部0～1 mm处。花期5～6月，果期10月。与关东巧玲花的区别在于后者小枝、花序轴、花梗均被微柔毛或近无毛；叶片卵状椭圆形、椭圆形、长椭圆形至披针形，或倒卵形至近圆形，先端尾状渐尖，常歪斜，或近凸尖；花萼常被毛。

【生长习性】生于山坡丛林、山沟溪边、山谷路旁及滩地水边，海拔300～2400 m。喜光，喜温暖、湿润及阳光充足，稍耐阴。具有一定耐寒性和较强的耐旱力。对土壤的要求不严，耐瘠薄，喜肥沃、微酸性至中性、排水良好的土壤，忌在低洼地种植。

【芳香成分】唐裕芳等（2008）用微波预处理-水蒸气同时蒸馏萃取法提取的花蕾精油的主要成分为：丁香酚（62.21%）、2-甲氧基-4-(2-丙烯基)苯酚乙酸酯（17.70%）、4,11,11-三甲基-8-亚甲基二环[7.2.0]-4-烯（15.29%）、α-石竹烯（1.69%）等。

【利用】叶可入药，有清热燥湿的作用，民间多用于止泻；可治疗急性黄疸型肝炎。可栽培供观赏，也可作盆栽、切花等用。

❀ 羽叶丁香

Syringa pinnatifolia Hemsl.

木犀科　丁香属

别名：山沉香、贺兰山丁香
分布：内蒙古、宁夏、陕西、甘肃、青海、四川

【形态特征】直立灌木，高1～4 m；树皮呈片状剥裂。枝灰棕褐色，常呈四棱形，疏生皮孔。叶为羽状复叶，长2～8 cm，宽1.5～5 cm，小叶7～13枚；小叶片对生或近对生，卵状披针形至卵形，先端锐尖至渐尖或钝，常具小尖头，基部楔形至近圆形，常歪斜，叶缘具纤细睫毛。圆锥花序由侧芽抽生，长2～6.5 cm，宽2～5 cm；花萼长约2.5 mm，萼齿三角形，先端锐尖、渐尖或钝；花冠白色、淡红色，略带淡紫色，长1～1.6 cm，花冠管略呈漏斗状，裂片卵形、长圆形或近圆形，先端锐尖或圆钝，不呈或略呈兜状；花药黄色。果长圆形，长1～1.3 cm，先端凸尖或渐尖，光滑。花期5～6月，果期8～9月。

【生长习性】生于2000～3100 m处的阳坡灌丛或郁闭度小的针阔混交林内。喜阳，耐寒、耐旱。分布区气候夏凉冬冷，无霜期短，年平均温6～16 ℃，最低温-12 ℃以下，年降水量257～900 mm。土壤为山地棕壤或石灰性冲积土。

【精油含量】水蒸气蒸馏干燥根茎的得油率为0.30%；超临界萃取干燥根茎的得油率为0.79%～1.22%。

【芳香成分】张国彬等（1994）用水蒸气蒸馏法提取的宁夏贺兰山区产羽叶丁香干燥根茎精油的主要成分为：花姜酮（64.70%）、白菖烯（2.87%）、β-古芸烯（2.66%）、荜澄茄烯（2.11%）、香橙烯（1.96%）、α-雪松烯（1.91%）、杜松烯醇（1.81%）、α-依兰油烯（1.30%）等。

【利用】是良好的观赏树种。根、枝药用，有降气、温中、暖肾的功效，用于寒喘、胃腹胀痛、阴挺、脱肛；外用于皮肤损伤。

❀ 紫丁香

Syringa oblata Lindl.

木犀科　丁香属

别名：百结、情客、丁香花、华北紫丁香、丁香、龙梢子、紫丁白
分布：吉林、辽宁、河北、内蒙古、山西、陕西、甘肃、新疆、山东、四川等地

【形态特征】灌木或小乔木，高可达5 m；树皮灰褐色或灰色。全株无毛而密被腺毛。叶片革质或厚纸质，卵圆形至肾形，宽常大于长，长2～14 cm，宽2～15 cm，先端短凸尖至长渐尖或锐尖，基部心形、截形至近圆形，或宽楔形；萌枝上叶

片常呈长卵形，先端渐尖，基部截形至宽楔形。圆锥花序由侧芽抽生，近球形或长圆形，长4～20 cm，宽3～10 cm；花萼长约3 mm，萼齿渐尖、锐尖或钝；花冠紫色，长1.1～2 cm，花冠管圆柱形，裂片呈直角开展，卵圆形、椭圆形至倒卵圆形；花药黄色。果倒卵状椭圆形、卵形至长椭圆形，长1～2 cm，宽4～8 mm，先端长渐尖，光滑。花期4～5月，果期6～10月。

【生长习性】 生于山坡丛林、山沟溪边、山谷路旁及滩地水边，海拔300～2400 m。喜光，稍耐阴，耐寒性较强，耐干旱，喜湿润、肥沃、排水良好的土壤。

【精油含量】 水蒸气蒸馏或同时蒸馏萃取叶的得油率为0.39%～1.26%，花或花蕾的得油率为0.08%～1.80%；超临界萃取干燥花的得油率为1.66%。

【芳香成分】 叶：回瑞华等（2002）用同时蒸馏萃取法提取的辽宁千山产紫丁香新鲜叶精油的主要成分为：青叶醇（17.51%）、苯甲醇（15.98%）、丁香酚（12.81%）、紫丁香醛（12.60%）、α-蒎烯（12.50%）、β-蒎烯（2.95%）、环己烯-3-甲醛（2.46%）、苯甲醛（2.40%）、橙花叔醇（2.36%）、6-特丁基-2,4-二甲基苯（2.20%）、香叶芳樟醇（2.15%）、依兰烯（1.97%）、乙酸冰片酯（1.54%）、丁酸芳樟醇酯（1.03%）等。王海英等（2016）用同法分析了黑龙江哈尔滨产紫丁香不同月份采收的新鲜叶的精油成分，6月份采收的主要成分为：十一烷（34.29%）、十四甲基环七硅氧烷（12.05%）、十二甲基环六硅氧烷（8.82%）、十六甲基环八硅氧烷（8.08%）、十八甲基环九硅氧烷（5.14%）、3-(2-甲氧基乙氧基甲氧基)-2-甲基-1-戊醇（4.16%）、棕榈酸甲酯（3.63%）、硬脂酸甲酯（3.61%）、2,4-二叔丁基苯酚（2.01%）、萘（1.67%）、8-氯乙基碳酸乙酯（1.46%）、邻二甲苯（1.08%）等；7月份采收的主要成分为：甲苯（47.52%）、十一烷（41.87%）、3-(2-甲氧基乙氧基甲氧基)-2-甲基-1-戊醇（2.27%）、萘（1.88%）、(Z)-3-己烯-1-醇乙酸酯（1.30%）等；10月份采收的主要成分为：十四甲基环七硅氧烷（23.03%）、十二甲基环六硅氧烷（15.63%）、八甲基环四硅氧烷（12.46%）、十六甲基环八硅氧烷（12.40%）、2-乙基己基壬基亚硫酸酯（7.33%）、六甲基环三硅氧烷（5.46%）、十甲基环戊硅氧烷（4.13%）、十八甲基环九硅氧烷（3.18%）、2,4-双(1,1-二甲基乙基)苯酚（1.38%）、7-甲氧基-4-羟基-4-甲氧羰基-1H-2-苯并吡喃-3-酮（1.06%）等。

花： 张文静等（2008）用同时蒸馏萃取法提取的北京产紫丁香盛花期花精油的主要成分为：苯乙醇（16.12%）、(E,E)-法呢醇（13.43%）、苯甲醇（6.24%）、紫丁香醇A（4.37%）、(2Z,6E,10E)-3,7,11,15-四甲基-2,6,10,14-十六烯-1-醇（3.92%）、紫丁香醛C（3.91%）、肉桂醇（3.64%）、4-乙烯基愈创木酚（3.38%）、紫丁香醛A（2.62%）、吲哚（2.34%）、苯甲酸苄酯（2.31%）、紫丁香醇D（2.25%）、苯乙醛（2.03%）、α-法呢烯（1.91%）、反式-橙花叔醇（1.86%）、2,3-二氢-反式-6-法呢醇（1.82%）、紫丁香醛D（1.78%）、二十一烷（1.66%）、甲基-5-乙烯基烟碱（1.49%）、β-芳樟醇（1.19%）等。王海英等（2016）用同法分析的黑龙江哈尔滨产紫丁香新鲜花精油的主要成分为：乙酸丁酯（56.38%）、十一烷（22.67%）、3-(2-甲氧基-乙氧基-甲氧基)-2-甲基-1-戊醇（4.71%）、2-乙基-1,3-二氧戊环-4-甲醇（3.07%）、乙苯（1.60%）、十二甲基环六硅氧烷（1.20%）、十四甲基环七硅氧烷（1.19%）等。回瑞华等（2002）用同法分析的辽宁千山产紫丁香新鲜花蕾精油的主要成分为：依兰烯（32.44%）、紫丁香醛（18.05%）、丁香酚（15.29%）、胡薄荷酮（5.50%）、β-檀香烯（3.40%）、橙花叔醇（3.02%）、环己烯-3-甲醛（3.13%）、α-蒎烯（2.86%）、乙酸芳樟醇酯（2.23%）、1-羟基-2-乙酰基-4-甲基苯（1.86%）、苯甲醇（1.64%）、正十九烷（1.60%）、苯甲醛（1.60%）、正二十一烷（1.20%）、石竹烯氧化物（1.15%）等。孙洁雯等（2015）用顶空固相微萃取法提取的北京产紫丁香新鲜花蕾香气的主要成分为：甲酸乙酯（36.76%）、2-甲基丁醛（19.81%）、叶醇（18.50%）、3-甲基-1-丁醇（9.24%）、正己醇（4.14%）、α-蒎烯（4.10%）、β-蒎烯（1.32%）等；新鲜盛花期花香气的主要成分为：叶醇（22.76%）、甲酸乙酯（18.33%）、正己醇（16.63%）、2-甲基丁醛（8.42%）、芳樟醇（3.73%）、紫丁香醛C（3.67%）、紫丁香醛A（2.68%）、3-甲基-1-丁醇（2.64%）、紫丁香醇C（2.19%）、6-甲基-5-庚烯-2-酮（2.04%）、紫丁香醇D（1.77%）、正己醛（1.61%）、α-蒎烯（1.29%）、紫丁香醛D（1.25%）等；新鲜枯萎期花香气的主要成分为：2-甲基丁醛（31.12%）、二甲基硫醚（17.94%）、正己醛（10.55%）、叶醇（9.44%）、正己醇（5.64%）、紫丁香醛C（3.97%）、6-甲基-5-庚烯-2-酮（3.91%）、紫丁香醛B（2.77%）、3-甲基-1-丁醇（2.77%）、紫丁香醛D（1.44%）、苯甲醛（1.41%）、3-甲硫基丙醛（1.24%）等。

果实：杨虹等（2007）用HP-5MS柱分离的黑龙江佳木斯产紫丁香果实精油的主要成分为：石竹烯（25.42%）、大香叶烯D（18.78%）、α-石竹烯（11.61%）、α-蒎烯（6.17%）、β-荜澄茄油烯（4.82%）、丁香烯环氧物（3.98%）、松油萜（3.87%）、β-榄香烯（3.51%）、α-依兰油烯（2.43%）、δ-杜松烯（2.32%）、n-十六碳醛（1.53%）、α-荜澄茄油烯（1.32%）、1,5,5,8-四甲基-12-氧-双环[9.1.0]十二-3,7-二烯（1.10%）等。

【利用】叶入药，有清热燥湿的作用，用于治疗急性黄疸型肝炎；民间多用于止泻。树皮药用，有清热燥湿，止咳定喘的功效。蒙药用根及心材治心热、心刺痛、头晕、失眠、心悸、气喘、赫依病。种子也可入药。为著名的观赏花木之一，也可作盆栽、切花等用。花可提制芳香油。嫩叶可代茶。

🌸 白丁香
Syringa oblata Lindl. var. *alba* Hort. ex Rehd.

木犀科　丁香属
别名：白花丁香
分布：长江流域以北各地

【形态特征】与紫丁香主要区别是叶较小，基部通常为截形、圆楔形至近圆形，或近心形，叶面有疏生绒毛，花为白色。多年生落叶灌木、小乔木，高4～5 m。叶片纸质，单叶互生。叶卵圆形或肾脏形，有微柔毛，先端锐尖。花白色，有单瓣、重瓣之别，花端四裂，筒状，呈圆锥花序。花期4～5月。

【生长习性】喜光，稍耐阴、耐寒、耐旱，喜排水良好的深厚肥沃土壤。

【精油含量】水蒸气蒸馏鲜花的得油率为1.76%，干燥花蕾的得油率为6.44%。

【芳香成分】陈晓明等（2009）用水蒸气蒸馏法提取的甘肃天水产白丁香新鲜花精油的主要成分为：丁香醛B（10.25%）、丁香醛C（6.86%）、苯乙醇（4.46%）、丁香醛D（4.31%）、丁香醛A（3.67%）、二十四烷（3.61%）、二十一烷（3.50%）、二十三烷（3.36%）、N-苯基-1-萘胺（3.27%）、1-二十二烯（3.25%）、二十六烷（2.97%）、十九烷（2.85%）、3-甲氧基-4-乙烯基苯酚（2.73%）、二十二烷（2.67%）、二十七烷（2.65%）、桧烯（2.52%）、二十烷（2.03%）、(Z)-3-己烯-1-醇（2.01%）、二十八烷（1.86%）、1,4-二甲氧基苯（1.67%）、11-二十三烯（1.31%）、7-羟基-6-甲氧基香豆素（1.23%）、α-蒎烯（1.20%）等。

【利用】常植于庭园观赏，也可以用作鲜切花。

🌸 东北连翘
Forsythia mandschurica Uyeki

木犀科　连翘属
分布：辽宁

【形态特征】落叶灌木，高约1.5 m；树皮灰褐色。当年生枝绿色，无毛，略呈四棱形，疏生白色皮孔，2年生枝灰黄色或淡黄褐色，疏生褐色皮孔，外有薄膜状剥裂。叶片纸质，宽卵形、椭圆形或近圆形，长5～12cm，宽3～7cm，先端尾状渐尖、短尾状渐尖或钝，基部为不等宽楔形、近截形至近圆形，叶缘具锯齿、牙齿状锯齿或牙齿，叶面绿色，叶背淡绿色，疏被柔毛。花单生于叶腋；花萼长约5mm，裂片下面呈紫色，卵圆形，先端钝，边缘具睫毛；花冠黄色，长约2cm，裂片披针形，先端钝或凹。果长卵形，长0.7～1cm，宽4～5mm，先端喙状渐尖至长渐尖，开裂时向外反折。花期5月，果期9月。

【生长习性】生山坡。喜光，耐半阴、耐寒、耐干旱瘠薄土壤，喜湿润肥沃土壤，病虫害少，适应性强。

【精油含量】同时蒸馏萃取新鲜花的得油率为0.69%。

【芳香成分】安旆其等（2015）用同时蒸馏萃取法提取的黑龙江哈尔滨产东北连翘新鲜花精油的主要成分为：二十五烷（28.65%）、Z-9-二十三烯（27.82%）、2,7,10-三甲基-十二烷（7.77%）、三十一烷（3.84%）、十四甲基环七硅氧烷（3.08%）、八甲基环四硅氧烷（2.59%）、十二甲基环六硅氧烷（2.29%）、六甲基环三硅氧烷（2.20%）、十六甲基环八硅氧烷（1.23%）等。

【利用】东北地区常见的园林栽培观赏植物。茎、叶、果实、根均可入药，有清热解毒、消肿散结的功效，主要用于治疗热病心烦、丹毒、痈肿、浓泡疮、瘰、疬等症。种子可提取食用油脂。花及未成熟的果实水煮后洗脸，有良好的养颜护肤作用。

连翘
Forsythia suspensa (Thunb.) Vahl

木犀科　连翘属
别名：绶带、黄绶丹、黄花条、黄奇丹、黄花杆、黄寿丹、连召、落翘、青翘、连壳
分布：河北、山西、河南、陕西、甘肃、宁夏、山东、安徽、四川、江苏、湖北、云南

【形态特征】落叶灌木。枝棕色、棕褐色或淡黄褐色，小枝土黄色或灰褐色，略呈四棱形，疏生皮孔。叶通常为单叶，或3裂至三出复叶，叶片卵形、宽卵形或椭圆状卵形至椭圆形，长2～10cm，宽1.5～5cm，先端锐尖，基部圆形、宽楔形至楔形，叶缘除基部外具锐锯齿或粗锯齿，叶面深绿色，叶背淡黄绿色。花通常单生或2至数朵着生于叶腋，先于叶开放；花萼绿色，裂片长圆形或长圆状椭圆形，先端钝或锐尖，边缘具睫毛；花冠黄色，裂片倒卵状长圆形或长圆形。果卵球形、卵状椭圆形或长椭圆形，长1.2～2.5cm，宽0.6～1.2cm，先端喙状渐尖，表面疏生皮孔。花期3～4月，果期7～9月。

【生长习性】生于海拔250～2200m的山坡灌丛、林下或草丛中，或山谷、山沟疏林中。适应性强，喜湿润、凉爽气候，耐寒力强，耐干旱瘠薄，不耐水湿。对土壤要求不严，除盐碱地外，一般酸性、碱性土均可生长，以酸碱度适中、深厚、肥沃、疏松的砂壤土较为适宜。属阳性树种，幼龄阶段较耐阴，成年要求阳光充足。

【精油含量】水蒸气蒸馏花的得油率为0.20%～0.37%，果实的得油率为0.18%～3.58%，果皮的得油率为0.32%～0.37%，种子的得油率为3.30%～4.05%；超临界萃取干燥果实的得油率为0.94%～8.60%。

【芳香成分】花：吕金顺等（2004）用水蒸气蒸馏法提取的甘肃天水产连翘鲜花精油的主要成分为：2-十八烷醇乙醇（8.21%）、二十六烷（8.08%）、1-氯十九烷（7.17%）、二十三烷（6.00%）、二十一烯（5.84%）、2-甲基二十三烷（5.56%）、9-环己基二十烷（5.41%）、2,3'-二甲基-1'，4-二羟基-1,2'-联二萘-5,5',8,8'-甲酮（4.58%）、2-甲基十八烷（3.66%）、Z-5-甲基-6～2二十一烯-11-酮（2.98%）、二苯甲酮（2.54%）、二十九烷（2.52%）、二十八烷（1.91%）、2-甲基二十烷（1.75%）、2,6,10,14-四甲基十七烷（1.65%）、二十五烷（1.35%）、二十七烷（1.18%）等。

果实：何新新等（2000）用水蒸气蒸馏法提取的河南产连翘干燥果实精油的主要成分为：β-蒎烯（54.93%）、α-蒎烯（15.43%）、松油烯-4-醇（11.60%）、香桧烯（4.51%）、二十四烷甲酯（2.87%）、Δ³-蒈烯（2.62%）、α-柠檬烯（1.77%）、莰烯

（1.17%）、二十六烷酸甲酯（1.01%）等。卫世安等（1992）用同法分析的连翘果皮精油的主要成分为：β-蒎烯（58.09%）、α-蒎烯（16.48%）、松油烯-4-醇（5.44%）、α-柠檬烯（3.57%）、莰烯（2.96%）、α-松油烯（1.88%）、香叶烯（1.82%）、α-侧柏烯（1.60%）、月桂烯醇（1.39%）、对-伞花烃（1.26%）、莰烯（1.01%）、异松油醇（1.00%）等。

种子：魏希颖等（2010）用水蒸气蒸馏法提取的种子精油的主要成分为：β-蒎烯（47.78%）、β-水芹烯（14.91%）、α-蒎烯（14.02%）、4-松油醇（2.38%）、β-伞花烃（2.18%）、D-枞油烯（1.83%）、α-崖柏烯（1.75%）、β-月桂烯（1.13%）等。

【利用】种子可榨油，可供制造肥皂及化妆品，又可制造绝缘漆及润滑油等，精炼后是良好的食用油。果实提取物可作为天然防腐剂用于食品保鲜。具有良好的水土保持作用。是早春优良观花灌木，可以做成花篱、花丛、花坛等。果实入药，有清热、解毒、散结、消肿的功效，主治风热感冒、痈肿疮疖、丹毒、颈淋巴结核、尿路感染、急慢性扁桃体过敏性紫癜、急性肾炎、肾结核等症。叶可药用，对治疗高血压、痢疾、咽喉痛等效果较好；还可治疗皮肤病。根有退烧作用。幼枝和叶煎汁对乳腺癌有疗效。

❀ 流苏树
Chionanthus retusus Lindl. et Paxt.

木犀科　流苏树属

别名： 白花菜、茶叶树、萝卜丝花、牛金茨果树、糯米花、糯米茶、牛筋子、如密花、四月雪、炭栗树、铁黄荆、晚皮树、油公子、隧花木、乌金子

分布： 甘肃、陕西、山西、河北、河南以南至云南、四川、广东、福建、台湾

【形态特征】落叶灌木或乔木，高可达20 m。叶片革质或薄革质，长圆形、椭圆形或圆形，有时卵形或倒卵形至倒卵状披针形，长3～12 cm，宽2～6.5 cm，先端圆钝，有时凹入或锐尖，基部圆或宽楔形至楔形，稀浅心形，全缘或有小锯齿，叶缘稍反卷，叶缘具睫毛。聚伞状圆锥花序，长3～12 cm，顶生于枝端；苞片线形，长2～10 mm，被柔毛，花长1.2～2.5 cm，单性而雌雄异株或为两性花；花萼长1～3 mm，4深裂，裂片尖三角形或披针形；花冠白色，4深裂，裂片线状倒披针形，长1～2.5 cm，宽0.5～3.5 mm，花冠管短。果椭圆形，被白粉，长1～1.5 cm，径6～10 mm，呈蓝黑色或黑色。花期3～6月，果

期6～11月。

【生长习性】生于海拔3000 m以下的稀疏混交林中或灌丛中，或山坡、河边。喜光，不耐荫蔽。喜温暖气候，耐寒、耐旱，忌积水，耐瘠薄，对土壤要求不严，喜中性及微酸性土壤，在肥沃、通透性好的砂壤土中生长最好，有一定的耐盐碱能力。

【精油含量】超临界萃取干燥花的得油率为0.41%。

面连成小水泡状突起。聚伞花序簇生于叶腋，或近于帚状，每腋内有花多朵；苞片宽卵形，质厚，长2～4 mm，具小尖头；花极芳香；花萼长约1 mm，裂片稍不整齐；花冠黄白色、淡黄色、黄色或桔红色，长3～4 mm；雄蕊着生于花冠管中部，花丝极短，药隔在花药先端稍延伸呈不明显的小尖头。果歪斜，椭圆形，长1～1.5 cm，呈紫黑色。花期9～10月上旬，果期翌年3月。

【芳香成分】刘普等（2015）用超临界CO_2萃取法提取的干燥花精油的主要成分为：3-甲氧基-5-甲基苯酚（31.74%）、二十一烷（11.94%）、苯乙醇（10.72%）、植酮（5.54%）、环二十一烷（4.87%）、苯甲醇（4.59%）、二十三烷（2.90%）、丁香酚（2.44%）、棕榈酸（1.73%）、2,6,10,14-四甲基十七烷（1.41%）、对甲氧基苯乙酸乙酯（1.34%）、二十二烷（1.30%）、十三醛（1.29%）等。

【利用】花、嫩叶晒干可代茶。果实可榨芳香油，供工业用。木材可制器具。是优良的园林观赏树种，适宜植于建筑物四周，或公园池畔和行道旁，可盆栽，制作桩景。芽、叶亦有药用价值。

🌸 桂花

Osmanthus fragrans (Thunb.) Lour.

木犀科　木犀属
别名：岩桂、金粟、九里香、木犀、丹桂
分布：四川、云南、贵州、广西、湖南、湖北、浙江、江西、福建等地

【形态特征】常绿乔木或灌木，高3～5 m，最高可达18 m；树皮灰褐色。小枝黄褐色。叶片革质，椭圆形、长椭圆形或椭圆状披针形，长7～14.5 cm，宽2.6～4.5 cm，先端渐尖，基部渐狭呈楔形或宽楔形，全缘或通常上半部具细锯齿，腺点在两

【生长习性】适宜于温暖的亚热带气候地区生长，喜温暖，既耐高温，也较耐寒，最适生长气温15～28 ℃，能耐最低气温-13 ℃。喜光，稍耐阴。喜湿润，不耐干旱，土壤以肥沃、排水良好、中性或微酸性的砂质土壤为宜。不耐烟尘危害，畏淹涝积水。

【精油含量】水蒸气蒸馏叶的得油率为2.33%，花的得油率为0.02%～1.26%；微波辅助水蒸气蒸馏新鲜花的得油率为0.85%；吸附法提取花头香的得率为5.00%；超临界萃取花的得油率为0.25%～0.50%；有机溶剂萃取花的浸膏得率为0.08%～4.47%；冷磨法提取花的得率为0.42%～0.74%；β-葡萄糖苷酶+乙醚萃取花浸膏的得率为3.51%，从浸膏中提取净油的得率为62.70%～83.60%。

【芳香成分】叶：何冬宁等（2008）用水蒸气蒸馏法提取的江苏徐州产桂花阴干叶精油的主要成分为：苯乙醇（60.28%）、苯甲醇（15.67%）、β-芳樟醇（4.47%）、苯乙醛（3.41%）、6,10,14-三甲基-2-十五戊酮（2.65%）、水杨酸甲酯（2.29%）、十八烷醛（1.90%）、1,4,4,7a-四甲基-2,4,5,6,7,7a-六氢-1H-茚-1,7-二醇（1.63%）、邻苯二甲酸丁辛酯（1.44%）、正壬醛（1.40%）等。

花：程满环等（2015）用水蒸气蒸馏法提取的安徽黄山产桂花干燥花精油的主要成分为：γ-癸内酯（17.67%）、顺式氧化芳樟醇（9.87%）、氧化芳樟醇（8.48%）、顺-α,α-5-三甲基-5-乙烯基四氢化呋喃-2-甲醇（7.74%）、芳樟醇（7.73%）、2,6-二叔丁基对甲酚（6.95%）、7,8-二氢-β-紫罗兰酮（3.77%）、2,2'-亚甲基双（6-叔丁基-4-甲基苯酚）（3.13%）、β-紫罗酮（2.70%）、1-二十二烯（2.53%）、1-二十二烯（2.53%）、(E)-β-紫罗酮（2.49%）、正二十七烷（2.42%）、正二十七烷（2.42%）、α-紫罗兰酮（2.27%）、(Z)-9-二十三碳烯（1.10%）、(Z)-9-二十三碳烯

（1.10%）等。

丹桂：李素云等（2012）用水蒸气蒸馏法提取的福建浦城产'小叶丹桂'干燥花精油的主要成分为：2-羟基丙酸乙酯（23.52%）、3-甲基-3-乙基戊烷（16.28%）、4-羟基苯乙醇（15.57%）、仲丁基醚（10.24%）、(S)-顺式芳樟醇氧化物（6.54%）、2,3-丁二醇（4.35%）、N-乙酰基酪胺（4.27%）、反式芳樟醇氧化物（4.11%）、2,4,4,6,6,8,8-七甲基-2壬烯（3.43%）、β-紫罗酮（3.37%）、[R-(R*,R*)]-2,3-丁二醇（2.75%）、二氢猕猴桃内酯（2.47%）、二丁基羟基甲苯（1.27%）等；'大叶丹桂'干燥花精油的主要成分为：2-羟基丙酸乙酯（23.23%）、3-甲基-3-乙基戊烷（18.54%）、仲丁基醚（11.95%）、(S)-顺式芳樟醇氧化物（7.11%）、2,4,4,6,6,8,8-七甲基-2-壬烯（6.53%）、反式芳樟醇氧化物（5.75%）、4-羟基苯乙醇（5.35%）、2,3-丁二醇（4.83%）、二十八烷（4.47%）、棕榈酸甲酯（3.46%）、[R-(R*,R*)]-2,3-丁二醇（3.04%）等。徐文斌等（2010）用同法分析的福建浦城产'丹桂'新鲜花精油的主要成分为：α-柏木烯（20.18%）、α-蒎烯（17.08%）、柏木醇（10.70%）、3-甲氧基戊烷（6.03%）、丙酸（5.49%）、β-柏木烯（4.78%）、柠檬烯（4.69%）、芳樟醇（2.64%）、莰烯（2.36%）、榄香烯（1.72%）、2,6,10,15-四甲基十七烷（1.15%）、莰烯（1.14%）、环十二烷基甲醇（1.11%）、樟脑（1.11%）、邻苯二甲酸二异丁酯（1.08%）、3-甲基-2-丁醇（1.03%）、二十八烷（1.03%）、长叶烯（1.01%）等；'小叶丹桂'新鲜花精油的主要成分为：氧化石竹烯（10.04%）、4,4-二甲基环辛烯（9.51%）、3,7,11,15-四甲基十六醇（7.02%）等。夏雪娟等（2017）用不同方法分析了重庆产'朱砂丹桂'干燥花的精油成分，水蒸气蒸馏的主要成

分为：β-紫罗兰酮（12.90%）、γ-癸内酯（8.97%）、4-[2,2,6-三甲基-7-氧杂二环[4.1.0]庚-1-基]-3-丁烯-2-酮（7.32%）、β-紫罗兰醇（6.95%）、芳樟醇（6.80%）、α-紫罗兰酮（6.30%）、2-甲基-4-(2,6,6-三甲基-1-环己烯-1-基)-2-丁烯醛（5.25%）、紫罗兰酮（4.75%）、(E)-呋喃芳樟醇氧化物（3.97%）、二十一烷（2.13%）、香叶基丙酮（2.05%）、顺-α,α-5-三甲基-5-乙烯基四氢化呋喃-2-甲醇（1.80%）、2,6,6-三甲基-1-环己烯基乙醛（1.79%）、正十六烷（1.65%）、7,8-环氧-α-紫罗兰酮（1.61%）、β-环柠檬醛（1.55%）、2,6-二甲基环己醇（1.31%）、6-(2-丁基)-1,5,5-三甲基环己烯（1.30%）、5-甲基-6-亚丁烯基-4-环己烯（1.28%）、(3E)-3,8-壬二烯-2-酮（1.22%）、2,5,5-三甲基环己-2-烯酮（1.20%）、1-羟基丙酮（1.15%）、正十五烷（1.05%）、壬酸（1.02%）等；同时蒸馏萃取的主要成分为：植酮（21.18%）、β-紫罗兰酮（10.88%）、4-[2,2,6-三甲基-7-氧杂二环[4.1.0]庚-1-基]-3-丁烯-2-酮（7.24%）、α-紫罗兰酮（6.81%）、γ-癸内酯（6.11%）、顺式-1-甲基-4-(1-甲基乙基)-2-环己烯-1-醇（4.67%）、(E)-呋喃芳樟醇氧化物（2.89%）、9-氧杂双环[6.1.0]壬烷（2.88%）、3,5,5-三甲基-2-环己烯-1-醇（2.70%）、β-环柠檬醛（2.67%）、1-甲基萘（2.28%）、芳樟醇（2.15%）、α-大马酮（2.00%）、香叶基丙酮（1.99%）、1,5,5-三甲基-3-亚甲基-1-环己烯（1.85%）、壬醛（1.82%）、顺-α,α-5-三甲基-5-乙烯基四氢化呋喃-2-甲醇（1.38%）、氧化芳樟醇（1.36%）、2,6,6-三甲基-1-环己烯基乙醛（1.35%）、2-甲基萘（1.23%）、7,8-环氧-α-紫罗兰酮（1.21%）、正十六烷（1.20%）、二十一烷（1.17%）等；超临界CO_2萃取的主要成分为：顺-α,α-5-三甲基-5-乙烯基四氢化呋喃-2-甲醇（51.02%）、对羟基苯乙醇（14.95%）、2,6-二甲基-2,7-辛二烯-1,6-二醇（10.70%）、(E)-2,6-二甲基-3,7-辛二烯-2,6-二醇（4.49%）、10-十一烯酸（4.35%）、(E)-呋喃芳樟醇氧化物（3.13%）、9-羟基-5-megastigmen-4-酮（2.64%）、2,3-二甲基环己醇（1.90%）、2-甲基-2-环己烯酮（1.24%）等；顶空固相微萃取的主要成分为：(E)-呋喃芳樟醇氧化物（22.54%）、2,6-二甲基环己醇（13.84%）、芳樟醇（12.79%）、2,5,5-三甲基环己-2-烯酮（8.18%）、α-紫罗兰酮（7.79%）、β-紫罗兰酮（7.65%）、4-[2,2,6-三甲基-7-氧杂二环[4.1.0]庚-1-基]-3-丁烯-2-酮（5.40%）、3,7-二甲基-1,5,7-辛三烯-3-醇（3.08%）、二氢猕猴桃内酯（2.58%）、7,8-环氧-α-紫罗兰酮（1.80%）、2,2-二甲基-5-(1-甲基-1-丙烯基)四氢呋喃（1.69%）、6-甲基-6-硝基-2-庚酮（1.62%）、β-环柠檬醛（1.49%）、月桂烯醇（1.07%）等。侯丹等（2015）用顶空固相微萃取法提取的丹桂‘堰虹桂’新鲜花蕾香气的主要成分为：β-紫罗兰酮（30.75%）、芳樟醇（17.89%）、α-紫罗兰酮（16.96%）、二氢-β-紫罗兰酮（14.55%）、桉树脑（4.10%）、γ-癸内酯（1.87%）、D-苎烯（1.03%）等；新鲜盛花期花香气的主要成分为：芳樟醇（54.00%）、反式-氧化芳樟醇（11.00%）、顺式-氧化芳樟醇（10.10%）、γ-癸内酯（6.95%）、β-紫罗兰酮（5.32%）、二氢-β-紫罗兰酮（1.75%）、顺式罗勒烯（1.60%）、双花醇（1.55%）、α-紫罗兰酮（1.49%）、β-月桂烯（1.11%）等；新鲜盛开末期花香气的主要成分为：反式-氧化芳樟醇（30.44%）、顺式罗勒烯（14.83%）、顺式-氧化芳樟醇（13.67%）、芳樟醇（10.68%）、二氢-β-紫罗兰酮（7.86%）、双花醇（5.02%）、γ-癸内酯（2.32%）、3,3-二甲基-1,5-庚二烯（1.12%）等。祝美莉等（1985）用多孔交联聚苯乙烯树脂吸附阱捕集浙江杭州产‘丹桂’花头香的主要成分为：3-羟基-2-丁酮（20.20%）、β-紫罗兰酮（7.80%）、乙基苯甲醛（6.90%）、二氢-β-紫罗兰酮（6.60%）、顺式-氧化芳樟醇（呋喃型）（6.00%）、芳樟醇（4.80%）、葛缕酮（2.30%）、α-罗勒烯（2.10%）、薄荷醇（1.80%）、2,4-二甲基苯乙酮（1.80%）、α-紫罗兰酮（1.40%）、3-己烯醇（1.00%）等。

金桂：胡春弟等（2010）用水蒸气蒸馏法提取的‘金桂’干燥花精油的主要成分为：α-甲基-α-(4-甲基-3-戊烯基)环氧甲醇（29.81%）、4-(2,6,6-三甲基环己-1-烯)丁-2-醇（18.73%）、5-乙烯基四氢-α,α,5-三甲基-2-呋喃甲醇（16.78%）、棕榈酸（3.88%）、2,6,10,10-四甲基-1-氧杂-螺[4.5]癸-6-烯（3.79%）、β-里哪醇（3.17%）、4-(2,6,6-三甲基-1-环己-1-烯基)-3-丁-2-醇（1.63%）、十四醛（1.29%）、壬醛（1.24%）、四十烷（1.00%）等。施婷婷等（2014）用同法分析的湖北咸宁产‘金桂’新鲜花精油的主要成分为：β-紫罗兰酮（15.01%）、二氢-β-紫罗兰酮（11.82%）、壬酸（7.65%）、棕榈酸（6.21%）、γ-癸内酯（5.91%）、3-氧-β-紫罗兰酮（3.86%）、α-紫罗兰酮（3.61%）、对甲氧基苯乙醇（3.13%）、反式-氧化芳樟醇（2.50%）、邻苯二甲酸二异丁酯（1.69%）、愈创蓝油烃（1.50%）、十七烷（1.34%）、亚麻酸（1.34%）等。陈虹霞等（2012）用同法分析的江西丰宜产‘金桂’晾干花精油的主要成分为：邻苯二甲酸二丁酯（33.16%）、β-紫罗兰酮（20.61%）、香叶醇（8.55%）、α-紫罗兰酮（5.90%）、二氢猕猴桃内酯（5.89%）、氧化芳樟醇（4.16%）、丁位癸内酯（3.13%）、邻苯二甲酸二异丁酯（2.07%）、芳樟醇（2.06%）、3-乙基-5-(2'-乙基丁基)-十八烷（2.01%）、环氧芳樟醇（1.96%）、β-环柠檬醛（1.88%）、α-甲基-α-[4-甲基-3-戊烯基]环氧乙烷甲醇（1.67%）、17-三十五烯（1.63%）、柏木脑（1.47%）、4-(2,6,6-三甲基-环己-1-烯)-丁烷-2-醇（1.41%）、β-二氢紫罗兰酮（1.40%）等。夏雪娟等（2015）用超临界CO_2萃取法提取的重庆产‘速生金桂’干燥花精油的主要成分为：对羟基苯乙醇（27.02%）、(E)-呋喃芳樟醇氧化物（26.46%）、2,6-二甲基-2,7-辛二烯-1,6-二醇（15.06%）、(E)-2,6-二甲基-3,7-辛二烯-2,6-二醇（7.50%）、3-(3-羟基丁基)-2,4,4-三甲基-2-环己烯-1-酮（4.60%）、10-十一烯酸（4.13%）、1-(2,2-二甲基环戊基)-乙酮（2.38%）、3-氧代-α-紫罗兰醇（1.77%）、3-甲基-2-环己烯-1-酮（1.68%）、2,3-二甲基环己醇（1.42%）、1-(2,6,6-三甲基-1-环己烯-1-基)丁烷-1,3-二酮（1.20%）等。侯丹等（2015）顶空固相微萃取法提取的金桂‘杭州黄’新鲜花蕾香气的主要成分为：β-紫罗兰酮（25.89%）、α-紫罗兰酮（18.45%）、二氢-β-紫罗兰酮（13.35%）、反式-氧化芳樟醇（11.52%）、顺式-氧化芳樟醇（10.55%）、芳樟醇（5.99%）、双花醇（2.99%）、顺式罗勒烯（1.11%）等；新鲜盛花期花香气的主要成分为：芳樟醇（43.82%）、β-紫罗兰酮（15.25%）、反式-氧化芳樟醇（11.51%）、顺式-氧化芳樟醇（10.01%）、α-紫罗兰酮（5.69%）、双花醇（2.83%）、二氢-β-紫罗兰酮（2.01%）、顺式罗勒烯（1.42%）、2,2,6-三甲基-6-乙烯基二氢-2H-吡喃-3-(4H)-酮（1.41%）等。祝美莉等（1985）用多孔交联聚苯乙烯树脂吸附阱捕集浙江杭州产‘金桂’花头香的主要成分为：β-紫罗兰酮（19.40%）、α-罗勒烯（18.00%）、芳樟醇（7.90%）、顺式-氧化芳樟醇（呋喃型）（7.30%）、反式-氧化芳樟醇（呋喃型）（6.10%）、反式-氧化芳樟醇（呋喃型）（4.10%）、葛缕酮（3.20%）、二氢-β-紫罗兰酮（3.20%）、α-紫罗兰酮（2.50%）、3-

羟基-2-丁酮（2.30%）、环己烯-3-甲醇-1（2.20%）、乙基苯甲醛（1.40%）、5-苯甲氧基戊醇（1.10%）、γ-癸内酯（1.10%）、1,6-二乙酰氧基己烷（1.10%）、5-己烯酮（1.00%）等；

银桂： 田光辉等（2008）用水蒸气蒸馏法提取的陕西汉中产'银桂'衰落花精油的主要成分为：α-里哪醇（10.65%）、α-萜品醇（9.66%）、石竹烯（8.28%）、α-紫罗兰酮（7.50%）、氧化石竹烯（5.75%）、苯酚（5.67%）、β-紫罗兰酮（4.36%）、雪松醇（3.56%）、邻苯二甲酸二丁酯（2.66%）、2,2-二甲基戊醛（2.46%）、乙酸橙花叔丁酯（2.19%）、丁子香酚（2.17%）、邻苯二甲酸二异丁酯（2.16%）、苯甲醛（2.07%）、雪松烯（1.83%）、壬醛（1.78%）、正己醇（1.75%）、正庚烯（1.68%）、2,5-二甲基-1,3-己二烯（1.48%）、反-橙花叔醇（1.47%）、甲苯（1.28%）、(E)-3-丙烯基-6-甲氧基苯酚（1.21%）、1-辛烯-3-醇（1.05%）、4Z-辛烯（1.03%）、香叶醇（1.03%）等。陈虹霞等（2012）用同法分析的'银桂'晾干花精油的主要成分为：邻苯二甲酸二异丁酯（32.06%）、邻苯二甲酸二丁酯（31.35%）、γ-癸内酯（6.32%）、二氢猕猴桃内酯（5.71%）、β-紫罗兰酮（5.29%）、β-紫罗兰醇（2.36%）、氧化芳樟醇（2.24%）、3-(1,3,5-三甲基-2,6-二氧环己基)丙醇（2.12%）、环氧芳樟醇（2.00%）、4-(2,6,6-三甲基-环己-1-烯)-丁烷-2-醇（1.18%）等。侯丹等（2015）用顶空固相微萃取法提取的银桂'玉玲珑'新鲜花蕾香气的主要成分为：α-紫罗兰酮（27.83%）、顺式-罗勒烯（13.82%）、β-紫罗兰酮（13.80%）、桉树脑（8.98%）、二氢-β-紫罗兰酮（8.82%）、芳樟醇（2.79%）、邻二甲苯（2.75%）、1R-α-蒎烯（2.20%）、对二甲苯（1.87%）等；新鲜盛花期花香气的主要成分为：芳樟醇（28.87%）、β-紫罗兰酮（23.42%）、顺式-罗勒烯（23.00%）、α-紫罗兰酮（4.79%）、反式-氧化芳樟醇（3.55%）、二氢-β-紫罗兰酮（2.50%）、γ-癸内酯（2.50%）、顺式-氧化芳樟醇（2.19%）等。祝美莉等（1985）用多孔交联聚苯乙烯树脂吸附阱捕集浙江杭州产'银桂'花头香的主要成分为：顺式-氧化芳樟醇（呋喃型）（18.10%）、芳樟醇（15.30%）、反式-氧化芳樟醇（呋喃型）（14.10%）、β-紫罗兰酮（10.50%）、α-罗勒烯（9.10%）、二氢-β-紫罗兰酮（7.30%）、3-羟基-2-丁酮（6.00%）、α-紫罗兰酮（2.30%）、顺式-氧化芳樟醇（吡喃型）（2.20%）、1,6-二乙酰氧基己烷（1.80%）、薄荷醇（1.00%）、反式-氧化芳樟醇（吡喃型）（1.00%）等。吴丹等（2015）用顶空固相微萃取法提取的贵州贵阳产'银桂'新鲜花冠香气的主要成分为：β-芳樟醇（42.10%）、反式-氧化芳樟醇（17.15%）、反式-β-紫罗兰酮（9.24%）、叶醛（9.19%）、β-紫罗兰酮（6.65%）、薰衣草醇（5.64%）、顺式-氧化芳樟醇（5.08%）、己醛（4.73%）等；新鲜花蕊香气的主要成分为：安息香醛（26.06%）、β-芳樟醇（23.22%）、反式-β-紫罗兰酮（15.44%）、薰衣草醇（12.87%）、β-紫罗兰酮（8.65%）、反式-氧化芳樟醇（8.39%）、己醛（2.00%）、顺式-氧化芳樟醇（1.01%）等；新鲜花托香气的主要成分为：叶醛（33.30%）、乙酸叶醇酯（18.10%）、己醛（12.87%）、β-罗勒烯（12.37%）、β-芳樟醇（6.75%）、反式-氧化芳樟醇（5.50%）、薰衣草醇（5.04%）、β-紫罗兰酮（3.65%）、反式-β-紫罗兰酮（2.58%）等。

四季桂： 陈虹霞等（2012）用水蒸气蒸馏法提取'四季桂'晾干花精油的主要成分为：4-(2,6,6-三甲基-环己-1-烯)-丁烷-2-醇（38.33%）、邻苯二甲酸二丁酯（14.62%）、香叶醇（8.50%）、β-紫罗兰醇（8.46%）、茶香螺烷（7.67%）、对甲氧基苯乙醇

（1.99%）、对-4-蓋烯-3-酮（1.95%）、丁位癸内酯（1.95%）、氧化芳樟醇（1.53%）、α-紫罗兰醇（1.49%）、芳樟醇（1.34%）、邻苯二甲酸二异丁酯（1.34%）、β-紫罗兰酮（1.31%）等。

果实： 毕淑峰等（2014）水蒸气蒸馏法提取的安徽黄山产'银桂'新鲜果实精油的主要成分为：5-乙烯基-3-吡啶羧酸甲酯（31.04%）、对甲酰基苯甲酸甲酯（13.54%）、棕榈酸（13.05%）、1,21-二十二碳二烯（3.73%）、1,2-环氧十八烷（3.03%）、2,6-二叔丁基对甲酚（1.95%）、2-乙烯基-2-丁烯醛（1.82%）、对乙烯基愈创木酚（1.82%）、油酸（1.81%）、糠醛（1.47%）、壬醛（1.18%）、β-大马烯酮（1.05%）、樟脑（1.00%）等。

【利用】花可提取净油和浸膏，是我国特产的高档花香天然香料，用于食品、化妆品。花可以窨茶、浸酒、腌制，是食品加工的重要原料。花、果实、枝叶、根均可入药，花可散寒破结、化痰止咳，用于牙痛、咳喘痰多、经闭腹痛；果实可暖胃、平肝、散寒，用于虚寒胃痛；枝、叶有温中散寒、暖胃止痛的功效；根可祛风湿、散寒，用于风湿筋骨疼痛、腰痛、肾虚牙痛。常用作园林绿化树种。木材是良好的雕刻用材。

🌸 木犀榄
Olea europaea Linn.

木犀科　木犀榄属

别名： 油橄榄、洋橄榄、齐墩果、阿列布
分布： 长江流域以南各地有栽培

【形态特征】常绿小乔木，高可达10 m；树皮灰色，枝灰色或灰褐色，近圆柱形，散生圆形皮孔，小枝具棱角，密被银灰色鳞片。叶片革质，披针形，有时为长圆状椭圆形或卵形，长1.5～6 cm，宽0.5～1.5 cm，先端锐尖至渐尖，具小凸尖，基部渐窄或楔形，全缘，叶缘反卷，叶面深绿色，稍被银灰色鳞片，叶背浅绿色，密被银灰色鳞片。圆锥花序腋生或顶生，长2～4 cm，被银灰色鳞片；苞片披针形或卵形；花芳香，白色，两性；花萼杯状，长1～1.5 mm，浅裂或几近截形；花冠长3～4 mm，深裂几达基部，长圆形，边缘内卷。果椭圆形，长1.6～2.5 cm，径1～2 cm，成熟时呈蓝黑色。花期4～5月，果期6～9月。

【生长习性】亚热带树种，原产地冬季温暖湿润，夏季干燥

炎热，最适生长温度是18～24℃，一般品种在休眠状态下能忍耐-10～-8℃的低温。喜光，对土壤要求不很严格，在砂土、壤土和黏土上都能生长，适生于土层深厚、排水良好的砂壤土，稍耐干旱，对盐分有较强的抵抗力。不耐积水。

【精油含量】同时蒸馏萃取新鲜叶的得油率为0.52%。

【芳香成分】闫争亮等（2012）用水蒸气蒸馏法提取的云南永仁产木犀榄新鲜叶精油的主要成分为：β-石竹烯（14.29%）、α-芹子烯（13.13%）、β-芹子烯（10.15%）、橙花叔醇（6.72%）、α-石竹烯（6.60%）、苯乙醛（5.61%）、3-己烯-1-醇（5.03%）、δ-杜松烯（3.34%）、γ-芹子烯（3.23%）、α-蒎烯（2.96%）、α-杜松醇（2.95%）、壬醛（2.27%）、3-乙烯基吡啶（2.22%）、苯甲醛（2.14%）、α-金合欢烯（2.14%）、γ-杜松烯（1.50%）、T-杜松醇（1.23%）、芳萜烯（1.17%）、蓝桉醇（1.12%）等。

【利用】果实可榨油，供食用，也可制润滑剂、化妆品、肥皂等，榨油后的枯饼还可以作饲料和肥料。鲜果可以盐渍、糖渍或做罐头和蜜饯。是优美的观赏植物，可修剪成多种形态栽培供观赏。

❀ 粗壮女贞

Ligustrum robustum (Roxb.) Blume

木犀科　女贞属

别名： 苦丁茶、虫蜡树、向阳柳、野冬麦、水白蜡、紫金条

分布： 安徽、江西、福建、湖南、湖北、广东、广西、贵州、云南、四川

【形态特征】灌木或小乔木，高1～10 m；树皮灰褐色。枝灰色或褐色，小枝紫色，稀黄褐色或灰白色，密被长圆形皮孔。叶片纸质，椭圆状披针形或披针形，稀椭圆形或卵形，长4～11 cm，宽2～4 cm，先端长渐尖，基部宽楔形或近圆形，叶面深绿色，光亮，叶背淡绿色。圆锥花序顶生，长5～15 cm，宽3～11 cm；花序轴及分枝轴稍扁或近圆柱形，果时具棱，紫色，密被白色皮孔，具短柔毛或腺毛；小苞片卵形或披针形，具纤毛；花萼长约1 mm，先端近截形或具不明显齿；花冠长4～5 mm，反折。果倒卵状长圆形或肾形，长7～12 mm，径3～6 mm，弯曲，呈黑色。花期6～7月，果期7～12月。

【生长习性】生于山地疏密林中或山坡灌丛，海拔400～2000 m。

【芳香成分】童华荣等（2004）用同时蒸馏萃取法提取的嫩梢精油的主要成分为：里哪醇（44.12%）、别香树烯（9.42%）、3,7-二甲基-1,6-辛二烯-3-醇（6.07%）、(+)-α-松油烯醇（6.05%）、γ-榄香烯（5.80%）、植醇（5.35%）、长叶烯（2.55%）、1,2-苯二羧酸-双(2-甲基丙基)酯（2.35%）、橙花醇（2.05%）、3,4-二甲基苯胺（1.85%）、β-紫罗（兰）酮（1.85%）、大根香叶烯B（1.75%）、3,7-二甲基-1,3,6-辛三烯（1.25%）、邻苯二甲酸二丁酯（1.20%）、石竹烯（1.10%）、1-(2,6,6-三甲基)-2-丁烯-1-酮（1.10%）、4-松油烯醇（1.05%）、柠檬醛（1.05%）、柠檬烯（1.00%）等；成熟叶精油的主要成分为：里哪醇（46.41%）、3,7-二甲基-1,6-辛二烯-3-醇（15.70%）、植醇（9.47%）、(+)-α-松油烯醇（7.30%）、2-(1,1-二甲基乙基)苯酚（6.70%）、香叶醛（5.08%）、柠檬醛（4.45%）、6,10,14-三甲基-2-十五烷酮（2.38%）、石竹烯（2.17%）、β-紫罗（兰）酮（2.02%）、橙花醇（1.84%）、3,7-二甲基-1,3,6-辛三烯（1.83%）、2,5-二甲基-1,5-己二烯（1.75%）、3,5-二甲基-环己烯（1.67%）、长叶烯（1.66%）、5,6,7,7a-三甲基-2(4H)-苯并呋喃酮（1.33%）、顺式-2,6-二甲基-1,6-辛二烯（1.31%）、6,10-二甲基-5,9-十一碳二烯-2-酮（1.11%）、(E,E)-2,4-庚二烯醛（1.05%）、十四酸（1.00%）等。

【利用】叶片加工后作为代茶制品被广泛饮用。

❀ 丽叶女贞

Ligustrum henryi Hemsl.

木犀科　女贞属

别名： 兴山蜡树、乔皮子、苦丁茶

分布： 陕西、甘肃、湖北、湖南、广西、贵州、四川、云南

【形态特征】灌木，高0.2～4 m；树皮灰褐色。枝灰色，具圆形皮孔，小枝紫红色或褐色，密被锈色或灰色短柔毛，有时具短硬毛。叶片薄革质，宽卵形、椭圆形或近圆形，有时为长圆状椭圆形，长1.5～5 cm，宽1～3 cm，先端锐尖至渐尖，或短尾状渐尖，有时圆钝，基部圆形、宽楔形或浅心形，叶缘平或微反卷，叶面光亮。圆锥花序圆柱形，顶生，长1.5～10 cm，宽1.5～5.5 cm；苞片有时呈小叶状，小苞片细小，呈披针形，长0.4～1.2 cm；花萼无毛，长约1 mm；花冠长6～9 mm，花冠管

长4~6 mm，裂片长1.5~3 mm。果近肾形，长6~10 mm，径3~5 mm，弯曲，呈黑色或紫红色。花期5~6月，果期7~10月。

【生长习性】生于海拔1800 m以下的山坡灌木丛中或峡谷疏密林中。

【芳香成分】童华荣等（2004）用同时蒸馏萃取法提取的嫩梢精油的主要成分为：里哪醇（41.82%）、3,7-二甲基-1,6-辛二烯-3-醇（17.49%）、香叶醛（8.10%）、雪松醇（8.03%）、2-(1,1-二甲基乙基)苯酚（7.06%）、柠檬醛（5.48%）、1,2-苯二羧酸-双(2-甲基丙基)酯（3.62%）、长叶烯（3.04%）、β-月桂烯（2.56%）、邻苯二甲酸二丁酯（2.39%）、2,3,3-三甲基-1,4-戊二烯（2.18%）、3,7-二甲基-1,3,6-辛三烯（2.07%）、2,3-二氢-苯并呋喃（1.48%）、石竹烯（1.20%）、2-乙基-6-甲基-吡啶（1.11%）、顺式-1-乙基-3-甲基-环己烷（1.10%）、β-紫罗（兰）酮（1.08%）、5,6,7,7a-三甲基-2(4H)-苯并呋喃酮（1.04%）等。

【利用】叶片加工后作为代茶制品被广泛饮用。

🌸 女贞
Ligustrum lucidum Ait.

木犀科　女贞属

别名： 白蜡树、大叶蜡树、大叶女贞、冬青、女桢、蜡树、青蜡树、桢木、水腊树、惜树、贞木、将军树

分布： 长江以南至华南、西南各地区，西北至陕西、甘肃

【形态特征】灌木或乔木，高可达25 m；树皮灰褐色。枝黄褐色、灰色或紫红色，圆柱形，疏生皮孔。叶片常绿，革质，卵形宽椭圆形，长6~17 cm，宽3~8 cm，先端锐尖至渐尖或钝，基部圆形或近圆形，有时宽楔形或渐狭，叶缘平坦，叶面光亮。圆锥花序顶生，长8~20 cm，宽8~25 cm；苞片常与叶同型，小苞片披针形或线形，长0.5~6 cm，宽0.2~1.5 cm，凋落；花长不超过1 mm；花萼长1.5~2 mm，齿不明显或近截形；花冠长4~5 mm，花冠管长1.5~3 mm，裂片长2~2.5 mm，反折。果肾形或近肾形，长7~10 mm，径4~6 mm，深蓝黑色，成熟时呈红黑色，被白粉。花期5~7月，果期7月至翌年5月。

【生长习性】生于海拔2900 m以下的疏密林中。适应性强，喜光，稍耐阴。喜温暖湿润气候，稍耐寒，能耐-12 ℃的低温。不耐干旱和瘠薄，耐水湿。对土壤要求不严，以砂质壤土或黏质壤土栽培为宜，适生于肥沃深厚、湿润的微酸性至微碱性土壤。抗二氧化硫和氟化氢。

【精油含量】水蒸气蒸馏花的得油率为0.07%，果实的得油率为0.08%~3.00%；水酶法提取干燥果实的得油率为10.30%。

【芳香成分】叶：武宏伟等（2012）用水蒸气蒸馏法提取的四川筠连产女贞干燥叶精油的主要成分为：芳樟醇（53.20%）、α-松油醇（18.20%）、香叶醇（15.50%）、橙花醇（5.88%）、反-氧化芳樟醇（1.24%）等；干燥芽精油的主要成分为：芳樟醇（53.30%）、香叶醇（19.10%）、α-松油醇（16.90%）、橙花醇（6.44%）等。

花：杨静等（2006）用水蒸气蒸馏法提取的陕西西安产

女贞花精油的主要成分为：乙二醇二乙醚（10.41%）、4-羟基-1,3-二亚戊烷（8.64%）、1-甲基联苯（8.13%）、倍半萜乙酯（6.81%）、麝子油醇（6.43%）、11-二十三碳烯（5.98%）、三十二烷（5.55%）、二十七烷（5.31%）、苯甲酸苄酯（4.74%）、(Z)-7-十六碳烯（4.26%）、苯甲醇（4.04%）、3,7-二甲基-3-羟基-2,6-辛二烯（3.04%）、2-甲氧基苯甲酯（2.69%）、1-甲氧基-4-(1-丙烯基)苯（2.52%）、环二十四烷（2.01%）、1,3,5-三甲氧基苯（1.59%）、3-甲酯-5-乙烯基吡啶（1.16%）等。

蒎烯（1.48%）、4-氨基苯乙烯（1.47%）等。

【利用】是园林中常用的观赏树种，还可作为砧木。根、叶、树皮、果实均可入药，果实有滋养肝肾、强腰膝、乌须明目的功效，用于眩晕耳鸣、腰膝酸软、须发早白、目暗不明、耳鸣耳聋、须发早白及牙齿松动等症状；叶可祛风、明目、消肿、止痛，主治头目昏痛、风热赤眼、疮肿溃烂、烫伤、口腔炎等症；根可散气血、止气痛，主治咳嗽气喘、白带等症；树皮可强腰膝，治风虚和烫伤。花和叶可提取精油，可用于甜食和牙膏中，可用来治疗肌肉疼痛。种子油可制肥皂。果实可供酿酒或制酱油。枝、叶上放养白蜡虫，能生产白蜡，可供工业及医药用。木材可作细木家具用材。初开的白色嫩花可掺入饭中煮熟食用或做菜。成熟果实可蒸鱼、炖肉、做汤。

果实：吕金顺（2005）用水蒸气蒸馏法提取的甘肃天水产女贞成熟果实精油的主要成分为：5-丁基十六烷（7.65%）、三苯甲醇（6.63%）、二十五烷（6.22%）、二苯甲酮（5.12%）、二十八烷（4.98%）、桉油精（4.95%）、1-氯二十七烷（4.79%）、二十六烷（4.47%）、2-甲基二十三烷（4.42%）、二十三烷（3.86%）、十八醛（3.63%）、二十七烷（3.34%）、苯甲醇（2.50%）、2-十七烯醛（2.45%）、2-甲基二十五烷（2.34%）、三十二烷（2.02%）、二十一烷（1.84%）、甲酸-1-甲基异丙酯（1.68%）、十六酸乙酯（1.59%）、N-苯基-1-萘胺（1.57%）、2-甲基-十八烷（1.52%）、二十烷（1.49%）、苯（1.35%）、1-溴二十二烷（1.10%）、十八烷（1.10%）、十八酸乙酯（1.09%）等。郭胜男等（2018）用顶空固相微萃取法提取的江苏产女贞干燥成熟果实精油的主要成分为：苯乙醇（37.10%）、1,2,4a,5,6,8a-六氢-4,7-二甲基-1-(1-甲基乙基)萘（5.22%）、二苯甲酮（5.00%）、右旋萜二烯（3.38%）、苯甲醇（3.28%）、丁香烯（3.16%）、芳樟醇（2.81%）、橙花叔醇（2.61%）、(-)-α-荜澄茄油烯（2.48%）、十一烷（1.95%）、2-异丙基-5-甲基-9-亚甲基双环[4.4.0]葵-1-烯（1.64%）、十一醛（1.52%）、左旋-β-

🌸 日本女贞
Ligustrum japonicum Thunb.

木犀科	女贞属
别名：	苦丁茶
分布：	各地有栽培

【形态特征】大型常绿灌木，高3～5 m。小枝灰褐色或淡灰色，疏生皮孔，幼枝稍具棱，节处稍压扁。叶片厚革质，椭圆形或宽卵状椭圆形，稀卵形，长5～10 cm，宽2.5～5 cm，先端锐尖或渐尖，基部楔形、宽楔形至圆形，叶面深绿色，光亮，叶背黄绿色，具不明显腺点。圆锥花序塔形，长5～17 cm；花序轴和分枝轴具棱；小苞片披针形，长1.5～10 mm；花萼长1.5～1.8 mm，先端近截形或具不规则齿裂；花冠长5～6 mm，花冠管长3～3.5 mm，裂片与花冠管近等长或稍短，长2.5～3 mm，先端稍内折，盔状。果长圆形或椭圆形，长

8～10 mm，宽6～7 mm，直立，呈紫黑色，外被白粉。花期6月，果期11月。

【生长习性】生于低海拔的林中或灌丛中，或生于路旁、沟旁和庭院。喜光，稍耐阴。

【精油含量】水蒸气蒸馏干燥叶的得油率为0.06%。

【芳香成分】周欣等（2002）用水蒸气蒸馏法提取的贵州罗甸产日本女贞干燥叶精油的主要成分为：二氢猕猴桃[醇酸内酯]（12.56%）、2,4-二[1,1-二甲基乙基]苯酚（3.62%）、2,6-二[1-丁基]-4-羟基-4-甲基-2,5-环己二烯-1-酮（2.76%）、2-[2-亚丁烯基]-1,3,3-三甲基-(E,E)-7-氧杂双环[2.2.1]庚烷（2.38%）、α-雪松醇（2.15%）、2-丙烯酸，正十三烷基酯（1.97%）、棕榈酸（1.67%）、3-羟基-β-大马士革酮（1.53%）、六氢化法呢基丙酮（1.43%）、十六碳酸甲酯（1.39%）、香叶醇（1.35%）、十六碳烷（1.30%）、α-紫穗槐烯（1.28%）、萜品二醇（1.25%）、十四碳烷（1.18%）、胡薄荷烯酮（1.14%）、2,6-二叔丁基-2,5-环己二烯-2,4-二酮（1.10%）、十八碳烷（1.03%）、α-松油醇（1.01%）、二丁基羟基甲苯（1.00%）等。

【利用】观赏用庭园树、绿篱、盆栽。种子为强壮剂，有强壮补虚、补肝益肾、乌须明目、养阴生津的功效，用于体虚、肝肾阴亏、肝火目疾。叶有清热解毒的功效，捣烂可敷肿毒。树皮、叶和果实有毒。

❀ 水蜡树
Ligustrum obtusifolium Sieb. et Zucc.

木犀科　女贞属

别名： 水蜡

分布： 山东、河南、河北、江苏、安徽、江西、湖南、陕西、辽宁

【形态特征】落叶多分枝灌木，高2～3 m；树皮暗灰色。小枝淡棕色或棕色，被较密微柔毛或短柔毛。叶片纸质，披针状长椭圆形、长椭圆形、长圆形或倒卵状长椭圆形，长1.5～6 cm，宽0.5～2.2 cm，先端钝或锐尖，有时微凹而具微尖头，萌发枝上叶较大，长圆状披针形，先端渐尖，基部均为楔形或宽楔形。圆锥花序着生于小枝顶端，长1.5～4 cm，宽1.5～3 cm；花序轴、花梗、花萼均被微柔毛或短柔毛；花萼长1.5～2 mm，截形或萼齿呈浅三角形；花冠管长3.5～6 mm，裂片狭卵形至披针形，长2～4 mm。果近球形或宽椭圆形，长

5～8 mm，径4～6 mm。花期5～6月，果期8～10月。

【生长习性】生于海拔60～600 m的山坡、山沟石缝、山涧林下和田边、水沟旁。喜光、稍耐阴，较耐寒。对土壤要求不严，喜肥沃湿润土壤。

【精油含量】溶剂萃取阴干花的得油率为0.26%～1.80%。

【芳香成分】李江楠等（2007）用石油醚萃取法提取的吉林长春产水蜡树开花期花精油的主要成分为：二十烷（20.25%）、9-甲基-十九烷（16.50%）、二十三烷（11.40%）、1-二十醇（8.82%）、苯乙醇（7.28%）、二十二醇（7.08%）双(2-乙基己基)酞酸酯（4.95%）、邻苯二甲酸二丁酯（3.06%）、2-羟基-环十五酮（2.90%）、、5-十九烯醇-1（2.63%）、1,2-苯二羧酸-2-乙基-1-己酯（2.56%）、正十六酸（2.49%）、丙醇酸（2.20%）、1-十二醇（1.63%）、二乙基硅酸（1.41%）、苯甲醇（1.00%）等。

【利用】可用于风景林、公园、庭院绿化。叶药用，有清热解毒、消肿止痛的作用。花精油可用作调配皂用香精原料。

❀ 小蜡
Ligustrum sinense Lour.

木犀科　女贞属

别名： 小蜡树、山指甲、黄心柳、水黄杨、千张树

分布： 江苏、浙江、安徽、江西、福建、台湾、湖北、湖南、广东、广西、四川、贵州、云南

【形态特征】落叶灌木或小乔木，高2～7 m。叶片纸质或薄革质、卵形、椭圆状卵形、长圆形、长圆状椭圆形至披针形，

或近圆形，长2~9cm，宽1~3.5cm，先端锐尖、短渐尖至渐尖，或钝而微凹，基部宽楔形至近圆形，或为楔形，叶面深绿色，叶背淡绿色。圆锥花序顶生或腋生，塔形，长4~11cm，宽3~8cm；花萼无毛，长1~1.5mm，先端呈截形或呈浅波状齿；花冠长3.5~5.5mm，花冠管长1.5~2.5mm，裂片长圆状椭圆形或卵状椭圆形，长2~4mm；花丝与裂片近等长或长于裂片，花药长圆形，长约1mm。果近球形，径5~8mm。花期3~6月，果期9~12月。

【生长习性】生于海拔200~2600m的山坡、沟谷、溪边疏林或灌丛中。喜光、耐热、耐寒、耐旱、耐瘠、耐剪，易移植。

【精油含量】有机溶剂萃取新鲜花浸膏得率为0.50%~0.60%，浸膏中的精油得率为10.00%~12.00%。

【芳香成分】罗心毅等（1993）用石油醚萃取后再用水蒸气蒸馏法提取的贵州贵阳产小蜡新鲜花精油的主要成分为：反式-桂酸甲酯（16.35%）、1,2-二甲基苯（12.07%）、苯乙酸乙酯（11.43%）、反式-桂酸乙酯（10.81%）1,4-二甲基苯（5.08%）、二十一烷（3.38%）、肉豆蔻酸乙酯（2.96%）、苯乙基乙酸酯（2.83%）、芳樟醇（2.42%）、月桂酸乙酯（2.29%）、十六酸甲酯（1.95%）、十六酸乙酯（1.83%）、苯乙醇（1.82%）、肉豆蔻酸甲酯（1.76%）、苯甲醛（1.69%）、乙基苯（1.47%）、8,11,14-二十烷三烯（1.40%）、甲基苯（1.31%）、十六酸（1.03%）等。朱亮锋等（1993）用大孔树脂吸附法提取的广东广州产小蜡新鲜花头香的主要成分为：芳樟醇（19.33%）、α-罗勒烯（12.75%）、壬醛（7.29%）、苯乙醛（6.52%）、柠檬烯（5.72%）、苯乙醇（5.28%）、苯甲酸甲酯（5.15%）、樟脑（3.20%）、N-苯基甲酰胺（2.45%）、苯甲醛（2.07%）、1,8-桉叶油素（1.53%）等。

【利用】果实可酿酒。种子榨油供制肥皂。茎皮可制人造棉。树皮和叶入药，具清热降火、抑菌抗菌、去腐生肌等功效，治吐血、牙痛、口疮、咽喉痛等，还可以防感染、止咳等。普遍栽培作绿篱。花精油可用作调配皂用香精原料。

❀ 多毛小蜡

Ligustrum sinense Lour. var. *coryanum* (W. W. Smith) Hand.-Mazz.

木犀科　女贞属

分布：贵州、云南、四川

【形态特征】与原变种区别在于本变种的幼枝、花序轴、叶柄以及叶背均被较密黄褐色或黄色硬毛或柔毛，稀仅沿叶背叶脉有毛；花萼常被短柔毛。花期3~4月，果期11~12月。

【生长习性】生于山地混交林、山坡灌丛或疏密林中，或林缘，海拔500～2500 m。

【精油含量】有机溶剂萃取新鲜花的浸膏得率为0.60%。

【芳香成分】龙春焯等（1992）用石油醚浸提后再用水蒸气蒸馏法提取法的新鲜花精油的主要成分为：肉桂酸甲酯（49.74%）、肉桂酸乙酯（14.42%）、苯乙酸甲酯（5.33%）、苯乙酸乙酯（3.91%）、肉豆蔻酸甲酯（2.65%）、亚麻酸甲酯（2.50%）、苯甲酸乙酯（1.67%）、苯甲酸甲酯（1.63%）、壬醛（1.09%）等。

【利用】花浸膏用于花香型的化妆品香精和日化香精中。

❀ 光萼小蜡
Ligustrum sinense Lour. var. *mysianthum* Lour.

木犀科　女贞属
别名： 苦味散
分布： 陕西、甘肃、江苏、福建、湖北、湖南、广东、广西、四川、贵州、云南

【形态特征】与原变种的区别在于本变种的幼枝、花序轴和叶柄密被锈色或黄棕色柔毛或硬毛，稀为短柔毛；叶片革质，长椭圆状披针形、椭圆形至卵状椭圆形，叶面疏被短柔毛，叶背密被锈色或黄棕色柔毛，尤以叶脉为密，稀近无毛；花序腋生，基部常无叶。花期5～6月，果期9～12月。

【生长习性】生于海拔130～2700 m的山坡、山谷、溪边的密林、疏林或灌丛中。

【芳香成分】易浪波等（2007）用超临界CO_2萃取法提取的湖南吉首产光萼小蜡干燥花精油的主要成分为：苯乙醇（65.05%）、十八烷（4.90%）、丁基羟基甲苯（4.22%）、苯甲醇（3.20%）、苯[（二甲氧基)甲基]（2.81%）、1,2,3,4-四甲基氧苯（2.26%）、5-甲基-2-丙基-壬烷（2.14%）、3,5,24-三甲基四十烷（1.90%）、十五烷（1.81%）、十四烷（1.63%）、α-苯甲基苯乙醇（1.63%）、3-月桂基环己酮（1.46%）、2,7-二甲基十一烷（1.35%）、2,6,1-三甲基月桂烷（1.34%）等。

【利用】叶药用，有清热解毒、消肿止痛的功效，用于咽喉痛、口腔破溃、疮疖、跌打损伤。

❀ 小叶女贞
Ligustrum quihoui Carr.

木犀科　女贞属
别名： 冬青、小叶冬青、小白蜡树、小叶水蜡树、小白蜡、楝青
分布： 山东、江苏、安徽、浙江、江西、河南、陕西、湖北、四川、贵州、云南、西藏

【形态特征】落叶灌木，高1～3 m。小枝淡棕色。叶片薄革质，形状和大小变异较大，披针形、长圆状椭圆形、椭圆形、倒卵状长圆形至倒披针形或倒卵形，长1～5.5 cm，宽0.5～3 cm，先端锐尖、钝或微凹，基部狭楔形至楔形，叶缘反

卷，叶面深绿色，叶背淡绿色，常具腺点。圆锥花序顶生，近圆柱形，长4～22 cm，宽2～4 cm，分枝处常有1对叶状苞片；小苞片卵形，具睫毛；花萼长1.5～2 mm，萼齿宽卵形或钝三角形；花冠长4～5 mm，花冠管长2.5～3 mm，裂片卵形或椭圆形，长1.5～3 mm，先端钝。果倒卵形、宽椭圆形或近球形，长5～9 mm，径4～7 mm，呈紫黑色。花期5～7月，果期8～11月。

【生长习性】生于沟边、路旁或河边灌丛中，或山坡，海拔100～2500 m。中性，喜温暖气候，较耐寒。喜光照，稍耐阴，较耐寒，华北地区可露地栽培。对二氧化硫、氯气等毒气有较好的抗性。

【芳香成分】叶：刘超等（2011）用水蒸气蒸馏法提取的湖北钟祥产小叶女贞叶精油的主要成分为：十六烷酸（17.28%）、(Z,Z,Z)-9,12,15-十八烷三烯酸乙酯（12.13%）、叶绿醇（5.80%）、肉豆蔻酸（5.14%）、顺-7-十二碳烯-1-乙酸（3.74%）、(2R-顺)-1,2,3,4,4a,5,6,7-八氢-α,α,4a,8-二甲基-2-萘甲醇（2.90%）、反-9-十八烯酸（2.59%）、顺-7-十六烯酸（1.98%）、6,10,14-三甲基-2-十五烷酮（1.91%）、1,2,3,4,5-五甲基-1,3-环戊二烯（1.85%）、异叶绿醇（1.46%）、9-十六碳烯酸（1.45%）、1S,2S,5R-1,4,4-三甲基三环[6.3.1.0²·⁵]-十二-8(9)-烯（1.39%）、二十四烷（1.23%）、沉香醇（1.20%）、[2R-(2α,4aα,8aβ)]-1,2,3,4,4a,5,6,8a-八氢-α,α,4a,8-四甲基-2-萘甲醇（1.17%）等。

花：金华等（2011）用水蒸气蒸馏法提取的吉林省吉林市产小叶女贞鲜花精油的主要成分为：壬醛（14.24%）、正二十烷（10.21%）、芳樟醇（9.26%）、壬烷（8.46%）、二十二烷（8.06%）、丁香酚（6.74%）、苯乙醇（5.39%）、顺-9-二十三烯（5.25%）、正十七烷（3.83%）、正庚醛（3.65%）、苯乙醛（2.50%）、甲基-丁香酚（1.92%）、正十八烷（1.83%）、2-甲氧基-4-乙烯基苯酚（1.83%）、2-十一酮（1.67%）、反式-2-壬烯醛（1.62%）、β-大马士酮（1.57%）、邻氨基苯甲酸甲酯（1.41%）、肉豆蔻醛（1.38%）、正十九烷（1.30%）、α-法呢烯（1.29%）、苯甲醇（1.23%）、N-苯基甲酰胺（1.19%）、罗勒烯（1.04%）等。

果实：朱玉等（2014）用水蒸气蒸馏法提取的安徽黄山产小叶女贞新鲜果实精油的主要成分为：大根香叶烯D（8.57%）、顺式-2-反式-6-金合欢醇（6.38%）、α-荜澄茄烯（5.24%）、2-己烯醛（3.80%）、芳樟醇（3.78%）、α-依兰油烯（3.70%）、5-乙烯基-3-吡啶羧酸甲酯（3.67%）、反式-2-己烯-1-醇（3.54%）、糠醛（3.15%）、β-荜澄茄烯（3.06%）、1-石竹烯（2.85%）、樟脑（2.77%）、d-杜松烯（2.37%）、t-依兰油醇（2.35%）、香叶醇（1.65%）、香茅醇（1.13%）、(+)-环苜蓿烯（1.13%）、α-可巴烯（1.10%）、α-松油醇（1.03%）等。

【利用】庭院中常栽植供观赏，主要作绿篱，是优良的抗污染树种，亦可作桂花、丁香等树的砧木，是制作盆景的优良树种。叶入药，具清热解毒等功效，治烫伤、外伤；树皮入药治烫伤。

🌸 总梗女贞
Ligustrum pricei Hayata

木犀科　女贞属
别名：阿里山女贞、清水女贞
分布：陕西、台湾、湖北、湖南、四川、贵州

【形态特征】灌木或小乔木，高1～7 m；树皮灰褐色。枝被圆形皮孔。叶片革质，长圆状披针形、椭圆状披针形或椭圆形，稀披针形或近菱形，长3～9 cm，宽1～4 cm，先端渐尖至长渐尖，或锐尖，稀圆钝，基部楔形，有时近圆形，叶缘平坦或稍反卷，叶面绿色，光亮，叶背淡绿色，干时常呈黄褐色。圆锥花序顶生或腋生，长2～6.5 cm，宽1.5～4.5 cm；有花3～7朵，上部花单生或簇生；苞片线形或披针形，长2～6 mm；

花萼长1.5～2.5 mm，先端具宽三角形齿或近截形；花冠长0.7～1.1 cm，裂片卵形，先端尖，盔状。果椭圆形或卵状椭圆形，长7～10 mm，宽5～7 mm，呈黑色。花期5～7月，果期8～12月。

【生长习性】生于山地、沟谷林中或灌丛中，海拔300～2600 m。

【芳香成分】武宏伟等（2012）用水蒸气蒸馏法提取的四川筠连产总梗女贞干燥叶精油的主要成分为：芳樟醇（54.20%）、香叶醇（20.00%）、α-松油醇（18.70%）、反-氧化芳樟醇（4.14%）等。

【利用】某些地区以本种的叶作苦丁茶使用，具散风热、清头目、除烦止渴等功效。

🌸 多花素馨
Jasminum polyanthum Franch.

木犀科　素馨属

别名：鸡爪花、白素馨、素兴、素英、素馨、四季素馨、素馨花、狗牙花

分布：四川、贵州、云南

【形态特征】缠绕木质藤本，高1～10 m。叶对生，羽状深裂或羽状复叶，有小叶5～7枚；叶片纸质或薄革质，叶背脉腋间具黄色簇毛；顶生小叶片通常明显大于侧生小叶片，披针形或卵形，长1.5～9.5 cm，宽0.6～3.5 cm，先端锐尖至尾状渐尖，基部楔形或圆形，侧生小叶片卵形或长卵形，长1～8.5 cm，宽0.5～2.7 cm，先端钝或锐尖，基部圆形、宽楔形或微心形。总状花序或圆锥花序顶生或腋生，有花5～50朵；苞片锥形；花极芳香；萼裂片5枚，三角形或锥状线形；花冠花蕾时外面呈红色，开放后变白，花冠管细长，裂片5枚，长圆形或狭卵形。果近球形，径0.6～1.1 cm，黑色。花期2～8月，果期11月。

【生长习性】生于山谷、灌丛、疏林，海拔1400～3000 m。喜温暖、湿润，喜光，略耐半阴。以排水良好、富含腐殖质、保水性良好的中性或微碱性砂质壤土为好。

【精油含量】以石油醚为溶剂萃取鲜花浸膏的得率为0.77%，从浸膏中提取净油的得率为50.00%，净油得率为0.37%。

【芳香成分】郎志勇等（1993）用石油醚萃取的云南昆明产多花素馨鲜花净油的主要成分为：异丁香酚（15.75%）、9,12,15-十八碳三烯酸甲酯（12.60%）、9,12-十八碳二烯酸甲酯（12.16%）、十六酸（6.89%）、十六酸甲酯（4.41%）、9,12,15-十八碳三烯醛（3.76%）、11,14-二十碳二烯酸甲酯（3.20%）、16-甲基十七酸甲酯（2.68%）、4-甲基酚（2.58%）、醋酸苯酯（2.07%）、3,7,11-三甲基-2,6,10-十二碳三烯醇（1.57%）、17-三十五烯（1.30%）、醋酸-3,7,11-三甲氧基-2,6,10-十二烯-1-醇酯（1.20%）、十七醇（1.01%）等。

【利用】全株药用，有活血、行气、止痛的功效，用于胸膈胀满、胃痛、月经不调、痛经、带下病、子痈、瘰疬。彝药花用于心胃气痛、肝炎、月经不调、痛经、白带；外用于外伤出血；全株用于睾丸炎、淋巴结核；叶用于乳腺炎、口腔炎、口腔溃疡；外用于皮肤瘙痒。花可提取芳香油。常栽培供观赏。

🌸 厚叶素馨

Jasminum pentaneurum Hand.-Mazz.

木犀科　素馨属

别名： 鲫鱼胆、樟叶茉莉、青竹藤、胆草
分布： 广东、海南、广西

【形态特征】攀缘灌木，高1～9 m。小枝黄褐色，圆柱形或扁平而成钝角形。叶对生，单叶，叶片革质，干时呈黄褐色或褐色，宽卵形、卵形或椭圆形，有时几近圆形，稀披针形，长4～10 cm，宽1.5～6.5 cm，先端渐尖或尾状渐尖，基部圆形或宽楔形，稀心形，叶缘反卷，具网状乳突，常具褐色腺点。聚伞花序密集似头状，顶生或腋生，有花多朵；有1～2对小叶状苞片，长1～2 cm，宽0.5～1.1 cm，其余苞片呈线形；花芳香；花萼裂片6～7枚，线形；花冠白色，花冠管长2～3 cm，裂片6～9枚，披针形或长圆形。果球形、椭圆形或肾形，长0.9～1.8 cm，径6～10 mm，呈黑色。花期8月至翌年2月，果期2～5月。

【生长习性】生于海拔900 m以下的山谷、灌丛或混交林中。

【芳香成分】朱亮锋等（1993）用微波加热，树脂吸附法收集的广东鼎湖山产厚叶素馨新鲜花头香的主要成分为：芳樟醇（24.60%）、3-(4,8-二甲基-3,7-壬二烯基)呋喃（20.14%）、十八碳二烯酸甲酯（13.24%）、2-烃基苯甲酸苯甲酯（6.89%）、茉莉苯甲酸苯甲酯（5.87%）、十八碳三烯酸甲酯（5.38%）、苯甲醇（2.45%）、棕榈酸甲酯（1.95%）、十八碳酸甲酯（1.71%）、2-烃基苯甲酸甲酯（1.17%）等。

【利用】植株药用，有祛瘀解毒的功效，主治跌打损伤、喉痛、口疮、疮疖、蛇伤。

🌸 茉莉花

Jasminum sambac (Linn.) Aiton

木犀科　素馨属

别名： 茉莉、末利、抹利、抹厉、没利、末丽、没丽、末莉、茶叶花、胭脂花、夜娇娇、紫茉莉、玉麝、奈花、小花茉莉、阿拉伯茉莉、香魂、莫利花、木梨花

分布： 广东、广西、云南、四川、福建、江苏、浙江、台湾等地有栽培

【形态特征】直立或攀缘灌木，高达3 m。小枝圆柱形或稍压扁状，疏被柔毛。叶对生，单叶，叶片纸质，圆形、椭圆形、卵状椭圆形或倒卵形，长4～12.5 cm，宽2～7.5 cm，两端圆或钝，基部有时微心形。聚伞花序顶生，通常有花3朵，有时单花或多达5朵；花序梗长1～4.5 cm，被短柔毛；苞片微小，锥形，长4～8 mm；花梗长0.3～2 cm；花极芳香；花萼无毛或疏被短柔毛，裂片线形，长5～7 mm；花冠白色，花冠管长0.7～1.5 cm，裂片长圆形至近圆形，宽5～9 mm，先端圆或钝。果球形，径约1 cm，呈紫黑色。花期5～8月，果期7～9月。

【生长习性】喜光，稍耐阴，长日照植物。喜温暖湿润的气候，能耐暑热，不耐寒。在通风良好、半阴的环境生长最好。土壤以含有大量腐殖质的微酸性砂质土壤最为适合。畏寒、畏旱，不耐霜冻、湿涝和碱土。

【精油含量】水蒸气蒸馏花的得油率为0.02%～0.30%；同时蒸馏萃取干燥花的得油率为5.35%；有机溶剂萃取花的浸膏得率为0.22%～2.70%；超临界萃取鲜花的得油率为0.24%。

【芳香成分】刘建军等（2011）用同时蒸馏萃取法提取的重庆产双瓣茉莉新鲜盛开花精油的主要成分为：苯甲酸顺-3-己烯酯（30.50%）、乙酸苯甲酯（29.42%）、芳樟醇（20.10%）、α-法呢烯（15.33%）、水杨酸苯甲酯（8.23%）、苯甲酸甲酯（7.80%）、吲哚（6.52%）、苯甲酸环己酯（5.29%）等。王海琴等（2006）用同法分析的云南引种的食用茉莉花精油的主要成分为：芳樟醇（33.50%）、乙酸-顺-3-己烯酯（15.48%）、杜松醇（7.37%）、α-紫穗槐烯（6.09%）、橙花醇（5.17%）、反-芳樟醇氧化物（4.18%）、1,4-杜松二烯（3.84%）、顺-3-己烯-1-醇（3.48%）、香叶醇（3.33%）、α-松油醇（1.65%）、2,6-二甲基-3,7-辛二烯-2,6-二醇（1.58%）、3,7-二甲基-1,5-辛二烯-3,7-二醇（1.46%）等。陈梅春等（2017）用顶空固相微萃取法提取的福建福州产双瓣茉莉花新鲜花挥发油的主要成分为：乙酸苄酯（37.57%）、α-法呢烯（23.09%）、芳樟醇（15.35%）、苯甲酸甲酯（4.58%）、乙酸叶醇酯（3.05%）、吲哚（2.62%）、顺式-3-己烯醇苯甲酸酯（2.28%）、水杨酸甲酯（1.58%）、大根香叶烯D（1.06%）等；单瓣茉莉花新鲜花挥发油的主要成分为：α-法呢烯（30.55%）、芳樟醇（21.79%）、乙酸苄酯（18.77%）、水杨酸甲酯（4.08%）、苯甲醇（3.79%）、吲哚（2.47%）、顺式-3-己烯醇苯甲酸酯（2.25%）、大根香叶烯D（1.50%）、乙酸叶醇酯（1.49%）、苯甲酸甲酯（1.29%）等。朱亮锋等（1984）用XAD-4憎水性吸附树脂采集的广东广州产茉莉花鲜花头香的主要成分为：芳樟醇（25.01%）、乙酸苯甲酯（23.71%）、乙酸-3-己烯酯（13.80%）、顺式-石竹烯（13.67%）、苯甲酸甲酯（6.27%）、苯甲酸环己酯（3.37%）、水杨酸甲酯（2.55%）、吲哚（1.83%）、丁酸-3-己烯酯（1.72%）、邻氨基苯甲酸甲酯（1.56%）、苯甲醛（1.13%）、1-己烯醇（1.06%）等。

【利用】为常见庭园及盆栽观赏芳香花卉。花为著名的花茶原料及重要的香精原料，可提取净油和浸膏，是名贵的食用香料，也是高级日用化妆品香精和优质香皂香精的主要原料。花可薰制茶叶，也可用于饮食烹调中。根、叶、花均可药用，根有毒，有麻醉、止痛的功效，用于跌损筋骨、龋齿、头痛、失眠；叶可清热解表，用于外感发热、腹胀泻泻；花有理气、开郁、辟秽、和中的功效，用于下痢腹痛、目赤红肿、疮毒。

🌸 青藤仔

Jasminum nervosum Lour.

木犀科　素馨属
别名： 牛腿虱、牛腿风、鸡骨香、蟹鱼胆藤、侧鱼胆、金丝藤、香花藤、大素馨花
分布： 台湾、广东、海南、广西、贵州、云南、西藏

【形态特征】攀缓灌木，高1～5 m。叶对生，单叶，叶片纸质，卵形、窄卵形、椭圆形或卵状披针形，长2.5～13 cm，宽0.7～6 cm，先端急尖、钝、短渐尖至渐尖，基部宽楔形、圆形或截形，稀微心形。聚伞花序顶生或腋生，有花1～5朵，通常花单生于叶腋；苞片线形，长0.1～1.3 cm；花芳香；花萼常呈白色，无毛或微被短柔毛，裂片7～8枚，线形，长0.5～1.7 cm，果时常增大；花冠白色，高脚碟状，花冠管长1.3～2.6 cm，径1～2 mm，裂片8～10枚，披针形，长0.8～2.5 cm，宽2～5 mm，先端锐尖至渐尖。果球形或长圆形，长0.7～2 cm，径0.5～1.3 cm，成熟时由红变黑。花期3～7月，果期4～10月。

【生长习性】生于海拔2000 m以下的山坡、沙地、灌丛及混交林中。

【精油含量】水蒸气蒸馏茎的得油率为0.01%，晾干叶的得油率为0.06%。

【芳香成分】霍丽妮等（2011）用水蒸气蒸馏法提取的广西德保产青藤仔茎精油的主要成分为：棕榈酸（39.78%）、油酸（22.91%）、(E)-9-棕榈油酸（4.31%）、β-芳樟醇（2.60%）、

硬脂酸（2.57%）、2-羟基环十五烷酮（1.78%）、正十三烷酸（1.62%）、叶绿醇（1.50%）、三氯乙酸十五酯（1.29%）、α-松油醇（1.21%）、(Z,Z)-2-甲基-3,13-十八碳二烯醇（1.10%）等；晾干叶精油的主要成分为：β-芳樟醇（25.84%）、α-松油醇（8.35%）、3,7-二甲基-2,6-辛二烯-1-醇（6.49%）、二环[4.3.1]癸烷-10-酮（4.71%）、11-十五碳烯醛（3.58%）、桃醛（3.11%）、(Z)-香叶醇（2.49%）、(Z)-9-十八烷醛（1.56%）、(Z)-芳樟醇氧化物（1.21%）等。

【利用】全草药用，有清热利湿、消肿拔脓的功效，用于治湿热黄疸、湿热痢疾、阴部痒肿疼痛、痈疮疔疡、跌打损伤、腰肌劳损、瘀血肿痛。壮药用全株治疟疾、伤寒夹经、小儿咳嗽、捣敷治骨折；叶研敷治伤口溃疡；傣药用全草治疗妇科产后诸疾、周身麻木、行动迟钝、跌打损伤、腰痛。

🌸 素馨花
Jasminum grandiflorum Linn.

木犀科　素馨属
别名：素兴、素英、素馨、大花素馨、四季素馨、大花茉莉、耶悉茗花、野悉蜜、四季茉莉
分布：广东、福建、台湾、四川、浙江、云南、西藏等地

【形态特征】攀缘灌木，高1～4 m。小枝圆柱形，具棱或沟。叶对生，羽状深裂或具5～9小叶，叶长3～8 cm，宽3～6 cm；叶轴常具窄翼；小叶片卵形或长卵形，顶生小叶片常为窄菱形，长0.7～3.8 cm，宽0.5～1.5 cm，先端急尖、渐尖、钝或圆，有时具短尖头，基部楔形、钝或圆。聚伞花序顶生或腋生，有花2～9朵；苞片线形，长2～3 mm；花梗长0.5～2.5 cm，花序中间花的梗明显短于周围花的梗；花芳香；花萼无毛，裂片锥状线形，长3～10 mm；花冠白色，高脚碟状，花冠管长1.3～2.5 cm，裂片多为5枚，长圆形，长1.3～2.2 cm，宽0.8～1.4 cm。果未见。花期8～10月。

【生长习性】生于石灰岩山地，海拔约1800 m。喜生于温暖、阳光充足、排水良好的砂壤土。不耐寒。

【精油含量】有机溶剂浸提新鲜花浸膏的得膏率为0.30%～0.38%。

【芳香成分】朱亮锋等（1993）用水蒸气蒸馏法提取的新鲜花精油的主要成分为：乙酸苯甲酯（20.28%）、苯甲酸苯甲酯（17.79%）、植醇（17.76%）、异植醇（10.23%）、芳樟醇（3.85%）、对甲酚（3.76%）、α-金合欢烯（3.12%）、亚麻酸甲酯（2.77%）、丁香酚（2.02%）、茉莉酮（1.72%）、苯甲醇（1.70%）、1H-吲哚（1.66%）、14-甲基十五酸甲酯（1.08%）、异丁香酚（1.02%）等。

【利用】常栽培供观赏。全草或花蕾入药，有舒肝解郁、行气止痛的功效，用于肝郁气滞所致的胁肋脘腹作痛、下痢腹痛、胃痛、肝炎、月经不调、痛经、带下、口腔炎、皮肤瘙痒、睾丸炎、乳腺炎、淋巴结结核；有人在临床中用其治疗肝癌、胃癌、肠癌引起的疼痛，多种原因引起的贫血。花精油用于调制高级化妆品香精。干花可入茶。

🌸 迎春花
Jasminum nudiflorum Lindl.

木犀科　素馨属
别名：小黄花、迎春、金腰带、黄梅、清明花
分布：甘肃、陕西、四川、云南、西藏等地

【形态特征】落叶灌木，直立或匍匐，高0.3～5 m，枝条下垂。枝稍扭曲，小枝四棱形，棱上多少具狭翼。叶对生，三出复叶，小枝基部常具单叶；叶轴具狭翼；小叶片卵形、长卵形

或椭圆形，狭椭圆形，稀倒卵形，先端锐尖或钝，具短尖头，基部楔形，叶缘反卷；顶生小叶片长1～3 cm，宽0.3～1.1 cm，侧生小叶片长0.6～2.3 cm，宽0.2～11 cm；单叶为卵形或椭圆形，有时近圆形，长0.7～2.2 cm，宽0.4～1.3 cm。花单生于小枝的叶腋或顶端；苞片小叶状，披针形、卵形或椭圆形；花萼绿色，裂片5～6枚，窄披针形，先端锐尖；花冠黄色，径2～2.5 cm，花冠管向上渐扩大，裂片5～6枚，长圆形或椭圆形。花期6月。

【生长习性】生于山坡灌丛中，海拔800～2000 m。喜温暖而湿润的气候，喜阳光，稍耐阴，耐寒、耐旱，怕涝，不择土壤。要求疏松肥沃和排水良好的砂质土，在酸性土中生长旺盛，碱性土中生长不良。

【精油含量】水蒸气蒸馏新鲜叶的得油率为1.39 μL·g⁻¹。

【芳香成分】叶：汤洪波等（2005）用水蒸气蒸馏法提取的贵州贵阳产迎春花新鲜叶精油的主要成分为：3,7,11,15-四甲基-2-十六碳烯醇（36.18%）、十六酸（18.58%）、亚油酸乙酯（7.12%）、3,7,11,15-四甲基-2-十六烯-1-醇（6.15%）、二十四烷（4.14%）、香叶醇（2.55%）、α-松油醇（2.31%）、橙花叔醇（2.22%）、新植二烯（1.34%）等。金华等（2014）用同法分析的吉林吉林产迎春花干燥叶精油的主要成分为：5-乙烯基-2-降冰片烯（29.70%）、青叶醇（18.38%）、芳樟醇（13.18%）、乙酸叶醇酯（8.82%）、2-己醛（4.19%）、大马士酮（4.16%）、3-十四烯（2.52%）、脱氢二氢-β-紫罗兰酮（2.43%）、α-香柠檬醇（2.30%）、α-松油醇（2.20%）、橙花醇（1.94%）、韦得醇（1.61%）、匙叶桉油烯醇（1.45%）、檀香醇（1.22%）等。

花：赵彦贵等（2018）用水蒸气蒸馏法提取的内蒙古阿拉善产迎春花阴干花蕾精油主要成分为：二十一烷（11.73%）、十六烷（9.61%）、十四烷酸（9.26%）、棕榈酸（6.76%）、十五烷（5.83%）、(E)-4-(2,6,6-三甲基-1-环己-1-烯基)-3-丁烯-2-酮（5.25%）、2-己烯-1-醇（3.75%）、青叶醇（3.60%）、2,6-二甲基-十七烷（3.12%）、二十三烷（2.74%）、亚油酸（2.15%）、3-甲基二十烷（2.11%）、12-甲基-十三烷酸甲酯（1.74%）、邻苯二甲酸二异丁酯（1.70%）、3-甲基十四烷（1.69%）、2-甲基-十五烷（1.49%）、2,6,10-三甲基-十四烷（1.47%）、十九烷（1.34%）、植物醇（1.28%）、2-己醛（1.25%）、邻苯二甲酸丁基-2-乙基己基酯（1.23%）等。康文艺等（2009）用顶空固相微萃取法提取的河南开封产迎春花阴干花精油主要成分为：十五烷（15.02%）、4-亚硝酸基-苯磺酸（4-溴甲基-2-金刚烷基）酯（14.98%）、亚油酸（14.48%）、2,3,7-三甲基-癸烷（6.06%）、十六烷（5.96%）、十四烷（5.06%）、苯乙醇（5.02%）、苯甲醇（3.32%）、2-甲基-8-正丙基-十二烷（3.30%）、棕榈酸（2.36%）、十七烷（2.05%）、6,10,14-三甲基-2-十五烷酮（2.04%）、2,6-二甲基-十七烷（1.64%）、二十一烷（1.62%）、2-甲基-十五烷（1.58%）、壬醛（1.50%）、2-丙烯基-环己烷（1.45%）、2,6,10-三甲基-十二烷（1.41%）、(E)-4-(2,6,6-三甲基-1-环己-1-烯基)-3-丁烯-2-酮（1.32%）、2,6,10-三甲基-十四烷（1.29%）、3-甲基-十四烷（1.15%）等。

【利用】叶药用，有活血解毒、消肿止痛的功效，用于肿毒恶疮、跌打损伤、创伤出血。花药用，有发汗、解热利尿的功效，用于发热头痛、小便涩痛。民间用花治高血压、头昏头晕；根用于小儿热咳、小儿惊风；叶外用于阴道滴虫、口腔炎、痈

疖肿毒、外伤出血、跌打损伤、杀灭蚊蝇幼虫。在园林绿化中栽植供观赏。花可食用。

❀ 木贼

Equisetum hyemale Linn.

木贼科　木贼属

别名：千峰草、锉草、笔头草、笔筒草、接骨草、马人参、节骨草

分布：黑龙江、辽宁、吉林、内蒙古、北京、天津、河北、陕西、甘肃、新疆、河南、湖北、四川、重庆

【形态特征】大型植物。根茎横走或直立，黑棕色，节和根有黄棕色长毛。地上枝多年生。枝一型。高达1米或更多，中部直径3～9 mm，节间长5～8 cm，绿色，不分枝或直基部有少数直立的侧枝。地上枝有脊16～22条，脊的背部弧形或近方形，无明显小瘤或有小瘤2行；鞘筒0.7～1.0 cm，黑棕色或顶部及基部各有一圈或仅顶部有一圈黑棕色；鞘齿16～22枚，披针形，小，长0.3～0.4 cm。顶端淡棕色，膜质，芒状，早落，下部黑棕色，薄革质，基部的背面有3～4条纵棱，宿存或同鞘筒一起早落。孢子囊穗卵状，长1.0～1.5 cm，直径0.5～0.7 cm，顶端有小尖突，无柄。

【生长习性】生于坡林下阴湿处、湿地、溪边，海拔100～3000 m。喜阴湿的环境，喜直射阳光。

10 cm；苞鳞宽2.5～3 cm，先端增厚而反曲；种子倒卵圆形，长约1.2 cm，径约7 mm，种翅只在种子的一侧发育，膜质，近矩圆形，上部较下部宽，最宽处宽约1.2 cm。

【生长习性】幼苗喜半阴，大树喜阳光。用排水良好的腐殖土盆栽，越冬温度不低于10 ℃。

【精油含量】水蒸气蒸馏叶的得油率为0.08%。

【精油含量】水蒸气蒸馏全草的得油率为0.86%；超临界萃取全草的得油率为2.10%。

【芳香成分】陈静等（2010）用水蒸气蒸馏法提取湖南怀化产木贼全草精油等的主要成分为：乙酰苯酮（4.89%）、1,2-二甲苯酸二丁酯（4.12%）、2,4-二叔丁基苯酚（1.65%）等。李德坤等（2001）用同法分析的吉林抚松产木贼全草精油的主要成分为：2-甲氧基-3-(1-甲基乙基)-吡嗪（11.82%）、十五烷（7.89%）、9-辛基-十七烷（5.61%）、3-己烯-1-醇（5.01%）等。

【利用】全草入药，具有疏散风热、明目退翳、止血的功效，治目生云翳、迎风流泪、肠风下血、血痢、脱肛、疟疾、喉痛、痈肿。

贝壳杉
Agathis dammara (Lamb.) Rich. et A. Rich

南洋杉科　贝壳杉属
分布：福建有栽培

【形态特征】乔木，在原产地高达38 m，胸径达45 cm以上；树皮厚，带红灰色；树冠圆锥形，枝条微下垂，幼枝淡绿色，冬芽顶生，具数枚紧贴的鳞片。叶深绿色，革质，矩圆状披针形或椭圆形，长5～12 cm，宽1.2～5 cm（果枝上的叶常较小），具多数不明显的并列细脉，边缘增厚，反曲或微反曲，先端通常钝圆，稀具短尖，叶柄长3～8 mm。雄球花圆柱形，长5～7.5 cm，径1.8～2.5 cm。球果近圆球形或宽卵圆形，长达

【芳香成分】黄儒珠等（2008）用水蒸气蒸馏法提取的福建福州产贝壳杉叶精油的主要成分为：β-荜澄茄烯（56.34%）、γ-依兰二烯（7.21%）、γ-杜松烯（4.63%）、δ-榄香烯（4.18%）、α-

依兰二烯（3.94%）、β-波旁烯（3.44%）、α-石竹烯（2.51%）、芮木泪柏烯（2.31%）、α-杜松醇（2.20%）、τ-依兰油醇（1.79%）、石竹烯（1.45%）、依兰烯（1.16%）、可巴烯（1.16%）等。

【利用】木材可供建筑用，或用于大型桶具、缸、木制机械、船具、建筑施工、连接用木构件、细木家具、油脂容器、搅拌器和模板的制作，某些便宜的低等级木材用于制作胶合板、盒具和板条箱。树干含有丰富的树脂，在工业上及医药上有广泛用途。作庭园树。

❀ 大叶南洋杉
Araucaria bidwillii Hook.

南洋杉科　南洋杉属
别名： 洋刺杉、澳洲南洋杉、披针叶南洋杉
分布： 福建有栽培

【形态特征】乔木，在原产地高达50 m，胸径达1 m；树皮厚，暗灰褐色，成薄条片脱落。叶卵状披针形、披针形或三角状卵形，坚硬，厚革质；同年生小枝上的叶不等长，叶形也有变异：幼树及营养枝上的叶较花果枝及老树的叶长，小枝中部的叶较两端的叶长，长2.5～6.5 cm；花果枝，老树及小枝两端的叶长0.7～2.8 cm。雄球花单生叶腋，圆柱形。球果大，宽椭圆形或近圆球形，长达30 cm，径22 cm，中部的苞鳞矩圆状椭圆形或矩圆状卵形，先端肥厚，具明显的锐脊，中央有急尖的三角状尖头，尖头向外反曲；舌状种鳞的先端肥大而外露；种子长椭圆形，无翅。花期6月，球果第三年秋后成熟。

【生长习性】喜欢直射的阳光，但在漫射光或室内也能生

长良好。生长季节，除夏天温度超过32 ℃的时候，整年都能生长。夏季要避免强光曝晒，要经常洒水，保持较高的空气湿度。喜温暖。应选择向阳、土壤肥沃而排水良好的地方种植。

【精油含量】水蒸气蒸馏叶的得油率为0.08%。

【芳香成分】黄儒珠等（2008）用水蒸气蒸馏法提取的福建福州产大叶南洋杉叶精油的主要成分为：hibaene（77.88%）、甘香烯（4.57%）、大根香叶烯D（3.66%）、(5α,9α,10β)-贝壳杉-15-烯（2.70%）、(±)-反-橙花叔醇（1.71%）等。

【利用】是珍贵的观赏树种，宜作园景树、行道树或纪念碑、像的背景树，盆栽可作门庭、室内装饰用。木材可供建筑等用。

❀ 异叶南洋杉
Araucaria heterophylla (Salisb.) Franco

南洋杉科　贝壳杉属
别名： 诺和克南洋杉
分布： 福建、广东有栽培

【形态特征】乔木，在原产地高达50 m以上，胸径达1.5 m；树干通直，树皮暗灰色，裂成薄片状脱落；侧枝常成羽状排列，下垂。叶二型：幼树及侧生小枝的叶钻形，光绿色，向上

弯曲，通常两侧扁，具3～4棱，长6～12 mm，叶面有白粉；大树及花果枝上的叶排列较密，宽卵形或三角状卵形，多少弯曲，长5～9 mm，基部宽，先端钝圆，叶面有多条气孔线，有白粉，叶背有疏生的气孔线。雄球花单生枝顶，圆柱形。球果近圆球形或椭圆状球形，通常长8～12 cm，径7～11 cm；苞鳞厚，上部肥厚，边缘具锐脊，先端具扁平的三角状尖头，尖头向上弯曲；种子椭圆形，稍扁，两侧具结合生长的宽翅。

【生长习性】喜温暖、潮湿的环境，在阳光充足的地方生长良好，有一定的耐阴力，但要避免夏季35 ℃以上的强光曝晒。不耐寒冷和干旱，生长适温为10～25 ℃，越冬温度为5 ℃以上。适生于排水良好富含腐殖质的微酸性砂质壤土。

【精油含量】水蒸气蒸馏叶的得油率为0.11%。

【芳香成分】黄儒珠等（2008）用水蒸气蒸馏法提取的福建福州产异叶南洋杉叶精油的主要成分为：β-蒎烯（35.38%）、芮木泪柏烯（33.57%）、壬烷（7.29%）、可巴烯（5.01%）、石竹烯（3.48%）、罗汉柏烯（2.36%）、甘香烯（2.05%）、十一烷（1.75%）、2,6,11,15-四甲基十六碳-2,6,8,10,14-五烯（1.32%）、贝壳杉-16-烯（1.10%）等。

【利用】是珍贵的观赏树种，宜作园景主树、行道树或纪念碑、像的背景树，盆栽可作门庭、室内装饰用。

❀ 小叶红叶藤
Rourea microphylla (Hook. et Arn.) Planch.

牛栓藤科　红叶藤属

别名：红叶秋树、红叶藤、荔枝藤、牛见愁、铁藤

分布：台湾、福建、广东、广西、云南等地

【形态特征】攀缘灌木，多分枝，高1～4 m，枝褐色。奇数羽状复叶，小叶常7～17片，有时达27片，小叶片坚纸质至近革质，卵形、披针形或长圆披针形，长1.5～4 cm，宽0.5～2 cm，先端渐尖而钝，基部楔形至圆形，常偏斜，全缘，

叶背稍带粉绿色。圆锥花序丛生于叶腋内，通常长2.5～5 cm，苞片及小苞片不显著；花芳香，直径4～5 mm，萼片卵圆形，先端急尖，边缘被短缘毛；花瓣白色、淡黄色或淡红色，椭圆形。蓇葖果椭圆形或斜卵形，长1.2～1.5 cm，宽0.5 cm，成熟时红色，顶端急尖，有纵条纹，沿腹缝线开裂。种子椭圆形，长约1 cm，橙黄色，为膜质假种皮所包裹。花期3～9月，果期5月至翌年3月。

【生长习性】生于海拔100～600 m的山坡或疏林中。

【精油含量】水蒸气蒸馏干燥茎叶的得油率为1.08%。

【芳香成分】霍丽妮等（2011）用水蒸气蒸馏法提取的干燥茎叶精油的主要成分为：dl-薄荷酮（53.43%）、(E)-薄荷酮（14.20%）、5-甲基-2-异丙基-3-环己烯-1-酮（9.87%）、β-萜品烯（8.16%）、β-蒎烯（1.54%）、α-蒎烯（1.18%）等。

【利用】茎皮可提取栲胶。茎皮可作外敷药用。

❀ 窄叶火筒树
Leea longifolia Merr.

葡萄科　火筒树属

分布：海南

【形态特征】直立灌木。小枝圆柱形，无毛。叶为2～3回羽状复叶，小叶条状披针形，长4.5～24 cm，宽0.8～3 cm，顶端长渐尖，基部近圆形，边缘有波状锯齿，叶面绿色，叶背浅绿色，两面无毛；小叶基出脉3，中脉有侧脉4～13对，网脉叶背显著突出；叶柄长18～25 cm，顶生小叶柄长0.4～5 cm，侧生小叶柄长0.4～1 cm，无毛；托叶早落。花序疏散，顶生；总花梗和花梗被短柔毛。果实扁圆形，直径0.6～0.8 cm，有种子

4～6颗。果期10月至翌年2月。

【生长习性】生于山坡或路边树丛中，海拔90～380 m。

【精油含量】水蒸气蒸馏干燥叶的得油率为0.48%。

【芳香成分】毕和平等（2006）用水蒸气蒸馏法提取的海南三亚产窄叶火筒树干燥叶精油的主要成分为：苯酚（15.72%）、正-十六酸（11.25%）、苯乙基甲醇（8.25%）、十八-9-烯酸（7.96%）、2,3-二氢-苯并呋喃（6.20%）、三十五烷（5.90%）、十八酸（4.85%）、二十六烷（4.52%）、三十四烷（3.92%）、二十四烷（3.47%）、二十三烷（3.39%）、3,8-二甲基-癸烷（2.93%）、2,6,11-三甲基-十二烷（2.63%）、二十烷（3.29%）、2-甲氧基苯酚（2.22%）、二十八烷（1.80%）、双-(2-乙基己基)酞酸盐（1.40%）、乙酸-2-苯乙酯（1.37%）、9-十八烯酸（1.34%）、2,6,10,14-四甲基-十六烷（1.26%）、1-四十一醇（1.14%）、1-二十六碳烯（1.09%）等。

【利用】海南民间叶用于清热解毒。

🌸 毛葡萄

Vitis heyneana Roem. et Schult.

葡萄科　葡萄属

别名：绒毛葡萄、五角叶葡萄、野葡萄、橡根藤、飞天白鹤、茅婆驳骨、止血藤、蝴蝶艾

分布：山西、陕西、甘肃、山东、河南、安徽、江西、浙江、福建、广东、广西、湖北、湖南、贵州、四川、云南、西藏

【形态特征】木质藤本。小枝有纵棱纹，被蛛丝状绒毛。卷须2叉分枝，密被绒毛。叶卵圆形、长卵椭圆形或卵状五角形，

长4～12 cm，宽3～8 cm，顶端急尖或渐尖，基部心形或微心形，边缘每侧有9～19个尖锐锯齿，密被绒毛；托叶膜质，褐色，卵披针形，长3～5 mm，宽2～3 mm，顶端渐尖，稀钝，边缘全缘。花杂性异株；圆锥花序疏散，与叶对生；花蕾倒卵圆形或椭圆形，高1.5～2 mm，顶端圆形；萼碟形，边缘近全缘；花瓣5，呈帽状黏合脱落。果实圆球形，成熟时紫黑色，直径1～1.3 cm；种子倒卵形，基部有短喙，种脐呈圆形，腹面中棱脊突起，两侧洼穴狭窄呈条形。花期4～6月，果期6～10月。

【生长习性】生于山坡、沟谷灌丛、林缘或林中，海拔100～3200 m。

【芳香成分】李记明等（2002）用溶剂萃取法提取的陕西杨凌产毛葡萄白色种新鲜果实精油的主要成分为（相对峰高）：乙酸甲氧基乙酯（637.5）、四氢呋喃（155.1）、甲酸乙酯（132.6）、甲醇（129.8）、2-甲基丁烷（72.0）等；黑色种的主要成分为（相对峰高）：环己醇（121.4）、二异丙醚（80.3）、乙酸甲氧基乙酯（64.4）、2-甲基丁烷（60.4）等。

【利用】果可生食。根皮和叶入药，根皮能调经活血、舒筋活络，主治月经不调、白带，外用治跌打损伤、筋骨疼痛；叶能止血，用于外伤出血。叶可作猪饲料。

美洲葡萄
Vitis labrusca Linn.

葡萄科　葡萄属

别名： 狐香葡萄、狐葡萄

分布： 陕西有引种

【形态特征】为高大的攀缘植物。具有连续卷须。幼叶深桃红色，密生毡状绒毛；成叶大而厚，全缘或3裂，叶背密生灰白色或褐色绒毛。果穗小。果实中大或大，具有强烈的特殊香味，圆形，黑色，少数五色或粉红色，果皮厚，种子与果肉不易分离，呈肉囊状。

【生长习性】喜湿润气候，抗寒力强，冬季能耐-30℃低温，不适宜在石灰性土壤上生长。

【芳香成分】韩国民等（2010）用液液萃取法提取的陕西杨凌产美洲葡萄果汁香气的主要成分为：乙酸乙酯（29.17%）、5-羟甲基-2-呋喃甲醛（8.70%）、2,3-二氢-3,5-二羟基-6-甲基-4(H)吡喃-4-酮（6.38%）、乙酸（5.90%）、(E)-2-己烯-1-醇（4.12%）、己醇（4.00%）、乙酸异丙酯（3.93%）、糠醛（2.54%）、2-丁烯酸乙酯（2.08%）、乙醇（1.97%）、甲酸（1.90%）、喹啉-5,6,11,12-四羟基-2,3,8,9-四甲氧基（1H）吲哚（1.81%）、3-呋喃甲醇（1.70%）、丁酸乙酯（1.18%）、羟基丙酮（1.09%）等。

【利用】可作抗寒、抗病、抗湿育种的原始材料。

葡萄
Vitis vinifera Linn.

葡萄科　葡萄属

别名： 蒲桃、蒲陶、草龙珠、赐紫樱桃、菩提子、山葫芦

分布： 全国各地普遍栽培

【形态特征】木质藤本。小枝有纵棱纹。卷须2叉分枝。叶卵圆形，显著3～5浅裂或中裂，长7～18 cm，宽6～16 cm，中裂片顶端急尖，裂片常靠合，基部常缢缩，裂缺狭窄，间或宽阔，基部深心形，基缺凹成圆形，两侧常靠合，边缘有22～27个锯齿，齿深而粗大，不整齐，齿端急尖，叶面绿色，叶背浅绿色。圆锥花序密集或疏散，多花，与叶对生；花蕾倒卵圆形，高2～3 mm，顶端近圆形；萼浅碟形，边缘呈波状；花瓣5，呈帽状黏合脱落。果实球形或椭圆形，直径1.5～2 cm；种子倒卵

椭圆形，基部有短喙，种脐在种子背面中部呈椭圆形，种脊微突出，腹面中棱脊突起，两侧洼穴宽沟状。花期4～5月，果期8～9月。

【生长习性】生长所需最低气温约12～15℃，花期最适温度为20℃左右，果实膨大期最适温度为20～30℃。对水分要求较高，营养生长期需水量较多，结果期需水较少。要有一定强度的光照。各种土壤均能栽培，以壤土及细砂质壤土为最好。

【精油含量】超临界萃取果皮的得油率为5.30%；超临界萃取后再水蒸气蒸馏种子的得油率为15.10%；同时蒸馏萃取干燥种子的得油率为0.27%。

【芳香成分】根：杜远鹏等（2009）用顶空进样法提取的山东泰安产'巨峰'葡萄根精油的主要成分为：反油酸甲酯

（27.55%）、亚油酸甲酯（15.50%）、正三十四烷（11.86%）、邻苯二甲酸二丁酯（7.18%）、紫罗兰酮（5.08%）、邻苯二甲酸二乙酯（3.82%）、E,E,Z-1,3,12-十九碳三烯-5,14-二醇（3.19%）、十九碳-E,E,Z-1,3,12-三烯醇（3.19%）、硬脂酸甲酯（2.72%）、胆甾烷（2.49%）、三十六烷（2.43%）、11-十六碳烯酸甲酯（1.76%）、1-四十一醇（1.63%）、莰烯（1.39%）、乙酸苄酯（1.39%）等。

果实：商敬敏等（2011）用水蒸气蒸馏法提取的山东昌黎产'赤霞珠'葡萄果实精油的主要成分为：棕榈酸（13.69%）、糠醛（12.43%）、2-己烯醛（5.43%）、2-己烯醇（4.95%）、乙酸乙酯（3.93%）、硬脂酸（2.04%）、2,4-二叔丁基苯酚（2.02%）等；'玫瑰香'果实精油的主要成分为：香叶酸（14.57%）、反-2-氯环戊醇（9.58%）、芳樟醇（7.91%）、青叶醛（7.04%）、顺-α,α,4-三甲基-3-环己烯-1-甲醇（6.40%）、2,3,6,7-四氢-4,5-脱氢-3,3,6,6-四甲基-γ-噻喃（5.22%）、棕榈酸（4.52%）、2,5-十八碳二炔酸甲酯（2.43%）、乙酸乙酯（2.09%）、糠醛（1.44%）、正己醇（1.36%）、6-乙烯基-2,2,6-三甲基-2H-吡喃（1.27%）、à-甲基-à-[4-甲基-3-戊烯基]缩水甘油（1.26%）、脱氢芳樟醇（1.16%）等；'蛇龙珠'果实精油的主要成分为：反-2-氯环戊醇（15.13%）、棕榈酸（7.30%）、正己醇（6.76%）、2,2,3,3-四甲基环丙烷羧酸-2-氯乙酯（4.00%）、乙酸乙酯（3.00%）、糠醛（1.54%）等。梁茂雨等（2007）用同法分析的'红提'葡萄新鲜成熟果实精油的主要成分为：糠醛（18.54%）、棕榈酸（12.21%）、苯乙醇（11.08%）、亚油酸（9.58%）、2,4-二羟基-2,5-二甲基-3(2H)-呋喃酮（7.04%）、油酸（4.41%）、亚麻酸（4.34%）、糠酸甲酯（3.52%）、5-羟甲基糠醛（3.06%）、棕榈烯酸（2.55%）、丁内酯（2.22%）、1-羟基-2-丙酮（1.79%）、肉豆蔻酸（1.48%）、3-羟基-2-丁酮（1.36%）、亚油酸乙酯（1.11%）、糠醇（1.07%）等。颜廷才等（2015）用顶空固相微萃取法提取的辽宁鞍山产'香悦'葡萄新鲜果实香气的主要成分为：乙酸乙酯（46.73%）、青叶醛（23.50%）、苯乙醇（3.89%）、己醛（3.83%）、D-香茅醇（3.73%）、橙花醇（3.31%）、沉香醇（1.99%）、苯乙酸乙酯（1.88%）、α-松油醇（1.56%）、正己醇（1.25%）等；'玫瑰香'葡萄新鲜果实香气的主要成分为：沉香醇（59.62%）、青叶醛（12.40%）、橙花醇（5.67%）、α-松油醇（4.57%）、2,2,6-三甲基-6-乙烯基四氢-2H-呋喃-3-醇（4.02%）、3,7-二甲基-1,5,7-辛三烯-3-醇（2.10%）、己醛（1.97%）、芳樟醇氧化物（1.97%）等；'金手指'葡萄新鲜果实香气的主要成分为：青叶醛（53.74%）、沉香醇（17.27%）、己醛（9.07%）、乙醇（5.30%）、苯乙腈（2.85%）、苯乙醛（1.78%）、正己醇（1.33%）等；'无核寒香蜜'葡萄新鲜果实香气的主要成分为：乙酸乙酯（66.62%）、青叶醛（6.65%）、沉香醇（4.47%）、己醛（3.45%）、橙花醇（3.36%）、D-香茅醇（2.72%）、2-(4-甲基-3-环己烯基)-2-丙醇（2.36%）等。张佳等（2017）用顶空固相微萃取法提取的辽宁大连产'着色香'葡萄新鲜果实香气的主要成分为：芳樟醇（13.99%）、α-萜品醇（13.67%）、2-己烯醛（12.26%）、(E)-2-己烯醇（9.73%）、脱氢芳樟醇（9.23%）、己醛（8.23%）、4-松油醇（5.98%）、乙酸乙酯（3.44%）、马来酸丁二酯（2.48%）、桉树醇（1.68%）、4-异丙烯基甲苯（1.62%）、橙花醇（1.50%）、氧化芳樟醇（1.01%）等。

种子：张捷莉等（2005）用同时蒸馏萃取法提取的辽宁鞍

山产'巨峰'葡萄干燥种子精油的主要成分为：丁基羟基甲苯（11.60%）、2-乙基-1-己醇（11.13%）、壬醛（8.26%）、α-蒎烯（7.12%）、2-戊基呋喃（5.39%）、2,6-双(1,1-二甲基乙基)-2,5-环己二烯-1,4-二酮（4.22%）、3-蒈烯（4.07%）、d-柠檬油精（3.98%）、正十六烷（2.85%）、2-亚甲基-4-三甲基-4,8,8-乙烯基-二环[5.2.0]壬烷（1.87%）、十五烷（1.69%）、1,2,3,4-四甲苯（1.33%）、1,2,4,5-四甲苯（1.29%）等。

【利用】果实为著名水果，可生食，也可加工成葡萄干、葡萄汁食用。果实药用，有补气血、益肝肾、生津液、强筋骨、止咳除烦、补益气血、通利小便的功效，主治气血虚弱、肺虚咳嗽、心悸盗汗、风湿痹痛、淋症、浮肿等症，也可用于脾虚气弱、气短乏力、水肿、小便不利等症的辅助治疗。根和藤药用，能止呕、安胎、祛风湿、利尿。果实是酿造葡萄酒的原料，酿酒后的酒脚可提酒石酸。种子可榨油，为高级营养油、高级保健油。

🌸 山葡萄
Vitis amurensis Rupr.

葡萄科　葡萄属
别名： 木龙、阿穆尔葡萄、烟黑
分布： 黑龙江、吉林、辽宁、河北、山西、山东、安徽、浙江

【形态特征】木质藤本。卷须2～3分枝。叶阔卵圆形，长6～24 cm，宽5～21 cm，3稀5浅裂或中裂，或不分裂，叶片或中裂片顶端急尖或渐尖，裂片基部常缢缩或间有宽阔，裂缺凹成圆形，稀呈锐角或钝角，叶基部心形，基缺凹成圆形或钝角，边缘每侧有28～36个粗锯齿，齿端急尖，微不整齐；托叶膜质，褐色，边缘全缘。圆锥花序疏散，与叶对生；花蕾倒卵圆形，高1.5～30 mm，顶端圆形；萼碟形，高0.2～0.3 mm，几全缘；花瓣5，呈帽状黏合脱落。果实直径1～1.5 cm；种子倒卵圆形，顶端微凹，基部有短喙，种脐在种子背面中部呈椭圆形，腹面中棱脊微突起，两侧洼穴狭窄呈条形。花期5～6月，果期7～9月。

【生长习性】生于山坡、沟谷林中或灌丛，海拔200～2100 m。对土壤条件的要求不严，多种土壤都能生长良好，以排水良好、土层深厚的土壤最佳。耐旱怕涝。

【芳香成分】南海龙等（2009）用溶剂萃取法提取的吉林柳河产山葡萄'双优'（'通化一号'×'双庆'）果实精油的主要成分为：3-甲基-1-丁醇（30.88%）、己醇（10.28%）、苯乙醇（6.70%）、2-甲基-1-丙醇（6.23%）、肉豆蔻酸（4.51%）、苯甲醇（2.67%）、顺-2-己烯-1-醇（2.65%）、正己酸（2.25%）、3-羟基-2-丁酮（1.83%）、软脂酸（1.78%）、二氢-2(3H)呋喃酮（1.64%）、羟基丁二酸二乙酯（1.37%）、十六烷（1.15%）等；'左山一'果实精油的主要成分为：3-甲基-1-丁醇（46.76%）、邻苯二甲酸二异辛酯（18.17%）、2-甲基-1-丙醇（11.82%）、乙酸异戊酯（4.09%）、己醇（2.41%）、顺-2-己烯-1-醇（1.75%）等；'公酿一号'（玫瑰香×山葡萄）果实精油的主要成分为：己醇（18.89%）、薄荷醇（8.86%）、3-羟基-2-丁酮（5.12%）、十八烷（4.66%）、十六烷（3.99%）、苯乙醇（3.55%）、3-甲基-1-丁醇（2.89%）、十五烷（2.43%）、羟基丁二酸二乙酯（2.39%）、顺-2-己烯-1-醇（2.04%）、邻苯二甲酸二异丁酯（1.79%）、二氢-2(3H)呋喃酮（1.50%）、丁醇（1.44%）、2-甲基-1-丙醇（1.23%）、2-乙基己醇（1.05%）、苯酚（1.04%）等。

【利用】果实可鲜食和酿酒。

❀ 白蔹
Ampelopsis japonica (Thunb.) Makino

葡萄科　蛇葡萄属

别名： 鹅抱蛋、猫儿卵、箭猪腰、五爪藤、白根、山地瓜、野红薯、山葡萄秧、菟核、五爪藤

分布： 辽宁、吉林、河北、山西、陕西、江苏、浙江、江西、河南、湖北、湖南、广东、广西、四川

【形态特征】木质藤本。小枝有纵棱纹。叶为掌状3～5小叶，小叶片羽状深裂或边缘有深锯齿而不分裂，羽状分裂者裂片顶端渐尖或急尖，掌状5小叶者中央小叶深裂至基部有翅，翅宽2～6 mm，3小叶者中央小叶基部狭窄呈翅状，翅宽2～3 mm。聚伞花序通常集生于花序梗顶端，直径1～2 cm，通常与叶对生；花蕾卵球形，顶端圆形；萼碟形，边缘呈波状浅裂；花瓣5，卵圆形。果实球形，直径0.8～1 cm，成熟后带白色，有种子1～3颗；种子倒卵形，顶端圆形，基部喙短钝，种脐在种子背面中部呈带状椭圆形，向上渐狭，表面无肋纹，背部种脊突出，腹部中棱脊突出，两侧洼穴呈沟状。花期5～6月，

果期7～9月。

【生长习性】生于山坡地边、灌丛或草地，海拔100～900 m。

【精油含量】水蒸气蒸馏干燥块根的得油率为0.29%。

【芳香成分】高欢等（2014）用水蒸气蒸馏法提取的干燥块根精油的主要成分为：芳姜黄酮（21.47%）、2-甲基-6-对甲苯基-2-庚烯醇（17.44%）、蒽（14.22%）、邻苯二甲酸二异丁酯（6.51%）、7-甲氧基甲基-2,7-二甲基环庚-1,3,5-三烯（6.30%）、1,3-二取代异丙基-5-甲苯（6.08%）、2,6-二叔丁基苯醌（5.31%）、A-姜黄烯（4.71%）、2-甲基蒽（4.63%）、3-甲基苯乙酮（4.54%）、2-苯基萘（3.17%）、荧蒽（2.40%）、9-(2',2'-二甲基丙苯腙)-3,6-二氯-2,7-双-[2-(二乙胺)-乙氧基]芴（1.80%）、二十七烷（1.41%）等。周意等（2018）用顶空固相微萃取法提取的干燥块根精油的主要成分为：壬醛（7.75%）、1-石竹烯（5.94%）、1-(5-三氟甲基-2-吡啶基)-4-(1H-吡咯-1-基)-哌啶（4.12%）、癸醛（3.56%）、3-甲基-十四烷（3.41%）、2,6-二甲基-7-辛烯-2-醇（3.02%）、α-蒎烯（2.61%）、樟脑（2.53%）、薄荷醇（2.48%）、茴香脑（2.48%）、正十五烷（2.19%）、杜松烯（2.07%）、2-戊基呋喃（1.81%）、丁香酚（1.78%）、(Z)-3,7-二甲基-1,3,6-十八烷三烯（1.75%）、松油醇（1.52%）、α-蒎烯（1.50%）、苯甲醛（1.46%）、草蒿脑（1.43%）、正十四烷（1.31%）、庚醛（1.28%）、正辛醛（1.10%）、α-甲基-α-[4-甲基-3-戊烯基]环氧乙烷（1.10%）、正十三烷（1.03%）等。

【利用】块根药用，有清热解毒、散结止痛、生肌敛疮的功效，主治疮疡肿毒、瘰疬、烫伤、湿疮、温疟、惊痫、血痢、肠风、痔漏、白带、跌打损伤、外伤出血。

❀ 广东蛇葡萄
Ampelopsis cantoniensis (Hook. et Arn.) Planch.

葡萄科　蛇葡萄属

别名： 藤茶、田浦茶、粤蛇葡萄、赤枝山葡萄、牛牵丝、红血龙、无莿根

分布： 安徽、浙江、福建、台湾、湖北、湖南、广东、广西、海南、贵州、云南、西藏

【形态特征】木质藤本。小枝有纵棱纹。卷须2叉分枝。叶为二回羽状复叶或一回羽状复叶，前者基部一对小叶常为3小

叶，小叶大多形状各异，侧生小叶通常卵形、卵椭圆形或长椭圆形，长3～11 cm，宽1.5～6 cm，顶端急尖、渐尖或骤尾尖，基部多为阔楔形，叶面深绿色，叶背浅黄褐绿色。花序为伞房状多歧聚伞花序，顶生或与叶对生；花蕾卵圆形，顶端圆形；萼碟形，边缘呈波状；花瓣5，卵椭圆形。果实近球形，直径0.6～0.8 cm，有种子2～4颗；种子倒卵圆形，基部喙尖锐，种脐在种子背面中部呈椭圆形，背部中棱脊突出，表面有肋纹突起，腹部中棱脊突出，周围有肋纹突出。花期4～7月，果期8～11月。

【生长习性】生于山谷林中或山坡灌丛，海拔100～850 m。喜温暖湿润环境，较耐阴。喜富含腐殖质、排水良好的土壤，但适应性强，对土壤要求不严。

【芳香成分】郁浩翔等（2012）用水蒸气蒸馏法提取的贵州江口产广东蛇葡萄干燥嫩茎叶精油的主要成分为：穿贝海绵甾醇（35.35%）、壳固醇（5.03%）、4-乙基苯酚（4.06%）、新植二烯（3.76%）、异植醇（3.27%）、豆甾醇（2.65%）、二十九（碳）烷（2.51%）、α-姜烯（2.35%）、维他命E（2.17%）、芳-姜黄烯（1.21%）、β-倍半水芹烯（1.17%）等。

【利用】园林绿化用，可配植于棚架、绿廊、篱垣处，亦可种植与林下作耐阴地被。全株可入药，有利肠通便的功效，主治便秘。果实入药，具有清热解毒、祛风湿、强筋骨的功效，主治皮肤癣癞、黄疸型肝炎、感冒风热、咽喉肿痛等。果实可酿酒。

❀ 显齿蛇葡萄

Ampelopsis grossedentata (Hand.-Mazz.) W. T. Wang

葡萄科　蛇葡萄属

别名：藤茶、端午茶、藤婆茶、山甜茶、龙须茶、显茶、茅岩莓茶、甘露茶、神仙草

分布：福建、广西、广东、云南、贵州、云南、湖南、湖北、江西等地

【形态特征】木质藤本。小枝有显著纵棱纹。卷须2叉分枝。叶为1～2回羽状复叶，2回羽状复叶者基部一对为3小叶，小叶卵圆形，卵椭圆形或长椭圆形，长2～5 cm，宽1～2.5 cm，顶端急尖或渐尖，基部阔楔形或近圆形，边缘每侧有2～5个锯齿，叶面绿色，叶背浅绿色。花序为伞房状多歧聚伞花序，与叶对生；花蕾卵圆形，高1.5～2 mm，顶端圆形；萼碟形，边缘波状浅裂；花瓣5，卵椭圆形，高1.2～1.7 mm。果近球形，直径

直径0.6～1 cm，有种子2～4颗；种子倒卵圆形，基部有短喙，种脐在种子背面中部呈椭圆形，上部棱脊突出，表面有钝肋纹突起，腹部中棱脊突出，两侧洼穴呈倒卵形。花期5～8月，果期8～12月。

【生长习性】生于沟谷林中或山坡灌丛，海拔200～1500 m。喜温暖湿润的环境，分布区土壤pH4.5～6.5，气候温和、日照时间长、年降雨量充沛。

【精油含量】水蒸气蒸馏叶的得油率为0.35%～0.37%。

【芳香成分】叶：张友胜等（2001）用水蒸气蒸馏法提取的湖南张家界产显齿蛇葡萄叶精油的主要成分为：叶绿醇（18.60%）、正十六酸（8.18%）、二十一烷（6.62%）、6,10,14-三甲基-2-十五烷酮（6.29%）、雪松醇（4.79%）、3,7-二甲基-1,6-辛二烯-3-醇（4.26%）、二十七烷（2.62%）、二十九烷（2.45%）、壬醇（2.30%）、二十四烷（2.08%）、1,19-二十碳二烯（2.08%）、二乙基邻苯二甲酸酯（1.93%）、异植醇（1.79%）、十九烷（1.78%）、十七烷（1.71%）、α-杜松醇（1.68%）、十六酸甲基酯（1.37%）、3-丁烯-2-酮-4-(2,6,6-三甲基-1-环己烯基)（1.34%）、石竹烯（1.20%）、4-蒈烯（1.17%）、τ-杜松醇（1.07%）等。

茎叶：郁浩翔等（2012）用水蒸气蒸馏法提取的贵州江口产显齿蛇葡萄干燥嫩茎叶精油的主要成分为：穿贝海绵甾醇（30.87%）、棕榈酸（7.16%）、14-异-(β)-马萘雌酮甲基醚（7.01%）、二十九（碳）烷（5.82%）、4-羟基苯乙烯（5.62%）、豆甾醇（3.65%）、新植二烯（3.52%）、羊蜡酸（3.03%）、三十烷（2.88%）、二十七（碳）烷（2.63%）、壳固醇（2.44%）、维他命E（2.04%）、辛酸（1.37%）、夫拉美诺（1.16%）等。

【利用】叶、藤药用，具有清热解毒、祛风湿、强筋骨、消炎、镇痛等功效。民间将其幼嫩茎叶制成保健茶，用于治疗感冒发热、咽喉肿痛、黄疸型肝炎、疮疖等症。

❀ 三叶崖爬藤

Tetrastigma hemsleyanum Diels et Gilg

葡萄科　崖爬藤属

别名：蛇附子、三叶青、石老鼠、石猴子、石抱子、拦山虎、有角乌蔹莓

分布：广西、广东、江苏、浙江、福建、江西、台湾、湖北、湖南、四川、贵州、云南、西藏

【形态特征】草质藤本。小枝有纵棱纹。卷须不分枝。叶为3小叶，小叶披针形、长椭圆披针形或卵披针形，长3～10 cm，

宽1.5～3cm，顶端渐尖，稀急尖，基部楔形或圆形，侧生小叶基部不对称，近圆形，边缘每侧有4～6个锯齿。花序腋生，或假顶生，二级分枝通常4，集生成伞形，花二歧状着生在分枝末端；花蕾卵圆形，高1.5～2mm，顶端圆形；萼碟形，萼齿细小，卵状三角形；花瓣4，卵圆形，顶端有小角。果实近球形或倒卵球形，直径约0.6cm，有种子1颗；种子倒卵椭圆形，顶端微凹，基部圆钝，表面光滑，种脐在种子背面中部向上呈椭圆形，腹面两侧洼穴呈沟状。花期4～6月，果期8～11月。

【生长习性】生于山坡灌丛、山谷、溪边林下岩石缝中，海拔300～1300m。

【芳香成分】霍昕等（2008）用乙醚萃取法提取的广西产三叶崖爬藤块根精油的主要成分为：亚油酸（35.28%）、棕榈酸（26.93%）、油酸（15.56%）、二苯胺（7.40%）、亚麻酸甲酯（7.15%）、硬脂酸（2.14%）等。

【利用】全株供药用，有活血散瘀、解毒、化痰的作用，临床上用于治疗病毒性脑膜炎、乙型脑炎、病毒性肺炎、黄胆性肝炎等，特别是块茎对小儿高烧有特效。

🌸 天师栗

Aesculus wilsonii Rehd.

七叶树科　七叶树属

别名：娑罗果、娑罗子、猴板栗、七叶树
分布：河南、湖北、湖南、江西、广东、四川、贵州、云南

【形态特征】落叶乔木，高15～25m，树皮灰褐色，常成薄片脱落。小枝紫褐色，有皮孔。冬芽卵圆形，长1.5～2cm，栗褐色，有树脂，外部的6～8枚鳞片常排列成覆瓦状。掌状复叶对生；小叶5～9枚，长圆倒卵形、长圆形或长圆倒披针形，先端锐尖，基部阔楔形或近于圆形，稀近于心脏形，边缘有骨质硬头的小锯齿，长10～25cm，宽4～8cm，有灰色绒毛或长柔毛。花序顶生，圆筒形，长20～30cm。花香味浓，杂性，雄花与两性花同株，雄花不整齐；花萼管状，上段浅五裂，裂片大小不等，钝形；花瓣4，倒卵形，白色，前面的2枚匙状长圆形，有黄色斑块，基部狭窄成爪状。蒴果黄褐色，卵圆形或近于梨形，长3～4cm，顶端有短尖头，有斑点，壳很薄，成熟时常3裂；种子1～2枚，近于球形，直径3～3.5cm，栗褐色，种脐淡白色，近于圆形，比较狭小。花期4～5月，果期9～10月。

【生长习性】生于海拔1000～1800m的阔叶林中。弱阳性，

喜温暖湿润气候，不耐寒，深根性，生长慢，寿命长。

【精油含量】超临界萃取干燥种子的得油率为1.26%；石油醚萃取干燥种子的得油率为0.93%。

【芳香成分】陈光宇等（2013）用超临界CO_2萃取法提取的湖北恩施产天师栗干燥成熟种子精油的主要成分为：油酸（36.19%）、亚油酸（31.43%）、棕榈酸（20.09%）、硬脂酸（3.12%）、11-二十碳烯酸（2.72%）、十四酸（2.13%）、芥酸（1.66%）等。

【利用】木材可供建筑、细木工等用。种子脱涩后可食。种子入药，有宽中下气的功效，主治胃胀痛、疝积等疾。在风景区和小庭院中可作行道树或骨干景观树。

❀ 梣叶槭
Acer negundo Linn.

槭树科　槭属

别名： 复叶槭、美国槭、白蜡槭、糖槭

分布： 辽宁、内蒙古、河北、山东、河南、陕西、甘肃、新疆、江苏、浙江、江西、湖北等地

【形态特征】落叶乔木，高达20 m。树皮黄褐色或灰褐色。冬芽小，鳞片2，镊合状排列。羽状复叶，长10～25 cm，有3～9枚小叶；小叶纸质，卵形或椭圆状披针形，长8～10 cm，宽2～4 cm，先端渐尖，基部钝一形或阔楔形，边缘常有3～5个粗锯齿，稀全缘，叶面深绿色，叶背淡绿色。雄花的花序聚伞状，雌花的花序总状，均由无叶的小枝旁边生出，常下

垂，花小，黄绿色，开于叶前，雌雄异株，无花瓣及花盘，雄蕊4～6，花丝很长，子房无毛。小坚果凸起，近于长圆形或长圆卵形，无毛；翅宽8～10 mm，稍向内弯，连同小坚果长3～3.5 cm，张开成锐角或近于直角。花期4～5月，果期9月。

【生长习性】选择地势高燥、平坦、排灌方便、土层深厚肥沃的砂壤土区域。

【芳香成分】张凤娟等（2005）用超临界CO_2萃取法提取的北京产梣叶槭枝条精油的主要成分为：Z-3-己烯醇（17.0%）、壬醛（16.7%）、3-己烯醛（14.5%）、1-辛醇（12.3%）、E-3-己烯醇（10.8%）、1,3-二甲基-苯（7.1%）、(E)-乙酸-3-己烯乙酯（6.7%）、3-甲基戊醛（5.0%）、乙酸丁酯（4.6%）、乙酸乙酯（4.2%）、(Z)-乙酸-3-己烯乙酯（3.9%）、1-辛烯-3-醇（3.6%）、1,4-二甲基-苯（3.2%）、α-蒎烯（3.1%）、2-壬烯醛（2.7%）、癸醛（2.3%）、庚醛（1.6%）、萘（1.2%）、戊醛（1.1%）、2-乙基己醇（1.1%）等。

【利用】是很好的蜜源植物。可作行道树或庭园树。

❀ 鸡爪槭
Acer palmatum Thunb.

槭树科　槭属

别名： 红枫、鸡爪枫、槭树

分布： 山东、河南、江苏、浙江、安徽、江西、湖北、湖南、贵州等地

【形态特征】落叶小乔木。树皮深灰色。当年生枝紫色或淡紫绿色；多年生枝淡灰紫色或深紫色。叶纸质，外貌圆形，直

径7～10cm，基部心脏形或近于心脏形稀截形，5～9掌状分裂，通常7裂，裂片长圆卵形或披针形，先端锐尖或长锐尖，边缘具紧贴的尖锐锯齿；裂片间的凹缺钝尖或锐尖，深达叶片直径的1/2或1/3；叶面深绿色；叶背淡绿色。花紫色，杂性，雄花与两性花同株；萼片5，卵状披针形，先端锐尖，长3mm；花瓣5，椭圆形或倒卵形，先端钝圆，长约2mm。翅果嫩时紫红色，成熟时淡棕黄色；小坚果球形，直径7mm，脉纹显著；翅与小坚果共长2～2.5cm，宽1cm，张开成钝角。花期5月，果期9月。

【生长习性】生于海拔200～1200m的林边或疏林中，多生于阴坡湿润山谷。喜分布于北纬30～40℃的耐寒区。弱阳性树种，喜疏阴的环境，耐半阴，夏日怕日光曝晒。喜温暖湿润气候，抗寒性强，能忍受较干旱的气候条件。耐酸碱，较耐燥，不耐水涝。适应于湿润和富含腐殖质的土壤。

【精油含量】超临界萃取干燥叶的得油率为0.79%～1.02%，干燥茎的得油率为0.42%～0.66%，干燥果实的得油率为0.39%～0.49%。

【芳香成分】叶：卫强等（2016）用超临界CO₂萃取法提取安徽合肥产鸡爪槭干燥叶精油，用环己烷萃取的主要成分为：二十八烷（16.26%）、甲苯（12.42%）、(Z)-3-己烯-1-醇（8.94%）、二十四烷（7.38%）、(S)-松油醇（3.81%）、间二甲苯（3.39%）、邻苯二甲酸丁基-8-甲基壬酯（2.46%）、α-甲基-α-[4-甲基-3-戊烯基]环氧乙烷甲醇（2.07%）、邻苯二甲酸二异辛酯（1.83%）、乙苯（1.77%）、二十一烷（1.20%）、对二甲苯（1.02%）等；用乙醚萃取的干燥叶精油的主要成分为：甲氧基苯基肟（28.64%）、甲苯（19.12%）、仲丁基醚（9.18%）、十六烷酸（7.08%）、4-壬酸甲酯（2.90%）、2-丙基-1,3-二氧戊环（2.25%）、2-十六烷醇（1.89%）、十八烷酸（1.44%）、己基异丙醚（1.14%）等。

茎：卫强等（2016）用超临界CO₂萃取法提取安徽合肥产鸡爪槭干燥茎精油，用环己烷萃取的干燥茎精油的主要成分为：二十八烷（16.28%）、3,7-二甲基-1,6-辛二烯-3-醇（8.00%）、(S)-松油醇（4.68%）、邻苯二甲酸二丁酯（4.52%）、邻苯二甲酸二异辛酯（4.00%）、(E)-橙花叔醇（3.40%）、3.2417-三十五碳烯（2.48%）、2,4-二叔丁基苯酚（2.20%）、(E)-香叶醇（2.13%）、二十一烷（2.00%）、水杨酸甲酯（1.84%）、丁基邻苯二甲酸十四酯（1.76%）、醋酸正丁酯（1.68%）、香叶基-1-十六炔-3-醇（1.44%）、α-甲基-α-[4-甲基-3-戊烯基]环氧乙烷甲醇（1.32%）、2,6,10,15-四甲基十七烷（1.00%）等。

果实：卫强等（2016）用超临界CO₂萃取法提取安徽合肥产鸡爪槭干燥果实精油，用环己烷萃取的干燥果实精油的主要成分为：甲基环己烷（15.56%）、二十八烷（11.12%）、对二甲苯（4.84%）、二十四烷（4.28%）、邻苯二甲酸二丁酯（3.36%）、(S)-松油醇（3.24%）、十八醛（3.04%）、间二甲苯（2.44%）、二十七烷醇（2.44%）、3,7-二甲基-1,5,7-辛三烯-3-醇（1.92%）、甲氧基苯基肟（1.72%）、(Z)-3-己烯-1-醇（1.72%）、α-甲基-α-[4-甲基-3-戊烯基]环氧乙烷甲醇（1.72%）、3,7-二甲基-1,6-辛二烯-3-醇（1.60%）、邻苯二甲酸二异辛酯（1.48%）、二十一烷（1.24%）、三十五醇（1.08%）等；用乙醚萃取的干燥果实精油的主要成分为：1,1-二乙氧基乙烷（16.56%）、2-乙氧基-3-氯丁烷（14.79%）、2,4,5-三甲基-1,3-二氧戊环（3.69%）、2-乙氧丙烷（3.66%）、1-(1-甲基乙氧基)丙烷（3.48%）、二十七烷（3.18%）、2,4-二叔丁基苯酚（2.76%）、丁基邻苯二甲酸十四酯（2.25%）、十六烷（2.07%）、邻苯二甲酸二丁酯（2.07%）、间二甲苯（1.98%）、仲丁基醚（1.92%）、甲氧基苯基肟（1.89%）、3-乙基-5-(2-乙基丁基)-十八烷（1.74%）、十五烷（1.32%）、十七烷（1.32%）、3-羟基-2-丁酮（1.20%）、2,6,10,15-四甲基十七烷（1.11%）、3,5-二甲基-1,3,4-三羟基己烷（1.08%）、3-(1-甲基丁氧基)-2-丁醇（1.02%）等。

【利用】枝、叶入药，有行气止痛、解毒消痈的功效，用于气滞腹痛、痈肿发背。可作行道和观赏树，是较好的四季绿化树种，可盆栽用于室内美化。

青榨槭
Acer davidii Franch.

槭树科　槭属

别名: 青虾蟆、大卫槭、枫木

分布: 华北、华东、中南、西南地区及黄河流域、长江流域和东南沿海各地

【形态特征】落叶乔木,高约10～20 m。树皮黑褐色或灰褐色,常纵裂成蛇皮状。冬芽腋生,长卵圆形,绿褐色,长约4～8 mm。叶纸质,外貌长圆卵形或近于长圆形,长6～14 cm,宽4～9 cm,先端锐尖或渐尖,常有尖尾,基部近于心脏形或圆形,边缘具不整齐的钝圆齿;叶面深绿色;叶背淡绿色。花黄绿色,杂性,雄花与两性花同株,成下垂的总状花序,通常9～12朵组成长4～7 cm的总状花序;两性花通常15～30朵组成长7～12 cm的总状花序;萼片5,椭圆形,先端微钝;花瓣5,倒卵形,先端圆形。翅果嫩时淡绿色,成熟后黄褐色;翅宽约1～1.5 cm,连同小坚果共长2.5～3 cm,展开成钝角或几成水平。花期4月,果期9月。

【生长习性】常生于海拔500～1500 m的疏林中。

【芳香成分】王慧等(2012)用顶空固相微萃取法提取的云南产青榨槭木材香气的主要成分为:癸醛(8.01%)、壬醛(6.72%)、苯乙烯(4.00%)、乙酸(3.23%)、己醛(3.09%)、雪松醇(3.03%)、苯甲醛(2.29%)、邻二甲苯(1.88%)、糠醛(1.78%)、辛醛(1.76%)、2-丁氧基-乙醇(1.52%)、甲苯(1.41%)、香叶基丙酮(1.24%)等。

【利用】为绿化和造林树种。树皮可作工业原料。根入药,用于风湿腰痛。枝、叶药用,有清热解毒、行气止痛的功效,用于背疮、腹痛、风湿关节痛。

三角槭
Acer buergerianum Miq.

槭树科　槭属

别名: 三角枫、鸡槭、丫槭

分布: 山东、河南、江苏、浙江、安徽、江西、湖北、湖南、贵州和广东等地

【形态特征】落叶乔木,高5～20 m。树皮褐色或深褐色,粗糙。冬芽小,褐色,长卵圆形,鳞片内侧被长柔毛。叶纸质,基部近于圆形或楔形,叶形椭圆形或倒卵形,长6～10 cm,通常浅3裂,裂片向前延伸,稀全缘,中央裂片三角卵形,急尖、锐尖或短渐尖;侧裂片短钝尖或甚小,常全缘,稀具少数锯齿;裂片间的凹缺钝尖;叶面深绿色,叶背黄绿色或淡绿色,

被白粉，略被毛。花多数常呈顶生被短柔毛的伞房花序；萼片5，黄绿色，卵形；花瓣5，淡黄色，狭窄披针形或匙状披针形，先端钝圆。翅果黄褐色；小坚果特别凸起，直径6 mm；翅与小坚果共长2～3 cm，宽9～10 mm，基部狭窄。花期4月，果期8月。

【生长习性】生于海拔300～1000 m的阔叶林中。适应性强，喜温暖、湿润环境下的肥沃的中性至酸性土壤，耐干旱瘠薄，也耐一定的水湿。弱阳性树种，稍耐阴。耐寒。

【精油含量】同时蒸馏萃取新鲜成熟叶的得油率为0.84%。

【芳香成分】李尚秀等（2013）用同时蒸馏萃取法提取的云南昆明产三角槭新鲜成熟叶精油的主要成分为：柠檬烯（27.44%）、石竹烯（11.64%）、T-蒎烯（6.20%）、U-蒎烯（6.20%）、大根香叶烯（4.24%）、叶绿醇（3.75%）、香叶烯（2.92%）、斯巴醇（2.54%）、反式-罗勒烯（1.90%）、反式-异榄香素（1.70%）、U-杜松醇（1.57%）、U-copaen-4（1.54%）、重氮黄体素（1.50%）、U-波旁烯（1.49%）、石竹烯氧化物（1.28%）、T-松油醇（1.01%）等。

【利用】木材适合做高级家具、室内装饰、农具、细木工、假肢和拐杖凳等。适宜作园林绿化树及行道树等重要景观树。根药用，用于风湿关节痛。根皮、茎皮药用，可清热解毒、消暑。

🌸 色木槭
Acer mono Maxim.

槭树科　槭属

别名： 五角枫、水色树、地锦槭、五角槭、色木
分布： 东北、华北和长江流域各地

【形态特征】落叶乔木，高达15～20 m，树皮粗糙，常纵裂，灰色。冬芽近于球形，鳞片卵形，边缘具纤毛。叶纸质，基部截形或近于心脏形，叶片的形状近于椭圆形，长6～8 cm，宽9～11 cm，常5裂，有时3或7裂；裂片卵形，先端锐尖或尾状锐尖，全缘，裂片间的凹缺常锐尖，深达叶片的中段，叶面深绿色，叶背淡绿色。花多数，杂性，雄花与两性花同株，多数常呈顶生圆锥状伞房花序；萼片5，黄绿色，长圆形，顶端钝形；花瓣5，淡白色，椭圆形或椭圆倒卵形。翅果嫩时紫绿色，成熟时淡黄色；小坚果压扁状，长1～1.3 cm，宽5～8 mm；翅长圆形，宽5～10 mm，连同小坚果长2～2.5 cm。花期5月，果期9月。

【生长习性】生于海拔800～1500 m的山坡或山谷疏林中。稍耐阴，喜湿润肥沃土壤，在酸性、中性、石炭岩上均可生长。

【芳香成分】张凤娟等（2007）用超临界CO_2萃取法提取的北京产色木槭枝条精油的主要成分为：乙酸乙酯（14.65%）、2-壬烯-1-醇（13.96%）、3-己烯醇（9.57%）、正己烷（8.43%）、乙酸（6.88%）、辛醛（5.09%）、2-癸烯-1-醇（3.69%）、1-辛醇（3.35%）、丁酸-2-己烯酯（2.05%）、氯仿（1.87%）、2-乙基己醇（1.34%）、甲酸庚酯（1.21%）、2-己烯醛（1.02%）、水杨酸甲酯（1.01%）、5-乙基-2(5H)呋喃酮（1.01%）等。

【利用】树皮可作人造棉及造纸的原料。叶含鞣质。种子榨油，可供工业用，也可食用。木材可供建筑、车辆、乐器和胶合板等用。是优良的乡土彩色叶树种资源和绿化树种。枝、叶药用，有祛风除湿、活血止痛的功效，用于偏正头痛、风寒湿痹、跌打瘀痛、湿疹、疥癣。

糖槭

Acer saccharum Marsh.

槭树科　槭属

别名: 银白槭

分布: 辽宁至江苏、安徽、湖北等地

【形态特征】落叶乔木,株高12～24 m,冠幅9～15 m。幼树树皮光滑,棕灰色,长大后会变得粗糙,似象皮。直立生长,树形为卵圆形。单叶对生,叶形为羽状复叶,长可达10 cm,小叶3～5枚,夏季叶为翠绿色,秋季叶色变化多端,呈现绿、金黄、橙黄、鲜红、橙红等色,灿烂多彩。花期在4月,在叶展开前开放,小花黄绿色。翅果,绿色,于10月成熟,变成褐色。

【生长习性】喜凉爽、湿润环境,及肥沃、排水良好的微酸性土壤(pH5.5～7.3)。喜光,耐一定遮阴。耐寒,不抗空气污染、持续高热、干旱和盐碱。在压实的土壤中发育不好。

【芳香成分】树皮:张玉凤等(1997)用水蒸气蒸馏法提取的内蒙古呼和浩特产糖槭树皮精油的主要成分为:6,17-二乙酸基-11,12-二羟基-5,18-联三萘二酮(10.36%)等。

叶:张玉凤等(1997)用水蒸气蒸馏法提取的内蒙古呼和浩特产糖槭叶精油的主要成分为:6,17-二乙酸基-11,12-二羟基-5,18-联三萘二酮(23.61%)等。

【利用】是优良的行道树、庭荫树、观赏树、防护林树种。木材是制作家具、木地板、书柜和乐器等的上等原料。树液可熬制糖浆,除供食用外,还可用于食品加工。

番橄榄

Spondias cytherea Sonn.

漆树科　槟榔青属

别名: 金酸枣、加耶芒果

分布: 广东、海南、福建、台湾等地有栽培

【形态特征】高大乔木,高可达25 m,胸径达45 cm;树皮灰色,浅裂;枝条灰色,散生细小皮孔,老枝暗灰棕色。叶互生,一回羽状复叶,长20～30 cm;小叶4～9对,长5～10 cm,纸质或膜质,椭圆形至长圆形,先端渐尖,常聚生于小枝近顶。圆锥花序顶生,花小,白色,杂性。肉质核果,椭圆状卵形,长6～8 cm,直径4～5 cm,光滑无毛,成熟时金黄色,芳香,可食,果肉白色至淡黄色;果皮初为鲜绿色,后转黄。果

核近五棱形,散生刺状突起或粗细不等的纤维状丝。

【生长习性】喜高温高湿,在湿润的热带亚热带地区生长良好,海拔700 m以下均可种植。生育适温23～32 ℃,不耐寒,成年树在低于-1.11 ℃时会出现冻害。对土壤要求不严,只要排水良好,各类型土壤均可种植,在土层深厚、土壤肥沃、富含有机质的土壤中生长良好。

【芳香成分】林春松等(2010)用超声波萃取法提取的福建厦门产番橄榄叶片精油的主要成分为:维生素E(28.17%)、

22,23-二氢-豆甾醇（14.62%）、三十一烷（11.69%）、植醇（6.70%）、1R-α-蒎烯（5.09%）、β-石竹烯（3.76%）、角鲨烯（2.96%）、γ-生育酚（1.97%）、β-蒎烯（1.85%）等；成熟果实精油的主要成分为：1R-α-蒎烯（30.12%）、22,23-二氢-豆甾醇（16.10%）、维生素E（11.62%）、β-蒎烯（10.80%）、2,2'-亚甲基双-(4-甲基-6-叔丁基苯酚)(5.59%)、2,2,5a-三甲基-1a-[3-氧-1-丁烯基]全氢化-1-苯偶氮杂-1-羧酸甲酯（2.69%）、己二酸二(2-乙基己)酯（1.69%）、柠檬烯（1.39%）、角鲨烯（1.24%）等。

【利用】果实可鲜食，可做蜜饯、果酱、果汁和调味料，也可以发酵酿酒，未成熟的青果常用来做绿色沙拉，热带地区居民多采未熟果打碎生食或腌渍、煮食。嫩芽、嫩叶可当菜吃。树皮在秘鲁人的传统药物中用作杀菌剂；根可用于治疗发烧、偏头痛及腹泻；叶泡水可用于抵抗淋病、膀胱炎及尿道炎。是极具观赏价值的园林风景树木。

黄连木

Pistacia chinensis Bunge

漆树科　黄连木属

别名： 茶树、黄连芽、黄连茶、黄连树、黄儿茶、黄楝树、黄木连、黄华、鸡冠木、鸡冠果、楷木、楷树、楷树黄、孔木、烂心木、凉茶树、楝树、木黄连、木蓼树、药树、药木、石连、田苗树、洋杨、岩拐角、惜木

分布： 西北、华北及长江以南各地

【形态特征】落叶乔木，高达20余米；树干扭曲，树皮暗褐色，呈鳞片状剥落。奇数羽状复叶互生，小叶5～6对；小叶对生或近对生，纸质，披针形，长5～10 cm，宽1.5～2.5 cm，先端渐尖或长渐尖，基部偏斜，全缘。花单性异株，先花后叶，圆锥花序腋生，雄花序排列紧密，雌花序排列疏松，均被微柔毛；花小；苞片披针形或狭披针形，内凹，外面被微柔毛，边缘具睫毛；雄花花被片2～4，披针形或线状披针形，大小不等；雌花花被片7～9，大小不等，外面2～4片远较狭，披针形或线状披针形，里面5片卵形或长圆形。核果倒卵状球形，略压扁，径约5 mm，成熟时紫红色，先端细尖。

【生长习性】生于海拔140～3550 m的石山林中。喜光，幼时稍耐阴。喜温暖，不耐严寒。对土壤要求不严，耐干旱瘠薄，在酸性、中性、微碱性土壤上均能生长，在肥沃、湿润而排水良好的石灰岩山地生长最好。对二氧化硫、氯化氢和煤烟的抗性较强。

【精油含量】水蒸气蒸馏枝叶或叶的得油率为0.12%～0.29%，新鲜果柄的得油率为1.08%；超临界萃取的树皮的得油率为2.21%。

【芳香成分】树皮：段文录等（2013）用超临界CO_2萃取法提取的河南汝阳产黄连木树皮精油的主要成分为：亚油酸（61.72%）、α-蒎烯（15.59%）、β-蒎烯（8.50%）、棕榈酸（4.22%）、马鞭草烯醇（2.44%）、马鞭草烯酮（2.09%）等。

叶：李云耀等（2016）用超临界CO_2萃取法提取的湖南浦发产黄连木新鲜嫩叶精油的主要成分为：反式植醇（12.71%）、3-十五烷基-苯酚（11.89%）、β-月桂烯（11.32%）、D-柠檬烯（9.04%）、顺式-β-罗勒烯（6.11%）、反式-β-罗勒烯（5.60%）、乙基己基邻苯二甲酸酯（4.41%）、棕榈酸（3.80%）、石竹烯（3.32%）、β-蛇床烯（1.81%）、1-碘代-十六烷（1.30%）、3-蒈烯（1.20%）等；水蒸气蒸馏法提取的新鲜嫩叶精油的主要成分为：β-月桂烯（24.22%）、3-十五烷基-苯酚（17.13%）、D-柠檬烯（14.34%）、顺式-β-罗勒烯（9.65%）、反式-β-罗勒烯（9.31%）、石竹烯（3.41%）、3-蒈烯（3.09%）、β-蛇床烯（1.97%）、α-松油醇（1.33%）、α-蛇床烯（1.14%）、弥罗松酚（1.05%）等。陈利军等（2010）用水蒸气蒸馏法提取的河南信阳产黄连木叶精油的主要成分为：石竹烯（19.57%）、(E)-3,7-二甲基-1,3,6-辛三烯（14.77%）、[4aR-(4aα,7α,8aβ)]-十氢-4a-甲基-1-亚甲基-7-(1-甲基乙烯基)-萘（14.01%）、[2R-(2α,4aα,8aβ)]-1,2,3,4,4a,5,6,8a-八氢-4a,8-二甲基-2-(1-甲基乙烯基)-萘（9.11%）、石竹烯氧化物（7.36%）、3-蒈烯（4.95%）、(Z)-3,7-二甲基-1,3,6-辛三烯（4.58%）、[1S-(1α,2β,4β)]-1-乙烯基-1-甲基-2,4-二(1-甲基乙烯基)-环己烷（4.06%）、α-石竹烯（2.85%）、[1S-(1α,4α,7α)]-1,2,3,4,5,6,7,8-八氢-1,4-二甲基-7-(1-甲基乙烯基)-薁（2.42%）、(E,Z)-2,6-二甲基-,2,4,6-辛三烯（2.12%）、[1S-(1α,7α,8aβ)]-1,2,3,5,6,7,8,8a-八氢-1,4-二甲基-7-(1-甲基乙烯基)-薁（1.62%）、(4aR-反)-十氢-4a-甲基-1-亚甲基-7-(1-甲基亚乙基)-萘（1.59%）等。

果实：陈利军等（2009）用同法分析的果实精油的主要成分为：(Z)-3,7-二甲基-1,3,6-辛三烯（13.53%）、4-甲基-1-(1-甲基乙基)-3-环己烯-1-醇（12.23%）、(E)-3,7-二甲基-1,3,6-辛三烯（7.70%）、D-柠檬烯（7.46%）、1-甲基-4-(1-甲基乙基)-

1,4-环己二烯（6.54%）、3-蒈烯（5.31%）、α-蒎烯（3.53%）、β-蒎烯（3.45%）、1R-α-蒎烯（3.10%）、1,2,3,4-四甲基苯（2.88%）、p-薄荷-1-烯-8-醇（2.86%）、[1aR-(1aα,7α,7aα,7bα)]-1a,2,3,5,6,7,7a,7b-八氢-1,1,7,7a-四甲基-1H-环丙[a]萘（2.52%）、1-乙烯基-1-甲基-2,4-二(1-甲基乙烯基)-环己烯（1.98%）、(E,Z)-2,6-二甲基-2,4,6-辛三烯（1.49%）、(+)-4-蒈烯（1.43%）、[4aR-(4aα,7α,8aβ)]-十氢-4a-甲基-1-亚甲基-7-(1-甲基乙烯基)-萘（1.20%）、[1S-(1α,7α,8aβ)]-1,2,3,5,6,7,8,8a-八氢-1,4-二甲基-7-(1-甲基乙烯基)（1.06%）、α-水芹烯（1.04%）等；果柄精油的主要成分为：[1S-(1α,7α,8aβ)]-1,2,3,5,6,7,8,8a-八氢-1,4-二甲基-7-(甲基乙烯基)-薁（11.98%）、3-蒈烯（10.64%）、β-水芹烯（9.50%）、1-乙烯基-1-甲基-2,4-二(1-甲基乙烯基)-环己烯（7.76%）、β-蒎烯（6.23%）、α-蒎烯（6.07%）、D-柠檬烯（5.07%）、[4aR-(4aα,7α,8aβ)]-十氢-4a-甲基-1-亚甲基-7-(1-甲基乙烯基)-萘（4.68%）、1-甲基-4-(1-甲基乙基)-1,4-环己二烯（3.30%）、[1S-(1α,4α,7α)]-1,2,3,4,5,6,7,8-八氢-1,4-二甲基-7-(1-甲基乙烯基)（3.22%）、4-甲基-1-(1-甲基乙基)-3-环己烯-1-醇（3.02%）、[2R-(2α,4aα,8aβ)]-1,2,3,4,4a,5,6,8a-八氢-4a,8-二甲基-2-(1-甲基乙烯基)（2.45%）、1-甲基-4-(1-甲基亚乙基)-环己烯（2.18%）、石竹烯（2.06%）、1(1α,4aα,8aα)-1,2,3,4,4a,5,6,8a-八氢-7-甲基-4-亚甲基-1-(1-甲基乙基)-萘（2.00%）、-甲基-4-(1-甲基乙基)-1,3-环己二烯（1.51%）、莰烯（1.50%）、α-水芹烯（1.45%）等。

【利用】种子可榨油，可用于制肥皂、润滑油或照明，油饼可作饲料和肥料。叶和果实可提制栲胶，亦可作黑色染料。鲜叶可提取精油，作保健食品添加剂和香熏剂等。嫩叶可替代茶叶作饮料，可腌食作菜蔬。树皮及叶可入药，有清热、利湿、解毒的功效，可用来治痢疾、淋症、肿毒、牛皮癣、痔疮、风湿疮及漆疮初起等病症。根、枝、叶、皮还可制农药。是优良的绿化树种，宜作庭荫树、行道树及观赏风景树。是早春重要的蜜源植物。木材是建筑、家具、车辆、农具、雕刻、居室装饰的优质用材。

🌸 清香木

Pistacia weinmannifolia J. Poiss. ex Franch.

漆树科　黄连木属

别名： 对节皮、虎斑檀、昆明乌木、清香树、细叶楷木、香叶子、香叶树、紫柚木、紫叶、紫油木

分布： 云南、西藏、四川、贵州、广西

【形态特征】灌木或小乔木，高2～8 m，稀达10～15 m；树皮灰色。偶数羽状复叶互生，有小叶4～9对，叶轴具狭翅；小叶革质，长圆形或倒卵状长圆形，较小，长1.3～3.5 cm，宽0.8～1.5 cm，稀较大，先端微缺，具芒刺状硬尖头，基部略不对称，阔楔形，全缘，略背卷。花序腋生，与叶同出，被黄棕色柔毛和红色腺毛；花小，紫红色，苞片1，卵圆形，内凹，外面被棕色柔毛，边缘具细睫毛；雄花花被片5～8，长圆形或长圆状披针形，膜质，半透明，先端渐尖或呈流苏状；雌花花被片7～10，卵状披针形，膜质，先端细尖或略呈流苏状。核果球形，长约5 mm，径约6 mm，成熟时红色，先端细尖。

【生长习性】生于海拔580～2700 m的石灰山林下或灌丛中。喜温暖、耐干热，幼苗的抗寒力不强，植株能耐-10 ℃低温。为阳性树，喜光照充足，稍耐阴。要求土层深厚、不易积水的土壤。

【精油含量】水蒸气蒸馏阴干叶的得油率为0.52%。

【芳香成分】周葆华（2008）用水蒸气蒸馏法提取的安庆产清香木阴干叶精油的主要成分为：(E)-肉桂酸甲酯（80.53%）、环十二酮（6.30%）、1,4-异丙基-1-甲基-2-环己烯-1-醇（1.31%）、桉叶油素（1.30%）、戊二酸二丁酯（1.10%）等。乔永锋等（2013）用同时蒸馏萃取法提取的云南昆明产清香木新鲜叶精油的主要成分为：α-蒎烯（37.40%）、β-蒎烯（10.57%）、莰烯（6.72%）、石竹烯（5.65%）、3-蒈烯（5.02%）、反式-橙花叔醇（4.68%）、1,7,7-三甲基-三环[2.2.1.0^{2,6}]庚烷（1.90%）、α-法呢烯（1.82%）、2,5,6-三甲基-1,3,6-庚三烯（1.60%）、二环大根香叶烯（1.24%）、β-月桂烯（1.09%）、芳樟醇（1.06%）等。

【利用】叶及树皮入药，有消炎解毒、收敛止泻的功效，可去邪恶气、温中利膈、顺气止痛、生津解渴、固齿祛口臭、安神、定心。木材可代替进口红木制作乐器、家具、木雕。叶可提芳香油，民间常用叶碾粉制"香"。叶是很好的饲料。适合作整形、庭植美化、绿篱或盆栽，有净化空气、驱避蚊蝇的作用。树皮可提取单宁，用作药物单体、化妆品及作鞣革原料。

❁ 毛黄栌

Cotinus coggygria Scop. var. *pubescens* Engl.

漆树科 黄栌属

别名：柔毛黄栌

分布：贵州、四川、甘肃、陕西、山西、山东、河南、湖北、江苏、浙江

【形态特征】落叶灌木或小乔木，高达8m。枝红褐色。单叶互生，多为阔椭圆形，稀圆形，叶背、尤其沿脉上和叶柄密被柔毛，长4～8cm，全缘，秋天叶变为红色、橙红色。顶生圆锥花序，花序无毛或近无毛。

【生长习性】生于海拔800～1500m的山坡林中。喜光，较耐寒，喜生于半阴且干燥的山地，耐干旱、耐瘠薄，但不耐水湿。

【精油含量】水蒸气蒸馏枝叶的得油率为0.96%；超临界萃取枝叶的得油率为3.70%。

【芳香成分】李惠成等（2006）用水蒸气蒸馏法提取的枝叶精油的主要成分为：2-蒎烯-10-醇（9.10%）、1-马鞭草烯酮（5.98%）、4(14)-烯-11-醇-桉素（5.44%）、氧化石竹烯（4.46%）、石竹烯（4.22%）、顺式马鞭草烯醇（4.02%）、松香芹醇（3.78%）、正二十一烷（3.51%）、正二十烷（3.46%）、正十七烷（3.39%）、反-对-薄荷-6,8-二烯-2-醇（2.73%）、1-甲基-4-(1-羟基-1-甲基乙基)-3-乙酸基环己烯（2.56%）、4-异丙烯基-1-甲基-1,2-环己二醇（2.44%）、对-薄荷-1-烯-4-醇（2.29%）、大根香叶烯D（2.29%）、正二十七烷（2.27%）、正二十一烷（2.22%）、斯巴醇（2.02%）、τ-桉叶油醇（1.85%）、对-伞花-8-醇（1.83%）、正十六烷（1.78%）、邻苯二甲酸二异丁酯（1.78%）、丁化羟基甲苯（1.59%）、2(10)-蒎烯-3-酮（1.56%）、2-(4α,8-二甲基-2,3,4,4α,5,6,7,8-八氢化-2-萘基)-2-丙醇（1.46%）、乙酸冰片醇酯（1.44%）、5,6,7,7α-四氢化-4,4,7α-三甲基-(4H)-苯并呋喃酮（1.34%）、杜松-1(10)，4-二烯（1.32%）、7-甲基-4(1-甲基亚乙基)双环[5.3.1]十一碳-1-烯-8-醇（1.27%）、丁子香酚（1.20%）、10-甲基二十烷（1.17%）、氧化喇叭烯（1.15%）、邻-(α-甲基苄基)苯酚（1.12%）、对-薄荷-6,8-二烯-2-酮（1.10%）、二苯胺（1.05%）等。

【利用】宜作庭园观赏树或风景林树种。

❁ 天桃木

Mangifera persiciforma C. Y. Wu et T. L. Ming

漆树科 杧果属

别名：扁桃、扁桃杧果、酸果

分布：云南、贵州、广西

【形态特征】常绿乔木，高10～19m；小枝圆柱形，灰褐色，具条纹。叶薄革质，狭披针形或线状披针形，长11～20cm，宽2～2.8cm，先端急尖或短渐尖，基部楔形，边缘皱波状。圆锥花序顶生，单生或2～3条簇生，长10～19cm，自基部分枝；苞片小，三角形，长约1.5mm，花黄绿色，萼片

4～5，卵形，长约 2 mm，宽约 1.5 mm，内凹，花瓣 4～5，长圆状披针形，长约 4 mm，宽约 1.5 mm，里面具 4～5 条突起的脉纹，汇合于近基部；花盘垫状。果桃形，略压扁，长约 5 cm，宽约 4 cm，果肉较薄，果核大，斜卵形或菱状卵形，压扁，长约 4 cm，宽约 2.5 cm，具斜向凹槽，灰白色；种子近肾形，一端较大，子叶不裂。

【生长习性】生于海拔 290～600 m 的地方。

【精油含量】水蒸气蒸馏新鲜叶的得油率为 0.16%。

【芳香成分】蒙丽丽等（2011）用水蒸气蒸馏法提取的广西南宁产扁桃新鲜叶精油的主要成分为：大根香叶烯（18.33%）、喇叭醇（9.46%）、石竹烯（9.04%）、δ-杜松烯（5.73%）、1R-α-蒎烯（5.32%）、β-榄香烯（4.90%）、α-古芸烯（4.26%）、5-甲基-2-(1,1-二甲基乙基)-苯酚（3.78%）、别芳萜烯（3.45%）、δ-榄香烯（3.41%）、γ-芹子烯（3.27%）、斯巴醇（3.20%）、荜澄茄油烯（2.81%）、β-雪松烯（2.60%）、α-杜松醇（2.49%）、1,7,7-三甲基-2-乙烯基二环[2.2.1]-2-庚烯（1.60%）、β-水芹烯（1.41%）、α-石竹烯（1.06%）等。

【利用】果可食。为良好的庭园和行道绿化树种。叶药用，外用于湿疹。果实、种子药用，用于咳嗽、食欲不振、疝气。

🌸 杧果

Mangifera indica Linn.

漆树科　杧果属

别名：芒果、莽果、抹猛果、密望、望果、庵波罗果、蜜望子、沙果梨、马蒙

分布：台湾、海南、福建、广东、广西、云南、四川

【形态特征】常绿大乔木，高 10～20 m；树皮灰褐色，小枝褐色。叶薄革质，常集生枝顶，叶形和大小变化较大，通常为长圆形或长圆状披针形，长 12～30 cm，宽 3.5～6.5 cm，先端渐尖、长渐尖或急尖，基部楔形或近圆形，边缘皱波状。圆锥花序长 20～35 cm，多花密集，被灰黄色微柔毛；苞片披针形，被微柔毛；花小，杂性，黄色或淡黄色；萼片卵状披针形，渐尖，外面被微柔毛，边缘具细睫毛；花瓣长圆形或长圆状披针形，里面具 3～5 条棕褐色突起的脉纹，开花时外卷；花盘膨大，肉质，5 浅裂。核果大，肾形，压扁，长 5～10 cm，宽 3～4.5 cm，成熟时黄色，中果皮肉质，肥厚，鲜黄色，味甜，果核坚硬。

【生长习性】生于海拔 200～1350 m 的山坡，河谷或旷野林中。要求高温、干湿季明显而光照充足的环境。28～32 ℃最适生长，低于 18 ℃生长缓慢，低于 5 ℃会遭寒害，高于 37 ℃且气候干旱时果实和叶片会受日灼。要求年平均气温≥22 ℃，最冷月平均气温≥15 ℃，绝对最低气温≥5 ℃，年降水量 1000～2000 mm。对土壤适应性较强，以土层深厚、肥沃、排水良好、

pH5.5～7.5的壤土最宜。

【精油含量】水蒸气蒸馏叶的得油率为0.18%，果皮的得油率为0.10%～2.50%；超临界萃取干燥叶的得油率为3.70%。

【芳香成分】叶：冯旭等（2011）用水蒸气蒸馏法提取的广西南宁产杧果干燥叶精油的主要成分为：γ-榄香烯（25.19%）、2-亚甲基-4,8,8-三甲基-4-乙烯基-二环壬烷（18.32%）、α-古芸

烯（18.13%）、α-葎草烯（12.32%）、β-榄香烯（3.97%）、吉玛烯D（2.31%）、别香橙烯（2.30%）、喇叭烯（1.71%）、γ-古芸烯（1.70%）、雅槛蓝烯（1.40%）、β-愈创烯（1.19%）等。乔飞等（2015）用顶空固相微萃取法提取液氮冷冻的海南儋州产'汤米·阿京斯'杧果新鲜叶片挥发油的主要成分为：α-古芸烯（29.67%）、反式石竹烯（7.61%）、α-蒎烯（6.68%）、β-瑟林烯（5.71%）、(+)-喇叭烯（5.70%）、叶醇（3.10%）、甘香烯（2.56%）、α-可巴烯（2.45%）、β-杜松萜烯（2.12%）、β-蒎烯（1.81%）、2-己烯醛（1.80%）、正己醇（1.41%）、萜品油烯（1.04%）、月桂烯（1.03%）等。

果实：朱亮锋等（1993）用水蒸气蒸馏法提取的广东广州产杧果果肉精油的主要成分为：β-月桂烯（25.18%）、棕榈酸（8.38%）、丁酸异丙酯（2.85%）、3-甲基-2-戊酮（2.51%）、雅槛蓝烯（2.13%）、乙烯基苯（1.67%）、十六醇（1.55%）、9-十六烯酸（1.16%）、苯并噻唑（1.07%）、糠醛（1.04%）等。余炼等（2008）用同时蒸馏萃取法提取的广西百色产'紫花芒'果实精油的主要成分为：异松油烯（21.36%）、6-炔基-4-十六烯（1.93%）、罗勒烯（1.08%）、α-蒎烯（1.02%）等；'凯特芒'的主要成分为：罗勒烯（18.57%）、2-乙氧基丙烷（2.99%）、异松油烯（2.73%）、α-石竹烯（1.15%）等；'台农芒'的主要成分为：异松油烯（21.77%）、罗勒烯（1.47%）等；'香芒'的主要成分为：异松油烯（19.80%）、罗勒烯（1.08%）等；'象牙芒'的主要成分为：异松油烯（77.47%）、罗勒烯（3.41%）、柠檬烯（1.85%）、2-蒈烯（1.57%）等；'金穗芒'的主要成分为：异松油烯（65.60%）、罗勒烯（3.22%）、α-蒎烯（2.54%）、2-乙氧基丙烷（2.33%）、柠檬烯（1.46%）、7,11-二甲基-3-烯甲基-1,6,10-十二烯（1.19%）、2-蒈烯（1.07%）等；'红金煌芒'的主要成分为：罗勒烯（4.77%）等；'桂热120'的主要成分为：异松油烯（37.45%）、α-蒎烯（1.92%）、罗勒烯（1.89%）等。王花俊等（2007）用同法分析的广西田东产'白象牙'果实精油的主要成分为：异松油烯（44.86%）、3-蒈烯（7.06%）、棕榈酸（6.04%）、亚麻酸（3.44%）、4-蒈烯（3.14%）、α-水芹烯（2.95%）、石竹烯（2.46%）、苧烯（2.44%）、9-十六烯酸（1.84%）、6-十八烯酸（1.56%）、β-水芹烯（1.55%）、α-石竹烯（1.40%）、氧化芳樟醇（1.38%）、α-松油醇（1.14%）、橙花叔醇（1.13%）等。刘传和等（2016）用固相微萃取法提取的广东广州产'凯特芒'新鲜果肉香气的主要成分为：3-长松针烯（91.27%）、(+)-4-长松针烯（2.24%）、石竹烯（1.96%）、D-柠檬烯（1.03%）等；'象牙芒'的主要成分为：(+)-4-长松针烯（38.74%）、3-长松针烯（21.79%）、香树烯（4.04%）、2-长松针烯（2.32%）、D-柠檬烯（2.13%）、(E)-丁酸-3-己烯酯（1.22%）、丁酸己酯（1.09%）等；'台农1号'的主要成分为：3-长松针烯（91.54%）、(E,Z)-2,6-二甲基-2,4,6-辛三烯（2.37%）、2,6-二甲基-2,4,6-辛三烯（1.35%）、α-布藜烯（1.12%）等；'四季芒'的主要成分为：3-长松针烯（89.97%）、(E,Z)-2,6-二甲基-2,4,6-辛三烯（1.91%）、α-布藜烯（1.83%）、α-愈创木烯（1.32%）、2,6-二甲基-2,4,6-辛三烯（1.17%）等。乔飞等（2015）用同法分析的海南儋州产'汤米·阿京斯'新鲜果肉挥发油的主要成分为：3-蒈烯（35.51%）、苯甲醛（21.17%）、α-蒎烯（6.93%）、萜品油烯（5.96%）、月桂烯（4.66%）、反式石竹烯（4.02%）、柠檬烯（3.83%）、α-石竹烯（2.54%）、α-可巴烯（1.89%）、β-水芹烯（1.70%）、β-蒎烯（1.15%）、4-蒈烯

（1.11%）、α-水芹烯（1.09%）等。马小卫等（2016）用同法分析的广东湛江产'广西8号'新鲜果实香气的主要成分为：3-蒈烯（21.20%）、5-羟甲基糠醛（10.72%）、瑟林烯（6.93%）、萜品油烯（2.38%）、2,3-二氢-3,5-二羟基-6-甲基-四氢-吡喃-4-酮（1.88%）等；'广西4号'的主要成分为：3-蒈烯（57.55%）、萜品油烯（22.87%）、α-蒎烯（4.11%）、罗勒烯（3.02%）、[1aR-(1aα,4α,4aβ,7bα)]-1a,2,3,4,4a,5,6,7b-八氢-1,1,4,7-四甲基-1H-环丙[e]薁（2.54%）、α-布藜烯（1.48%）、香树烯（1.22%）等；'桂香杧'的主要成分为：β-水芹烯（17.65%）、丁酸异戊酯（16.52%）、丁酸丁酯（12.76%）、丁酸己酯（9.52%）、辛酸乙酯（4.38%）、异丁酸辛酯（3.44%）、癸酸乙酯（2.05%）、α-蒎烯（2.00%）、罗勒烯（1.82%）等；'热农2号'的主要成分为：萜品油烯（52.50%）、3-蒈烯（18.34%）、反式石竹烯（3.70%）、α-蒎烯（2.17%）、葎草烯（1.76%）、松油烯（1.72%）、甲基-5-亚甲基-8-(1-甲基乙基)-1,6-环癸二烯（1.44%）、1-甲基-4-(1-甲基乙烯基)苯（1.21%）、α-荜澄茄油烯（1.18%）等；'兴热1号'的主要成分为：3-蒈烯（62.34%）、反式石竹烯（9.86%）、1,5,5-三甲基-6-甲基乙烯基环己烯（8.04%）、葎草烯（5.37%）、萜品油烯（3.23%）、柠檬烯（1.88%）等；'东镇红杧'的主要成分为：α-荜澄茄油烯（27.67%）、3,6-亚壬基-1-醇（14.08%）、(+)-表-二环倍半水芹烯（10.64%）、萜品油烯（10.44%）、2-异丙基-5-甲基-9-亚甲基，双环[4.4.0]-1-烯（9.17%）、3-蒈烯（3.55%）、1,6-二甲基-8-(1-甲基乙基)-1,5-环癸二烯（3.18%）、白菖烯（1.22%）等；'实选'的主要成分为：萜品油烯（47.95%）、3-蒈烯（12.96%）、3,6-二（N,N-二甲氨基)-9-甲基咔唑（12.60%）、瑟林烯（7.35%）、葎草烯（4.92%）、2-氯-4-(4-甲氧苯基)-6-(4-硝基苯基)嘧啶（4.29%）等；'红杧6号'的主要成分为：3-蒈烯（71.26%）、萜品油烯（6.61%）、双戊烯（2.57%）等；'秋杧'的主要成分为：α-蒎烯（84.62%）、(1α,4aα,8aα)-1,2,3,4,4a,5,6,8a-八氢-7-甲基-4-亚甲基-1-(1-甲基乙基)-萘（3.23%）、反式石竹烯（3.12%）、葎草烯（1.39%）、罗勒烯（1.29%）等；'玷珌2号'的主要成分为：3-蒈烯（69.93%）、萜品油烯（5.83%）、4'-(1-甲基亚乙基)双-苯酚（3.15%）、反式石竹烯（2.53%）、双戊烯（2.06%）、葎草烯（1.31%）等；'小鸡杧'的主要成分为：萜品油烯（78.11%）、叔丁基二甲基硅烷醇（4.55%）、3-蒈烯（4.06%）等；'香蕉杧'的主要成分为：萜品油烯（70.66%）、3-蒈烯（7.49%）、松油烯（1.72%）、α-布藜烯（1.60%）等；'金穗杧'的主要成分为：1-甲基-4-(1-甲基乙烯基)环己烯（74.85%）、3-蒈烯（5.38%）、反式石竹烯（5.30%）、葎草烯（3.17%）、α-布藜烯（2.73%）、[1aR-(1aα,4α,4aβ,7bα)]-1a,2,3,4,4a,5,6,7b-八氢-1,1,4,7-四甲基-1H-环丙[e]薁（1.43%）、α-蒎烯（1.22%）等；'鹦鹉杧'的主要成分为：异戊酸乙酯（39.21%）、3-甲基丁酸戊酯（17.94%）、仲辛醇（6.74%）、异戊酸丙酯（5.75%）、萜品油烯（2.68%）、苯丙醛（2.65%）等；'丰顺无核'的主要成分为：6-溴吲哚-3-甲醛（33.64%）、萜品油烯（9.35%）、瑟林烯（1.58%）、α-布藜烯（1.16%）、4'-(1-甲基亚乙基)双-苯酚（1.15%）等。古昆等（1994）用水蒸气蒸馏法提取的云南元江产杧果新鲜果皮精油主要成分为：异松油烯（7.99%）、2-二十七烷酮（4.72%）、2,3-二甲基戊烷（4.59%）、3-甲基十八烷（3.34%）、甲基环戊烷（3.31%）、3-甲基戊烷（3.15%）、柠檬烯-3-醇（2.75%）、3-蒈烯（2.60%）、罗勒烯（2.58%）、2-甲

戊烷（2.45%）、戊三阿糠烷（2.20%）、2-甲基己烷（1.81%）、正十六烷（1.80%）、α-蒎烯（1.54%）、柠檬烯（1.53%）、α-石竹烯（1.46%）、正二十一烷（1.40%）、β-蒎烯（1.37%）、甲基环己烷（1.24%）等。梁秀媚（2017）用水蒸气蒸馏法提取的'台农1号'杧果干燥果皮精油的主要成分为：δ-3-蒈烯（60.15%）、萘（8.66%）、β-蒎烯（7.09%）、d-柠檬烯（6.69%）、4-蒈烯（2.69%）、柠檬醛（2.51%）、异松油烯（1.52%）、α-萜品油烯（1.14%）、β-芹子烯（1.07%）、β-月桂烯（1.04%）等。

【利用】果实为著名热带水果，可鲜食，可制果汁、果酱、罐头、腌渍、酸辣泡菜及芒果奶粉、蜜饯，或盐渍供调味，亦可酿酒等。果皮精油可用于饮料、医药及日用化工行业。叶和树皮可作黄色染料，树皮含胶质树脂。木材宜供舟车或家具等用。为热带良好的庭园和行道树种。果核和果皮入药，具益胃、止呕、解渴、利尿的功效，主治咳嗽、食欲不振、睾丸炎、坏血病、热滞腹痛、气胀。树皮治伤暑夹热、恶热。

🌸 人面子

Dracontomelon duperreanum Pierre

漆树科　人面子属

别名： 人面树、广枣、银莲果、五眼果、山枣、南酸枣、山桉果

分布： 浙江、福建、湖北、湖南、广东、广西、云南

【形态特征】常绿大乔木，高达20余米；幼枝具条纹，被灰色绒毛。奇数羽状复叶长30～45 cm，有小叶5～7对；小叶互生，近革质，长圆形，自下而上逐渐增大，长5～14.5 cm，宽2.5～4.5 cm，先端渐尖，基部常偏斜，阔楔形至近圆形，全缘。圆锥花序顶生或腋生，长10～23 cm，疏被灰色微柔毛；花白色，萼片阔卵形或椭圆状卵形，长3.5～4 mm，宽约2 mm，先端钝，两面被灰黄色微柔毛，花瓣披针形或狭长圆形，长约

6 mm，宽约1.7 mm，芽中先端彼此黏合，开花时外卷，具3～5条暗褐色纵脉。核果扁球形，长约2 cm，径约2.5 cm，成熟时黄色，果核压扁，径1.7～1.9 cm，上面盾状凹入；种子3～4颗。

萃取茎皮的得油率为0.33%。

【芳香成分】根：苏秀芳等（2009）用水蒸气蒸馏法提取的广西龙州产人面子根精油的主要成分为：正十六烷酸（28.41%）、1,2-苯二羧酸丁基环己基酯（16.73%）、(Z,Z)-9,12-十八碳二烯酸（15.50%）、1,2-苯二羧基丁基-2-乙基己基酯（14.06%）、(Z,Z,Z)-9,12,15-十八碳三烯酸-1-醇（6.65%）、9-十六烯酸（3.31%）、胡椒基胺（2.46%）、二十六烷（2.30%）、(Z)-9-十八烷酸-2-羟基酯（2.07%）、1,2,3,6-四羟基嘧啶（1.35%）、二丁基邻苯二甲酸酯（1.18%）、2-己烯酸乙基酯（1.06%）等。

【生长习性】生于海拔93～350 m的林中，多生长在热带地区的森林中。阳性，喜温暖湿润气候，适应性颇强，耐寒、抗风、抗大气污染。对土壤条件要求不严，以土层深厚、疏松而肥沃的壤土栽培为宜。

【精油含量】水蒸气蒸馏根的得油率为0.11%，茎皮的得油率为0.14%～0.22%，叶的得油率为0.19%～0.35%；有机溶剂

茎：苏秀芳等（2008）用水蒸气蒸馏法提取的广西龙州产人面子茎皮精油主要成分为：正十六烷酸（46.13%）、十八烯酸（15.44%）、(E)-9-十八烯酸（13.73%）、(Z,Z)-9,12-十八碳二烯酸（7.79%）、(Z)-8-十六烯（3.10%）、三十四烷（2.98%）、2-(乙酸十八烷醇酯)(2.06%)、三十五烷（2.03%）、11-癸基二十四烷（1.92%）、三十六烷（1.69%）、1,2-苯二羧酸双(2-甲基丙基)酯（1.34%）等。

叶：苏秀芳等（2008）用水蒸气蒸馏法提取的广西龙州产人面子叶精油的主要成分为：二十烷（19.00%）、二十一烷（17.90%）、2-甲基-6-丙基十二烷（15.08%）、二十九烷（13.20%）、8-庚基十五烷（11.34%）、正十六烷酸（7.35%）、三十烷（6.03%）、1,3-环辛二烯（2.71%）、1-碘十三烷（2.36%）、丁基羟基甲苯（2.11%）等。

【利用】果实入药，有健胃、生津、醒酒、解毒的功效，主治食欲不振、热病口渴、醉酒、咽喉肿痛、风毒疮痒。根皮能散乳痈。叶可解毒敛疮，治烂疮、褥疮。果肉可食或盐渍作菜或制其他食品，可加工成蜜饯和果酱。木材供建筑和家具用材。种子油可制皂或作润滑油。可作行道树、庭荫树。

🌸 散沫花

Lawsonia inermis Linn.

千屈菜科　散沫花属

别名： 指甲花、番桂、柴指甲
分布： 广东、广西、云南、福建、江苏、浙江、台湾

边缘内卷，有齿；雄蕊通常8，花丝丝状，长为花萼裂片的2倍；子房近球形，花柱丝状，略长于雄蕊，柱头钻状。蒴果扁球形，直径6～7 mm，通常有4条凹痕；种子多数，肥厚，三角状尖塔形。花期6～10月，果期12月。

【生长习性】喜湿润的土壤环境，稍耐旱，较耐水湿。喜日光充足的环境，稍耐阴。喜温暖，怕寒冷，在16～28 ℃的温度范围内生长较好。

【芳香成分】朱亮锋等（1993）用大孔树脂吸附法收集的广东广州产散沫花新鲜花头香的主要成分为：芳樟醇（25.43%）、(E)-3-己烯醇（5.12%）、二氢猕猴桃(醇酸)内酯（4.14%）、α-松油醇（3.31%）、2-己烯醇（3.22%）、香叶醇（2.69%）、十五烷（1.16%）、橙花叔醇（1.07%）、(E)-2-己烯醛（1.00%）等。

【利用】庭园栽培供观赏。叶可作红色染料。花可提取精油和浸膏，用于化妆品。叶药用，有清热解毒的功效，用于外伤出血、疮疡。树皮药用，用于黄疸、精神病。

🌸 大花紫薇

Lagerstroemia speciosa (Linn.) Pers.

千屈菜科　紫薇属

别名： 大叶紫薇、百日红、巴拿巴、五里香、红薇花、佛泪花
分布： 广东、广西及福建有栽培

【形态特征】大乔木，高可达25 m；树皮灰色，平滑。叶革质，矩圆状椭圆形或卵状椭圆形，稀披针形，甚大，长10～25 cm，宽6～12 cm，顶端钝形或短尖，基部阔楔形至圆形。花淡红色或紫色，直径5 cm，顶生圆锥花序长15～25 cm，有时可达46 cm；花轴、花梗及花萼外面均被黄褐色糠秕状的密毡毛；花萼有棱12条，被糠秕状毛，长约13 mm，6裂，裂

【形态特征】无毛大灌木，高可达6 m；小枝略呈4棱形。叶交互对生，薄革质，椭圆形或椭圆状披针形，长1.5～5 cm，宽1～2 cm，顶端短尖，基部楔形或渐狭成叶柄，侧脉5对，纤细，在两面微凸起。花序长可达40 cm；花极香，白色或玫瑰红色至朱红色，直径约6 mm，盛开时达8～10 mm；花萼长2～5 mm，4深裂，裂片阔卵状三角形；花瓣4，略长于萼裂，

片三角形，反曲，内面无毛，附属体鳞片状；花瓣6，近圆形至矩圆状倒卵形，长2.5～3.5 cm，几不皱缩，有短爪，长约5 mm。蒴果球形至倒卵状矩圆形，长2～3.8 cm，直径约2 cm，褐灰色，6裂；种子多数，长10～15 mm。花期5～7月，果期10～11月。

【生长习性】喜生于石灰质土壤。喜温暖湿润，喜阳光而稍耐阴。

【芳香成分】孔杜林等（2013）用水蒸气蒸馏法提取的海南海口产大花紫薇新鲜叶精油的主要成分为：邻苯二甲酸二丁酯（32.03%）、(Z,Z)-9,12-十八碳二烯酸（25.29%）、9-十八烯酸丙酯（12.38%）、4-苄基吡啶（7.90%）、(Z,Z)-9,12-十八碳二烯酸乙酯（3.82%）、2-乙基-1-己醇（2.85%）、(E)-3,7-二甲基-2,6-辛二烯醛（2.73%）、(R)-3,4-二氢-8-羟基-3-甲基-1-氢-2-苯并吡喃-1-酮（2.50%）、(Z)-3,7-二甲基-2,6-辛二烯醛（2.31%）、(E)-9-硬脂酸甲酯（1.96%）、邻苯二甲酸单(2-乙基己基)酯（1.94%）、10,13-十八碳二烯酸甲酯（1.68%）、乙酸—13-十四碳烯—1-酯（1.33%）、棕榈酸乙酯（1.27%）等。

【利用】根、叶、花入药，有敛疮、解毒、凉血止血的功效，根用于痈疮肿毒；树皮、叶作泻药；种子具有麻醉作用；叶有降血糖、抗氧化和抗真菌的作用。木材用于家具、舟车、桥梁、电杆、枕木及建筑等，也作水中用材。可在各类园林绿地中种植，也可盆栽观赏。

🌸 尾叶紫薇

Lagerstroemia caudata Chun et How ex S. Lee et L. Lan

千屈菜科　紫薇属
别名：米杯、米结爱
分布：广东、广西、江西等地

【形态特征】大乔木，全体无毛，高18～30 m，胸径约40 cm；树皮褐色，呈片状剥落。叶纸质至近革质，互生，稀近对生，阔椭圆形，长7～12 cm，宽3～5.5 cm，顶端尾尖或短尾状渐尖，基部阔楔形至近圆形，稍下延，萌蘖上的叶较大，矩圆形或卵状矩圆形，顶端尾尖较长，全缘或微波状。圆锥花序生于枝顶端，长3.5~8cm，苞片倒卵状披针形，早落；花芽梨形，绿带红色，具小尖头；花萼5~6裂，裂片三角形；花瓣5~6，白色，阔矩圆形，连爪长约9mm。蒴果矩圆状球形，长8~11mm，直径6~9mm，幼时绿色，成熟时带红褐色，5~6裂；种子连翅长5~7mm，宽2.5mm。花期4~5月，果期7~10月。

【生长习性】生长于林边或疏林中，常见于石灰岩石山上。喜温暖湿润，喜阳光而稍耐阴，有一定的抗寒和耐旱能力。喜生于石灰性土壤和肥沃的砂壤中，忌低洼积水。

【芳香成分】徐婉等（2014）用固相微萃取法提取的北京产尾叶紫薇新鲜花精油的主要成分为：异香叶醇（26.21%）、柠檬醛（14.31%）、α-环柠檬醛（11.67%）、甲基庚基甲酮（7.31%）、香叶酸甲酯（5.51%）、对甲氧基苯甲醛（4.18%）、香叶醇（3.86%）、1-石竹烯（2.86%）、2,2,4-三甲基-1,3-戊二醇二异丁酸酯（2.76%）、香树烯（2.67%）、3,7-二甲基-6-辛烯酸甲酯（1.94%）、金合欢烯（1.69%）、2,5-二甲基正己烷-2,5-二甲羟基过氧化物（1.67%）、桃金娘烷醇（1.64%）、甲基苯甲醛（1.51%）、柏木脑（1.51%）、2-庚醇（1.47%）、Fragranol（1.27%）、2-乙基己酸甲酯（1.08%）、萜品醇（1.01%）、α-玷𤭢烯（1.01%）等。

【利用】是石灰岩石山优良绿化树种之一。木材适于作上等家具、室内装修、细工或雕刻等用材。观赏价值高，是盆景、桩景的材料。

🌸 紫薇
Lagerstroemia indica Linn.

千屈菜科　紫薇属

别名： 百日红、满堂红、痒痒花、痒痒树、紫金花、紫兰花、蚊子花、西洋水杨梅、无皮树、入惊儿树

分布： 广东、广西、湖南、福建、江西、浙江、江苏、湖北、河南、河北、山东、安徽、陕西、四川、云南、贵州、吉林均有生长或栽培

【形态特征】落叶灌木或小乔木，高可达7m；树皮平滑，灰色或灰褐色；枝干多扭曲，小枝纤细，具4棱，略成翅状。叶互生或有时对生，纸质，椭圆形、阔矩圆形或倒卵形，长2.5~7cm，宽1.5~4cm，顶端短尖或钝形，有时微凹，基部阔楔形或近圆形。花淡红色或紫色、白色，直径3~4cm，常组成7~20cm的顶生圆锥花序；花萼长7~10mm，裂片6，三角形，

直立；花瓣6，皱缩，长12~20mm，具长爪。蒴果椭圆状球形或阔椭圆形，长1~1.3cm，幼时绿色至黄色，成熟时或干燥时呈紫黑色，室背开裂；种子有翅，长约8mm。花期6~9月，果期9~12月。

【生长习性】喜生于肥沃湿润的土壤上，也能耐旱，不论钙质土或酸性土都生长良好。喜暖湿气候，能抗寒。喜光，略耐阴。喜肥，尤喜深厚肥沃的砂质壤土。好生于略有湿气之地，亦耐干旱，忌涝。具有较强的抗污染能力。

【芳香成分】徐婉等（2014；2017）用固相微萃取法提取分析了北京产不同品种紫薇新鲜花的挥发油成分。'多花粉'的主要成分为：1,1-二甲基-3-亚甲基-乙烯基环己烷（50.34%）、苯（15.52%）、1-石竹烯（10.32%）、草蒿脑（8.51%）、α-法呢烯（6.15%）、反式-β-罗勒烯（3.96%）、2,6-二甲基-2,6-十二二烯（2.01%）、樟素（1.28%）、库贝醇（1.24%）等；'香雪云'半开花的主要成分为：苯乙醇（33.54%）、α-甲苯甲醛（16.57%）、β-反-罗勒烯（14.32%）、甲酸香叶酯（4.71%）、β-石竹烯（3.17%）、p-茴香醛（2.88%）、α-法呢烯（2.50%）、3,7-二甲基-6-辛烯酸甲酯（2.26%）、安息香醛（1.84%）、反-金合欢醇（1.50%）、苯乙腈（1.42%）、2,5-二甲基-2,5-双（过氧化氢）己烷（1.22%）、τ-杜松烯（1.13%）、柠檬醛（1.10%）、β-柠檬醛（1.03%）等；盛开花的主要成分为：α-法呢烯（33.72%）、松香芹酮（21.66%）、苯乙醇（11.85%）、β-石竹烯（4.99%）、τ-杜松烯（3.95%）、δ-杜松烯（2.53%）、甲酸香叶酯（2.09%）、(Z,E)-α-法呢烯（1.96%）、α-甲苯甲醛（1.83%）、异愈创木醇（1.70%）、2,5-二甲基-2,5-双（过氧化氢）己烷（1.05%）等；盛开末期花的主要成分为：2,5-二甲基-2,5-

双（过氧化氢）己烷（12.06%）、α-甲苯甲醛（11.63%）、松香芹酮（11.26%）、α-法呢烯（6.99%）、β-石竹烯（5.34%）、异丁酸酯（3.90%）、正十七烷（3.73%）、癸醛（3.49%）、顺-3-己烯基-α-丁酸甲酯（3.14%）、香叶基丙酮（2.73%）、(4E)-4-己烯基乙酯（2.44%）、τ-杜松烯（2.15%）、2-乙基己酸甲酯（1.99%）、玫瑰醚（1.55%）、乙酸己酯（1.33%）、D-柠檬烯（1.32%）、(Z,E)-α-法呢烯（1.22%）、龙蒿脑（1.14%）、对-甲基茴香醚（1.12%）、十四烷（1.10%）、δ-杜松烯（1.06%）等；衰败花的主要成分为：α-甲苯甲醛（33.00%）、松香芹酮（24.80%）、β-石竹烯（9.82%）、2,5-二甲基-2,5-双（过氧化氢）己烷（5.17%）、D-柠檬烯（3.32%）、异丁酸酯（2.40%）、顺-马鞭草烯酮（2.38%）、δ-杜松烯（2.27%）、α-法呢烯（1.98%）、反-玫瑰醚（1.85%）、2-乙基己酸甲酯（1.81%）、顺-α-罗勒烯（1.45%）、玫瑰醚（1.37%）等；花瓣的主要成分为：苯乙醇（36.71%）、α-法呢烯（19.40%）、松香芹酮（16.31%）、龙蒿脑（4.55%）、τ-杜松烯（4.13%）、β-石竹烯（3.23%）、δ-杜松烯（2.66%）、苯乙腈（1.46%）、(Z,E)-α-法呢烯（1.12%）、杜松醇（1.03%）等；雄蕊的主要成分为：甲酸香叶酯（46.10%）、松香芹酮（13.60%）、τ-杜松烯（6.44%）、α-法呢烯（5.30%）、3,7-二甲基-6-辛烯酸甲酯（4.82%）、β-石竹烯（4.33%）、δ-杜松烯（3.96%）、顺-马鞭草烯酮（2.31%）、杜松醇（1.45%）、榧素（1.00%）等；雌蕊的主要成分为：β-石竹烯（16.33%）、松香芹酮（14.82%）、δ-杜松烯（12.12%）、2,5-二甲基-2,5-双（过氧化氢）己烷（8.39%）、α-法呢烯（7.54%）、±-反-橙花叔醇（7.30%）、杜松醇（3.71%）、α-依兰油烯（3.28%）、τ-杜松烯（2.66%）、α-荜草烯（2.17%）、(Z,E)-α-法呢烯（1.74%）、α-甲苯甲醛（1.54%）、香树烯（1.46%）、十四烷（1.45%）、异丁酸酯（1.29%）、长叶烯（1.19%）、瓦伦烯（1.00%）等。

【利用】木材可作农具、家具、建筑等用材。根和树皮药用，有清热解毒、利湿祛风、散瘀止血的功效，用于无名肿毒、丹毒、乳痈、咽喉肿痛、肝炎、疥癣、鹤膝风、跌打损伤、内外伤出血、崩漏带下。为庭园观赏树，亦作盆景。木材可作农具、家具、建筑等用材。

🏵 湿生冷水花
Pilea aquarum Dunn

荨麻科　冷水花属
别名： 冷水花、土甘草、水麻叶
分布： 福建、江西、广东、湖南、四川

【形态特征】草本，具匍匐的根状茎。茎肉质，带红色，高10～30 cm。叶膜质，同对的近等大，宽椭圆形或卵状椭圆形，长1.5～6 cm，宽1～4 cm，先端锐尖、钝尖或短渐尖，基部宽楔形或钝圆，边缘有钝圆齿，叶面干时墨绿色，叶背浅绿色，钟乳体极小；托叶薄膜质，褐色，近心形。花雌雄异株；雄花序聚伞圆锥状；雌花序聚伞状，密集成簇生状。雄花花被片4，椭圆形，外面近先端处有明显的短角突起。雌花小；花被片3，不等大，在果时中间的一枚近船形，长约及果的一半，侧生的二枚更小。瘦果近圆形，双凸透镜状，顶端歪斜，长约0.7 mm，绿褐色，表面有细疣点。花期3～5月，果期4～6月。

【生长习性】生于海拔350～1500 m的山沟水边阴湿处。

【芳香成分】梁志远等（2009）用水蒸气蒸馏法提取的贵州贵阳产湿生冷水花新鲜全株精油的主要成分为：α-法呢烯（20.37%）、大根香叶烯D（12.60%）、水杨酸甲酯（6.73%）、石竹烯（6.71%）、1-萘胺（5.36%）、十五烷酸（3.81%）、1-萘醇（3.81%）、β-月桂酸（2.81%）、α-蒎烯（2.67%）、1,4-亚甲基薁-9-醇（2.28%）、三十烷（2.12%）、E-15-十七碳烯醛（2.10%）、柏木烯（1.88%）、油酸（1.63%）、1,6-辛二烯-3-醇（1.50%）、环己烷（1.48%）、十四烷酸（1.46%）、异杜松醇（1.30%）、十六烷酸（1.25%）、十二烷酸（1.24%）、可巴烯（1.09%）、2,4-癸二烯醛（1.08%）、D-苧烯（1.06%）、(3E)-3-二十碳烯（1.03%）等。

【利用】贵州苗族常用全草入药，具有利湿、清热、退黄等作用，用于治疗黄疸、肺结核。

❀ 石油菜

Pilea cavaleriei Levl. subsp. *valida* C. J. Chen

荨麻科　冷水花属
别名：石凉草、青蛙腿、肥奴奴草、石西洋菜、石花菜、石苋菜、打不死、厚脸皮
分布：湖南、广西

【形态特征】多年生草本，茎粗壮，高25～40 cm，粗3～5 mm，多分枝，小枝以50～60°呈伞房状整齐伸出。叶先端钝或近圆形，边缘全缘，两面密布钟乳体。雄花序长不过叶柄；雄花花被片外面近先端有2个囊状突起。花期9～11月，果期11月。

【生长习性】生于海拔300～1500 m的山坡林下石上。

【芳香成分】廖彭莹等（2013）用水蒸气蒸馏法提取的广西产石油菜干燥全草精油的主要成分为：(1R)-(+)-α-蒎烯（15.30%）、α-石竹烯（13.47%）、大牻牛儿烯D（9.54%）、杜松烯（7.20%）、石竹烯（7.01%）、α-荜澄茄烯（5.91%）、古芸烯（4.61%）、β-蒎烯（3.90%）、榄香烯（2.89%）、1,2,4a,5,6,8a-六氢-4,7-二甲基-1-(1-甲基乙基)-萘（2.66%）、橙花叔醇（2.34%）、1-羟基-1,7-二甲基-4-异丙基-2,7-环癸二烯（2.16%）、右旋萜二烯（1.56%）、β-环氧石竹烷（1.53%）、桉油烯醇（1.46%）、(1aR,7R,7aR,7bS)-1a,2,3,5,6,7,7a,7b-八氢-1,1,7,7a-四

甲基-1H-环丙[a]萘（1.45%）、杜松烯（1.44%）、(+)-环苜蓿烯（1.33%）、异愈创木醇（1.06%）、愈创奥醇（1.00%）等。

【利用】全草入药，有清肺止咳、利水消肿、解毒止痛的功效。用于肺热咳嗽、肺结核、肾炎水肿、烧烫伤、跌打损伤、疮疖肿毒。

❀ 狭叶荨麻

Urtica angustifolia Fisch. ex Hornem

荨麻科　荨麻属
别名：憋麻子、哈拉海
分布：黑龙江、吉林、辽宁、内蒙古、山东、河北、山西

【形态特征】多年生草本，有木质化根状茎。茎高40～150 cm，四棱形，疏生刺毛和稀疏的细糙毛。叶披针形至针状条形，稀狭卵形，长4～15 cm，宽1～5.5 cm，先端长渐尖或锐尖，基部圆形，稀浅心形，边缘有粗牙齿或锯齿9～19枚，叶面生细糙伏毛并具粗而密的缘毛；托叶每节4枚，条形。雌雄异株，花序圆锥状，有时近穗状，长2～8 cm；雄花径约2.5 mm；花被片4，在近中部合生，裂片卵形，上部疏生小刺毛和细糙毛；雌花小。瘦果卵形或宽卵形，双凸透镜状，长0.8～1 mm，有不明显的细疣点；宿存花被片4，在下部合生，内面二枚椭圆状卵形，长稍盖过果，外面二枚狭倒卵形。花期6～8月，果期8～9月。

【生长习性】生于海拔800～2200 m的山地、河谷、溪边或台地潮湿处。适宜发芽温度一般在23℃以上。喜阴、喜温、喜湿，对土壤要求不严。

【精油含量】水蒸气蒸馏干燥全草的得油率为0.05%。

【芳香成分】关枫等（2009）用水蒸气蒸馏法提取的黑龙江尚志产狭叶荨麻干燥全草精油的主要成分为：7-甲基-Z-十四碳烯醇乙酸酯（25.74%）、1-乙酰氧基-3,7-二甲基-6,11-十二碳二烯（5.90%）、Z,E-2,13-十八烷二烯醇（5.11%）、顺式-9-二十烯-1-醇（3.96%）、十二烷基环己醇（3.80%）、Z-11-十六碳烯（2.84%）、正十七碳烷（2.71%）、十四碳醛（2.11%）、10-甲基二十烷（1.79%）、2,6,10-三甲基十四烷（1.68%）、E-6-十八烯-1-乙酸酯（1.58%）、1,2-苯环二羧酸，丁基环己酯（1.55%）、9,12,15-十八碳-1-醇（1.50%）、3,7-二甲基-2,6-辛二烯基己酸酯（1.45%）、[Z,Z]-9,12-十八碳二烯酸（1.39%）、反式-2-十一碳烯酸（1.32%）、1,6-二环己基己烷（1.26%）等。

【利用】全草入药，有祛风定惊、消食通便的功效，土治风湿性关节炎、产后抽风、小儿惊风、小儿麻痹后遗症、高血压、消化不良、大便不通；外用治荨麻疹初起、蛇咬伤等；朝鲜族用全草治疗贫血、慢性肠胃炎。茎叶可作野菜或调料食用。茎叶、花序、籽实为优质饲料。

全株可作生物肥料和生物农药。为重要纤维植物，茎皮可作纺织原料，或制麻绳、编织地毯等。

🌸 长叶水麻

Debregeasia longifolia (Burm. f.) Wedd.

荨麻科　水麻属
别名： 麻叶树、水珠麻
分布： 西藏、云南、广西、广东、贵州、四川、陕西、甘肃、湖北

【形态特征】小乔木或灌木，高3～6 m。叶纸质或薄纸质，长圆状或倒卵状披针形，有时近条形或长圆状椭圆形，稀狭卵形，先端渐尖，基部圆形或微缺，稀宽楔形，长7～23 cm，宽1.5～6.5 cm，边缘具细牙齿或细锯齿，叶面深绿色，疏生细糙毛，有泡状隆起，叶背灰绿色；托叶长圆状披针形，先端2裂，背面被短柔毛。花序雌雄异株，稀同株，生叶腋；苞片长三角状卵形，背面被短柔毛，雄花花被片4，三角状卵形。雌花倒卵珠形，压扁；花被薄膜质，倒卵珠形，顶端4齿。瘦果带红色或金黄色，干时变铁锈色，葫芦状，下半部紧缩成柄，宿存花被与果实贴生。花期7～9月，果期9月至翌年2月。

【生长习性】生于海拔500～3200 m的山谷、溪边两岸灌丛中和森林中的湿润处，有时在向阳干燥处也有生长。

【芳香成分】秦波等（2000）用95%乙醇渗漉法提取云南昆明产长叶水麻干燥叶浸膏，石油醚萃取后再进行水蒸气蒸馏提取的精油主要成分为：丁基化羟基甲苯（5.48%）、十五烷

（4.40%）、邻苯二甲酸二丁酯（3.96%）、2,6-二甲基萘（2.72%）、十六烷（2.69%）、癸酸乙酯（2.55%）、十六酸乙酯（2.42%）、2,7-二甲基萘（2.04%）、3,7-二甲基-1,6-辛二烯-3-酮（1.99%）、1-甲基萘（1.77%）、丁二酸二乙酯（1.72%）、1,6,7-三甲基萘（1.67%）、萘（1.63%）、十二烷（1.52%）、2,6,10-三甲基十二烷（1.46%）、水杨酸甲酯（1.20%）、1-乙基萘（1.15%）、十氢-4,8,8-三甲基-9-甲基-1,4-亚甲基薁（1.14%）、3-甲基十四烷（1.09%）、2-甲基十三烷（1.08%）、丁子香酚（1.03%）、十八烷（1.03%）等。

【利用】茎叶药用，具有祛风止咳、清热利湿的功效，主治伤风感冒、咳嗽、热痹、膀胱炎、无名肿毒、牙痛。纤维植物。

❀ 雾水葛

Pouzolzia zeylanica (Linn.) Benn.

荨麻科　雾水葛属

别名： 地消散、脓见消、吸脓膏、田薯、石薯、水麻秧、拔脓膏、山参、糯米草、山三茄、生肉药

分布： 云南、广东、广西、福建、江西、浙江、安徽、湖北、湖南、四川、甘肃

【形态特征】多年生草本；茎高12～40 cm，不分枝。叶对生；叶片草质，卵形或宽卵形，长1.2～3.8 cm，宽0.8～2.6 cm，短分枝的叶很小，长约6 mm，顶端短渐尖或微钝，基部圆形，全缘，两面有疏伏毛。团伞花序通常两性，直径1～2.5 mm；苞片三角形，长2～3 mm，顶端骤尖，背面有毛。雄花花被片4，狭长圆形或长圆状倒披针形，长约1.5 mm，基部稍合生，外面有疏毛。雌花花被椭圆形或近菱形，长约0.8 mm，顶端有2小齿，外面密被柔毛，果期呈菱状卵形，长约1.5 mm；柱头长1.2～2 mm。瘦果卵球形，长约1.2 mm，淡黄白色，上部褐色，或全部黑色，有光泽。花期秋季。

【生长习性】生于平地的草地上或田边，丘陵或低山的灌丛中或疏林中、沟边，海拔300～800 m，在云南南部可达1300 m。

【芳香成分】李培源等（2011）用水蒸气蒸馏法提取的广西玉林产雾水葛全草精油的主要成分为：异黄樟脑（53.97%）、芳樟醇（6.81%）、α-荜澄茄醇（3.92%）、反-依兰油醇（2.84%）、桉叶油醇（1.84%）、邻苯二甲酸二乙酯（1.62%）、α-萜品醇（1.33%）、β-荜澄茄烯（1.31%）、β-蒎烯（1.25%）、十甲基环五硅氧烷（1.04%）等。

【利用】全草药用，具有清热解毒、清肿排脓、利水通淋的功效，用于疮疡痈疽、乳痈、风火牙痛、痢疾、腹泻、小便淋痛、白浊。

🌸 大蝎子草

Girardinia diversifolia (Link) Friis

荨麻科　蝎子草属

别名： 大荨麻、虎掌荨麻、掌叶蝎子草、入骨烧、入骨箭、肉骨梢、金钱草、肺风草、金不换、连钱草、活血丹

分布： 西藏、云南、贵州、四川、湖北

【形态特征】多年生高大草本，茎高达2 m，具5棱，生刺毛和细糙毛，多分枝。叶片轮廓宽卵形、扁圆形或五角形，茎干的叶较大，分枝上的叶较小，长和宽均为8～25 cm，基部宽心形或近截形，具3～7深裂片，稀不裂，边缘有不规则的牙齿或重牙齿，叶面疏生刺毛和糙伏毛，叶背生糙伏毛或短硬毛；托叶大，长圆状卵形，疏生细糙伏毛。花雌雄异株或同株，雌花序生上部叶腋，雄花序生下部叶腋，长5～11 cm；雌花序总状或近圆锥状，稀长穗状。雄花花被片4，卵形，内凹，外面疏生细糙毛。雌花花被片大的一枚舟形，先端有3齿，背面疏生细糙毛，小的一枚条形，较短。瘦果近心形，稍扁，长约2.5～3 mm，熟时变棕黑色，表面有粗疣点。花期9～10月，果期10～11月。

【生长习性】生于山谷、溪旁、山地林边或疏林下。喜林下散射光，适于凉爽、湿润的环境与疏松、排水良好的微酸性和中性土壤，耐寒，不耐酷暑和干旱。

【精油含量】水蒸气蒸馏根的得油率为1.60%，茎的得油率为1.20%，叶的得油率为2.20%。

【芳香成分】根：陶玲等（2009）用水蒸气蒸馏法提取的贵州贵阳产大蝎子草根精油的主要成分为：己醛（22.11%）、E-松苇醇（15.34%）、异丁基邻苯二甲酸酯（9.66%）、2-正戊基呋喃（8.37%）、芫荽醇（4.10%）、丁基邻苯二甲酸酯（3.70%）、β-紫罗兰酮（2.65%）、菲（2.45%）、荧蒽（2.38%）、苯甲醛（1.72%）、反式-2,4-癸二烯醛（1.70%）、壬醛（1.67%）、2-辛醛（1.57%）、6,10,14-三甲基-2-十五烷酮（1.50%）、2-庚酮（1.48%）、癸醛（1.45%）、桃金娘烷醇（1.31%）、嵌二萘（1.25%）、反式-2-己醛（1.16%）、薄荷脑（1.13%）、香叶基丙酮（1.09%）等。

茎：陶玲等（2009）用水蒸气蒸馏法提取的贵州贵阳产大蝎子草茎精油的主要成分为：己醛（20.90%）、异丁基邻苯二甲酸酯（13.43%）、丁基邻苯二甲酸酯（6.32%）、2-正戊基呋喃（5.75%）、芫荽醇（4.25%）、癸醛（3.30%）、菲（3.14%）、荧蒽（2.93%）、壬醛（2.92%）、β-紫罗兰酮（2.80%）、2-辛醛（2.71%）、反式-2,4-癸二烯醛（2.65%）、顺式-2-庚烯醛（2.49%）、E-松苇醇（2.15%）、樟脑（1.78%）、嵌二萘（1.71%）、(Z)-2-壬烯醛（1.67%）、6,10,14-三甲基-2-十五烷酮（1.57%）、2-庚酮（1.41%）、苯甲醛（1.38%）、2,6-二甲基萘烷（1.33%）、香叶基丙酮（1.22%）、α-紫罗兰酮（1.17%）等。

叶：陶玲等（2009）用水蒸气蒸馏法提取的贵州贵阳产大蝎子草叶精油的主要成分为：己醛（19.00%）、壬醛（9.53%）、反式-2-己醛（8.29%）、β-紫罗兰酮（4.99%）、2-正戊基呋喃（4.94%）、芫荽醇（4.88%）、2-庚酮（3.63%）、α-紫罗兰酮（3.33%）、异丁基邻苯二甲酸酯（3.33%）、香叶基丙酮（2.69%）、2,3-辛二酮（2.46%）、樟脑（2.32%）、6,10,14-三甲基-2-十五烷酮（2.01%）、荧蒽（1.81%）、苯甲醛（1.60%）、6-甲基-5-庚烯-2-酮（1.36%）、菲（1.19%）、E-松苇醇（1.16%）、丁香烯氧化物（1.14%）、萘（1.13%）、辛醛（1.13%）、3-庚酮（1.10%）、嵌二萘（1.00%）等。

【利用】带根全草药用，有祛痰、利湿、解毒的功效，用于咳嗽痰多、水肿；外用治疮毒。彝药用根治风热咳嗽、胸闷痰多、疮毒溃烂、风疹瘙痒；全草或根治小儿惊风、中风儿惊风、跌打损伤、蛇伤、肾炎、感冒发热、跌打伤、骨折、尿路结石；蒙药全草用于石淋、热淋、黄疸型肝炎、胆道结石、胆囊炎、肾炎水肿、消化性溃疡、肿痛咳嗽、风湿关节痛、疟疾、痈疮肿痛、跌打损伤、毒蛇咬伤。根茎可炖肉食用。

🌸 水苎麻

Boehmeria macrophylla Hornem.

荨麻科　苎麻属

别名： 水麻、癞蛤蟆棵、八棱麻、大接骨、大糯米

分布： 云南、广西、西藏、广东

【形态特征】亚灌木或多年生草本；茎高1～3.5 m。叶对生或近对生；叶片卵形或椭圆状卵形，长6.5～14 cm，宽3.2～7.5 cm，顶端长骤尖或渐尖，基部圆形或浅心形，稍偏斜，边缘自基部之上有多数小牙齿，叶面稍粗糙，有短伏毛。穗状花序单生叶腋，雌雄异株或同株，雌花序位于茎上部，其下为雄花序，长7～15 cm，通常有稀疏近平展的短分枝，呈圆锥状；团伞花序直径1～2.5 mm。雄花花被片4，船状椭圆形，长约1 mm，外面有稀疏短毛；雌花花被纺锤形或椭圆形，长约

1 mm，顶端有2小齿，外面上部有短毛。花期7～9月。

【生长习性】生于海拔800 m左右的山谷林下或沟边，在云南海拔1800～3000 m。

【芳香成分】闵勇等（2011）用有机溶剂萃取法提取的云南绿春产水苎麻新鲜叶精油的主要成分为：油酸（44.47%）、棕榈酸（22.34%）、硬脂酸（11.90%）等。

【利用】全草或根药用，具有祛风除湿、通络止痛的功效，用于风湿痹痛、跌打损伤。茎皮可做人造棉、纺纱、制绳索、织麻袋等。全草可作兽药，治牛软脚症等。

❀ 苎麻

Boehmeria nivea (Linn.) Gaudich.

荨麻科　苎麻属

别名： 野麻、野苎麻、家麻、苎仔、青麻、白麻

分布： 云南、贵州、广西、广东、福建、江西、台湾、浙江、湖北、四川、甘肃、陕西、河南

【形态特征】亚灌木或灌木，高0.5～1.5 m。叶互生；叶片草质，通常圆卵形或宽卵形，少数卵形，长6～15 cm，宽4～11 cm，顶端骤尖，基部近截形或宽楔形，边缘有牙齿，叶面稍粗糙，疏被短伏毛，叶背密被雪白色毡毛；托叶分生，钻状披针形，长7～11 mm，背面被毛。圆锥花序腋生，或植株上部的为雌性，其下的为雄性，或同一植株的全为雌性，长2～9 cm；雄团伞花序有少数雄花；雌团伞花序有多数密集的雌花。雄花花被片4，狭椭圆形，顶端急尖，外面有疏柔毛。雌

花花被椭圆形，顶端有2～3小齿，外面有短柔毛，果期菱状倒披针形。瘦果近球形，长约0.6 mm，光滑，基部突缩成细柄。花期8～10月。

【生长习性】生于山谷林边或草坡，海拔200～1700 m。为喜温短日照植物，地上茎生长的适温为15～32 ℃，早春气温低于3 ℃则幼苗受寒害。对土壤的适应性较强，土质宜砂壤到黏壤，要求土层深厚、疏松、有机质含量高、保水、保肥、排水良好，土壤pH以5.5～6.5为宜。

【芳香成分】田辉等（2011）用水蒸气蒸馏法提取的广西桂林产苎麻叶精油的主要成分为：异叶绿醇（12.52%）、十八烷（3.97%）、十九烷（3.66%）、正十七烷（3.49%）、十六烷酸（2.82%）、二十烷（2.24%）、二十五烷（1.97%）、二十一烷（1.60%）、2,6-二（叔丁基-4-羟基-4-甲基-2,5-环己二烯-1-酮（1.59%）、正十六烷（1.53%）、角鲨烷（1.52%）、2,6-二叔丁基-4-羟基苯甲醛（1.50%）、邻苯二甲酸二丁酯（1.41%）、N-苯基-2-萘胺（1.21%）、二十八烷（1.16%）、十五烷（1.10%）、六十九烷酸（1.09%）、β-紫罗酮（1.04%）等。

【利用】根、叶药用，有清热利尿、安胎止血、解毒的功效，用于感冒发热、麻疹高烧、尿路感染、肾炎水肿、孕妇腹痛、胎动不安、先兆流产、跌打损伤、骨折、疮疡肿痛、出血性疾病。嫩叶可养蚕，作饲料。种子可榨油，供制肥皂或食用。茎可作造纸原料，或可制成家具和板壁等多种用途的纤维板；茎皮纤维可织成夏布、飞机的翼布、橡胶工业的衬布、电线包被、白热灯纱、渔网、人造丝、人造棉等，与羊毛、棉花混纺可制高级衣料；短纤维可为高级纸张、火药、人造丝等的原料，又可织地毯、麻袋等。还可酿酒、制糖；可脱胶提取纤维，供纺织、造纸或修船填料之用；可提取糠醛。可用于治理水土流失。嫩叶可食。

❀ 巴戟天

Morinda officinalis How

茜草科　巴戟天属

别名： 巴戟、大巴戟、巴吉、鸡肠风、鸡眼藤、黑藤钻、兔仔肠、三角藤、糠藤

分布： 福建、广东、海南、广西、江西等地

【形态特征】藤本；肉质根不定位肠状缢缩；老枝具棱，棕色或蓝黑色。叶纸质，干后棕色，长圆形，卵状长圆形或倒卵

状长圆形，长6～13 cm，宽3～6 cm，顶端急尖或具小短尖，基部纯圆或楔形，全缘；托叶长3～5 mm，顶部截平，干膜质。花序3～7伞形排列于枝顶；具卵形或线形总苞片1；头状花序具花4～10朵；花2～4基数；花萼倒圆锥状，下部与邻近花萼合生，顶部具波状齿2～3；花冠白色，近钟状，稍肉质，长6～7 mm。聚花核果由多花或单花发育而成，熟时红色，扁球形或近球形，直径5～11 mm；核果具分核2～4；分核三棱形，外侧弯拱，被毛状物，内面具种子1；种子熟时黑色，略呈三棱形。花期5～7月，果熟期10～11月。

【生长习性】生于山地疏密林下和灌丛中，常攀于灌木或树干上。适应性较强，喜温暖的气候，不耐寒。宜阳光充足，忌干燥和积水，以排水良好、土质疏松、富含腐殖质多的砂质壤土或黄壤土为佳。

【精油含量】水蒸气蒸馏干燥肉质根皮部的得油率为0.07%。

【芳香成分】刘文炜等（2005）用水蒸气蒸馏法提取的广东产巴戟天干燥根精油的主要成分为：L-龙脑（29.28%）、2-甲基-6-对甲基苯基-2-庚烯（4.49%）、α-姜烯（4.88%）、1-己醇（3.40%）、β-倍半水芹烯（3.34%）、2-戊基呋喃（3.32%）、正壬醛（2.17%）、樟脑（2.07%）、β-没药烯（2.06%）、α-雪松醇（1.91%）、香叶醇（1.74%）、正辛醇（1.52%）、(+)-α-萜品醇（1.43%）、柠檬烯（1.43%）、正辛醛（1.28%）、2-辛烯醛（1.20%）、(-)-冰片基乙酸酯（1.19%）、庚醛（1.13%）、对异丙基甲苯（1.00%）、香菜醇（1.00%）等。林励等（1992）用同法分析的广东德庆产巴戟天干燥肉质根皮部精油的主要成分为：十六酸（63.09%）、顺-9-十八烯酸（7.71%）、2,6-二叔丁基对甲酚（4.52%）、十六酸乙酯（3.07%）、顺-9-十八烯酸乙酯（2.42%）、十五酸（2.01%）、N-苯基-1-萘胺（1.22%）等。

【利用】根入药，有补肾阳、强筋骨、祛风湿的功效，用于阳痿遗精、宫冷不孕、月经不调、少腹冷痛、风湿痹痛、筋骨痿软。肉质根可食，多用于煮汤。

🌸 海滨木巴戟
Morinda citrifolia Linn.

茜草科　巴戟天属
别名： 海巴戟天、海巴戟、橘叶巴戟、橄树、诺丽
分布： 台湾、海南

【形态特征】灌木至小乔木，高1～5 m；枝近四棱柱形。叶交互对生，长圆形、椭圆形或卵圆形，长12～25 cm，两端渐尖或急尖，全缘；托叶每侧1枚，宽，上部扩大呈半圆形，全缘。头状花序每隔一节一个，与叶对生；花多数；萼管彼此间多少

黏合，萼檐近截平；花冠白色，漏斗形，长约1.5 cm，顶部5裂，裂片卵状披针形。聚花核果浆果状，卵形，幼时绿色，熟时白色，径约2.5 cm，每核果具分核2～4，分核倒卵形，稍内弯，坚纸质，具1种子；种子小，扁，长圆形，下部有翅。花果期全年。

【生长习性】生于海滨平地或疏林下。喜高温多雨气候，适宜在年平均温度21～27℃、年降雨量1500～2000 mm、相对湿度70%以上的无霜区栽培。不耐低温。可以生长在海边泥滩，也可生长在冲积壤土和砖红壤土上。pH6.0～7.0，喜光，不耐干旱。

【精油含量】水蒸气蒸馏的干燥叶的得油率为0.11%。

【芳香成分】马金爽等（2017）用水蒸气蒸馏法提取的海南三亚产海滨木巴戟干燥叶精油的主要成分为：二苯胺（14.21%）、正二十三烷（7.11%）、邻苯二甲酸二丁酯（6.91%）、邻苯二甲酸单(2-乙基己基)酯（5.03%）、二十六烷（4.98%）、二十四烷（4.33%）、二十二烷（3.86%）、苯甲醇（3.67%）、二十一烷（2.76%）、1-二十六烯（2.04%）、十八烷（1.99%）、二十烷（1.92%）、二十八烷（1.88%）、4-乙烯基-2-甲氧基苯酚（1.81%）、叶绿醇（1.58%）、2,6,10,14-四甲基-十六烷（1.43%）、二十七烷（1.29%）、十九烷（1.23%）、棕榈酸（1.17%）、二十五烷（1.14%）等。

【利用】果实可食用。种于庭园供观赏。根、茎可提取橙黄色染料。在民间作为保健及药用饮料。

🌸 白马骨
Serissa serissoides (DC.) Druce

茜草科　白马骨属

别名： 白花树、白马里梢、白金条、白点秤、冻米柴、光骨刺、过路黄荆、黄羊脑、鸡骨柴、鸡骨头草、鸡骨头柴、鸡脚骨、六月雪、路边荆、路边金、路边姜、路边鸡、六月冷、凉粉草、满天星、米筛花、千年矮、千年树、千年勿大、碎叶冬青、曲节草、天星木、铁线树、五经风、鱼骨刺、硬骨柴、细牙家、野黄杨树、月月有、朱米雪、坐山虎

分布： 江苏、安徽、江西、浙江、福建、广东、香港、广西、四川、云南

【形态特征】小灌木，通常高达1 m；枝粗壮，灰色，嫩枝被微柔毛。叶通常丛生，薄纸质，倒卵形或倒披针形，长1.5～4 cm，宽0.7～1.3 cm，顶端短尖或近短尖，基部收狭成一短柄，除叶背被疏毛外，其余无毛；托叶具锥形裂片，长2 mm，基部阔，膜质，被疏毛。花无梗，生于小枝顶部，有苞片；苞片膜质，斜方状椭圆形，长渐尖，长约6 mm，具疏散小缘毛；花托无毛；萼檐裂片5，坚挺延伸呈披针状锥形，极尖锐，长4 mm，具缘毛；花冠管长4 mm，外面无毛，喉部被毛，裂片5，长圆状披针形，长2.5 mm；花药内藏，长1.3 mm；花柱柔弱，长约7 mm，2裂，裂片长1.5 mm。花期4～6月。

【生长习性】生于荒地或草坪。喜温暖湿润气候。喜阳光，也较耐阴，耐旱力强，对土壤的要求不严。

【精油含量】水蒸气蒸馏干燥全草的得油率为0.02%～0.59%。

【芳香成分】冯顺卿等（2006）用水蒸气蒸馏法提取的广西产白马骨干燥全草精油的主要成分为：十六碳酸（41.77%）、(Z,Z)-9,12-十八碳二烯酸（7.02%）、石竹烯氧化物（5.81%）、2-呋喃甲醇（2.57%）、亚麻酸甲酯（2.44%）、(E)-3,7,11-三甲基-1,6,10-十二碳三烯-3-醇（2.42%）、反-香叶基丙酮（2.41%）、

六氢金合欢基丙酮（2.29%）、2-甲基-6-对甲苯基-2-庚烯（2.00%）、十四碳酸（1.68%）、油酸（1.65%）、邻苯二甲酸双-2-甲基丙酯（1.18%）、桉-7(11)-烯-4-醇（1.04%）等。

湿润的气候，最适生长温度为18～20℃，成年植株可耐-5℃的短期低温，幼苗耐寒力弱，一般要求5℃以上的越冬温度。分布区空气湿度在80%以上。对土壤要求不严，稍耐瘠薄，在酸性土、碱性土上均能正常生长，以排水良好的疏松砂质土为好，不耐积水。

【利用】全株药用，有祛风、利湿、清热、解毒的功效，主治感冒、黄疸型肝炎、肾炎水肿、咳嗽、喉痛、角膜炎、肠炎、痢疾、腰腿疼痛、咳血、尿血、妇女闭经、白带、小儿疳积、惊风、风火牙痛、痈疽肿毒、跌打损伤。嫩茎叶可作蔬菜食用。

🌸 滇丁香

Luculia pinceana Hook.

茜草科　滇丁香属

别名：露球花、藏丁香、丁香叶、丁香、丁香花叶

分布：贵州、云南、广西、西藏

【形态特征】灌木或乔木，高2～10 m，多分枝；小枝近圆柱形，有明显的皮孔。叶纸质，长圆形、长圆状披针形或广椭圆形，长5～22 cm，宽2～8 cm，顶端短渐尖或尾状渐尖，基部楔形或渐狭，全缘，叶背常较苍白；托叶三角形，长约1 cm；顶端长尖。伞房状的聚伞花序顶生，多花；苞片叶状，线状披针形，长1.5 cm；花美丽，芳香；萼裂片近叶状，披针形，顶端尖，常有缘毛，外面有时有疏柔毛；花冠红色，少为白色，高脚碟状，冠管细圆柱形，花冠裂片近圆形。蒴果近圆筒形或倒卵状长圆形，有棱，长1.5～2.5 cm，直径0.5～1 cm；种子多数，近椭圆形，两端具翅，连翅长约4 mm。花果期3～11月。

【生长习性】生于海拔600～3000 m处的山坡、山谷溪边的林中或灌丛中。喜光，也较耐阴，在树阴下生长良好。喜温暖

【芳香成分】枝叶：康文艺等（2002）用水蒸气蒸馏法提取的云南大理产滇丁香枝叶精油的主要成分为：14-甲基-十五酸（19.59%）、正十六酸（10.57%）、9-十八烯酸甲酯（8.25%）、9,12-二烯十八酸甲酯（8.14%）、十六酸乙酯（3.88%）、5-二十烯酸（2.53%）、十八酸甲酯（2.32%）、9-十八烯酰胺（2.20%）、油酸乙酯（1.81%）、δ-杜松烯（1.73%）、15-甲基十六酸甲酯（1.38%）、十七酸甲酯（1.34%）、9,12-十八二烯酸（1.08%）等。

花：朱亮锋等（1993）用大孔树脂吸附法收集的云南文山产滇丁香鲜花头香的主要成分为：2,4-二甲基-3-戊酮（15.75%）、芳樟醇（13.12%）、金合欢烯（12.43%）、2,6-二叔丁基对甲酚（10.96%）、β-月桂烯（3.72%）、β-蒎烯（3.60%）、水杨酸甲酯（2.54%）、雅槛蓝酮（2.53%）、α-蒎烯（2.53%）、莰烯（1.70%）、龙脑（1.57%）、反式-氧化芳樟醇（呋喃型）（1.47%）、β-杜松烯（1.40%）、顺式-氧化芳樟醇（呋喃型）（1.35%）、柠檬烯（1.30%）等。

【利用】栽培供园林观赏，株型较小的还可作为盆花。根、花、果入药，有止咳化痰的功效，可治百日咳、慢性支气管炎、肺结核、月经不调、痛经、风湿疼痛、偏头疼、尿路感染、尿路结石、病后头昏、心慌；外用可治毒蛇咬伤。

🌸 白花蛇舌草

Hedyotis diffusa Willd.

茜草科　耳草属

别名: 蛇舌草、蛇舌癀、蛇针草、蛇总管、蛇脷草、目目生珠草、二叶葎、白花十字草、尖刀草、甲猛草、龙舌草、鹤舌草、羊须草

分布: 广东、香港、广西、江西、海南、安徽、云南等地

【形态特征】一年生无毛纤细披散草本,高20～50 cm;茎稍扁,从基部开始分枝。叶对生,膜质,线形,长1～3 cm,宽1～3 mm,顶端短尖,边缘干后常背卷,叶面光滑,叶背有时粗糙;托叶长1～2 mm,基部合生,顶部芒尖。花4数,单生或双生于叶腋;萼管球形,长1.5 mm,萼檐裂片长圆状披针形,长1.5～2 mm,顶部渐尖,具缘毛;花冠白色,管形,长3.5～4 mm,冠管长1.5～2 mm,花冠裂片卵状长圆形,顶端钝。蒴果膜质,扁球形,直径2～2.5 mm,宿存萼檐裂片长1.5～2 mm,成熟时顶部室背开裂;种子每室约10粒,具棱,干后深褐色,有深而粗的窝孔。花期春季。

【生长习性】生于海拔800 m的地区,多生长于山地岩石上,多见于水田、田埂和湿润的旷地。应选择地势偏低、光照充足、排灌方便、疏松肥沃的壤土种植。

【精油含量】水蒸气蒸馏全草的得油率为0.25%～0.30%;超临界萃取干燥全草的得油率为3.91%。

【芳香成分】刘志刚等(2005)用水蒸气蒸馏法提取的广东广州产白花蛇舌草全草精油的主要成分为:十六烷酸(66.65%)、9-十八碳烯酸(4.96%)、龙脑(2.18%)、十四烷酸(1.93%)、亚油酸(1.63%)、6,10,14-三甲基-2-十五(烷)酮(1.54%)、邻苯二羧酰二异丁基酯(1.21%)等。

【利用】全草入药,有清热解毒、消痛散结、利尿除湿的功效,治肺热喘咳、咽喉肿痛、肠痛、疖肿疮疡、毒蛇咬伤、热淋涩痛、水肿、痢疾、肠炎、湿热黄疸;外用主治泡疮、刀伤、跌打等症;擅长治疗多种癌肿。

🌸 剑叶耳草

Hedyotis caudatifolia Merr. et Metcalf

茜草科　耳草属

别名: 必儿药、产后茶、长尾耳草、黑骨风、金锁匙、咳嗽癀、柳枝红、痨病草、千年茶、山溪黄草、少年劳、少年红、小柴胡、硬杆野甘草、甜茶、天蛇木、铁扫把、山甘草

分布: 广东、广西、福建、江西、浙江、湖南等地

【形态特征】直立灌木,全株无毛,高30～90 cm;老枝干后灰色或灰白色,嫩枝绿色,具浅纵纹。叶对生,革质,通常披针形,叶面绿色,叶背灰白色,长6～13 cm,宽1.5～3 cm,顶部尾状渐尖,基部楔形或下延;托叶阔卵形,短尖,长2～3 mm,全缘或具腺齿。聚伞花序排成疏散的圆锥花序式;苞片披针形或线状披针形,短尖;花4数;萼管陀螺形,萼檐裂片卵状三角形,短尖;花冠白色或粉红色,长6～10 mm,冠管管形,喉部略扩大,裂片披针形。蒴果长圆形或椭圆形,连宿存萼檐裂片长4 mm,直径约2 mm,成熟时开裂为2果爿,果爿腹部直裂,内有种子数粒;种子小,近三角形,干后黑色。花期5～6月。

【生长习性】常见于丛林下比较干旱的砂质土壤上或见于悬崖石壁上,有时亦见于黏质土壤的草地上。

【芳香成分】潘为高等(2012)用水蒸气蒸馏法提取的广西金秀产剑叶耳草干燥全株精油的主要成分为:(E)-3,7,11,15-四甲基-2-十六碳烯-1-醇(27.50%)、十六烷酸(6.54%)、6,10,14-三甲基-2-十五烷酮(5.94%)、7(Z,Z)-9,12-十八烷二烯酸乙酯(5.90%)、10,13-顺三烯-正十六醛(4.40%)、三氟乙酸十四酯(2.10%)、(Z)6,(Z)-9-十五二烯-1-醇(1.39%)、正十六烷(1.22%)、2,4-二叔丁基苯酚(1.20%)、3-乙基-4-苯基-3-丁

烯-2-酮（1.19%）、2,6-二叔丁基对甲苯酚（1.05%）、正二十七烷（1.02%）、十四醛（1.02%）等。

【利用】全草入药，具有润肺、止咳化痰、健脾消积、疏风退热的功效，常用于支气管哮喘、支气管炎、肺痨咯血、小儿疳积、跌打损伤、外伤出血。

牛白藤
Hedyotis hedyotidea (DC.) Merr.

茜草科　耳草属
别名： 白束、白藤草、瘪疬藤、半路哮、大号山甘草、大叶龙胆草、接骨丹、脚白藤、凉茶藤、毛鸡屎藤、牛奶藤、脓见消、排骨连、甜茶、山甘草、土五加皮、土加藤、涂藤头
分布： 广东、广西、云南、贵州、福建、台湾等地

东肇庆产牛白藤新鲜叶精油的主要成分为：叶绿醇（62.25%）、15-四甲基-1-十六炔-3-醇（12.79%）、植酮（4.48%）、3,7,11,15-四甲基-2-十六碳烯-1-醇（3.77%）、棕榈酸（3.09%）、12-甲基-E,E-2,13-十八碳二烯-1-醇（1.60%）等。

【利用】茎叶入药，具有清热解毒的功效，常用于风热感冒、肺热咳嗽、中暑高热、肠炎、皮肤湿疹、带状疱疹、痈疮肿毒。

伞房花耳草
Hedyotis corymbosa (Linn.) Lam.

茜草科　耳草属
别名： 水线草
分布： 广东、广西、海南、福建、浙江、贵州、四川等地

【形态特征】藤状灌木，长3～5 m；嫩枝方柱形，被粉末状柔毛，老时圆柱形。叶对生，膜质，长卵形或卵形，长4～10 cm，宽2.5～4 cm，顶端短尖或短渐尖，基部楔形或钝，叶面粗糙，叶背被柔毛；托叶长4～6 mm，顶部截平，有4～6条刺状毛。花序腋生和顶生，由10～20朵花集聚而成一伞形花序；花4数，花萼被微柔毛，萼管陀螺形，萼檐裂片线状披针形，短尖，外反；花冠白色，管形，长10～15 mm，裂片披针形，外反。蒴果近球形，长约3 mm，直径2 mm，宿存萼檐裂片外反，成熟时室间开裂为2果片，果片腹部直裂，顶部高出萼檐裂片；种子数粒，微小，具棱。花期4～7月。

【生长习性】生于低海拔至中海拔沟谷灌丛或丘陵坡地。

【芳香成分】陶曙红等（2010）用水蒸气蒸馏法提取的广

【形态特征】一年生柔弱披散草本，高10～40 cm；茎和枝方柱形，分枝多，直立或蔓生。叶对生，膜质，线形，罕有狭披针形，长1～2 cm，宽1～3 mm，顶端短尖，基部楔形，干时边缘背卷，两面略粗糙；托叶膜质，鞘状，顶端有数条短刺。花序腋生，伞房花序式排列，有花2～4朵，苞片微小，钻形；花4数；萼管球形，被极稀疏柔毛，基部稍狭，萼檐裂片狭三角形，具缘毛；花冠白色或粉红色，管形，花冠裂片长圆形。蒴果膜质，球形，直径1.2～1.8 mm，有不明显纵棱数条，顶部平，宿存萼檐裂片长1～1.2 mm，成熟时顶部室背开裂；种子每室10粒以上，有棱，种皮平滑，干后深褐色。花果期几乎全年。

【生长习性】多见于水田和田埂或湿润的草地上。

【芳香成分】王丽等（2003）用水蒸气蒸馏法提取的广东广州产伞房花耳草全草精油的主要成分为：十六酸（47.99%）、亚油酸（33.54%）、十八酸（4.58%）、植物醇（2.64%）、十五酸（1.64%）、肉豆蔻酸（1.13%）等。

【利用】全草入药，有清热解毒、利尿消肿、活血止痛的功效，治疟疾、肠痈、肿毒、烫伤；外用治疮疖、痈肿和毒蛇咬伤；对恶性肿瘤、阑尾炎、肝炎、泌尿系统感染、支气管炎、扁桃体炎均有一定疗效。

❀ 大叶钩藤

Uncaria macrophylla Wall.

茜草科　钩藤属

别名： 大钩丁、双钩藤

分布： 云南、广西、广东、海南

【形态特征】大藤本，嫩枝方柱形或略有棱角，疏被硬毛。叶对生，近革质，卵形或阔椭圆形，顶端短尖或渐尖，基部圆、近心形或心形，长10～16 cm，宽6～12 cm，叶背被黄褐色硬毛；托叶卵形，深2裂，裂片狭卵形，外面被短柔毛，基部内面具黏液毛；头状花序单生叶腋，苞片长6 mm，或成简单聚伞状排列；花萼管漏斗状，长2～3 mm，被淡黄褐色绢状短柔毛，萼裂片线状长圆形；花冠管长9～10 mm，被苍白色短柔毛，花冠裂片长圆形，被短柔毛。果序直径8～10 cm；小蒴果长约20 mm，有苍白色短柔毛，宿存萼裂片线形，星状辐射；种子长6～8 mm（连翅），两端有膜质的翅，仅一端的翅2深裂。花期夏季。

【生长习性】生于次生林中，常攀缘于林冠之上。

【精油含量】水蒸气蒸馏干燥叶的得油率为0.25%。

【芳香成分】叶：王冬梅等（2013）用水蒸气蒸馏法提取的云南西双版纳产大叶钩藤干燥叶精油的主要成分为：2-甲基-1-(1,1-二甲基乙基)-2-甲基-1,3-丙二基丙酸酯（10.17%）、三十一烷（10.17%）、4-(2,6,6-三甲基-1-环己烯-1-基)-3-丁烯-2-酮（7.90%）、叶绿醇（5.80%）、(E)-2-己烯酸-丁基酯（4.76%）、十六烷酸乙基酯（3.76%）、4-(2,6,6-三甲基-2-环己烯-1-基)-3-丁烯-2-酮（3.54%）、3,5,11,15-四甲基-1-十六碳烯-3-醇（3.11%）、α-金合欢烯（2.64%）、顺式，顺式-7,10-十六碳二

烯醛（2.54%）、乙基-9,12,15-十八碳三烯酸酯（2.26%）、α-石竹烯（2.17%）、(E,E)-6,10,14-三甲基-5,9,13-十五碳三烯-2-酮（2.13%）、(E)-3,7-二甲基-2,6-辛二烯-1-醇（2.12%）、二十四烷（2.02%）、α,α,4-三甲基-3-环己烯-1-甲醇（2.01%）、6,10,14-三甲基-2-十五烷酮（1.75%）、邻苯二甲酸单乙基己基酯（1.73%）、石竹烯（1.67%）、甲基-2-羟基-十八碳-9,12,15-三烯酸酯（1.39%）、4-(2,2,6-三甲基-氧杂二环[4.1.0]庚-1-基)-3-丁烯-2-酮（1.25%）、十五烷醛（1.19%）、十八烷醛（1.18%）、2-羰基二环[3.2.2]壬-3,6-二烯-1-基苯酸酯（1.17%）、己基酯苯甲酸（1.15%）、(S)-3-乙基-4-甲基戊醇（1.10%）、2,6,6-三甲基-1-环己烯-甲醛（1.04%）等。

茎：李春等（2018）用丙酮浸提法提取的云南河口产大叶钩藤干燥茎精油的主要成分为：β-谷甾醇（15.75%）、肉豆蔻酸（13.21%）、白桦脂醇（6.01%）、δ-4,6-胆甾二烯醇（4.67%）、γ-谷甾醇（3.94%）、硬脂酸（3.50%）、十八碳烯酸（2.46%）、正三十一烷（2.23%）、植酮（2.06%）、阿魏酸（2.03%）、4-胆甾烯-3-酮（1.19%）、花生酸（1.17%）、2,3-二氢苯并呋喃（1.10%）等。

【利用】带钩茎枝入药，有清火解毒、消肿止痛、祛风、通气血功效，主治风湿热痹症、肢体关节红肿热痛、屈伸不利、头目胀痛。

❀ 钩藤

Uncaria rhynchophylla (Miq.) Miq. ex Havil.

茜草科　钩藤属

别名： 钩丁、吊藤、鹰爪风、倒挂刺

分布： 广东、广西、云南、贵州、福建、湖南、湖北、江西

【形态特征】藤本；嫩枝方柱形或略有4棱角。叶纸质，椭圆形或椭圆状长圆形，长5～12 cm，宽3～7 cm，干时褐色或红褐色，叶背有时有白粉，顶端短尖或骤尖，基部楔形至截形，有时稍下延；托叶狭三角形，深2裂，裂片线形至三角状披针形。头状花序不计花冠直径5～8 mm，单生叶腋，总花梗具一节，苞片微小，或成单聚伞状排列，总花梗腋生，长5 cm；小苞片线形或线状匙形；花萼管疏被毛，萼裂片近三角形，长0.5 mm，疏被短柔毛，顶端锐尖；花冠裂片卵圆形，边缘有时有纤毛；小蒴果长5～6 mm，被短柔毛，宿存萼裂片近三角形，长1 mm，星状辐射。花果期5～12月。

【生长习性】常生于海拔800 m以下的山谷溪边的疏林或灌丛中。喜温暖、湿润、光照充足的环境。适应性强，对土壤要求不严，在一般土壤中能正常生长，在土层深厚、肥沃疏松、排水良好的土壤上生长良好。

【芳香成分】廖彭莹（2016）用超临界CO_2萃取法提取的广西靖西产钩藤自然晾干茎精油的主要成分为：棕榈酸（6.34%）、甲氧基肉桂酸乙酯（5.96%）、叶绿醇（3.41%）、油酸乙酯（2.93%）、亚油酸乙酯（2.59%）、铁锈醇（2.23%）、棕榈酸乙酯（1.98%）、樟脑（1.46%）、石竹烯（1.40%）、香豆素（1.35%）、桉叶油醇（1.23%）、马鞭草烯醇（1.23%）、十五烷（1.23%）、早熟素II（1.13%）、松香三烯（1.13%）、Z,Z,Z-1,5,9,9-四甲基-1,4,7-环十一烷三烯（1.06%）、二十一烷（1.11%）等。

【利用】是垂直绿化的好材料，用作绿化屏障。以带钩茎枝入药，具有镇静、降压、清热平肝、息风定惊的功能，用于头痛眩晕、感冒夹惊、惊痫抽搐、妊娠子痫，高血压等症；是治疗心脑血管疾病的首选药材之一。

🌸 臭鸡矢藤
Paederia foetida Linn.

茜草科　鸡矢藤属

别名：鸡屎藤、臭藤
分布：福建、广东等地

【形态特征】藤状灌木，无毛或被柔毛。叶对生，膜质，卵形或披针形，长5～10 cm，宽2～4 cm，顶端短尖或削尖，基部浑圆，有时心状形，叶面无毛，在叶背脉上被微毛；托叶卵状披针形，长2～3 mm，顶端2裂。圆锥花序腋生或顶生，长6～18 cm，扩展；小苞片微小，卵形或锥形，有小睫毛；花有小梗，生于柔弱的三歧常作蝎尾状的聚伞花序上；花萼钟形，

萼檐裂片钝齿形；花冠紫蓝色，长12～16 mm，通常被绒毛，裂片短。果阔椭圆形，压扁，长和宽6～8 mm，光亮，顶部冠以圆锥形的花盘和微小宿存的萼檐裂片；小坚果浅黑色，具1阔翅。花期5～6月。

【生长习性】生于低海拔的疏林内。

【芳香成分】葛佳等（2016）用顶空固相微萃取法提取的云南昆明产臭鸡矢藤新鲜叶精油的主要成分为：2-己烯醛（34.30%）、2-己烯醇（19.69%）、二甲基二硫（6.97%）、乙酸-3-己烯酯（5.42%）、乙酸-2-己烯酯（5.15%）、3-己烯醇（4.13%）、3-甲硫基己醛（3.85%）、己醛（3.02%）、己醇（1.96%）、芳樟醇（1.93%）、苯乙醇（1.49%）、甲硫醇（1.17%）、1-辛烯-3-醇（1.08%）等。

【利用】全草及根供药用，具有祛风除湿、消食化积、解毒消肿、活血止痛的功效。

🌸 耳叶鸡矢藤
Paederia cavaleriei lévl.

茜草科　鸡矢藤属

别名：贵州鸡矢藤、圆锥鸡矢藤、长序鸡矢藤、长序鸡屎藤、臭皮藤、粗毛鸡矢藤
分布：中部、南部、西部及台湾

【形态特征】缠绕灌木；茎和枝圆柱形，被绣色绒毛。叶近膜质，卵形，长圆状卵形至长圆形，长6～18 cm，宽2.5～10 cm，顶端长渐尖，基部圆形或截头状心形，两面均被锈色绒毛，叶背被毛稍密；托叶三角状披针形，长6～10 mm，外面被绒毛。花聚集成小头状，有小苞片，此小头状再排成腋生或顶生的复总状花序，长7～21 cm，具总花梗；萼管倒卵形，长1.8 mm，萼檐裂片5，三角形；花冠管状，上部稍膨大，长8 mm，外面被粉末状绒毛，裂片5，极短，外反。成熟的果球形，直径4.5～5 mm，光滑，草黄色，冠以宿存三角形的萼檐裂片和隆起的花盘；小坚果无翅，浅黑色。花期6～7月，果期10～11月。

【生长习性】生于海拔300～1400 m的山地灌丛。

【芳香成分】钟可等（2008）用水蒸气蒸馏法提取的贵州务川产耳叶鸡矢藤干燥茎叶精油的主要成分为：L-芳樟醇（26.11%）、L-龙脑（9.72%）、水杨酸甲酯（7.58%）、1-辛烯-3-醇（5.49%）、紫罗兰醇（4.58%）、甲酸己酯（4.09%）、联二苯

（3.55%）、2-乙氧基-丁烷（3.01%）、己醛（2.98%）、二甲基三硫化物（2.96%）、α-甲基萘（2.49%）、萘（2.46%）、1,1-二（甲基硫）-乙烷（1.69%）、对-甲基联二苯（1.60%）、(E)-氧化芳樟醇（1.51%）、庚醛（1.46%）、(Z)-3-己烯醇（1.28%）、α-松油醇（1.15%）、甲基乙基二硫化合物（1.11%）、苯甲醛（1.07%）、2-戊基-呋喃（1.01%）、(E)-β-大马烯酮（1.00%）等。

【利用】在民间地上部分作鸡矢藤用，具祛风除湿、消食化积、解毒消肿、活血止痛的功效，用于治小儿疳积、黄疸、肝炎、红白痢疾、胃气痛、消化不良、多年老胃病等。

🌸 鸡矢藤
Paederia scandens (Lour.) Merr.

茜草科　鸡矢藤属

别名：斑鸠饭、避暑藤、臭老婆蔓、臭藤、狗屁藤、昏冶藤、鸡屎藤、鸡屎蔓、牛皮冻、清风藤、老鸹食、女青、解暑藤

分布：陕西、甘肃、山东、江苏、安徽、江西、浙江、福建、台湾、河南、湖南、广东、香港、海南、广西、四川、贵州、云南

【形态特征】藤本，茎长3～5 m。叶对生，纸质或近革质，形状变化很大，卵形、卵状长圆形至披针形，长5～15 cm，宽1～6 cm，顶端急尖或渐尖，基部楔形或近圆或截平，有时浅心形；托叶长3～5 mm。圆锥花序式的聚伞花序腋生和顶生，扩展，分枝对生，末次分枝上着生的花常呈蝎尾状排列；小苞片披针形，长约2 mm；萼管陀螺形，长1～1.2 mm，萼檐裂片5，裂片三角形；花冠浅紫色，管长7～10 mm，外面被粉末状柔毛，里面被绒毛，顶部5裂，裂片长1～2 mm，顶端急尖而直。

果球形，成熟时近黄色，有光泽，平滑，直径5～7 mm，顶冠以宿存的萼檐裂片和花盘；小坚果无翅，浅黑色。花期5～7月。

【生长习性】生于海拔200～2000 m的山坡、林中、林缘、沟谷边灌丛中或缠绕在灌木上。适应性强，喜较温暖环境，耐寒，既喜光又耐阴。对土壤要求不严，以肥沃的腐殖质土壤和砂壤土生长较好。

【精油含量】水蒸气蒸馏茎叶、叶或全草的得油率为0.08%～0.40%；超临界萃取叶的得油率为0.25%；有机溶剂萃取茎的得油率为1.32%。

【芳香成分】叶：谢惜媚等（2003）用水蒸气蒸馏法提取的广东广州产野生鸡矢藤新鲜叶精油的主要成分为：反式-2-己烯醇-1(73.60%)、3-己烯醇-1(18.80%)、正己醇（1.87%）、二甲基二硫二硫化物（1.70%）等。

全草：何开家等（2010）用水蒸气蒸馏法提取广西南宁产鸡矢藤茎叶精油的主要成分为：水杨酸甲酯（19.25%）、叶醇（16.64%）、2-己烯-1-醇（16.12%）、芳樟醇（11.66%）、植醇（5.32%）、2-己烯醛（3.62%）、棕榈酸（3.21%）、α-香茅醇（2.62%）、龙脑（1.87%）、桉树脑（1.84%）、二甲基三硫醚（1.19%）、α-蒎烯（1.07%）等。方正等（2014）用同法分析的广东潮州产鸡矢藤新鲜全草精油的主要成分为：(E)-3-己烯-1-醇（31.95%）、(Z)-3-己烯-1-醇（21.35%）、β-芳樟醇（16.66%）、n-正己醇（11.34%）、3-(Z)-己烯-1-(醇)乙酸酯（5.58%）、叶绿醇（1.49%）、2-茨醇（1.33%）、邻二甲苯（1.20%）等。

【利用】全草入药，有祛风利湿、消食化积、止咳、止痛的功效，用于风湿筋骨痛、跌打损伤、外伤性疼痛、腹泻、痢疾、消化不良、小儿疳积、肺痨咯血、肝胆、胃肠绞痛、黄疸型肝炎、支气管炎、放射反应引起的白细胞减少症、农药中毒；外用于皮炎、湿疹及疮疡肿毒。老茎可炖肉食。嫩梢、嫩叶多用于煮渣豆腐食。

🌸 九节
Psychotria rubra (Lour.) Poir.

茜草科　九节属

别名：暗山公、暗山香、吹筒管、大丹叶、大罗伞、刀伤木、九节木、山大颜、山大刀、山打大刀、牛屎乌、青龙吐雾

分布：浙江、福建、台湾、湖南、广东、香港、海南、广西、贵州、云南

【形态特征】灌木或小乔木，高0.5～5 m。叶对生，纸质或革质，长圆形至倒披针状长圆形，有时稍歪斜，长5～23.5 cm，宽2～9 cm，顶端渐尖、急渐尖或短尖而尖头常钝，基部楔形，全缘；托叶膜质，短鞘状，顶部不裂，长6～8 mm，宽6～9 mm，脱落。聚伞花序通常顶生，多花，总花梗近基部三分歧，常成伞房状或圆锥状，长2～10 cm，宽3～15 cm；萼管杯状，檐部扩大，近截平或不明显的5齿裂；花冠白色，冠管长2～3 mm，宽约2.5 mm，喉部被白色长柔毛，花冠裂片近三角形，开放时反折。核果球形或宽椭圆形，长5～8 mm，直径4～7 mm，有纵棱，红色；小核背面凸起，具纵棱，腹面平而光滑。花果期全年。

【生长习性】生于平地、丘陵、山坡、山谷溪边的灌丛或林中，海拔20～1500 m。

【芳香成分】根：秦庆芳等（2014）用水蒸气蒸馏法提取的广西桂平产九节根精油的主要成分为：棕榈酸（66.00%）、亚油酸（17.30%）、丙烯酸月桂酯（3.10%）、十五烷酸（2.40%）、肉豆蔻酸（2.00%）等。

茎：钟莹等（2012）用水蒸气蒸馏法提取的广东产九节干燥茎精油的主要成分为：正十六烷酸（40.71%）、邻苯二甲酸二丁酯（6.46%）、(E)-9-十八碳烯酸（6.29%）、二十烷（4.68%）、植醇（4.54%）、十八烷（3.98%）、6,10,14-三甲基-2-十五烷酮（3.79%）、二十二烷（3.74%）、6-羟基-5-甲基-6-乙烯基-二环[3.2.0]庚-2-酮（3.71%）、十六烷（2.82%）、2,6,6-三甲基-1-环己烯-1-基)-3-丁烯-2-酮（1.84%）、1-(3-羟乙基)乙酮（1.69%）、5-甲基-1-庚烯（1.41%）、2-(2-辛烯基)环戊酮（1.28%）、香叶基丙酮（1.24%）、3,4-二乙氧基苯乙腈（1.15%）、2-氨基苯甲醇-3,7-二甲基-1,6-辛二烯-3-醇（1.14%）、正十四烷（1.02%）

等；棕榈酸（60.40%）、植酮（14.00%）、肉豆蔻酸（1.90%）、叶绿醇（1.80%）、正二十九烷（1.50%）、十五烷酸（1.40%）、棕榈酸乙酯（1.00%）等。

叶：秦庆芳等（2014）用水蒸气蒸馏法提取的叶精油的主要成分为：棕榈酸（71.80%）、植酮（7.60%）、肉豆蔻酸（2.70%）、十五烷酸（2.00%）、叶绿醇（1.30%）等。钟莹等（2012）分析的干燥叶精油的主要成分为：6-羟基-5-甲基-6-乙烯基-二环[3.2.0]庚-2-酮（11.67%）、(E)-4-(2,6,6-三甲基-2-环己烯-1-基)-3-丁烯-2-酮（8.03%）、正十六烷酸（7.68%）、十八烷（6.91%）、6,10,14-三甲基-2-十五烷酮（5.75%）、二十烷（5.55%）、十六烷（5.16%）、2,6,6-三甲基-1-环己烯-1-基)-3-丁烯-2-酮（4.81%）、邻苯二甲酸二丁酯（4.47%）、4-甲基-2,3-己二烯-1-醇（2.82%）、香叶基丙酮（2.19%）、2-乙基噻吩（2.16%）、植醇（2.04%）、芳樟醇（1.23%）、金合欢基丙酮（1.13%）等。

全草：林晓丹等（2010）用水蒸气蒸馏法提取的广东产九节干燥全草精油的主要成分为：α-雪松醇（14.32%）、α-雪松烯（14.06%）、β-雪松烯（11.26%）、n-十七烷（4.09%）、α-花柏烯（3.54%）、3-丁氧基-4-甲氧苯甲醛（3.37%）、δ-杜松烯（2.36%）、n-十六烷（2.30%）、α-姜黄烯（1.86%）、γ-杜松烯（1.55%）、n-十八烷（1.38%）、(+)-瓦伦橘烯（1.35%）、顺-(-)-罗汉柏烯（1.31%）、十八烷（1.10%）等；广西产九节全草精油的主要成分为：(-)-β-氧化石竹烯（8.28%）、石竹烯（7.13%）、β-甲基萘（5.88%）等。

【利用】嫩枝、叶、根药用，有清热解毒、消肿拔毒、祛风除湿的功效，治扁桃体炎、白喉、疮疡肿毒、风湿疼痛、跌打损伤、感冒发热、咽喉肿痛、胃痛、痢疾、痔疮等。

❀ 小粒咖啡
Coffea arabica Linn.

茜草科　咖啡属
别名： 阿拉伯咖啡树、咖啡、小果咖啡
分布： 台湾、福建、广东、海南、广西、云南、四川、贵州

【形态特征】小乔木或大灌木，高5～8 m，多分枝。叶薄革质，卵状披针形或披针形，长6～14 cm，宽3.5～5 cm，顶端长渐尖，长10～15 mm，基部楔形或微钝，罕有圆形，全缘或呈浅波形；托叶阔三角形，顶端锥状长尖或芒尖，或突

尖，长3～6mm。聚伞花序数个簇生于叶腋内，有花2～5朵，花芳香，苞片基部多少合生，二型，2枚阔三角形，2枚披针形，叶形；萼管管形，萼檐截平或具5小齿；花冠白色，顶部常5裂，罕有4或6裂，顶端常钝。浆果成熟时阔椭圆形，红色，长12～16mm，直径10～12mm，外果皮硬膜质，中果皮肉质；种子背面凸起，腹面平坦，有纵槽，长8～10mm，直径5～7mm。花期3～4月。

【生长习性】抗寒力强，耐短期低温，不耐旱，在热带地区可生长于海拔2100m的高山上。不耐强风，抗病力比较弱。要求肥沃、排水良好的土壤。要求有适当的阳光，但阳光不能过强。

【芳香成分】何余勤等（2015）用顶空固相微萃取法提取的海南产小粒咖啡果实香气的主要成分为：7-十六-1-醇（28.65%）、2-乙基-1-甲酸己酯（20.97%）、2-乙基-1-氯乙酸己酯（18.33%）、2-氯-2-硝基丙烷（9.02%）、4-羟基-2-甲基乙酰苯（7.52%）、1'-(4-氯苯磺酰基)-(1,4'-二哌啶)-4'-甲酰胺（4.74%）、N-羟基-苯甲亚胺酸乙酯（3.69%）、咖啡因（3.34%）、2-氧代-4-苯基-6-(4-氯苯基)-1,2-二氢嘧啶（1.80%）等。

【利用】种子为咖啡的原料。外果皮及果肉可制酒精或作饲料。去种皮的种子药用，有助消化、利尿、提神的功效，用于精神不振、小便不利、腹泻、痢疾、食欲不佳。果实酊剂可用于露酒类配方中，流浸膏和其他萃取物可用于焙烤食品中。

❀ 蓬子菜
Galium verum Linn.

茜草科　拉拉藤属

别名：白茜草、重台草、黄米花、黄牛衣、鸡肠草、喇嘛黄、老鼠针、柳绒蒿、柳夫绒蒿、疗毒蒿、蓬子草、松叶草、蛇望草、铁尺草、月经草、土茜草

分布：黑龙江、吉林、辽宁、内蒙古、河北、山西、陕西、宁夏、甘肃、青海、新疆、山东、江苏、安徽、浙江、河南、湖北、四川、西藏

【形态特征】多年生近直立草本，基部稍木质，高25～45cm；茎有4角棱，被短柔毛或秕糠状毛。叶纸质，6～10片轮生，线形，通常长1.5～3cm，宽1～1.5mm，顶端短尖，边缘极反卷，常卷成管状，叶面无毛，稍有光泽，叶背有短柔毛，稍苍白，干时常变黑色。聚伞花序顶生和腋生，较大，多花，通常在枝顶结成带叶的、长可达15cm、宽可达12cm的圆锥花序状；总花梗密被短柔毛；花小，稠密；萼管无毛；花冠黄色，辐状，直径约3mm，花冠裂片卵形或长圆形，顶端稍钝，长约1.5mm。果小，果爿双生，近球状，直径约2mm，无毛。花期4～8月，果期5～10月。

【生长习性】生于山地、河滩、旷野、沟边、草地、灌丛或林下，海拔40～4000m。

【芳香成分】李庆杰等（2010）用超临界CO_2萃取法提取的吉林长白山产蓬子菜干燥全草精油的主要成分为：棕榈酸（11.32%）、γ-谷甾醇（7.77%）、亚油酸（5.55%）、菜油甾醇（3.33%）、二十九烷（3.18%）、油酸（3.07%）、邻苯二甲酸二

异辛酯（2.77%）、对硝基苯磺酸（2.25%）、9,12,15-三烯十八醛（2.00%）、蜂花烷（1.52%）、豆甾醇（1.37%）、植物醇（1.27%）、硬脂酸（1.24%）、邻苯二甲酸二丁酯（1.15%）、二十二烷（1.03%）、二十一烷（1.03%）、1-十九烷（1.00%）等。

己二烯（2.37%）、2-戊-呋喃（2.09%）、2-己烯醛（1.90%）、己醛（1.89%）、(Z)-香叶醇（1.84%）、α-松油醇（1.83%）、植醇（1.81%）、甲苯（1.73%）、苯甲醛（1.64%）、壬醛（1.52%）、降冰片二烯（1.19%）、肉豆蔻酸（1.14%）等。

【利用】全草药用，有清热解毒、消肿止痛、利尿、散瘀的功效，治淋浊、尿血、肠痈、疔肿、中耳炎等；外用治乳腺炎初起，痈疖肿毒，跌打损伤。叶可泡茶。嫩苗或嫩茎叶可作蔬菜食用。

【利用】全草药用，具有清热解毒、活血通经、祛风止痒的功效，常用于肝炎、腹水、咽喉肿痛、疮疖肿毒、跌打损伤、妇女经闭、带下、毒蛇咬伤、荨麻疹、稻田皮炎。茎可提取绛红色t染料。

❀ 猪殃殃

Galium aparine Linn. var. *tenerum* (Gren. et Godr.) Rchb.

茜草科　拉拉藤属

别名：八仙草、锯子草、锯耳草、锯锯藤、拉拉藤、爬拉殃、细叶茜草、小锯子草、活血草、小禾镰草

分布：辽宁、河北、山东、山西、陕西、甘肃、青海、新疆、江苏、安徽、浙江、江西、福建、台湾、湖北、湖南、广东、四川、云南、西藏

【形态特征】多枝、蔓生或攀缘状草本，柔弱；茎有4棱角；棱上、叶缘、叶脉上均有倒生的小刺毛。叶纸质或近膜质，6～8片轮生，稀为4～5片，带状倒披针形或长圆状倒披针形，长1～5.5 cm，宽1～7 mm，顶端有针状凸尖头，基部渐狭，两面常有紧贴的刺状毛，常萎软状，干时常卷缩，1脉，近无柄。聚伞花序腋生或顶生，常单花，花小，4数，有纤细的花梗；花萼被钩毛，萼檐近截平；花冠黄绿色或白色，辐状，裂片长圆形，长不及1 mm，镊合状排列。果干燥，有1或2个近球状的分果爿，直径达5.5 mm，肿胀，密被钩毛，每一爿有1颗平凸的种子。花期3～7月，果期4～9月。

【生长习性】生于海拔350～4300 m的山坡、旷野、沟边、湖边、林缘、草地。以日照充足、通风良好、排水良好的砂质壤土为佳。

【精油含量】水蒸气蒸馏干燥全草的得油率为0.17%。

【芳香成分】蔡小梅等（2010）用水蒸气蒸馏法提取的猪殃殃干燥全草精油的主要成分为：十六烷酸（13.88%）、芳樟醇（11.90%）、6,10,14-三甲基-2-十五烷酮（8.79%）、3-乙基-1,4-

❀ 抱茎龙船花

Ixora amplexicaulis C. Y. Wu ex Ko

茜草科　龙船花属

别名：卖子木、红绣球、山丹、牛兰、珠桐、番海棠

分布：云南

【形态特征】小乔木，高6 m，胸径8 cm；小枝圆柱形，干后褐色。叶薄革质或厚纸质，无柄，椭圆形，罕有倒披针形，长13～15 cm，宽5～6 cm，顶端短尖，基部抱茎，两面无毛，干后褐色；托叶钻形，长约7 mm。伞房花序顶生，具总花梗，总花梗与花梗均被微柔毛，长1.5～3.5 cm，基部常具长约2 cm、宽5～7 mm、不发育的小叶，第二次分枝长2.5～3 cm，有长1.5～2 mm、钻形的苞片；花具短梗，生于第三分枝上与分枝均为红色，基部有小苞片；花萼长约3 mm，萼管长2 mm，萼檐裂片三角形，短于萼管；花冠未开放，冠管稍粗，喉部无毛，裂片披针形，长4～5 mm，顶端略钝。果未见。

【生长习性】生于山谷密林内或溪旁。

【芳香成分】陈丽君等（2011）用有机溶剂萃取法提取云南西双版纳产抱茎龙船花枝叶精油的主要成分为：棕榈酸甲酯（19.07%）、邻苯二甲酸二丁酯（14.95%）、棕榈酸（9.62%）、棕榈酸丁酯（7.63%）、油酸乙酯（7.15%）、硬脂酸甲酯（5.66%）、油酸甲酯（5.64%）、亚麻酸甲酯（3.85%）、棕榈酸异戊酯（2.99%）、油酸（2.92%）、月桂酸甲酯（2.10%）、二十酸甲酯（2.03%）、正二十三烷（1.99%）、1-十四烯（1.19%）等。

片和小苞片微小；萼管长1.5～2 mm，萼檐4裂，裂片极短，短尖或钝；花冠红色或红黄色，盛开时长2.5～3 cm，顶部4裂，裂片倒卵形或近圆形，扩展或外反，长5～7 mm，宽4～5 mm，顶端钝或圆形。果近球形，双生，中间有1沟，成熟时红黑色；种子长宽4～4.5 mm，上面凸，下面凹。花期5～7月。

🌸 龙船花

Ixora chinensis Lam.

茜草科　龙船花属

别名： 卖子木、山丹、英丹花、仙丹花、百日红

分布： 福建、广东、香港、广西

【生长习性】生于海拔200～800 m的山地灌丛中和疏林下，有时村落附近的山坡和旷野路旁亦有生长。适合高温及日照充足的环境，喜湿润炎热的气候，不耐低温，生长适温在23～32 ℃。喜酸性、排水良好、保肥性能好的土壤，最适土壤pH为5～5.5。

【形态特征】灌木，高0.8～2 m。叶对生，有时由于节间距离极短几成4枚轮生，披针形、长圆状披针形至长圆状倒披针形，长6～13 cm，宽3～4 cm，顶端钝或圆形，基部短尖或圆形；托叶长5～7 mm，基部阔，合生成鞘形，顶端长渐尖成锥形。花序顶生，多花；总花梗分枝均呈红色，基部常有小型叶2枚；苞

【精油含量】水蒸气蒸馏干燥全株的得油率为0.19%；超临界萃取干燥全株的得油率为1.02%。

【芳香成分】全草：任赛赛等（2012）用水蒸气蒸馏法提取的广西南宁产龙船花干燥全株精油的主要成分为：(Z)-3-十二烯炔（52.25%）、8-苯基-二螺[2.1.2.4]十一烷（15.33%）、(Z)-9-十八烯酸酰胺（4.93%）、3-乙基-4-苯基-3-丁烯-2-酮（2.20%）、2,6-二叔丁基对甲苯酚（1.29%）等。

花：蒋珍藕等（2014）用水蒸气蒸馏法提取的新鲜花精油的主要成分为：水杨酸甲酯（40.21%）、芳樟醇（39.37%）、1,5,9-三甲基-12-(1-甲基乙烯基)-1,5,9-环十四碳三烯（5.90%）、3,7-二甲基-2,6-辛二烯-1-醇（1.84%）、二氢芳樟醇（1.20%）、甲基庚烯酮（1.08%）等。

【利用】花药用，具有清热凉血、散瘀止痛的功效，主治高血压病、月经不调、闭经、跌打损伤、疮疡疔肿等。根、茎药用，具有清热凉血、活血止痛的功效，主治咳嗽、咯血、风湿关节痛、胃痛、妇女闭经、疮疡肿痛、跌打损伤。园林栽培供观赏，也适合作盆栽，切花。

❀ 茜草

Rubia cordifolia Linn.

茜草科 茜草属

别名：八仙草、地血、风车草、红线草、红内消、红根草、鸿茅、活血草、锯锯藤、拉拉藤、破血草、小血藤、血见愁、血茜草、土丹参

分布：东北、华北、西北、四川、西藏等地

【形态特征】草质攀缘藤木，通常长1.5～3.5 m；根状茎和其节上的须根均红色；茎数至多条，从根状茎的节上发出，细长，方柱形，有4棱，棱上有倒生皮刺，中部以上多分枝。叶通常4片轮生，纸质，披针形或长圆状披针形，长0.7～3.5 cm，顶端渐尖，有时钝尖，基部心形，边缘有齿状皮刺，两面粗糙。聚伞花序腋生和顶生，多回分枝，有花10余朵至数十朵，花序和分枝均细瘦，有微小皮刺；花冠淡黄色，干时淡褐色，盛开时花冠檐部直径约3～3.5 mm，花冠裂片近卵形，微伸展，长约1.5 mm，外面无毛。果球形，直径通常4～5 mm，成熟时橘黄色。花期8～9月，果期10～11月。

【生长习性】常生于疏林、林缘、灌丛或草地上。喜凉爽而湿润的环境。耐寒，怕积水。以疏松肥沃、富含有机质的砂质壤土栽培为好，地势高燥、土壤贫瘠以及低洼易积水之地均不宜种植。

【精油含量】超临界萃取干燥根及根茎的得油率为5.88%。

【芳香成分】卫亚丽等（2014）用水蒸气蒸馏法提取的陕西产茜草干燥根及根茎精油的主要成分为：十六烷酸（36.60%）、(Z,Z)-9,12-十八二烯酸（14.58%）、顺-13-十八碳烯酸（5.96%）、1-羟基-4-甲基蒽醌（4.06%）、丁香酚（3.66%）、顺-9-十六碳烯酸（3.52%）、邻苯二甲酸二丁酯（3.26%）、柏木醇（3.16%）、9,12,15-十八碳三烯酸（3.14%）、十五烷酸（2.87%）、油酸（2.17%）、5-叔丁基联苯-2-醇（2.08%）、(Z)-11-十六碳烯酸（1.99%）、1,2-二甲氧基-4-(2-丙烯基)苯（1.75%）、2-甲基-9,10-蒽醌（1.45%）、肉豆蔻酸（1.42%）、蒽（1.30%）、2-羟基环十五烷酮（1.29%）、广藿香醇（1.04%）等。

【利用】根及根茎入药，有凉血止血、活血化瘀的功效，用于血热咯血、吐血、衄血、尿血、便血、崩漏、经闭、产后瘀阻腹痛、跌打损伤、风湿痹痛、黄疸、疮痈、痔肿。是一种历史悠久的植物染料。

❀ 染色茜草
Rubia tinctorum Linn.

茜草科　茜草属

别名：新疆茜草
分布：新疆

【形态特征】攀缘草本，长0.2～0.5 m；根粗壮，红色；茎通常数条簇生，方柱形，有4条锐棱，棱上有皮刺或粗糙，有多数延长的分枝。叶通常4片或很少亦有6片轮生，叶片纸质，

通常椭圆形或有时为椭圆状披针形，长1～6 cm或过之，宽0.5～3.5 cm，顶端短尖，基部渐狭，边缘有小齿。聚伞圆锥花序顶生和腋生，由多个小聚伞花序组成，开展；苞片2，对生，叶状，椭圆形或披针形，顶端短尖，边缘有皮刺；有小苞片；萼管球状，萼檐截平；花冠通常黄色，长2～2.5 mm，辐状漏斗形，裂片5，披针形，短渐尖。果球形或近球形，长3.5～4 mm，宽4～4.5 mm，成熟时黑色，干后有皱纹。花期6～7月，果期7～9月。

【生长习性】生于沙地上。选地势高，排水好的田块。
【精油含量】水蒸气蒸馏干燥全草的得油率为0.70%。

【芳香成分】陈兆慧等（2009）用水蒸气蒸馏法提取的新疆塔城产染色茜草干燥全草精油的主要成分为：茶螺烷（17.37%）、糠醛（11.10%）、1-甲氧基-4-(1-丙烯基)-苯（7.76%）、苯乙醛（6.01%）、丁香酚（5.47%）、1,2-二甲基苯（5.45%）、1,1-二甲基乙烯基环己烷（4.97%）、芷香酮（3.87%）、5-甲基-2-(1-甲基乙烯基)-2-环己烯-1-酮（3.37%）、2-甲基-5-(1-甲基乙烯基)-2-环己烯-1-酮（2.94%）、2-戊基呋喃（2.72%）、1-龙脑（2.67%）、2-异丙基-5-甲基-9-亚甲基双环[4,4,0]癸-1-烯（2.45%）、1,3-二甲基苯（2.24%）、苯甲醛（2.20%）、1,3,5-环庚三烯（1.62%）、甲基苯（1.59%）、冰片烯（1.58%）、乙烯基苯（1.52%）、2-羟基苯酸甲酯（1.52%）、苯甲醇（1.42%）、2-壬烯醛（1.35%）、丙酸乙酯（1.33%）、β-大马烯酮（1.32%）、4-(1-甲基乙基)-苯甲醇（1.24%）、α-松油醇（1.23%）、4-乙烯基-2-甲氧基苯酚（1.12%）、1,2-二甲氧基-4-(2-丙烯基)-苯（1.12%）等。

【利用】为天然优质红色染料。

山石榴
Catunaregam spinosa (Thunb.) Tirveng.

茜草科　山石榴属

别名: 刺榴、刺子、假石榴、猪肚簕、猪头果、牛头簕、山蒲桃、簕牯树、簕泡木、屎缸拔、山黄皮

分布: 广东、广西、台湾、香港、澳门、海南、云南

【形态特征】有刺灌木或小乔木，高1~10 m，有时攀缘状；多分枝；刺腋生，对生。叶纸质或近革质，对生或簇生于抑发的侧生短枝上，倒卵形或长圆状倒卵形，少为卵形至匙形，长1.8~11.5 cm，宽1~5.7 cm，顶端钝或短尖，基部楔形或下延，边缘常有短缘毛；托叶膜质，卵形，顶端芒尖，脱落。花单生或2~3朵簇生于具叶、抑发的侧生短枝的顶部；萼管钟形或卵形，外面被棕褐色长柔毛，顶端5裂，裂片广椭圆形，顶端尖；花冠初时白色，后淡黄色，钟状，外面密被绢毛，裂片5，卵形或卵状长圆形，顶端圆。浆果大，球形，直径2~4 cm，顶冠以宿存的萼裂片；种子多数。花期3~6月，果期5月至翌年1月。

【生长习性】生于海拔30~1600 m处的旷野、丘陵、山坡、山谷沟边的林中或灌丛中。

【芳香成分】杨克迪等（2009）用超临界CO_2萃取法提取的广西十万大山产山石榴阴干果实精油的主要成分为：11,14-二十碳二烯酸甲酯（42.49%）、棕榈酸（15.34%）、硬脂酸（10.54%）、肉豆蔻酸（6.26%）、十六酸乙酯（5.84%）、9,12-十八碳二烯酸甲酯（4.61%）、十六酸甲酯（3.18%）、10-十八烯酸甲酯（2.71%）、苯甲酸苄酯（1.29%）等。

【利用】木材可供制农具、手杖及雕刻之用。根、叶、果入药，有祛瘀消肿、解毒、止血的功效，主治跌打瘀肿，外伤出血、皮肤疥疮、肿毒。可栽植作绿篱。

猪肚木
Canthium horridum Blume

茜草科　鱼骨木属

别名: 猪肚簕、山石榴、跌掌随、老虎刺、刺鱼骨木

分布: 海南、广东、香港、广西、云南

【形态特征】灌木，高2~3 m，具刺；小枝纤细，圆柱形，被紧贴土黄色柔毛；刺长3~30 mm，对生，劲直，锐尖。叶纸质，卵形，椭圆形或长卵形，长2~5 cm，宽1~2 cm，顶端钝、急尖或近渐尖，基部圆或阔楔形；托叶长2~3 mm，被毛。花小，单生或数朵簇生于叶腋内；小苞片杯形，生于花梗顶部；萼管倒圆锥形，长1~1.5 mm，萼檐顶部有不明显波状小齿；花冠白色，近瓮形，冠管短，长约2 mm，喉部有倒生髯毛，顶部5裂，裂片长圆形，顶端锐尖。核果卵形，单生或孪生，长15~25 mm，直径10~20 mm，顶部有微小宿存萼檐，内有小核1~2个；小核具不明显小瘤状体。花期4~6月。

【生长习性】生于低海拔的灌丛。
【精油含量】水蒸气蒸馏新鲜叶的得油率为0.15%。

【芳香成分】陈光英等（2007）用水蒸气蒸馏法提取的海南澄迈产猪肚木新鲜叶精油的主要成分为：邻苯二甲酸二异丁酯（36.08%）、邻苯二甲酸-二(2-乙基己基)酯

（13.82%）、(Z,Z,Z)-9,12,15-十八碳三烯-1-醇（9.61%）、正十六碳酸（8.32%）、(Z,Z)-9,12-十八碳二烯酸（2.98%）、叶绿素（2.93%）、1,3,3-三甲基-2-氧杂二环[2.2.2]辛烷基-6-醇（2.65%）、(E)-2-己烯酸（2.38%）、十八碳酸（2.23%）、(1R,2R,4R)-p-薄荷烷-1,2,8-三醇（2.15%）、2,3-二氢-苯并呋喃（1.79%）、2-甲氧基-乙烯基苯酚（1.54%）、苯乙基乙醇（1.40%）、α,α,4-三甲基-3-环己烯-1-甲醇（1.36%）、四十三烷（1.07%）、6,10,14-三甲基-2-十五碳酮（1.03%）、2-甲氧基-3-(2-丙烯基)-苯酚（1.01%）等。

【利用】木材适作雕刻用。成熟果实可食。叶、根及树皮入药，有清热利尿、活血解毒的功效，用于痢疾、黄疸、水肿、小便不利、疮毒、跌打肿痛；叶用于疮毒、肺结核；树皮用于赤痢；根作利尿药。

❀ 玉叶金花

Mussaenda pubescens Ait. f.

茜草科　玉叶金花属

别名：野白纸扇、良口茶、白纸扇、白蝴蝶、白叶子、百花茶、大凉藤、蝴蝶藤、黄蜂藤、山甘草

分布：广东、香港、海南、广西、福建、湖南、江西、浙江、台湾

【形态特征】攀缘灌木，嫩枝被贴伏短柔毛。叶对生或轮生，膜质或薄纸质，卵状长圆形或卵状披针形，长5～8 cm，宽2～2.5 cm，顶端渐尖，基部楔形，叶背密被短柔毛；托叶三角形，深2裂，裂片钻形。聚伞花序顶生，密花；苞片线形，有硬毛；花萼管陀螺形，被柔毛，萼裂片线形，基部密被柔毛；花叶阔椭圆形，长2.5～5 cm，宽2～3.5 cm，顶端钝或短尖，基部狭窄，两面被柔毛；花冠黄色，花冠管长约2 cm，外面被贴伏短柔毛，花冠裂片长圆状披针形，渐尖，内面密生金黄色小疣突。浆果近球形，长8～10 mm，直径6～7.5 mm，疏被柔毛，顶部有萼檐脱落后的环状疤痕，干时黑色，疏被毛。花期6～7月。

【生长习性】生于灌丛、溪谷、山坡或村旁。适应性强，耐阴，生长速度快，萌芽力强，极耐修剪，在较贫瘠的区域及阳光充足或半阴湿环境都能生长。

【精油含量】水蒸气蒸馏干燥叶的得油率为0.21%。

【芳香成分】潘绒等（2018）用水蒸气蒸馏法提取的安徽黄山产玉叶金花干燥叶精油的主要成分为：N-甲基吡咯（37.38%）、叶绿醇（7.34%）、1,3-二甲基环戊烷（4.94%）、十六烷酸（4.83%）、庚烷（2.38%）、甲基环己烷（2.04%）等。

【利用】茎叶药用，有清凉消暑、清热疏风的功效，煲水外洗治皮肤疮疥溃烂；内服治风湿骨痛、咽喉炎、支气管炎、扁桃体炎。叶可晒干代茶叶饮用。在绿化美化环境、净化空气、涵养水源、保持水土、改善生态环境等方面均有重要作用。

❀ 栀子

Gardenia jasminoides Ellis

茜草科　栀子属

别名：白蟾花、白蝉、大红栀、黄栀子、黄果子、黄叶下、黄栀、山黄枝、山枝子、山栀子、山栀、山黄栀、水栀子、水横枝、林兰、越桃、木丹、玉荷花

分布：山东、江苏、安徽、湖南、江西、福建、台湾、浙江、四川、湖北、广东、香港、广西、海南、贵州、云南

【形态特征】灌木，高0.3～3 m。叶对生，革质，稀为纸质，少为3枚轮生，叶形多样，通常为长圆状披针形、倒卵状长圆形、倒卵形或椭圆形，长3～25 cm，宽1.5～8 cm，顶端渐尖、骤然长渐尖或短尖而钝，基部楔形或短尖；托叶膜质。花芳香，通常单朵生于枝顶，萼管倒圆锥形或卵形，有纵棱，顶部5～8裂，裂片披针形或线状披针形；花冠白色或乳黄色，高脚碟状，冠管狭圆筒形，顶部5～8裂，倒卵形或倒卵状长圆形。果卵形、近球形、椭圆形或长圆形，黄色或橙红色，长1.5～7 cm，直径1.2～2 cm，有翅状纵棱5～9条，顶部宿存萼片；种子多数，扁，近圆形而稍有棱角。花期3～7月，果期5月至翌年2月。

【生长习性】生于海拔10～1500 m处的旷野、丘陵、山谷、山坡、溪边的灌丛或林中。喜温暖、湿润气候，喜光，耐阴不耐寒。喜疏松、排水良好、肥沃的酸性土。具有较强的抗烟尘和有害气体的能力。

【精油含量】水蒸气蒸馏干燥根的得油率为0.85%，花的得油率为0.01%～2.13%，果实的得油率为0.04%～0.10%，干燥种子的得油率为0.03%；超临界萃取干燥根的得油率为3.76%，干燥茎的得油率为0.33%～0.51%，干燥叶的得油率为0.79%～0.98%，果实的得油率为5.06～12.00%；有机溶剂萃取花浸膏的得率为0.10%～1.27%。

【芳香成分】根：王斌等（2011）用水蒸气蒸馏法提取的浙江丽水产栀子干燥根精油的主要成分为：2,4-二叔丁基苯酚（6.77%）、十八烷（6.32%）、1,2-苯二甲酸二丁酯（5.78%）、2-甲基十七烷（5.50%）、二十一烷（5.36%）、十五烷（4.88%）、2,6,11-三甲基十二烷（3.88%）、二十七烷（3.87%）、4,7-二甲基十一烷（3.61%）、十八烷酸（2.78%）、2,4-二甲基苯酚（1.31%）、10-甲基十九烷（1.23%）、2,4-二甲基十二烷（1.22%）、2,3,6,7-四甲基辛烷（1.20%）、1,2-苯二甲酸，二(2-甲基)酯（1.17%）、1,3-二甲基苯（1.10%）、2-乙基-2-甲基-十三碳醇（1.04%）、甲基3-(3,5-二叔丁基-4-羟基苯基)丙酸（1.01%）等。

茎：卫强等（2016）用超临界CO$_2$萃取法提取的安徽合肥产栀子干燥茎精油的成分：4,8,12,15,15-五甲基双环[9.3.1]十五烷-3,7-二烯-12-醇（22.43%）、1,1-二乙氧基乙烷（6.80%）、2-乙氧基-3-氯丁烷（4.89%）、1,2,3,4,5,6,7,8α-八氢化-1,4-二甲基-7-(1-甲基乙烯基)薁（4.82%）、龙脑（4.05%）、[1S-(1α,4α,7α)]-1,2,3,4,5,6,7,8-八氢化-1,4-二甲基-7-(1-甲基乙烯

基)薁（3.29%）、十八烷酸（2.51%）、二十八烷（2.37%）、α-石竹烯（1.74%）、蓝桉醇（1.73%）、氯代十八烷（1.71%）、白菖烯（1.65%）、二十一烷（1.65%）、1,2,3,4,4α,5,6,8α-八氢-4α,8-二甲基-2-(1-甲基乙基)-萘（1.31%）、3,5-二氢-6-甲氧基-胆甾-22-烯-21-新戊酸酯（1.08%）等。

叶：卫强等（2016）用超临界CO$_2$萃取法提取分析了安徽合肥产栀子干燥叶精油的成分，环己烷萃取的主要成分为：1,2,3,4,5,6,7,8α-八氢化-1,4-二甲基-7-(1-甲基乙烯基)薁（6.96%）、甲苯（6.72%）、[1S-(1α,4α,7α)]-1,2,3,4,5,6,7,8-八氢化-1,4-二甲基-7-(1-甲基乙烯基)薁（5.79%）、白菖烯（4.44%）、十四醛（3.54%）、亚麻酸（3.30%）、4,8,12,15,15-五甲基双环[9.3.1]十五烷-3,7-二烯-12-醇（3.09%）、甲基环己烷（2.58%）、丁香酚（2.55%）、龙脑（2.46%）、3,7-二甲基-1,6-辛二烯-3-醇（2.43%）、(Z)-3-己烯-1-醇（2.22%）、二十四烷（2.01%）、二十八烷（1.98%）、白菖油萜环氧化物（1.89%）、1,5,9-三甲基-12-(1-甲基乙基)-4,8,13-环四癸三烯-1,3-二醇（1.71%）、十六碳酰胺（1.65%）、二十一烷（1.65%）、邻苯二甲酸二异辛酯（1.65%）、[4αR-(4αα,7α,8αα)]-4α-甲基-1-亚甲基-7-(1-甲基乙烯基)-十氢化萘（1.62%）、蓝桉醇（1.50%）、乙苯（1.05%）等；乙醚萃取的主要成分为：4,8,12,15,15-五甲基双环[9.3.1]十五烷-3,7-二烯-12-醇（24.77%）、1,1-二乙氧基乙烷（9.51%）、2-乙基-1,3-二氧戊烷（5.46%）、二十八烷（3.36%）、十八烷酸（3.06%）、亚麻酸（2.07%）、2-乙氧丙烷（1.89%）、十六碳酰胺（1.68%）、十四醛（1.68%）、三十七醇（1.62%）、[1S-(1α,4α,7α)]-1,2,3,4,5,6,7,8-八氢化-1,4-二甲基-7-(1-甲基乙烯基)薁（1.37%）、2,4,5-三甲基-1,3-二氧戊环（1.23%）、亚麻

酸甘油酯（1.16%）、邻苯二甲酸二异丁酯（1.05%）、二十七烷（1.04%）、苯乙醇（1.01%）等。

花：张银华等（1999）用水蒸气蒸馏法提取的湖北产栀子鲜花精油的主要成分为：芳樟醇（17.92%）、2,4-二甲基-2-戊醇（13.74%）、茉莉内酯（9.11%）、惕各酸顺-3-己烯酯（6.54%）、乙酸乙酯（4.96%）、二(2-乙基己基)邻苯二甲酸（4.42%）、α-松油醇（3.14%）、顺己烯基苯甲酸（2.45%）、β-甲基苯乙醇（2.15%）、α-法呢烯（1.85%）、香叶醇（1.61%）、邻苯二甲酸二乙酯（1.55%）、顺-3-己烯基乙酸（1.49%）、愈创木醇（1.46%）、二十五（碳）烷（1.43%）、芳樟醇氧化物（1.40%）、苯甲酸苄酯（1.22%）、苯酸苄酯（1.22%）、邻苯二甲酸二丁酯（1.19%）、双花醇（1.10%）等。任洪涛等（2012）用水蒸气蒸馏法提取的云南景谷产栀子新鲜花精油的主要成分为：惕各酸叶醇酯（24.07%）、(Z,E)-α-金合欢烯（21.41%）、芳樟醇（12.33%）、(Z)-7-癸烯-5-酸（11.21%）、惕各酸异丁酯（5.06%）、榄香烯（3.88%）、(E)-反式-橙花叔醇（2.12%）、苯甲酸己酯（1.43%）、α-荜澄茄醇（1.32%）、香叶醇（1.20%）、惕各酸香叶酯（1.02%）等。黄巧巧等（2004）用活性炭吸附丝吸附自然生长状态下活体栀子花头香的主要成分为：芳樟醇（43.05%）、β-香叶烯（8.32%）、苯甲酸甲酯（7.61%）、对二甲苯（7.18%）、2,6-二甲基-2,6-辛二烯（3.51%）、甲苯（3.38%）、L-柠檬烯（2.78%）、1,3,8-对-蓋三烯（2.77%）、反式-1,4-二己烯（2.45%）、对,α-二甲基苯乙醇（2.44%）、惕各酸顺-3-己烯酯（2.25%）、罗勒烯（1.58%）、2,6-二甲基-2,4,6-辛三烯（1.05%）等。

果实：李雨田等（2011）用水蒸气蒸馏法提取的江西产栀子干燥成熟果实精油的主要成分为：(E,E)-2,4-癸二烯醛（20.40%）、棕榈酸（15.05%）、1-乙基-3-甲基苯（14.37%）、甲苯（5.87%）、4-亚甲基-异佛尔酮（5.17%）、邻二甲苯（3.54%）、丙苯（3.41%）、(E,E,E)-1-异丙烯基-4,8,12-三甲基-3,7,11-十四碳环三烯（3.31%）、油酸甲酯（3.09%）、1,2,3-三甲苯（2.67%）、cubitene（2.25%）、1,2,4-三甲苯（1.71%）、6,10,14-三甲基-2-十五烷酮（1.37%）、异丙苯（1.35%）、棕榈酸甲酯（1.27%）等。徐小娜等（2016）用同法分析的湖南宁乡产栀子干燥成熟果实精油的主要成分为：环己烷（27.56%）、L-β-蒎烯（11.93%）、己醛（11.24%）、优香芹酮（8.22%）、棕榈酸（7.23%）、2-戊基呋喃（4.59%）、2,4-癸二烯（2.91%）、α-蒎烯（2.84%）、α-异佛尔酮（2.34%）、香芹草蓋烯醇（2.21%）、(Z,Z)-9,12-亚油酸（1.25%）、α-环化枸橼醛（1.11%）、十六

烷酸甲酯（1.05%）等。刘慧等（2015）用同法分析的江西产栀子干燥成熟果实精油的主要成分为：4-亚甲基-α-异佛尔酮（17.86%）、2,2,5,5-四甲基-3-环戊烯-1酮（12.89%）、α-异佛尔酮（8.87%）、藏红花醛（5.92%）、1-乙基-3-甲基苯（5.72%）、1-甲醛-2,6,6-三甲基-2-环己烯（3.83%）、正己烷（3.10%）、棕榈酸（3.02%）、1-乙基-2-甲基苯（2.02%）、丙基-苯（1.89%）、1,3,5三取代苯（1.69%）、2,2,6-甲基-环己酮（1.69%）、β-芳樟醇（1.54%）、1,3,5,5-三甲基-2-环己烯（1.50%）、(E,E)-3,7,11,15-四甲基-1,6,10,14-十六烷四烯-3-醇（1.44%）、邻苯二甲酸二丁酯（1.41%）、1,2,4三取代苯（1.38%）、2,4-二甲基苯甲醛（1.27%）、(E)-10-十七烯-8-戊酸-甲基酯（1.16%）、甲苯（1.09%）、邻二甲苯（1.08%）、乙基异胆甾醇（1.08%）等。

【利用】果实可提取黄色染料，也是一种天然食品色素。果实药用，有泻火除烦、清热利湿、凉血解毒的功效，用于热病心烦、湿热黄疸、淋证涩痛、血热吐衄、目赤肿痛、火毒疮疡；外治扭挫伤痛。叶、花、根亦可作药用。花可提取精油，用于多种香型化妆品、香皂以及高级香水香精；花浸膏可用于茶叶、酒类、甜酒、饮料等的加香和调味。广植于庭园供观赏，可作盆景。开放的花瓣可食用。

🌸 白蟾

Gardenia jasminoides Ellis var. *fortuniana* (Lindl.) Hara

茜草科　栀子属
别名： 白蝉、白水栀
分布： 中部以南各地有栽培

【形态特征】常绿灌木，与原变种不同之处在于花较栀子大，花重瓣。

【生长习性】生于阔叶林中，林缘，路边阴湿地，山谷林下，山坡灌丛、阴湿地，溪边。

【芳香成分】朱亮锋等（1993）用树脂吸附法收集的白蟾花头香的主要成分为：芳樟醇（46.17%）、1-甲基-2-(2-丙基)环戊烷（32.52%）、氧化芳樟醇（呋喃型）（2.31%）、乙基丙基醚（2.10%）、2-甲基-2-戊烯醇（1.26%）、乙基丁基醚（1.06%）等。

【利用】栽培作观赏。果实药用，有清热解毒、凉血、止血的功效。花药用，用于妇女产后子宫收缩疼痛。花可提取精油，可作食用和化妆品香精。

🌸 蕤核

Prinsepia uniflora Batal.

蔷薇科　扁核木属
别名：蕤李子、扁核木、单花扁核木、山桃、马茹、茹茹
分布：河南、山西、陕西、内蒙古、甘肃、四川等地

【形态特征】灌木，高1～2m；枝刺钻形，长0.5～1cm；冬芽卵圆形，有多数鳞片。叶互生或丛生；叶片长圆披针形或狭长圆形，长2～5.5cm，宽6～8mm，先端圆钝或急尖，基部楔形或宽楔形，全缘，有时呈浅波状或有不明显锯齿，叶面深绿色，叶背淡绿色；托叶小，早落。花单生或2～3朵，簇生于叶丛内；直径8～10mm；萼筒陀螺状；萼片短三角卵形或半圆形，先端圆钝，全缘；花瓣白色，有紫色脉纹，倒卵形，长5～6mm，先端啮蚀状，基部宽楔形，有短爪。核果球形，红褐色或黑褐色，直径8～12mm；萼片宿存，反折；核呈左右压扁的卵球形，长约7mm，有沟纹。花期4～5月，果期8～9月。

【生长习性】生于山坡阳处或山脚下，海拔900～1100m。耐干旱。

【精油含量】水蒸气蒸馏干燥茎叶的得油率为0.04%。

【芳香成分】李燕等（2012）用水蒸气蒸馏法提取的甘肃镇原产蕤核干燥茎叶精油的主要成分为：斯巴醇（10.27%）、亚油酸（8.08%）、U-石竹烯（7.28%）、7-辛烯-4-醇（6.57%）、枯茗醛（4.44%）、T-非兰烯醇（4.09%）、异丙基环己烯酮（3.68%）、香草醛（3.54%）、棕榈酸（3.23%）、榄香脂素（2.66%）、长叶烷（2.39%）、马兜铃烯（2.24%）、苯甲醇（2.07%）、苯甲酸苯甲酯（2.07%）、庚酸（1.75%）、丁香酚（1.49%）、苯甲酸（1.41%）、香附烯（1.39%）、长叶醛（1.39%）、T-非兰烯（1.29%）、U-派烯醇（1.27%）等。

【利用】果实可酿酒、制醋或直接食用。种子可入药，具有疏风散热、养肝明目、安神的功效，用于眼结膜炎、睑缘炎、角膜云翳。

🌸 草莓

Fragaria × *ananassa* Duchesne

蔷薇科　草莓属
别名：大花草莓、荷兰草莓、洋莓、凤梨草莓
分布：全国各地

【形态特征】多年生草本，高10～40cm。茎密被开展的黄色柔毛。叶三出，较厚，倒卵形或菱形，稀几圆形，长3～7cm，宽2～6cm，顶端圆钝，基部阔楔形，侧生小叶基部偏斜，边缘具缺刻状锯齿，锯齿急尖，叶面深绿色，叶背淡白绿色，疏生毛。聚伞花序，有花5～15朵，花序下面具一小叶；花两性，直径1.5～2cm；萼片卵形，副萼片椭圆披针形，全缘，稀深2裂；花瓣白色，近圆形或倒卵椭圆形，基部具不显的爪。聚合果大，直径达3cm，鲜红色，果实的形状为球形、扁球、短圆锥、圆锥、长圆锥、短楔、楔形、长楔形、纺锤形等。宿存萼片直立，紧贴于果实；瘦果尖卵形。花期3～5月，果期5～7月。

【生长习性】喜光植物，又较耐阴。喜温凉气候，茎叶生长适温为20～30℃，气温高于30℃并且日照强时，需采取遮

阴措施。适宜在中性或微酸性的土壤中生长，要求pH5.8～7.0，盐碱地和石灰性土壤不适宜栽培。不耐涝，要求土壤有良好通透性。

【芳香成分】姜远茂等（2004）用溶剂萃取法提取分析了山东泰安产不同品种草莓果实的挥发油成分，'哈达'的主要成分为：(Z,Z,Z)-9,12,15-十八碳三烯酸甲酯（17.61%）、(Z,Z)-9,12-十八二烯酸（13.57%）、十六碳酸（10.37%）、(E)-2-庚烯醛（8.42%）、(Z)-9-十八烯酸（8.19%）、(E,E)-2,4-癸二烯（8.15%）、(E,E)-2,4-庚二烯醛（4.23%）、(Z)-2-癸烯醛（3.52%）、2-丁烯醛（3.29%）、2-甲基-2-丙烯醛（2.28%）、己醛（2.15%）、十八碳酸（1.90%）、丁酸甲酯（1.59%）、苯甲醇（1.06%）、3-戊烯-2-醇（1.03%）、己酸（1.03%）等；'丰香'的主要成分为：(Z,Z)-9,12-十八二烯酸（30.99%）、油酸（19.24%）、(Z,Z,Z)-9,12,15-十八碳三烯酸甲酯（14.40%）、十六碳酸（14.32%）、3-苯基-2-丙烯酸（6.43%）、十八碳酸（3.44%）、(E,E)-2,4-癸二烯（1.28%）、3-羟基-2-丁酮（1.25%）、己酸（1.05%）等；'全明星'的主要成分为：(Z,Z)-9,12-十八二烯酸（18.39%）、己酸（11.10%）、(Z,Z,Z)-9,12,15-十八碳三烯酸甲酯（11.01%）、十六碳酸（8.55%）、十八碳酸（7.54%）、油酸（7.54%）、(E,E)-2,4-癸二烯（4.63%）、(E)-2-庚烯醛（4.40%）、丁酸（3.19%）、3-苯基-2-丙烯酸（3.06%）、(E,E)-2,4-庚二烯醛（3.02%）、5-己基二氢化-2(3H)-呋喃酮（2.98%）、2-丁烯醛（2.24%）、2-甲基-2-丙烯醛（1.27%）、(Z)-2-癸烯醛（1.17%）、己醛（1.12%）等；'瓦尔达'的主要成分为：(Z,Z)-9,12-十八二烯酸（20.83%）、(Z,Z,Z)-9,12,15-十八碳三烯酸甲酯（13.12%）、(Z)-9-十八烯酸（11.09%）、十八碳酸（10.84%）、(E)-2-庚烯醛（7.00%）、(Z,Z)-1,4-环辛二烯（4.19%）、2-丁烯醛（2.79%）、四氢化-6-甲基-2(H)-吡喃-2-酮（2.53%）、2-甲基-丁酸（2.35%）、十六碳酸（2.25%）、(E,E)-2,4-癸二烯（2.09%）、2-甲基-2-丙烯醛（1.57%）、己醛（1.35%）、乙酸（1.15%）、苯甲醇（1.06%）等。曾祥国等（2015）用顶空固相微萃取法提取分析了湖北武汉产不同品种草莓新鲜果实的香气成分，'甜查理'的主要成分为：丁酸乙酯（13.98%）、乙酸己酯（6.92%）、反式-2-己烯醛（6.66%）、己酸乙酯（6.09%）、乙酸丁酯（6.05%）、丁酸丁酯（5.93%）、γ-癸内酯（5.51%）、橙花叔醇（4.44%）、N-己酸（反-2-己烯基）酯（4.40%）、己酸（3.59%）、丁酸异丙基酯（3.06%）、2-庚酮（2.66%）、丁酸己酯（2.29%）、丁酸甲酯（2.08%）、异戊酸辛酯（1.39%）、己酸甲酯（1.32%）、沉香醇（1.25%）、乙酸辛酯（1.14%）、乙酸异戊酯（1.00%）等；'晶玉'的主要成分为：丁酸甲酯（25.80%）、丁酸乙酯（10.48%）、反式-2-己烯醛（7.47%）、己酸甲酯（7.16%）、橙花叔醇（4.64%）、沉香醇（4.12%）、丁酸丁酯（3.06%）、丁酸异丙基酯（2.97%）、2-己酮（2.94%）、异戊酸甲酯（2.78%）、乙酸异戊酯（2.57%）、乙酸丁酯（1.81%）、丁酸异戊酯（1.55%）、γ-癸内酯（1.53%）、己酸乙酯（1.46%）、己酸（1.40%）、2-庚酮（1.15%）、反-2-己烯-1-醇（1.08%）等；'晶瑶'的主要成分为：丁酸乙酯（18.36%）、反式-2-己烯醛（17.00%）、己酸乙酯（13.88%）、己酸甲酯（9.49%）、丁酸甲酯（6.94%）、乙酸丁酯（3.00%）、橙花叔醇（2.25%）、2-己酮（1.95%）、沉香醇（1.76%）、乙酸异戊酯（1.53%）、己酸己酯（1.21%）、己酸（1.08%）、异戊酸甲酯（1.05%）、2-庚酮（1.05%）、乙酸己酯（1.02%）等；'章姬'的主要成分为：己酸乙酯（24.76%）、己酸甲酯（14.24%）、反式-2-己烯醛（10.07%）、丁酸乙酯（9.88%）、丁酸甲酯（8.89%）、橙花叔醇（4.08%）、异戊酸甲酯（3.62%）、沉香醇（2.01%）、乙酸异戊酯（1.79%）、2,5-二甲基-4-甲氧基-3(2H)-呋喃酮（1.32%）、乙酸己酯（1.19%）等；'丰香'的主要成分为：己酸甲酯（23.90%）、己酸乙酯（20.58%）、丁酸甲酯（12.32%）、丁酸乙酯（7.34%）、反式-2-己烯醛（6.38%）、沉香醇（2.72%）、橙花叔醇（2.55%）、乙酸异戊酯（2.50%）、乙酸己酯（2.07%）、异戊酸甲酯（1.91%）、2-庚酮（1.08%）、丁酸异丙基酯（1.07%）、辛酸乙酯（1.07%）等。宋世志等（2017）用同法分析的的山东烟台产'丰香'草莓新鲜果实香气的主要成分为：4-羟基-2-丁酮（19.62%）、己酸乙酯（7.83%）、丁酸乙酯（6.50%）、(E)-乙酸-2-己烯-1-酯（5.68%）、2-己烯醛（4.97%）、己酸甲酯（4.89%）、乙酸甲酯（4.02%）、(E)-乙酸-3-己烯-1-酯（3.55%）、乙酸（3.47%）、1-己醇（2.34%）、3,7-二乙基-1,6-辛二烯-1-醇（2.27%）、2-甲基丁酸（2.04%）、丙酮（1.71%）、(E,E)-2,4-己烯醛（1.68%）、3-羟基-丁酸乙酯（1.56%）、己酸（1.53%）、丁酸甲酯（1.43%）、丙酸乙酯（1.41%）、(E)-2-己烯-1-醇（1.41%）、乙酸-3-甲基-1-丁酯（1.40%）、松萜（1.35%）、2-甲基丁酸乙酯（1.33%）、柠檬油精（1.08%）等。张娜等（2015）用同法分析了天津产不同品种草莓新鲜果实的香气成分，'R6'的主要成分为：反式-2-己烯醛（46.23%）、丁酸甲酯（8.08%）、己酸（6.80%）、己酸甲酯（6.44%）、正己醛（5.20%）、乙酸甲酯（4.37%）、γ-癸内酯（4.27%）、芳樟醇（3.14%）、4-甲氧基-2,5-二甲基-3(2H)-呋喃酮（2.76%）、2-己烯-1-醇（1.82%）、2-甲基丁酸（1.48%）等；'R8'的主要成分为：反式-2-己烯醛（59.91%）、丁酸甲酯（6.35%）、正己醛（4.98%）、乙酸甲酯（4.62%）、γ-癸内酯（3.52%）、己酸（3.11%）、4-甲氧基-2,5-二甲基-3(2H)-呋喃酮（3.03%）、2-甲基丁酸（2.62%）、2-甲基-4-戊醛（2.31%）、2-己烯-1-醇（1.76%）、芳樟醇（1.74%）等；'TiMA'的主要成分为：反式-2-己烯醛（52.72%）、芳樟醇（8.92%）、正己醛（8.51%）、4-甲氧基-2,5-二甲基-3(2H)-呋喃酮（6.05%）、2-己烯-1-醇（3.24%）、2-甲基-4-戊醛（2.32%）等。朱翠英等（2015）用同法分析了山东泰安温室栽培的不同品种草莓新鲜果实的香气成分，'达赛'的主要成分为：(Z)-2-己烯-1-醇醋酸酯（24.43%）、乙酸己酯（16.82%）、(E)-2-己烯醛（7.47%）、己酸甲酯（6.58%）、N-丁酸（反-2-己烯基)酯（4.11%）、己酸乙酯（4.01%）、4-己烯-1-醇醋酸酯（2.86%）、N-己酸（反-2-己烯基)酯（2.22%）、丁酸己酯（2.04%）、醋酸辛酯（1.94%）、4-甲氧基-2,5-二甲基-3(2H)-呋喃酮（1.93%）、反式-橙花叔醇（1.85%）、(Z)-2-己烯-1-醇（1.70%）、芳樟醇（1.59%）、乙酸甲酯（1.57%）、丙酸（反-2-己烯基)酯（1.57%）、丁酸甲酯（1.52%）、己醇（1.42%）、己醛（1.29%）、己酸己酯（1.19%）、正戊酸叶醇酯（1.04%）等；'红星'的主要成分为：己酸甲酯（13.24%）、(E)-2-己烯醛（9.01%）、(Z)-2-己烯-1-醇醋酸酯（8.54%）、己酸乙酯（7.65%）、N-丁酸（反-2-己烯基)酯（6.60%）、反式-橙花叔醇（6.49%）、芳樟醇（5.94%）、丁酸甲酯（4.83%）、乙酸己酯（4.49%）、苯乙酸甲酯（3.71%）、丁酸己酯（3.33%）、乙二醇二丁酸酯（2.83%）、(E)-4-己烯-1-醇（2.43%）、丁酸乙酯（2.15%）、丁酸丁酯（1.27%）、己醛（1.02%）等。

【利用】果实被誉为是"水果皇后"，可生食，也用于果酱、果汁或罐头。

稠李
Padus racemosa (Lam.) Gilib.

蔷薇科　稠李属

别名： 夜合、稠梨、臭李子、臭耳子、臭梨

分布： 辽宁、吉林、黑龙江、内蒙古、河北、山西、河南、山东、陕西等地

【形态特征】落叶乔木，高可达15 m；树皮粗糙多斑纹，老枝褐色，有浅色皮孔；冬芽卵圆形。叶片椭圆形、长圆形或长圆倒卵形，长4～10 cm，宽2～4.5 cm，先端尾尖，基部圆形或宽楔形，边缘有不规则锐锯齿，有时混有重锯齿，叶面深绿色，叶背淡绿色；托叶膜质，线形，先端渐尖，边有带腺锯齿，早落。总状花序具有多花，长7～10 cm，基部通常有2～3叶，叶片与枝生叶同形，通常较小；花直径1～1.6 cm；萼筒钟状，萼片三角状卵形，边有带腺细锯齿；花瓣白色，长圆形，先端波状，基部楔形，有短爪。核果卵球形，顶端有尖头，直径8～10 mm，红褐色至黑色；核有褶皱。花期4～5月，果期5～10月。

【生长习性】生于山坡、山谷或灌丛中，海拔880～2500 m。喜光，略耐阴。抗寒力较强，喜肥沃、排水良好的砂壤土，怕积水涝洼，不耐干旱瘠薄，在湿润肥沃的砂质壤土上生长良好。

【芳香成分】茎：朱俊洁等（2005）用水蒸气蒸馏法提取的吉林临江产稠李树干精油的主要成分为：9,12-十八碳二酸（46.18%）、n-十六酸（24.79%）、苯甲醛（9.45%）、3,7,11-三甲基-(Z,E)-2,6,10-十二碳二烯-1-醇（5.15%）、α-红没药醇（3.23%）、十八酸（2.10%）、十四酸（2.07%）、二十三酸（1.38%）等；茎精油的主要成分为：苯甲醛（38.95%）、苯甲酸（31.52%）、十九烷（5.32%）等；树皮精油的主要成分为：苯甲酸（64.43%）、苯甲醛（29.16%）、α-羟基苯乙腈（1.22%）等。

叶：朱俊洁等（2005）用水蒸气蒸馏法提取的吉林临江产稠李叶精油的主要成分为：苯甲酸（36.55%）、植醇（25.62%）、水杨酸甲酯（2.81%）等。

花：赵秋雁（2003）用水蒸气蒸馏法提取的黑龙江哈尔滨产稠李鲜花精油的主要成分为：苯甲醛（88.40%）、α-酮基苯乙腈（9.67%）、α-羟基苯乙腈（1.93%）等。

果实：朱俊洁等（2005）用水蒸气蒸馏法提取的吉林临江产稠李果实精油的主要成分为：植醇（16.99%）、二十二烷（16.83%）、二十七烷（15.16%）、二十五烷（12.16%）、二十三烷（9.54%）、苯甲醛（4.71%）、二十四烷（2.72%）、十五烷（2.36%）、1-三苯基呋喃核糖基-2-氟基咪唑（1.98%）、二十烷（1.96%）、n-十六碳烯酸（1.61%）、6,10,14-三甲基-2-十五烷酮（1.47%）、二十六烷（1.38%）、[S-(Z)]-3,7,11-三甲基-[S-(Z)]-1,6,10-十二碳三烯-3～2醇（1.20%）、1-十四碳烯（1.20%）、1-甲氧基-丁烷（1.04%）等。

【利用】园林栽培供观赏用。木材可作细木工用。是蜜源树种。叶入药，可镇咳。果实入药，可治腹泻。果实可生食，主要用于加工果汁、果酱、果酒等产品。种子可提炼工业用油。

大叶桂樱
Laurocerasus zippeliana (Miq.) Yü et Lu

蔷薇科　桂樱属

别名： 大叶野樱、大叶稠李、大驳骨、驳骨木、黑茶树、黄土树

分布： 甘肃、陕西、湖北、湖南、江西、浙江、福建、台湾、广东、广西、贵州、云南、四川

【形态特征】常绿乔木，高10～25 m；小枝灰褐色至黑褐色，具明显小皮孔。叶片革质，宽卵形至椭圆状长圆形或宽长圆形，长10～19 cm，宽4～8 cm，先端急尖至短渐尖，基部宽

楔形至近圆形，叶边具稀疏或稍密粗锯齿，齿顶有黑色硬腺体；托叶线形，早落。总状花序单生或2~4个簇生于叶腋，长2~6 cm，被短柔毛；苞片长2~3 mm，位于花序最下面者常在先端3裂而无花；花直径5~9 mm；花萼外面被短柔毛；萼筒钟形；萼片卵状三角形，先端圆钝；花瓣近圆形，白色。果实长圆形或卵状长圆形，长18~24 mm，宽8~11 mm，顶端急尖并具短尖头；黑褐色，核壁表面稍具网纹。花期7~10月，果期冬季。

【生长习性】常生于山坡或山谷杂木林内，海拔900~2500 m。喜湿，喜阴，耐寒。

【芳香成分】崔嘉等（2010）用水蒸气蒸馏法提取的黑龙江黑河产花楸树阴干果实精油的主要成分为：苯甲醛（86.89%）、安息香酸（5.30%）等。

【生长习性】生于石灰岩山地阳坡杂木林中或山坡混交林下，海拔600~2400 m。偏阳树种，幼苗较耐荫。喜温暖、湿润气候，在土层深厚肥沃、排水良好的地方生长良好。

【精油含量】水蒸气蒸馏的新鲜叶的得油率为0.15%。

【芳香成分】池庭飞等（1986）用水蒸气蒸馏法提取的福建南平产大叶桂樱新鲜叶精油的主要成分为：苯甲醛（44.46%）、1,8-桉叶油素（10.57%）、一氢-吲哚-5-醇（6.56%）、芳樟醇（5.45%）、环莰烯（4.97%）、4-松油醇（4.62%）、苄醇（3.52%）、1,2-苯二酸二丁酯（2.51%）、癸醛（2.33%）等。

【利用】果实、种仁及叶入药，有止咳平喘、温经止痛的功效，用治寒嗽、寒喘、痛经。

【利用】是优美的庭园风景树。木材可做家具。果实可酿酒、制果酱、果醋等。果实入药，有镇咳祛痰、健脾利水的功效，治慢性气管炎、肺结核、水肿。

❀ 花楸树

Sorbus pohuashanensis (Hance) Hedl.

蔷薇科　花楸属

别名：百花花楸、红果臭山槐、绒花树、山槐子、马加木

分布：黑龙江、吉林、辽宁、内蒙古、河北、山西、甘肃、山东

【形态特征】乔木，高达8 m；冬芽长大，长圆卵形，先端渐尖，具数枚红褐色鳞片，外面密被灰白色绒毛。奇数羽状复叶，长12~20 cm；小叶片5~7对，基部和顶部的小叶片常稍小，卵状披针形或椭圆披针形，长3~5 cm，宽1.4~1.8 cm，先端急尖或短渐尖，基部偏斜圆形，边缘有细锐锯齿，基部或中部以下近于全缘，叶背苍白色；托叶草质，宿存，宽卵形，有粗锐锯齿。复伞房花序具多数密集花朵；花直径6~8 mm；萼筒钟状；萼片三角形，两面具绒毛；花瓣宽卵形或近圆形，长3.5~5 mm，宽3~4 mm，先端圆钝，白色。果实近球形，直径6~8 mm，红色或桔红色，具宿存闭合萼片。花期6月，果期9~10月。

❀ 天山花楸

Sorbus tianschanica Rupr.

蔷薇科　花楸属

分布：新疆、青海、甘肃

【形态特征】灌木或小乔木，高达5 m；冬芽大，长卵形，先端渐尖，有数枚褐色鳞片，外被白色柔毛。奇数羽状复叶，连叶柄长14~17 cm；小叶片4~7对，顶端和基部的稍小，卵状披针形，长5~7 cm，宽1.2~2 cm，先端渐尖，基部偏斜圆形或宽楔形，边缘大部分有锐锯齿，仅基部全缘，叶背颜色较浅；叶轴微具窄翅；托叶线状披针形，膜质，早落。复伞房花序大形，有多数花朵；花直径15~20 mm；萼筒钟状；萼片三角形，先端钝，稀急尖；花瓣卵形或椭圆形，长6~9 mm，宽5~7 mm，先端圆钝，白色。果实球形，直径10~12 mm，鲜红色，先端具宿存闭合萼片。花期5~6月，果期9~10月。

【生长习性】普遍生于高山溪谷中或云杉林边缘，海拔

2000～3200 m。

【芳香成分】兰雁等（2008）用水蒸气蒸馏法提取的新疆乌鲁木齐产天山花楸阴干叶精油的主要成分为：苯甲醛（21.34%）、植物醇（12.29%）、扁桃腈（6.67%）、法呢烯（5.65%）、3-戊烯-2-酮（5.51%）、6,10,14-三甲基-2-十五烷酮（5.14%）、水杨酸甲酯（4.79%）、二十一烷（4.28%）、十六烯（2.37%）、十八烷（2.37%）、紫罗兰酮（2.17%）、2,6,10,14-四甲基十六烷（2.16%）、正十五烷（1.42%）、棕榈醛（1.35%）、四十四烷（1.31%）等。

【利用】嫩枝、皮及果实入药，有清肺止咳、补脾生津的功效，治肺结核，哮喘咳嗽，胃炎，胃痛，维生素A、维生素C缺乏症。可栽培供观赏用。

火棘

Pyracantha fortuneana (Maxim.) Li

蔷薇科　火棘属

别名： 火把果、救兵粮、救军粮、救命粮、红子、红子刺、吉祥果

分布： 陕西、河南、江苏、浙江、福建、湖北、湖南、广西、贵州、云南、四川、西藏

【形态特征】常绿灌木，高达3 m；侧枝短，先端成刺状，嫩枝外被锈色短柔毛，老枝暗褐色；芽小，外被短柔毛。叶片倒卵形或倒卵状长圆形，长1.5～6 cm，宽0.5～2 cm，先端圆钝或微

凹，有时具短尖头，基部楔形，下延连于叶柄，边缘有钝锯齿，齿尖向内弯，近基部全缘。花集成复伞房花序，直径3～4 cm，花直径约1 cm；萼筒钟状，无毛；萼片三角卵形，先端钝；花瓣白色，近圆形，长约4 mm，宽约3 mm。果实近球形，直径约5 mm，桔红色或深红色。花期3～5月，果期8～11月。

【生长习性】生于山地、丘陵地阳坡灌丛草地及河沟路旁，海拔500～2800 m。喜强光，耐贫瘠，抗干旱，不耐寒。对土壤要求不严，以排水良好、湿润、疏松的中性或微酸性壤土为好。

【精油含量】水蒸气蒸馏新鲜花的得油率为0.90 mL·kg^{-1}，干燥果实的得油率为0.85%。

【芳香成分】叶：朱艳华等（2013）用水蒸气蒸馏法提取的安徽黄山产火棘干燥叶精油的主要成分为：(-)-b-杜松烯（22.62%）、植物醇（19.90%）、二环倍半水芹烯（5.95%）、β-桉叶醇（5.78%）、1,2,3,4,4a,7-六氢-1,6-二甲基-4-(1-甲基乙基)-萘（2.78%）、表圆线藻烯（2.34%）、棕榈酸（2.26%）、α-亚麻酸（2.18%）、对乙烯基愈疮木酚（1.59%）、α-蒎烯（1.54%）、d-杜松烯（1.37%）、β-荜澄茄油萜（1.34%）等。

花：葛丽娜等（2014）用水蒸气蒸馏法提取的安徽黄山产火棘新鲜花精油的主要成分为：(-)-b-杜松烯（14.54%）、二十三烷（8.68%）、1,2,4a,5,6,8a-六氢-4,7-二甲基-1-(1-甲基乙基)萘（7.11%）、1,2,3,4,4a,7-六氢-1,6-二甲基-4-(1-甲基乙基)萘（6.71%）、二环倍半水芹烯（6.19%）、二十一烷（4.32%）、d-杜松烯（3.13%）、2-甲基二十三烷（2.30%）、1,6-二甲基-4-(1-甲基乙基)-(1,2,3,4,4a,7)-六氢萘（2.18%）、棕榈酸（1.76%）、2-己烯醛（1.68%）、芳樟醇（1.66%）、橙花叔醇（1.63%）、丁香酚（1.40%）、异喇叭烯（1.22%）、α-法呢烯（1.17%）、二十七烷（1.15%）、α-库毕烯（1.06%）等。

果实：王如刚等（2013）用水蒸气蒸馏法提取的安徽黄山产火棘干燥果实精油的主要成分为：δ-杜松烯（15.85%）、三十烷（12.25%）、1,2,3,4,6,8a-六氢-1-异丙基-4,7-二甲基-萘（5.61%）、α-荜澄茄油烯（5.29%）、二十二烷（4.45%）、2,6,10,14—四甲基-十六烷（3.83%）、α-杜松醇（3.74%）、棕榈酸（3.68%）、二十七烷（2.33%）、二十四烷（2.20%）、巴西酸亚乙酯（1.62%）、二十一烷（1.51%）、亚麻醇（1.40%）、3-糠醛（1.17%）、吉玛烯D（1.02%）等。

种子：钟宏波等（2012）用固相微萃取法提取的贵州贵阳产火棘种子精油的主要成分为：月桂酸（12.36%）、(E,E)-2,4-癸二烯醛（8.87%）、亚油酸（7.96%）、壬醛（6.91%）、己醛（6.79%）、2-十一烯醛（5.20%）、(E)-癸烯醛（4.82%）、(Z)-2-庚烯醛（3.71%）、十四酸（3.71%）、庚醛（3.55%）、软脂酸（3.47%）、(E,E)-2,4-癸二烯醛（3.17%）、羊脂醛（2.36%）、(E)-辛烯醛（2.19%）、苯甲醛（1.73%）、柏木脑（1.64%）、羊蜡醛（1.57%）、糠醛（1.56%）、1-辛醇（1.52%）、十五烷酸（1.16%）、(E)-壬烯醛（1.09%）、癸酸（1.09%）、十七烷（1.04%）等。

【利用】根、叶、果实均可入药，根可清热凉血，用于虚痨骨蒸潮热、肝炎、跌打损伤、筋骨疼痛、腰痛、崩漏、白带、月经不调、吐血、便血；叶可清热解毒，外敷治疮疡肿毒；果实可消积止痢、活血止血，用于消化不良、肠炎、痢疾、小儿疳积、崩漏、白带、产后腹痛。果实可鲜食，也可加工成各种饮料。根皮、茎皮、果实可用来提取鞣料。果实是制作牙膏的优质原料。叶可制茶。可作行道树或庭院栽植，也可作盆景和插花材料。是治理山区石漠化的良好植物。

❀ 白梨

Pyrus bretschneideri Rehd.

蔷薇科　梨属

别名： 长把梨、鸭梨、玉乳、密父、快果、白挂梨、罐梨
分布： 河北、河南、山东、山西、陕西、甘肃、青海

【形态特征】乔木，高达5～8 m；冬芽卵形，先端圆钝或急尖，鳞片边缘及先端有柔毛，暗紫色。叶片卵形或椭圆卵形，长5～11 cm，宽3.5～6 cm，先端渐尖稀急尖，基部宽楔形，稀近圆形，边缘有尖锐锯齿，齿尖有刺芒，嫩时紫红绿色；托叶膜质，线形至线状披针形，边缘具腺齿。伞形总状花序，有花7～10朵，直径4～7 cm；苞片膜质，线形，全缘；花直径2～3.5 cm；萼片三角形，边缘有腺齿，内面密被褐色绒毛；花瓣卵形，长1.2～1.4 cm，宽1～1.2 cm，先端常呈啮齿状，基部具有短爪。果实卵形或近球形，长2.5～3 cm，直径2～2.5 cm，黄色，有细密斑点，4～5室；种子倒卵形，微扁，长6～7 mm，褐色。花期4月，果期8～9月。

【生长习性】适宜生长在干旱寒冷的地区或山坡阳处，海拔100～2000 m。耐寒、耐旱、耐涝、耐盐碱。冬季最低温度在-25 ℃以上的地区，多数品种可安全越冬。喜光喜温，宜选择土层深厚、排水良好的缓坡山地种植，尤以砂质壤土山地为理想。

【精油含量】水蒸气蒸馏果皮的得油率为0.50%。

【芳香成分】庄晓虹等（2007）用二氯甲烷萃取法提取的绥中白梨新鲜果实精油的主要成分为：5-羟甲基-2-糠醛（86.47%）、2,3-二氢-3,5-二羟基-6-甲基-4氢吡喃-4-酮（3.92%）、3-乙基-1-酮-2-环戊烯（3.75%）、1,6-脱水-β-D-呋喃葡萄糖（3.55%）、3-呋喃甲酸甲酯（1.69%）等。王颉等（2007）用乙醚萃取法提取的河北泊头产鸭梨果实精油的主要成分为：丁酸乙酯（32.30%）、十六酸乙酯（9.33%）、己酸乙酯（7.60%）、己醇（5.49%）、2,4,6-三甲基-二酸甲酯（5.34%）、辛酸乙酯（4.20%）、氟基戊酸甲酯（3.55%）、丙酸乙酯（2.91%）、正十七烷（2.62%）、2,2,4-三甲基-3-戊烯-1-酮（2.14%）、2-甲基丁酸乙酯（2.14%）、β-羟基己酸乙酯（2.14%）、戊酸-3-甲酯（2.00%）、1-庚炔-2,6-二酮-5-甲基-5-(1-甲酯)(1.80%)等。马天晓等（2013）用同时蒸馏萃取法提取的河南泌阳产泌阳白梨新鲜果实香气的主要成分为：十五酸（23.21%）、邻苯二甲酸二异丁酯（17.51%）、邻苯二甲酸二丁酯（14.10%）、乙酸己酯（10.50%）、邻苯二甲酸二(1-甲基庚基)酯（9.37%）、2-乙烯醛（7.03%）、丁酸乙酯（6.43%）、新植二烯（5.77%）、戊二酸二乙酯（3.97%）、己醛（1.41%）等。刘国声（1987）用水蒸气蒸馏法提取的山东烟台产白梨果皮精油的主要成分为：紫罗兰叶醇（27.10%）、1,8-水合萜（12.00%）、己酸顺式-3-己烯酯（6.50%）、二十六烷（5.20%）、乙酸己酯（5.00%）、α-金合欢烯（4.20%）、癸酸乙酯（3.30%）、2,3-二氢金合欢醇（2.30%）、二十一烷（2.20%）、1,4-二烯-γ-蓋醇-7(2.10%)、Δ-9-十八烯酸甲酯（2.05%）、2-甲基戊酸戊酯（1.80%）、丁酸己酯（1.70%）、Δ-9,12-十八烯酸甲酯（1.40%）、2-十二烯醛（1.20%）、6-环己烷代戊醇-1(1.00%)、环十二炔（1.00%）等。

【利用】果实作为水果供生食，还可制成梨膏。木材是雕刻、家具及装饰良材。园林中栽培可供观赏。

杜梨
Pyrus betulifolia Bunge

蔷薇科　梨属
别名：棠梨、土梨、海棠梨、野梨子、灰梨
分布：辽宁、河北、山东、山西、陕西、甘肃、湖北、江苏、安徽、江西

【形态特征】乔木，高达10 m，枝常具刺；冬芽卵形，先端渐尖，外被灰白色绒毛。叶片菱状卵形至长圆卵形，长4～8 cm，宽2.5～3.5 cm，先端渐尖，基部宽楔形，稀近圆形，边缘有粗锐锯齿；托叶膜质，线状披针形，长约2 mm。伞形总状花序，有花10～15朵；苞片膜质，线形；花直径1.5～2 cm；萼筒外密被灰白色绒毛；萼片三角卵形，长约3 mm，先端急尖，全缘，内外两面均密被绒毛，花瓣宽卵形，长5～8 mm，宽3～4 mm，先端圆钝，基部具有短爪。白色。果实近球形，直径5～10 mm，2～3室，褐色，有淡色斑点，萼片脱落，基部具带绒毛果梗。花期4月，果期8～9月。

【生长习性】生于平原或山坡阳处，海拔50～1800 m。抗干旱，耐寒凉。适生性强，喜光，耐涝、耐瘠薄，在中性土及盐碱土均能正常生长。

【精油含量】水蒸气蒸馏风干果实的得油率为0.04%。

【芳香成分】吴瑛等（2007）用水蒸气蒸馏法提取的新疆塔里木产杜梨风干果实精油的主要成分为：n-棕榈酸（9.74%）、二十三烷（6.62%）、二十五烷（5.11%）、6,10,14-三甲基-2-十五酮（5.00）、二十四烷（4.04%）、1,2-二苯羧酸二辛酯（3.98%）、二十八烷（3.79%）、二丁基邻苯二甲酸酯（3.64%）、棕榈酸甲酯（3.55%）、(Z,Z)-9,12-十八碳二烯酸甲酯（2.98%）、二十二烷（2.96%）、1,2-二苯酸-二(2-甲基丙基)酯（2.23%）、1-(+)-抗坏血酸-2,6-二-十六酯（2.10%）、(Z,Z,Z)-9,12,15-十八碳三烯酸甲酯（2.09%）、9,12-十八碳二烯酸乙酯（1.28%）、4,8,12,16-四甲基十七烷-4-内酯（1.21%）、11-癸基-二十四烷（1.17%）、三十烷（1.02%）等。

【利用】可作为街道庭院及公园的绿化树；在北方盐碱地区可植作防护林，水土保持林。木材可制作各种器物。根、叶、枝、果实均可入药，根、叶可润肺止咳、清热解毒，主要用于治疗干燥咳嗽、急性眼结膜炎等症；枝叶用于霍乱、吐泻、转筋腹痛、反胃吐食；树皮用于皮肤溃疡；果实有润肠通便、消肿止痛、敛肺涩肠及止咳止痢的功效，用于泄泻、痢疾。果实可以用来酿造酒，醋和饮料。嫩叶可作蔬菜食用。树皮可提制栲胶并入药。通常作各种栽培梨的砧木。

🌸 秋子梨

Pyrus ussuriensis Maxim.

蔷薇科　梨属

别名：安梨、华盖梨、山梨、青梨、沙果梨、酸梨、香水梨、软儿梨、消梨、冻梨、楸子梨、京白梨、野梨、鸭广梨

分布：黑龙江、吉林、辽宁、内蒙古、河北、山东、山西、陕西、甘肃

【形态特征】乔木，高达15 m；冬芽肥大，卵形，先端钝。叶片卵形至宽卵形，长5～10 cm，宽4～6 cm，先端短渐尖，基部圆形或近心形，稀宽楔形，边缘具有带刺芒状尖锐锯齿；托叶线状披针形，先端渐尖，边缘具有腺齿，长8～13 mm，早落。花序密集，有花5～7朵；苞片膜质，线状披针形，先端渐尖，全缘，长12～18 mm；花直径3～3.5 cm；萼筒外面无毛或微具绒毛；萼片三角披针形，先端渐尖，边缘有腺齿，长5～8 mm，外面无毛，内面密被绒毛；花瓣倒卵形或广卵形，先端圆钝，基部具短爪，长约18 mm，宽约12 mm，白色。果

实近球形，黄色，直径2～6 cm，萼片宿存，基部微下陷。花期5月，果期8～10月。

【生长习性】抗寒力很强，适于生长在寒冷而干燥的山区，海拔100～2000 m。喜光。

对土壤要求不严，较耐湿涝和盐碱，pH在5.8～8.5均能栽种。以土层深厚、排水良好的砂质壤上或轻壤上最为理想。

【精油含量】同时蒸馏萃取果皮的得油率为0.61%，果肉的得油率为0.17%，果心的得油率为0.25%，果实的得油率为0.18%。

【芳香成分】不同研究者用用顶空固相微萃取法提取的不同品种的秋子梨果实香气的主要成分不同。丁若珺等（2016）分析的甘肃靖远产香水梨'酸梨'新鲜果实香气的主要成分为：乙酸己酯（40.06%）、乙酸乙酯（26.91%）、己酸乙酯（12.75%）、丁酸乙酯（4.25%）、2-肼基乙醇（3.45%）、N-甲基-1-十八胺（2.29%）、羟基脲（1.54%）、己酸甲酯（1.50%）、反式-2-己烯-1-醇（1.04%）、S-(+)-1-环己基乙胺（1.01%）等；'甜梨'新鲜果实香气的主要成分为：乙酸乙酯（38.83%）、乙酸己酯（28.53%）、己酸乙酯（15.21%）、2-羟基丙酰胺（1.98%）、醋酸酐（1.62%）、己酸甲酯（1.51%）等。冯立国等（2015）分析了辽宁兴城产不同品种商熟期新鲜果实的香气成分，'荣香'的主要成分为：2-己烯醛（60.38%）、己醛（28.95%）、α-法呢烯（2.03%）、正己醇（2.00%）、顺式-3-己烯醛（1.34%）乙酸己酯（1.68%）等；'龙香'的主要成分为：2-己烯醛（30.01%）、己醛（14.38%）、己酸乙酯（11.09%）、乙酸己酯（11.01%）、α-法呢烯（8.27%）、丁酸乙酯（3.67%）、辛酸乙酯（1.97%）、戊

基环丙烷（1.45%）、正己醇（1.36%）、乙酸乙酯（1.32%）等；'南果'的主要成分为：乙酸己酯（26.82%）、α-法呢烯（19.84%）、2-己烯醛（13.60%）、己酸乙酯（6.90%）、正己醇（5.70%）、己醛（3.79%）、乙酸-(2Z)-2-己烯酯（3.57%）、己酸己酯（1.75%）、丁酸己酯（1.32%）等；'小香水'的主要成分为：2-己烯醛（31.04%）、己醛（30.22%）、乙酸己酯（15.12%）、正己醇（5.80%）、戊基环丙烷（2.55%）、乙酸-(2Z)-2-己烯酯（1.70%）、乙酸辛酯（1.59%）、乙酸庚酯（1.56%）、己酸甲酯（1.38%）、丁酸乙酯（1.01%）等；'大南果'的主要成分为：己酸乙酯（39.87%）、乙酸己酯（15.76%）、2-己烯醛（6.40%）、己醛（3.81%）、辛酸乙酯（2.93%）、2,4-癸二烯乙酯（2.74%）、丁酸乙酯（2.28%）、2-辛烯酸乙酯（1.91%）、乙酸辛酯（1.76%）等；'寒香'的主要成分为：乙酸己酯（40.56%）、2-己烯醛（12.56%）、己酸乙酯（11.65%）、己醛（6.72%）、α-法呢烯（2.67%）、辛酸乙酯（1.84%）等；'晚香'的主要成分为：己醛（44.08%）、2-己烯醛（25.81%）、正己醇（12.65%）、乙酸己酯（8.24%）等。张忠等（2017）分析的甘肃皋兰产'软儿梨'新鲜果实香气的主要成分为：己酸乙酯（20.49%）、己醛（15.22%）、乙酸己酯（13.28%）、丁酸乙酯（12.37%）、己酸甲酯（8.34%）、己醇（7.90%）、乙酸乙酯（4.11%）、乙酸丁酯（4.09%）、3-羟基己酸乙酯（3.97%）、丁酸甲酯（3.53%）、反式-2-己烯-1-醇（1.38%）等。辛广等（2002；2004）用同时蒸馏萃取法提取的辽宁鞍山产南果梨果心精油的主要成分为：依兰烯（29.78%）、2,6-二甲基-6-(4-甲基-3-丙烯基)双环[3.1.1]庚-2-烯（9.53%）、1-甲基-4-(5-甲基-1-甲烯基-4-己基)环己烯（6.43%）、3,7,7-三甲基-11-甲烯基螺[5.5]十一烷-2-烯（5.19%）、1,7,7-三甲基-双环[2.2.1]-2-庚醇（2.96%）、4,11,11-三甲基-8-甲烯基双环[7.2.0]十一碳-4-烯（2.73%）、1-甲基-4-(1-甲基乙基)-1,4-环己二烯（2.31%）、4-甲基-1-(1-甲基乙基)-2-甲氧基苯（2.09%）、罗汉柏烯（2.00%）、1-甲基-4(1-甲基乙基)苯（1.83%）、7,11-二甲基-1,6,10-十二碳三烯-3-甲烯基（1.60%）、6-甲基环己烯(1-甲基乙基)-3-(1-甲基乙烯基)环己烯（1.41%）、4-甲基-1-(1-甲基)-3-环庚醇（1.03%）、1,2,3,5,6,8a-六氢化萘（1.00%）等；果肉精油的主要成分为：邻苯二甲酸双(2-乙基己基)酯（29.40%）、依兰烯（23.47%）、α-金合欢烯（8.40%）、9-十八烯酸乙酯（6.13%）、2,6-二甲基-6-(4-甲基-3-丙烯基)双环[3.1.1]庚烷-2-烯（4.40%）、亚油酸乙酯（2.41%）、3,5,5,9-四甲基-顺-(-)-2,4a,5,6,9a-六氢化-苯并环庚烯（2.21%）、1-甲基-3-(1-甲基乙基)苯（1.05%）等；果皮精油的主要成分为：依兰烯（25.46%）、α-金合欢烯（16.11%）、3,7,11-三甲基-1,3,6,10-十二碳四烯（9.15%）、1,7,7-三甲基-双环[2.2.1]庚-2-醇（3.17%）、1H-2,4a,5,6,7,8-六氢苯并-3,5,5,9-四甲基环庚烯（2.84%）、7-甲基-4-亚甲基-1-(1-甲基乙基)-1,2,3,4,4a,5,6,8a-八氢化萘（2.63%）、1-甲基-4-(1-甲乙基)-1,4-环十六碳二烯（2.61%）、石竹烯（2.08%）、2-甲氧基-4-甲基-1-(1-甲乙基)苯（2.07%）、1-甲基-4-(1-甲乙基)苯（2.04%）、7,11-二甲基-3-亚甲基-1,6,10-十二碳三烯（1.72%）、1-乙烯基-1-甲基-2,4-二(1-甲基乙基)-环己烷（1.44%）、4-甲基-1-(1-甲乙基)-3-环己烯-1-醇（1.14%）、4,7-二甲基-1-(1-甲基乙基)-1,2,3,5,6,8a-六氢化萘（1.03%）等。

【利用】果实为主要水果，除生食外，还可以加工制作梨干、梨脯、梨膏、梨汁、梨罐头等，也可用来酿酒、制醋。朝药叶用于小儿疝气、小便不通、中暑吐泻、水肿、胃痉挛、蘑

菇中毒等；果实治热病伤津、烦渴、消渴、热咳、痰热惊狂、噎嗝、便秘、慢性支气管炎、咳嗽、肝炎。果实藏药用于肠鸣、腹绞痛、泄泻；蒙药用于胸闷胀满、消化不良、呕吐、热泻。木材是雕刻印章和高级家具的原料。实生苗常作为梨的抗寒砧木。

🌸 沙梨

Pyrus pyrifolia (Burm. f.) Nakai

蔷薇科　梨属

别名： 砂梨、麻安梨、金珠果

分布： 安徽、江苏、浙江、江西、湖北、湖南、贵州、四川、云南、广东、广西、福建

【形态特征】乔木，高达7～15 m；冬芽长卵形，先端圆钝，鳞片边缘和先端稍具长绒毛。叶片卵状椭圆形或卵形，长7～12 cm，宽4～6.5 cm，先端长尖，基部圆形或近心形，稀宽楔形，边缘有刺芒锯齿。托叶膜质，线状披针形，长1～1.5 cm，先端渐尖，全缘，边缘具有长柔毛，早落。伞形总状花序，具花6～9朵，直径5～7 cm；苞片膜质，线形，边缘有长柔毛；花直径2.5～3.5 cm；萼片三角卵形，先端渐尖，边缘有腺齿；内面密被褐色绒毛；花瓣卵形，长15～17 mm，先端啮齿状，基部具短爪，白色。果实近球形，浅褐色，有浅色斑点，先端

微向下陷；种子卵形，微扁，长8～10mm，深褐色。花期4月，果期8月。

【生长习性】适宜生长在温暖而多雨的地区，海拔100～1400m。喜光，喜温暖湿润气候，耐旱，也耐水湿，耐寒力差。

【芳香成分】纵伟等（2006）用水蒸气蒸馏法提取的'新世纪'水晶沙梨果实香气的主要成分为：6-十八烯（24.72%）、十六酸（17.93%）、癸二酸乙酯（13.60%）、十八酸（11.50%）、二十七烷（3.27%）、9,12-十八烯酸（3.22%）、二十八烷（2.30%）、二十六烷（2.13%）、7-己基二十烷（1.91%）、二十九烷（1.89%）、二十四烷（1.46%）、二十三烷（1.43%）、2-己烯醛（1.39%）、三十四烷（1.16%）、油酸（1.13%）、1-己醇（1.06%）、花生酸（1.03%）等。廖凤玲等（2014）用顶空固相微萃取法提取的四川雅安产'爱甘水'沙梨新鲜果实香气的主要成分为：丁酸乙酯（24.05%）、己酸乙酯（11.48%）、己醛（10.56%）、乙酸乙酯（8.52%）、2-己烯醛（5.75%）、苯甲酸乙酯（5.03%）、2-甲基丁酸甲酯（2.93%）、戊酸乙酯（1.63%）、乙醇（1.57%）等。冯立国等（2015）用同法分析的江苏扬州产'二十世纪'沙梨商熟期新鲜果肉香气的主要成分为：己醛（20.78%）、壬醛（13.93%）、乙酸-(3E)-3-己烯酯（12.55%）、芳樟醇（7.32%）、癸醛（6.68%）、6-甲基-5-庚烯-2-酮（6.67%）、乙酸己酯（3.40%）、辛醛（3.36%）、反式-牻牛儿基丙酮（2.93%）、甲酸己酯（2.32%）、顺式-4-癸烯醛（1.57%）、反

式-6-壬烯-1-醇（1.53%）、反式-3-己烯-1-醇（1.13%）、十一醇（1.12%）、2-己烯醛（1.05%）等；'金二十世纪'沙梨商熟期新鲜果肉香气的主要成分为：己酸乙酯（54.58%）、苯甲酸乙酯（8.96%）、己醛（7.61%）、乙酸乙酯（6.46%）、丁酸乙酯（5.45%）、辛酸乙酯（2.93%）、己二酸（1.53%）、2-己烯醛（1.51%）、(E)-2-壬烯醛（1.39%）、乙酸己酯（1.35%）、癸醛（1.35%）、丙酸乙酯（1.28%）、庚酸乙酯（1.11%）等。

【利用】果实作水果供鲜食。果实、果皮入药，有清热、生津、润燥、化痰的功效，用于咳嗽、干咳、烦渴、口干、汗多、喉痛、痰热惊狂、便秘、烦躁。根入药，可止咳嗽。是庭园观赏树种。

❀ 西洋梨

Pyrus communis Linn.

蔷薇科 梨属

别名：五九香梨、洋梨、巴梨、葫芦梨、米格阿木觉、茄梨
分布：山西、陕西、河南、甘肃、新疆有栽培

【形态特征】乔木，高15～30m；小枝有时具刺；冬芽卵形，先端钝，无毛或近于无毛。叶片卵形、近圆形至椭圆形，长2～7cm，宽1.5～2.5cm，先端急尖或短渐尖，基部宽楔形至近圆形，边缘有圆钝锯齿，稀全缘；托叶膜质，线状披针形，微具柔毛。伞形总状花序，具花6～9朵；苞片膜质，线状披针形，长1～1.5cm，被棕色柔毛；花直径2.5～3cm；萼筒外被柔毛；萼片三角披针形，先端渐尖，内外两面均被短柔毛；花瓣倒卵形，长1.3～1.5cm，宽1～1.3cm，先端圆钝，基部具短爪，白色。果实倒卵形或近球形，长3～5cm，宽1.5～2cm，绿色、黄色，稀带红晕，具斑点，萼片宿存。花期4月，果期7～9月。

【生长习性】要求冷凉干燥的气候，在年平均温度大于15℃的地区不宜栽培。喜光，耐旱性强。对土壤要求不严，较耐湿涝和盐碱，pH在5.8～8.5内均能栽种。以土层深厚、排水良好的砂质壤或轻壤最为理想。着果期间忌大风。

【芳香成分】陈计峦等（2009）用顶空固相微萃取法提取的北京产'五九香梨'西洋梨果实香气的主要成分为：乙酸己酯（49.35%）、乙酸丁酯（19.56%）、己酸乙酯（5.16%）、丁酸

乙酯（4.92%）、1-己醇（3.80%）、己醛（2.58%）、α-金合欢烯（2.38%）、1-辛醇（2.00%）、(E)-2-己烯醛（1.28%）、乙酸乙酯（1.08%）等。

【利用】果实后熟后作水果供鲜食，也可做成果汁、点心等供食用。

❀ 新疆梨
Pyrus sinkiangensis Yü

蔷薇科　梨属
别名：库尔勒香梨
分布：新疆、青海、甘肃、陕西

【形态特征】乔木，高达6～9m；冬芽卵形，先端急尖，鳞片边缘具白色柔毛。叶片卵形、椭圆形至宽卵形，长6～8cm，宽3.5～5cm，先端短渐尖头，基部圆形，稀宽楔形，边缘上半部有细锐锯齿，下半部锯齿浅或近全缘；托叶膜质，线状披针形，先端渐尖，边缘具稀疏腺齿，被白色长绒毛。伞形总状花序，有花4～7朵；苞片膜质，线状披针形，长1～1.3cm，先端渐尖，边缘有疏生腺齿和褐色长绒毛，早落；花直径1.5～2.5cm；萼筒外面无毛；萼片三角卵形，先端渐尖，约长于萼筒之半，边缘有腺齿，长6～7mm，内面密被褐色绒毛；花瓣倒卵形，长1.2～1.5cm，宽0.8～1cm，先端啮蚀状，基部具爪。果实卵形至倒卵形，直径2.5～5cm，黄绿色，5室，萼片宿存；果心大，石细胞多。花期4月，果期9～10月。

【生长习性】生于海拔200～1000m。喜光。对土壤要求不严，较耐湿涝和盐碱。土壤pH在5.8～8.5均能栽种。以土层深厚、排水良好的砂质壤或轻壤最为理想。耐干旱、盐碱、瘠薄能力中强。

【精油含量】水蒸气蒸馏果实的得油率为0.21%；超声波结合同时蒸馏萃取新鲜果实的得油率为0.13%～0.37%。

【芳香成分】花：张军等（2016）用顶空固相微萃取法提取的新疆库尔勒产'库尔勒香梨'新鲜花蕾香气的主要成分为：2-甲基-十六烷1-醇（5.03%）、3,7,11-三甲基-2,6,10-十二烷三烯-1-醇（4.87%）、1-十七醇（4.83%）、金合欢醇（4.56%）、2-羟基-3-甲基戊酸甲酯（4.34%）、13,16-十八碳二烯酸甲酯（4.12%）、3-羟基月桂酸（3.93%）、2-己基-1,1-二环丙烷-2-辛酸甲酯（3.86%）、环丙烷丙酯（3.71%）、2-甲基-1-

烷醇（3.69%）、2Z,6E-金合欢醇（3.63%）、12-甲基-亚麻醇（3.27%）、2-辛基环丙烷月桂酸甲酯（3.23%）、月桂基缩水甘油醚（3.21%）、5,7-十二烷二炔-1,12-二醇（3.14%）、香叶醇（3.11%）、(E)-10-十七碳烯基-8-辛炔酸甲酯（3.11%）、2,4,6-癸三烯酸乙酯（3.11%）、12-十六烯酸（2.88%）、三甲基十四烷（2.68%）、9,12-十八碳二烯酸甲酯（2.19%）、2'-己基-1,1'-环丙烷辛酸甲酯（2.16%）、己酸-2-苯乙酯（1.31%）、(Z)-油酸-2-四氢呋喃甲酯（1.27%）、2-羟基-3-甲基戊酸甲酯（1.16%）等；盛花期新鲜花香气的主要成分为：14-甲基-2,15-二烯基-1-亚麻醇（5.41%）、月桂烯（5.31%）、(Z)-橙花叔醇（5.13%）、(2E,6E)-3,7,11-三甲基-2,6,10-十二碳三烯-1-醇（4.92%）、9-烯基-十八碳氧基十八烯酸（4.36%）、6-甲基十八烷（4.26%）、3,7,11,15 四甲基 1,3,6,10,14-五烯基十六烷（4.14%）、12-甲基-2,13-十八烷二烯-1-醇（4.12%）、9-十六烯酸（3.98%）、12,15-十八碳二烯酸甲酯（3.87%）、1,2-二棕榈酰-sn-丙三醇（3.56%）、7-十六碳烯（3.21%）、肉豆蔻酸（3.21%）、9-十八烯酸（3.21%）、山嵛酸乙酯（3.12%）、十五烷（3.11%）、12,15-十八碳二烯酸甲酯（3.11%）、1,3,6,9-四烯十九烷（3.06%）、2'-己基-1,1'-二环丙烷-辛酸甲酯（2.97%）、18-甲基十九烷（2.14%）、己酸-2-苯乙酯（2.11%）、正辛硫醇（1.63%）、硬脂酸（1.34%）、安息香酸油酸酯（1.23%）、r2-羟基-3-甲基-甲戊酸酯（1.09%）、1,1-双十二烷氧基十六烷（1.05%）、2-[(9Z)-9-十八烯氧基]-乙醇（1.04%）等。

果实：刘开源等（2005）用水蒸气蒸馏法提取的新疆库尔勒产'红香酥'梨新鲜果实精油主要成分为：壬醛（30.81%）、丁羟基甲苯（30.47%）、α-金合欢烯（10.54%）、5-乙烯基-2-四氢呋喃甲醇（6.24%）、十五烷（4.87%）、糠醛（3.66%）等。陈计峦等（2007）用同时蒸馏萃取法提取的新疆库尔勒产库尔勒香梨新鲜果实精油的主要成分为：2-甲基-2-戊烯醛（17.10%）、油酸乙酯（6.40%）、十九烯（3.94%）、α-法呢烯（3.15%）、棕榈酸（2.76%）、乙酸乙酯（2.72%）等。

【利用】果实作水果供食用。

🌸 李

Prunus salicina Lindll

蔷薇科　李属

别名： 山李子、李子、嘉庆子、嘉应子、玉皇李、中国李

分布： 陕西、甘肃、四川、云南、贵州、湖北、湖南、江苏、浙江、江西、福建、广东、广西、台湾

【形态特征】落叶乔木，高9～12 m；冬芽卵圆形，红紫色，有数枚覆瓦状排列鳞片。叶片长圆倒卵形、长椭圆形，稀长圆卵形，长6～12 cm，宽3～5 cm，先端渐尖、急尖或短尾尖，基部楔形，边缘有圆钝重锯齿，常混有单锯齿，幼时齿尖带腺，叶面深绿色；托叶膜质，线形，先端渐尖，边缘有腺。花通常3朵并生；花直径1.5～2.2 cm；萼筒钟状；萼片长圆卵形，边有疏齿；花瓣白色，长圆倒卵形，先端啮蚀状，基部楔形，有带紫色脉纹，具短爪。核果球形、卵球形或近圆锥形，直径3.5～7 cm，黄色或红色，有时为绿色或紫色，梗凹陷入，外被蜡粉；核卵圆形或长圆形，有皱纹。花期4月，果期7～8月。

【生长习性】生于山坡灌丛中、山谷疏林中或水边、沟底、路旁等处，海拔400～2600 m。对气候的适应性强，只要土层较深，有一定的肥力，不论何种土质都可以栽种。对空气和土壤湿度要求较高，极不耐积水。宜选择土质疏松、土壤透气和排水良好、土层深和地下水位较低的地方建园。

【芳香成分】潘雪峰等（2005）用连续蒸馏法提取的李新鲜果实精油的主要成分为：6-烯壬醇（17.21%）、顺-4-烯癸酸乙酯（9.98%）、2-烯己醇（6.08%）、乙酸丁酯（5.62%）、十二烷酸（4.74%）、己酸丁酯（4.12%）、(E,Z)-2,4-二烯癸醇（3.91%）、2-烯癸醛（3.41%）、十七烷（2.25%）、1-甲基-4-(异丙烯基)-环己醇乙酸酯（2.24%）、丁子香酚（2.12%）、2,6,10,14-四甲基十六烷（2.03%）、十五烷（2.00%）、芳樟醇（1.91%）、4,5,6,7,8,8α-六氢化-8α甲基-2(1H)萘酮（1.85%）、二叔丁基对甲酚（1.84%）、乙酸己酯（1.78%）、壬酸（1.77%）、辛酸乙酯（1.73%）、乙酸-2-烯己醇酯（1.66%）、(E,E)-2,4-二烯癸醇（1.56%）、3-烯己醇（1.41%）、2-甲氧基苯酚乙酸酯（1.38%）、己酸（1.37%）、1,2,3,4-四甲基4-异丙烯基苯（1.35%）、二十一烷（1.23%）、乙酸-3-烯己醇酯（1.20%）、邻二苯甲酸二丁酯（1.04%）等。蔚慧等（2012）顶空固相微萃取法提取分析了不同品种李新鲜果肉的香气成分，'澳李'的主要成分为：己烷（15.66%）、2-丁氧基乙醇（9.65%）、2-壬烯醇（9.23%）、己醛（4.43%）、1-甲基环戊烷（3.04%）、甲基异丙基醚（2.92%）、乙醇（1.84%）、丁醇（1.74%）、乙酸乙酯（1.71%）、甲苯（1.22%）、丁酸-2,7-二甲基-2,6-辛二烯酯（1.21%）、2-甲氧基乙醇（1.17%）、乙酸丁酯（1.11%）、丙酮（1.00%）等；'女皇'的主要成分为：甲基异丙基醚（17.68%）、己烷（14.33%）、乙酸乙酯（4.56%）、2-壬烯醇（4.30%）、己醛（2.84%）、3-甲基戊烷（1.98%）、戊醛（1.72%）、乙醛（1.45%）、2-己烯醛（1.45%）、2-丁酮（1.11%）等；'大总统'

的主要成分为：乙醇（10.33%）、甲基异丙基醚（7.86%）、3-甲基戊烷（2.86%）、2-己烯醛（2.74%）、甲苯（2.56%）、乙酸乙酯（2.44%）、己醇（1.57%）、苯（1.34%）、己醛（1.30%）、乙醛（1.24%）等；'安哥诺'的主要成分为：己烷（20.14%）、乙醇（3.85%）、丁酸-2,7-二甲基-2,6-辛二烯酯（3.24%）、己醛（2.55%）、甲苯（2.36%）、乙酸乙酯（1.89%）、2-己烯醛（1.61%）、甲基异丙基醚（1.30%）、3-甲基戊烷（1.23%）、甲酸丙酯（1.21%）、戊醇（1.04%）等；'黑宝石'的主要成分为：乙醇（17.95%）、2-丁酮（4.74%）、乙酸-2-己烯酯（4.00%）、乙酸乙酯（3.15%）、己辛醚（2.94%）、丙酮（2.34%）、2,5-呋喃二酮（2.16%）、苯（2.10%）、乙醛（1.77%）、1-甲基-4-异丁基苯（1.76%）、己醛（1.30%）、戊醇（1.08%）、十二烷（1.00%）等；'秋姬'的主要成分为：乙醇（32.07%）、乙酸乙酯（14.36%）、乙醛（3.00%）、2-壬烯醇（1.98%）、己醛（1.69%）、甲苯（1.44%）、1,2-二甲基苯（1.18%）、乙基苯（1.04%）等。王华瑞等（2018）用二氯甲烷直接萃取法提取的山西太原产'黑宝石'李新鲜果肉香气的主要成分为：(E)-2-己烯醛（15.36%）、22,23-二氢豆甾醇（12.67%）、己醛（4.53%）、十二烷（4.46%）、二十九烷（3.14%）、癸烷（2.93%）、5-己基二氢-2(3H)-呋喃酮（2.22%）、(Z)-3-己烯基-1-醇（2.10%）、十四烷（1.93%）、(E)-2-己烯基-1-醇（1.34%）、二十烷（1.24%）、十六酸（1.04%）等。柴倩倩等（2011）用顶空固相微萃取法提取的辽宁营口产'蜜思'李（李与樱桃李的杂交种）果实香气的主要成分为：乙酸己酯（47.03μg·kg⁻¹FW）、乙酸-4-己烯酯（20.31μg·kg⁻¹FW）、乙酸丁酯（19.86μg·kg⁻¹FW）、壬醛（13.70μg·kg⁻¹FW）、乙酸-2-己烯酯（10.69μg·kg⁻¹FW）、己醛（9.60μg·kg⁻¹FW）、十六烷（6.62μg·kg⁻¹FW）、反-2-辛烯醛（6.46μg·kg⁻¹FW）、γ-癸内酯（6.24μg·kg⁻¹FW）、己酸丁酯（5.92μg·kg⁻¹FW）、辛醛（5.19μg·kg⁻¹FW）等。

【利用】果实供食用。果实入药，能活血祛痰、滑肠、利水，治跌打损伤、瘀血作痛、大便燥结、浮肿。根入药，能清热解毒、利湿、止痛，治牙痛、消渴、痢疾、白带。

❀ 樱桃李
Prunus cerasifera Ehrh.

蔷薇科　李属
别名： 樱李、紫叶李、红叶李、野酸梅
分布： 新疆

【形态特征】灌木或小乔木，高可达8 m；冬芽卵圆形，有数枚覆瓦状排列鳞片，紫红色。叶片椭圆形、卵形或倒卵形，长2～6 cm，宽2～6 cm，先端急尖，基部楔形或近圆形，边缘有圆钝锯齿，有时混有重锯齿；托叶膜质，披针形，先端渐尖，边有带腺细锯齿。花1朵，稀2朵；直径2～2.5 cm；萼筒钟状，萼片长卵形，边有疏浅锯齿；花瓣白色，长圆形或匙形，边缘波状，基部楔形。核果近球形或椭圆形，直径2～3 cm，黄色、红色或黑色，微被蜡粉，具有浅侧沟，黏核；核椭圆形或卵球形，先端急尖，浅褐带白色，表面平滑或粗糙或有时呈蜂窝状，背缝具沟，腹缝有时扩大具2侧沟。花期4月，果期8月。

【生长习性】生山坡林中或多石砾的坡地以及峡谷水边等处，海拔800～2000 m。

【精油含量】超临界萃取干燥茎的得油率为0.10%，干燥叶的得油率为0.22%。

【芳香成分】茎：卫强等（2016）用超临界CO_2萃取法提取的安徽合肥产樱桃李变型'红叶李'阴干茎精油的主要成分为：石竹烯（8.57%）、水杨酸甲酯（7.12%）、2-甲基-5-(1-甲基乙烯基)-2-环己烯-1-醇（7.00%）、环己烷（6.88%）、芳樟醇（6.76%）、月桂酸（6.06%）、α-蒎烯（3.82%）、正己烷（3.15%）、(Z)-2-己烯-1-醇（2.83%）、甲基环戊烷（2.79%）、1-辛烯-3-醇（2.70%）、β-蒎烯（2.66%）、乙酸冰片酯（2.66%）、(Z)-3-己烯醇（2.44%）、荜澄茄醇（2.22%）、杜松烯（2.17%）、十六碳烷（2.14%）、氧化石竹烯（2.06%）、邻羟基苯乙酮（1.07%）、α-松油醇（1.04%）等。

叶：卫强等（2016）用超临界CO_2萃取法提取的安徽合肥产樱桃李变型'红叶李'阴干叶精油的主要成分为：亚麻酸（14.26%）、油酸（13.96%）、亚麻醇（8.90%）、苯甲醛（7.72%）、2-氟苯甲酸-4-硝基苯酯酯（7.30%）、(Z)-3-己烯醇（6.68%）、肉豆蔻酸（6.57%）、植物醇（1.79%）、棕榈油酸（1.55%）、香叶醇（1.54%）、月桂酸（1.51%）、正十六烷酸（1.49%）、苯甲醇（1.47%）、10-乙酰甲基-(+)-3-蒈烯（1.46%）、水杨酸甲酯（1.39%）、(E,Z)-3,6-壬二烯-1-醇（1.35%）、正己醇（1.12%）、2,6-二甲基-2,4,6-辛三烯（1.07%）、(Z)-2-己烯-1-醇（1.04%）等。

果实：柴倩倩等（2011）用顶空固相微萃取法提取的辽宁营口产'红果'樱桃李果实香气的主要成分为：1-己醇（10.43μg·kg^{-1}FW）、反-2-己烯醇（4.59μg·kg^{-1}FW）、己

醛（3.71μg·kg^{-1}FW）、2-己烯醛（2.54μg·kg^{-1}FW）、壬醛（2.11μg·kg^{-1}FW）、辛醛（1.09μg·kg^{-1}FW）等。

【利用】为华北庭园常见观赏树木。果实供食用，是保健食品、功能性食品、固体食品以及饮料、糖果、糕点等极好的基料。果实也是提纯上好天然色素的基料。

🌸 龙芽草
Agrimonia pilosa Ledeb.

蔷薇科　龙芽草属
别名： 仙鹤草、脱力草、马鞭草、狼牙草、疏毛龙牙草、石打穿、爪香草、老鹳嘴、毛脚茵、施州龙牙草、金顶龙牙、路边黄、地仙草
分布： 全国各地

【形态特征】多年生草本。根多呈块茎状。茎高30～120 cm。叶为间断奇数羽状复叶，有小叶2～4对，向上减少至3小叶；小叶倒卵形至倒卵披针形，长1.5～5 cm，宽1～2.5 cm，顶端急尖至圆钝，基部楔形至宽楔形，边缘钝锯齿，叶背有显著腺点；托叶草质，镰形，边缘有尖锐锯齿或裂片，稀全缘，茎下部托叶有时卵状披针形，常全缘。花序穗状总状顶生；苞片通常深3裂，裂片带形，小苞片对生，卵形，全缘或边缘分裂；花直径6～9 mm；萼片5，三角卵形；花瓣黄色，长圆形。果实倒卵圆锥形，外面有10条肋，被疏柔毛，顶端有数层钩刺，连钩刺长7～8 mm，最宽处直径3～4 mm。花果期5～12月。

【生长习性】常生于溪边、路旁、草地、灌丛、林缘及疏林下，海拔100～3800 m。适应性较强，对土质要求不严，一般土壤都可种植。

【精油含量】水蒸气蒸馏干燥全草的得油率为0.27%。

【芳香成分】不同研究者用水蒸气蒸馏法提取的龙芽草全草的精油成分不同。李雅文等（2007）分析的干燥全草精油的主要成分为：表雪松醇（31.81%）、α-蒎烯（15.25%）、芳樟醇（5.29%）、乙酸龙脑酯（3.67%）、α-松油醇（3.60%）、樟脑（2.94%）、1-(2-呋喃)-1-己酮（2.22%）、麝香草酚（1.52%）、3,3,5,5-四甲基环己醇（1.51%）、莰烯（1.47%）、佛手油（1.40%）、桉树脑（1.32%）、2-亚环丙烷基-1,7,7-三甲基-二环[2,2,1]庚烷（1.26%）、α-雪松烯（1.21%）、广藿香醇（1.14%）等。杜成智等（2014）分析的浙江产龙芽草干燥全草精油的主要成分为：棕榈酸（22.23%）、柏木脑（9.31%）、左旋乙酸冰片

酯（7.15%）、亚麻仁醇（6.23%）、(-)-α-芹子烯（4.34%）、β-甜没药烯（4.08%）、亚油酸（3.67%）、(-)-α-人参烯（3.51%）、植物醇（3.21%）、橙花叔醇（2.61%）、(Z)-3,7,11-三甲基-1,6,10-十二烷三烯-3-醇（2.52%）、芳樟醇（2.36%）、ζ-芹子烯（2.21%）、乙酸香叶酯（2.06%）、蒎烯（1.97%）、反式石竹烯（1.54%）、α-松油醇（1.39%）、α-姜黄烯（1.39%）、ζ-古芸烯（1.00%）等。姚惠平等（2015）分析的湖南产龙芽草干燥全草精油的主要成分为：雪松醇（14.37%）、α-蒎烯（8.31%）、芳樟醇（5.72%）、1-(2-呋喃基)-己酮（4.87%）、α-松油醇（4.21%）、乙酸龙脑酯（3.72%）、桉油精（3.26%）、莰烯（3.21%）、α-香松烯（2.87%）、百秋李醇（2.17%）、L-樟脑（2.11%）、金合欢醇乙酸酯（1.73%）、邻苯二甲酸二丁酯（1.53%）、4-松油醇（1.47%）、α-荜澄茄醇（1.43%）、α-长叶蒎烯（1.42%）、香柠檬油（1.42%）、双戊烯（1.29%）、β-蒎烯（1.27%）、6,10,14-三甲基-2-十五烷酮（1.24%）、植物醇（1.15%）等。

【利用】全草、根及冬芽入药，具有止血、健胃、滑肠、止痢、杀虫的功效，主治脱力劳乏、妇女月经不调、红崩白带、胃寒腹痛、赤白痢疾、吐血、咯血、肠风、尿血、子宫出血、十二指肠出血等症；外用治痈疖疔疮。全草可提取仙鹤草素作止血药。幼嫩叶及嫩茎可食。

🌸 路边青

Geum aleppicum Jacq.

蔷薇科　路边青属

别名：水杨梅、山地果、兰布正、萝卜叶、哀罗马、五气朝阳草、南布正、头晕药、大蛇泡草、石见穿、散斗草、九龙穿、野荆菜、野芹菜

分布：黑龙江、吉林、辽宁、内蒙古、山西、陕西、甘肃、新疆、山东、河南、湖北、四川、贵州、云南、西藏

【形态特征】多年生草本。茎高30～100 cm，被粗硬毛。基生叶为大头羽状复叶，小叶2～6对，长10～25 cm，顶生小叶菱状广卵形或宽扁圆形，长4～8 cm，宽5～10 cm，顶端急尖或圆钝，基部宽心形至宽楔形，边缘浅裂，有不规则粗大锯齿，疏生粗硬毛；茎生叶羽状复叶，有时重复分裂，向上小叶渐少，顶生小叶披针形或倒卵披针形，顶端常渐尖或短渐尖，基部楔形；茎生叶托叶大，卵形，边缘有不规则粗大锯齿。花序顶生，疏散排列；花直径1～1.7 cm；花瓣黄色，几圆形；萼片卵状三角形，副萼片狭小，披针形。聚合果倒卵球形，瘦果被长硬毛，顶端有小钩；果托被短硬毛，长约1 mm。花果期7～10月。

【生长习性】生于山坡草地、沟边、地边、河滩、林间隙地及林缘，海拔200～3500 m。喜温暖湿润和阳光充足环境，较耐寒，不耐高温和干旱，耐水淹。

【精油含量】水蒸气蒸馏干燥全草的得油率为0.11%。

【芳香成分】李怀林等（2005）用水蒸气蒸馏法提取的吉林长白山产路边青干燥全草精油的主要成分为：2-甲氧基-3-烯丙基苯酚（9.52%）、4,4,7a-三甲基-5,6,7,7a-四氢-2(4H)-苯并呋喃酮（8.86%）、3,4-二甲氧基-2-乙氧基-1-苯丙烯（5.83%）、1,3,7,7-四甲基-9-氧代-2-氧杂二环[4,4,0]十烷-5-烯（4.50%）、2-甲基丁二酸二仲丁酯（4.20%）、1-十八烯（3.69%）、己二酸二异丁酯（3.39%）、丁二酸二异丁酯（2.98%）、3-甲氧基-4-羟基苯乙酮（2.88%）、5-甲基-2-叔丁基苯酚（2.65%）、3-甲氧基-4-羟基苯甲酸乙酯（2.50%）、4-烯丙基-2,6-二甲氧基苯酚（2.50%）、邻苯二甲酸二正丁酯（2.35%）、3-氧代-α-紫罗酮（2.25%）、4-甲基-2,6-二叔丁基苯酚（2.19%）、邻苯二甲酸二异丁酯（1.88%）、3-羟基-β-大马(士革)酮（1.86%）、3-氧代-α-紫罗醇（1.85%）、6,7-脱氢-7,8-二氢-3-氧代-α-紫罗醇（1.83%）、香草醛（1.66%）等。

【利用】全株可提制栲胶。全草或根入药，有祛风、除湿、止痛、镇痉的功效，用于肠炎、痢疾、肾虚腰痛、头晕眼花、虚火牙痛、虚弱咳嗽等症；外用治疗疮、痈肿。种子含干性油，可制肥皂和油漆。鲜嫩叶可食用。部分地区作大青叶用。

❀ 柔毛路边青

Geum japonicum Thunb. var. *chinense* F. Bolle

蔷薇科　路边青属

别名： 南水杨梅、柔毛水杨梅、蓝布正、水杨梅、追风七、五气朝阳草、鸭脚板

分布： 陕西、甘肃、新疆、山东、河南、江苏、安徽、浙江、江西、福建、湖北、湖南、广东、广西、四川、贵州、云南

【精油含量】水蒸气蒸馏新鲜全草的得油率为0.08%～0.13%；微波萃取新鲜全草的得油率为0.15%。

【芳香成分】张怡莎等（2008）用水蒸气蒸馏法提取的贵州产柔毛路边青新鲜全草精油的主要成分为：丁香酚（37.28%）、桃金娘醛（21.58%）、桃金娘烯醇（6.37%）、桃金娘烷醇（5.70%）、1,8-桉叶油素（4.30%）、E-桃金娘烯醇（1.48%）、桃金娘烯醛（1.42%）、水芹醛（1.28%）等。

【利用】全草、根入药，有降压、镇痉、止痛、消肿解毒的功效，用于小儿惊风、高血压症、跌打损伤、风湿痹痛、疮疖肿毒。嫩茎叶可作蔬菜食用。

【形态特征】多年生草本。茎高25～60 cm，被黄色短柔毛及粗硬毛。基生叶为大头羽状复叶，小叶1～2对，侧生小叶呈附片状，连叶柄长5～20 cm，顶生小叶最大，卵形或广卵形，浅裂或不裂，长3～8 cm，宽5～9 cm，顶端圆钝，基部阔心形或宽楔形，边缘有粗大圆钝或急尖锯齿，两面绿色，被稀疏糙伏毛，下部茎生叶3小叶，上部茎生叶单叶，3浅裂，裂片圆钝或急尖；茎生叶托叶草质，边缘有不规则粗大锯齿。花序疏散，顶生数朵，花直径1.5～1.8 cm；萼片三角卵形，副萼片狭小，椭圆披针形；花瓣黄色，几圆形，比萼片长。聚合果卵球形或椭球形，瘦果被长硬毛，果托被长硬毛，长约2～3 mm。花果期5～10月。

【生长习性】生于山坡草地、田边、河边、灌丛及疏林下，海拔200～2300 m。

🌸 毛叶木瓜
Chaenomeles cathayensis Schneid.

蔷薇科 木瓜属

别名: 木桃、木瓜海棠

分布: 陕西、甘肃、江西、湖北、湖南、四川、云南、贵州、广西

【形态特征】落叶灌木至小乔木，高2～6 m；枝条具短枝刺；冬芽三角卵形，先端急尖，紫褐色。叶片椭圆形、披针形至倒卵披针形，长5～11 cm，宽2～4 cm，先端急尖或渐尖，基部楔形至宽楔形，边缘有芒状细尖锯齿，有时近全缘；托叶草质，肾形、耳形或半圆形，边缘有芒状细锯齿，下面被褐色绒毛。花先叶开放，2～3朵簇生于2年生枝上，花直径2～4 cm；萼筒钟状；萼片卵圆形至椭圆形，先端圆钝至截形，全缘或有浅齿及黄褐色睫毛；花瓣倒卵形或近圆形，长10～15 mm，宽8～15 mm，淡红色或白色。果实卵球形或近圆柱形，长8～12 cm，宽6～7 cm，黄色有红晕，味芳香。花期3～5月，果期9～10月。

【生长习性】栽培或野生于山坡、林边、道旁，海拔900～2500 m。

【芳香成分】张詠等（2017）用水蒸气蒸馏法提取的云南云县产毛叶木瓜变型'白花木瓜'新鲜果实精油的主要成分为：α-松油醇（20.14%）、苯甲醛（10.43%）、芳樟醇（8.66%）、十六烷酸（6.30%）、癸酸（2.94%）、顺-呋喃型芳樟醇氧化物（2.56%）、4-癸烯酸甲酯（2.47%）、反-呋喃型芳樟醇氧化物（1.78%）、(Z)-9-十八碳烯酸甲酯（1.76%）、β-松油醇（1.68%）、己酸（1.67%）、2-甲基-6-亚甲基-7-辛烯-2-醇（1.54%）、4-甲氧基苯甲酸甲酯（1.50%）、(Z,Z)-9,12-十八碳二烯酸甲酯（1.49%）、苯并噻唑（1.41%）、(Z,Z)-9,12-十八碳二烯酸（1.38%）、十六烷酸甲酯（1.37%）、2,6-二甲基-5,7-辛二烯-2-醇异构体（1.36%）、γ-桉叶油醇（1.31%）、Z-11-十四碳烯酸甲酯（1.15%）、γ-松油醇（1.12%）、香叶醇（1.11%）等。

【利用】果实入药可作木瓜的代用品，有驱风、顺气、舒筋、止痛的功效。栽培于庭园供绿化用。

🌸 木瓜
Chaenomeles sinensis (Thouin) Koehne

蔷薇科 木瓜属

别名: 木梨、光皮木瓜、铁脚梨、土木瓜、梨木瓜、榠楂、木李、海棠

分布: 山东、江苏、浙江、安徽、湖北、江西、广东、广西、陕西、甘肃、云南等地

【形态特征】灌木或小乔木，高达5～10 m，树皮片状脱落；冬芽半圆形，先端圆钝，紫褐色。叶片椭圆卵形或椭圆长圆形，稀倒卵形，长5～8 cm，宽3.5～5.5 cm，先端急尖，基部宽楔形或圆形，边缘有刺芒状尖锐锯齿，齿尖有腺；托叶膜质，卵状披针形，先端渐尖，边缘具腺齿，长约7 mm。花单生于叶腋；花直径2.5～3 cm；萼筒钟状；萼片三角披针形，长6～10 mm，先端渐尖，边缘有腺齿，内面密被浅褐色绒毛，反折；花瓣倒卵形，淡粉红色。果实长椭圆形，长10～15 cm，暗黄色，木质，味芳香。花期4月，果期9～10月。

【生长习性】对土质要求不严，但在土层深厚、疏松肥沃、排水良好的砂质土壤中生长较好，低洼积水处不宜种植。喜半干半湿，在花期前后略干，见果后喜湿。不耐阴。喜温暖环境，在江淮流域可露地越冬。

【芳香成分】史亚歌等（2005）用水蒸气蒸馏法提取的陕西白河产木瓜新鲜果实精油的主要成分为：4-甲基-5-(1,3-二戊烯基)-二氢呋喃-2-酮（17.44%）、4-(3-羟基-3-甲基-1-丁炔)-苯甲酸甲酯（6.83%）、γ-癸内酯（6.57%）、正己醇（3.57%）、α-杜松醇（3.40%）、顺-11-十六烯酸（3.32%）、油酸（2.95%）、辛酸己酯（2.60%）、丁香酚甲醚（1.74%）、榄香素（1.66%）、棕榈酸（1.63%）、金合欢烯（1.61%）、二氢海癸内酯（1.44%）、异丁香酚甲醚（1.30%）、旋花碱（1.23%）、乙酸己酯（1.18%）、邻苯二甲酸二丁酯（1.04%）等。李育钟等（2012）用同法分

析的重庆綦江产木瓜新鲜成熟果实精油的主要成分为：亚油酸丙酯（6.81%）、反式-4-癸烯酸乙酯（5.36%）、10-十一碳烯酸乙酯（4.61%）、9-十八碳烯酸乙酯（4.50%）、α-金合欢烯（4.46%）、反式-9-十八碳烯酸异丙酯（4.13%）、L-抗坏血酸-2,6-二棕榈酸酯（3.69%）、十六酸乙酯（3.69%）、十三酸乙酯（3.14%）、7,10,13-二十碳三烯酸甲酯（3.07%）、(E)-9-十八碳烯酸甲酯（2.95%）、辛酸乙酯（2.43%）、癸酸乙酯（2.15%）、橙花椒醇（1.89%）、9-十六碳烯酸乙酯（1.77%）、辛酸异丙酯（1.71%）、棕榈酸异丙酯（1.52%）、棕榈酸甲酯（1.45%）、十二烷酸-10-十一烯-1-醇酯（1.30%）、9,12-十八碳二烯酸乙酯（1.20%）、5-十八碳烯酸甲酯（1.11%）、γ-桉叶醇（1.04%）等。孟祥敏等（2007）用同时蒸馏萃取法提取的陕西白河产'狮子头'木瓜果实精油的主要成分为：4-甲基-5-(1,3-二戊烯基)-四氢呋喃-2-酮（25.71%）、(Z)-3-己烯-1-醇（14.13%）、邻二甲苯（13.26%）、à-金合欢烯（7.02%）、乙苯（4.52%）、4-(6,6-二甲基-2-亚甲基-3-环己烯基叉）戊-2-醇（3.47%）、3-呋喃甲醛（2.85%）、(E)-2-己烯醛（1.80%）、二氢-β-紫罗兰醇（1.39%）、1,3,5-三甲基苯（1.27%）、己酸-5-己烯酯（1.23%）、正己醇（1.16%）、4-甲基-4-羟基-2-戊酮（1.06%）、2,6,10,10-四甲基-1-氧杂螺[4.5]癸-6-烯（1.04%）等；陕西杨凌产'玉兰'木瓜果实精油的主要成分为：4-甲基-5-(1,3-二戊烯基)-四氢呋喃-2-酮（17.72%）、4-(6,6-二甲基-2-亚甲基-3-环己烯基叉）戊-2-醇（10.68%）、(Z)-3-己烯-1-醇（7.26%）、(E)-2-己烯醛（5.68%）、二氢-β-紫罗兰醇（5.34%）、顺-2,4,5,6,7,7a-六氢-4,4,7a-三甲基-2-苯并呋喃甲醇（4.82%）、à-金合欢烯（4.64%）、(E)-2-己烯-1-醇（4.61%）、正己醇（4.57%）、2,6,6-三甲基-1-(3-甲基-1,3-丁二烯基)-1,3-环己二烯（4.06%）、2,5-二甲基-3-己炔-2,5-二醇（2.41%）、2,6,10,10-四甲基-1-氧杂螺[4.5]癸-6-烯（1.78%）、己醛（1.74%）、糠醛（1.73%）、二氢海葵内酯（1.69%）、乙酸-(E)-2-己烯-1-醇酯（1.44%）、1,2,3,4-四氢-1,1,6-三甲基-萘（1.35%）、乙酸叶醇酯（1.11%）、γ-癸内酯（1.10%）、2,4,5-三甲基-à-异丁基苯甲醇（1.01%）等。

【利用】果实作水果生食，也可加工成果汁、蜜饯、果酒、果醋等供食用。果实加工产品也可用作化工、化妆品、美容原料，作饲料或添加剂。果实入药，有解酒、去痰、顺气、止痢的功效，主要用于治疗湿痹拘挛、腰膝关节酸重疼痛、霍乱、大吐泻、转筋、脚气水肿等症。常被作为观赏树种栽培，或作为盆景在庭院或园林中栽培。可作嫁接海棠的砧木。木材可作床柱用。

西藏木瓜
Chaenomeles thibetica Yü

蔷薇科　木瓜属
分布：西藏、四川

【形态特征】灌木或小乔木，高达1.5～3 m；通常多刺，刺锥形，长1～1.5 cm；冬芽三角卵形，红褐色，先端急尖，有少数鳞片，在先端或鳞片边缘微有褐色柔毛。叶片革质，卵状披针形或长圆披针形，长6～8.5 cm，宽1.8～3.5 cm，先端急尖，基部楔形，全缘，叶面深绿色；托叶大形，草质，近镰刀形或近肾形，长约1 cm，宽约1.2 cm，边缘有不整齐锐锯齿，稀钝

锯齿，上面无毛，下面被褐色绒毛。花3～4朵簇生。果实长圆形或梨形，长6～11 cm，直径5～9 cm，黄色，味香；萼片宿存，反折，三角卵形，先端急尖，长约2 mm；种子多数，扁平，三角卵形，长约1 cm，宽约0.6 cm，深褐色。

【生长习性】生于海拔2600～2760 m的山坡山沟灌木丛中。
【精油含量】水蒸气蒸馏果实的得油率为0.02%。
【芳香成分】龚复俊等（2006）用水蒸气蒸馏法提取的西藏木瓜果实精油的主要成分为：十六酸（14.34%）、4-己基-2,5-二氢-2,5-二氧-3-呋喃乙酸（8.68%）、辛醛（6.52%）、壬酸（5.35%）、9,12-十八-二烯酸（5.20%）、9,12-十八-二烯酸甲酯（5.03%）、2-十二烯醛（2.95%）、苯甲醛（2.91%）、辛酸（2.86%）、十六酸甲酯（2.73%）、苯乙酸（1.80%）、壬醛（1.51%）、苯甲酸（1.37%）、十二酸（1.36%）、2-庚烯醛（1.33%）、庚酸（1.33%）、水杨酸甲酯（1.29%）、薄荷醇（1.08%）、辛醇（1.04%）等。

【利用】藏医用果实入药，具有舒经活络、和胃化湿、健胃的功效，用于治疗腰腿酸软、麻木、吐泻腹痛、腓肠肌痉挛、四肢抽搐等。果实作水果供食用，可切片制干，泡酒，制果脯

果酱，作菜肴及调味品等，也是制饮料、酿酒的原料。可作为嫁接苹果的砧木。可栽培供观赏，也有良好的水土保持功能，是高寒山区、退耕还林工程的主要树种。

皱皮木瓜
Chaenomeles speciosa (Sweet) Nakai

蔷薇科　木瓜属

别名：木瓜花、铁杆海棠、贴梗海棠、贴梗木瓜、铁角海棠、铁脚梨、木瓜、汤木瓜、宣木瓜

分布：陕西、甘肃、四川、贵州、云南、广东等地

【形态特征】落叶灌木，高达2 m，枝有刺；冬芽三角卵形，先端急尖，紫褐色。叶片卵形至椭圆形，稀长椭圆形，长3～9 cm，宽1.5～5 cm，先端急尖稀圆钝，基部楔形至宽楔形，边缘具尖锐锯齿；托叶草质，肾形或半圆形，长5～10 mm，宽12～20 mm，边缘有尖锐重锯齿。花先叶开放，3～5朵簇生于2年生老枝上；花直径3～5 cm；萼筒钟状；萼片半圆形，稀卵形，全缘或有波状齿或睫毛；花瓣倒卵形或近圆形，基部延伸成短爪，长10～15 mm，宽8～13 mm，猩红色，稀淡红色或白色。果实球形或卵球形，直径4～6 cm，黄色或带黄绿色，味芳香；萼片脱落，果梗短或近于无梗。花期3～5月，果期9～10月。

【生长习性】温带树种，喜温暖，较耐寒，忌高温，耐干旱。适应性强，喜光，也耐半阴。对土壤要求不严，在肥沃、排水良好的黏土、壤土中均可正常生长，忌低洼和盐碱地。

【精油含量】水蒸气蒸馏新鲜果实的得油率为0.02%。

【芳香成分】花：王金梅等（2010）用顶空固相微萃取法提取的河南开封产皱皮木瓜花精油的主要成分为：己二酸，双(2-乙基己基)酯（47.23%）、邻苯二甲酸二乙酯（6.04%）、正十六烷（3.45%）、正十四碳烷（2.99%）、2-甲基-十五烷（2.74%）、邻苯二甲酸二异丁酯（2.69%）、2,6-双(1,1-二甲基乙基)-4-(1-甲基丙基)-苯酚（2.35%）、(E)-4-(2,6,6-三甲基-1-环己烯-1-基)-3-丁烯-2-酮（2.23%）、十七碳烷（2.36%）、正十六酸（2.22%）、2-丙烯酸，十五烷基酯（2.17%）、十五烷（2.01%）、邻苯二甲酸二(2-乙基己基)酯（1.77%）、N，N-二甲基-1-十六胺（1.75%）、5-丙基十三烷（1.53%）、肉豆蔻酸异丙酯（1.12%）、苯甲醛（1.09%）、2,6,10,14-四甲基十五烷（1.05%）等。

果实：刘世尧等（2012）用水蒸气蒸馏法提取的重庆綦江产皱皮木瓜新鲜果实精油的主要成分为：11-十八烯酸异丙酯（15.69%）、L-抗坏血酸-2,6-二棕榈酸酯（12.03%）、油酸甲酯（7.23%）、亚油酸丙酯（6.67%）、棕榈酸异丙酯（6.17%）、亚油酸乙酯（5.52%）、14-甲基-十五烷酸甲酯（3.53%）、辛酸丙酯（3.41%）、油酸乙酯（2.07%）、Z-10-十一烯-1-醇乙酸酯（1.62%）、9-十六碳烯酸异丙酯（1.25%）、4-癸烯酸乙酯（1.17%）、(all-E)-2,6,10,15,19,23-六甲基-1,6,10,14,18,22-己烯-3-醇（1.17%）、月桂酸（1.08%）等。盖祥敏等（2007）用同时蒸馏萃取法提取的陕西咸阳产皱皮木瓜'长俊'果实精油的主要成分为：4-甲基-5-(1,3-二戊烯基)-四氢呋喃-2-酮（11.38%）、对二甲苯（7.66%）、3-甲基-1-乙基苯（7.43%）、4-甲基-1-乙基苯（6.90%）、丁香酚（4.69%）、顺-3,5,6,8a-四氢-2,5,5,8a-四甲基-2H-1-苯并吡喃（4.30%）、乙苯（3.84%）、(Z)-3-己烯-1-醇（3.20%）、(E)-2-己烯醛（3.18%）、3-呋喃甲醛（2.96%）、邻二甲苯（2.90%）、à-金合欢烯（2.74%）、己酸丁酯（2.54%）、辛酸丁酯（2.54%）、辛酸乙酯（2.51%）、对烯丙基苯甲醚（2.23%）、1,2,3,4-四氢-1,1,6-三甲基-萘（2.13%）、己酸乙酯（1.98%）、己酸（1.85%）、己酸己酯（1.38%）、à,à,4-三甲基-3-环己烯基-1-甲醇（1.36%）、1,2,3,4,4a,5,6,7-八氢-à,à,4a,8-四甲基-2-萘甲醇（1.34%）、2,2,6á,7-四甲基-双环[4.3.0]-1(9)，7-壬二烯-5-醇（1.25%）、1,3,5-三甲基苯（1.20%）、a，a,4-三甲基-3-环己烯基-1-甲醇（1.14%）、4-(6,6-二甲基-2-亚甲基-3-环己烯基叉)戊-2-醇（1.11%）等。

【利用】公园、庭院、校园、广场等道路两侧可栽植供观赏，可作绿篱，可制作盆景。果实供食用，也可制酒。果实入药，有驱风、舒筋、活络、镇痛、消肿、顺气的功效，用于腓肠肌痉挛、吐泻腹痛、风湿关节痛、腰膝酸痛。

🌸 枇杷

Eriobotrya japonica (Thunb.) Lindl.

蔷薇科　枇杷属

别名： 卢橘、卢桔、芦橘、金丸、芦枝

分布： 甘肃、陕西、河南、江苏、安徽、浙江、江西、湖北、湖南、四川、云南、贵州、广西、广东、福建、台湾

【形态特征】常绿小乔木，高可达 10 m；小枝密生锈色或灰棕色绒毛。叶片革质，披针形、倒披针形、倒卵形或椭圆长圆形，长 12～30 cm，宽 3～9 cm，先端急尖或渐尖，基部楔形或渐狭，上部边缘有疏锯齿，基部全缘，叶面多皱，叶背密生灰棕色绒毛；托叶钻形，有毛。圆锥花序顶生，长 10～19 cm，具多花；苞片钻形，密生锈色绒毛；花直径 12～20 mm；萼筒浅杯状，萼片三角卵形，有锈色绒毛；花瓣白色，长圆形或卵形，长 5～9 mm，宽 4～6 mm，基部具爪，有锈色绒毛。果实球形或长圆形，直径 2～5 cm，黄色或桔黄色；种子 1～5，球形或扁球形，直径 1～1.5 cm，褐色，种皮纸质。花期 10～12 月，果期 5～6 月。

【生长习性】喜光，稍耐阴。原产亚热带，要求较高的温度，喜温暖气候，稍耐寒，不耐严寒，年平均气温在 15～17 ℃，冬季不低于 -5 ℃，花期、幼果期不低于 0 ℃的地区都能生长良好。对土壤要求不严，适应性较广，以土层深厚疏松、肥沃、排水良好的土壤生长较好，土壤 pH6.0 为最适宜。

【精油含量】水蒸气蒸馏干燥叶的得油率为 0.05%～0.11%，干燥果核的得油率为 0.53%；超临界萃取干燥叶的得油率为 4.00%。

【芳香成分】叶：王义潮等（2011）用水蒸气蒸馏法提取的陕西西安产枇杷阴干叶精油的主要成分为：水杨酸甲酯（11.72%）、10,10-二甲基-2,6二（亚甲基）-双环[7.2.0]十一烷（7.95%）、香叶烯 D（5.35%）、顺-3-己烯-1-醇（5.30%）、环己酮（5.25%）、异桉叶油（5.07%）、β-倍半水芹烯（4.14%）、石竹烯（3.24%）、(1R)-(-)-桃金娘烯醛（2.82%）、2-甲氧基-4-乙烯基苯酚（2.64%）、苯甲醛（2.57%）、(1S,3R,5S)-(-)-2(10)品烯-3-醇（2.41%）、金合欢烷（2.06%）、2,6,11-三甲基十二烷（1.89%）、2,6,11-三甲基十二烷（1.64%）、正十五烷（1.63%）、3,8-二甲基十一烷（1.59%）、松油醇（1.58%）、甲基环己基二

甲基氧硅烷（1.55%）、香豆满（1.47%）、松香芹酮（1.30%）、顺式-马鞭草烯醇（1.17%）、苯甲醇（1.15%）等。台琪瑞等（2008）用同时蒸馏萃取法提取的云南产枇杷干燥叶精油的主要成分为：十六酸（13.79%）、(E)-橙花叔醇（10.95%）、亚麻醇（5.45%）、醋酸法呢基酯（3.09%）、(+)-香芹酮（2.56%）、植醇（2.41%）、榄香素（2.40%）、二氢猕猴桃内酯（2.37%）、2-己酰呋喃（2.23%）、α-红没药醇（1.93%）、2-甲氧基-4-乙烯苯酚（1.91%）、金合欢醇（1.82%）、己酸（1.67%）、二氢香豆素（1.20%）、2-己烯醛（1.14%）等。

花： 蒋际谋等（2013）用水蒸气蒸馏法提取的福建福州产'贵妃'枇杷干燥花精油的主要成分为：苯甲醛（56.01%）、壬醛（4.49%）、4-甲氧基苯甲酸甲酯（4.19%）、对苯二甲醚（3.13%）、顺式-1-甲基-2-甲基乙烯基环丁烷基乙醇（2.14%）、二甲基硫（2.12%）、(Z)-2-壬醛（1.56%）、辛醛（1.56%）、(R)-3,7-二甲基-6-辛烯醇（1.48%）、庚醛（1.35%）、对甲氧基苯甲酸乙酯（1.23%）等。

果实： 倪敏等（2013）用水蒸气蒸馏法提取的安徽黄山产枇杷新鲜果肉精油的主要成分为：棕榈酸（42.97%）、油酸（18.66%）、亚油酸（11.65%）、糠醛（5.55%）、油酸乙酯（2.86%）、十八碳-9,12-二烯酸乙酯（2.83%）、巴西酸亚乙酯（1.91%）、棕榈酸乙酯（1.50%）、7-十八碳烯酸甲酯（1.40%）、十七烷（1.12%）、亚油酸甲酯（1.00%）等。蒋际谋等（2014）用顶空固相微萃取法提取分析了福建福州产不同品种枇杷新鲜果肉的香气成分，'解放钟'的主要成分为：D-柠檬烯（65.78%）、(E)-2-己烯醛（5.22%）、正辛醛（3.14%）、邻-异丙基苯（2.00%）、正己醛（1.83%）、乙酸苏合香酯（1.52%）、4-萜烯醇（1.26%）、月桂烯（1.18%）等；'香甜'的主要成分为：D-柠檬烯（68.32%）、(E)-2-己烯醛（4.98%）、正辛醛（4.40%）、正己醛（2.38%）、邻-异丙基苯（1.33%）、2-甲基丁酸甲酯（1.23%）、月桂烯（1.23%）、庚酸烯丙酯（1.14%）、乙酸苏合香酯（1.03%）等；'香钟11号'的主要成分为：D-柠檬烯（65.08%）、(E)-2-己烯醛（6.21%）、正辛醛（4.30%）、正己醛（3.04%）、乙酸苏合香酯（1.40%）、2-甲基丁酸乙酯（1.24%）、桉叶油醇（1.24%）、邻-异丙基苯（1.20%）等；'钟香25号'的主要成分为：D-柠檬烯（62.59%）、(E)-2-己烯醛（9.64%）、正辛醛（3.65%）、正己醛（2.84%）、2-甲基丁酸酯（2.37%）、乙酸苏合香酯（1.30%）、4-异丙基甲苯（1.27%）、月桂烯（1.08%）、庚酸烯丙酯（1.02%）等。张巧等（2016）用

顶空固相微萃取法提取的浙江产'大红袍'枇杷新鲜果皮精油的主要成分为：反-2-己烯醛（26.59%）、己醛（19.79%）、壬醛（6.87%）、苯甲醛（5.13%）、正二十七烷（2.95%）、癸醛（2.74%）、6-乙基-2-甲基癸烷（2.37%）、正十九烷（2.26%）、十七烷（1.95%）、豆蔻酸异丙酯（1.67%）、邻苯二甲酸异丁基酯（1.60%）、2,6,10-三甲基十二烷（1.57%）、植烷（1.49%）、香叶基丙酮（1.44%）、3,4,5-三甲氧基肉桂酸甲酯（1.43%）、邻苯二甲酸二正丁酯（1.37%）、棕榈酸甲酯（1.35%）、棕榈酸乙酯（1.19%）、肉桂酸乙酯（1.18%）、十五烷（1.18%）、β-环柠檬醛（1.16%）、二十六烷（1.14%）、2-丙烯酸-3-(4-甲氧基苯基)-2-乙基己酯（1.11%）、苯乙醛（1.07%）等；干燥果皮精油的主要成分为：壬醛（31.47%）、β-紫罗酮（7.40%）、β-环柠檬醛（5.88%）、癸醛（4.76%）、苯甲醛（2.66%）、10-甲基-3-羟基-4-十一内酯（2.60%）、正辛醛（2.10%）、壬酸（1.93%）、正十五烷（1.67%）、2,2,6-三甲基环己酮（1.64%）、2,5-二甲基苯甲醛（1.50%）、辛酸（1.45%）、4-(2,6,6-三甲基-1,2-环氧环己基)-3-丁烯-2-酮（1.42%）、D-柠檬烯（1.35%）、香叶基丙酮（1.33%）、2,6,6-三甲基-1-环己烯基乙醛（1.28%）、丙酸，2-甲基壬基酯（1.15%）、反-2-壬烯醛（1.02%）等。

种子：李长虹等（2014）用水蒸气蒸馏法提取的安徽黄山产枇杷干燥果核（种子）精油的主要成分为：苯甲醛（65.31%）、苯甲酸（20.42%）、2,6,10,14-四甲基十六烷（1.55%）等。

【利用】果实为主要水果供食用，也可制成糖水罐头、蜜饯，或酿酒。叶供药用，有化痰止咳、和胃降气的功效，常与其他药材制成川贝枇杷膏。果实入药，有清热、润肺、止咳化痰等功效，常用于肺燥咳喘、吐逆、烦渴。栽培供观赏。木材供制木梳、手杖、农具柄、木棒等用材。种子可酿酒及提炼酒精。为极好的蜜源植物。

❀ 变叶海棠
Malus toringoides (Rehd.) Hughes

蔷薇科　苹果属
别名：大白石枣、泡楸子
分布：甘肃、四川、西藏

【形态特征】灌木至小乔木，高3～6 m；冬芽卵形，先端急尖，外被柔毛，紫褐色。叶片形状变异很大，通常卵形至长椭圆形，长3～8 cm，宽1～5 cm，先端急尖，基部宽楔形或近

心形，边缘有圆钝锯齿或紧贴锯齿，常具不规则3～5深裂，亦有不裂；托叶披针形，全缘，疏生柔毛。花3～6朵，近似伞形排列，苞片膜质，线形；花直径约2～2.5 cm；萼筒钟状，外面有绒毛；萼片三角披针形或狭三角形，先端渐尖，全缘，有白色绒毛；花瓣卵形或长椭倒卵形，长8～11 mm，宽6～7 mm，基部有短爪，表面有疏生柔毛或无毛，白色。果实倒卵形或长椭圆形，直径1～1.3 cm，黄色有红晕。花期4～5月，果期9月。

【生长习性】生于山坡丛林中，海拔2000～3000 m。既耐涝又耐旱，同时在耐盐性、耐热性方面具有多样性。

【芳香成分】冯涛等（2010）用顶空固相微萃取法提取的辽宁兴城产变叶海棠果实香气的主要成分为：(E)-2-己烯醛（38.60%）、乙醇（26.82%）、苯甲醛（8.68%）、己醛（7.90%）、(Z)-3-己烯醛（4.13%）、(E,E)-2,4-己二烯醛（3.04%）、(Z)-3-己烯-1-醇（2.42%）、2-甲基-1-丙醇（1.30%）等。

【利用】作苹果砧木利用。是良好的生态树种和恶劣地区的优良造林树种。具有较高的观赏价值。果实可食用、入药。叶片可制茶。

❀ 垂丝海棠
Malus halliana Koehne

蔷薇科　苹果属
分布：江苏、浙江、安徽、陕西、四川、云南、河南

【形态特征】乔木，高达5 m；冬芽卵形，先端渐尖，无毛或仅在鳞片边缘具柔毛，紫色。叶片卵形或椭圆形至长椭卵形，

长3.5～8 cm，宽2.5～4.5 cm，先端长渐尖，基部楔形至近圆形，边缘有圆钝细锯齿，叶面深绿色，有光泽并常带紫晕；托叶小，膜质，披针形。伞房花序，具花4～6朵，紫色；花直径3～3.5 cm；萼片三角卵形，长3～5 mm，先端钝，全缘，外面无毛，内面密被绒毛，与萼筒等长或稍短；花瓣倒卵形，长约1.5 cm，基部有短爪，粉红色，常在5数以上。果实梨形或倒卵形，直径6～8 mm，略带紫色，成熟很迟，萼片脱落；果梗长2～5 cm。花期3～4月，果期9～10月。

【生长习性】生于山坡丛林中或山溪边，海拔50～1200 m。喜阳光，不耐阴，也不甚耐寒，喜温暖湿润环境，适生于阳光充足、背风之处。土壤要求不严，微酸或微碱性土壤均可成长，土层深厚、疏松、肥沃、排水良好略带黏质的生长更好。不耐水涝。

【精油含量】水蒸气蒸馏干燥叶的得油率为1.87%；超临界萃取干燥叶的得油率为2.10%。

【芳香成分】叶：卫强等（2015）用水蒸气蒸馏法提取的安徽合肥产垂丝海棠干燥叶精油的主要成分为：反式乙酸菊烯酯（60.46%）、β-柏木烯（4.01%）、α-柏木烯（3.76%）、马鞭烯醇（3.44%）、1,5-二异丙烯基-4-(1-甲基-2-丙烯基)环己烯（2.97%）、石竹烯（2.13%）、樟脑（2.09%）、1,8-桉叶素（1.91%）、龙脑（1.79%）、4-萜品醇（1.31%）、1,3-二新戊基-2,4,6-三甲基-苯（1.23%）等。

花：苑鹏飞等（2010）用顶空固相微萃取法提取的河南开封产垂丝海棠阴干花精油的主要成分为：9-十八烯酸（23.98%）、十五烷（13.15%）、十四烷（5.76%）、苯甲醇（4.96%）、壬醛（4.80%）、2-甲基十二烷（4.54%）、苯甲醛（4.47%）、十六烷（4.24%）、正十六烷酸（4.02%）、癸醛（3.06%）、苯乙醇（2.80%）、(Z,Z)-9,12-十八碳二烯酸（2.58%）、2,6,10-三甲基十二烷（2.08%）、二十三烷（1.97%）、(Z)-6,10-二甲基-5,9-十一碳二烯-2-酮（1.45%）、5-丙基-十三烷（1.45%）、(E)-肉桂醛（1.34%）、石竹烯（1.26%）、十七烷（1.26%）、十三烷（1.11%）、2-甲基-十五烷（1.08%）、二十一烷（1.01%）等。

【利用】花入药，有调经和血的功效，主治血崩。园林栽培供观赏，也是制作盆景的材料，花枝可供瓶插及其他装饰之用。果实可食，可制蜜饯。

❀ 海棠花

Malus spectabilis (Ait.) Borkh.

蔷薇科　苹果属

别名：海棠

分布：河北、山东、陕西、江苏、浙江、云南等地

【形态特征】乔木，高可达8 m；冬芽卵形，先端渐尖，微被柔毛，紫褐色，有数枚外露鳞片。叶片椭圆形至长椭圆形，长5～8 cm，宽2～3 cm，先端短渐尖或圆钝，基部宽楔形或近圆形，边缘有紧贴细锯齿；托叶膜质，窄披针形，先端渐尖，全缘。花序近伞形，有花4～6朵；苞片膜质，披针形，早落；

花直径4~5 cm；萼片三角卵形，先端急尖，全缘，内面密被白色绒毛；花瓣卵形，长2~2.5 cm，宽1.5~2 cm，基部有短爪，白色，在芽中呈粉红色。果实近球形，直径2 cm，黄色，萼片宿存，基部不下陷，梗洼隆起；果梗细长，先端肥厚，长3~4 cm。花期4~5月，果期8~9月。

【生长习性】生于平原或山地，海拔50~2000 m。喜阳光，不耐阴，忌水湿。极耐寒，对严寒及干旱气候有较强的适应性，在-15 ℃也能生长的很好。对二氧化硫有非常强的抗性。

【芳香成分】王明林等（2006）用固相微萃取法提取的山东泰安产海棠花新鲜叶片精油的主要成分为：顺-3-己烯-1-醇乙酸酯（45.88%）、4-甲基-2,6-二叔丁基苯酚（8.85%）、邻苯二甲酸二乙酯（8.52%）、1-十四碳烯（1.80%）、3,5-二甲基庚烷（1.75%）、顺-3-己烯-1-醇丁酸酯（1.35%）等。

【利用】为著名观赏树种，也是制作盆景的材料，切枝可供瓶插及其他装饰之用。果实可鲜食或制作蜜饯。

🌸 花红

Malus asiatica Nakai

蔷薇科　苹果属

别名： 白果子、半夏、槟子、槟楸、槟果、冬果、果楸、花脸沙果、净面沙果、林檎、冷沙果、奈子、蜜果、秋果、沙果、热沙果、夏果、松子、文林郎果、小苹果、智慧果

分布： 内蒙古、辽宁、河北、河南、山东、山西、陕西、甘肃、湖北、四川、贵州、云南、新疆

【形态特征】小乔木，高4~6 m；冬芽卵形，先端急尖，灰红色。叶片卵形或椭圆形，长5~11 cm，宽4~5.5 cm，先端急尖或渐尖，基部圆形或宽楔形，边缘有细锐锯齿，叶背密被短柔毛；托叶小，膜质，披针形。伞房花序具花4~7朵，集生在小枝顶端；花直径3~4 cm；萼筒钟状，外面密被柔毛；萼片三角披针形，全缘，内外两面密被柔毛；花瓣倒卵形或长圆倒卵形，长8~13 mm，宽4~7 mm，基部有短爪，淡粉色。果实卵形或近球形，直径4~5 cm，黄色或红色，先端渐狭，不具隆起，基部陷入，宿存萼肥厚隆起。花期4~5月，果期8~9月。品种很多，果实形状、颜色、香味、成熟期都相差很大。

【生长习性】适宜生长于山坡阳处、平原沙地，海拔50~2800 m。生长旺盛，抗逆性强。喜光，耐寒，耐干旱，亦耐水湿及盐碱。适生范围广，在土壤排水良好的坡地生长尤佳，对土壤肥力要求不严。

【芳香成分】李慧峰等（2012）用静态顶空萃取法提取分析

了山东泰安产不同品种花红新鲜成熟果实的香气成分，'泰山'的主要成分为：1-己醇（34.81%）、1-丁醇（25.97%）、乙酸己酯（12.99%）、乙酸丁酯（10.13%）、2-甲基-1-丁醇（2.60%）、2-丁烯醛（2.08%）、3-羟基-2-丁酮（1.82%）、己醛（1.56%）、丁酸丁酯（1.30%）、2-丁醇（1.04%）、3-甲基-1-丁醇（1.04%）、丁酸乙酯（1.04%）等；'秋风蜜'的主要成分为：己酸乙酯（40.14%）、丁酸乙酯（38.39%）、2-甲基丁酸乙酯（9.05%）、丙酸乙酯（3.57%）、乙酸乙酯（3.00%）等；'一窝蜂'的主要成分为：乙酸己酯（23.85%）、丁酸乙酯（20.77%）、己酸乙酯（13.85%）、2-甲基丁酸乙酯（8.46%）、乙酸-2-甲基丁酯（7.69%）、乙酸乙酯（6.92%）、乙酸丁酯（3.08%）、丁酸甲酯（3.08%）、乙醇（2.31%）、丙酸乙酯（2.31%）、2-甲基丁酸甲酯（2.31%）、1-己醇（1.54%）、(E)-2-甲基-2-丁烯酸乙酯（1.54%）等；'大花红'的主要成分为：1-己醇（34.77%）、2-甲基-1-丁醇（23.85%）、1-丁醇（18.81%）、α-法呢烯（5.89%）、2-甲基丁酸乙酯（2.57%）、丁酸乙酯（1.65%）、2-甲基丁酸甲酯（1.56%）、丁醛（1.38%）、2-甲基丁酸己酯（1.38%）、2-丁醇（1.28%）等；'小花红'的主要成分为：丁酸乙酯（40.90%）、2-甲基丁酸乙酯（22.86%）、乙酸乙酯（8.33%）、1-己醇（7.49%）、丙酸乙酯（6.12%）、1-丁醇（4.59%）、丁酸甲酯（3.29%）、2-甲基-1-丁醇（2.68%）、2-羟基丙酸丁酯（2.37%）、3-羟基-2-丁酮（1.76%）、乙醇（1.53%）等；'莱芜'的主要成分为：丁酸乙酯（25.06%）、丁酸己酯（15.40%）、乙酸己酯（14.94%）、1-己醇（12.41%）、1-丁醇（8.73%）、乙酸丁酯（6.09%）、乙酸乙酯（3.56%）、丁酸乙酯（3.10%）、乙醇（1.03%）、1-戊醇（1.03%）、丙酸乙酯（1.03%）、2-甲基丁酸乙酯（1.03%）等。

【利用】果实供鲜食，并可加工成果干、果丹皮、果酒食用。为花果并美的观赏树木之一。

苹果
Malus pumila Mill.

蔷薇科　苹果属
别名：柰、西洋苹果、平安果、智慧果、平波、超凡子、天然子、苹婆、滔婆
分布：辽宁、河北、山西、山东、陕西、甘肃、四川、云南、西藏等地区

【形态特征】乔木，高可达15 m；冬芽卵形，先端钝，密被短柔毛。叶片椭圆形、卵形至宽椭圆形，长4.5～10 cm，宽3～5.5 cm，先端急尖，基部宽楔形或圆形，边缘具有圆钝锯齿；托叶草质，披针形，先端渐尖，全缘，密被短柔毛，早落。伞房花序，具花3～7朵，集生于小枝顶端；苞片膜质，线状披针形，先端渐尖，全缘，被绒毛；花直径3～4 cm；萼筒外面密被绒毛；萼片三角披针形或三角卵形，先端渐尖，全缘，两面密被绒毛；花瓣倒卵形，长15～18 mm，基部具短爪，白色，含苞未放时带粉红色。果实扁球形，直径在2 cm以上，先端常有隆起，萼洼下陷，萼片永存，果梗短粗。花期5月，果期7～10月。

【生长习性】适生于山坡梯田、平原矿野以及黄土丘陵等处，海拔50～2500 m。喜光，喜微酸性到中性土壤，最适pH6.5。适于土层深厚、富含有机质、心土通气排水良好的砂质土壤。喜欢气候凉爽干燥、阳光充足、昼夜温差大的环境。耐寒性强。

【精油含量】同时蒸馏萃取阴干花的得油率为0.70%。
【芳香成分】叶：王明林等（2006）用固相微萃取法提取的山东泰安产苹果新鲜叶片精油的主要成分为：顺-3-己烯-1-醇乙酸酯（75.20%）、α-法呢烯（5.51%）、顺-3-己烯-1-醇丁酸酯（4.58%）、顺-3-己烯-1-醇（2.32%）、顺-3-己烯-1-醇-2-甲基丁酸酯（1.97%）等。

花：陈欣（2003）用同时蒸馏萃取法提取的辽宁海城产'黄元帅'苹果阴干花精油的主要成分为：苯乙醇（34.88%）、

苯甲醇（23.32%）、苯乙醛（16.24%）、癸醛（8.69%）、壬醛（5.68%）、壬烷（4.74%）、3,7-二甲基-1,3,7-辛三烯（2.16%）、十二烷（1.77%）、2,6,6-三甲基-2-丁烯环乙二烯（1.25%）、辛醛（1.13%）等。

果实：阎振立等（2005）用水蒸气蒸馏法提取分析了河南济源产不同品种苹果果实的精油成分，'华冠'的主要成分为：乙醇（14.89%）、乙酸乙酯（14.76%）、正丙醇（12.21%）、异丙醇（10.45%）、正丁醇（9.91%）、丙酮（7.19%）、甲醇（6.10%）、乙醚（4.54%）、正己烷（3.15%）、二十七烷（2.82%）、1-甲氧基丁烷（2.57%）、1,2-苯二羧酸二异辛酯（1.39%）、丙酸乙酯（1.02%）等；'金冠'的主要成分为：乙醇（14.94%）、乙酸乙酯（14.23%）、正丙醇（10.53%）、异丙醇（9.54%）、丙酮（8.89%）、二十八烷（6.40%）、乙醚（5.22%）、正己烷（5.19%）、1-甲氧基丁烷（3.14%）、甲醇（2.60%）、己化过氧氢（2.19%）、十六烷酸（2.18%）、二十七烷（2.14%）、丙酸乙酯（1.42%）、甲苯（1.32%）、十六碳烯酸-1-甲基-乙基酯（1.17%）等；'富士'的主要成分为：十六烷酸（14.87%）、二十七烷（13.57%）、1,3,5-环庚三烯（8.41%）、2,6,6-三甲基-3,1,1-双环庚烷（6.53%）、乙酸（6.01%）、十六碳烯酸-1-甲基-乙基酯（5.12%）、乙醇（4.74%）、1-甲基-3-[1-甲基-乙基]苯（3.64%）、邻二甲苯（2.93%）、乙苯（1.92%）、甲基羟内二酸（1.81%）、丁基羟基甲苯（1.73%）、丙酮（1.59%）、1-甲基-4-[1-甲基-乙烯基]环己烯（1.48%）、2-呋喃甲醛（1.14%）等。史清龙等（2005）用溶液萃取法提取分析了陕西关中产不同品种苹果果实的精油成分，'红富士'的主要成分为：à-法呢烯（17.38%）、(S)-2-甲基-1-丁醇（3.96%）、1,3-辛二醇（2.09%）、异丙基亚油酸（1.81%）、己酸己酯（1.45%）、1-己醇（1.43%）、己醛（1.39%）、二十烷酸（1.23%）、丁酸乙酯（1.10%）、1-甲基乙酸-1-丁酯（1.05%）等；'秦冠'的主要成分为：à-法呢烯（15.52%）、庚酸辛酯（2.84%）、丁酸乙酯（2.62%）、异丙基亚油酸（2.03%）、(S)-2-甲基-1-丁醇（1.64%）、亚油酸乙酯（1.21%）、乙酸丁酯（1.07%）等；'粉红女士'的主要成分为：8,11-二烯十八酸甲酯（18.40%）、à-法呢烯（12.78%）、十八烯酸己酯（5.55%）、1,3-辛二醇（4.29%）、1-己醇（3.40%）、二十八烷烃（3.15%）、异丙基亚油酸（2.78%）、(S)-2-甲基-1-丁醇（1.66%）、乙酸己酯（1.62%）、2-甲基己酯（1.01%）等。孙承锋等（2015）用固相微萃取法提取分析了山

东烟台产不同品种苹果新鲜果实的香气成分，'烟富三'的主要成分为：2-己烯醛（34.19%）、α-法呢烯（15.28%）、2-甲基丁基乙酸酯（8.04%）、己醛（4.99%）、己酸丁酯（4.29%）、2-甲基丁酸己酯（4.07%）、1-己醇（3.90%）、乙酸丁酯（3.67%）、乙酸己酯（3.58%）、己酸己酯（2.81%）、1-丁醇（2.09%）、己酸乙酯（1.47%）、2-己烯-1-醇乙酸酯（1.13%）、2-癸烯醛（1.12%）、2-己烯醇（1.07%）等；'丹霞'的主要成分为：2-己烯醛（19.43%）、α-法呢烯（12.41%）、1-丁醇（8.21%）、1-己醇（7.25%）、乙酸丁酯（5.85%）、己醛（5.17%）、己酸丁酯（4.72%）、乙酸己酯（3.49%）、丁酸乙酯（3.43%）、2-甲基丁酸己酯（3.05%）、丁酸丁酯（2.59%）、对-烯丙基苯甲醚（2.19%）、2-甲基丁基乙酸酯（2.03%）、己酸己酯（1.95%）、2-甲氧基-3-(2-丙烯基)-苯酚（1.56%）、2-癸烯醛（1.49%）、1-壬醇（1.24%）、1-十二醇（1.19%）、丁酸丁酯（1.15%）、壬醛（1.09%）等；'斗南'的主要成分为：2-己烯醛（27.88%）、α-法呢烯（12.98%）、己醛（6.21%）、1-己醇（5.82%）、乙酸丁酯（5.29%）、乙酸己酯（5.11%）、己酸丁酯（3.27%）、丁酸己酯（3.24%）、己酸己酯（2.76%）、1-丁醇（2.65%）、辛醛（2.61%）、2-己烯醇（2.44%）、2-己烯-1-醇乙酸酯（1.92%）、丁酸丁酯（1.77%）、乙酸（1.74%）、对-烯丙基苯甲醚（1.56%）、1-辛硫醇（1.46%）、丁酸乙酯（1.37%）、2-癸烯醛（1.28%）、2-十一烯醛（1.13%）、壬醛（1.12%）、2-甲基丁基乙酸酯（1.10%）等；'甘红'的主要成分为：2-己烯醛（19.30%）、2-甲基丁基乙酸酯（10.40%）、2-甲基丁酸己酯（10.20%）、α-法呢烯（9.97%）、乙酸丁酯（6.43%）、丁酸己酯（6.38%）、1-丁醇（6.36%）、1-己醇（4.65%）、己酸己酯（4.48%）、乙酸己酯（3.46%）、己醛（2.58%）、己酸丁酯（2.53%）、苯甲醚（2.16%）、丁酸丁酯（1.53%）、1-十二醇（1.08%）等；'华帅'的主要成分为：2-己烯醛（14.26%）、2-甲基丁基乙酸酯（12.58%）、乙酸丁酯（9.15%）、1-丁醇（6.74%）、己酸丁酯（6.35%）、己醛（5.96%）、1-己醇（5.21%）、乙酸己酯（5.10%）、丁酸己酯（4.89%）、2-甲基丁酸己酯（4.60%）、α-法呢烯（2.85%）、1-十二醇（2.06%）、丁酸丁酯（1.74%）、对-烯丙基苯甲醚（1.69%）、己酸己酯（1.57%）、2-癸烯醛（1.32%）、己酸乙酯（1.24%）、2-羟基十四烷酸（1.01%）、4-(2-丙烯基)-苯酚（1.00%）等；'极早熟富士'的主要成分为：2-己烯醛（24.16%）、2-甲基丁基乙酸酯（11.94%）、乙酸丁酯（11.74%）、己醛（7.36%）、1-己醇（7.10%）、己酸丁酯（6.88%）、乙酸己酯（6.14%）、α-法呢烯（4.76%）、1-丁醇（4.34%）、丁酸己酯（1.80%）、2-甲基丁酸己酯（1.29%）、己酸己酯（1.03%）等；'凉香'的主要成分为：2-己烯醛（14.88%）、α-法呢烯（13.96%）、乙酸丁酯（11.42%）、2-甲基丁基乙酸酯（11.42%）、1-己醇（6.31%）、2-甲基丁酸己酯（5.80%）、乙酸己酯（4.58%）、己酸丁酯（3.94%）、己酸己酯（3.69%）、己醛（3.58%）、丁酸己酯（3.35%）、1-丁醇（2.33%）、1-十二醇（1.94%）、2-己烯-1-醇乙酸酯（1.72%）、丁酸丁酯（1.26%）等；'皮诺娃'的主要成分为：2-己烯醛（25.11%）、乙酸丁酯（11.85%）、α-法呢烯（11.63%）、己酸丁酯（7.25%）、1-己醇（7.16%）、己醛（6.21%）、2-甲基丁酸己酯（5.62%）、乙酸己酯（4.55%）、己酸己酯（3.78%）、1-丁醇（3.11%）、丁酸己酯（2.89%）、2-甲基丁基乙酸酯（2.45%）、2-己烯-1-醇乙酸酯（1.61%）、对-烯丙基苯甲醚（1.01%）等；'烟富一'的主要

成分为：2-己烯醛（23.52%）、2-甲基丁基乙酸酯（8.00%）、1-己醇（6.89%）、乙酸丁酯（6.73%）、己酸丁酯（6.40%）、乙酸己酯（5.78%）、2-己烯醇（5.35%）、己醛（4.56%）、α-法呢烯（3.67%）、1-丁醇（3.34%）、1-十二醇（3.22%）、乙醛（2.43%）、己酸乙酯（2.10%）、2-十一烯醛（2.01%）、壬醛（1.75%）、2-癸烯醛（1.62%）、丁酸己酯（1.35%）、丁酸丁酯（1.28%）、庚酸乙酯（1.14%）等；'阳光'的主要成分为：2-己烯醛（19.78%）、乙酸丁酯（11.70%）、1-己醇（8.14%）、α-法呢烯（6.72%）、己酸己酯（4.44%）、己酸丁酯（4.30%）、2-甲基丁基乙酸酯（3.62%）、乙酸己酯（3.43%）、乙酸（3.36%）、己醛（3.30%）、1-丁醇（3.27%）、1-十二醇（2.55%）、对-烯丙基苯甲醚（1.75%）、丁酸己酯（1.51%）、2-甲基丁酸己酯（1.45%）、2-己烯-1-醇乙酸酯（1.43%）、2-己烯醇（1.38%）、乙醛（1.35%）、辛酸己酯（1.32%）、2-癸烯醛（1.28%）、2-十一烯醛（1.08%）等；'最良短富'的主要成分为：2-己烯醛（40.34%）、2-甲基丁基乙酸酯（7.68%）、α-法呢烯（7.16%）、乙酸己酯（5.46%）、己醛（5.14%）、1-己醇（4.06%）、乙酸丁酯（4.16%）、己酸丁酯（4.11%）、2-甲基丁酸己酯（2.64%）、2-癸烯醛（1.70%）、壬醛（1.66%）、1-丁醇（1.52%）、2-十一烯醛（1.40%）、1-十二醇（1.39%）、丁酸己酯（1.38%）、2-己烯-1-醇乙酸酯（1.01%）等。刘珩等（2017）用同法分析了新疆阿克苏产不同品种苹果新鲜果肉的香气成分，'新富1号'的主要成分为：乙酸乙酯（28.62%）、乙酸丁酯（16.88%）、丁酸乙酯（11.69%）、2-甲基丁酸丁酯（8.92%）、乙酸己酯（6.71%）、2-甲基丁酸乙酯（3.61%）、丙酸乙酯（2.97%）、1-丁醇（2.61%）、正戊酸己酯（2.44%）、法呢烯（2.15%）、1-己醇（1.72%）、丁酸甲酯（1.33%）、丁酸-2-甲基-1-甲基乙酯（1.32%）、2-甲基丁酸丁酯（1.18%）、己酸乙酯（1.14%）等；'长富2号'的主要成分为：2-甲基丁酸乙酯（18.65%）、丁酸乙酯（10.52%）、2-甲基丁酸-1-甲基乙酯（6.82%）、正戊酸己酯（6.47%）、2-甲基-1-丁醇（6.47%）、乙酸己酯（6.02%）、丙酸乙酯（5.78%）、乙酸丁酯（3.22%）、2-甲基丁酸甲酯（3.08%）、丁酸丙酯（2.57%）、1-己醇（2.18%）、2-甲基丁酸丁酯（1.88%）、1-丁醇（1.86%）、2-甲基丁酸丁酯（1.75%）、2-甲基-丁酸-2-甲基丁酯（1.67%）、丁酸甲酯（1.53%）、己酸乙酯（1.35%）、法呢烯（1.18%）、乙酸乙酯（1.16%）、丙酸丙酯（1.12%）等；'早富1号'的主要成分为：乙酸乙酯（22.83%）、乙酸丁酯（9.56%）、2-甲基乙酸丁酯（7.96%）、1-丁醇（7.73%）、乙酸丙酯（6.96%）、乙醇（6.81%）、2-甲基-1-丁醇（6.13%）、正戊酸己酯（5.97%）、乙酸己酯（5.63%）、1-己醇（3.04%）、2-甲基丁酸乙酯（3.02%）、丁酸-2-甲基-1-甲乙酯（2.84%）、2-甲基丁酸丁酯（2.71%）、丁酸乙酯（1.38%）等。唐岩等（2017）用同法分析的山东烟台产'红将军'苹果新鲜果实香气的主要成分为：α-法呢烯（40.58%）、己酸己酯（13.82%）、乙酸己酯（7.52%）、2-甲基丁基乙酸酯（5.26%）、正己醇（4.97%）、2-己烯醛（4.88%）、2-甲基丁酸己酯（4.81%）、己酸丁酯（4.72%）、乙酸丁酯（3.28%）、十甲基环戊硅氧烷（1.49%）、2-甲基-1-丁醇（1.34%）、正己醛（1.14%）等。王超等（2016）用同法分析的山东烟台产'富士'苹果新鲜果实香气的主要成分为：乙酸己酯（19.46%）、2-甲基乙酸丁酯（18.38%）、2-甲基-丁酸己酯（10.96%）、乙酸丁酯（4.17%）、己酸乙酯（3.55%）、2-甲基丙酸己酯（2.62%）、己酸己酯（2.40%）、乙酸戊酯（2.02%）、2-

甲基-丁酸乙酯（1.43%）、丁酸乙酯（1.27%）、2-己烯-1-醇乙酸酯（1.26%）、丁酸丁酯（1.14%）、2-甲基丁酸-2-甲基丁酯（1.05%）、2-甲基-1-甲基乙基丁酸酯（1.02%）等。

种子：姜艳萍等（2010）用水蒸气蒸馏法提取的陕西白水产苹果种子精油的主要成分为：亚油酸（73.84%）、十六酸（11.82%）、17-三十五烯烃（1.45%）、穿贝海绵甾醇（1.29%）、苯甲醛（1.19%）等。

【利用】果实为重要水果。果实药用，具有补血益气、止渴生津和开胃健脾的功效，对消化不良、食欲欠佳、胃部饱闷、气壅不通者，生吃或挤汁服之，可消食顺气、增加食欲。有较高的观赏价值。

🌸 楸子

Malus prunifolia (Willd.) Borkh.

蔷薇科　苹果属
别名：东北黄海棠、海棠果、山楂
分布：河北、山东、山西、河南、陕西、甘肃、辽宁、内蒙古等地

【形态特征】小乔木，高3～8 m；冬芽卵形，先端急尖，紫褐色，有数枚外露鳞片。叶片卵形或椭圆形，长5～9 cm，宽4～5 cm，先端渐尖或急尖，基部宽楔形，边缘有细锐锯齿。花4～10朵，近似伞形花序；苞片膜质，线状披针形，先端渐尖；

花直径4~5cm；萼筒外面被柔毛；萼片披针形或三角披针形，长7~9cm，先端渐尖，全缘，两面均被柔毛；花瓣倒卵形或椭圆形，长约2.5~3cm，宽约1.5cm，基部有短爪，白色，含苞未放时粉红色。果实卵形，直径2~2.5cm，红色，先端渐尖，稍具隆起，萼洼微突，萼片宿存肥厚，果梗细长。花期4~5月，果期8~9月。

【生长习性】生于山坡、平地或山谷梯田边，海拔50~1300m。适应性强，抗寒、抗旱、耐涝、耐盐。

【芳香成分】冯涛等（2010）用顶空固相微萃取法提取的辽宁兴城产楸子果实香气的主要成分为：(E)-2-己烯醛（43.60%）、3-羟基丁酸乙酯（16.60%）、己醛（6.82%）、乙醇（6.10%）、2-甲基丁酸乙酯（3.58%）、丁酸乙酯（2.72%）、2-甲基-1-丙醇（2.54%）、糠醛（1.32%）、(E,E)-2,4-己二烯醛（1.24%）、4-苯甲酸-2H-吡喃-3-酮（1.00%）等。

【利用】果实药用，具有生津、消食的功效，常用于口渴、食积。是苹果的优良砧木。有些品种的果实可供食用及加工。

❀ 山荆子

Malus baccata (Linn.) Borkh.

蔷薇科　苹果属

别名： 林荆子、山定子、山丁子

分布： 辽宁、吉林、黑龙江、内蒙古、河北、山西、山东、陕西、甘肃

【形态特征】乔木，高达10~14m；冬芽卵形，先端渐尖，鳞片边缘微具绒毛，红褐色。叶片椭圆形或卵形，长3~8cm，宽2~3.5cm，先端渐尖，稀尾状渐尖，基部楔形或圆形，边缘有细锐锯齿；托叶膜质，披针形，全缘或有腺齿，早落。伞形

花序，具花4~6朵，集生在小枝顶端，直径5~7cm；苞片膜质，线状披针形，边缘具有腺齿，早落；花直径3~3.5cm；萼筒外面无毛；萼片披针形，先端渐尖，全缘，长5~7mm，内面被绒毛，长于萼筒；花瓣倒卵形，长2~2.5cm，先端圆钝，基部有短爪，白色。果实近球形，直径8~10mm，红色或黄色，柄洼及萼洼稍微陷入，萼片脱落；果梗长3~4cm。花期4~6月，果期9~10月。

【生长习性】生于山坡杂木林中及山谷阴处灌木丛中，海拔50~2550m。多生长于花岗岩、片麻岩山地和淋溶褐土地带的山区。喜光，耐寒性极强（有些类型能抗-50℃的低温），耐瘠薄，不耐盐。

【芳香成分】叶：李伟（2012）用顶空固相微萃取法提取的黑龙江哈尔滨产山荆子新鲜叶精油的主要成分为：α-法呢烯（40.62%）、4,8-二甲基-1,3,7-壬烯（26.30%）、罗勒烯（7.27%）、2,6-二叔丁基对甲基酚（4.66%）、石竹烯（2.60%）、戊酸-3-己烯酯（2.14%）、茉莉酮（2.00%）、苯甲酸-3-己烯酯（1.82%）、月桂醛（1.70%）、乙酸-3-己烯酯（1.67%）、2-甲基-丁酸3-己烯酯（1.52%）、吲哚（1.32%）、邻苯二甲酸二丁酯（1.17%）等。

花：李伟（2012）用顶空固相微萃取法提取的黑龙江哈尔滨产山荆子新鲜花精油的主要成分为：2,6-二叔丁基对甲基酚（14.59%）、正十九烷（11.58%）、正二十一烷（8.39%）、

α-法呢烯（8.24%）、罗勒烯（7.77%）、2-甲基-2-丁烯酸苯甲酯（6.02%）、苯甲醇（5.87%）、苯甲酸苄酯（5.13%）、肉桂醇（4.49%）、异戊酸苄酯（2.89%）、丁酸苄酯（2.47%）、正十五烷（1.93%）、正十七烷（1.93%）、正二十三烷（1.65%）、戊酸苄酯（1.48%）、2-甲基-6-亚甲基-1,7-辛二烯-3-酮（1.44%）、苯丙醇（1.39%）、肉桂醛（1.13%）等。

【利用】可作庭园观赏树种。用作苹果和花红等砧木或作培育耐寒苹果品种的原始材料。是很好的蜜源植物。木材用于印雕刻板、细木工、工具把等。嫩叶可代茶，还可作家畜饲料。果实药用，具有止泻痢的功效，主治痢疾、吐泻。

西府海棠

Malus micromalus Makino

蔷薇科　苹果属

别名： 海红、小果海棠、子母海棠、热花红、冷花红、铁花红、紫海棠、红海棠、老海红、八棱海棠

分布： 辽宁、河北、山西、山东、陕西、甘肃、云南

【形态特征】小乔木，高2.5～5 m；冬芽卵形，暗紫色。叶片长椭圆形或椭圆形，长5～10 cm，宽2.5～5 cm，先端急尖或渐尖，基部楔形稀近圆形，边缘有尖锐锯齿；托叶膜质，线状披针形，先端渐尖，边缘有疏生腺齿，早落。伞形总状花序，有花4～7朵，集生于小枝顶端；苞片膜质，线状披针形，早落；花直径约4 cm；萼筒外面密被白色长绒毛；萼片三角卵形、三角披针形至长卵形，先端急尖或渐尖，全缘，长5～8 mm，内面被白色绒毛，外面较稀疏，萼片与萼筒等长或稍长；花瓣

近圆形或长椭圆形，长约1.5 cm，基部有短爪，粉红色。果实近球形，直径1～1.5 cm，红色，萼洼梗洼均下陷。花期4～5月，果期8～9月。

【生长习性】分布区海拔100～2400 m。喜光，耐寒，忌水涝，忌空气过湿，较耐干旱。

【芳香成分】花：石磊等（2009）用顶空固相微萃取技术提取的河南开封产西府海棠花精油的主要成分为：二十三烷（19.56%）、二十一烷（10.36%）、甲硫醚（5.35%）、正十六烷酸（3.49%）、4-乙酰基-2,3-O-丙酮-d-甘露聚糖（3.16%）、邻苯二甲酸二乙酯（2.74%）、磷酸二异丁酯（2.53%）、6,10,14-三甲基-2-十五烷酮（2.32%）、3,4-二氢-1(2H)-萘酮（2.14%）、2,6,10,14-四甲基-十五烷（2.00%）、十三醛（1.78%）、1-甲基-环十二烯（1.72%）、十六烷（1.67%）、2-甲氧基-4-乙烯基苯酚（1.65%）、十七烷（1.64%）、1-甲基-4-(4-甲基-4-戊烯基)-苯（1.52%）、2-溴十二烷（1.43%）、2-氨基-4-(1H-吲哚-3-基)-5-甲基-噻唑（1.43%）、十八烷（1.34%）、壬醛（1.32%）、棕榈酸甲酯（1.30%）、十四烯酸（1.29%）、(E)-1,2,3-三甲基-4-丙烯基萘（1.25%）、癸醛（1.21%）、二十二烷（1.20%）、二丁羟基甲苯（1.13%）、2,3-二氢-3,5-二羟基-6-甲基-4H-吡喃-4-酮（1.04%）、6-乙酰基-8-异丙基-2,5-二甲基-1,2,3,4-四氢化萘（1.04%）、2,6-二异丙基萘（1.03%）、5-(1-羟基环己基)戊-3-烯二硫代酸异丙酯（1.02%）、邻苯二甲酸二丁酯（1.01%）等。

果实：冯涛等（2010）用顶空固相微萃取技术提取的辽宁兴城产西府海棠果实香气的主要成分为：(E)-2-己烯醛（41.34%）、乙醇（12.88%）、己醛（8.98%）、(Z)-3-己烯-1-醇（7.16%）、苯甲醛（6.51%）、(Z)-3-己烯醛（5.80%）、(E,E)-2,4-

己二烯醛（3.69%）、己醇（2.63%）等；西府海棠果实香气的主要成分为：(E)-2-己烯醛（56.77%）、己醛（12.70%）、苯甲醛（3.97%）、(E,E)-2,4-己二烯醛（3.94%）、4-苯甲酸-2H-吡喃-3-酮（2.31%）、(Z)-3-己烯醛（2.27%）、(Z)-3-己烯-1-醇（1.46%）、己醇（1.45%）、2-戊酮（1.21%）、乙醇（1.16%）等。

【利用】果实可生食，也可制干、制汁，或加工成罐头、果脯、冰糖葫芦、果酒等食用。观赏树，用于城市公园、道路绿化，园林置景，庭院观赏。是苹果属的优良砧木。

🌸 新疆野苹果

Malus sieversii (Ledeb.) Roem.

蔷薇科　苹果属
别名：赛威氏苹果
分布：新疆

【形态特征】乔木，高2～14 m；冬芽卵形，先端钝，外被长柔毛，暗红色。叶片卵形、宽椭圆形、稀倒卵形，长6～11 cm，宽3～5.5 cm，先端急尖，基部楔形，稀圆形，边缘具圆钝锯齿；托叶膜质，披针形，边缘有白色柔毛，早落。花序近伞形，具花3～6朵。花直径约3～3.5 cm；萼筒钟状，外面密被绒毛；萼片宽披针形或三角披针形，先端渐尖，全缘，长约6 mm，两面均被绒毛；花瓣倒卵形，长1.5～2 cm，基部有短爪，粉色，含苞未放时带玫瑰紫色。果实大，球形或扁球形，直径3～4.5 cm，稀7 cm，黄绿色有红晕，萼洼下陷，萼片宿存，反折。花期5月，果期8～10月。

【生长习性】生长于海拔1250 m的地区，常生长在山坡、山顶和河谷地带。喜温暖、湿润气候，主分布区的年平均温4.0～4.5 ℃，最高温31 ℃，最低温-25 ℃；年降水量300～600 mm。喜光性强，不耐庇荫。耐寒力中等，耐旱力强。

【芳香成分】冯涛等（2006）用顶空固相微萃取法提取的新疆巩留产实生新疆野苹果 'Ms-1' 品系果实香气的主要成分为：乙醇（25.29%）、3-羟基丁酸乙酯（14.98%）、(E)-2-己烯醛（9.69%）、2,4,5-三甲基-1,3-二噁茂烷（9.61%）、2,3-丁二醇（8.24%）、己醛（6.72%）、3-羟基-2-丁酮（4.56%）、3,4,5-三甲基-4-庚醇（3.76%）、己醇（3.01%）、丁酸乙酯（1.62%）等；'Ms-2' 品系果实精油的主要成分为：乙酸乙酯（20.38%）、(E)-2-己烯醛（19.50%）、己醛（11.54%）、3,4,5-三甲基-4-庚醇（10.64%）、乙醇（9.13%）、己醇（7.15%）、丁醇（4.54%）、3,4,5-三甲基-4-庚醇（3.76%）、丙酸己酯（2.32%）、(E,E)-2,4-己二烯醛（1.72%）、(S)-2-甲基-1-丁醇（1.43%）、2,3-丁二醇

（1.33%）、3-羟基丁酸乙酯（1.28%）、乙酸己酯（1.00%）等。

【利用】果实一般不宜鲜食，可以加工成果丹皮、果酒、果酱和果汁等。可作青贮饲料。可用作栽培苹果砧木。

百叶蔷薇
Rosa centifolia Linn.

蔷薇科　蔷薇属

别名：百叶玫瑰、千叶玫瑰、五月玫瑰、洋蔷薇、洋玫瑰
分布：全国各地

【形态特征】小灌木，高2～3 m；小枝上有不等皮刺；小叶5～7；小叶片薄，长圆形，先端急尖，基部圆形或近心形，边缘通常有单锯齿，叶面无毛或偶有毛，叶背有柔毛；小叶柄和叶轴有腺毛；托叶大部贴生于叶柄，离生部分卵形，边缘有腺。花单生，无苞片；常重瓣；芳香；花梗细长，弯曲，密被腺毛；萼片卵形，先端不明显叶状；花瓣粉红色；花柱离生，被毛。果卵球形或近球形，萼片宿存。

【生长习性】喜阳光，亦耐半阴，较耐寒，适生于排水良好的肥沃润湿地。北方大部分地区都能露地越冬。对土壤要求不严，耐干旱，耐瘠薄，但栽植在土层深厚、疏松、肥沃湿润而又排水通畅的土壤中生长更好。不耐水湿，忌积水。

【精油含量】水蒸气蒸馏花的得油率为0.03%。

【芳香成分】张睿等（2003）用水蒸气蒸馏法提取的摩洛哥引种在陕西渭南种植的百叶蔷薇花精油的主要成分为：香茅醇（26.75%）、香叶醇（21.89%）、玫瑰蜡（15.76%）、橙花醇（9.78%）、苯乙醇（1.85%）等。张文等（2018）用顶空固相微萃取法提取的浙江宁波产百叶蔷薇新鲜花精油的主要成分为：d-柠檬烯（16.39%）、苯乙醇（13.99%）、十一烷（10.74%）、苯乙醛（6.53%）、庚醛（5.31%）、2,4-戊二烯醛（4.97%）、香叶醇（2.84%）、香茅醇（2.37%）、癸烷（2.18%）、2-蒎烯（1.35%）、戊醛（1.20%）、月桂烯（1.17%）等。晏慧君等（2017）用同法分析的云南昆明产百叶蔷薇新鲜花瓣精油的主要成分为：2-苯乙醇（69.29%）、十九烷（10.89%）、榄香醇（7.53%）、香叶醇（4.22%）、苯甲醇（3.29%）、樟脑（2.80%）、十九碳烯（1.52%）等；新鲜雄蕊精油的主要成分为：丁香酚（68.04%）、十九烷（12.13%）、樟脑（7.60%）、榄香醇（3.25%）、十九碳烯

（2.91%）、橙花叔醇（2.63%）等。

【利用】根、叶药用，有止痛收敛的功效。栽培供观赏。花可提取精油。

法国蔷薇
Rosa gallica Linn.

蔷薇科　蔷薇属

分布：全国各地

【形态特征】直立灌木，高约1.5 m；小枝通常有大小不等的皮刺并混生刺毛；小叶3～5；小叶片革质，卵形或宽椭圆形，长2～6 cm，先端圆钝或短渐尖，基部圆形或近心形，有重锯齿，稀为单锯齿，齿尖常带腺，叶面暗绿色，有褶皱，叶背淡绿色，被柔毛；小叶柄和叶轴有刺毛和腺毛；托叶大部贴生于叶柄，离生部分卵形，边缘有腺毛。花单生，稀3～4，无苞片；花梗直立粗壮，被腺毛；花直径4～7 cm；萼筒和萼片外面有腺，萼片常有多数裂片；花瓣粉红色或深红色。果近球形或梨形，亮红色，萼片脱落。

【生长习性】喜阳光，亦耐半阴，较耐寒，适生于排水良好的肥沃润湿地。北方大部分地区都能露地越冬。对土壤要求不严，耐干旱，耐瘠薄，但栽植在土层深厚、疏松、肥沃湿润而又排水通畅的土壤中则生长更好。不耐水湿，忌积水。

【芳香成分】王晓霞等（2011）用同时蒸馏萃取法提取

的云南昆明产法国蔷薇干燥花精油的主要成分为：三十六烷（18.02%）、二十一烷（10.27%）、棕榈酸（3.57%）、呋喃甲醛（3.32%）、三十烷醇（2.89%）、苯乙醇（2.50%）、异丁酸香茅醇（2.21%）、苯乙醛（1.20%）等。

【利用】适用于布置花柱、花架、花廊和墙垣，是作绿篱的良好材料，非常适合家庭种植。

🌸 黄刺玫

Rosa xanthina Lindl.

蔷薇科　蔷薇属

别名： 黄刺莓、黄刺梅、刺梅花、刺玫花、硬皮刺梅、破皮刺玫

分布： 吉林、辽宁、内蒙古、山西、河北等地

【形态特征】直立灌木，高2～3 m；枝粗壮，密集，披散；小枝有散生皮刺，无针刺。小叶7～13，连叶柄长3～5 cm；小叶片宽卵形或近圆形，稀椭圆形，先端圆钝，基部宽楔形或近圆形，边缘有圆钝锯齿；叶轴、叶柄有小皮刺；托叶带状披针形，大部贴生于叶柄，离生部分呈耳状，边缘有锯齿和腺。花单生于叶腋，重瓣或半重瓣，黄色，无苞片；花直径3～5 cm；萼片披针形，全缘，先端渐尖，内面有稀疏柔毛，边缘较密；花瓣黄色，宽倒卵形，先端微凹，基部宽楔形。果近球形或倒卵圆形，紫褐色或黑褐色；直径8～10 mm，无毛，花后萼片反折。花期4～6月，果期7～8月。

【生长习性】生于海拔1100 m的山坡、丘陵、灌丛中。喜光，稍耐阴。耐旱，耐寒，耐贫瘠。对土壤要求不严，在盐碱土中也能生长，以疏松、肥沃土地为佳。不耐水涝。

【精油含量】水蒸气蒸馏干燥花的得油率为0.36%，干燥果实的得油率为0.86%。

【芳香成分】花：昝立峰等（2017）用水蒸气蒸馏法提取的河北冀南太行山区产黄刺玫干燥花精油的主要成分为：二十一烷（13.44%）、十九烷（10.19%）、(Z,Z)-9,12-十八碳二烯酸（9.07%）、二十三烷（7.89%）、十四烷（6.12%）、正十六烷酸（6.07%）、二十七烷（4.81%）、二十五烷（4.57%）、十七烷（3.20%）、二十烷（2.55%）、α-生育酚（2.13%）、7-甲基十三烷（2.05%）、二十二烷（1.56%）、9-十九碳烯（1.44%）、2-甲基十一烷基硫醇（1.27%）等。

果实：昝立峰等（2017）用水蒸气蒸馏法提取的河北冀南太行山区产黄刺玫干燥果实精油的主要成分为：十氢-7-羟基-4a,8-二甲基-3-亚甲基-[3aR-(3aà,4aá,7à,7aà,8á,9aà)]木香内酯[6,5-b]呋喃-2,5-二酮（24.56%）、十九烷（15.58%）、三十四烷（12.89%）、l-(+)-抗坏血酸-2,6-二十六烷酸甲酯（6.88%）、三十烷（4.80%）、β-谷甾醇（3.35%）、8-乙基-8-甲基1,4-二氮杂-9-二氧杂螺[5.5]十一烷（2.47%）、2,6,10,14-四甲基十六烷（1.76%）、4,4'-二叠氮基-3,3'-二甲氧基-联苯（1.60%）、3-(二乙氨基)-1,5-二羟基-4-羟基-1-甲基-2H-吡咯-2-酮（1.57%）、(S,Z)-5-羟基-6-甲基-2-((2S,5R)-5-甲基-5-乙烯基四氢化呋喃-2-甲醇)-4,6-庚二烯-3-酮（1.23%）、全氢-1-乙基-4,6-二甲基-3-(2-缩水甘油)咪唑并[4,5-d]咪唑基-2,5-二酮（1.20%）、4-(2-丙基-4-四氢吡喃基)-噻唑-2-胺（1.05%）、二十三烷（1.05%）等。陈立波等（2016）用顶空固相微萃取法提取的吉林省吉林市产黄刺玫新鲜成熟果实精油的主要成分为：异戊醇（16.57%）、己酸异戊酯（13.18%）、2-甲基-2-丁烯酸异戊醇酯（11.22%）、3-甲基丁醛（6.44%）、己醇（6.43%）、乙酸己酯（6.02%）、丁酸异戊酯（5.33%）、2-甲基丁酸异戊酯（4.08%）、戊酸异戊酯（4.08%）、乙酸异戊酯（3.33%）、苯甲酸异戊酯（2.59%）、己醛（1.59%）、己酸己酯（1.46%）、辛酸异戊酯（1.25%）、己酸乙烯酯（1.24%）、乙醇（1.22%）、2-己醛（1.19%）、环戊烷酸异戊酯（1.02%）等。

【利用】庭园栽培供观赏。果实可鲜食或制果酱。种子可提取油脂，残渣可以加工成高纤维类保健食品，或用做饲料。可作水土保持树种。果实花可提取芳香油。花、果药用，能理气活血、调经健脾。

🌸 黄蔷薇

Rosa hugonis Hemsl.

蔷薇科　蔷薇属

别名： 大马茄子、红眼刺

分布： 山西、陕西、甘肃、青海、四川、宁夏、内蒙古等地

【形态特征】矮小灌木，高约2.5 m；枝粗壮，常呈弓形；皮刺扁平，常混生细密针刺。小叶5～13，连叶柄长4～8 cm；小叶片卵形、椭圆形或倒卵形，长8～20 mm，宽5～12 mm，先端圆钝或急尖，边缘有锐锯齿；托叶狭长，大部贴生于叶

柄，离生部分极短，呈耳状，边缘有稀疏腺毛。花单生于叶腋，无苞片；花直径4～5.5 cm；萼筒、萼片外面无毛，萼片披针形，先端渐尖，全缘，有明显的中脉，内面有稀疏柔毛；花瓣黄色，宽倒卵形，先端微凹，基部宽楔形。果实扁球形，直径12～15 mm，紫红色至黑褐色，无毛，有光泽，萼片宿存反折。花期5～6月，果期7～8月。

【生长习性】生于山坡向阳处、林边灌丛中，海拔600～2300 m。阳性，耐寒，耐干旱。

【精油含量】水蒸气蒸馏鲜花花瓣的得油率为0.13%。

【芳香成分】赵秀英等（1994）用水蒸气蒸馏法提取的陕西麟游产野生黄蔷薇鲜花花瓣精油的主要成分为：1,8-桉油醇（19.94%）、3-甲基-四氢呋喃（17.12%）、苎烯（13.44%）、Δ-3-蒈烯（5.10%）、水合桧烯（4.75%）、3-亚甲基戊烷（4.56%）、月桂烯（3.60%）、十九烷（3.27%）、萜品醇（2.49%）、莰烯（2.16%）、2,6,10,15-四甲基十七烷（1.88%）、α-苎烯（1.80%）、芳樟醇（1.15%）等。

【利用】果实可食，并可酿酒。是优良的新型园林观赏树种。根、叶药用，可止痛收敛。花瓣可提取精油。

❀ 金樱子
Rosa laevigata Michx.

蔷薇科　蔷薇属
别名：刺梨子、刺榆子、山石榴、山鸡头子、和尚头、唐樱笎、油饼果子、糖罐子、蜂糖罐、金罂子、糖罐
分布：陕西、安徽、江西、江苏、浙江、湖北、湖南、广东、广西、台湾、福建、四川、云南、贵州等地

【形态特征】常绿攀缘灌木，高可达5 m；小枝粗壮，散生扁弯皮刺。小叶革质，通常3，稀5，连叶柄长5～10 cm；小叶片椭圆状卵形、倒卵形或披针状卵形，长2～6 cm，宽1.2～3.5 cm，先端急尖或圆钝，稀尾状渐尖，边缘有锐锯齿，叶面亮绿色，叶背黄绿色；托叶披针形，边缘有细齿，齿尖有

腺体。花单生于叶腋，直径5～7 cm；花梗和萼筒密被腺毛，后变为针刺；萼片卵状披针形，先端呈叶状，边缘羽状浅裂或全缘，常有刺毛和腺毛，内面密被柔毛，比花瓣稍短；花瓣白色，宽倒卵形，先端微凹。果梨形、倒卵形，稀近球形，紫褐色，外面密被刺毛，萼片宿存。花期4～6月，果期7～11月。

根有活血散瘀、祛风除湿、解毒收敛及杀虫等功效；叶外用治疮疖、烧烫伤；果实具有固精缩尿、涩肠止泻、解毒消肿、活血散换、祛风除湿、解毒收敛、补肾固精等功效，常用于遗精滑精、遗尿尿频、崩漏带下、久泻久痢、肾盂肾炎、跌打损伤、腰肌劳损、风湿关节痛、子宫脱垂、脱肛等疾病；外用治烧烫伤。

【生长习性】喜生于向阳的山野、田边、溪畔灌木丛中，海拔200～1600 m。喜阳光，亦耐半阴，较耐寒，适生于排水良好的肥沃润湿地。对土壤要求不严，耐干旱，耐瘠薄，但栽植在土层深厚、疏松、肥沃湿润而又排水通畅的土壤中生长更好。不耐水湿，忌积水。

🌸 毛叶蔷薇

Rosa mairei Lévl.

蔷薇科　蔷薇属
别名： 糖琅果、昭通山石榴
分布： 云南、四川、贵州、西藏等地

【芳香成分】周玫等（2012）用固相微萃取法提取的贵州贵阳产金樱子种子精油的主要成分为：亚油酸（18.44%）、亚油酸甲酯（15.18%）、油酸甲酯（14.53%）、二十七烷（14.20%）、三十一烷（10.75%）、棕榈酸甲酯（4.67%）、己醛（1.18%）、1-(1,5-二甲基-4-己烯基)-4-甲基苯（1.17%）、柏木脑（1.14%）、(E,E)-2,4-癸二烯醛（1.07%）、2-十一烯醛（1.06%）等。

【利用】根皮可制烤胶。果实可用于制饮料、酿酒、提取天然色素、熬糖，或制果酱、蜜饯和罐头等。根、叶、果均入药。

【形态特征】矮小灌木，高1～2 m；枝常呈弓形弯曲，散生扁平、翼状皮刺，有时密被针刺。小叶5～11，连叶柄长2～7 cm，小叶片长圆倒卵形或倒卵形，有时长圆形，长6～20 mm，宽4～10 mm，先端圆钝或截形，基部楔形或近圆形，边缘上部有锯齿，两面有丝状柔毛；托叶贴生于叶柄，离生部分卵形，边缘有齿或全缘，有毛。花单生于叶腋；直径2～3 cm；萼片卵形或披针形，先端渐尖，全缘，外面有稀疏柔毛，内面密被柔毛；花瓣白色，宽倒卵形，先端凹凸不平，基部楔形。果倒卵圆形，直径约1 cm，红色或褐色，无毛，萼片

宿存，直立或反折。花期5～7月，果期7～10月。

【生长习性】生于山坡阳处或沟边杂木林中，海拔2300～4180 m。喜阳光，亦耐半阴，较耐寒，适生于排水良好的肥沃润湿地。对土壤要求不严，耐干旱，耐瘠薄，但栽植在土层深厚、疏松、肥沃湿润而又排水通畅的土壤中生长更好。不耐水湿，忌积水。

【精油含量】石油醚萃取花浸膏的得率为0.27%，浸膏脱蜡后提取净油的得率为54.52%。

【芳香成分】丁成斌等（1991）用石油醚萃取法提取的贵州毕节产毛叶蔷薇花净油的主要成分为：亚麻酸（15.48%）、十九烷（8.76%）、香叶醇（5.92%）、棕榈酸乙酯（4.21%）、香茅醇（4.14%）、十七烷（3.37%）、二十一烷（3.24%）、甲基异丁香酚（3.00%）、十六烷（2.63%）、苯甲酸（2.46%）、棕榈酸（2.18%）、亚麻酸甲酯（2.06%）、十五烷（1.95%）、十八烷（1.71%）、丁香酚（1.65%）、苯乙醇（1.45%）、十四烷（1.38%）、十六碳醇（1.36%）、金合欢烯（1.23%）等。袁家谟等（1990）将鲜花浸膏经水蒸气蒸馏后提取的精油主要成分为：苯乙醇（12.81%）、1,1-二乙氧基乙烷（11.36%）、香茅醇（7.64%）、香叶醇（7.53%）、十九烷（6.97%）、芳樟醇（4.67%）、二十一烷（4.31%）、顺式-氧化芳樟醇（3.87%）、十七烷（3.09%）、反式-氧化芳樟醇（2.70%）、丁香酚甲醚（2.31%）、二氢-β紫罗兰酮（2.24%）、丁香酚（2.22%）、十六醛（1.94%）、棕榈酸乙酯（1.84%）、2,2,6-三甲基-6-乙烯基-3-羟基四氢呋喃（1.35%）、2-乙基苯酚（1.35%）、橙花醇（1.18%）、十四醛（1.14%）等。

【利用】根、果实药用，有消食健胃、止痢的功效，用于积食腹胀、肠鸣腹泻；彝药治疗骨折、枪伤、腹泻、胃痛、腹内肿块、中暑。藏药花蕾或初开的鲜花用于龙病、赤巴病、肺病。

🌸 玫瑰
Rosa rugosa Thunb.

蔷薇科　蔷薇属
别名：徘徊花、笔头花、湖花、刺玫花、平阴玫瑰、苦水玫瑰
分布：全国各地

【形态特征】直立灌木，高可达2 m；茎丛生；小枝密被绒毛，有针刺和腺毛，有皮刺。小叶5～9，连叶柄长5～13 cm；小叶片椭圆形或椭圆状倒卵形，长1.5～4.5 cm，宽1～2.5 cm，先端急尖或圆钝，基部圆形或宽楔形，边缘有尖锐锯齿，叶面深绿色，有褶皱，叶背灰绿色，密被绒毛和腺毛；托叶大部贴生于叶柄，离生部分卵形，边缘有带腺锯齿，下面被绒毛。花单生于叶腋，或数朵簇生，苞片卵形，边缘有腺毛，外被绒毛；直径4～5.5 cm；萼片卵状披针形，先端尾状渐尖，常有羽状裂片扩展成叶状，被柔毛和腺毛；花瓣倒卵形，重瓣至半重瓣，芳香，紫红色至白色。果扁球形，直径2～2.5 cm，砖红色，肉质，平滑，萼片宿存。花期5～6月，果期8～9月。

【生长习性】喜凉爽，耐寒、耐旱、怕涝。适宜生长在地势较高、干燥通风、土层深厚肥沃、湿润的中性或微酸性砂质壤土中。生长适温在15～25 ℃。喜阳光充足，切忌阴湿及水浸、地下水位较高的盐碱地。

【精油含量】水蒸气蒸馏花的得油率为0.01%～0.59%；超临界萃取花的得油率为0.10%～10.60%；亚临界萃取新鲜花的得油率为0.06%～0.47%；有机溶剂萃取干燥花的得油率为1.07%～1.38%。

【芳香成分】叶：徐艳等（2012）用静态顶空萃取法提取的山东泰安产不同品种玫瑰叶的香气成分，'紫枝'的主要成分为：乙醇（94.01%）等；'紫芙蓉'的主要成分为：α-蒎烯（65.98%）、乙醇（17.82%）、β-蒎烯（8.28%）、大根香叶烯D（1.60%）、α-侧柏烯（1.26%）等；'赛西子'的主要成分为：乙醇（56.64%）、大根香叶烯D（7.28%）、α-荜澄茄油烯（5.85%）、长叶烯-(V4)（4.17%）、γ-杜松烯（3.96%）、花柏烯（3.26%）、顺式-3-己烯-1-醇（1.33%）、α-香柠檬烯（1.19%）、β-檀香烯（1.01%）等；'西子'的主要成分为：α-蒎烯（66.19%）、β-蒎烯（10.83%）、乙醇（17.15%）等；'朱龙游空'的主要成分为：α-蒎烯（80.62%）、左旋-蒎烯（7.08%）、β-蒎烯（4.49%）等。

花：不同研究者用水蒸气蒸馏法提取分析了不同品种玫瑰花的精油成分。黄朝情等（2011）分析的山东平阴产玫瑰花瓣精油的主要成分为：香茅醇（49.03%）、香叶醇（10.29%）、丁香酚甲醚（4.51%）、芳樟醇（3.43%）、香茅醇乙酸酯（2.57%）、γ-依兰油烯（2.06%）、2-十三酮（1.94%）、十七烷（1.42%）、松油醇（1.37%）、法呢醇（1.20%）等。张海云等（2009）分析的山东平阴产'丰花玫瑰'花精油的主要成分为：香茅醇（37.53%）、橙花醇（19.68%）、香叶醇+十三酮（6.53%）、芳樟醇（3.89%）、丁子香酚（3.85%）、1,2,4-三丙基苯+马兜铃酮

（2.71%）、苯乙醇（2.71%）、丁子香酚甲醚（2.58%）、二十三烷（2.00%）、二十五烷（1.04%）等；'紫枝玫瑰'花精油的主要成分为：香茅醇（38.44%）、橙花醇（17.96%）、香叶醇+十三酮（10.18%）、丁子香酚（6.26%）、苯乙醇（4.57%）、芳樟醇（4.52%）、二十三烷（2.19%）、丁子香酚甲醚（2.00%）、二十一烷（1.83%）、(Z,Z)-法呢醇（1.41%）、α-萜品醇（1.32%）、橙花醛（1.00%）等。王淑敏等（2006）分析的吉林珲春产'四季红'玫瑰新鲜花精油的主要成分为：2,6-二甲基十七碳烷（19.26%）、2-甲基十七碳烷（18.43%）、N-十四烷基三氟（18.36%）、2,2-双(1,4-二丁基)环氧乙烷（16.73%）、7-丁基二十二烷（7.03%）、十一醛（2.69%）、4-甲基十三烷（2.31%）、2-(1-甲基乙氧基)乙醇（1.56%）、2,6,10,14-四甲基十七碳烷（1.54%）、油酸（1.36%）、9,12,15-十八三烯醛（1.21%）、4-甲基-3-戊烯-1-醇（1.19%）、二十二烷（1.02%）等。杨文胜等（1992）分析的吉林产白玫瑰新鲜花精油的主要成分为：β-苯乙醇（86.53%）、丁香酚（4.75%）、香叶醇（2.40%）等。温鸣章等（1990）分析的四川眉山产'素玫'玫瑰新鲜花精油的主要成分为：香茅醇（46.95%）、香叶醇（16.92%）、芳樟醇（5.69%）、4-松油醇（3.75%）、甲基丁香酚（2.18%）、β-红没药烯（2.02%）、乙酸橙花酯（1.19%）、2-十五烷酮（1.17%）等。王华亭等（1988）分析的河北棋盘山产'重瓣红玫瑰'鲜花精油的主要成分为：β-香茅醇（35.10%）、香叶醇（19.76%）、橙花醇（8.71%）、丁香酚甲醚（5.08%）、乙酸香叶酯（2.44%）、芳樟醇（1.46%）、γ-杜松烯（1.42%）、γ-木罗烯（1.40%）、α-蒎烯（1.27%）、檀香烯（1.19%）、去氢白菖蒲烯（1.17%）、乙酸香茅酯（1.04%）等。李菲等（2016）分析的河南新安产玫瑰干燥花蕾精油的主要成分为：2-己基-1-癸醇（27.18%）、正二十烷（24.15%）、正二十一烷（23.25%）、(5E,9E)-6,10,14-三甲基十五碳-5,9,13-三烯-2-酮（8.77%）、正三十四烷（5.07%）、1-二十二烯（1.52%）、异辛醇（1.50%）、3,7-二甲基壬烷（1.39%）、十八烷基碘（1.20%）等。朱艳玲等（2017）分析的云南昆明产食用'滇红'玫瑰干燥花瓣精油的主要成分为：甲基丁香酚（18.58%）、二十一烷（17.49%）、二十三烷（16.62%）、苯甲酸苯乙酯（5.79%）、二十五烷（4.80%）、金合欢基丙酮（2.79%）、二十七烷（2.47%）、二十三碳烯（2.28%）、十九烷（1.88%）、香茅醇（1.80%）、丁香酚（1.57%）、苯乙酸苯乙酯（1.48%）、乙酸苯乙酯（1.32%）、乙酸十四烷醇酯（1.17%）、二十二烷（1.09%）等；'紫枝'玫瑰干燥花瓣精油的主要成分为：二十三烷（32.33%）、二十一烷（20.33%）、二十五烷（13.65%）、二十七烷（4.19%）、十九烷（2.64%）、二十二烷（1.89%）、金合欢醇（1.78%）、二十四烷（1.71%）、二十三碳烯（1.63%）、二十烷（1.28%）、二十二烷醛（1.16%）、二十烷醛（1.09%）等。温鸣章等（1990）分析的四川眉山产'蜀玫'新鲜花精油的主要成分为：香茅醇（42.12%）、香叶醇（5.69%）、甲基丁子香酚（2.83%）、别香树烯（2.44%）、甲酸香茅酯（2.23%）、2-十三烷酮（2.17%）、丁酸香茅酯（2.12%）、苯乙醇（2.03%）、2-十五烷酮（1.88%）、乙酸香茅酯（1.69%）、努特卡酮（1.64%）、β-红没药烯（1.54%）、香叶醛（1.45%）、顺式-法呢醇（1.06%）、芳樟醇（1.00%）等。杨秦等（2017）分析的云南开远产'滇红'玫瑰新鲜花瓣精油的主要成分为：苯乙醇（22.48%）、香茅醇（21.20%）、硅烷双醇（5.77%）、反,反-法呢醛（5.40%）、橙花叔醇（4.57%）、乙酸叶醇酯（4.04%）、5-乙酰-2-苯甲硫酰-6-

甲基烟腈（3.49%）、二十一烷（3.27%）、乙酸苯乙酯（2.16%）、香草醛（2.03%）、十甲基环五硅氧烷（1.88%）、2,3-二甲基-4,6-二甲基苯乙酮（1.85%）、玫瑰醚（1.43%）、3-(3-羧基-4-苯酚)丙氨酸（1.13%）、法呢醇（1.11%）、香叶醇（1.09%）、正己醇（1.08%）等。黄朝情等（2011）分析的甘肃永登产'苦水玫瑰'花瓣精油的主要成分为：香茅醇（52.76%）、香叶醇（8.65%）、香茅醇乙酸酯（3.42%）、γ-依兰油烯（3.39%）、2-十三酮（2.25%）、丁香酚甲醚（1.75%）、顺式玫瑰醚（1.67%）、法呢醇（1.62%）、芳樟醇（1.45%）、α-雪松烯（1.03%）、荜澄茄苦素（1.02%）等。杨新周（2016）用同时蒸馏萃取法提取的云南昆明产食用玫瑰新鲜花精油的主要成分为：α-苯乙醇（33.63%）、二十三烷（9.74%）、反式氧化芳樟醇（8.45%）、薄荷脑（8.17%）、二十五烷（6.37%）、β-蒎烯（4.59%）、二十一烷（4.28%）、三十四烷（2.81%）、莰烯（1.40%）等。不同研究者用顶空固相微萃取法提取分析不同品种玫瑰花的香气成分。张文等（2018）分析的浙江宁波产'白玫瑰'新鲜花精油的主要成分为：十一烷（17.87%）、苯乙醇（11.21%）、(S)-(-)-柠檬烯（8.74%）、正十九烷（5.69%）、癸烷（4.61%）、2,4-戊二烯醛（3.71%）、桉叶油醇（1.96%）、苯乙醛（1.65%）、庚醛（1.34%）、对二甲苯（1.30%）、2-蒎烯（1.27%）、戊醛（1.13%）、正十七烷（1.07%）、壬醛（1.05%）等；'滇红'玫瑰新鲜花精油的主要成分为：六甲基环三硅氧烷（15.66%）、八甲基环四硅氧烷（12.81%）、苯乙醇（11.71%）、(S)-(-)-柠檬烯（10.39%）、十一烷（5.58%）、2,4-戊二烯醛（3.44%）、香茅醇（2.48%）、癸烷（2.03%）、戊醛（1.93%）、环五聚二甲基硅氧烷（1.92%）、2-己烯（1.69%）、2-蒎烯（1.61%）、三甲基硅醇（1.48%）、苯乙醛（1.39%）、香叶醇（1.09%）、邻二甲苯（1.09%）、壬醛（1.01%）等；'紫枝玫瑰'新鲜花精油的主要成分为：十一烷（21.74%）、d-柠檬烯（13.56%）、苯乙醇（12.60%）、庚醛（3.85%）、香茅醇（3.57%）、2,4-戊二烯醛（3.18%）、香叶醇（3.09%）、癸烷（3.03%）、苯乙醛（2.70%）、橙花醇（2.62%）、正十二烷（1.56%）、2-蒎烯（1.24%）等。张文等（2018）分析的浙江宁波产'滇红玫瑰'新鲜花蕾精油的主要成分为：2-己烯醛（34.09%）、2,4-戊二烯醛（22.60%）、八甲基环四氧硅烷（8.36%）、六甲基环三硅氧烷（6.27%）、芳樟醇（3.19%）、双戊烯（3.17%）、八甲基三硅氧烷（2.87%）、苯乙醇（2.71%）、六甲基二硅氧烷（2.56%）、十甲基环五硅氧烷（1.25%）等；新鲜半开花精油的主要成分为：苯乙醇（20.60%）、(E)-3,7-二甲基-2,6-辛二烯-1-醇（17.45%）、2-己烯醛（15.45%）、(Z)-3,7-二甲基-2,6-辛二烯-1-醇（12.13%）、香茅醇（8.11%）、苯甲醇（5.16%）、2,4-戊二烯醛（4.55%）、D-柠檬烯（2.17%）、正己醇（1.83%）、(Z)-3,7-二甲基-2,6-辛二烯醛（1.27%）、反式-2-己烯-1-醇（1.23%）、(E)-3,7-二甲基-2,6-辛二烯醛（1.11%）、α-蒎烯（1.05%）等；新鲜开放花精油的主要成分为：芳樟醇（21.48%）、2-己烯醛（17.12%）、(Z)-3,7-二甲基-2,6-辛二烯-1-醇（15.18%）、2,4-戊二烯醛（11.06%）、1-柠檬烯（9.00%）、香茅醇（7.84%）、苯乙醇（6.74%）、(Z)-3,7-二甲基-2,6-辛二烯醛（1.38%）、(E)-3,7-二甲基-2,6-辛二烯醛（1.33%）等。薛敦渊等（1989）用高分子多孔小球Paropark Q吸附阱捕集的'苦水玫瑰'鲜花头香的主要成分为：香茅醇（30.80%）、乙酸香茅酯（18.10%）、别香树烯（8.20%）、顺式-玫瑰醚（3.20%）、γ-依兰油烯（2.80%）、二十一烷

（2.50%）、α-雪松烯（2.40%）、2-十三酮（2.30%）、甲氧基甲基苯（2.00%）、2-庚酮（2.00%）、2-十一酮（1.90%）、α-蒎烯（1.60%）、苯甲醇（1.60%）、十九烷（1.50%）、反式-玫瑰醚（1.20%）、正十五烷（1.20%）等。温鸣章等（1992）用石油醚浸提的'蜀玫'花净油的主要成分为：β-苯乙醇（47.17%）、香茅醇（14.82%）、2-十五烷酮（4.52%）、香叶醇（4.06%）、甲基丁子香酚（3.11%）、别香树烯（1.60%）、丁子香酚（1.59%）、乙酸香茅酯（1.16%）等。

【利用】花可提取精油，广泛用于调配多种花香型香精，用于化妆品和香皂、食品、酿酒等产品。花瓣可以制饼馅、酒、糖浆，还可提取玫瑰红色素，用于食品着色，干制后可以泡茶。花蕾入药，有理气、解毒和血的功效，用于脘胁胀痛、月经不调、肝胃气痛和跌打损伤等疾病。园林栽培供观赏。

🌸 木香花
Rosa banksiae Ait.

蔷薇科　蔷薇属
别名：白木香花、木香藤、木香、锦棚儿、七里香、七里香蔷薇、蜜香、青木香、五香、五木香、南木香、广木香
分布：全国各地均有栽培

【形态特征】攀缘小灌木，高可达6 m；枝有皮刺。小叶3～7，连叶柄长4～6 cm；小叶片椭圆状卵形或长圆披针形，长2～5 cm，宽8～18 mm，先端急尖或稍钝，基部近圆形或宽楔形，边缘有紧贴细锯齿，叶面深绿色，叶背淡绿色；小叶柄和叶轴有小皮刺；托叶线状披针形，膜质，离生，早落。花小形，多朵成伞形花序，花直径1.5～2.5 cm；萼片卵形，先端长渐尖，全缘，萼筒和萼片外面均无毛，内面被白色柔毛；花瓣重瓣至半重瓣，白色，倒卵形，先端圆，基部楔形；心皮多数，花柱离生，密被柔毛，比雄蕊短很多。花期4～5月。

【生长习性】生于溪边、路旁或山坡灌丛中，海拔500～1300 m。喜阳光，亦耐半阴。不耐寒，对土壤要求不严，在疏松肥沃、排水良好的土壤生长较好，喜湿润，忌积水。

【精油含量】水蒸气蒸馏花的得油率为0.13%～1.50%。

【芳香成分】刘应煊等（2007）用水蒸气蒸馏法提取的湖北恩施产木香花花精油的主要成分为：十二烷（41.01%）、

冰片烯（26.34%）、苯乙醇（5.78%）、辛烷（4.73%）、冰片（3.78%）、榄香素（3.01%）、顺-马鞭草烷醇（2.68%）、α-杜松醇（1.06%）、6-甲基十二烷（1.00%）等。

【利用】著名观赏植物，常栽培供攀缘棚架之用，可以吸收废气、阻挡灰尘、净化空气。根皮入药，有收敛止痛、止血的功效，用于久痢、便血、小儿腹泻、疮疖、外伤出血。花可作簪花、襟花，半开时可摘下熏茶，可制成糖糕。花可提取精油，供配制香精化妆品用。根皮可提制栲胶。

🌸 单瓣白木香
Rosa banksiae Ait. var. *normalis* Regel

蔷薇科　蔷薇属
别名：七里香蔷薇、七里香、白刺玫、刺玫、野蔷薇、刺花、白木香、单瓣木香、花七里、香七里、香蔷薇、野木香
分布：河南、陕西、甘肃、湖北、四川、云南、贵州等地

【形态特征】与原变种的区别是花白色，单瓣，味香；果球形至卵球形，直径5～7 mm，红黄色至黑褐色，萼片脱落。

【生长习性】生于沟谷中，海拔500～1500 m。

【精油含量】水蒸气蒸馏花的得油率为0.01%～1.50%；有机溶剂萃取花的得油率为0.30%～0.90%。

【芳香成分】王洁等（2003）用同时水蒸气蒸馏溶剂萃取法提取的甘肃成县产单瓣白木香花精油的主要成分为：正二十一烷（18.30%）、正十九烷（13.20%）、十九烯-1（12.90%）、正二十三烷（4.50%）、(Z)-9,17-十八碳二烯醛（2.50%）十七烯-1（2.50%）、β-紫罗兰酮（2.40%）、香树烯（2.00%）、正十七烷（1.60%）、二氢-β-紫罗兰酮（1.50%）、二十一烯-1（1.40%）、正十三烷（1.20%）、(E)-α-紫罗兰酮（1.10%）、正二十烷（1.00%）等。孔祥忠等（1992）用乙醇脱蜡法提取的甘肃徽县产单瓣白木香净油的主要成分为：十九烯-1（14.80%）、苄

醇（10.60%）、丁香酚（10.60%）、十八二烯醛-9,17(10.50%)、十九烷（5.40%）、二十一烯-5(4.00%)、里哪醇（3.00%）、2-甲基二十烷（3.00%）、十八二烯醛异构体（1.70%）、石竹烯（1.40%）、十五酮-2(1.20%)、γ-紫罗兰酮（1.00%）、十八三烯-9,12,15-酸乙酯（1.00%）等。

【利用】根皮可供制烤胶。根皮药用，能活血、调经、消肿、散瘀，用于月经不调、外伤红肿。花可提取精油、浸膏，用于配制化妆品、皂用香精。

🌸 黄木香花

Rosa banksiae Ait. f. *lutea* (Lindl.) Rehd.

蔷薇科　蔷薇属
别名：黄木香、重瓣黄木香
分布：江苏

【形态特征】攀缘小灌木，高可达6 m；枝有皮刺。小叶3～7，连叶柄长4～6 cm；小叶片椭圆状卵形或长圆披针形，长2～5 cm，宽8～18 mm，先端急尖或稍钝，基部近圆形或宽楔形，边缘有紧贴细锯齿，叶面深绿色，叶背淡绿色；小叶柄和叶轴有散生小皮刺；托叶线状披针形，膜质，离生，早落。花小形，多朵成伞形花序，花直径1.5～2.5 cm；萼片卵形，先端长渐尖，全缘，内面被白色柔毛，花黄色重瓣，无香味，倒卵形，先端圆，基部楔形；心皮多数，花柱离生，密被柔毛，比雄蕊短很多。花期4～5月。

【生长习性】生于溪边、路旁或山坡灌丛中，海拔500～1300 m。

【芳香成分】李淑颖等（2013）用全自动热脱附密闭动态顶空方式收集的黄木香花新鲜花香气的主要成分为：β-罗勒烯（27.56%）、脂肪烃（17.40%）、β-石竹烯（14.61%）、紫苏烯（6.89%）、α-金合欢烯（5.87%）、乙酸叶醇酯（4.97%）、乙酸己酯（3.01%）、2-己烯乙酸酯（2.04%）、γ-松油烯（1.97%）、乙酸戊酯（1.51%）、乙酸苄酯（1.33%）、2-十五烷酮（1.29%）等。

【利用】栽培用以观赏。

🌸 缫丝花

Rosa roxburghii Tratt.

蔷薇科　蔷薇属
别名：刺梨、刺藤、刺果儿、刺梨子、刺槟榔根、单瓣缫丝花、送春归、山刺梨、赛哇、野石榴、蜂糖果、文光果、木梨子
分布：贵州、四川、云南、广西、浙江、福建、江西、安徽、陕西、甘肃、湖南、湖北、西藏

【形态特征】开展灌木，高1～2.5 m；树皮呈片状剥落；小枝基部有成对皮刺。小叶9～15，连叶柄长5～11 cm，小叶片椭圆形或长圆形，稀倒卵形，长1～2 cm，宽6～12 mm，先端急尖或圆钝，基部宽楔形，边缘有细锐锯齿，叶轴和叶柄有散生小皮刺；托叶大部贴生于叶柄，离生部分呈钻形，边缘有腺毛。花单生或2～3朵，生于短枝顶端；花直径5～6 cm；小苞片2～3枚，卵形，边缘有腺毛；萼片通常宽卵形，先端渐尖，有羽状裂片，内面密被绒毛，外面密被针刺；花瓣重瓣至半重瓣，淡红色或粉红色，微香，倒卵形，外轮花瓣大，内轮较小。果扁球形，直径3～4 cm，绿红色，外面密生针刺；萼片宿存。花期5～7月，果期8～10月。

【生长习性】喜温暖湿润和阳光充足环境，适应性强，较耐寒，稍耐阴，对土壤要求不严，以肥沃的砂壤土为好。

【精油含量】水蒸气蒸馏新鲜果实的得油率为0.01%；超临界萃取果实的得油率为1.80%～2.46%。

【芳香成分】果实：梁莲莉等（1992）用水蒸气蒸馏法提取的贵州贵阳产缫丝花新鲜果实精油的主要成分为：棕榈酸（49.01%）、9,12-十八烷基二烯酸（33.50%）、十九酸（2.29%）等。林正奎等（1990）用连续蒸馏萃取法提取的贵州贵阳产缫丝花新鲜成熟果实精油的主要成分为：2-己烯酸乙酯（36.54%）、乙酸顺-3-己烯酯（11.72%）、芳樟醇（7.05%）、辛酸乙酯（3.33%）、辛酸（3.04%）、反-4-己烯-1-醇（2.18%）、壬酸乙酯（1.96%）、顺-3-己烯-1-醇（1.44%）、o-邻苯二甲酸异丙酯（1.40%）、2-甲基十四烷（1.40%）、2,6-二甲基癸酸甲酯（1.16%）等。张丹等（2016）用顶空固相微萃取法提取的贵州普定产缫丝花'贵农五号'新鲜成熟果实精油的主要成分为：柠檬烯（28.68%）、辛酸乙酯（15.10%）、正己酸乙酯（9.90%）、β-花柏烯（5.76%）、愈创木烯（5.45%）、β-罗勒烯（5.27%）、乙酸叶醇酯（4.07%）、辛酸（3.51%）、2-己烯醛（2.26%）、β-石竹烯（2.21%）、壬醛（1.94%）、大根香叶烯D（1.72%）、α-红没药烯（1.56%）、γ-松油烯（1.42%）、2,3-丁二醇二乙酸酯（1.01%）等。

种子：陈青等（2014）用水蒸气蒸馏法提取的贵州贵阳产缫丝花种子精油的主要成分为：苯（33.51%）、亚油酸甲酯（16.91%）、亚麻酸甲酯（14.95%）、棕榈酸甲酯（10.42%）、十六烷（4.85%）、十四烷（4.06%）、二丁基羟基甲苯（3.24%）、己醛（2.98%）等。

【利用】园艺栽培供观赏，多刺可以为绿篱。果实可供生食或制蜜饯、熬糖、酿酒。果实药用，能解暑、消食，用于中暑、食滞、痢疾。根药用，可消食健胃、收敛止泻，用于食积腹胀、痢疾、泄泻、自汗盗汗、遗精、带下病、月经过多、痔疮出血。根皮、茎皮可提制栲胶。叶可泡茶。种子可榨油。

🌸 山刺玫

Rosa davurica Pall.

蔷薇科 蔷薇属

别名：刺玫蔷薇、刺玫果、红根

分布：黑龙江、吉林、辽宁、内蒙古、河北、山西等地

【形态特征】直立灌木，高约1.5 m；分枝多，小枝有基部膨大稍弯曲的皮刺。小叶7～9，连叶柄长4～10 cm；小叶片长圆形或阔披针形，长1.5～3.5 cm，宽5～15 mm，先端急尖或圆钝，基部圆形或宽楔形，边缘有单锯齿和重锯齿，叶面深绿色，叶背灰绿色，有腺点和稀疏短柔毛；托叶大部贴生于叶柄，离生部分卵形，边缘有带腺锯齿。花单生于叶腋，或2～3朵簇生；苞片卵形，边缘有腺齿，下面有柔毛和腺点；花直径3～4 cm；萼筒近圆形，萼片披针形，边缘有不整齐锯齿和腺毛，下面有稀疏柔毛和腺毛，上面被柔毛；花瓣粉红色，倒卵形。果近球形，直径1～1.5 cm，红色，光滑，萼片宿存，直立。花期6～7月，果期8～9月。

【生长习性】多生于山坡阳处或杂木林边、丘陵草地，海拔430～2500 m。喜暖，喜光，耐旱，忌湿，畏寒。好生于疏松、排水良好的砂质土。

【精油含量】水蒸气蒸馏干燥果实的得油率为0.32%；超声波辅助萃取干燥果实的得油率为0.48%。

【芳香成分】李丽敏等（2017）用水蒸气蒸馏法提取的吉林省吉林市产山刺玫干燥果实精油的主要成分为：棕榈酸（30.41%）、亚麻酸（23.24%）、α-荜澄茄油萜（5.82%）、肉豆蔻酸（4.62%）、亚麻酸乙酯（2.05%）、9,12,15-十八烷三烯酸甲酯（1.91%）、异龙脑（1.81%）、桉叶油醇（1.58%）、柠檬醛（1.30%）、棕榈酸甲酯（1.25%）、α-荜澄茄油萜（1.14%）、(Z)-3,7-二甲基-2,6-辛二烯醛（1.12%）、棕榈油酸（1.00%）、(Z,Z)-9,12-十八烷二烯酸乙酯（1.00%）等；超声辅助法提取的干燥果实精油的主要成分为：亚麻酸（33.91%）、棕榈酸（19.08%）、硬脂酸（15.65%）、α-荜澄茄油萜（3.66%）、9,12,15-十八烷

三烯酸甲酯（1.46%）、棕榈酸甲酯（1.04%）等。王晓林等（2013）用顶空固相微萃取法提取的吉林省吉林市产山刺玫新鲜果实香气的主要成分为：1-己醇（37.08%）、乙苯（15.20%）、茶香螺烷（7.18%）、异佛尔酮（3.46%）、乙醇（3.37%）、D，L-丙氨酸乙酯（3.01%）、(Z)-3-己烯-1-醇（2.76%）、可巴烯（2.48%）、十五烷（2.31%）、甲氧基亚硝基苯（2.31%）、乙酸己酯（2.21%）、6-甲基-5-庚烯-2-酮（2.14%）、二甲基硫醚（2.11%）、5-乙烯基双环[2.2.1]庚-2-烯（1.80%）、(Z)-4-己烯-1-醇（1.71%）、十六烷（1.60%）、萘（1.55%）等；干燥果实香气的主要成分为：乙醇（28.00%）、4-萜烯醇（8.17%）、苯乙醇（6.43%）、2-甲基-1-丙醇（6.42%）、3-甲基-1-丁醇（5.24%）、γ-萜品烯（4.23%）、乙酸乙酯（3.60%）、6-甲基-5庚烯-2-酮（2.53%）、二甲基硫醚（2.35%）、大牻牛儿烯D（2.19%）、D，L-丙氨酸乙酯（1.89%）、β-水芹烯（1.85%）、乙酸（1.64%）、茶香螺烷（1.64%）、环氧异丁烯（1.63%）、可巴烯（1.63%）、(+)-2-蒈烯（1.51%）、2-甲基丁醛（1.23%）、1-己醇（1.22%）、β-桉叶油醇（1.19%）、萘（1.09%）、7-甲基-2,4,4-三甲基-2-乙烯基-双环[4.3.0]壬烷（1.05%）等。

【利用】果实可生食，亦可加工制作保健饮料、果汁、果酒和果酱等食品。种子可榨油。花可提取精油，是各种高级香水、香皂和化妆品的原料。花瓣可作糖果、糕点、蜜饯的香型原料，也可酿酒、熏茶、调制酱等。可用以防风固沙。果实药用，有固精缩尿、解毒、活血调经的功效，用于遗精滑精、遗尿尿频、崩漏带下、肝热、消化不良、食欲不振、脘腹胀痛、腹泻、动脉粥样硬化、肺结核咳嗽。花药用，有理气和血的功效，用于月经不调、痛经、崩漏、吐血、肋间神经痛。根药用，有止咳、止血的功效，用于咳嗽、痢疾、崩漏、跌打损伤。

❀ 突厥玫瑰

Rosa damascena Mill.

蔷薇科　蔷薇属

别名： 大马士革玫瑰、突厥蔷薇、秦渭玫瑰、卡赞勒克、保加利亚玫瑰、大马士革蔷薇

分布： 各地有引种栽培

【形态特征】灌木，高约2 m；小枝通常有粗壮钩状皮刺，有时混有刺毛；小叶通常5，稀7；小叶片卵形、卵状长圆形，长2～6 cm，先端急尖，基部近圆形，边缘有单锯齿，无腺，叶面无毛，叶背被柔毛；小叶柄和叶轴有散生皮刺和腺毛；托叶有时为篦齿状，大部贴生于叶柄。花6～12朵，呈伞房状排列；花梗细长，有腺毛；花直径3～5 cm；萼筒有腺毛，萼片卵状披针形，先端长渐尖，外面有腺毛，内面密被柔毛；花瓣带粉红色；花柱分离，被毛。果梨形或倒卵球形，红色，常有刺毛。

【生长习性】喜阳光，亦耐半阴。较耐寒。适生于排水良好的肥沃润湿地。对土壤要求不严，耐干旱，耐瘠薄。在土层深厚、疏松、肥沃湿润而又排水通畅的土壤中生长好。不耐水湿，忌积水。

【精油含量】水蒸气蒸馏新鲜花的得油率为0.02%～0.06%；超临界萃取花的得油率为1.01%。

L-香茅醇（20.25%）、香叶醇（15.02%）、橙花醇（10.41%）、十九烷（8.03%）、二十一烷（5.44%）、Z-5-十九碳烯（4.68%）、芳樟醇（3.04%）、苯乙醇（2.63%）、α-蒎烯（1.95%）、甲基丁香酚（1.90%）、吉玛烯D（1.86%）、(E,E)-金合欢醇（1.75%）、丁香酚（1.68%）、二十三烷（1.65%）、香叶醇乙酸酯（1.60%）、β-石竹烯（1.47%）、十七烷（1.35%）、二十烷（1.33%）、α-愈创木烯（1.19%）、δ-愈创木烯（1.05%）等。王金翠等（2015）用同法分析的西藏拉萨种植的突厥玫瑰新鲜花精油的主要成分为：香叶醇（29.03%）、香茅醇（25.85%）、橙花醇（15.51%）、十九烷（8.15%）、正-二十一烷（3.13%）、(E,E)-金合欢醇（2.32%）、乙酸香叶酯（2.22%）、甲基丁香酚（1.79%）、十七烷（1.72%）、(Z)-5-十九烯（1.43%）、丁香酚（1.02%）等。刘彦红等（2017）用同时蒸馏萃取法提取的云南新平产突厥玫瑰新鲜花瓣精油的主要成分为：十九烷（11.00%）、二十一烷（6.42%）、香茅醇（5.98%）、十六烷醇（5.93%）、十七烷（4.88%）、香叶醇（3.52%）、金合欢醇（2.26%）、二十烷（2.13%）、二十三烷（2.06%）、乙酸香叶酯（1.54%）等。晏慧君等（2017）用顶空固相微萃取法提取的云南昆明产突厥玫瑰新鲜花瓣挥发油的主要成分为：2-苯乙醇（69.54%）、十九烷（13.52%）、香叶醇（9.44%）、樟脑（2.66%）、樟脑（2.64%）、十九碳烯（2.44%）、苯甲醇（1.30%）等；新鲜雄蕊精油的主要成分为：丁香酚（60.93%）、十九烷（8.62%）、甲基香酚（7.61%）、香叶醇（5.60%）、香叶酯（4.69%）、十九碳烯（4.49%）、2-苯乙醇（2.81%）等。

【芳香成分】朱岳麟等（2009）用水蒸气蒸馏法提取的新疆种植的突厥玫瑰花精油的主要成分为：β-香茅醇（54.94%）、β-橙花醇（11.26%）、香茅醇乙酸酯（3.52%）、6-(1,3-二甲基-1,3-丁二烯基)-1,5,5-三甲基-7-氧杂双环[4.1.0]-2-庚烯（3.13%）、2-十三烷酮（2.77%）、反式金合欢醇（1.76%）、二十一烷（1.72%）、8-异丙烯基-1,5-二甲基-1,5-环癸二烯（1.62%）、β-芳樟醇（1.57%）、丁香酚甲醚（1.56%）、α-荜澄茄烯（1.31%）、二十三烷（1.30%）、顺式金合欢醇（1.07%）等；北京妙峰山种植的突厥玫瑰花精油的主要成分为：香茅醇乙酸酯（21.58%）、丁香酚甲醚（16.83%）、硼酸三甲基酯（10.27%）、β-芳樟醇（8.74%）、4-(4-乙基-环己基)-1-戊烷基-1-环己烯（7.36%）、顺式-玫瑰醚（4.65%）、香叶醇乙酸酯（3.92%）、乙酸苯乙酯（3.57%）、2-十三烷酮（3.41%）、金合欢烯（2.51%）、松油醇（2.45%）、6-(1,3-二甲基-1,3-丁二烯基)-1,5,5-三甲基-7-氧杂双环[4.1.0]-2-庚烯（2.12%）、Z,Z-2,13-十八碳二烯-1-醇（2.02%）、τ-依兰油烯（1.88%）、反式-玫瑰醚（1.70%）、乙醇（1.69%）、8-异丙烯基-1,5-二甲基-1,5-环癸二烯（1.29%）、橙花醇乙酸酯（1.08%）等。杨秦等（2017）分析的云南开远产'墨红'新鲜花瓣精油的主要成分为：香茅醇（13.04%）、硅烷双醇（9.19%）、正己醇（8.23%）、苯乙醇（7.73%）、丁香酚甲醚（5.78%）、橙花叔醇（5.52%）、法呢醇（5.09%）、乙基苯甲酸环戊酯（4.86%）、香草醛（4.24%）、反,反-法呢醛（3.21%）、1,3,5-三甲氧基苯（2.83%）、十甲基环五硅氧烷（2.43%）、己醛（1.86%）、乙酸（1.77%）、苄基甲基醚（1.72%）、3-(3-羧基-4-苯酚)丙氨酸（1.62%）、氯丙醇（1.24%）、苯甲醛（1.20%）、2,5-二（三甲基硅烷）氧-苯甲醛（1.20%）等。余峰等（2012）用同法分析的江西种植的突厥玫瑰新鲜花精油的主要成分为：

【利用】栽培供观赏，可作花墙、绿墙、花坛护围和庭院观赏。花可提取精油、净油，是极名贵的天然香精、香料，也是美容以及化妆品生产的重要原料，同时也是制药、茶饮、食品、烟草、酒业等不可缺少的原材料。花可食用，又可熏茶、酿酒。

无籽刺梨

Rosa sterilis S. D. Shi

蔷薇科 蔷薇属

别名： 无子刺梨

分布： 贵州特有

【形态特征】多年生落叶攀缘性灌木，树高约2 m，多分枝，冠幅达4～5 m。成熟果皮黄褐色，密生小刺，成熟时小刺极易脱落，果肉呈艳丽的橙黄色，肥厚脆嫩。雄蕊高度败育，花药干瘪，无花粉，偶尔出现1～2粒瘦果种子，种子败育。3～4月现蕾，4月下旬至5月上旬开始开花，成熟期9月下旬至11月上旬。

【生长习性】耐旱耐寒，耐土壤贫瘠。以排水良好，土层深厚、肥沃的壤土为好，土质黏重、易积水、多潮湿的地方不宜种植。

【精油含量】水蒸气蒸馏新鲜果实的得油率为0.30%；微波辅助水蒸气蒸馏新鲜果实的得油率为1.75%。

【芳香成分】姜永新等（2013）用水蒸气蒸馏法提取的贵州兴仁产无籽刺梨新鲜果实精油的主要成分为：1,1,6-三甲基-1,2,3,4-四氢化萘（20.16%）、十四烷（6.56%）、β-芹子烯（5.33%）、己酸（5.19%）、二氢-β-紫罗兰醇（5.01%）、三甲苯（3.63%）、十五烷（2.93%）、肉豆蔻酸（2.15%）、1,2,5,5-四甲基-1,3-环戊二烯（1.90%）、β-石竹烯（1.80%）、α-金合欢烯（1.76%）、2-甲基-1-(1,1-二甲基乙基)-2-甲基-1,3-丙二醇酯（1.71%）、1,2-苯并噻唑（1.66%）、1,2,3,4,4a,5,6,7-八氢-α,α,4a,8-四甲基-2R-顺-萘甲醇（1.59%）、姥鲛烷（1.43%）、植烷（1.43%）、γ-芹子烯（1.34%）、3-(2,6,6-三甲基-1-环己基)-2-丙烯醛（1.25%）、1-甲基-2-吡咯烷酮（1.24%）、1,1,5-三甲基-6(Z)-亚丁烯基-4-环己烯（1.23%）、α-紫罗兰醇（1.23%）、异松油烯（1.20%）、3-己烯酸乙酯（1.16%）、α-桉叶油醇（1.16%）、1,1,5,6-四甲基-2,3-二氢-1H-茚（1.13%）、α-石竹烯（1.12%）等。张丹等（2016）用顶空固相微萃取法提取的贵州普定产无籽刺梨'安顺金刺梨'新鲜成熟果实香气的主要成分为：β-罗勒烯（14.84%）、乙酸叶醇酯（11.96%）、β-花柏烯（8.30%）、顺式-3-己烯醇（7.28%）、愈创木烯（7.26%）、茶香螺烷（7.12%）、乙酸庚酯（5.46%）、苯甲醛（5.05%）、β-石竹烯（4.91%）、2-正戊基呋喃（3.49%）、紫苏烯（2.72%）、正己酸乙酯（2.36%）、α-红没药烯（2.21%）、壬醛（2.10%）、α-法呢烯（1.90%）、1-壬醇（1.73%）、大根香叶烯D（1.41%）、辛酸（1.13%）等；贵州安顺产无籽刺梨新鲜果实香气的主要成分为：D-柠檬烯（22.96%）、茶香螺烷（12.68%）、1-辛烯-3-醇（8.70%）、辛酸（7.42%）、己酸（6.08%）、2-乙基己醇（5.20%）、乙酸叶醇酯（4.84%）、苯甲醛（4.31%）、辛酸乙酯（2.74%）、己酸乙酯（2.46%）、反-3-己烯酸（2.03%）、乙酸异戊酯（1.76%）、4-羟基-2-丁酮（1.54%）、苯乙烯（1.51%）、反-2-己烯-1-醇（1.54%）、β-罗勒烯（1.37%）、丁酸乙酯（1.34%）等；贵州贵阳产无籽刺梨新鲜果实香气的主要成分为：己酸（31.81%）、辛酸（12.54%）、茶香螺烷（7.35%）、1-辛烯-3-醇（6.38%）、苯甲醛（5.64%）、α-愈创木烯（3.52%）、2-庚醇（3.12%）、2-壬醇（2.89%）、反-3-己烯酸（2.61%）、反-2-己烯醛（2.32%）、辛酸乙酯（2.11%）、D-柠檬烯（1.77%）、

反-2-辛烯酸（1.73%）、乙酸-2-庚酯（1.68%）、乙酸异戊酯（1.64%）、β-罗勒烯（1.46%）、α-紫罗兰醇（1.21%）、苯乙烯（1.02%）、佛术烯（1.02%）等。

【利用】果实可生食，也可加工。适宜绿化种植。适宜山地造林。

香水月季

Rosa odorata (Andr.) Sweet

蔷薇科 蔷薇属

别名： 茶香月季、芳香月季、香蔷薇、生胎果、大卡卡果、固公花、固公果

分布： 浙江、江苏、四川、云南等地

【形态特征】常绿或半常绿攀缘灌木，有长匍匐枝，枝有散生而粗短的钩状皮刺。小叶5～9，连叶柄长5～10 cm；小叶片椭圆形、卵形或长圆卵形，长2～7 cm，宽1.5～3 cm，先端急尖或渐尖，稀尾状渐尖，基部楔形或近圆形，边缘有紧贴的锐锯齿，革质；托叶大部贴生于叶柄，边缘或仅在基部有腺，顶端小叶片有长柄，花单生或2～3朵，直径5～8 cm；萼片全缘，稀有少数羽状裂片，披针形，先端长渐尖，外面无毛，内面密被长柔毛；花瓣芳香，白色或带粉红色，倒卵形；心皮多数，被毛；花柱离生，伸出花托口外，约与雄蕊等长。果实呈压扁的球形，稀梨形，外面无毛，果梗短。花期6～9月。

【生长习性】生于海拔1500～2000 m的向阳山坡次生林下。喜欢光照充足、温暖湿润的气候条件。分布区全年干湿分明，

年降水量在700～1500 mm，夏天气候凉爽，最热月平均温不超过22 ℃，最低月平均温高于0～5 ℃，年平均无霜期在200d以上。对土壤的酸碱度要求不高，在pH为5.5～8.0的土壤上均可生长，在pH为6的微酸性土壤中生长最好。

【芳香成分】叶灵军等（2008）用动态顶空套袋方法采集分析了云南昆明产不同品种香水月季花香气成分，'蓝月亮'的主要成分为：大根香叶烯（79.40%）、橙花醇（9.50%）、3,7-二甲基-2-辛烯-1-醇（7.50%）、3,5-二甲氧基甲苯（2.50%）等；'金银岛'的主要成分为：3,5-二甲氧基甲苯（95.10%）、石竹烯（4.90%）等；'梅朗爸爸'的主要成分为：乙酸己酯（91.80%）、乙酸-3-己烯-1-醇酯（8.20%）等；'香云'的主要成分为：乙酸苯乙酯（63.30%）、苯乙醇（22.50%）、3,5-二甲氧基甲苯（12.10%）、乙酸己酯（1.10%）等；'杰乔伊'的主要成分为：乙酸-3-己烯-1-醇酯（86.30%）、大根香叶烯（10.10%）、乙酸橙花酯（3.70%）等；'粉和平'的主要成分为：乙酸橙花酯（44.30%）、乙酸-3-己烯-1-醇酯（35.20%）、乙酸己酯（12.60%）等；'蓝丝带'的主要成分为：乙酸苯乙酯（54.00%）、乙酸橙花酯（25.80%）、乙酸-3-己烯-1-醇酯（20.20%）等；'洛丽塔'的主要成分为：乙酸苯乙酯（76.80%）、乙酸己酯（13.00%）、3,5-二甲氧基甲苯（9.60%）等；'友禅'的主要成分为：乙酸苯乙酯（80.00%）、大根香叶烯（9.90%）、3,5-二甲氧基甲苯（9.40%）等。

【利用】以根、叶、虫瘿入药，有调气和血、止痢、止咳、定喘、消炎、杀菌的功效，主治痢疾、小儿疝气、哮喘、腹泻、白带；外用治疮、痈、疖。有较高的观赏价值。花可用于提取芳香油。

🌸 小果蔷薇

Rosa cymosa Tratt.

蔷薇科　蔷薇属

别名：倒钩簕、红荆藤、山木香、小刺花、小倒钩簕、小金樱
分布：江西、江苏、浙江、安徽、河南、湖南、湖北、四川、云南、贵州、福建、广东、广西、台湾等地

【形态特征】攀缘灌木，高2～5 m；小枝有钩状皮刺。小叶3～5，稀7；连叶柄长5～10 cm；小叶片卵状披针形或椭圆形，稀长圆披针形，长2.5～6 cm，宽8～25 mm，先端渐尖，基部近圆形，边缘有紧贴或尖锐细锯齿，叶面亮绿色，叶背颜色较淡；小叶柄和叶轴有稀疏皮刺和腺毛；托叶膜质，离生，线

形，早落。花多朵成复伞房花序；花直径2～2.5 cm；萼片卵形，先端渐尖，常有羽状裂片，外面近无毛，稀有刺毛，内面被稀疏白色绒毛，沿边缘较密；花瓣白色，倒卵形，先端凹，基部楔形。果球形，直径4～7 mm，红色至黑褐色，萼片脱落。花期5～6月，果期7～11月。

【生长习性】多生于向阳山坡、路旁、溪边或丘陵地，海拔250～1300 m。北方耐-10 ℃左右低温，也耐35 ℃以上高温。适宜生长在年降水800～1500 mm地区。以湿润、温暖条件生长发育好。适应的土壤为黄棕壤至红壤，pH4.5～7.5。

【芳香成分】罗心毅（1988；1989）用水蒸气蒸馏法制备的贵州产小果蔷薇鲜花浸膏精油的主要成分为：丁香酚（41.64%）、芳樟醇（9.20%）、十九烷（6.73%）、十七烷（4.81%）、香叶醇（4.53%）、十七烯-1（3.91%）、苯甲醇（3.55%）、桂皮醛（3.43%）、苯甲酸乙酯（2.88%）、二十烷（1.39%）等；净油的主要成分为：苯甲醇（42.26%）、丁香酚（10.02%）、苯乙醇（9.17%）、肉桂醛（6.87%）、苯丙酸乙酯（4.11%）、芳樟醇（3.76%）、苯甲酸乙酯（3.20%）、柠檬醛（2.07%）、十九碳烷（2.01%）、十七碳烷（1.63%）、苯甲酸甲酯（1.60%）、1-十七烯（1.31%）、甲基苯乙基醚（1.17%）等。

【利用】根、果实入药，有消肿止痛、祛风除湿、止血解毒、补脾固涩的功效，用于风湿关节病、跌打损伤、阴挺、脱肛。花药用，有清热化湿、顺气和胃的功效。叶药用，有解毒消肿的功效，外用于痈疮肿毒、烧烫伤。嫩枝叶有一定的饲用价值。可用于固土保水、绿化美化。为蜜源植物。花可提取精油、净油，用于调配化妆品、烟用香精等。果实可食。

🌸 悬钩子蔷薇

Rosa rubus Lévl. et Vant.

蔷薇科　蔷薇属

分布：甘肃、陕西、湖北、四川、云南、贵州、广西、广东、江西、福建、浙江等地

【形态特征】匍匐灌木，高可达5～6 m；皮刺短粗、弯曲。小叶通常5，近花序偶有3枚，连叶柄长8～15 cm；小叶片卵状椭圆形、倒卵形或圆形，长3～9 cm，宽2～4.5 cm，先端尾尖、急尖或渐尖，基部近圆形或宽楔形，边缘有尖锐锯齿；叶柄和叶轴有散生的小沟状皮刺；托叶大部贴生于叶柄，离生部分披针形，全缘常带腺体，有毛。花10～25朵，排成圆锥状伞房花

序；花直径2.5~3 cm；萼筒球形至倒卵球形，外被柔毛和腺毛；萼片披针形，通常全缘，两面均密被柔毛；花瓣白色，倒卵形，先端微凹，基部宽楔形。果近球形，直径8~10 mm，猩红色至紫褐色，有光泽，花后萼片反折，以后脱落。花期4~6月，果期7~9月。

【生长习性】多生于山坡、路旁、草地或灌丛中，海拔500~1300 m。喜温暖向阳。在北方大部分地区都能露地越冬。对土壤要求不严，耐干旱，耐瘠薄，在土层深厚、疏松、肥沃湿润而又排水通畅的土壤中生长更好，也可在黏重土壤上正常生长。不耐水湿，忌积水。

【芳香成分】孔祥忠等（1989）用水蒸气蒸馏法提取的花净油的主要成分为：苯乙醇（38.10%）、丁香酚（13.90%）、2,5-二甲基-2-乙烯基己烯-4-醇-1（1.90%）、甲基丁香酚（1.70%）、9-十九烯（1.60%）、十九烷（1.60%）、丁香烯（1.50%）、9-二十三烯（1.40%）、γ-绿叶烯（1.30%）、1-二十七醇（1.10%）等。

【利用】宜作绿篱。果实可生食或加工酿酒。根皮可提取栲胶。花是很好的蜜源。花可提取精油及浸膏。

🌸 月季花

Rosa chinensis Jacq.

蔷薇科　蔷薇属

别名：四季蔷薇、月月红、月月花、月季、墨红、珠墨双辉、长春花、四季花、胜春

分布：全国各地

【形态特征】直立灌木，高1~2 m。小叶3~5，稀7，连叶

柄长5~11 cm，小叶片宽卵形至卵状长圆形，长2.5~6 cm，宽1~3 cm，先端长渐尖或渐尖，基部近圆形或宽楔形，边缘有锐锯齿，叶面暗绿色，叶背颜色较浅，叶柄有散生皮刺和腺毛；托叶大部贴生于叶柄，仅顶端分离部分成耳状，边缘常有腺毛。花几朵集生，稀单生，直径4~5 cm；萼片卵形，先端尾状渐尖，有时呈叶状，边缘常有羽状裂片，稀全缘，内面密被长柔毛；花瓣重瓣至半重瓣，红色、粉红色至白色，倒卵形，先端有凹缺，基部楔形；花柱离生，伸出萼筒口外，约与雄蕊等长。果卵球形或梨形，长1~2 cm，红色，萼片脱落。花期4~9月，果期6~11月。

【生长习性】以土壤疏松、肥沃、透气性好、微酸性为适宜。喜温光，怕炎热，忌阴暗潮湿。生长适温12~17 ℃，气温低于5 ℃或高于30 ℃生长停滞。

【精油含量】水蒸气蒸馏新鲜花的得油率为0.12%；超临界萃取新鲜花的得油率为1.98%；XAD-4树脂吸附法提取新鲜花头香的得油率为0.02%；石油醚萃取新鲜花浸膏的得率为0.14%~1.52%。

【芳香成分】李菲等（2016）用水蒸气蒸馏法提取的河南新安产月季干燥花精油的主要成分为：正十九烷（37.67%）、正二十一烷（27.23%）、正二十烷（16.28%）、2,6,10,15-四甲基十七烷（4.65%）、正三十四烷（4.21%）、3-二十烯（1.42%）、正十三烷（1.08%）等。袁敏之等（1983）用石油醚浸提法提取分析了江苏南京产不同品种月季新鲜花的精油成分，'墨红'的主要成分为：香叶醇（28.57%）、香茅醇（15.06%）、橙花

醇（12.62%）、丁香酚甲醚（11.47%）、香叶酸（9.81%）、苯乙醇（7.76%）、丁香酚（3.62%）、芳樟醇（1.21%）等；'地芬'的主要成分为：香叶醇（30.08%）、香茅醇（19.36%）、橙花醇（16.31%）、丁香酚甲醚（8.60%）、香叶酸（7.49%）、苯乙醇（2.43%）等；'粉和平'的主要成分为：香叶醇（30.52%）、丁香酚甲醚（24.59%）、香茅醇（9.15%）、橙花醇（7.41%）、香叶酸（6.65%）、芳樟醇（1.25%）等；'紫雾'的主要成分为：香叶醇（28.51%）、丁香酚甲醚（24.11%）、丁香酚（13.33%）、香茅醇（7.04%）、橙花醇（6.24%）、苯乙醇（5.84%）、香叶酸（4.31%）、芳樟醇（1.40%）等；'明星'的主要成分为：苯乙醇（20.52%）、丁香酚甲醚（17.91%）、香叶醇（15.65%）、香叶酸（9.87%）、香茅醇（2.01%）、橙花醇（1.12%）、芳樟醇（1.06%）等；'品克反勿来特'的主要成分为：苯乙醇（26.58%）、香叶酸（16.67%）、丁香酚甲醚（9.27%）、香叶醇（8.67%）、香茅醇（7.12%）、芳樟醇（6.86%）、橙花醇（5.79%）等；'我爱'的主要成分为：苯乙醇（29.31%）、香叶醇（26.67%）、橙花醇（19.44%）、香茅醇（9.32%）、丁香酚甲醚（4.25%）、芳樟醇（3.49%）、香叶酸（1.13%）等；'阿尔脱西'的主要成分为：苯乙醇（43.86%）、丁香酚甲醚（15.54%）、芳樟醇（12.45%）、香叶醇（10.72%）、香茅醇（4.27%）、橙花醇（3.94%）、香叶酸（1.53%）等；'日蚀'的主要成分为：苯乙醇（38.38%）、丁香酚甲醚（20.26%）、香叶醇（14.19%）、香茅醇（6.93%）、橙花醇（6.17%）、芳樟醇（4.79%）等；'冰山'的主要成分为：苯乙醇（69.16%）、丁香酚甲醚（12.99%）、芳樟醇（4.27%）、香叶醇（3.24%）、香茅醇（1.70%）、橙花醇（1.61%）等；'波罗利亚'的主要成分为：苯乙醇（70.60%）、丁香酚甲醚（9.53%）、香叶醇（4.40%）、芳樟醇（1.12%）、香茅醇（1.11%）等。张正居等（1991）用XAD-4树脂吸附法提取的'墨红'月季花新鲜花头香的主要成分为：香叶醇（34.36%）、香茅醇（13.69%）、1-十九烯（11.86%）、苯乙醇（10.95%）、苯甲醇（7.46%）、十九烷（5.77%）、萘（2.59%）、乙酸乙酯（1.81%）、β-柠檬醛（1.59%）、α-柠檬醛（1.48%）、2,6,10,15-四甲基十七烷（1.02%）等。苏庆臣等（2017）用顶空固相微萃取法提取的天津产月季新鲜花瓣香气的主要成分为：己醇（37.03%）、乙酸己酯（24.06%）、乙偶姻（5.64%）、乙酸乙酯（4.13%）、己醛（2.81%）、戊醇（2.54%）、3,5-二甲氧基甲苯（2.41%）、反式-2-己烯醛（1.96%）、乙酸叶醇酯（1.83%）、反式-2-己烯醇（1.50%）、香茅醇（1.11%）、橙花醇（1.11%）、香叶醇（1.11%）、2-丁醇（1.03%）、茶螺烷-顺式（1.03%）等。晏慧君等（2017）用同法分析的云南昆明产'月月粉'月季花新鲜花瓣精油的主要成分为：樟脑（24.10%）、香叶醇（14.56%）、十九碳烯（13.76%）、4-加氧基加酯（13.33%）、1,3,5-三甲氧基苯（9.81%）、3-己烯-1-醇（8.33%）、3-己烯基-1-醋酸（6.56%）、2-己烯醛（3.16%）、十九烷（3.09%）、丙烯（2.52%）等；新鲜雄蕊挥发油的主要成分为：樟脑（23.43%）、1,3,5-三甲氧基苯（21.89%）、橙花叔醇（12.72%）、十九碳烯（10.01%）、3-己烯基-1-醋酸（9.44%）、丁香酚（6.30%）、十九烷（5.91%）、2-苯乙醇（3.52%）、4-加氧基加酯（3.19%）、异戊醇（1.16%）等。张文等（2018）用同法分析的浙江宁波产'墨红'新鲜花挥发油的主要成分为：(S)-(-)-柠檬烯（20.46%）、十一烷（20.45%）、2,4-戊二烯醛（4.77%）、苯乙醇（4.59%）、癸烷（3.97%）、苯乙醛（3.45%）、2-蒎烯（2.44%）、2-己烯（2.23%）、壬醛

（2.11%）、戊醛（1.65%）、苯甲醇（1.50%）、香叶醇（1.23%）、月桂烯（1.21%）、十三烷（1.15%）、正十二烷（1.04%）等。

【利用】是南北园林绿化植物，可用于布置花坛、花境或作为庭院花材，可制作盆景，作切花、花篮、花束等。根、叶、花均可入药，具有活血消肿、消炎解毒的功效，常被用于治疗月经不调、痛经等病症。花可提取精油、浸膏和净油，用于配制食品和化妆品香精。花可用作药茶或药膳配料。

❀ 野蔷薇

Rosa multiflora Thunb.

蔷薇科　蔷薇属

别名： 多花蔷薇、刺花、白玉堂、营实、蔷薇、蔷薇子、野蔷薇子、石珊瑚、墙靡

分布： 江苏、山东、河南等地

【形态特征】攀缘灌木。小叶5～9，近花序的小叶有时3，连叶柄长5～10 cm；小叶片倒卵形、长圆形或卵形，长1.5～5 cm，宽8～28 mm，先端急尖或圆钝，基部近圆形或楔形，边缘有尖锐单锯齿，稀混有重锯齿，叶背有柔毛；小叶柄和叶轴有散生腺毛；托叶篦齿状，大部贴生于叶柄。花多朵，排成圆锥状花序，有时有篦齿状小苞片；花直径1.5～2 cm，萼片披针形，有时中部具2个线形裂片，外面无毛，内面有柔毛；花瓣白色，宽倒卵形，先端微凹，基部楔形；花柱结合成束，无毛，比雄蕊稍长。果近球形，直径6～8 mm，红褐色或紫褐色，有光泽，无毛，萼片脱落。

【生长习性】喜光、耐半阴、耐寒，对土壤要求不严，在黏重土中也可正常生长。耐瘠薄，忌低洼积水。以肥沃、疏松的微酸性土壤最好。

【精油含量】水蒸气蒸馏花的得油率为0.02%～1.14%，干燥果实的得油率为0.01%；超声协同微波法提取干燥根的得油率为3.88%。

【芳香成分】根：努尔皮达·阿卜拉江等（2015）用超声协同微波萃取法提取的新疆阿勒泰产野蔷薇干燥根精油的主要成分为：二十四烷（10.05%）、丁香酚（8.87%）、9-甲基十九烷（5.12%）、二十六烷（4.45%）、(Z)-12-十八碳烯酸-甲基酯（4.06%）、二十七烷（3.62%）、二十烷（3.61%）、(Z)-9-十八碳烯酸-甲基酯（3.55%）、O-异丙基甲苯（3.33%）、1,7-二甲基-4-(1-甲基乙基)-螺[4,5]癸-6-烯-8-酮（2.37%）、姜黄烯（1.71%）、二十九烷（1.56%）、十八烷（1.52%）、角鲨烯（1.42%）、5-(1,5-二甲基-4-己烯基)-2-甲基-1,3-环己二烯（1.20%）、石竹烯（1.12%）、β-细辛醚（1.11%）、三十烷（1.00%）等。

花：王天华等（1994）用同时蒸馏萃取装置提取的北京产野蔷薇鲜花精油的主要成分为：2,5,5-三甲基-1,6-庚二烯（36.19%）、甲基香叶酯（13.21%）、异黄樟基丁子香酚（11.13%）、香叶醇（4.03%）、香叶醛（3.62%）、二十一烷（3.58%）、3-二十烯（2.54%）、里哪醇（2.52%）、8-甲基-3,7-壬二烯-2-酮（1.90%）、十六醛（1.50%）、9-二十烯（1.16%）、丁酸香茅酯（1.01%）、壬醛（1.00%）等。

果实：唐松云等（2012）用水蒸气蒸馏法提取的江西产野蔷薇干燥果实精油的主要成分为：9,12,15-十八烷三烯酸甲酯（10.52%）、软脂酸甲酯（9.13%）、11,14-顺-十八碳二烯酸甲酯（6.07%）、α,α,4a.8-四甲基-1,2,3,4,4a,5,6,7-八氢化-(2R-顺)-2-萘甲醇（5.69%）、十六酸乙酯（3.90%）、(Z,Z,Z)-9,12,15-十八烷三烯酸乙酯（3.54%）、二十碳烷（2.99%）、桉油醇（2.91%）、二十七烷（2.87%）、α,α,4a.8-四甲基-1,2,3,4,4a,5,6,8a-八氢化-[2R-(2α,4aα,8aα)]-2-萘甲醇（2.83%）、6,10,14-三甲基-2-十五烷酮（2.59%）、正十六酸（2.45%）、(1α,4aα,8aα)]-1,2,3,4,4a,5,6,8a-八氢化-7-甲基-4-亚甲基-1-(1-甲基乙烯基)萘（1.97%）、9,12-十八碳二烯酸乙酯（1.96%）、(E)-3,7,11-三甲基-1,6,10-十二烷三烯-3-醇（1.70%）、正二十九烷（1.35%）、二十二烷（1.28%）、[3S-(3α,4aα,6aβ,10aα,10bβ)]-3,4a,7,7,10a-五甲基-3-乙烯基四氢-1H-萘并[2,1-b]吡喃（1.15%）、正二十五烷（1.12%）、正十二烷酸（1.01%）等。

【利用】是较好的园林绿化材料。嫩茎叶可作蔬菜食用。花、果、根、茎都供药用，根为收敛药；花为芳香理气药，治胃痛、胃溃疡；果实有利尿、通经、治水肿的功效，民间用于急性肾炎、全身水肿、小便不利、头痛、烦躁等。果实可酿酒。花精油可用作食品、化妆品及皂用香精。

🌸 粉团蔷薇

Rosa multiflora Thunb. var. *cathayensis* Rehd. et Wils.

蔷薇科　蔷薇属

别名: 多花蔷薇、团蔷薇、红刺玫、野蔷薇、刺花

分布: 分布于我国广东、广西、福建、江西、江苏、安徽、湖北、贵州、四川、河南、陕西、甘肃等地

【形态特征】攀缘灌木;小枝圆柱形,有短、粗稍弯曲的皮束。小叶5~9,近花序的小叶有时3,连叶柄长5~10 cm;小叶片倒卵形、长圆形或卵形,长1.5~5 cm,宽8~28 mm,先端急尖或圆钝,基部近圆形或楔形,边缘有尖锐单锯齿,稀混有重锯齿,叶背有柔毛;托叶篦齿状,大部贴生于叶柄,边缘有或无腺毛。花多朵,排成圆锥状花序,无毛或有腺毛,有时基部有篦齿状小苞片;花直径1.5~2 cm,萼片披针形,有时中部具2个线形裂片,内面有柔毛;花瓣粉红色,单瓣,宽倒卵形,先端微凹,基部楔形。果近球形,直径6~8 mm,红褐色或紫褐色,萼片脱落。

【生长习性】多生于山坡、灌丛或河边等处,海拔可达1300 m。耐寒、耐旱,喜光,不耐阴。能适应多种气候和土壤

条件。北方大部分地区都能露地越冬。对土壤要求不严,耐水湿、耐瘠薄,在土层深厚、肥沃湿润、排水良好的土壤中生长更好。

【精油含量】水蒸气蒸馏花的得油率为0.006%~0.009%;石油醚萃取花的得油率为0.230%~0.328%。

【芳香成分】薛敦渊等(1991)用石油醚萃取法提取的甘肃陇南产粉团蔷薇鲜花浸膏脱蜡后的净油主要成分为:丁香酚(22.80%)、苯乙醇(18.10%)、正二十一烷(10.20)、甲酸苯乙醇酯(4.60%)、γ-古芸烯(1.50%)、雅槛蓝烯(1.40%)、甲基丁香酚(1.20%)、β-树橙烯(1.20%)、正十五醛(1.10%)等。

【利用】具有极高的观赏价值。根可提制栲胶。花可提制精油用于化妆品及皂用香精。根、叶、花和种子均可入药,根能活血通络收敛,叶外用治肿毒,种子能峻泻、利水通经。果实具有清热解毒、祛风除湿、理气解郁、和血散瘀、活血调经、固精缩尿的功效,民间用于除风湿、活气血和治疗乳糜尿,还用于治疗维生素C缺乏症及小儿消化不良等多种疾病。

🌸 山楂

Crataegus pinnatifida Bunge

蔷薇科　山楂属

别名: 红果、山里红、山里果、酸里红、山里红果、酸枣、红果子、山林果

分布: 黑龙江、吉林、辽宁、内蒙古、河北、河南、山东、山西、陕西、江苏

【形态特征】落叶乔木,高达6 m,树皮粗糙;刺长约1~2 cm或无刺;冬芽三角卵形,先端圆钝,紫色。叶片宽卵形或三角状卵形,长5~10 cm,宽4~7.5 cm,先端短渐尖,基部截形至宽楔形,两侧各有3~5羽状深裂片,裂片卵状披针形或带形,边缘有重锯齿;托叶草质,镰形,边缘有锯齿。伞房花序具多花,直径4~6 cm;苞片膜质,线状披针形,边缘具腺齿;花直径约1.5 cm;萼筒钟状,外面密被灰白色柔毛;萼片三角卵形至披针形,全缘;花瓣倒卵形或近圆形,白色。果实近球形或梨形,直径1~1.5 cm,深红色,有浅色斑点;小核3~5;萼片脱落很迟,先端留1圆形深洼。花期5~6月,果期9~10月。

【生长习性】生于山坡林边或灌木丛中,海拔100~1500 m,一般分布于荒山秃岭、阳坡、半阳坡、山谷,坡度以15~25℃

为好。适应性强，喜凉爽，湿润的环境，即耐寒又耐高温，在-36～43 ℃均能生长。喜光也能耐阴。耐旱，对土壤要求不严格，在土层深厚、质地肥沃、疏松、排水良好的微酸性砂壤土上生长良好。

【精油含量】水蒸气蒸馏干燥叶的得油率为0.04%；超临界萃取种子的得油率为6.53%。

【芳香成分】叶：崔凤侠等（2014）用水蒸气蒸馏法提取的干燥叶精油的主要成分为：2,7(14)，10-没药烷三烯-1-醇-4-酮（18.42%）、尼楚醇（6.25%）、反式-香桧烯水合物（4.11%）、丙酸香茅酯（2.80%）、六氢二甲基异丙基萘（2.65%）、(5E,9E)-]金合欢醇丙酮（2.50%）、异戊酸甲酯（2.42%）、1-十一炔（2.12%）、γ-松油醇（2.12%）、(Z)-α-大西洋（萜）酮（1.89%）、十二醛（1.48%）、顺式罗汉柏烯酸（1.48%）、异丁酸芳樟酯（1.40%）、α-愈创木烯（1.39%）、顺式-芳樟醇氧化物（呋喃型化合物）（1.35%）、乙酸龙脑酯（1.23%）、2E-十一碳烯醛（1.05%）、四氢-芮木泪柏烯（1.03%）、植醇（1.01%）等。王明林等（2006）用固相微萃取法提取的山东泰安产山楂新鲜叶片精油的主要成分为：α-法呢烯（40.98%）、顺-3,7-二甲基-1,3,7-辛三烯（12.23%）、顺-3-己烯-1-醇乙酸酯（7.92%）、顺-3-己烯-1-醇丁酸酯（7.03%）、水杨酸甲酯（4.24%）、3,7,11-三甲基-2,6,10-十二碳三烯-1-醇（1.83%）、顺-3-己烯-1-醇-2-甲基丁酸酯（1.79%）、2,6-二甲基-1,6-辛二烯（1.07%）等。

果实：陈凌云等（1997）用蒸馏萃取法提取的湖北武汉产'敞口山楂'、山东泰安产'黑红山楂'和泰安产'大金星山楂'的果实精油，主要成分均为：顺-3-己烯醇（20.01%～28.70%）、顺-3-乙酸己烯酯（8.38%～11.91%）、α-萜品醇（6.06%～7.09%）、糠醛（2.95%～4.10%）、己醇（2.29%～2.78%）、柠檬醛（1.23%～1.96%）、3-戊烯-2-酮（1.72%～2.00%）、乙酸己酯（1.14%～2.02%）、壬醛（1.04%～2.58%）等。高婷婷等（2015）用同时蒸馏萃取法提取的河北产山楂新鲜果实精油的主要成分为：乙酸叶醇酯（16.08%）、糠醛（10.97%）、α-松油醇（7.02%）、1,4-丁二醇（5.92%）、乙酸己酯（3.55%）、丁香酚（3.55%）、1-甲基-4-(2-丙烯基)苯（2.53%）、2-甲基-3-丁烯-2-醇（1.96%）、柠檬醛（1.71%）、壬醛（1.59%）、紫苏醇（1.48%）、顺-3-己烯醇（1.37%）、萜品油烯（1.21%）、D-柠檬烯（1.04%）、二十一烷（1.04%）等。

种子：黄荣清等（1998）用干馏法提取的干燥种子精油的主要成分为：愈创木酚（24.40%）、呋喃甲醛（20.10%）、2-甲氧基-4-甲基苯酚（11.90%）、苯酚（10.80%）、邻-甲苯酚（6.60%）、5-甲基-2-糠醛（4.40%）、4-乙基-2-甲氧基苯酚（3.90%）、2-甲基-2-环戊烯酮（3.60%）、二甲基苯酚（3.20%）、2-乙酰呋喃（3.10%）、2,6-二甲氧基苯酚（1.30%）等。

【利用】果实药用，有消食积、散瘀血、驱绦虫的功效，治肉积、症瘕、痰饮、痞满、吞酸、泻痢、肠风、腰痛、疝气、产后儿枕痛、恶露不尽、小儿乳食停滞。果实可食用，也可加工成山楂饼、山楂糕、山楂片、山楂条、山楂卷、山楂酱、山楂汁、炒山楂、果丹皮、山楂茶、糖雪球、山楂罐头、山楂糖葫芦等食用。种子精油可用于配制软膏或用于制作熏味的食品。可栽培作绿篱和观赏树。幼苗可作嫁接苹果、梨等的砧木。

❀ 蛇莓

Duchesnea indica (Andr.) Focke

蔷薇科　蛇莓属

别名： 鼻血果果、地莓、地锦、地杨梅、蚕莓、哈哈果、红顶果、鸡冠果、九龙草、金蝉草、龙吐珠、龙衔珠、疗疮药、老蛇泡、老蛇刺占、老蛇蕙、龙球草、落地杨梅、麻蛇果、蛇泡草、蛇果、蛇蛋果、蛇蕙、蛇蓉草、蛇皮藤、蛇八瓣、蛇不见、蛇葡萄、蛇果藤、蛇枕头、蛇舍草、蛇盘草、蛇婆、蛇龟草、三爪风、三叶蕙、三点红、三匹风、三皮风、三爪龙、三脚虎、三匹草、珠爪、野草莓、狮子尾、小草莓、血疗草

分布： 辽宁以南各地

【形态特征】多年生草本；根茎短；匍匐茎多数，长30～100 cm，有柔毛。小叶片倒卵形至菱状长圆形，长2～5 cm，宽1～3 cm，先端圆钝，边缘有钝锯齿，两面有柔毛，或叶面无毛；托叶窄卵形至宽披针形，长5～8 mm。花单生于叶腋；直径1.5～2.5 cm；萼片卵形，长4～6 mm，先端锐尖，外面有散生柔毛；副萼片倒卵形，长5～8 mm，先端常具3～5锯齿；花瓣倒卵形，长5～10 mm，黄色，先端圆钝；花托在果期膨大，海绵质，鲜红色，有光泽，直径10～20 mm，外面有长柔毛。瘦果卵形，长约1.5 mm，光滑或具不显明突起，鲜时有光泽。花期6～8月，果期8～10月。

【生长习性】多生于山坡、河岸、草地及潮湿的地方，海拔1800 m以下。喜阴凉、温暖湿润，耐寒，不耐旱、不耐水渍。

在华北地区可露地越冬,适生温度15~25℃。对土壤要求不严,田园土、砂壤土、中性土均能生长良好,宜于疏松、湿润的砂壤土生长。

【芳香成分】王晨旭等(2014)用水蒸气蒸馏法提取的干燥全草精油的主要成分为:2-异丙基-1-辛烯(7.52%)、糠醛(2.20%)、β-芳樟醇(1.84%)、伞花烃(1.68%)、壬醛(1.60%)、松茸醇(1.19%)、叶醛(1.12%)等。王苗等(2014)用同法分析的河北产蛇莓干燥全草精油的主要成分为:棕榈酸(61.32%)、植酮(14.50%)、油酸(4.31%)、月桂酸(3.15%)、亚油酸(2.66%)、肉豆蔻酸(1.90%)、叶绿醇(1.78%)、硬脂酸(1.47%)等。

【利用】全草药用,能散瘀消肿、收敛止血、清热解毒,治热病、惊痫、咳嗽、吐血、咽喉肿痛、痢疾、痈肿、疔疮、蛇虫咬伤、烫伤、烧伤。果实能治支气管炎。全草水浸液可防治农业害虫,灭杀蛆、孑孓等。是优良的花卉,春季赏花、夏季观果。

❀ 石楠

Photinia serrulata Lindl.

蔷薇科 石楠属

别名: 将军梨、千年红、扇骨木、笔树、石眼树、石岩树叶、石楠柴、石纲、凿角、凿木、山官木、红树叶、水红树、细齿石楠、猪林子、巴山女儿红

分布: 陕西、甘肃、河南、江苏、安徽、浙江、江西、湖南、湖北、福建、台湾、广东、广西、四川、云南、贵州

【形态特征】常绿灌木或小乔木,高4~6 m,有时达12 m;冬芽卵形,鳞片褐色。叶片革质,长椭圆形、长倒卵形或倒卵状椭圆形,长9~22 cm,宽3~6.5 cm,先端尾尖,基部圆形或宽楔形,边缘疏生具腺细锯齿,近基部全缘。复伞房花序顶生,直径10~16 cm;花密生,直径6~8 mm;萼筒杯状;萼片阔三角形,先端急尖;花瓣白色,近圆形,直径3~4 mm,内外两面皆无毛;雄蕊20,外轮较花瓣长,内轮较花瓣短,花药带紫色;花柱2,有时为3,基部合生,柱头头状,子房顶端有柔毛。果实球形,直径5~6 mm,红色,后成褐紫色,有1粒种子;种子卵形,长2 mm,棕色,平滑。花期4~5月,果期10月。

【生长习性】生于杂木林中,海拔1000~2500 m。喜光稍耐阴。对土壤要求不严,以肥沃、湿润、土层深厚、排水良好、微酸性的砂质土壤最为适宜。喜温暖、湿润气候,能耐短期-15℃的低温。对烟尘和有毒气体有一定的抗性。

【精油含量】超临界萃取叶的得油率为1.32%。

【芳香成分】周玉等(2011)用超临界CO$_2$萃取法提取的山东烟台产石楠叶精油的主要成分为:芳樟醇(21.80%)、冰片(16.82%)、(R)-4-甲基-1-异丙基-3-环己烯-1-醇(6.58%)、氯碳酸戊酯(5.03%)、八氢-7-甲基-3-亚甲基-4-异丙基-1H-环戊烷[1,3]环丙并[1,2]苯(4.19%)、4,11,11-三甲基-8-亚甲基-[1R-(1R*,4Z,9S*)]-二环[7.2.0]十一碳-4-烯(2.59%)、α,α,4-三甲基-3-环己烯-1-甲醇(2.31%)、(Z,Z,Z)-9,12,15-十八碳三烯酸乙酯(2.30%)、十六酸乙酯(2.29%)、2-氨基苯甲酸-3,7-二甲基-1,6-辛二烯-3-醇(2.28%)、1-辛烯-3-醇(2.19%)、2-戊基-2-环戊烯-1-酮(2.17%)、桉叶醇(2.05%)、柠檬烯(1.68%)、十六酸(1.64%)、β-月桂烯(1.59%)、α-金合欢烯(1.43%)、5,6,7,7a-四氢-4,4,7a-三甲基-2(4H)-苯并呋喃酮(1.25%)、脱氢甲羟戊酸内酯(1.24%)、亚油酸乙酯(1.21%)、γ-松油烯(1.16%)、1,7,7-三甲基-双环[2.2.1]庚烷-2-基酯(1.16%)、2-羟基-1,1,10-三甲基-6,9-表二氧基萘烷(1.03%)、1-甲基环庚醇

（1.02%）等。

【利用】木材可制车轮及器具柄。种子榨油供制油漆、肥皂或润滑油用。可作枇杷的砧木。园林栽培供观赏。叶和根供药用，为强壮剂、利尿剂，有镇静解热、祛风除湿、活血解毒的功效，主治风痹、历节痛风、头风头痛、腰膝无力、外感咳嗽、疮痈肿毒、跌打损伤、风湿筋骨疼痛、阳痿遗精。叶和根可作土农药防治蚜虫，并对马铃薯病菌孢子的发芽有抑制作用。

🌸 桃叶石楠

Photinia prunifolia (Hook. et Arn.) Lindl.

蔷薇科　石楠属
别名： 石斑树、石斑木
分布： 广东、广西、福建、浙江、江西、湖南、贵州、云南

【形态特征】常绿乔木，高10～20 m；小枝灰黑色，具黄褐色皮孔。叶片革质，长圆形或长圆披针形，长7～13 cm，宽3～5 cm，先端渐尖，基部圆形至宽楔形，边缘有密生具腺的细锯齿，叶面光亮，叶背满布黑色腺点；叶柄具多数腺体，有时且有锯齿。花多数，密集成顶生复伞房花序，直径12～16 cm；萼筒杯状，外面有柔毛；萼片三角形，长1～2 mm，先端渐尖，内面微有绒毛；花瓣白色，倒卵形，长约4 mm，先端圆钝，基部有绒毛；雄蕊20，与花瓣等长或稍长；花柱2(3)，离生，子房顶端有毛。果实椭圆形，长7～9 mm，直径3～4 mm，红色，内有2(3)种子。花期3～4月，果期10～11月。

【生长习性】生于海拔900～1100 m的疏林中。喜光稍耐阴。对土壤要求不严，以肥沃、湿润、土层深厚、排水良好、微酸性的砂质土壤最为适宜。喜温暖、湿润气候，能耐短期-15 ℃的低温。对烟尘和有毒气体有一定的抗性。

【精油含量】水蒸气蒸馏干燥根的得油率为0.10%。

【芳香成分】冯毅凡等（2006）用水蒸气蒸馏法提取的广东连南产桃叶石楠干燥根精油的主要成分为：双[2-甲基丙基]-1,2,-二羧酸苯酯（12.12%）、十六烷酸（10.99%）、9,12-十八烷二烯酸（6.85%）、1,2-邻苯二甲酸二丁酯（6.60%）、9-十八烷烯酸（3.02%）、1,2-二羧酸二丁酯（2.62%）、二十四烷（1.26%）、1,1-二甲苯基乙烷（1.25%）、十九烷（1.16%）、二十六烷（1.14%）、二十一烷（1.01%）等。

【利用】作为庭荫树或绿篱栽植供观赏。

🌸 扁桃

Amygdalus communis Linn.

蔷薇科　桃属
别名： 巴旦杏、巴旦木、八担杏、京杏、偏桃、偏核桃、匾桃
分布： 新疆、陕西、甘肃、内蒙古等地有栽培

【形态特征】中型乔木或灌木，高2～8米；冬芽卵形，棕褐色。1年生枝上的叶互生，短枝上的叶常靠近而簇生；叶片披针形或椭圆状披针形，长3～9 cm，宽1～2.5 cm，先端急尖至短渐尖，基部宽楔形至圆形，叶边具浅钝锯齿。花单生，先于叶开放，着生在短枝或1年生枝上；萼筒圆筒形；萼片宽长

圆形至宽披针形，边缘具柔毛；花瓣长圆形，基部渐狭成爪，白色至粉红色。果实斜卵形或长圆卵形，扁平，长3～4.3 cm，直径2～3 cm；果肉薄，成熟时开裂；核卵形、宽椭圆形或短长圆形，核壳硬，黄白色至褐色，长2.5～4 cm，顶端尖，基部斜截形或圆截形，两侧不对称，具蜂窝状孔穴。花期3～4月，果期7～8月。

【生长习性】生于低至中海拔的山区，常见于多石砾的干旱坡地。抗旱性强，适宜生长于温暖干旱地区。

【精油含量】水蒸气蒸馏干燥种子的得油率0.20%～2.00%。

【芳香成分】宋根伟等（2009）用水蒸气蒸馏法提取的新疆喀什产扁桃种子精油的主要成分为：D-柠檬烯（33.72%）、2,4-癸二烯醛（8.01%）、二丙酮醇（5.45%）、2-戊基呋喃（3.77%）、2-甲基丁酸己酯（2.73%）、6-壬炔酸甲酯（2.57%）、2,5-辛二酮（2.23%）、β-甲基萘（2.19%）、(E,E)-2,4-十二碳二烯醛（1.94%）、苯甲醛（1.93%）、(Z)-6-十八碳烯酸甲酯（1.75%）、乙酸己酯（1.59%）、(Z)-7-十八碳烯酸甲酯（1.45%）、壬醛（1.42%）、反-2-癸烯醛（1.40%）、3-羟基-4-戊烯酸乙酯（1.35%）、苯并环庚三烯（1.34%）、1,2-二甲苯（1.33%）、庚醇（1.33%）、己酸丁酯（1.29%）等。

【利用】种仁供鲜食用，也可炒食，或作为配制多种食品的原料。种仁药用，具有强壮、健脑、润肠、润肺、生辉、明目、增强免疫等作用，对气管炎、高血压、神经衰弱、肺炎、糖尿病都有一定疗效。核壳中提出的物质可作酒类的着色剂，可增加特别的风味。木材是细木工制品的重要原料。是风景树种也是蜜源植物。可作桃和杏的砧木。

🌸 山桃
Amygdalus davidiana (Carr.) C. de Vos ex Henry

蔷薇科　桃属
别名：山毛桃、野桃、花桃
分布：山东、河北、河南、山西、陕西、甘肃、四川、云南等地

【形态特征】乔木，高可达10 m；树皮暗紫色。叶片卵状披针形，长5～13 cm，宽1.5～4 cm，先端渐尖，基部楔形，叶边具细锐锯齿；叶柄常具腺体。花单生，先于叶开放，直径2～3 cm；花萼无毛；萼筒钟形；萼片卵形至卵状长圆形，紫色，先端圆钝；花瓣倒卵形或近圆形，长10～15 mm，宽8～12 mm，粉红色，先端圆钝，稀微凹。果实近球形，直径2.5～3.5 cm，淡黄色，外面密被短柔毛，果梗短而深入果注；果肉薄而干，不可食，成熟时不开裂；核球形或近球形，两侧不压扁，顶端圆钝，基部截形，表面具纵横沟纹和孔穴，与果肉分离。花期3～4月，果期7～8月。

【生长习性】生于山坡、山谷沟底或荒野疏林及灌丛内，海拔800～3200 m。喜阳光，耐寒、耐旱、怕涝、耐盐碱土壤，对土壤要求不严，贫瘠土地、荒山均可生长。在肥沃高燥的砂质

壤土中生长最好，在低洼碱性土壤中生长不良，不喜土质过于黏重。喜肥沃湿润土壤。

【芳香成分】枝：郝俊杰等（2010）用水蒸气蒸馏法提取的新鲜枝条精油的主要成分为：苯甲醛（89.95%）等。

花：赵印泉等（2011）用顶空固相微萃取法提取的新鲜花朵精油的主要成分为：苯甲醛（83.45%）、乙酸苯甲酯（15.00%）等。

【利用】园林栽培供观赏。种子、根、茎、皮、叶、树胶均可药用，种子具有活血行气、润燥滑肠的功能，用于治疗跌打损伤、瘀血肿痛、肠燥便秘；根、茎皮具有清热利湿、活血止痛、截疟杀虫的功能，用于治疗风湿性关节炎、腰痛、跌打损伤、丝虫病；花具有泻下通便、利水消肿的功能，用于治疗水肿、腹水、便秘；瘪桃干具有止痛、止汗功能，用于胃痛、疝痛、盗汗；桃树具有和血、益气、止渴的功能，用于治疗糖尿病、小儿疳积。可作桃、梅、李等果树的砧木。木材可供各种细工及手杖用。果核可做玩具或念珠。种仁可榨油供食用。

🌸 桃
Amygdalus persica Linn.

蔷薇科　桃属
分布：全国各地

【形态特征】乔木，高3～8 m；树皮暗红褐色，老时粗糙呈鳞片状；冬芽圆锥形，顶端钝，常2～3个簇生，中间为叶芽，两侧为花芽。叶片长圆披针形、椭圆披针形或倒卵状披针形，长7～15 cm，宽2～3.5 cm，先端渐尖，基部宽楔形，叶边具锯齿。花单生，先于叶开放，直径2.5～3.5 cm；萼筒钟形，绿色而具红色斑点；萼片卵形至长圆形，顶端圆钝；花瓣长圆状椭圆形至宽倒卵形，粉红色，罕为白色。果实卵形、宽椭圆形或扁圆形，直径3～12 cm，淡绿白色至橙黄色，常在向阳面具红晕；核大，椭圆形或近圆形，两侧扁平，顶端渐尖，表面具纵横沟纹和孔穴。花期3～4月，果实成熟期因品种而异，通常为8～9月。

【生长习性】对温度的适应范围较广，耐干旱，喜光，对土壤的要求不严，以排水良好、通透性强的砂质壤土为最适宜。

【精油含量】水蒸气蒸馏花或花蕾的得油率为8.47%～11.51%，种子的得油率为0.11%～0.40%；超临界萃取干燥茎的得油率为0.32%，干燥叶的得油率为0.79%，干燥花的得油率为1.66%，干燥果实的得油率为0.50%。

【芳香成分】茎：卫强等（2016）用超临界CO_2萃取法提取的安徽合肥产'红花绿叶碧桃'干燥茎精油的主要成分为：(Z)-3-己烯-1-醇（28.90%）、(E)-2-己烯醇（16.06%）、正己醇（6.86%）、叶绿醇（3.90%）、(E)-香叶醇（3.68%）等。

枝：郝俊杰等（2010）用水蒸气蒸馏法提取的贵州天柱

产桃新鲜枝条精油的主要成分为：苯甲醛（94.91%）、苯甲酸（3.39%）等。

叶：王明林等（2006）用固相微萃取法提取的山东泰安产桃新鲜叶片挥发油的主要成分为：顺-3-己烯-1-醇丁酸酯（29.67%）、顺-3-己烯-1-醇乙酸酯（23.15%）、α-法呢烯（15.42%）、顺-3-己烯-1-醇-2-甲基丁酸酯（8.75%）、顺-3-己烯-1-醇己酸酯（2.70%）、3,5-二甲基庚烷（1.50%）等。卫强等（2016）用超临界 CO_2 萃取法提取的安徽合肥产'红花绿叶碧桃'干燥叶精油的主要成分为：苯甲醛（14.72%）、二十五烷（9.85%）、二十八烷（8.29%）、二十三烷（5.14%）、十六烷酸（4.44%）等

花：卫强等（2016）用超临界 CO_2 萃取法提取的安徽合肥产'红花绿叶碧桃'干燥花精油的主要成分为：苯甲醛（11.42%）、α-金合欢烯（9.18%）、十六烷酸（8.03%）、丁香酚（4.30%）、橙花叔醇（3.85%）、二十七烷（3.31%）等；干燥果实精油的主要成分为：苯甲醛（20.46%）、十六烷酸（5.84%）、苯甲醇（5.01%）、3,5-二(1,1-甲基乙基)-苯酚（4.47%）、(E)-2-己烯醇（3.69%）、1,1-二乙氧基乙烷（3.50%）等。康文艺等（2010）用顶空固相微萃取法提取的河南开封产'白碧桃'花精油的主要成分为：十八（碳）-9-烯酸（58.69%）、正十六酸（18.76%）、(Z,Z)-9,12-十八碳二烯酸（6.38%）、2-羟基-1-(羟甲基)乙酯（1.64%）、苯甲醛（1.11%）等；花蕾精油的主要成分为：(Z)-9-十八酸-2-羟基乙酯（43.62%）、顺-9-十六碳烯醛（3.76%）、苯甲醛（3.69%）、1,3,12-十九碳三烯（2.95%）、十五烷（2.92%）、十八（碳）-9-烯酸（2.65%）、1,13-十四烷二烯（1.83%）、6,10,14-三甲基-2-五癸酮（1.55%）、壬醛（1.20%）、正十六酸（1.18%）等。高洪坤等（2018）用索氏法（乙醇）提取的山东沂水产桃干燥花精油的主要成分为：3-甲基-间-甲苯腈（12.89%）、α-[（β-D-吡喃葡萄糖基）氧基]-苯乙腈（9.47%）、扁桃酰胺（9.42%）、2-甲氧基-4-乙烯基苯酚（7.86%）、D-(-)-奎尼酸（7.37%）、二十一烷（5.21%）、β-D-吡喃葡萄糖苷（3.68%）、苄基-β-D-葡萄糖苷（2.89%）、邻苯二甲酸二丁酯（2.68%）、9,12-十八碳二烯酸乙酯（1.49%）、5-十三烷酮（1.43%）、2-苯基丁腈（1.35%）、十八烷（1.15%）、2,3-二氢-3,5-二羟基-6-甲基-4-吡喃-4-酮（1.04%）、十二烷（1.04%）等。

果实：不同研究者用固相微萃取技术提取分析了不同品种桃果实的香气成分。李玲等（2011）分析的山东泰安产'春雪'的主要成分为：己醛（19.63%）、E,E-2,4-己二烯醛（5.01%）、Z-3-己烯醛（2.11%）、1-己醇（2.02%）、2-己烯醛（1.85%）、乙酸乙酯（1.12%）等；'春捷'的主要成分为：己醛（22.08%）、2-己烯醛（2.73%）、Z-3-己烯醛（1.98%）、1-己醇（1.13%）、E-3-己烯-1-醇（1.10%）等；'五月阳光'的主要成分为：Z-3-己烯醛（37.20%）、己醛（21.27%）、1-己醇（3.47%）、乙酸乙酯（2.50%）、里哪醇（1.29%）等。邓翠红等（2008）分析的北京昌平产'京艳'的主要成分为：γ-癸内酯（19.63%）、己醛（7.65%）、二氢-β-紫罗兰酮（6.26%）、2,6-二（甲基乙基）-1,4-对苯醌（6.15%）、反-2-己烯醛（6.00%）、2,6-二叔丁基-对甲基苯酚（5.11%）、δ-癸内酯（4.78%）、苯甲醛（4.25%）、β-紫罗兰酮（3.86%）、1,8-桉树脑（3.75%）、γ-十二内酯（3.18%）、樟脑（2.10%）、香叶基丙酮（1.91%）、2,4,6-三羟基-苯丁酮（1.82%）、邻苯二甲酸二(2-甲基-丙

基)酯（1.75%）、邻苯二甲酸二丁酯（1.50%）、1,6-十氢化萘（1.39%）、β-紫罗兰醇（1.21%）、丁二酸-二（甲基丙基）酯（1.13%）、1,7-二甲基-萘（1.02%）等。杨敏等（2008）分析的甘肃产'白粉桃'的主要成分为：乙醇（38.52%）、乙酸乙酯（34.89%）、己醛（2.10%）、乙酸甲酯（1.95%）、乙醛（1.68%）、3-丁烯-1-醇（1.32%）、3-羟基-2-丁酮（1.21%）、乙酸-2-己烯酯（1.17%）、戊醇（1.06%）等；'大九保'的主要成分为：(E)-2-己烯-1-醇（19.72%）、乙醇（14.33%）、乙酸乙酯（9.82%）、异丙醇（5.01%）、己烷（4.64%）、乙醛（3.81%）、丙酮（3.59%）、3-己烯醇（3.44%）、己醛（3.23%）、3-丁烯-1-醇（3.03%）、2-己烯醛（2.65%）、甲苯（1.38%）、戊醛（1.28%）、乙酸-2-己烯酯（1.06%）等；'仓芳早生'的主要成分为：(E)-2-己烯-1-醇（22.02%）、乙醇（19.85%）、丙酮（8.78%）、戊醛（6.69%）、己醛（5.95%）、乙醛（3.35%）、3-己烯醇（3.30%）、戊醇（3.16%）、2-戊烯-1-醇（2.21%）、异丙醇（2.08%）、2-己烯醛（1.83%）、乙酸乙酯（1.81%）、甲苯（1.46%）、(Z)-2-己烯-1-醇（1.38%）、3-(1,1-二甲基乙氧基)-1-丙烯（1.38%）、己烷（1.33%）、氯仿（1.25%）等；'刚沙白'的主要成分为：4-甲基-1-戊醇（11.78%）、3-丁烯-1-醇（6.10%）、戊醛（5.86%）、乙醇（5.62%）、2-己烯醛（4.84%）、3-己烯醇（4.65%）、己醛（4.58%）、乙酸-2-己烯酯（3.56%）、乙醛（3.50%）、(S)-2-甲基-1-丁醇（2.02%）、γ-己内酯（1.89%）、芳樟醇（1.67%）、苯甲醛（1.42%）、甲酸乙酯（1.15%）等；'北京七号'的主要成分为：乙醇（25.43%）、乙醛（9.77%）、丙酮（9.32%）、3-丁烯-1-醇（5.42%）、1-甲基环戊烷（5.13%）、戊醛（4.98%）、乙酸-2-己烯酯（4.79%）、3,6-二甲基辛烷（4.79%）、3-甲基环戊烯（3.14%）、甲酸乙酯（2.89%）、乙酸乙酯（2.67%）、乙醛（2.56%）、己醇（2.48%）、芳樟醇（2.48%）、甲苯（2.01%）、苯甲醛（1.96%）、γ-己内酯（1.73%）、戊醇（1.73%）、1-甲氧基-2-辛炔-4-醇（1.36%）、顺-1-甲基-3-正壬基环己烷（1.35%）、2-己烯醛（1.28%）、γ-癸内酯（1.03%）等。罗华等（2012）分析的山东泰安产'白里肥城桃'果实香气的主要成分为：乙酸乙酯（32.45%）、(E)-2-己烯醛（28.39%）、己醛（12.40%）、己醇（4.85%）、苯甲醛（3.75%）、(E)-2-己烯-1-醇（2.42%）、(Z)-3-己烯-1-醇（1.52%）、γ-己内酯（1.45%）、(E,E)-2,4-己二烯醛（1.44%）、乙酸甲酯（1.07%）等。郭东花等（2016）分析的陕西乾县产'重阳红'桃新鲜果实香气的主要成分为：乙酸叶醇酯（15.86%）、反-2-己烯醇（13.07%）、反-2-己烯醛（11.05%）、乙酸己酯（9.56%）、正己醇（8.75%）、反-2-乙酸己酯（6.92%）、正己醛（5.58%）、苯甲醛（5.55%）、顺-3-己烯醇（4.96%）等。朱翠英等（2015）分析的山东泰安产'鲁油1号'油桃新鲜果肉香气的主要成分为：乙酸己酯（67.14%）、乙酸叶脂醇（15.87%）、正己醇（3.04%）、顺-2-己烯-1-醇（2.45%）、己醛（2.19%）、酞酸二乙酯（1.80%）等；'鲁油2号'油桃新鲜果肉香气的主要成分为：乙酸己酯（68.99%）、乙酸叶脂醇（18.91%）、正己醇（2.11%）、酞酸二乙酯（1.91%）、顺-2-己烯-1-醇（1.82%）等；'中油4号'油桃新鲜果肉香气的主要成分为：乙酸己酯（49.12%）、乙酸叶脂醇（16.99%）、酞酸二乙酯（8.05%）、反式-2-己烯醛（4.71%）、己醛（4.18%）、正己醇（2.49%）、十六烷（2.49%）、顺-2-己烯-1-醇（2.22%）等。邓翠红等（2015）分析的北京昌平产'大久保'桃新鲜果实香气的主要成分为：二氢-β-紫罗兰

醇（16.56%）、十二醇（10.09%）、反-2-己烯醛（7.91%）、苯甲醛（6.96%）、2,6-二叔丁基-对甲基苯酚（5.48%）、γ-癸内酯（5.22%）、δ-癸内酯（3.52%）、十二烷（3.51%）、软脂酸异丙酯（3.29%）、邻苯二甲酸二丁酯（3.10%）、β-紫罗兰酮（3.01%）、1,8-桉树脑（2.96%）、2,6-二(1,1-二甲基乙基)-1,4-对苯醌（2.66%）、γ-十二内酯（2.21%）、邻二氯代苯（1.96%）、反-乙酸-2-己烯醇酯（1.85%）、乙酸己酯（1.71%）、十八烷（1.60%）、香叶基丙酮（1.55%）、N-甲氧基-苯肟（1.54%）、1-十七醇（1.38%）、芳樟醇（1.21%）、2,4,4-三甲基-3(3-甲基)丁基-2-环己烯-1-酮（1.21%）、植烷（1.10%）等。罗静等（2016）分析的河南郑州产'大久保'白肉普通桃新鲜果肉香气的主要成分为：己醛（38.42%）、2-己烯醛（37.31%）、2-甲基-4-戊醛（4.07%）、邻苯二甲酸二异丁酯（2.63%）、顺-2-己烯-1-醇（2.49%）、芳樟醇（1.73%）、(E,E)-2,4-己二烯醛（1.45%）、乙酸叶醇酯（1.04%）等；'火炼金丹'黄肉普通桃新鲜果肉香气的主要成分为：苯甲醛（28.43%）、反式-2-己烯醛（17.28%）、γ-癸内酯（7.30%）、γ-己内酯（7.06%）、己醛（4.75%）、4-己烯-1-醇-乙酸酯（4.22%）、δ-癸内酯（4.01%）、3-己烯醛（3.87%）、(E,E)-2,4-己二烯醛（3.31%）、邻苯二甲酸二异丁酯（3.27%）、2-己烯酸-4-内酯（2.23%）、γ-辛内酯（2.11%）、芳樟醇（2.02%）、橙化基丙酮（1.43%）、反-3-己烯基乙酸酯（1.28%）、1-苯基-1H-茚（1.28%）、1,2,6-己三醇（1.08%）等；'华光'白肉油桃新鲜果肉香气的主要成分为：2-己烯醛（51.02%）、己醛（29.48%）、顺-2-己烯-1-醇（3.84%）、邻苯二甲酸二异丁酯（1.80%）、反-3-己烯基乙酸酯（1.55%）、苯甲醛（1.47%）、(E,E)-2,4-己二烯醛（1.35%）、壬醛（1.00%）等；'NJN76'黄肉油桃新鲜果肉香气的主要成分为：己醛（27.98%）、反式-2-己烯醛（24.96%）、乙酸叶醇酯（10.55%）、(E,E)-2,4-己二烯醛（5.07%）、5-(丙基-2-烯酰氧基)十五烷（4.22%）、2-己烯酸-4-内酯（2.90%）、戊醛（2.02%）、γ-癸内酯（1.98%）、2-庚烯醛（1.69%）、2-己烯醛（1.47%）、邻苯二甲酸二异丁酯（1.39%）、1,2,3,4,5-环戊醇（1.13%）、四氢吡喃-2-甲醇（1.10%）、γ-己内酯（1.10%）、1-苯基-1H-茚（1.10%）等。罗静等（2016）分析的河南郑州产'乌黑鸡肉桃'新鲜果肉香气的主要成分为：顺式-3-己烯醇乙酸酯（25.05%）、2-己烯醛（19.17%）、3-己烯醛（15.71%）、乙酸己酯（9.19%）、芳樟醇（4.84%）、2-甲基-4-戊醛（4.33%）、1,2-二甲基环戊烷（3.24%）、2-己烯-1-醇乙酸酯（2.52%）、E-11-十六碳烯酸-乙基酯（2.12%）、反式-2,4-己二烯醛（2.11%）、1,2-环氧环辛烷（1.81%）、四氢吡喃-2-甲醇（1.74%）等；'天津水蜜桃'新鲜果肉香气的主要成分为：2-辛酮（20.97%）、己醛（14.06%）、3-己烯醛（9.49%）、顺式-3-己烯醇乙酸酯（9.49%）、正十三烷（5.09%）、反式-2-己烯醛（3.45%）、5,6-双(2,2-二甲基亚丙基)-癸烷（3.19%）、γ-癸内酯（3.02%）、6-甲基-5-庚烯-2-醇（2.93%）、5-乙基-2-(5H)-呋喃酮（2.76%）、乙酸己酯（2.67%）、四氢吡喃-2-甲醇（2.42%）、壬醛（2.16%）、1-辛醇（2.16%）、偶氮二甲酸二乙酯（1.90%）、(2Z)-己烯酯（1.55%）、苯甲醛（1.29%）等；'白凤桃'新鲜果肉香气的主要成分为：反式-2-己烯醛（28.06%）、己醛（24.66%）、苯甲醛（13.81%）、γ-癸内酯（4.67%）、3,4-二甲基-1-戊醇（3.97%）、γ-己内酯（3.24%）、顺式-3-己烯醇乙酸酯（2.62%）、丁酸芳樟酯（2.10%）、3,4-庚二烯（1.78%）、反式-2-甲基环戊醇（1.70%）、4-甲基-4-

苯基-2-戊烯（1.45%）、辛基缩水甘油醚（1.36%）、4-甲基-环庚酮（1.26%）等；'肥城白里10号'桃新鲜果肉香气的主要成分为：2-己炔-1-醇（32.45%）、己醛（29.90%）、2-己烯醛（20.70%）、2-甲基-4-戊醛（4.60%）、苯甲醛（3.32%）、反式-2,4-己二烯醛（2.34%）、E-11-十六碳烯酸-乙基酯（1.53%）、四氢吡喃-2-甲醇（1.10%）等。

种子：芮和恺等（1992）用水蒸气蒸馏法提取的种子精油的主要成分为：苯甲醛（71.30%）等；用乙醚渗漉水蒸气蒸馏法提取的种子精油主要成分为：苯甲醛（25.95%）、柠檬烯（14.01%）、4-乙烯基-1,4-二甲基环己烯（7.21%）、1-甲乙基肼（7.19%）、1-甲基-1-丙基肼（1.85%）、3-蒈烯（1.70%）、3,7-二甲基-1,3,6-三辛烯（1.65%）、樟脑（1.12%）等。

【利用】果实为常用水果供食用，亦可制干、制罐头等。树干上分泌的胶质可用作粘接剂等，可食用，也供药用，有破血、和血、益气之效，治石淋、血淋、痢疾。叶、茎、枝、花、幼果、种子均可药用，根治肠炎、胃炎；根、茎皮治黄疸、吐血、衄血、牙痛、经闭、痈肿、痔疮；茎木治一切风症、胃痛；带叶嫩枝治疗湿疹、心腹痛及痔疮；树皮用于腹泻、感冒、全身疼痛、痧症、疟疾；叶治风热感冒咳嗽、疟疾、痈疖、痔疮、湿疹、阴道滴虫、皮炎、癣疮、头虱；花治腹水、水肿、脚气、痰饮、积滞、二便不利、经闭；成熟桃晒干治溢汗、止血；嫩果晒干治吐血、心疼、妊妇下血、小儿虚汗；种子治血瘀经闭、痛经、腹部肿块、症瘕蓄血、跌打损伤、肠燥便秘。是优美的观赏树。

🌸 蟠桃

Amygdalus persica Linn. var. *compressa* (Loud.) Yü et Lu

蔷薇科　桃属

别名：仙果、寿桃

分布：山东、新疆、山西、甘肃、河北、陕西

【形态特征】与原变种的区别是果实扁平；核小，圆形，有深沟纹。

【生长习性】宜选择下水位较低、排灌方便、土壤渗透性良好的砂土地，在酸碱性适中的地块建园。

【芳香成分】彭新媛等（2012）用顶空固相微萃取技术提取的新疆石河子产蟠桃新鲜果实香气的主要成分为：反式-2-己烯醛（38.96%）、己醛（20.68%）、苯甲酸（6.46%）、十三烷（5.28%）、甲酸己酯（3.62%）、麦芽酚（3.05%）、松油醇（3.01%）、芳樟醇（2.93%）、反式-2-己烯醇（1.27%）、γ-十一内酯（1.19%）、糠醛（1.14%）等。

【利用】果实作为水果供食用。

🌸 榆叶梅

Amygdalus triloba (Lindl.) Ricker

蔷薇科　桃属

别名：榆梅、小桃红、榆叶鸾枝

分布：黑龙江、吉林、辽宁、内蒙古、河北、山西、陕西、甘肃、山东、江西、江苏、浙江等地

【形态特征】灌木稀小乔木，高2~3 m；冬芽短小，长

2~3 mm。短枝上的叶常簇生，1年生枝上的叶互生；叶片宽椭圆形至倒卵形，长2~6 cm，宽1.5~4 cm，先端短渐尖，常3裂，基部宽楔形，叶边具粗锯齿或重锯齿。花1~2朵，先于叶开放，直径2~3 cm；萼筒宽钟形，长3~5 mm，无毛或幼时微具毛；萼片卵形或卵状披针形，无毛，近先端疏生小锯齿；花瓣近圆形或宽倒卵形，长6~10 mm，先端圆钝，有时微凹，粉红色。果实近球形，直径1~1.8 cm，顶端具短小尖头，红色，外被短柔毛；果肉薄，成熟时开裂；核近球形，具厚硬壳，直径1~1.6 cm，顶端圆钝，表面具不整齐的网纹。花期4~5月，果期5~7月。

【生长习性】生于低至中海拔的坡地或沟旁的乔灌木林下或林缘。喜光，稍耐阴。耐寒，能在-35℃下越冬。对土壤要求不严，以中性至微碱性的肥沃土壤为佳。耐旱力强，不耐涝。有较强的抗盐碱能力。

【精油含量】水蒸气蒸馏阴干花的得油率为0.59%。

【芳香成分】杨华等（2011）用超声波水蒸气蒸馏法提取的陕西延安产榆叶梅阴干花精油的主要成分为：米-薄荷-6,8-二烯（14.38%）、月桂烯（6.96%）、正三十四烷（6.41%）、十氢-2,3-二甲基-萘（4.31%）、十氢-2,6-二甲基-萘（3.90%）、4-叔丁基-2-(1-甲基-2-硝基)环己酮（2.90%）、4-亚甲-1-(1-甲基乙基)双环[3,1,0]己烷（2.82%）、反式罗勒烯（2.71%）、1-甲基-4-(1-甲基基)-1,4-环己二烯（2.56%）、3,7,7-三甲基双

环[4,1,0]庚-2-烯（2.53%）、1-丙基-2-戊基-环戊烷（1.65%）、2,2,3,5,6-五甲基-3-庚烯（2.28%）、1-松油烯-4-醇（2.10%）、正三十六烷（1.62%）、顺,顺-2,2,7,7-四甲基-3,5-癸二烯（1.32%）、2,4,4,6-四甲基-6-苯基-1-庚烯（1.25%）、二丁基羟基甲苯（1.20%）、顺式罗勒烯（1.19%）、顺-松油醇（1.06%）等。

【利用】园林栽培供观赏。种子药用，治润燥、滑肠、下气、利水。枝条药用，治黄疸、小便不利。

🌸 白毛银露梅

Potentilla glabra Lodd. *var. mandshurica* (Maxim.) Hand.-Mazz.

蔷薇科　委陵菜属
别名： 华西银露梅、华西银腊梅、观音茶、药王茶
分布： 内蒙古、河北、山西、陕西、甘肃、青海、湖北、四川、云南

【形态特征】灌木，高0.3～3 m，树皮纵向剥落。叶为羽状复叶，有小叶2对，稀3小叶，上面一对小叶基部下延与轴汇合；小叶片椭圆形、倒卵椭圆形或卵状椭圆形，长0.5～1.2 cm，宽0.4～0.8 cm，顶端圆钝或急尖，基部楔形或几圆形，边缘平坦或微向下反卷，全缘，两面绿色，叶面伏生柔毛，叶背密被白色绒毛或绢毛。托叶薄膜质。顶生单花或数朵；花直径1.5～2.5 cm；萼片卵形，急尖或短渐尖，副萼片披针形、倒卵披针形或卵形，外面被疏柔毛；花瓣白色，倒卵形，顶端圆钝；花杜近基生，棒状，基部较细，在柱头下缢缩，柱头扩大。瘦果表面被毛。花果期5～9月。

【生长习性】生干旱山坡、沟谷、岩石坡、灌丛及杂木林中，海拔1200～3400 m。

【精油含量】水蒸气蒸馏阴干花、叶的得油率为0.41%。

【芳香成分】康杰芳等（2006）用水蒸气蒸馏法提取的陕西太白山产白毛银露梅阴干的花、叶精油的主要成分为：(Z,Z)-9,12-十八碳二烯酸甲酯（9.00%）、壬醛（5.83%）、二十一烷（5.69%）、二十烷（5.08%）、辛炔酸（4.50%）、2,6,10,15-四基十七烷（3.93%）、(Z)-6-十八烯酸甲酯（3.65%）、3,8-二甲基十一烷（3.52%）、1-十六碳炔（3.31%）、肉豆蔻酸（2.86%）、月桂醛（2.81%）、正十六酸（2.70%）、6,10,14-三甲基-2-十五酮（2.36%）、壬酸（2.23%）、5,6,7,7-四氢-4,4,7a-三甲基-2(4H)-

苯并呋喃酮（2.18%）、2,2-亚甲基双[6-(1,1-二甲基乙基)-4-甲基-酚]（2.04%）、十五醛（2.04%）、十四烷（1.97%）、水杨酸甲酯（1.89%）、6-乙基-2-甲基癸烷（1.77%）、2,6-二甲基-1-环己烯-1-醇酯（1.55%）、2,6,10,15-四甲基十七烷（1.49%）、15-甲基-棕榈酸甲酯（1.45%）、(Z)-6，10-二甲基-5,9-十一烯-2-酮（1.32%）等。

【利用】为中等饲用植物。嫩叶可代茶叶饮用。花、叶入药，有理气散寒、镇痛固齿、利尿消水、改善肠道的功效，治疗风热牙痛等。

🌸 蕨麻

Potentilla anserina Linn.

蔷薇科　委陵菜属
别名： 人参果、延寿草、蕨麻委陵菜、莲花菜、鹅绒委陵菜
分布： 黑龙江、吉林、辽宁、内蒙古、河北、山西、陕西、甘肃、宁夏、青海、新疆、四川、云南、西藏

【形态特征】多年生草本。茎匍匐，在节处生根。基生叶为间断羽状复叶，有小叶6～11对。小叶对生或互生，最上面一对小叶基部下延与叶轴汇合，基部小叶渐小呈附片状；小叶片通常椭圆形，倒卵椭圆形或长椭圆形，长1～2.5 cm，宽0.5～1 cm，顶端圆钝，基部楔形或阔楔形，边缘有多数尖锐锯齿或呈裂片状，叶面绿色，叶背密被紧贴银白色绢毛，茎生叶与基生叶相似，惟小叶对数较少；基生叶和下部茎生叶托叶膜质，褐色，和叶柄连成鞘状，上部茎生叶托叶草质，多分裂。单花腋生；花直径1.5～2 cm；萼片三角卵形，顶端急尖或渐尖，副萼片椭圆形或椭圆披针形；花瓣黄色，倒卵形，顶端圆形。

【生长习性】生于河岸、路边、山坡草地及草甸，海拔500～4100 m。生长的适宜温度是25 ℃，能忍耐3～5 ℃低温，低于0 ℃会冻死。

【精油含量】水蒸气蒸馏新鲜块根的得油率为0.04%。

【芳香成分】杨晰等（2012）用水蒸气蒸馏法提取的甘肃甘南产蕨麻新鲜块根精油的主要成分为：9-甲基芴（6.05%）、9,12-十八碳二烯酸乙酯（5.49%）、1,2-苯二羧酸二(2-甲基丙基)酯（4.90%）、正十六烷酸乙酯（3.17%）、正十五烷基环己烷（3.13%）、4-甲基-4-羟基-2-戊酮（3.02%）、正十九烷（2.97%）、正十七烷（2.95%）、2,4-二叔丁基苯酚（2.87%）、正二十烷（2.54%）、芴（2.25%）、正十八烷（2.04%）、反-2-氯-环戊醇（2.00%）、正二十一烷（1.98%）、2-吡咯甲基酮（1.73%）、(Z,Z)-9,12-十八碳二烯酸甲酯（1.61%）、14-甲基-十五烷酸甲酯（1.51%）、丁内酯（1.48%）、正二十八烷（1.42%）、11-(1-乙基丙基)-二十一烷（1.40%）、苯乙醇（1.38%）、正十六烷酸（1.32%）、二苯并呋喃（1.20%）、正二十四烷（1.13%）、乙酸十八烷基酯（1.06%）、正十六烷（1.03%）、2,6,10-三甲基-十四烷（1.02%）、3,5-二叔丁基-4-羟基苯甲醛（1.01%）等。

【利用】根可供制食品及酿酒用。根可提制栲胶。块根入药，有健脾益胃，生津止渴，益气补血的功效，治脾虚腹泻，病后贫血，营养不良。茎叶可提取黄色染料。是蜜源植物和饲料植物。

❀ 委陵菜

Potentilla chinensis Ser.

蔷薇科　委陵菜属

别名： 白头翁、翻白草、翻白菜、根头菜、虎爪菜、蛤蟆草、老鸦翎、老鸹爪、痢疾草、一白草、生血丹、扑地虎、五虎噙血、天青地白、萎陵菜、天青地白草

分布： 黑龙江、吉林、辽宁、内蒙古、河北、山西、陕西、甘肃、山东、河南、江苏、安徽、江西、湖北、湖南、台湾、广东、广西、四川、贵州、云南、西藏

【形态特征】多年生草本。花茎高20～70 cm，被稀疏短柔毛及白色绢状长柔毛。基生叶为羽状复叶，有小叶5～15对；上部小叶较长，向下逐渐减小，长圆形、倒卵形或长圆披针形，长1～5 cm，宽0.5～1.5 cm，羽状中裂，裂片三角卵形、三角状披针形或长圆披针形，边缘向下反卷，叶面绿色，叶背被白色绒毛，沿脉被白色绢状长柔毛，茎生叶与基生叶相似，唯

叶片对数较少；基生叶托叶近膜质，褐色，外面被白色绢状长柔毛，茎生叶托叶草质，绿色，边缘锐裂。伞房状聚伞花序，披针形苞片，外面密被短柔毛；花直径0.8～1.3 cm；萼片三角卵形，副萼片带形或披针形，外面被短柔毛及少数绢状柔毛；花瓣黄色，宽倒卵形，顶端微凹。瘦果卵球形，深褐色，有明显皱纹。花果期4～10月。

【生长习性】生于山坡草地、沟谷、林缘、灌丛或疏林下，海拔400～3200 m。

【芳香成分】王小明等（2013）用顶空萃取法提取的山东栖霞产委陵菜干燥地上部分精油的主要成分为：α-法呢烯（17.68%）、2-乙基呋喃（14.48%）、叶醇（7.96%）、可巴烯（6.87%）、己醛（6.76%）、羟基丙酮（5.21%）、石竹烯（4.52%）、乙酸叶醇酯（3.46%）、桉叶油醇（2.67%）、顺-2-戊烯醇（1.94%）、3-戊烯-2-酮（1.42%）、2-己烯醛（1.42%）、6-甲基-5-庚烯-2-酮（1.22%）、正己醇（1.12%）、4-甲基-4-戊烯-2-酮（1.11%）、瓦伦亚烯（1.04%）等。

【利用】根可提制栲胶。全草入药，能清热解毒、止血、止痢，治胃痛、肠炎、赤痢腹痛、久痢不止、痔疮出血、痈肿疮毒。嫩苗可食并可作猪饲料。

❀ 槭叶蚊子草

Filipendula purpurea Maxim.

蔷薇科　蚊子草属

分布： 黑龙江、吉林、辽宁

【形态特征】多年生草本，高50～150 cm。茎光滑有棱。叶为羽状复叶，有小叶1～3对，中间有时夹有附片，叶柄无毛，

顶生小叶大，常5～7裂，裂片卵形，顶端常尾状渐尖，边缘有重锯齿或不明显裂片，齿急尖或微钝，两面绿色，无毛或下面沿脉疏生柔毛；侧生小叶小，长圆卵形或卵状披针形，边缘有重锯齿或不明显裂片；托叶草质或半膜质，常淡褐绿色，较小，卵状披针形，全缘。顶生圆锥花序，花梗无毛；花直径约4～5 mm；萼片卵形，顶端急尖，外面无毛；花瓣粉红色至白色，倒卵形。瘦果直立，基部有短柄，背腹两边有一行柔毛。花果期6～8月。

蚊子草

Filipendula palmata (Pall.) Maxim.

蔷薇科　蚊子草属
别名: 合叶子、黑白蚊子草
分布: 黑龙江、吉林、辽宁、内蒙古、河北、山西

【**生长习性**】生于林缘、林下及湿草地，海拔700～1500 m。

【**精油含量**】水蒸气蒸馏干燥全草的得油率为0.13%。

【**芳香成分**】刘银燕等（2011）用水蒸气蒸馏法提取的吉林长白山产槭叶蚊子草干燥全草精油的主要成分为：棕榈酸酐（15.88%）、（14R,8Z)-14-甲基-8-十六碳烯-1-醇（8.18%）、枯烯（3.62%）、水杨酸（3.61%）、Z-7-十六烯酸（2.82%）、17-三十五碳烯（2.75%）、豆蔻酸酐（2.15%）、油醇（2.12%）、十七烷酸甲酯（1.98%）、雄甾-5-烯-3-醇-7,17-二酮乙酸酯（1.88%）、3-三癸酰基-3-环己烯-4-醇-1-酮（1.64%）、邻苯二甲酸二正辛酯（1.56%）等。

【**利用**】全草药用，用于发汗、驱蚊，治疗风湿痹痛、刀伤出血、冻疮、烧伤等症。

【**形态特征**】多年生草本，高60～150 cm。茎有棱，近无毛或上部被短柔毛。叶为羽状复叶，有小叶2对，叶柄被短柔毛或近无毛，顶生小叶特别大，5～9掌状深裂，裂片披针形至菱状披针形，顶端渐狭或三角状渐尖，边缘常有小裂片和尖锐重锯齿，叶面绿色无毛，叶背密被白色绒毛，侧生小叶较小，3～5裂，裂至小叶1/2～1/3处；托叶大，草质，绿色，半心形，边缘有尖锐锯齿。顶生圆锥花序，花梗疏被短柔毛，以后脱落无毛；花小而多，直径约5～7 mm；萼片卵形，外面无毛；花瓣白色，倒卵形，有长爪。瘦果半月形，直立，有短柄，沿背腹两边有柔毛。花果期7～9月。

【**生长习性**】生于山麓、沟谷、草地、河岸、林缘及林下，海拔200～2000 m。

【**精油含量**】水蒸气蒸馏花前期新鲜地上部分的得油率为0.10%，干燥叶的得油率为0.11%；有机溶剂萃取新鲜花序的得油率为0.12%。

【**芳香成分**】叶：杨锦竹等（2009）用水蒸气蒸馏法提取的吉林长白山产蚊子草干燥叶精油的主要成分为：3,7,11,15-四甲基-2-十六碳烯-1-醇（22.20%）、松香酸（12.58%）、6,10,14-三甲基-2-十五烷酮（7.83%）、4,8-二甲基-1-(1-甲基乙基)螺

[4.5]癸-8-烯-7-醇（4.32%）、三环[3.3.1.1³·⁷]十烷撑基乙酸乙酯（3.90%）、十氢-4a-甲基-1-甲叉基-7-(1-甲基乙烯基)萘（3.38%）、库贝醇（3.32%）、十六基环氧乙烷（3.18%）、十五烷酸甲酯（2.61%）、1,2,3,5,6,7,8,8a-八氢-1,4-二甲基-7-(1-甲基乙烯基)薁（2.27%）、2,5,9-三甲基环十一-4,8-二烯酮（2.02%）、3,4-二氢-4,4,5,7,8-五甲基香豆素-6-醇（1.57%）、3-羟甲基-6-(1-甲基乙基)-2-环己烯-1-酮（1.28%）、4β-贝壳酸-16-烯-18-酸（1.04%）等。

全草： 孙允秀等（1992）用水蒸气蒸馏法提取的吉林抚松产蚊子草花前期新鲜地上部分精油的主要成分为：苯甲醇（6.79%）、正壬醛（5.23%）、2,6-二甲-苯酚（3.57%）、2-烯-己醛-1（2.42%）、反-3-烯-1-己醇（2.26%）、邻羟基苯甲酸甲酯（1.97%）、顺-3-烯-1-己醇（1.77%）、1-烯-3-戊醇（1.73%）、多为长链高级烷烃（1.68%）、4-烯-3-甲-1-戊醇（1.17%）等。

【利用】 根、茎和叶可提制栲胶。在辽宁用作妇科止血药，效果良好。可栽培供观赏。

❀ 窄叶鲜卑花

Sibiraea angustata (Rehd.) Hand.-Mazz.

蔷薇科　鲜卑花属
别名：柳茶
分布：四川、甘肃、云南、青海、西藏

【形态特征】 灌木，高达2～2.5 m；小枝微有棱角，紫色；冬芽卵形至三角卵形，先端急尖或圆钝，微被短柔毛，有2～4片外露鳞片。叶在当年生枝条上互生，在老枝上通常丛生，叶片窄披针形、倒披针形，稀长椭圆形，长2～8 cm，宽1.5～2.5 cm，先端急尖或突尖，稀渐尖，基部下延呈楔形，全缘。顶生穗状圆锥花序，长5～8 cm，直径4～6 cm；苞片披针形，先端渐尖，全缘，两面均被柔毛；花直径约8 mm；萼筒浅钟状，外被柔毛；萼片宽三角形，先端急尖，全缘，两面均被稀疏柔毛；花瓣宽倒卵形，先端圆钝，基部下延呈楔形，白色。蓇葖果直立，长约4 mm，具宿存直立萼片。花期6月，果期8～9月。

【生长习性】 生于山坡灌木丛中或山谷砂石滩上，海拔3000～4000 m。

【精油含量】 水蒸气蒸馏嫩枝及叶的得油率为0.09%。

【芳香成分】 叶：陈叶等（2017）用水蒸气蒸馏法提取

的甘肃祁连山产窄叶鲜卑花新鲜叶精油的主要成分为：亚油酸（12.85%）、植酮（11.40%）、二十八烷（10.81%）、棕榈酸（9.22%）、正二十三烷（7.58%）、1-(+)-抗坏血酸-2,6-二棕榈酯（5.93%）、法呢基丙酮（5.62%）、邻苯二甲酸二异辛酯（3.29%）、邻苯二甲酸二异丁酯（3.21%）、2-乙酰基-8-甲基-4-氧-二环[9.3.1]十五碳烷-1(14)，8,11-三烯-3,13,15-三酮（3.07%）、肉豆蔻酸（3.03%）、反式-橙花叔醇（2.14%）、月桂酸（2.11%）、1,4,4a,5,6,7,8,8a-八氢-2,5,5,8a-四甲基-1-萘甲醇（1.97%）、雌二醇（1.90%）、三十四烷（1.75%）、正二十四烷（1.43%）、邻苯二甲酸正丁异辛酯（1.42%）、芳樟醇（1.26%）等。

枝叶： 陶婷婷等（2004）用水蒸气蒸馏法提取的嫩枝及叶精油的主要成分为：E-罗勒烯酮（13.84%）、芳樟醇（12.98%）、2,6-二甲基-5,7-辛二烯-4-酮（9.51%）、3-(1,1-二甲基)-乙基苯酚（8.88%）、香叶醇（6.55%）、环丁烯（4.82%）、叶绿醇（4.31%）、α-松油醇（1.76%）、2-甲氧基-6-乙烯基苯酚（1.24%）、顺式-万寿菊酮（1.19%）、(Z)-9-烯-十八酰胺（1.08%）、(Z)-顺-α-香柠檬烯（1.01%）等。

果穗： 陈叶等（2016）用水蒸气蒸馏法提取的青海祁连山产窄叶鲜卑花阴干果穗精油的主要成分为：邻苯二甲酸二异辛酯（17.42%）、二十酸乙酯（9.08%）、叶绿醇（6.29%）、山嵛酸乙酯（6.21%）、正三十四烷（5.15%）、植酮（4.69%）、正二十三烷（4.14%）、二十五烷（3.85%）、亚麻酸乙酯（3.76%）、棕榈酸（3.73%）、抗坏血酸二棕榈酸酯（2.59%）、亚油酸乙酯（2.53%）、二十九烷（2.31%）、二十八烷（2.11%）、二十四烷（1.84%）、法呢基丙酮（1.80%）、木蜡酸甲酯（1.77%）、肉豆蔻酸（1.43%）、邻苯二甲酸二异丁酯（1.39%）、(S)-顺马鞭草烯醇（1.31%）、马苄烯酮（1.10%）、异植醇（1.06%）、邻苯二甲酸丁酯8-甲基壬酯（1.02%）等。

【利用】叶、嫩枝和果穗入药，具有清胃热、助消化的功效，久服可以健身。

梅

Armeniaca mume Sieb.

蔷薇科　杏属

别名： 乌梅、梅花、酸梅、梅子、青梅、白梅、梅实、台汉梅、黄仔、春梅、干枝梅

分布： 全国各地

【形态特征】小乔木，稀灌木，高4～10 m。叶片卵形或椭圆形，长4～8 cm，宽2.5～5 cm，先端尾尖，基部宽楔形至圆形，叶边常具小锐锯齿，灰绿色。花单生或有时2朵同生于1芽内，直径2～2.5 cm，香味浓，先于叶开放；花萼通常红褐色，但有些品种的花萼为绿色或绿紫色；萼筒宽钟形；萼片卵形或近圆形，先端圆钝；花瓣倒卵形，白色至粉红色。果实近球形，直径2～3 cm，黄色或绿白色，被柔毛，味酸；果肉与核黏贴；核椭圆形，顶端圆形而有小突尖头，基部渐狭成楔形，两侧微扁，腹棱稍钝，腹面和背棱上均有明显纵沟，表面具蜂窝状孔穴。花期冬春季，果期5～6月（在华北果期延至7～8月）。

【生长习性】喜温暖、湿润环境，喜阳光，耐寒，耐旱，怕水涝。需在肥沃疏松土壤中栽培。

【芳香成分】花：不同研究者用顶空固相微萃取法提取分析了不同品种梅花的香气成分。赵印泉等（2011）分析的北京产'青岛朱砂梅'新鲜花香气的主要成分为：丁子香酚（46.96%）、乙酸苯甲酯（24.38%）、苯甲醇（11.31%）、(E)-异丁子香酚（2.80%）、4-(2-丙烯基)苯酚（2.70%）、苯甲醛（2.53%）、对烯丙基茴香醚（2.39%）、甲基丁香酚（1.14%）等；'黑美人'的主要成分为：乙酸苯甲酯（53.08%）、苯甲醛（43.86%）、α-蒎烯（9.62%）、苯甲醇（1.58%）等；'丰后'的主要成分为：乙酸苯甲酯（66.96%）、莰烯（17.17%）、苯甲醛（5.79%）、α-蒎烯（2.63%）等；'淡丰后'的主要成分为：乙酸苯甲酯（59.21%）、苯甲醇（19.87%）、苯甲醛（9.08%）、莰烯（4.81%）、α-蒎烯（2.17%）、4-(2-丙烯基)苯酚（1.12%）等；'燕杏梅'的主要成分为：乙酸苯甲酯（81.73%）、苯甲醛（6.62%）、乙酸叶醇酯（3.77%）、莰烯（3.71%）、苯甲醇（1.09%）等；'三轮玉蝶梅'花瓣香气的主要成分为：乙酸苯甲酯（63.17%）、苯甲醛（18.87%）、苯甲醇（10.98%）、丁子香酚（3.24%）、乙酸-2-己烯酯（2.32%）等；雄蕊精油的主要成分为：乙酸苯甲酯（94.78%）丁子香酚（4.81%）等。曹慧等（2009）分析的浙江杭州产'宫粉梅'花精油的主要成分为：乙酸苯甲基酯（44.61%）、乙酸,3-苯基-2-丙烯-1-醇酯（29.19%）、苯甲醇（8.47%）、丁子香酚（7.04%）、十五烷（4.22%）、肉桂醇（1.98%）、4-(2-丙烯基)苯酚（1.22%）等；'白梅'花精油的主要成分为：乙酸苯甲基酯（69.60%）、苯甲醇（14.26%）、苯甲醛（10.29%）、丁子香酚（2.42%）等。

果实：任少红等（2004）用水蒸气蒸馏法提取的四川乐山市马边产梅果实精油的主要成分为：十六碳酸（27.42%）、苯甲酸（20.37%）、亚油酸（13.92%）、邻苯二甲酸二乙酯（4.24%）、9,12,15-十八碳三烯酸甲酯（4.18%）、苯甲醇（1.47%）、2,6-二异丙基苯酚（1.43%）、对乙烯基苯酚（1.34%）、糠醛（1.29%）、邻苯二甲酸二丁酯（1.28%）、己二酸二辛酯（1.14%）、2,3,5-三甲氧基甲苯（1.13%）、十四碳酸（1.08%）等。

【利用】园林栽培供观赏，可盆栽或作切花。果实可生食、盐渍或制干，可加工成各种蜜饯和果酱。果实为提取枸橼酸的原料。果肉（乌梅）药用，有敛肺、涩肠、生津、安蛔的功效，用于肺虚久咳、久泻久痢、便血、尿血、崩漏、虚热消渴、蛔厥呕吐腹痛、胆道蛔虫症；外用可治白癜风和鸡眼。花蕾药用，有开胃散郁、生津化痰、活血解毒的功效，用于郁闷心烦、肝胃气痛、梅核气、瘰疬疮毒。彝药茎叶用于热毒内陷、湿重气滞、胸热胀满、久热不退、肠痈痢疾、滑胎漏胎。傣药树皮用于牙痛、咳嗽。根研成粉末治黄疸有效。对氟化氢污染敏感，可以用来监测大气氟化物污染。鲜花可提取精油。可作核果类果树的砧木。

🌸 山杏
Armeniaca sibirica (Linn.) Lam.

蔷薇科　杏属	
别名： 西伯利亚杏	
分布： 黑龙江、吉林、辽宁、河北、内蒙古、甘肃、山东、山西等地	

【形态特征】灌木或小乔木，高2～5 m。叶片卵形或近圆形，长3～10 cm，宽2.5～7 cm，先端长渐尖至尾尖，基部圆形至近心形，叶边有细钝锯齿。花单生，直径1.5～2 cm，先于叶开放；花萼紫红色；萼筒钟形；萼片长圆状椭圆形，先端尖，花后反折；花瓣近圆形或倒卵形，白色或粉红色；雄蕊几与花瓣近等长；子房被短柔毛。果实扁球形，直径1.5～2.5 cm，黄色或桔红色，有时具红晕，被短柔毛；果肉较薄而干燥，成熟时开裂，味酸涩不可食，成熟时沿腹缝线开裂；核扁球形，易与果肉分离，两侧扁，顶端圆形，基部一侧偏斜，不对称，表面较平滑，腹面宽而锐利；种仁味苦。花期3～4月，果期6～7月。

【生长习性】生于干燥向阳山坡上、丘陵草原或与落叶乔灌

木混生，海拔700～2000 m。适应性强，喜光。具有耐寒、耐旱、耐瘠薄的特点。在-40～-30℃的低温下能安全越冬生长。在低温和盐渍化土壤上生长不良。

【精油含量】水蒸气蒸馏种子的得油率为0.02%～1.49%。

【芳香成分】周玲等（2008）用水蒸气蒸馏法提取的河北承德产山杏干燥种子精油的主要成分为：苯甲醛（79.25%）、n-棕榈酸（15.78%）、α-羟基-苯乙腈（1.08%）、苯甲酸（1.01%）等。

【利用】可作砧木，是选育耐寒杏品种的优良原始材料。种仁供药用，可作扁桃的代用品，并可榨油。可绿化荒山、保持水土，也可作沙荒防护林的伴生树种。种子是提取油漆涂料、化妆品及优质香皂的重要原料。

杏

Armeniaca vulgaris Lam.

蔷薇科　杏属
别名: 北梅、甜梅、杏树、杏花
分布: 全国各地

【形态特征】乔木，高5～12 m；树皮灰褐色，纵裂；枝褐色，具皮孔。叶片宽卵形或圆卵形，长5～9 cm，宽4～8 cm，先端急尖至短渐尖，基部圆形至近心形，叶边有圆钝锯齿；叶柄基部常具1～6腺体。花单生，直径2～3 cm，先于叶开放；花萼紫绿色；萼筒圆筒形，外面基部被短柔毛；萼片卵形至卵状长圆形，花后反折；花瓣圆形至倒卵形，白色或带红色，具短爪。果实球形，稀倒卵形，直径约2.5 cm以上，白色、黄色至黄红色，常具红晕；果肉多汁；核卵形或椭圆形，两侧扁平，顶端圆钝，基部对称，稀不对称，表面稍粗糙或平滑，腹棱较圆，常稍钝，背棱较直，腹面具龙骨状棱。花期3～4月，果期6～7月。

【生长习性】为阳性树种，喜光，耐旱，抗寒，抗风，为低山丘陵地带的栽培果树。

【精油含量】超临界萃取新鲜果实的得油率为0.55%；超声波辅助提取种子的得油率为17.94%。

【芳香成分】花：李铁纯等（2016）用顶空固相微萃取法提取的辽宁鞍山产杏干燥花精油的主要成分为：苯甲醛（25.07%）、壬醛（21.26%）、己醛（8.83%）、辛醛（5.77%）、正庚醛（4.62%）、甲硫醚（3.53%）、2-戊基呋喃（3.28%）、2-

己烯醛（2.55%）、1-(3,5-二甲酰基)乙酮（2.35%）、2-甲基丁醛（2.22%）、6-三甲基-2-环己烯-1,4-二酮（1.68%）、糠醛（1.58%）、茴香精（1.58%）、2-甲基-1-戊烯-3-酮（1.41%）、1-辛烯-3-醇（1.38%）、戊醛（1.31%）、异戊醛（1.00%）等；新鲜花精油的主要成分为：苯甲醛（93.55%）、2,5-双(1,1-二甲基乙基)噻吩（1.54%）等。

果实：不同研究者用水蒸气蒸馏法提取分析了不同品种杏果实的精油成分。陈美霞等（2004）分析的'新世纪'杏成熟果实精油的主要成分为：α-萜品醇（10.52%）、芳樟醇（3.92%）、香叶醇（3.86%）、γ-癸内酯（3.84%）、罗勒烯醇（3.06%）、橙花醇（1.45%）、(E)-2-己烯-1-醇（1.38%）等；'红丰'的主要成分为：α-萜品醇（4.81%）、罗勒烯醇（1.81%）、芳樟醇（1.02%）等。周围等（2008）分析的甘肃敦煌产'李广杏'果实精油的主要成分为：己烷（15.66%）、2-丁氧基乙醇（9.65%）、2-壬烯醇（9.23%）、己醛（4.43%）、1-甲基环戊烷（3.04%）、甲基异丙基醚（2.92%）、乙醇（1.84%）、丁醇（1.74%）、乙酸乙酯（1.71%）、甲苯（1.22%）、丁酸-3,7-二甲基-2,6-辛二烯酯（1.21%）、2-甲氧基乙醇（1.17%）、乙酸丁酯（1.11%）、丙酮（1.00%）等；天水产'比利时杏'的主要成分为：甲基异丙基醚（17.68%）己烷（14.33%）、乙酸乙酯（4.56%）、2-壬烯醇（4.30%）、己醛（2.84%）、3-甲基戊烷（1.98%）、戊醛（1.72%）、乙醛（1.45%）、2-己烯醛（1.45%）、2-丁酮（1.11%）等；景泰产'李杏'的主要成分为：乙醇（10.33%）、甲基异丙基醚（7.86%）、3-甲基戊烷（2.86%）、2-己烯醛（2.74%）、甲苯（2.56%）、乙酸乙酯（2.44%）、己醇（1.57%）、苯（1.34%）、己醛（1.30%）、乙醛（1.24%）等；景泰产'大接杏'的主要成分为：己烷（20.14%）、乙醇（3.85%）、丁酸-3,7-二甲基-2,6-辛二烯酯（3.24%）、己醛（2.55%）、甲苯（2.36%）、乙酸乙酯（1.89%）、2-己烯醛（1.61%）、甲基异丙基醚（1.30%）、3-甲基戊烷（1.23%）、甲酸丙酯（1.21%）、戊醇（1.04%）等；景泰产'张公圆杏'的主要成分为：乙醇（17.95%）、2-丁酮（4.74%）、乙酸-2-己烯酯（4.02%）、乙酸乙酯（3.15%）、己辛醚（2.94%）、丙酮（2.34%）、2,5-呋喃二酮（2.16%）、苯（2.10%）、辛醛（2.06%）、乙醛（1.77%）、1-甲基-4异丁基苯（1.76%）、己醛（1.30%）、十二烷（1.18%）、戊醇（1.08%）等；景泰产'曹杏'的主要成分为：乙醇（32.07%）、乙酸乙酯（14.36%）、乙醛（3.01%）、2-

壬烯醇（1.98%）、己醛（1.69%）、甲苯（1.44%）、1,2-二甲基苯（1.18%）等。

种子：韩志萍（2008）用水蒸气蒸馏法提取的陕西榆林产大扁杏种子精油的主要成分为：β-谷甾醇（81.88%）、岩光甾醇（7.59%）等。李素玲等（2011）用超临界CO_2萃取法提取的'新疆小白杏'种仁精油的主要成分为：甲苯（39.74%）、1,2-二甲苯（21.36%）、己醛（11.00%）、乙苯（4.04%）、2,6-二甲基-7-辛烯-2-醇（3.21%）、壬醛（2.85%）、1-壬醇（2.73%）、1,4-二甲苯（2.26%）、3,7-二甲基-1,6-辛二烯-3-醇（1.66%）等。

【利用】果实是常见水果可生食，也可制成杏脯，杏酱等。种子入药，有小毒，有降气、止咳平喘、润肠通便的功效，用于咳嗽气喘、胸满痰多、血虚津枯、肠燥便秘。杏仁可榨油，也可制成食品。栽培供观赏。木材是做家具的好材料。枝条可作燃料。叶可作饲料。

粉花绣线菊
Spiraea japonica Linn. f.

蔷薇科　绣线菊属

别名：蚂蟥梢、火烧尖、日本绣线菊

分布：全国各地有栽培

【形态特征】直立灌木，高达1.5 m；冬芽卵形，先端急尖，有数个鳞片。叶片卵形至卵状椭圆形，长2～8 cm，宽1～3 cm，先端急尖至短渐尖，基部楔形，边缘有缺刻状重锯齿或单锯齿，叶面暗绿色，叶背色浅或有白霜，通常叶脉有短柔毛；复伞房花序生于当年生的直立新枝顶端，花朵密集，密被短柔毛；片披针形至线状披针形，下面微被柔毛；花直径4～7 mm；花萼外面有稀疏短柔毛，萼筒钟状，内面有短柔毛；萼片三角形，先端急尖，内面近先端有短柔毛；花瓣卵形至圆形，先端通常圆钝，长2.5～3.5 mm，宽2～3 mm，粉红色。蓇葖果半开张，花柱顶生，萼片常直立。花期6～7月，果期8～9月。

【生长习性】生态适应性强，耐旱，耐贫瘠。喜光，耐半阴。耐寒性强，能耐-10 ℃低温。不耐湿，在湿润、肥沃富含有机质的土壤中生长茂盛。

【芳香成分】杨迺嘉等（2008）用水蒸气蒸馏法提取的贵州产粉花绣线菊干燥根精油的主要成分为：棕榈酸（20.41%）、肉豆蔻酸（10.78%）、亚麻酸（6.02%）、十五烷酸（5.11%）、9-十六碳烯酸（3.42%）、6,10,14-三甲基-2-十五烷酮（3.41%）、

壬醛（2.99%）、亚油酸（2.98%）、正己醇（2.95%）、月桂酸（2.13%）、正二十三烷（2.00%）、壬烷（1.84%）、硬脂酸（1.68%）、正二十二烷（1.61%）、正二十五烷（1.53%）、辛醛（1.46%）、正二十一烷（1.40%）、4-松油醇（1.38%）、正二十四烷（1.35%）、正二十烷（1.09%）、香叶基丙酮（1.07%）、2-乙烯基环己酮（1.07%）、庚醛（1.05%）、癸醛（1.00%）等。

【利用】各地栽培供观赏，广泛应用于各种绿地、花篱、花境。

蒙古绣线菊
Spiraea mongolica Maxim.

蔷薇科　绣线菊属

别名：蒙古勒、塔比勒干纳

分布：内蒙古、河北、河南、山西、陕西、甘肃、青海、四川、西藏

【形态特征】灌木，高达3 m；小枝细瘦，有棱角；冬芽长卵形，先端长渐尖，外被2枚棕褐色鳞片。叶片长圆形或椭圆形，长8～20 mm，宽3.5～7 mm，先端圆钝或微尖，基部楔形，全缘，稀先端有少数锯齿。伞形总状花序有花8～15朵；苞片线形；花直径5～7 mm；萼筒近钟状，内面有短柔毛；萼片三角形，先端急尖，内面具短柔毛；花瓣近圆形，先端钝，稀微凹，长与宽各为2～4 mm，白色；雄蕊18～25；花盘具有10个圆形裂片，排列成环形。蓇葖果直立开张，沿腹缝线稍有短柔毛或无毛，花柱位于背部先端，倾斜开张，沿腹缝线稍有短柔毛或无毛，具直立或反折萼片。花期5～7月，果期7～9月。

【生长习性】生于山坡灌丛中或山顶及山谷多石砾地，海拔1600～3600 m。抗旱性强，耐旱，喜光，耐贫瘠土壤，根系发达。

【芳香成分】张文环等（2017）用水蒸气蒸馏法提取的甘肃合作产蒙古绣线菊干燥细枝叶精油的主要成分为：棕榈酸乙酯（38.63%）、亚油酸乙酯（23.58%）、亚麻酸乙酯（15.73%）、豆蔻酸乙酯（6.47%）、9-十六烯酸乙酯（2.10%）、六氢吡喃丙酮（2.09%）、肉桂酸乙酯（1.97%）、硬脂酸乙酯（1.59%）、十七烷酸乙酯（1.26%）、Z-7-十四烯酸（1.19%）等。

【利用】是极好的观花灌木，适于在城镇园林绿化中应用；可以用作切花生产；做成花束、花篮或花瓶。花藏药药用，可托引黄水，治腹水、黄水病、疮疡、肺瘀血、子宫出血。可作

为荒山绿化的先锋植物，起到固沙及水土保持的作用。

三裂绣线菊
Spiraea trilobata Linn.

蔷薇科　绣线菊属

别名： 石棒子、硼子、三桠绣球、团叶绣球、三裂叶绣线菊

分布： 黑龙江、辽宁、内蒙古、山东、山西、河北、河南、安徽、陕西、甘肃

【形态特征】灌木，高1～2 m；小枝稍呈之字形弯曲；冬芽小，宽卵形，先端钝，外被数个鳞片。叶片近圆形，长1.7～3 cm，宽1.5～3 cm，先端钝，常3裂，基部圆形、楔形或亚心形，边缘有少数圆钝锯齿，叶背色较浅。伞形花序有花15～30朵；苞片线形或倒披针形，上部深裂成细裂片；花直径6～8 mm；萼筒钟状，内面有灰白色短柔毛；萼片三角形，先端急尖，内面具稀疏短柔毛；花瓣宽倒卵形，先端常微凹，长与宽各2.5～4 mm；花盘约有10个大小不等的裂片排列成圆环形。蓇葖果开张，仅沿腹缝微具短柔毛或无毛，花柱顶生稍倾斜，具直立萼片。花期5～6月，果期7～8月。

【生长习性】生于多岩石向阳坡地或灌木丛中，海拔450～2400 m。稍耐阴，耐寒，耐旱，耐盐碱，不耐涝，耐瘠薄，对土壤要求不严，在土壤深厚的腐殖质土中生长良好。茎基部的芽萌发力强，耐修剪，栽培容易，管理粗放。

【芳香成分】靳泽荣等（2017）用顶空固相微萃取法提取的山西太谷产三裂绣线菊新鲜叶精油的主要成分为：反-2-己烯酯（50.86%）、反-2-己烯-1-醇（35.14%）、罗勒烯（3.76%）等。

【利用】是园林绿化中优良的观花观叶树种。叶、果实药用，有活血祛瘀、消肿止痛的功效。为鞣料植物，根茎含单宁。

粉枝莓
Rubus biflorus Buch.-Ham. ex Smith

蔷薇科　悬钩子属

别名： 二花莓、二花悬钩子

分布： 陕西、甘肃、四川、云南、西藏

【形态特征】攀缘灌木，高1～3 m；枝紫褐色至棕褐色，具白粉霜，疏生粗壮钩状皮刺。小叶常3枚，长2.5～5 cm，宽1.5～5 cm，顶生小叶宽卵形或近圆形，侧生小叶卵形或椭圆形，顶端急尖或短渐尖，基部宽楔形至圆形，叶面伏生柔毛，叶背密被绒毛，边缘具粗锯齿或重锯齿，顶生小叶边缘常3裂；托叶狭披针形，边缘具稀疏腺毛。花2～8朵，侧生小枝顶端的花常4～8朵簇生或呈伞房状花序，腋生者通常2～3朵簇生；苞片线形或狭披针形；花直径1.5～2 cm；萼片宽卵形或圆卵形，顶端急尖并具针状短尖头；花瓣近圆形，白色。果实球形，包于萼内，直径1～2 cm，黄色；核肾形。花期5～6月，果期7～8月。

【生长习性】生于山谷河边或山地杂木林内，海拔1500～3500 m。

【精油含量】水蒸气蒸馏阴干根的得油率为0.30%；超临界萃取阴干全草的得油率为1.86%。

【芳香成分】根：康淑荷（2007）用水蒸气蒸馏法提取的阴干根精油的主要成分为：3-(4-苯甲氧基)-2-苯丙烯酸-2-乙基庚酯（23.76%）、碳酸二苯酯（21.52%）、2,6,10,15,19,23-六甲基-2,6,10,14,18,22-二十四碳六烯（6.01%）、十八烷酸（5.48%）、3-氮双环[3.3.1]壬烷-9～2-甲氧基-3-甲基（5.33%）、十八烷酸乙酯（4.15%）、左旋葡萄糖（3.92%）、2-丁基-甲基丙基1,2-苯二羧酸（3.18%）、甲基棕榈酸（3.06%）、十八烷酸甲酯（2.93%）、甲基萘（2.43%）、菲（1.63%）、苯甲酸苄酯（1.51%）、3-苯氧基丙酸（1.50%）、2-甲基-丙烷-2,3-二氯（1.50%）、油酸（1.39%）、D-阿洛糖（1.19%）、壬基环丙烷

（1.11%）、左旋葡聚糖酮（1.09%）等。

全草：寇亮等（2008）用超临界CO$_2$萃取法提取的四川宜宾产粉枝莓阴干全草精油的主要成分为：9,12-十八碳烯酸乙酯（17.53%）、碳酸二苯酯（12.67%）、3-(4-苯甲氧基)-2-苯丙烯酸-2-乙基庚酯（12.31%）、5,6-二氢-2-苯基-5-螺环己烷-苯并[e]苯-1,3-噁嗪-4-酮（10.39%）、十八碳-9-烯酸乙酯（7.32%）、（全部-E)-2,6,10,15,19,23-六甲基-2,6,10,14,18,22-二十四碳己烯（6.68%）、邻苯二甲酸二乙酯（4.75%）、反式-6-乙烯基-4,5,6,7-四氢-3,6-二甲基-5-异丙烯基-苯并呋喃（4.12%）、左旋葡聚糖酮（2.37%）、丁酸丁酯（2.16%）、硬脂酸甲酯（1.81%）、左旋葡聚糖（1.79%）、甲基萘（1.35%）等。

【利用】果实可食。具有较高的观赏价值。

✿ 复盆子
Rubus idaeus Linn.

蔷薇科　悬钩子属

别名：覆盆子、树莓、托盘、马林、木莓、绒毛悬钩子、覆盆莓、乌藨子、小托盘、悬钩子、覆盆、树梅、野莓

分布：黑龙江、吉林、山西、山东、河北、陕西、北京、辽宁、新疆

【形态特征】灌木，高1~2 m；枝褐色或红褐色，疏生皮刺。小叶3~7枚，长卵形或椭圆形，顶生小叶常卵形，有时浅裂，长3~8 cm，宽1.5~4.5 cm，顶端短渐尖，基部圆形，叶背密被灰白色绒毛，边缘有不规则粗锯齿或重锯齿；托叶线形，具短柔毛。花生于侧枝顶端呈短总状花序或少花腋生，花梗被短柔毛和针刺；苞片线形，具短柔毛；花直径1~1.5 cm；花萼外面密被绒毛状短柔毛和疏密不等的针刺；萼片卵状披针形，顶端尾尖，外面边缘具灰白色绒毛；花瓣匙形，被短柔毛或无毛，白色，基部有宽爪。果实近球形，多汁液，直径1~1.4 cm，红色或橙黄色，密被短绒毛；核具明显洼孔。花期5~6月，果期8~9月。

【生长习性】生于山地杂木林边、灌丛或荒野，海拔500~2000 m。喜温暖湿润气候，要求光照良好的散射光，对土壤要求不严格，适应性强，但以土壤肥沃、保水保肥力强及排水良好的微酸性土壤至中性砂壤土及红壤、紫色土等为好。

【精油含量】水蒸气蒸馏叶的得油率为0.06%～0.24%；同时蒸馏萃取新鲜果实的得油率为0.06%；超临界萃取叶的得油率为0.71%。

【芳香成分】宣景宏等（2006）用同时蒸馏萃取法提取的新鲜果实精油的主要成分为：糠醛（60.28%）、苯并噻唑（4.50%）、4-甲基-2-乙醇（3.15%）、苯酚（3.08%）、α,α,4-三甲基苯甲醇（3.03%）、苯乙醇（2.41%）等。

【利用】果实供食用。茎、果实药用，有固精补肾、明目的功效，治劳倦，虚劳，肝肾气虚恶寒，肾气虚逆咳嗽，痿、消渴、泄泻、赤白浊。叶精油用于食品、高级香料、高级化妆品。

❀ 高粱泡
Rubus lambertianus Ser.

蔷薇科　悬钩子属
别名：蓬蘽、冬牛、冬菠、刺五泡藤
分布：山西、山东、河北、河南、湖北、湖南、安徽、江西、江苏、浙江、福建、陕西、北京、辽宁、台湾、广东、广西、云南

【形态特征】半落叶藤状灌木，高达3 m；枝有微弯小皮刺。单叶宽卵形，稀长圆状卵形，长5～12 cm，宽1～8 cm，顶端渐尖，基部心形，两面被疏柔毛，中脉、叶柄上常疏生小皮刺，边缘3～5裂或呈波状，有细锯齿；托叶离生，线状深裂。圆锥花序顶生，生于枝上部叶腋内的花序常近总状，有时仅数

朵花簇生于叶腋；苞片与托叶相似；花直径约8 mm；萼片卵状披针形，顶端渐尖、全缘，外面边缘和内面均被白色短柔毛；花瓣倒卵形，白色。果实小，近球形，直径约6～8 mm，由多数小核果组成，无毛，熟时红色；核较小，长约2 mm，有明显皱纹。花期7～8月，果期9～11月。

【生长习性】生于低海拔山坡、山谷或路旁灌木丛中阴湿处，或生于林缘及草坪。生长在光照条件好、土质肥沃、土壤潮湿但不低洼积水的向阳坡地。

【芳香成分】李维林等（1997）用乙醚萃取法提取的江苏南京产高粱泡果实精油的主要成分为：α-蒎烯（28.24%）、β-蒎烯（24.10%）、莰烯（13.22%）、柠檬烯（9.80%）、长叶烯（4.24%）、β-月桂烯（3.14%）、β-水芹烯（1.57%）、反式-石竹烯（1.29%）等。

【利用】果实可食用及酿酒。根叶供药用，有疏风清热、凉血和瘀的功效，治感冒，高血压偏瘫，咳、衄、便血，产后腹痛，崩漏，白带。种子药用。种子可榨油作发油用。

❀ 黄果悬钩子
Rubus xanthocarpus Bureau et Franch.

蔷薇科　悬钩子属
别名：灌冠红梅子、黄梅子、地梅子、梅子刺、泡儿刺、黄刺儿根
分布：陕西、甘肃、安徽、四川、河南、青海

【形态特征】低矮半灌木，高15～50 cm；地上茎草质，有钝棱，疏生较长直立针刺。除叶背叶脉、叶柄、花梗、花萼外均被直立针刺和柔毛。小叶3枚，有时5枚，长圆形或椭圆状披针形，顶生小叶片长5～10 cm，宽1.5～3 cm，基部常有2浅裂片，侧生小叶长2～5 cm，宽1～2 cm，顶端急尖至圆钝，基部宽楔形至近圆形，边缘具不整齐锯齿；托叶基部与叶柄合生，披针形或线状披针形，全缘或边缘浅条裂。花1～4朵呈伞房状，顶生或腋生，稀单生；花直径1～2.5 cm；萼片长卵圆形至卵状披针形；花瓣倒卵圆形至匙形，白色，基部有长爪。果实扁球形，直径1～1.2 cm，桔黄色；核具皱纹。花期5～6月，果期8月。

【生长习性】生于山坡路旁、林缘、林中或山沟石砾滩地，海拔600～3200 m。

【芳香成分】宋京都等（2006）用有机溶剂萃取法提取的甘肃漳县产黄果悬钩子根精油的主要成分为：4-甲基-2-乙基己烷（14.79%）、反式-1-甲氧基-1-丁烯（13.41%）、2,3,3-三甲基己烷（10.24%）、(1-甲氧基-1-戊基)环丙烷（10.22%）、N,N-二甲基叔丁基胺（9.23%）、环己烷（8.55%）、1,1-二甲氧基-2-丁炔（6.34%）、2-甲基-2-乙基-环氧乙烷（6.25%）、庚烷（4.38%）、正十一烷（3.60%）、1-碘正十四烷（2.60%）、癸烷（2.03%）、氯代甲酸丁酯（1.11%）、3-氯己烷（1.00%）等。

【利用】果实可生食，也可制饮料及酿酒。全草药用，能消炎止痛。

🌸 茅莓

Rubus parvifolius Linn.

蔷薇科　悬钩子属
别名： 红梅消、薅田藨、小叶悬钩子、茅莓悬钩子、草杨梅子、蛇泡勒、牙鹰勒、婆婆头、国公、三月泡
分布： 黑龙江、吉林、辽宁、河北、山西、陕西、甘肃、湖北、湖南、江西、安徽、山东、江苏、浙江、福建、台湾、广东、广西、四川、贵州

【形态特征】灌木，高1～2 m；枝、叶柄、花梗、花萼均被柔毛和皮刺或针刺。枝弓形弯曲。小叶3～5枚，菱状圆形或倒卵形，长2.5～6 cm，宽2～6 cm，顶端圆钝或急尖，基部圆形或宽楔形，叶面伏生疏柔毛，叶背密被灰白色绒毛，边缘有不整齐粗锯齿或缺刻状粗重锯齿，常具浅裂片；托叶线形，长约5～7 mm，具柔毛。伞房花序顶生或腋生，稀顶生花序呈短总状，具花数朵至多朵；苞片线形，有柔毛；花直径约1 cm；萼片卵状披针形或披针形，顶端渐尖，有时条裂；花瓣卵圆形或长圆形，粉红至紫红色，基部具爪。果实卵球形，直径1～1.5 cm，红色，无毛或具稀疏柔毛；核有浅皱纹。花期5～6月，果期7～8月。

【生长习性】生于山坡杂木林下、向阳山谷、路旁或荒野，海拔400～2600 m。喜温暖气候，耐热、耐寒。对土壤要求不严，一般土壤均可种植。

【精油含量】水蒸气蒸馏叶的得油率为0.10%～0.15%。

【芳香成分】根：谭明雄等（2003）用水蒸气蒸馏法提取的广西玉林产茅莓根精油的主要成分为：棕榈酸甲酯（18.33%）、棕榈酸乙酯（11.82%）、反式-9,12-二烯-硬脂酸甲酯（4.49%）、硬脂酸甲酯（4.22%）、顺式-9-烯十八酸甲酯（3.92%）、硬脂酸乙酯（2.07%）、正十七烷（1.36%）、正十六烷（1.10%）、正二十三烷（1.06%）等。

叶：谭明雄等（2003）用水蒸气蒸馏法提取的广西玉林产茅莓叶精油的主要成分为：棕榈酸（32.67%）、反油酸（21.20%）、癸醛（7.58%）、壬醛（5.01%）、顺式-9-烯-十六酸（4.37%）、硬脂酸（3.81%）、顺式-3-癸烯醇（2.18%）、6,10,14-三甲基-2-十五酮（1.26%）、十七醇（1.18%）、羊腊酸（1.09%）等。

【利用】果实可供生食、酿酒及制醋等。根和叶可提取栲胶。茎叶药用，有散瘀、止痛、解毒、杀虫的功效，常用于吐血、跌打刀伤、产后瘀滞腹痛、痢疾、痔疮、疥疮等病症。根药用，有清热解毒、祛风利湿、活血止血、利尿通淋的功效，用于感冒高热、咽喉痛、风湿痹痛、肝炎、泄泻、水肿、小便淋痛。

🌸 蓬蘽

Rubus hirsutus Thunb.

蔷薇科　悬钩子属
别名： 泼盘、三月泡、野杜利、覆盆、陵蘽、阴蘽、割田藨、寒莓、寒藨
分布： 河南、江西、安徽、江苏、浙江、福建、台湾、广东

【形态特征】灌木，高1～2 m；枝红褐色或褐色，被柔毛和腺毛，疏生皮刺。小叶3～5枚，卵形或宽卵形，长3～7 cm，宽2～3.5 cm，顶端急尖，顶生小叶顶端常渐尖，基部宽楔形至

圆形，两面疏生柔毛，边缘具不整齐尖锐重锯齿；叶柄、花梗具柔毛和腺毛，并疏生皮刺；托叶披针形或卵状披针形，两面具柔毛。花常单生于侧枝顶端，也有腋生；苞片小，线形，具柔毛；花大，直径3～4cm；花萼外密被柔毛和腺毛；萼片卵状披针形或三角披针形，顶端长尾尖，外面边缘被灰白色绒毛，花后反折；花瓣倒卵形或近圆形，白色，基部具爪。果实近球形，直径1～2cm，无毛。花期4月，果期5～6月。

【生长习性】生于山坡路旁阴湿处或灌丛中，海拔达1500m。

【芳香成分】李维林等（1997）用水蒸气蒸馏法提取的江苏南京产蓬蘽果实精油的主要成分为：甲氧基次乙基乙酸酯（55.02%）、乙酸乙酯（4.72%）、辛酸（2.97%）、α-依兰油烯（2.93%）、二-氯-苯乙酮（2.60%）、1,1-二乙氧基乙烷（2.02%）、呋喃乙酯（2.02%）、十二烷酸（2.02%）、α-松油醇（2.02%）、二-表-α-雪松烯（1.96%）、己酸（1.62%）等；用乙醚萃取法提取的果实精油的主要成分为：β-蒎烯（23.35%）、α-蒎烯（22.08%）、莰烯（11.54%）、柠檬烯（9.02%）、长叶烯（6.25%）、β-月桂烯（4.86%）、β-水芹烯（3.50%）、十六烷酸乙酯（2.01%）、反式-石竹烯（1.91%）、十八烷酸乙酯（1.33%）、反式-2-蒈烯-4-醇（1.21%）、对-伞花烃（1.21%）、丁基苯（1.20%）、α-长叶蒎烯（1.20%）、马鞭草烯酮（1.18%）、α-松油烯（1.04%）、反式-蒎葛缕醇（1.02%）、亚油酸乙酯（1.02%）、别罗勒烯（1.02%）、α-樟脑烯醛（1.00%）等。

【利用】全株及根入药，能消炎解毒、清热镇惊、活血及祛风湿，主治多尿、阳痿、不育、须发早白、痈疽。

✿ 山莓
Rubus corchorifolius Linn. f.

蔷薇科　悬钩子属
别名：树莓、山抛子、牛奶泡、撒秧泡、三月泡、四月泡、五月泡、龙船泡、大麦泡、泡儿刺、刺葫芦、馒头菠、吊杆泡、薅秧泡、黄莓、猪母泡、高脚泡
分布：除东北、甘肃、青海、新疆、西藏外，全国均有分布

【形态特征】直立灌木，高1～3m；枝具皮刺。单叶，卵形至卵状披针形，长5～12cm，宽2.5～5cm，顶端渐尖，基部微心形，有时近截形或近圆形，叶面色较浅，叶背色稍深，沿中脉疏生小皮刺，边缘不分裂或3裂，有不规则锐锯齿或重锯齿；托叶线状披针形，具柔毛。花单生或少数生于短枝上；花直径可达3cm；花萼外密被细柔毛，无刺；萼片卵形或三角状卵形，长5～8mm，顶端急尖至短渐尖；花瓣长圆形或椭圆形，白色，顶端圆钝，长9～12mm，宽6～8mm，长于萼片。果实由很多小核果组成，近球形或卵球形，直径1～1.2cm，红色，密被细柔毛；核具皱纹。花期2～3月，果期4～6月。

【生长习性】普遍生于向阳山坡、溪边、山谷、荒地和疏密灌丛中潮湿处，海拔200～2200 m。耐贫瘠，适应性强，属阳性植物。

【精油含量】水蒸气蒸馏干燥叶的得油率为0.01%。

【芳香成分】程恰等（2014）用水蒸气蒸馏法提取的湖南吉首产山莓干燥叶精油的主要成分为：二十一烷（15.70%）、植物醇（12.25%）、(+)-香橙烯（7.98%）、1,2-环氧十八烷（4.65%）、植烷（4.27%）、正十七烷（3.13%）、邻苯二甲酸二辛酯（2.96%）、三十六烷（2.90%）、十六烷（2.83%）、十二烷酸（2.79%）、蓝桉醇（2.64%）、L-抗坏血酸-2,6-二棕榈酸酯（2.56%）、二十二烷（2.26%）、溴代十六烷（1.99%）、降植烷（1.52%）、异植物醇（1.44%）、十五烷（1.40%）、1,8-二氧杂环十七烷-9-酮（1.14%）、十二烷基环己烷（1.05%）、2-壬炔酸甲酯（1.00%）等。

【利用】果实可生食、制果酱及酿酒。根皮、茎皮、叶可提取栲胶。根药用，有活血、止血、祛风利湿的功效，用于吐血、便血、肠炎、痢疾、风湿关节痛、跌打损伤、月经不调、白带。叶药用，有消肿解毒的功效，外用治痈疖肿毒。

❀ 秀丽莓
Rubus amabilis Focke

蔷薇科　悬钩子属

别名：美丽悬钩子

分布：陕西、甘肃、河南、山西、湖北、四川、青海

【形态特征】灌木，高1～3 m。枝、花枝、叶脉、叶柄、叶轴、花梗均疏生小皮刺。小叶7～11枚，卵形或卵状披针形，长1～5.5 cm，宽0.8～2.5 cm，上部的小叶比下部的大，顶端急尖，顶生小叶顶端常渐尖，基部近圆形，边缘具缺刻状重锯齿，顶生小叶边缘有时浅裂或3裂；托叶线状披针形，具柔毛。花单生于侧生小枝顶端，下垂；花直径3～4 cm；花萼绿带红色，外面密被短柔毛；萼片宽卵形，长1～1.5 cm，顶端渐尖或具突尖头；花瓣近圆形，白色，基部具短爪。果实长圆形稀椭圆形，长1.5～2.5 cm，直径1～1.2 cm，红色，幼时具稀疏短柔毛，老时无毛，可食；核肾形，稍有网纹。花期4～5月，果期7～8月。

【生长习性】生于山麓、沟边或山谷丛林中，海拔1000～3700 m。喜光，耐半阴。喜疏松湿润富含腐殖质的肥沃土壤，萌蘖性强。较耐寒。

【精油含量】超临界萃取干燥根的得油率为3.42%，干燥茎的得油率为3.08%。

【芳香成分】根：刘慧等（2013）用超临界CO$_2$萃取法提取的青海互助产秀丽莓干燥根精油的主要成分为：桉叶油二烯5,11(13)-内酯-8,12（49.09%）、榄香醇（8.67%）、β-谷甾醇（6.77%）、喇叭烯氧化物（4.52%）、β-桉叶醇（4.16%）、豆甾-4-烯3-酮（3.87%）、γ-依兰油烯（1.69%）、羽扇豆醇乙酸酯（1.65%）、1,5,9-三甲基-1,5,9-环十二碳三烯（1.49%）、圆柚酮（1.40%）、荜澄茄油烯醇（1.07%）、维生素A醋酸酯（1.07%）等。

茎：热增才旦等（2011）用超临界CO$_2$萃取法提取的青海产秀丽莓干燥茎精油的主要成分为：四十四烷（30.63%）、三十六烷（20.15%）、二十八烷（16.27%）、DL-α-生育酚（8.39%）、二十七烷（6.29%）、亚麻酰氯（1.87%）、石竹烯（1.64%）、反式肉桂酸（1.14%）、叶绿醇（1.09%）等。

【利用】园林种植供观赏，也可植为刺篱。果实可食。根入药，可清热解毒、活血止痛。茎枝药用，治感冒、发烧、肺热咳嗽。

掌叶复盆子

Rubus chingii Hu

蔷薇科　悬钩子属

别名： 掌叶覆盆子、复盆子、覆盆子、华东复盆子、种田泡、翁扭、牛奶母、大号角公

分布： 江苏、安徽、浙江、江西、福建、广西、贵州等地

【形态特征】藤状灌木，高1.5～3 m；枝细，具皮刺。单叶，近圆形，直径4～9 cm，基部心形，边缘掌状、深裂，稀3或7裂，裂片椭圆形或菱状卵形，顶端渐尖，基部狭缩，顶生裂片与侧生裂片近等长或稍长，具重锯齿，有掌状5脉；叶柄疏生小皮刺；托叶线状披针形。单花腋生，直径2.5～4 cm；萼筒毛较稀或近无毛；萼片卵形或卵状长圆形，顶端具凸尖头，外面密被短柔毛；花瓣椭圆形或卵状长圆形，白色，顶端圆钝，长1～1.5 cm，宽0.7～1.2 cm；雄蕊多数，花丝宽扁；雌蕊多数，具柔毛。果实近球形，红色，直径1.5～2 cm，密被灰白色柔毛；核有皱纹。花期3～4月，果期5～6月。

【生长习性】生于低海拔至中海拔地区，在山坡、路边阳处或阴处灌木丛中常见。喜阳光冷凉而不耐烈日暴晒。喜生长在土质疏松、富含腐殖质的湿润而不积水的土壤中。

【芳香成分】叶：韩卓等（2013）用顶空固相微萃取法提取的干燥叶精油的主要成分为：十六烷酸（44.97%）、十四烷酸（10.88%）、乙酸（4.13%）、α-亚麻酸（2.92%）、乙酸橙花酯（2.77%）、叶绿醇（2.46%）、反-10-十五碳烯醇（2.40%）、邻苯二甲酸二异丁酯（2.29%）、酸雪松醇酯（1.83%）、松柏醇（1.63%）、反式-氧化芳樟醇（1.60%）、顺式-氧化芳樟醇（1.58%）、反式丁香烯（1.49%）、顺-对-2-薄荷烯-1-醇（1.38%）、正十三烷（1.07%）、5-乙酰戊酸甲酯（1.03%）、豆荚酸（1.02%）、1-α-松油醇（1.00%）等。

果实：典灵辉等（2005）用水蒸气蒸馏法提取的贵州都匀产掌叶复盆子干燥近成熟果实精油的主要成分为：正十六酸（28.23%）、黄葵内酯（26.24%）、正十二酸（4.55%）、正十四酸（2.79%）、正十五酸（2.41%）、正十八酸（2.12%）、2-甲基十九烷（1.89%）、正十七酸（1.73%）、反-芳樟醇氧化物（1.70%）、正己酸（1.36%）、邻苯二甲酸二丁酯（1.23%）、正十九烷（1.20%）、正二十烷（1.07%）、六氢乙酰金合欢酮（1.06%）等。

【利用】茎皮可提取栲胶、纤维。叶可代茶、作甜味剂。花是重要的蜜源植物。果可鲜食，也可加工成饮料、果酱、果汁，或用于酿酒、熬糖、制醋等。种子可榨油。绿化观赏树种。是重要的生态恢复先锋树种和水土保持树种。果实药用，有补肝肾、缩小便、助阳、固精、明目的功效，治阳痿、遗精、溲数、遗溺、虚劳、目暗，用于肾虚遗尿、小便频数、阳痿早泄、遗精滑精。

水栒子

Cotoneaster multiflorus Bge.

蔷薇科　栒子属

别名： 栒子木、多花栒子、多花灰栒子、灰栒子、香李

分布： 黑龙江、辽宁、内蒙古、河北、山西、河南、陕西、甘肃、青海、新疆、四川、云南、西藏

【形态特征】落叶灌木，高达4 m；枝条细瘦，常呈弓形弯曲，小枝圆柱形，红褐色或棕褐色。叶片卵形或宽卵形，长2～4 cm，宽1.5～3 cm，先端急尖或圆钝，基部宽楔形或圆形；

托叶线形，疏生柔毛，脱落。花多数，约5～21朵，呈疏松的聚伞花序；苞片线形；花直径1～1.2 cm；萼筒钟状；萼片三角形，先端急尖，通常除先端边缘外；花瓣平展，近圆形，直径约4～5 mm，先端圆钝或微缺，基部有短爪，内面基部有白色细柔毛，白色；雄蕊约20，稍短于花瓣；花柱通常2，离生，比雄蕊短；子房先端有柔毛。果实近球形或倒卵形，直径8 mm，红色，有1个由2心皮合生而成的小核。花期5～6月，果期8～9月。

【生长习性】生于沟谷、山坡杂木林中，海拔1200～3500 m。生长势很强，耐寒。喜光而稍耐阴。对土壤要求不严，极耐干旱和瘠薄，不耐水淹，不宜种植于低洼处。在肥沃且通透性好的砂壤土中生长最好。

【芳香成分】贾佳等（2010）用萃取-蒸馏法提取的黑龙江哈尔滨产水枸子种仁精油的主要成分为：8,11-十八碳二烯酸甲酯（31.55%）、8-十八碳烯酸甲酯（16.93%）、依兰烯（11.36%）、十六碳酸甲酯（8.54%）、9,12-十八碳二烯酸甲酯（5.77%）、7,10-十八碳二烯酸甲酯（3.29%）、16-甲基-十七(烷)酸甲酯（2.72%）、香柠檬烯（1.52%）、乙酸龙脑酯（1.32%）、2,4a,5,6,9a-五氢-3,5,5,9-四甲基（1H）苯并环糠烯（1.25%）、1-甲基-4-(1,2,2-三甲基环戊烷)-苯（1.24%）、1,2,3,4,5,6,7,8-八氢-1,4,9,9-四甲基-亚甲基薁（1.03%）、2,4a,5,6,7,8-六氢-3,5,5,9-四甲基-1H-苯并环庚三烯（1.00%）等。

【利用】可作为观赏灌木或修剪成绿篱。木材是小农具的好材料。枝、叶及果实均可入药，主治关节肌肉风湿、牙龈出血等症。

🌸 东京樱花
Cerasus yedoensis (Matsum.) Yü et Li

蔷薇科　樱属
别名：日本樱花、樱花、江户樱花
分布：北京、陕西、山东、江苏、江西等地有栽培

【形态特征】乔木，高4～16 m，树皮灰色。小枝淡紫褐色。冬芽卵圆形。叶片椭圆卵形或倒卵形，长5～12 cm，宽2.5～7 cm，先端渐尖或骤尾尖，基部圆形，稀楔形，边有尖锐重锯齿，齿端渐尖，有小腺体，叶面深绿色，叶背淡绿色；托叶披针形，有羽裂腺齿，被柔毛。花序伞形总状，有花3～4朵，先叶开放，花直径3～3.5 cm；总苞片褐色，椭圆卵形，两面被疏柔毛；苞片褐色，匙状长圆形，边有腺体；萼筒管状，被疏柔毛；萼片三角状长卵形，先端渐尖，边有腺齿；花瓣白色或粉红色，椭圆卵形，先端下凹，全缘二裂。核果近球形，直径0.7～1 cm，黑色，核表面略具棱纹。花期4月，果期5月。

【生长习性】喜光、喜温、喜湿、喜肥。适合在年均气温10～12 ℃，年降水量600～700 mm，年日照时数2600～2800h以上的气候条件下生长。土壤以土质疏松、土层深厚的砂壤土为佳。不抗旱，不耐涝也不抗风。适宜的土壤pH为5.6～7。

【芳香成分】王明林等（2006）用固相微萃取法提取的山东泰安产东京樱花新鲜叶片精油的主要成分为：顺-3-己烯-1-醇乙酸酯（32.78%）、邻苯二甲酸二乙酯（28.67%）、4-甲基-2,6-二叔丁基苯酚（12.27%）、1-十二烷醇（6.68%）、2,2,4-三甲基-1,3-丙二醇异丁酸酯（5.24%）、3,3,5-三甲基-1,4-己二烯（4.71%）、2,3,5-三甲基庚烷（4.25%）等。

【利用】为著名的早春观赏树种。

毛樱桃

Cerasus tomentosa (Thunb.) Wall.

蔷薇科　樱属

别名：山樱桃、野樱桃、梅桃、山豆子、樱桃

分布：黑龙江、吉林、辽宁、内蒙古、河北、山西、陕西、甘肃、宁夏、青海、山东、四川、云南、西藏

【形态特征】灌木，通常高0.3～1 m，稀呈小乔木状，高可达2～3 m。小枝紫褐色或灰褐色。冬芽卵形。叶片卵状椭圆形或倒卵状椭圆形，长2～7 cm，宽1～3.5 cm，先端急尖或渐尖，基部楔形，边有急尖或粗锐锯齿，叶面暗绿色或深绿色，被疏柔毛，叶背灰绿色，密被灰色绒毛或以后变为稀疏；托叶线形，长3～6 mm，被长柔毛。花单生或2朵簇生，花叶同开，近先叶开放或先叶开放；萼筒管状或杯状，长4～5 mm，外被短柔毛或无毛，萼片三角卵形，先端圆钝或急尖，长2～3 mm；花瓣白色或粉红色，倒卵形，先端圆钝。核果近球形，红色，直径0.5～1.2 cm；核表面棱脊两侧有纵沟。花期4～5月，果期6～9月。

【生长习性】生于山坡林中、林缘、灌丛中或草地，海拔100～3200 m。喜光、喜温、喜湿、喜肥。适合在年均气温10～12 ℃，年降水量600～700 mm，年日照时数2600～2800h以上的气候条件下生长。适宜在土层深厚、土质疏松、透气性好、保水力较强的砂壤土或砾质壤土上栽培。不抗旱，不耐涝也不抗风。适宜的土壤pH为5.6～7，盐碱地不宜种植。

【芳香成分】叶：巩宏伟等（2008）用水蒸气蒸馏法提取

的干燥叶精油的主要成分为：棕榈酸酐（25.10%）、12E-11-甲基乙酸十四烯酯（4.87%）、十四酸甲基乙酯（2.81%）、亚麻酸乙酯（2.56%）、8,11-十八碳二烯酸甲酯（2.38%）、十二酸甲基乙酯（2.26%）、9,12,15-十八碳三烯酸甲酯（2.09%）、6,10,14-三甲基-5,9,13-十五碳三烯-2-酮（1.82%）、14-甲基十五酸甲酯（1.79%）、17-三十五烯（1.65%）、4-(7,7-二甲基二环[4.1.0]-3-庚烯)-2-丁酮（1.61%）、4-(2,6,6-三甲基-1-环己烯)-2-丁醇（1.59%）、4-(2,6,6-三甲基-1-环己烯)-3-丁烯-2-酮（1.21%）等。

果实：孙晶波等（2013）用水蒸气蒸馏法提取的吉林长白山产毛樱桃干燥果壳精油的主要成分为：苯甲醛（87.74%）、苯甲酸（2.88%）、（1）-3-甲基-2-丁醇（1.78%）、苯乙醇腈（1.61%）、苯甲醇（1.42%）等；干燥果仁精油的主要成分为：苯甲醛（48.75%）、安息香乙醚（38.62%）、四氢异噁唑（3.59%）、乙酸乙酯（2.45%）、苯甲醇（1.68%）、苯甲酸乙酯（1.37%）等。

【利用】果实可生食，或制罐头、果汁、糖浆、糖胶、果酒。种子可榨油，制肥皂及润滑油用。种子入药，有润燥滑肠、下气、利水的功效，用于津枯肠燥、食积气滞、腹胀便秘、水肿、脚气、小便淋痛不利。果实药用，有补中益气、健脾祛湿的功效，用于病后体虚、倦怠少食、风湿腰痛、四肢不灵、贫血等；外用可治冻疮、汗斑。庭园栽培供观赏用。

欧李

Cerasus humilis (Bubge) Sok.

蔷薇科　樱属

别名：郁李、乌拉奈、酸丁、钙果、高钙果

分布：黑龙江、吉林、辽宁、内蒙古、河北、山东、河南

【形态特征】灌木，高0.4～1.5 m。小枝灰褐色或棕褐色，被短柔毛。冬芽卵形。叶片倒卵状长椭圆形或倒卵状披针形，长2.5～5 cm，宽1～2 cm，中部以上最宽，先端急尖或短渐尖，基部楔形，边有单锯齿或重锯齿，叶面深绿色，叶背浅绿色；托叶线形，长5～6 mm，边有腺体。花单生或2～3花簇生，花叶同开；萼筒长宽近相等，约3 mm，外面被稀疏柔毛，萼片三角卵圆形，先端急尖或圆钝；花瓣白色或粉红色，长圆形或倒卵形；雄蕊30～35枚；花柱与雄蕊近等长，无毛。核果成熟后近球形，红色或紫红色，直径1.5～1.8 cm；核表面除背部两侧

外无棱纹。花期4～5月，果期6～10月。

【生长习性】生于阳坡砂地、山地灌丛中，海拔100～1800 m。喜较湿润环境，适应能力强，耐严寒，可耐-35 ℃低温。在肥沃的砂质壤土或轻黏壤土种植为宜。抗旱，适合干旱地区种植。pH8以下的地区可种植。

【精油含量】水蒸气蒸馏新鲜果实的得油率为0.05%。

【芳香成分】程霜等（2006）用水蒸气蒸馏法提取的北京人工栽培的欧李新鲜果实精油的主要成分为：2,2'-丙基联二(2-甲基-5-甲氧基-4-氢-4-吡喃酮)（39.78%）、2,2-二甲基-丙酸-庚酯（7.71%）、己二烯酸二乙酯（6.58%）、2-(1-硝基-2-四氢吡喃基-2-氧)-环己醇（2.36%）、环丁基二羧酸二乙酯（2.27%）、3,7,7-三甲基-1,3,5-环庚三烯（2.16%）、2,4-二甲氧基-苯酚（1.89%）、7-烯-2,4-辛二酮（1.81%）、邻甲基-苯乙酮（1.70%）、对甲基-苯乙酮（1.69%）、5,6-二甲烯基-环辛烯（1.61%）、6-甲基-4-羟基-2-氢吡喃酮（1.46%）、2-甲基-2-异丙基-3-羧基二甲基-苯庚醇（1.40%）、乙基环己醇（1.30%）、6-甲基-3-丁基-2,4-嘧啶二酮（1.11%）、2-甲基-环十二酮（1.01%）等。

【利用】种子药用，有润燥滑肠、下气、利水的功效，用于津枯肠燥、食积气滞、腹胀便秘、水肿、脚气、小便淋痛。果实可食，也可以加工成果汁、果酒、果醋、果奶、罐头、果脯等食品。庭院、公园栽培供观赏。是绿化荒山、治理水土流失的优良树种。枝条可以编成各类手工艺品。枝叶可为优质饲草。是良好的蜜源。

❀ 欧洲甜樱桃
Cerasus avium (Linn.) Moench

蔷薇科　樱属
别名：甜樱桃、大樱桃、欧洲樱桃
分布：东北、华北地区有栽培

【形态特征】乔木，高达25 m，树皮黑褐色。小枝灰棕色，嫩枝绿色；冬芽卵状椭圆形。叶片倒卵状椭圆形或椭圆卵形，长3～13 cm，宽2～6 cm，先端骤尖或短渐尖，基部圆形或楔形，叶边有缺刻状圆钝重锯齿，齿端陷入小腺体，叶面绿色，叶背淡绿色，被稀疏长柔毛；托叶狭带形，长约1 cm，边有腺齿。花序伞形，有花3～4朵，花叶同开，花芽鳞片大形，开花期反折；萼筒钟状，长约5 mm，宽约4 mm，萼片长椭圆形，先端圆钝，全缘，与萼筒近等长或略长于萼筒，开花后反折；花瓣白色，倒卵圆形，先端微下凹。核果近球形或卵球形，红色至紫黑色，直径1.5～2.5 cm；核表面光滑。花期4～5月，果期6～7月。

【生长习性】喜光、喜温、喜湿、喜肥，适合在年均气温10～12 ℃，年降水量600～700 mm，年日照时数2600～2800h以上的气候条件下生长。适宜在土层深厚、土质疏松、透气性好、保水力较强的砂壤土或砾质壤土上栽培。不抗旱，不耐涝也不抗风。适宜的土壤pH为5.6～7，盐碱地不宜种植。

【精油含量】水蒸气蒸馏干燥叶片的得油率为1.00%～2.00%。

【芳香成分】叶：孙艳丽等（2002）用水蒸气蒸馏法提取的北京产'莫里乌'欧洲甜樱桃干燥叶片精油主要成分为：萜品烯（12.36%）、4-(2,6,6-三甲基-二环[4.1.0]-1-庚基酮)-2-丁酮（11.13%）、沉香醇（8.51%）、对异丙基环己烯酮（5.56%）、正己醛（4.82%）、反-2-己烯醛（3.50%）、2-正戊基呋喃（3.06%）、6,10,14-三甲基-2-十五酮（2.83%）、2-环己烯基（4-甲基-3-环己烯)-丙醛（2.80%）、2-甲基-5-(1-甲基乙烯基)环己醇（2.70%）、4-环紫罗兰酮-3-丁烯基-2-酮（2.12%）、(反，反)-2,4-癸二烯醛（1.92%）、10-(乙酰甲基)-3-蒈烯（1.90%）、2-正丙基呋喃（1.87%）、顺-2-癸烯醛（1.62%）、6-甲基-3,5-庚二烯-2-酮（1.48%）、1-辛烯-3-醇（1.25%）、环柠檬醛（1.22%）、藏花醛（1.17%）等。

果实：秦玲等（2010）用顶空固相微萃取技术提取分析了河北秦皇岛不同品种欧洲甜樱桃成熟期果实的香气成分，'红灯'的主要成分为：苯甲醛（27.31%）、苯甲醇（21.84%）、乙酸乙酯（20.83%）、(E)-2-己烯醇（7.91%）、乙酸甲酯（5.12%）、(E)-乙酸-2-己烯-1-醇酯（3.73%）、乙醇（2.36%）、己醛（2.17%）、E-2-己烯醛（1.67%）、α-紫罗烯（1.04%）等；'巨红13~38'的主要成分为：β-石竹烯（48.52%）、顺-氧化芳樟醇（8.46%）、葎草烯（4.61%）、乙醇（4.34%）、乙酸乙酯（2.78%）、(Z)-3-己烯-1-醇（2.18%）、(E)-2-己烯醇（1.86%）、戊酸乙酯（1.82%）、α-新丁香三环烯（1.71%）、己醇（1.65%）、月桂烯醇（1.63%）、β-月桂烯（1.55%）、顺式-罗勒烯（1.48%）、1,5-二乙烯基-2,3-二甲基环己烷（1.37%）、反式-罗勒烯（1.26%）、D-柠檬烯（1.25%）、芳樟醇（1.22%）、桉叶醇（1.00%）等。张序等（2014）用同法分析了山东烟台不同品种欧洲甜樱桃新鲜成熟果实的香气成分，'先锋'的主

要成分为：(E)-2-己烯-1-醇（13.48%）、乙醇（12.44%）、己醛（9.95%）、1-己醇（9.77%）、2-己烯醛（8.90%）、(E,E)-2,4-己二烯醛（1.92%）、(E)-1-己烯-3-醇（1.79%）、己酸乙酯（1.44%）等；'斯坦拉'的主要成分为：乙醇（21.25%）、(E)-2-己烯-1-醇（9.72%）、己醛（9.43%）、1-己醇（7.07%）、2-己烯醛（5.64%）、苯甲醛（4.52%）、苯甲醇（3.61%）、3-甲基-3-丁烯-1-醇（1.53%）、乙酸乙酯（1.10%）等；'拉宾斯'的主要成分为：乙醇（21.11%）、己醛（12.11%）、(E)-2-己烯-1-醇（10.48%）、2-己烯醛（9.40%）、1-己醇（9.04%）、(E,E)-2,4-己二烯醛（2.14%）、(E)-1-己烯-3-醇（1.52%）、乙酸乙酯（1.32%）等。罗枫等（2016）分析了河北山海关产'砂蜜豆'欧洲甜樱桃新鲜果实香气的主要成分为：反式-2-己烯醛（43.77%）、苯甲醇（13.92%）、己醛（12.33%）、反式-2-己烯醇（5.78%）、苯甲醛（3.83%）、顺式-3-己烯醛（2.43%）、甲氧基苯基肟（1.83%）、4,6-二叔丁基甲酚（1.19%）等。

【利用】果实可生食或制罐头、果汁、糖浆、糖胶及果酒。种子可榨油。可园林栽培供观赏。果实药用，有生津、开胃、利尿的功效。树皮、木材处入药用于咳嗽、发热等症状。

🌸 日本晚樱

Cerasus serrulata (Lindl.) G. Don ex London var. *lannesiana* (Carr.) Makino

蔷薇科　樱属
别名： 重瓣樱花
分布： 全国各地

【形态特征】乔木，高3~8 m，树皮灰褐色或灰黑色。小枝灰白色或淡褐色。冬芽卵圆形。叶片卵状椭圆形或倒卵椭圆形，长5~9 cm，宽2.5~5 cm，先端渐尖，基部圆形，叶边有渐尖重锯齿，齿端有长芒，叶面深绿色，叶背淡绿色；叶柄先端有1~3圆形腺体；托叶线形，长5~8 mm，边有腺齿。花序伞房总状或近伞形，有花2~3朵，花常有香气；总苞片褐红色，倒卵长圆形，长约8 mm，宽约4 mm；苞片褐色或淡绿褐色，边有腺齿；萼筒管状，先端扩大，萼片三角披针形，先端渐尖或急尖；边全缘；花瓣白色，稀粉红色，倒卵形，先端下凹。核果球形或卵球形，紫黑色，直径8~10 mm。花期3~5月。

【生长习性】喜阳光，喜深厚肥沃而排水良好的土壤。有一定的耐寒能力。

【精油含量】水蒸气蒸馏干燥花的得油率为0.29%。

【芳香成分】文飞龙等（2013）用水蒸气蒸馏法提取的安徽黄山产日本晚樱干燥花精油的主要成分为：榄香醇（26.01%）、β-桉叶醇（25.74%）、γ-桉叶醇（8.23%）、α-古芸烯（6.90%）、苯甲醛（5.82%）、石竹烯氧化物（3.45%）、β-愈创木烯（1.69%）、二十烷（1.15%）等。

【利用】栽培供观赏。

❀ 细齿樱桃

Cerasus serrula (Franch.) Yu et Li

蔷薇科　樱属

别名：云南樱花、野樱桃

分布：四川、云南、西藏

【形态特征】乔木，高2～1.2 m。冬芽尖卵形。叶片披针形至卵状披针形，长3.5～7 cm，宽1～2 cm，先端渐尖，基部圆形，边有尖锐单锯齿或重锯齿，齿端有小腺体，基部有3～5大形腺体，叶面深绿色，疏被柔毛，叶背淡绿色；托叶线形。花单生或有2朵，花叶同开，花直径约1 cm；总苞片褐色，狭长椭圆形，长约6 mm，宽约3 mm，内面被疏柔毛，边有腺齿；苞片褐色，卵状狭长圆形，有腺齿；萼筒管形钟状，基部被稀疏柔毛，萼片卵状三角形；花瓣白色，倒卵状椭圆形，先

端圆钝。核果成熟时紫红色，卵圆形，纵径约1 cm，横径约6～7 mm；核表面有显著棱纹。果梗顶端稍膨大。花期5～6月，果期7～9月。

【生长习性】生于山坡、山谷林中、林缘或山坡草地，海拔2600～3900 m。

【精油含量】超临界萃取干燥种子的得油率为0.56%。

【芳香成分】杨潇等（2016）用超临界CO_2萃取法提取的四川小金产细齿樱桃干燥种子精油的主要成分为：β-谷甾醇（60.30%）、扁桃酰胺（11.36%）、1-环己基壬烯（6.80%）、4-甲基-2-丙基-1,6-二氢嘧啶-6-酮（6.66%）、9-十八烯醇（4.53%）、10-十一烯醛（2.33%）、1,10-癸二醇（1.47%）、香草醛（1.19%）等。

【利用】果实或果皮入药，有清肺利咽、止咳的功效。根入药，有调气活血、杀虫的功效。个别地区作砧木嫁接樱桃用。果实用作酿酒原料。

🌸 樱桃

Cerasus pseudocerasus (Lindl.) G. Don

蔷薇科　樱属
别名：莺桃、荆桃、楔桃、英桃、牛桃、樱珠、车厘子、含桃、玛瑙
分布：辽宁、河北、陕西、甘肃、山东、河南、江苏、浙江、江西、四川

【形态特征】乔木，高2～6 m，树皮灰白色。冬芽卵形。叶片卵形或长圆状卵形，长5～12 cm，宽3～5 cm，先端渐尖或尾状渐尖，基部圆形，边有尖锐重锯齿，齿端有小腺体，叶面暗绿色，叶背淡绿色；叶柄先端有1或2个大腺体；托叶早落，披针形，有羽裂腺齿。花序伞房状或近伞形，有花3～6朵，先叶开放；总苞倒卵状椭圆形，褐色，长约5 mm，宽约3 mm，边有腺齿；萼筒钟状，长3～6 mm，宽2～3 mm，外面被疏柔毛，萼片三角卵圆形或卵状长圆形，先端急尖或钝，边缘全缘；花瓣白色，卵圆形，先端下凹或二裂。核果近球形，红色，直径0.9～1.3 cm。花期3～4月，果期5～6月。

【生长习性】生于山坡阳处或沟边，海拔300～600 m。喜光、喜温、喜湿、喜肥。适合在年均气温10～12 ℃，年降水量600～700 mm，年日照时数2600～2800h以上的气候条件下生长。以土质疏松、土层深厚的砂壤土为佳。

【芳香成分】谢超等（2011）用固相微萃取技术提取的重庆产'黑珍珠'樱桃新鲜成熟果实香气的主要成分为：苯甲醛（27.99%）、己醛（24.65%）、(E)-2-己烯酮（24.62%）、(Z)-2-己烯醇

（11.45%）、乙醇（4.52%）、己醇（2.63%）、柠檬烯（1.11%）等。

【利用】果实供食用，也可酿酒或加工成果酱、罐头等。枝、叶、根、花、果实、种子供药用，叶有温胃、健脾、补血、戒毒的功效，用于胃寒积食、腹泻、吐血、蛇虫咬伤、阴道滴虫；果实有益气、祛风湿的功效，用于瘫痪、四肢不仁、风湿腰痛、冻疮；种子用于麻疹初期透发不快。

🌸 榅桲

Cydonia oblonga Mill.

蔷薇科　榅桲属
别名：木梨、金苹果
分布：新疆、陕西、江西、福建等地有栽培

【形态特征】灌木或小乔木，有时高达8 m；冬芽卵形，先端急尖，被绒毛，紫褐色。叶片卵形至长圆形，长5～10 cm，宽3～5 cm，先端急尖、凸尖或微凹，基部圆形或近心形，叶面深绿色，叶背密被长柔毛，浅绿色；托叶膜质，卵形，先端急尖，边缘有腺齿，早落。花单生；苞片膜质，卵形，早落；花直径4～5 cm；萼筒钟状，外面密被绒毛；萼片卵形至宽披针形，长5～6 mm，先端急尖，边缘有腺齿，反折，比萼筒长，内外两面均被绒毛；花瓣倒卵形，长约1.8 cm，白色。果实梨形，直径3～5 cm，密被短绒毛，黄色，有香味；萼片宿存反折；果梗短粗，长约5 mm，被绒毛。花期4～5月，果期10月。

【生长习性】适应性强，喜光能耐半阴，耐寒。对环境条件要求不严，不论是黏土或砂土均能生长。

【芳香成分】果实：不同研究者用顶空固相微萃取法提取分析了不同品种榅桲新鲜果实的香气成分。车玉红等（2017）分析的新疆莎车产'苹果榅桲'新鲜成熟果实香气的主要成分为：(E)-2-甲基-2-丁酸乙酯（22.65%）、α-法呢烯（21.15%）、己醛（13.72%）、辛酸乙酯（9.67%）、1-己醇（6.90%）、己酸乙酯（6.47%）、2-甲基丁酸乙酯（1.87%）、月桂酸乙酯（1.70%）、3-己烯-1-醇（1.48%）、庚酸乙酯（1.12%）、癸酸乙酯（1.10%）等；'绿榅桲'的主要成分为：α-法呢烯（64.78%）、辛酸乙酯（6.20%）、(E)-2-甲基-2-丁酸乙酯（5.49%）、癸酸乙酯（5.18%）、反式-4-癸烯酸乙酯（2.43%）、己酸乙酯（2.00%）、十一酸乙酯（1.27%）、2,4-癸二烯酸乙酯（1.20%）、肉豆蔻油酸（1.17%）、广藿香烯（1.13%）、3,6-十二碳二烯酸甲酯（1.11%）等；'沟纹榅桲'的主要成分为：(E)-2-甲基-2-丁酸乙酯（32.05%）、2-甲基丁酸乙酯（10.52%）、α-法呢烯（7.58%）、辛酸乙酯（7.30%）、

己酸乙酯（7.17%）、1-己醇（6.45%）、正癸酸正癸酯（2.90%）、己醛（2.51%）、甘氨酰肌氨酸（1.95%）、邻苯二甲酸二乙酯（1.91%）、2-甲基-2-丁烯醛（1.88%）、愓各酸甲酯（1.68%）、叶醇（1.55%）、2-甲基丁基乙酸酯（1.44%）、L-2-甲基丁醇（1.33%）、月桂酸乙酯（1.23%）、癸酸乙酯（1.17%）、庚酸乙酯（1.10%）等；'黄楄桲'的主要成分为：(E)-2-甲基-2-丁酸乙酯（22.33%）、α-法呢烯（17.14%）、辛酸乙酯（16.73%）、己酸乙酯（8.01%）、1-己醇（5.72%）、2-甲基丁酸乙酯（4.13%）、7-辛烯酸乙酯（2.04%）、癸酸乙酯（1.90%）、月桂酸乙酯（1.88%）、2-甲基-2-丁烯醛（1.86%）、庚酸乙酯（1.43%）、S-(-)-2-甲基丁醇（1.12%）、邻苯二甲酸二乙酯（1.03%）、叶醇（1.02%）等。哈及尼沙等（2017）分析的新疆阿图什产楄桲果实香气的主要成分为：α-金合欢烯（38.92%）、辛酸乙酯（19.44%）、己酸乙酯（6.52%）、顺-3-乙酸叶醇酯（6.45%）、乙醇（4.42%）、茶螺烷A（3.09%）、癸酸乙酯（2.97%）、茶螺烷B（2.93%）、乙酸正己酯（2.09%）、己醇（1.92%）、庚酸乙酯（1.68%）、月桂酸乙酯（1.31%）、辛酸甲酯（1.05%）等。

种子：哈及尼沙等（2016）用水蒸气蒸馏法提取的新疆克州产楄桲干燥种子精油的主要成分为：苯甲醛（46.37%）、顺-9-十八碳烯酸（30.54%）、棕榈酸（6.13%）、胡萝卜次醇（2.37%）、3-甲基正丁醛（1.81%）、糠醛（1.37%）、2-甲基正丁醛（1.22%）、2-丁基苯乙酸（1.17%）等。

【利用】果实可供生食或煮食，常用于加工成果冻、糖浆、果酱、果脯、果汁、罐头、糖果、酒、点心、青红丝等食品。果实入药，有祛湿解暑、舒筋活络的功效，用于伤暑、呕吐、腹泻、消化不良、关节疼痛、腓肠肌痉挛。叶、根、枝等均可入药，对气管炎等14种疾病均有一定疗效。在纺织生产中利用种子可使棉纱增加光泽，与水混合可代替阿拉伯胶。实生苗可作苹果和梨类砧木。适宜作绿篱。

✿ 珍珠梅

Sorbaria sorbifolia (Linn.) A. Br.

蔷薇科　珍珠梅属

别名：山高粱条子、高楷子、八本条、华楸珍珠梅、东北珍珠梅

分布：辽宁、吉林、黑龙江、内蒙古

【形态特征】灌木，高达2 m；冬芽卵形，先端圆钝，紫褐色，具数枚外露的鳞片。羽状复叶，小叶11～17枚，连叶柄长13～23 cm，宽10～13 cm；小叶对生，披针形至卵状披针形，长5～7 cm，宽1.8～2.5 cm，先端渐尖，基部近圆形或宽楔形，边缘有尖锐重锯齿；托叶叶质，卵状披针形至三角披针形，先端渐尖至急尖，边缘有不规则锯齿或全缘。顶生大型密集圆锥花序，长10～20 cm，直径5～12 cm；苞片卵状披针形至线状披针形，先端长渐尖；花直径10～12 mm；萼筒钟状；萼片三角卵形；花瓣长圆形或倒卵形，白色。蓇葖果长圆形，有顶生弯曲花柱，长约3 mm；萼片宿存，反折。花期7～8月，果期9月。

【生长习性】生于山坡疏林中，海拔250～1500 m。喜光，亦耐阴。耐寒，冬季可耐–25 ℃的低温。对土壤要求不严，在肥沃的砂质壤土中生长最好，也较耐盐碱土。喜湿润环境，耐瘠薄。

【芳香成分】姬志强等（2008）用顶空固相微萃取法提取的河南洛阳产珍珠梅阴干花精油的主要成分为：壬醛（10.34%）、5-壬胺（6.88%）、二十一烷（5.84%）、十五烷（5.54%）、十六烷（5.25%）、二十三烷（4.71%）、苯甲醛（3.99%）、二十烷（3.90%）、2-甲基-4H-萘[2,3-b]吡喃-4-酮（3.36%）、邻苯二甲酸二异丁酯（3.20%）、5-正丙基-十三烷（3.08%）、2,3,7-三甲基-癸烷（3.02%）、十四烷（2.98%）、2,6,10,14-四甲基-十五烷（2.98%）、十七烷（2.67%）、邻苯二甲酸二正丁酯（2.28%）、辛基氯甲酸酯（2.18%）、8-十七烯（1.84%）、(E)-6,10-二甲基-5,9-十一碳二烯-2-酮（1.83%）、邻苯二甲酸二乙酯（1.71%）、十六酸（1.58%）、2,6,14-三甲基-2-十五烷酮（1.55%）、2-甲基十五烷（1.48%）、[S-(E,E)]-1-甲基-5-亚甲基-8-(1-甲基乙基)-1,6-环癸二烯（1.45%）、2,6,10,14-四甲基-十六烷（1.43%）、十三烷（1.22%）、1-甲基-哌啶甲酸乙酯（1.15%）、α-法呢烯（1.07%）等。

【利用】园林观赏树种。茎皮药用，有活血祛瘀、消肿止痛的功效，主治骨折、跌打损伤、关节扭伤、红肿疼痛、风湿关节炎。民族医药中用根治关节炎；地上部分主治红肿。

参考文献

艾克拜尔江·阿巴斯，李冠，王强，等，2010. 白喉乌头挥发油的GC-MS分析[J]. 药物分析杂志，30(9): 1756-1759.

安旆其，王海英，曹旭东，等，2015. 东北连翘鲜花精油的GC-MS分析[J]. 生物质化学工程，49(6): 31-36.

毕和平，韩长日，梁振益，等，2006. 窄叶火筒树叶挥发油的化学成分分析[J]. 植物资源与环境学报，15(1): 72-73.

毕和平，韩长日，梁振益，等，2006. 海南木莲叶挥发油化学成分研究[J]. 中国野生植物资源，25(6): 58-60.

毕淑峰，张铃杰，高慧，等，2014. 桂花果实精油化学成分及体外抗氧化活性[J]. 现代食品科技，30(6): 238-243，145.

才燕，董然，刘晓嘉，等，2015. 暴马丁香花不同花期香气成分[J]. 东北林业大学学报，43(5): 138-141.

蔡小梅，王道平，杨娟，2010. 猪殃殃挥发油化学成分的GC-MS分析[J]. 天然产物研究与开发，22(6): 1031-1035，1068.

曹迪，徐照辉，王芳芳，2015. 厚朴挥发油化学成分及其抗炎作用的实验研究[J]. 中国中医药科技，22(6): 647-649.

曹慧，李祖光，王妍，等，2009. 两种梅花香气成分的分析及QSRR研究[J]. 分析科学学报，25(2): 130-134.

柴倩倩，王利军，吴本宏，等，2011. 中国李和樱桃李及其种间杂种果实香气成分分析[J]. 园艺学报，38(12): 2357-2364.

常晓丽，石钱，马冰如，等，1991. 猕猴桃叶中挥发油化学成分的研究[J]. 白求恩医科大学学报，17(6): 569-570.

车玉红，吴津蓉，郭春苗，等，2017. 基于SPME-GC-MS法分析4种榅桲果实香气成分[J]. 中国农学通报，33(19): 158-164.

陈蓓，胡苏莹，李昆伟，等，2010. 三种细辛挥发性成分的比较研究[J]. 中草药，33(12): 1886-1893.

陈炳华，王明兹，刘剑秋，2002. 乐东拟单性木兰花部挥发油的化学成分及其抑菌活性[J]. 武汉植物学研究，20(3): 229-232.

陈光英，罗肖雪，韩长日，等，2007. 猪肚木叶挥发油的气相色谱-质谱分析[J]. 河北大学学报（自然科学版），27(5): 486-488.

陈光宇，石召华，李海池，等，2013. 娑罗子油超临界CO_2萃取工艺研究及其成分分析[J]. 中药材，36(3): 475-478.

陈红英，2011. 川乌头不同组织中挥发油成分分析[J]. 安徽农业科学，39(6): 3325-3326，3367.

陈虹霞，王成章，孙燕，2012. 不同品种桂花挥发油成分的GC-MS分析[J]. 生物质化学工程，46(4): 37-41.

陈计峦，冯作山，吴继红，等，2009. 五九香梨贮藏期间挥发性化合物和理化性状的变化[J]. 农业工程学报，25(5): 264-269.

陈计峦，周珊，王强，等，2007. 新疆库尔勒香梨的香气成分分析[J]. 食品科技，(6): 95-98，103.

陈静，杨彬，穆鑫，等，2010. SFE法和SD法提取木贼挥发油化学成分的比较分析[J]. 化学与生物工程，27(3): 90-94.

陈岚，姚风艳，黄光辉，等，2015. 三种八角干皮挥发油成分GC-MS分析[J]. 中药材，38(5): 937-941.

陈立波，王建刚，2016. 黄刺玫果挥发性成分的SPME-GC/MS分析[J]. 吉林化工学院学报，33(5): 11-13.

陈利军，陈月华，史洪中，等，2009. 黄连木果柄挥发油化学成分GC-MS分析[J]. 信阳农业高等专科学校学报，19(3): 115-117.

陈利军，夏新奎，陈月华，等，2010. 黄连木叶挥发油的抑菌活性及其成分分析[J]. 河南农业科学，(5): 63-65，68.

陈丽君，岳银，蒋次清，等，2011. 抱茎龙船花脂溶性成分的GC-MS分析[J]. 中华中医药杂志（原中国医药学报），26(12): 3003-3005.

陈凌云，谢笔钧，游铜锡，1997. 山楂挥发性化合物的气相色谱-质谱分析[J]. 色谱，15(3): 219-221.

陈美霞，陈学森，冯宝春，2004. 两个杏品种果实香气成分的气相色谱-质谱分析[J]. 园艺学报，31(5): 663-665.

陈梅春，朱育菁，刘晓港，等，2017. 茉莉鲜花[Jasminum sambac (L.) Aiton]香气成分研究[J]. 热带作物学报，38(4): 747-751.

陈孟兰，赵钟祥，阮金兰，2006. 乌金草挥发油的化学成分研究[J]. 医药导报，25(5): 381-382.

陈青，高健，2014. HS-SPME-GC-MS分析刺梨种子挥发性香气成分[J]. 中国酿造，33(1): 141-142.

陈晓明，吕金顺，张莉莉，等，2009. 气相色谱-质谱联用法测定白丁香鲜花挥发性成分[J]. 理化检验-化学分册，45(10): 1174-1177.

陈欣，2003. 黄元帅苹果花中挥发性成份的GC/MS分析[J]. 南通职业大学学报，17(2): 67-68.

陈雪，韩琳，1995. 猕猴桃及其皮渣香气成分[J]. 化学通报，(6): 45-47.

陈叶，石秀云，李海亮，等，2016. 窄叶鲜卑花果穗挥发油成分分析[J]. 中药材，39(10): 2261-2263.

陈叶，石秀云，李海亮，等，2017. 窄叶鲜卑花叶挥发油成分分析[J]. 食品工业科技，38(12): 31-33，50.

陈友地，何友仁，李秀玲，等，1994. 望春玉兰精油化学成分研究[J]. 林产化学与工业，14（4）：46-50.

陈兆慧，符继红，2009. 新疆维吾尔医用药材新疆茜草挥发油的GC-MS分析[J]. 中成药，31（11）：1727-1729.

程满环，兰艳素，2015. 鹅掌楸叶挥发油化学成分GC-MS分析[J]. 景德镇学院学报，30（6）：32-35.

程满环，杨灿，2015. 不同方法提取桂花挥发油的GC-MS分析[J]. 黄山学院学报，17（5）：63-67.

程明，冯学锋，闫寒，等，2010. 芍药花瓣与被斑蝥采食花瓣挥发性成分GC-MS分析[J]. 中国实验方剂学杂志，16（5）：30-33.

程恰，程天印，2014. 山莓叶挥发油化学成分的分析，天然产物研究与开发[J]. 26（4）：558-560.

程霜，陈玮，崔庆新，2006. 欧李果芳香油的成分研究[J]. 食品研究与开发，27（2）：26-29.

池庭飞，施小芳，黄儒珠，等，1986. 大叶桂樱叶精油的化学成分初步研究[J]. 植物学通报，4（1-2）：44-45.

崔凤侠，杜义龙，杜晓鹃，等，2014. 山楂叶挥发油成分的GC-MS分析[J]. 沈阳药科大学学报，31（7）：542-546.

崔嘉，白政忠，曹菲，等，2010. 花楸树果实挥发油的GC/MS分析[J]. 黑龙江医药，23（5）：703-705.

崔九成，张培芳，宋小妹，2005. 南五味子果实挥发油成分的GC-MS分析[J]. 陕西中医，26（7）：711-712.

崔浪军，王喆之，王安军，2010. 顶空固相微萃取-气相色谱-质谱法分析华细辛不同部位挥发性成分[J]. 中药材，33（10）：1582-1585.

崔伟，徐淑楠，刘建华，等，2014. 秦皮挥发油成分的GC-MS分析[J]. 中国药房，25（35）：3310-3312.

邓翠红，李丽萍，韩涛，等，2008. "京艳"桃果实香气成分的气相色谱-质谱测定[J]. 食品科学，29（06）：304-307.

邓翠红，韩涛，李丽萍，等，2015. 大久保桃果实香气成分的气相色谱-质谱分析[J]. 保鲜与加工，15（5）：52-56.

邓海鸣，李洁仪，2011. 黑老虎药材挥发油成分超临界CO_2萃取与水蒸汽蒸馏工艺比较[J]. 今日药学，21（04）：220-222.

典灵辉，龚先玲，蔡春，等，2005. 覆盆子挥发油成分的GC-MS分析[J]. 天津药学，17（4）：9-10.

典灵辉，龚先玲，蔡春，等，2006. 含笑化学成分分析[J]. 中国医院药学杂志，26（10）：1250-1251.

丁成斌，熊光同，王强，1991. 毛叶蔷薇花净油化学成分的研究[J]. 香料香精化妆品，（1）：1-4.

丁靖恺，丁智慧，吴玉，等，1991. 微波-吸附法提取朱砂玉兰鲜花香气成分[J]. 云南植物研究，13（3）：344-348.

丁若珺，张忠，毕阳，等，2016. 冷冻处理对香水梨香气成分的影响[J]. 上海交通大学学报（农业科学版），34（4）：89-96.

丁智慧，姚丽红，陈宗莲，等，1994. 红金耳环的化学成分[J]. 云南植物研究，16（3）：305-308.

董婧，刘永胜，唐维，2018. 中华猕猴桃（*Actinidia chinensis* Planch）果实香气成分及相关基因表达[J]. 应用与环境生物学报，24（2）：307-314.

杜成智，王卉，冯旭，等，2014. 不同产地仙鹤草挥发油成分的GC-MS分析[J]. 江苏农业科学，42（4）：253-255.

杜成智，陈玉萍，覃洁萍，等，2011. 不同产地细辛挥发油的GC-MS分析[J]. 中国实验方剂学杂志，17（7）：57-59.

杜广钉，白冰，李慧，等，2010. 广玉兰叶精油化学成分的GC-MS分析[J]. 湖北农业科学，49（7）：1707-1708，1711.

杜金风，夏伟，闫浩，等，2016. 海南白花含笑叶挥发油成分的GC-MS分析[J]. 中国农学通报，32（25）：194-198.

杜远鹏，郑秋玲，翟衡，等，2009. 根瘤蚜对不同抗性葡萄的选择性及葡萄根系挥发性物质的鉴定[J]. 昆虫学报，52（5）：537-543.

段文录，尹卫平，2008. 小叶丁香挥发油化学成分的研究[J]. 安徽农业科学，36（28）：12075，12084.

段文录，陈彬，2013. 黄连木树皮挥发油化学成分的GC-MS分析[J]. 创新科技，（7）：87.

樊二齐，王云华，郭叶，等，2012. 6种木兰科植物叶片精油的气质联用（GC-MS）分析[J]. 浙江农林大学学报，29（2）：307-312.

方洪钜，宋万志，闫雅平，1987. 武当玉兰花蕾及其枝条挥发油的化学成分[J]. 药学学报，22（12）：908-912.

方洪钜，宋万志，袁志民，等，1988. 木兰科药用植物的研究Ⅲ. 凹叶木兰挥发油的化学成分分析[J]. 药物分析杂志，8（5）：266-269.

方小平，卢永书，吴琼，等，2012. 贵州省不同地区的凹叶厚朴挥发油成分GC-MS分析[J]. 中国实验方剂学杂志，18（17）：142-145.

方小平，胡光平，2010. 不同提取方法对深山含笑花挥发性成分的提取效果[J]. 贵州农业科学，38（5）：81-84.

方正，郭守军，林海雄，等，2014. 粤东鸡矢藤挥发油的GC-MS及抑菌性分析[J]. 湖北农业科学，53（4）：912-914.

冯立国，巴金磊，韦军，等，2015. 两种砂梨果实香气成分分析及其相关基因PpAAT的克隆与表达分析[J]. 山东农业大学学报（自然科学版），46（4）：491-496.

冯立国，巴金磊，韦军，等，2015. 南国梨果实香气形成相关基因PuFS的克隆与表达分析[J]. 中国农业大学学报，20（6）：84-91.

冯顺卿，洪爱华，岑颖洲，等，2006. 白马骨挥发性化学成分研究[J]. 天然产物研究与开发，18：784-786，808.

冯涛，陈学森，张艳敏，等，2010. 4个苹果属野生种果实香气成分HS-GC-MS分析[J]. 中国农学通报，26（9）：250-254.

冯涛，陈学森，张艳敏，等，2006. 新疆野苹果与栽培苹果香气成分的比较[J]. 园艺学报，33（6）：1295-1298.

冯毅凡，郭晓玲，韩亮，2006. 瑶药石斑树根挥发性成分GC-MS分析[J]. 中国民族医药杂志，（3）：50-51.

范小春，梁光义，曹佩雪，等，2010. 气相色谱-质谱联用法测定广玉兰果壳和种子中挥发性化学成分[J]. 中国实验方剂学杂志，16（7）：93-98.

冯旭，邓家刚，覃洁萍，等，2011. 芒果叶挥发油化学成分研究[J]. 时珍国医国药，22（1）：83-84.

冯学锋，1998. 金莲花的挥发油成分分析[J]. 中草药，29（9）：587-588.

冯学锋，1998. 外菖蒲的挥发油成分分析[J]. 中国中药杂志，23（12）：739-741.

符智荣，李雪峰，欧阳玉祝，等，2014. 八月瓜果皮挥发油的GC-MS分析[J]. 广东化工，41（15）：42-43，59.

高洪坤，孙嘉晨，侯磊磊，等，2018. 乙醇法提取桃花精油的工艺研究及桃花精油的成分分析[J]. 生物资源，40（2）：182-185.

高欢，王文娜，孙琦，等，2014. 白蔹挥发油化学成分分析[J]. 特产研究，（1）：52-54.

高婷婷，孙洁雯，杨克玉，等，2015. SDE-GC-MS分析鲜山楂果肉中的挥发性成分[J]. 食品科学技术学报，33（3）：22-27.

高婷婷，刘玉平，孙宝国，2014. SPME-GC-MS分析榴莲果肉中的挥发性成分[J]. 精细化工，31（10）：1229-1234.

高玉琼，赵德刚，刘建华，等，2004. 大血藤挥发性成分研究[J]. 中成药，26（10）：843-845.

葛佳，薛瑞娟，孙卫邦，等，2016. 鸡矢藤及鸡粪的挥发性臭味分析及其科普价值解析[J]. 植物科学学报，34（6）：934-940.

葛静，王雯慧，姜建萍，等，2008. 美味猕猴桃茎挥发油的气相色谱-质谱联用分析[J]. 时珍国医国药，19（1）：43-44.

葛丽娜，韩雪，任珂珂，等，2014. 火棘花挥发油化学成分的GC-MS分析及抗氧化活性研究[J]. 植物研究，34（2）：276-281.

耿东升，张淑锋，兰建国，2009. 瘤果黑种草子挥发油的化学成分分析及百里醌的定量[J]. 中国中药杂志，34（22）：2887-2890.

巩宏伟，杨晓虹，陈滴，等，2008. 毛樱桃叶片挥发油成分GC-MS分析[J]. 分子科学学报，24（4）：294-296.

巩江，倪士峰，赵婷，等，2010. 片叶铁线莲挥发物质气相色谱-质谱研究[J]. 安徽农业科学，38（18）：9525-9526.

巩江，倪士峰，骆蓉芳，等，2010. 秦岭产北京丁香叶挥发物质气相色谱-质谱研究[J]. 安徽农业科学，38（19）：10067-10068.

龚复俊，卢笑丛，陈玲，等，2006. 西藏木瓜挥发油化学成分研究[J]. 中草药，37（11）：1634-1635.

古昆，石振勋，1994. 杧果果皮精油化学成分研究[J]. 云南大学学报（自然科学版），16（2）：157-159.

谷昊，张兰杰，辛广，等，2009. 北五味子叶挥发油化学成分分析[J]. 鞍山师范学院学报，11（2）：38-41.

关枫，王莹，王艳宏，等，2009. 黑龙江产狭叶荨麻挥发性成分GC-MS分析[J]. 哈尔滨商业大学学报（自然科学版），25（4）：395-398.

郭东花，赵彩萍，张静，等，2016. 不同钾肥用量对"重阳红"桃果实挥发性物质的影响[J]. 食品科学，37（02）：109-114.

郭丽芳，王慧，马三梅，等，2013. 冷藏对"金艳"猕猴桃香气成分的影响[J]. 食品工业科技，（10）：304-308.

郭胜男，李鸿杰，王晓玥，等，2018. 固相微萃取/气-质联用法分析女贞子酒制前后挥发性成分的变化[J]. 中国医院药学杂志，38（1）：92-95.

郭维，范玉兰，郑绿茵，等，2009. 毛冬瓜根挥发油化学成分分析[J]. 广西植物，29（4）：564-566.

郭瑛，肖朝萍，王红，2009. 朱砂莲挥发油成分的气相色谱 质谱分析[J]. 时珍国医国药，20（5）：1224.

哈及尼沙，阿合买提江·吐尔逊，阿力木江·阿布力孜，等，2016. 维吾尔族医常用药材榅桲子挥发性成分GC-MS分析[J]. 中国实验方剂学杂志，22（6）：42-44.

哈及尼沙，古丽巴哈尔·卡吾力，阿米乃木·买买提，等，2017. HS-SPME/GC-MS法分析榅桲果实中的挥发性成分[J]. 西北药学杂志，32（3）：263-266.

韩国民，侯敏，王华，2010. 美洲种葡萄Conquister干红葡萄酒香气的GC/MS分析[J]. 酿酒科技，（4）：99-104.

韩红祥，郑培和，鲍成胜，等，2011. 炮制对五味子挥发油成分的影响[J]. 特产研究，（4）：33-36.

韩志萍，2008. 大扁杏仁挥发油化学成分的气相色谱-质谱分析[J]. 安徽农业科学，36（23）：9831-9833.

韩卓，陈晓燕，李延红，等，2013. 顶空-气质联用法对覆盆子叶中挥发性成分的分析[J]. 食品与机械，29（4）：11-13.

郝俊杰，王祥培，李雨生，等，2010. 桃枝挥发油化学成分的GC-MS分析[J]. 中国实验方剂学杂志，16（16）：45-48.

郝小燕，洪鑫，余珍，等，1999. 观光木和云南含笑精油化学成分的研究和比较[J]. 贵州科学，17（4）：287-290.

何冬宁，姜自见，张文慧，等，2008. 桂花叶挥发油化学成分分析及其生物活性[J]. 江苏林业科技，35（4）：1-4.

何开家，刘布鸣，董晓敏，等，2010. 广西鸡屎藤挥发油化学成分GC-MS-DS分析研究[J]. 广西科学，17（2）：138-140，143.

何开跃，张双全，李晓储，等，2007. 三种木莲叶片提取物成分及其抑制氧自由基活性研究[J]. Journal of Forestry Research，18（3）：193-198.

何嵋，董宝生，张伏全，等，2008. 不同产地的木棉籽挥发油化学成分分析[J]. 云南化工，35（2）：28-30.

何新新，王伊鹏，吴忠，等，2000.不同产地连翘挥发油成分分析[J].中药材，23（7）：397-398.

何余勤，胡荣锁，张海德，等，2015.基于电子鼻技术检测不同焙烤程度咖啡的特征性香气[J].农业工程学报，31（18）：247-255.

贺银菊，2015."黄饭花"中香味物质化学成分研究[J].黔南民族师范学院学报，35（4）：110-112.

侯丹，付建新，张超，等，2015.桂花品种'堰虹桂''玉玲珑'和'杭州黄'的香气成分及释放节律[J].浙江农林大学学报，32（2）：208-220.

胡春弟，梁逸曾，曾茂茂，等，2010.不同品种桂花挥发油成分的分析研究[J].化学试剂，32（3）：231-234.

胡苏莹，何刚，陈蓓，等，2012.秦巴山区华细辛遗传多样性与挥发油成分分析[J].中药材，35（2）：188-194.

胡一明，武祖发，1995.安徽几种辛夷的挥发油成分及其繁殖栽培[J].经济林研究，13（2）：26-28.

胡一明，武祖发，1995.几种辛夷的挥发油成分及其繁殖栽培[J].林业科技通讯，（3）：41-42.

胡志忠，黄东业，吴彦，等，2013.夜合花浸膏挥发性成分分析及在卷烟中的应用[J].香料香精化妆品，（5）：9-12.

黄朝情，郭宝林，黄文华，等，2011.北京妙峰山玫瑰精油化学成分的GC-MS分析[J].北京农学院学报，26（1）：46-50.

黄建梅，王嘉琳，杨春澍，等，1996.滇南八角果挥发油的气相色谱-质谱分析[J].中国中药杂志，21（3）：168-170.

黄建梅，王嘉琳，杨春澍，等，1994.中国八角属三种果实挥发油的气相色谱-质谱分析[J].中草药，25（10）：551-552.

黄建梅，杨春澍，唐恢天，1996.短柱八角和假地枫皮果皮挥发油的气相色谱-质谱分析[J].中国中药杂志，21（10）：618-621.

黄建梅，杨春澍，赵仁，1996.大八角和小花八角果皮挥发油的气相色谱-质谱分析[J].中国中药杂志，21（11）：679-681，704.

黄明泉，田红玉，郑福平，等，2009.广西不同地区茴香精油香成分分析比较研究[J].中国调味品，34（4）：97-100.

黄娜，王强，陈燕，等，2015顶空固相微萃取气质联用分析瘤果黑种草子挥发性成分[J].化学试剂，37（6）：535-536，544.

黄品鲜，周永红，赖家业，等，2010.珍稀濒危植物单性木兰种皮的挥发性成分分析[J].广西植物，30（5）：691-695.

黄巧巧，蒋可志，冯建跃，等，2004.气相色谱/质谱法研究栀子花头香成分[J].云南植物研究，26（4）：471-474.

黄荣清，熊景峰，史建栋，等，1998.山楂核馏油的气相色谱-质谱研究[J].中药材，21（1）：25-26.

黄儒珠，檀东飞，郑娅珊，等，2009.醉香含笑叶挥发油化学成分[J].热带亚热带植物学报，17（4）：406-408.

黄儒珠，檀东飞，张建清，等，2008.3种南洋杉科植物叶挥发油的化学成分[J].林业科学，44（12）：99-104.

黄相中，尹燕，黄荣，等，2009.白兰叶和茎挥发油化学成分研究[J].食品科学，30（08）：241-244.

黄相中，尹燕，刘晓芳，等，2009.云南产白兰花和叶挥发油的化学成分研究[J].林产化学与工业，29（2）：119-123.

黄泽豪，范世明，曾建伟，等，2011.华中五味子茎藤挥发油的GC-MS分析[J].福建中医药，42（4）：52-53.

黄泽豪，郭家欣，沈贤娟，2014.畲药十二时辰挥发油的GC-MS分析[J].福建中医药，45（1）：52-53.

回瑞华，李铁纯，侯冬岩，2002.GC/MS分析紫丁香花与叶中的挥发性化学成分[J].质谱学报，23（4）：210-213.

霍丽妮，李培源，邓超澄，等，2010.广西地枫皮不同部位挥发油化学成分比较[J].中国实验方剂学杂志，16（16）：81-84.

霍丽妮，李培源，陈睿，等，2011.青藤仔叶和茎挥发油化学成分研究[J].时珍国医国药，22（11）：2616-2618.

霍丽妮，李培源，陈睿，等，2011.广西小叶红叶藤挥发油化学成分及抗氧化性研究[J].广西植物，31（5）：706-710.

霍昕，杨迪嘉，刘文炜，等，2008.三叶青块根乙醚提取物成分研究[J].药物分析杂志，28（10）：1651-1653.

季怡萍，杨振华，李兴林，1993.天女木兰油的分析鉴定[J].分析化学，21（4）：419-421.

姬志强，王金梅，孙磊，2008.河南产珍珠梅花蕾和花的挥发性成分研究[J].河南大学学报（医学版），27（2）：17-20.

贾佳，张晶，杨磊，2010.水榆子种仁挥发性成分和脂肪酸的GC-MS分析[J].黑龙江医药，23（2）：167-169.

姜艳萍，陶晨，杨勤，2010.气相色谱-质谱法分析苹果籽中的挥发性成分[J].黔南民族医专学报，23（1）：5-7.

姜永新，高健，赵平，等，2013.无子刺梨新鲜果实挥发性成分的GC-MS分析[J].食品研究与开发，34（14）：91-84.

姜远茂，彭福田，刘松忠，等，2004.栽培草莓品种果实香气特性研究[J].分析测试学报，23（2）：56-60.

姜泽静，黄泽豪，2017.GC-MS法分析红木香药材根和果实中的挥发油成分[J].中国药房，28（21）：2992-2994.

姜志宏，周荣汉，1994.马尾树叶的挥发性成分[J].植物资源与环境，3（1）：62-64.

江滨，廖心荣，贾向云，等，1990.威灵仙和显脉旋复花挥发油成分的研究和比较[J].中国中药杂志，15（8）：40-42，64.

蒋际谋，胡文舜，姜帆，等，2013.贵妃枇杷花提取液挥发性成分GC-MS分析[J].福建农业学报，28（6）：545-551.

蒋际谋，胡文舜，许奇志，等，2014.枇杷品种香甜和解放钟及两者杂交子代优系果实香气成分分析[J].植物遗传资源学报，15（4）：894-900.

蒋军辉，徐小娜，杨慧仙，等，2012.GC-MS联用技术结合化学计量学方法分析厚朴叶挥发油成分[J].分析测试学报，31（5）：523-529.

蒋丽丽，李鹏飞，蒋帅，等，2016.藏药大花黄牡丹根皮挥发油的提取和成分分析[J].黑龙江大学工程学报，7（3）：63-67.

蒋珍藕，黄平，2014.GC-MS分析龙船花花朵中挥发油成分[J].中医药导报，20（13）：46-48.

焦豪妍，王玉生，刘瑶，等，2012.广东海风藤挥发油GC-MS指纹图谱研究[J].中药材，35（9）：1431-1434.

金华，马驰骁，2011.小叶水蜡树鲜花挥发油成分分析[J].安徽农业科学，39（2）：757-758.

金华，李哲峰，刘治刚，等，2014.两种木犀科植物挥发性成分GC-MS分析[J].吉林化工学院学报，31（3）：23-25.

靳凤云，武孔云，张连富，等，2002.红茴香叶精油化学成分的研究[J].中草药，33（5）：403-404.

靳泽荣，张金桐，2017.HS-SPME & GC-MS分析三裂绣线菊叶片的挥发性物质[J].山西农业科学，45（5）：729-731.

康杰芳，李焘，王喆之，2006.华西银腊梅挥发油化学成分的研究[J].西北植物学报，26（7）：1478-1481.

康淑荷，2007.粉枝莓根挥发油化学成分研究[J].西北民族大学学报（自然科学版），28（1）：27-29.

康文艺，王金梅，2010.白碧桃挥发性成分的快速分析[J].天然产物研究与开发，22：442-444，454.

康文艺，王金梅，姬志强，等，2009.迎春挥发性成分HS-SPME-GC-MS分析，天然产物研究与开发，21（4）：84-86，121.

康文艺，杨小生，赵超，等，2002.中型滇丁香挥发油化学成分分析[J].天然产物研究与开发，14（1）：39-41.

寇亮，王丽娜，顾兴斌，2008.超临界CO_2萃取粉枝莓精油化学成分及GC-MS分析[J].西北民族大学学报（自然科学版），29（2）：5-7，10.

孔杜林，陈衍成，范超军，等，2013.玮大花紫薇叶挥发油化学成分研究[J].海南师范大学学报（自然科学版），26（1）：37-39.

孔杜林，李永辉，范超军，等，2013.美人蕉叶挥发油的GC-MS分析，中国现代中药，15（6）：445-447.

孔令瑶，张克勤，薛晓丽，2015.暴马丁香花挥发油成分的GC-MS分析[J].中国现代应用药学，32（5）：585-588.

孔祥忠，颜世芬，李宝灵，1989.悬钩子蔷薇花净油的色-质谱和快中子活化分析[J].香料香精化妆品，（Z1）：8-10.

孔祥忠，颜世芬，1992.七里香蔷薇净油的化学成份及微量元素分析[J].分析试验室，11（2）：13-15.

赖普辉，刘存芳，李星彩，等，2012.不同季节厚朴树叶挥发性物质分析及其抗氧化活性的研究[J].食品工业科技，33（19）：101-104，108.

兰雁，帕提古丽·马合木提，2008.天山花楸叶的挥发油化学成分及其抑菌作用研究[J].食品科学，29（12）：107-109.

郎志勇，付惠，1993.多花素馨香料的提取及化学成分的研究[J].中国野生植物资源，（2）：5-9.

雷凌华，于晓英，李炎林，2016.不同季节黄心夜合鲜嫩枝挥发性成分的差异[J].湖南农业大学学报（自然科学版），42（3）：296-300.

雷凌华，李胜华，曾军英，等，2017.黄心夜合不同季节鲜叶挥发性成分研究[J].植物科学学报，35（1）：107-114.

李长虹，秦小梅，张璐璐，等，2014.枇杷核挥发油化学成分及体外抗氧化活性研究[J].华中师范大学学报（自然科学版），48（1）：58-61.

李春，张建春，赵东兴，等，2018.大叶钩藤钩茎的挥发性成分GC-MS分析[J].中药材，41（3）：634-637.

李德坤，李静，2001.木贼挥发油成分的研究[J].中草药，32（6）：499-500.

李菲，杨元霞，2016.玫瑰花和月季花挥发油成分的比较[J].中国药师，19（1）：182-184.

李峰，田来进，邵晶，等，2000.紫玉兰叶油化学成分的气相色谱/质谱法分析[J].分析化学，28（7）：829-832.

李海亮，高星，徐福利，等，2017.芍药花精油化学成分及其抗氧化活性[J].西北农林科技大学学报（自然科学版），45（5）：204-210.

李红玲，王国亮，1994.小花八角果实化学成分的研究[J].天然产物研究与开发，6（1）：18-22.

李怀林，杨晓虹，李刚，等，2005.长白山水杨梅挥发油成分GC-MS分析[J].长春中医学院学报，21（2）：31-32.

李慧峰，吕德国，王海波，等，2012.6个沙果品种果实香气成分分析[J].山西农业大学学报（自然科学版），32（2）：136-139.

李惠成，田瑄，2006.毛黄栌枝叶挥发性化学成分研究[J].河南师范大学学报（自然科学版），34（4）：113-117.

李记明，贺普超，2002.葡萄种间杂交香味成分的遗传研究[J].园艺学报，29（1）：9-12.

李洁，李玉媛，李达孝，等，1992.云南拟单性木兰鲜花鲜叶精油化学成分研究[J].林产化工通讯，（6）：5-7.

李江楠，赵伟，李长田，2007.水蜡树鲜花芳香油化学成分研究[J].中国野生植物资源，26（2）：65-67.

李军集，孟忠磊，黎贵卿，2012.广西白玉兰花和叶片挥发油化学成分的GC/MS分析[J].西南林业大学学报，32（6）：102-106.

李俊，许子竟，义祥辉，等，2003、满山香挥发油化学成分分析[J].广西师范大学学报（自然科学版），21（1）：388-389.

李俊，李甫，陆园园，等，2006.满山香子挥发油的提取及其中水杨酸甲酯含量的测定[J].广西轻工业，22（3）：14-16.

李丽敏，许志娇，訾伟伟，等，2017.水蒸气蒸馏法与超声辅助提取法提取山刺玫果实挥发油的比较研究[J].吉林农业科技学院学报，26（2）：8-11.

李琳波，杨金玲，肖月星，等，1998.青岛老鹳草挥发油成分研究[J].中药材，21（12）：616-618.

李玲,王慧,张梅,陈修德,等,2011.设施栽培桃果实芳香成分的GC-MS分析[J].山东农业大学学报(自然科学版),42(1):41-48.

李玲,吕磊,董昕,等,2016.顶空气相色谱—质谱联用技术结合保留指数鉴别猫人参中的挥发性成分[J].药学实践杂志,34(1):52-55.

李玲玲,2001.厚朴挥发油化学成分研究[J].草药,32(8):686-687.

李盼盼,钟雨,戚雯烨,等,2016.美味猕猴桃'布鲁诺'果实贮藏过程中乙醇代谢与挥发性成分的变化[J].果树学报,33(7):865-873.

李培源,卢汝梅,霍丽妮,等,2011.雾水葛挥发性成分研究[J].时珍国医国药,22(8):1928-1929.

李平亚,马冰如,1988.狗枣称猴桃根挥发油化学成份的研究[J].白求恩医科大学学报,14(6):497-498.

李庆杰,南民伦,王莲萍,等,2010.基于GC-MS的蓬子菜超临界CO_2萃取物的成分分析[J].安徽农业科学,38(34):19331-19332,19334.

李群芳,娄方明,张倩茹,等,2010.铁箍散根茎挥发油成分的GC-MS分析[J].精细化工,27(2):138-141.

李珊珊,郑开斌,黄惠明,等,2018.玫瑰天竺葵与波旁天竺葵植物学性状及挥发油成分分析比较[J].中药材,41(2):369-375.

李尚秀,祝永仙,赵升逵,等,2013.GC-MS分析三角枫成熟叶的挥发性成分[J].光谱实验室,30(3):1496-1500.

李淑颖,姚雷,2013.2种木香花的自然香气成分分析与香型评价[J].上海交通大学学报(农业科学版),31(4):51-57,82.

李双,王成忠,唐晓璇,等,2015.不同提取方法对牡丹精油理化性质和成分的影响[J].食品工业,36(7):170-174.

李素玲,王强,田金强,等,2011.杏仁油挥发性风味物质的分离鉴定[J].食品工业科技,(4):160-160,165.

李素云,徐良华,王纯建,等,2012.浦城丹桂花挥发性成分分析[J].福建中医药大学学报,22(3):47-49.

李铁纯,侯冬岩,习全平,等,2016.HS-SPME-GC/MS对干、鲜杏花挥发性成分的分析[J].鞍山师范学院学报,18(2):45-47.

李维林,顾姻,宋长铣,等,1997.悬钩子果实的挥发性成分[J].植物资源与环境,6(2):56-57.

李伟,2012.顶空固相微萃取-气相色谱质谱法分析山荆子花和叶中的挥发性成分[J].天然产物研究与开发,24(4):490-493.

李香,魏学军,邵进明,等,2015.野棉花根的挥发性成分分析[J].州农业科学,43(7):133-136.

李晓光,罗焕敏,2002.广东海风藤挥发油化学成分研究[J].中国药物化学杂志,12(2):89-91.

李昕,聂晶,高正德,等,2014.超声微波协同水蒸气蒸馏-GC-MS分析南、北五味子挥发油化学成分[J].食品科学,35(08):269-274.

李雅文,黄兰芳,梁晟,等,2007.仙鹤草挥发油化学成分的气相色谱—质谱分析[J].中南大学学报(自然科学版),38(3):502-506.

李燕,郑旭东,胡浩斌,等,2012.蕤核挥发油化学成分的分析[J].光谱实验室,29(3):1823-1826.

李毅然,陈玉萍,黄艳,等,2012.升麻与广东升麻挥发油成分的GC-MS分析[J].广西中医药,35(4):56-59.

李勇慧,耿惠敏,李向民,2008.驱蚊草挥发油成分的GC-MS分析[J].陕西农业科学,(1):63-66.

李雨田,肖永庆,张村,等,2011.GC-MS分析栀子姜制前后挥发油的化学组成成分变化[J].中国中药杂志,36(24):3434-3438.

李玉媛,李达孝,毛云玲,等,1996.云南木兰科香料植物浸膏、精油提取及化学成分研究[J].香料香精化妆品,(3):2-8.

李玉媛,李达孝,毛云玲,等,1996.云南拟单性木兰鲜叶精油提取研究[J].料香精化妆品,(1):25-29.

李育钟,白志川,刘世尧,等,2012.重庆光皮木瓜鲜果挥发油成分的GC-MS分析[J].西南师范大学学报(自然科学版),37(8):60-65.

李云耀,陈林,孟英才,等,2016.超临界CO_2萃取法与水蒸气蒸馏法提取黄连木嫩叶挥发油及GC-MS分析[J].湖南中医药大学学报,36(3):24-26,46.

李志刚,李雪梅,2000.皮袋香挥发油成分分析[J].中药材,23(11):685-687.

梁刚,孙金凤,包翠香,等,2012.气流吹扫微注射器萃取-气相-质谱法联用分析北细辛不同部位的挥发性成分[J].延边大学医学学报,35(3):177-180.

梁莲莉,韩琳,陈雪,等,1992.刺梨鲜果挥发性香气成分的研究[J].化学通报,(5):34-36,39.

梁茂雨,陈怡平,纵伟,2007.红提葡萄中香气成分的GC-MS分析[J].现代食品科技,23(5):79-81.

梁秀媚,胡卓炎,赵雷,等,2017.提取方法对芒果皮精油化学成分的影响[J].食品与机械,33(3):155-159,173.

梁颖,陶勇,张小红,等,2010.八角茴香不同部位挥发油化学成分GC-MS分析[J].中药材,33(7):1102-1105.

梁志远,冉小燕,甘秀海,2009.冷水花挥发油化学成分的GC-MS分析[J].贵州教育学院学报(自然科学),20(12):1-3.

廖凤玲，李立佼，汪志辉，等，2014.'爱甘水'梨果实生长发育过程中香气成分的变化分析[J].食品科学，35（22）：222-225.

廖静妮，覃山丁，曲啸声，等，2014.冷饭藤挥发油成分GC-MS分析及对人乳腺癌MCF-7细胞增殖的影响[J].中国实验方剂学杂志，20（20）：95-99.

廖彭莹，蔡少芳，陆盼芳，等，2013.石油菜挥发油和超临界流体萃取物化学成分的GC-MS分析[J].天然产物研究与开发，25（5）：641-645.

廖彭莹，2016.钩藤超临界CO_2流体萃取物化学成分的GC-MS分析[J].广州化工，44（1）：121-124.

林春松，徐凤侠，章宁，等，2010.超声波萃取番橄榄挥发油化学成分的GC-MS分析[J].热带作物学报，31（10）：1840-1845.

林敬明，夏平光，吴忠，2001.木棉花CO_2超临界萃取物的GC-MS分析[J].广东药学院学报，17（2）：111-112.

林励，徐鸿华，王淑英，等，1992.巴戟天挥发性成分的GC-MS分析[J].广州中医学院学报，9（4）：208-210.

林霜霜，邱珊莲，郑开斌，等，2017.5种精油的化学成分及对番茄早疫病的抑菌活性研究[J].中国农学通报，33（31）：132-138.

林晓丹，向俊，陆慧宁，等，2010.山大颜挥发油化学成分初步研究[J].广东药学院学报，26（4）：337-340.

林正奎，华映芳，谷豫红，刺梨鲜果香气成分研究，四川日化，1990（4）：16-21.

刘布鸣，赖茂祥，蔡全玲，等，1996.地枫皮、假地枫皮、大八角种植物挥发油化学成分对比分析[J].药物分析杂志，16（4）：236-240.

刘超，徐玉婷，刘大鹏，等，2011.小叶女贞挥发油化学成分GC-MS分析[J].中药材，34（7）：1065-1067.

刘超祥，姜自见，朱峰，等，2008深山含笑叶挥发油的化学成分及生物活性测定[J].安徽农业科学，36（17）；7292-7293，7351.

刘传和，刘岩，2016.4种芒果香气品质分析[J].广东农业科学，43（10）：123-127.

刘大有，李向高，李树殿，等，1984.两头尖挥发油和脂肪油的研究[J].中成药研究，（4）：27-28.

刘国声，1987.白梨皮芳香油成分[J].食品科学，（7）：45-47.

刘和，赵荣飞，余正文，等，2010.密蒙花不同部位挥发性成分研究[J].安顺学院学报，12（1）：87-90.

刘珩，卢明艳，王涛，等，2017.套袋对两个苹果品种果实香气成分的影响[J].湖北农业科学，56（20）：3889-3893.

刘珩，卢明艳，王涛，等，2017.套袋对早富1号苹果果实香气成分的影响[J].黑龙江农业科学，（5）：70-73.

刘虹宇，曹佩雪，王道平，等，2010.GC-MS分析白玉兰果壳与种子挥发油成分，中成药，32（9）：1631-1633.

刘慧，杨春澍，1989.七种八角果实挥发油成分分析[J].植物分类学报，27（4）：317-320.

刘慧，姚蓝，陈建红，等，2015.栀子不同炮制品中挥发油类成分的GC-MS分析[J].中国中药杂志，40（9）：1732-1737.

刘慧，热增才旦，刘斌，等，2013.采用GC-MS法分析秀丽莓根精油成分[J].北京中医药大学学报，36（2）：121-123，128.

刘建华，董福英，程传格，等，1999.菏泽牡丹花挥发油化学成分分析[J].山东化工，（3）：35-36，18.

刘建华，高玉琼，霍昕，2003.买麻藤挥发油成分分析[J].生物技术，13（1）：19-20.

刘建军，司辉清，庞晓莉，等，2011.雨水茉莉花香气成分研究[J].广东农业科学，（8）：85-87.

刘杰凤，黄敏，谭丽泉，等，2007.八角香兰果实挥发性成分的气相色谱-质谱分析[J].药物分析杂志，27（9）：1481-1483.

刘俊民，纪海鹏，刘太保，等，2017.亚临界低温萃取联合乙醇精制制备牡丹花净油及其成分分析[J].香料香精化妆品，（1）：1-4.

刘开源，赵卫红，2005.超声波法提取红香酥梨挥发性成分的研究[J].食品科学，26（3）：215-217.

刘璐，方小平，刘映良，等，2017.亮叶含笑不同器官精油成分GC-MS分析[J].分子植物育种，15（1）：339-345.

刘美凤，林嘉琪，蒋利荣，等，2016.木兰科植物马关木莲和华盖木精油成分研究[J].广州化工，44（21）：31-33，67.

刘美凤，蒋利荣，周惠，等，2011.滇桂木莲精油的提取及GC-MS分析[J].广州化工，39（21）：110-111，118.

刘普，李小方，高嘉屿，等，2015.流苏花精油的超临界CO_2萃取及抗菌活性研究[J].林产化学与工业，35（6）：126-132.

刘倩，周靖，谢曼丹，等，1999.榴莲中香气成分分析[J].分析测试学报，18（2）：58-60.

刘群，姜自见，张文慧，等，2008.乐昌含笑叶挥发油GC-MS及其活性初步测定[J].中国城市林业，6（5）：58-60.

刘世尧，白志川，李加纳，等，2012.重庆皱皮木瓜挥发性成分的GC-MS分析，中药材，35（5）：728-733.

刘同新，郭伟英，2016.GC-MS法同时测定关东丁香叶挥发油中4种活性成分，中成药，38（2）：351-355.

刘文炜，高玉琼，刘建华，等，2005.巴戟天挥发性成分研究[J].生物技术，15（6）：59-61.

刘香，郭琳，吴春高，2005.扬子毛茛中挥发油的化学成分分析[J].中成药，27（11）：1335-1336.

刘晓生，庄东红，吴清韩，2015.固相微萃取技术分析两种芳香植物精气成分及与其精油成分的比较[J].西北师范大学学报（自然科学版），51（2）：58-65，84.

刘彦红，赵湖江，张凤仙，等，2017.云南引种大马士革玫瑰精油的GC-MS分析[J].广州化工，45（21）：117-120.

刘银燕，杨晓虹，陈滴，等，2011. 槭叶蚊子草挥发油成分GC-MS分析[J]. 特产研究，(4): 47-48.

刘应泉，谭洪根，1994. 天仙藤与青木香挥发油的GC-MS分析[J]. 中国中药杂志，19(1): 34-36.

刘应煊，余爱农，2007. 木香花挥发油的化学成分分析[J]. 精细化工，24(8): 782-785.

刘玉峰，刘洋，潘明辉，2011. 赤芍挥发油成分的GC-MS分析[J]. 中国药房，22(27): 2543-2545.

刘正信，高海翔，郑培清，等，2001. 粉绿铁线莲挥发油成分分析[J]. 天然产物研究与开发，13(5): 25-27.

刘志刚，罗佳波，陈飞龙，2005. 不同产地白花蛇舌草挥发性成分初步研究[J]. 中药新药与临床药理，16(2): 132-134.

龙春焯，王兰英，辛克敏，等，1992. 多毛小蜡（变种）花精油的化学成分[J]. 香料香精化妆品，(4): 5-7, 35.

娄方明，李群芳，张倩茹，等，2010. 气质联用分析铁筷子的挥发油成分[J]. 安徽医药，14(3): 279-281.

陆碧瑶，朱亮锋，1984. 云南含笑鲜花头香的化学成分初步研究份[J]. 广西植物，4(2): 145-148.

陆生椿，1997. 白兰叶出油率及其主要成分研究[J]. 四川日化，(1): 8-12.

卢化，张义生，梅珍珍，等，2018. 顶空固相微萃取结合气质联用分析升麻蜜炙前后挥发性成分[J]. 中国医院药学杂志，38(12): 1281-1284[2020-07-08]. http://kns.cnki.net/kcms/detail/42.1204.R.20180522.1710.026.html网.

卢永书，方小平，胡光平，2011[J]. 凹叶厚朴各部位挥发油成分比较研究[J]. 光谱实验室，28(6): 3139-3142.

罗枫，鲁晓翔，张鹏，等，2016. 砂蜜豆樱桃货架期品质及挥发性物质的分析[J]. 现代食品科技，32(2): 235-245.

罗华，李敏，冯志文，等，2012. 肥城桃果实不同发育时期的香气组分及其变化[J]. e湖南农业大学学报（自然科学版），38(3): 276-281.

罗静，黄玉南，王超，等，2016. 4份桃种质挥发性成分的GC-MS分析[J]. 经济林研究，34(3): 49-55, 72.

罗静，谢汉忠，方金豹，等，2016. 红肉桃和白肉桃果实挥发性成分的差异分析[J]. 中国农业大学学报，21(11): 34-42.

罗心毅，辛克敏，洪江，等，1993. 小蜡精油的化学成分[J]. 云南植物研究，15(2): 208-210.

罗心毅，1988. 小果蔷薇精油的化学成分[J]. 云南植物研究，10(4): 483-485.

罗心毅，1989. 小果蔷薇净油化学成分的研究[J]. 广西植物，9(3): 271-274.

吕金顺，刘晓英，2004. 连翘花精油的化学成分研究[J]. 光谱实验室，21(4): 815-817.

吕金顺，王新风，薄莹莹，2009. 川赤芍根的挥发性和半挥发性成分及其抗菌活性[J]. 林业科学，45(1): 161-166.

马惠芬，司马永康，郝佳波，等，2011. 多脉含笑和醉香含笑挥发油的化学成分研究[J]. 广东农业科学，(23): 110-113.

马惠芬，司马永康，郝佳波，等，2012. 3种含笑属植物叶片挥发油化学成分的比较研究[J]. 西部林业科学，41(2): 77-81.

马惠芬，司马永康，郝佳波，等，2012. 黄兰挥发油的化学成分[J]. 精细化工，29(1): 41-44, 56.

马剑冰，李坚，喻学俭，等，1991. 玫瑰香叶油的化学成分[J]. 云南植物研究，13(1): 89-92.

马金爽，汤锡丽，尹星，等，2017. 诺丽叶挥发油成分的GC-MS分析[J]. 海南师范大学学报（自然科学版），30(3): 311-316.

马天晓，王佳慧，刘震，等，2013. 泌阳瓢梨贮藏过程中香气成分组成及变化的研究[J]. 经济林研究，31(3): 35-40.

马小卫，杨颖娣，武红霞，等，2016. 杧果种质资源果实香气多样性分析[J]. 园艺学报，43(7): 1267-1274.

马逾英，马羚，詹珂，2005. 不同来源及加工方法的辛夷挥发油气相色谱-质谱联用分析[J]. 四川中医，23(7): 17-18.

蒙丽丽，刘红星，吴怀恩，2011. 扁桃叶挥发油化学成分的研究[J]. 广西植物，31(2): 278-280.

孟祥敏，刘乐全，徐怀德，等，2007. 不同木瓜果实香气成分的GC-MS分析[J]. 西北农林科技大学学报（自然科学版），35(8): 125-130.

孟雪，王志英，2014. 碰碰香挥发油成分分析及抑菌活性研究[J]. 黑龙江生态工程职业学院学报，27(6): 29-30, 110.

闵勇，张薇，王洪，等，2011. 水苎麻叶挥发性成分分析及其抗菌活性研究[J]. 食品工业科技，(7): 86-88.

南海龙，李华，蒋志东，2009. 山葡萄及其种间杂种结冰果实香气成分的GC-MS分析[J]. 食品科学，30(12): 168-171.

倪敏，凌雪峰，王丽娟，等，2013. 枇杷果实挥发油中的化学成分[J]. 光谱实验室，30(4): 1856-1858.

努尔皮达·阿卜拉江，古力齐曼·阿布力孜，迪丽努尔·马里克，2015. 野蔷薇根挥发油超声-微波协同提取工艺优化及GC-MS分析[J]. 云南大学学报（自然科学版），37(2): 285-294.

潘红亮，欧阳天贽，2011. 水蒸气蒸馏法和超声辅助提取法提取华细辛挥发油的比较[J]. 食品科学，32(10): 190-193.

潘绒，黄京京，赵玉立，等，2018. 资源植物玉叶金花挥发油的GC-MS分析及体外抗氧化活性研究[J]. 安徽农业科学，46(1): 173-177.

潘为高，李勇，朱小勇，等，2012. 剑叶耳草挥发油的GC-MS分析[J]. 中国实验方剂学杂志，18(15): 130-134.

潘雪峰，杨明非，2005. 李子挥发物质的分析[J]. 东北林业大学学报，33(3): 113-114.

潘艺，周远扬，2008. 超临界CO_2萃取法提取中药杜衡挥发油化学成分研究[J]. 广东农业科学，(1): 70-72.

彭全材，罗世琼，杨占南，等，2009.顶空固相微萃取法在天葵挥发性成分测定中的应用研究[J].时珍国医国药，20（8）：1964-1965.

彭新媛，车凤斌，吴忠红，等，2012.蟠桃采后贮藏前后香气成分变化的研究[J].新疆农业科学，49（10）：1824-1833.

钱帅，包婷雯，南杰东智，等，2017.藏药蓝侧金盏花的挥发油成分分析及其抑菌活性研究[J].上海农业学报，33（2）：109-113.

乔飞，江雪飞，丛汉卿，等，2015.杧果'汤米·阿京斯'香气特征分析[J].热带农业科学，35（12）：63-66.

乔永锋，彭永芳，方云山，等，2013.云南清香木绿叶和嫩红叶挥发性成分对比研究[J].安徽农业科学，41（4）：1583-1584，1587.

秦波，鲁润华，汪汉卿，等，2000.长叶水麻挥发性化学成分研究[J].植物学通报，17（5）：435～438.

秦玲，蔡爱军，张志雯，等，2010.两种甜樱桃果实挥发性成分的HS-SPME-GC/MS分析[J].质谱学报，31（4）：228-234，251.

秦勤，王建华，雷玲，等，2013.绒毛白蜡精油的提取及其成分分析[J].天津师范大学学报（自然科学版），33（2）：74-76.

秦庆芳，许蓉蓉，李勇文，等，2014.大罗伞鲜品根、茎、叶挥发油成分的GC-MS分析[J].中国药房，25（39）：3698-3700.

邱琴，崔兆杰，张国英，等，2005.超临界CO_2流体萃取法和水蒸气蒸馏法提取青木香挥发油化学成分的研究[J].山东大学学报（理学版），40（1）：103-108.

瞿万云，谭志伟，余爱农，等，2010.苘叶细辛挥发油化学成分的GC-MS分析[J].中药材，33（7）：1095-1098.

热增才旦，刘斌，刘慧，等，2011.藏药甘扎嘎日二氧化碳超临界流体萃取精油化学成分[J].中国实验方剂学杂志，17（20）：73-75.

任洪涛，周斌，秦太峰，等，2012.栀子花挥发性成分的提取和对比分析[J].香料香精化妆品，（3）：17-21.

任赛赛，潘为高，李勇，等，2012.活血化瘀药龙船花全草挥发油的GC-MS分析[J].药物分析杂志，32（12）：2184-2189.

任少红，郭瑛，肖朝萍，等，2004.不同产地乌梅挥发油成分的GC-MS分析[J].中药材，27（1）：16-19.

芮和恺，沈祥龙，余光辉，满山香精油成份研究（简报）[J].中药通报，1984，9（4）：29.

芮和恺，丁建弥，徐志诚，等，1984.中药地枫皮及其伪品的精油成分分析和荧光鉴别[J].广西植物，4（1）：55-56.

芮和恺，季伟良，张茂钦，等，1991.香木莲花瓣精油的化学成份研究[J].中国野生植物，（2）：45-47.

芮和恺，季伟良，张茂钦，等，1991.夜合花叶的精油成份研究[J].天然产物研究与开发，3（2）：39-42.

芮和恺，季伟良，左显东，等，云南拟单性木兰花瓣精油成份分析[J].云南林业科技，1991，（3）：76-77.

芮和恺，季伟良，沈祥龙，桃仁精油的化学成分研究[J].中成药，1992，14（2）：33-34.

商敬敏，牟京霞，刘建民，等，2011.GC-MS法分析不同产地酿酒葡萄的香气成分[J].食品与机械，27（5）：52-57.

史清龙，樊明涛，闫梅梅，等，2005.陕西主栽苹果品种间香气成分的气相色谱/质谱分析[J].酿酒，32（5）：66-69.

史亚歌，刘拉平，2005.光皮木瓜挥发油成分的GC-MS分析[J].西北农业学报，14（3）：163-166.

石磊，李元元，姬志强，等，2009.西府海棠挥发性成分研究[J].中国药业，18（19）：6-8.

石钺，马冰如，1991.软枣猕猴桃茎挥发油的GC-MS分析[J].特产研究，（4）：57-58.

施婷婷，杨秀莲，赵林果，等，2014.保存方法对桂花精油提取及香气成分的影响[J].南京林业大学学报（自然科学版），38（增刊）：105-110.

宋根伟，黄博，何敬胜，曾红，高疆生，2009.巴旦杏挥发油化学成分和提取物抗氧化作用研究[J].塔里木大学学报，21（3）：10-14.

宋京都，杨婕，李华民，等，2006.灌冠红梅子挥发性化学成分的GC/MS分析[J].质谱学报，27（2）：110-112.

宋龙，张雯，吴靳荣，等，2006.女菱挥发油成分分析[J].上海中医药大学学报，20（4）：83-84.

宋世志，李延菊，李公存，等，2017.顶空固相微萃取-气相色谱-质谱联用技术分析草莓芳香成分[J].中国果菜，37（11）：25-29.

宋晓凯，陆春良，胡堃，等，2011.醉香含笑树皮挥发性成分GC-MS分析及其对HepG2细胞体外生长抑制作用[J].中草药，42（11）：2213-2215.

宋晓凯，李靖，2012.宝华玉兰树皮挥发性化学成分的GC-MS分析[J].实用药物与临床，15（3）：151-153.

宋晓凯，李靖，李志华，2012.宝华玉兰种子挥发性化学成分的GC-MS分析[J].实用药物与临床，15（10）：651-652.

宋晓凯，李靖，2012.宝华玉兰根皮挥发性化学成分的GC-MS分析及对NCI-3T3细胞体外生长抑制作用[J].药物生物技术，19（2）：121-123.

宋晓凯，曹志凌，郭雷，等，2014.醉香含笑心材挥发性成分GC-MS分析及抑制MDA-MB-231细胞生长与诱导其凋亡作用[J].中国现代应用药学，31（8）：911-915.

苏庆臣, 冯志洁, 冯天乐, 等, 2017. 不同前处理方法分析月季花瓣的香气成分[J]. 现代园艺, (12): 10-11.

苏世文, 许春泉, 隋长惠, 等, 1992. 中药厚朴及其类似品的有效成分分析[J]. 沈阳药学院学报, 9(3): 185-189, 223.

苏秀芳, 梁振益, 农克良, 2008. 人面子叶挥发油化学成分的研究[J]. 中成药, 30(10): 1549-1550.

苏秀芳, 梁振益, 张一献, 2008. 人面子茎皮挥发油化学成分的研究[J]. 时珍国医国药, 19(7): 1640-1641.

苏秀芳, 张一献, 黄锡山, 2009. 人面子根挥发油化学成分的研究[J]. 时珍国医国药, 20(4): 771-772.

孙承锋, 朱亮, 周楠, 等, 2015. 基于多元分析的 11 种烟台中、晚熟品种苹果香气成分比较[J]. 现代食品科技, 31(9): 268-277.

孙广仁, 杨文胜, 滕玉辉, 等, 1991. 五味子茎皮挥发油的化学成分研究[J]. 吉林林学院学报, 7(3): 18-21.

孙汉董, 林中文, 丁靖凯, 1987. 山草果精油的化学成分[J]. 云南植物研究, 9(1): 108.

孙洁雯, 杨克玉, 李燕敏, 等, 2015. 固相微萃取结合气-质联用分析不同花期的紫丁香花香气成分[J]. 中国酿造, 34(7): 151-155.

孙晶波, 王洁, 刘春岩, 等, 2013. 毛樱桃核壳及核仁挥发油成分分析[J]. 吉林大学学报 (理学版), 51(1): 145-147.

孙凌峰, 漆春林, 梁国忠, 等, 1993. 大叶含笑树的形态特性及其含香成分研究[J]. 江西师范大学学报 (自然科学版), 17(1): 54-61.

孙艳丽, 钱文涛, 赵春生, 等, 2002. 甜樱桃叶片中挥发油成分分析[J]. 西北农林科技大学学报 (自然科学版), 30(4): 76-78.

孙允秀, 毛坤元, 姜文普, 等, 1992. 蚊子草挥发油的结构鉴定和定量分析[J]. 吉林大学自然科学学报, (1): 119-121.

台琪瑞, 徐熹, 郭伟琳, 2008. 枇杷叶挥发油的气相色谱-质谱联用分析[J]. 中国医院药学杂志, 28(3): 206-208.

谭冬明, 罗星晔, 陈全斌, 2016. 八角叶和八角果实中挥发油成分气质联用分析[J]. 中国调味品, 41(5): 134-137.

谭皓, 廖康, 涂正顺, 2006. 金魁猕猴桃发育过程中香气成分的动态变化[J]. 果树学报, 23(2): 205-208.

谭明雄, 王恒山, 黎霜, 等, 2003. 茅莓叶挥发油化学成分的研究[J]. 天然产物研究与开发, 15(1): 32-33.

唐松云, 莫锦华, 陈四保, 等, 2012. 营实挥发性成分的GC-MS分析[J]. 中国现代中药, 14(5): 10-14.

唐裕芳, 张妙玲, 张有毫, 等, 2008. 公丁香挥发油化学组成及抑菌活性研究[J]. 湘潭大学自然科学学报, 30(4): 101-105.

唐岩, 宋来庆, 孙燕霞, 等, 2017. 叶面喷施磷酸二氢钾对红将军苹果叶片性状、果实品质和香气成分的影响[J]. 山东农业科学, 49(5): 82-85.

唐志书, 崔九成, 2005. 南五味子种子挥发油成分的GC-MS分析[J]. 中草药, 36(10): 1471-1472.

汤洪波, 雷培海, 李章万, 等, 2005. 迎春花叶挥发油的化学成分, 华西药学杂志, 20(4): 308-309.

陶玲, 刘文炜, 沈祥春, 等, 2009. 大蝎子草根、茎、叶的挥发性成分GC-MS分析[J]. 中国药学杂志, 44(24): 1931-1932.

陶曙红, 张少逵, 袁旭江, 2010. 牛白藤叶挥发油化学成分的GC-MS分析[J]. 中成药, 32(3): 511-512.

陶婷婷, 柏川, 王天志, 等, 2004. 藏药柳茶挥发油化学成分的研究[J]. 华西药学杂志, 19(3): 178-179.

田光辉, 刘存芳, 辜天琪, 等, 2008. 衰落桂花香气成分的GC-MS分析[J]. 安徽农业科学, 36(17): 7214-7216.

田恒康, 阎文玫, 马冠成, 1993. 长梗南五味子根皮挥发油的研究[J]. 中国中药杂志, 18(3): 166-167.

田辉, 秦少艳, 崔健, 等, 2011. 苎麻叶挥发油化学成分分析[J]. 农业机械, (9): 53-55.

童华荣, 高爱红, 袁海波, 等, 2004. 女贞苦丁茶挥发油成分分析[J]. 植物资源与环境学报, 13(1): 53-55.

涂正顺, 李华, 李嘉瑞, 等, 2002. 猕猴桃品种间果香成分的GC/MS分析[J]. 西北农林科技大学学报 (自然科学版), 30(2): 96-100.

涂正顺, 李华, 王华, 等, 2001. 猕猴桃果实采后香气成分的变化[J]. 园艺学报, 28(6): 512-516.

王斌, 杨彬, 穆鑫, 杨天鸣, 2011. 栀子根挥发油的成分分析[J]. 化学与生物工程, 28(8): 84-87.

王冰冰, 齐文, 王莉莉, 等, 2014. 三种细辛挥发油的化学成分、镇痛作用及急性毒性实验的比较研究[J]. Journal of Chinese Pharmaceutical Sciences, 23(7): 480-489.

王超, 陆文利, 陈晓流, 等, 2016. 顶空和固相微萃取测定苹果芳香物质的比较[J]. 实验室科学, 19(3): 41-44.

王晨旭, 于兰, 杨艳芹, 等, 2014. 多种提取方法分析蛇莓挥发性组分[J]. 分析化学, 42(11): 1710-1714.

王冬梅, 黄林芳, 2013. 大叶钩藤叶挥发油成分气相色谱-质谱联用分析[J]. 药物分析杂志, 33(2): 234-240.

王桂青, 成桂仁, 金耳环精油镇痛成分的研究[J]. 广西植物, 1987, 7(2): 181-184.

王海琴, 刘锡葵, 柳建军, 2006. 食用茉莉花香味成分的GC/MS分析[J]. 昆明师范高等专科学校学报, 28(4): 11-13.

王海英, 崔莹, 刘志明, 等, 2016. 欧丁香鲜花、叶、果实香气的提取及感官评价[J]. 中国野生植物资源, 35(3): 8-12.

王海英, 魏国英, 刘志明, 等, 2016. 紫丁香精油的多相同时蒸馏萃取及GC-MS分析[J]. 中国野生植物资源, 35(2): 22-26.

王花俊, 刘利锋, 张峻松, 2007. 白象牙芒果中挥发性成分的分析[J]. 香料香精化妆品, (5): 1-4.

王华瑞，李建华，马燕红，等，2018."黑宝石"李采后不同阶段挥发性香气成分的组成及变化[J].保鲜与加工，18（3）：101-106.

王华亭，汪沂，赵德修，等，1988.棋盘山玫瑰资源开发[J].植物学通报，5（1）：54-55.

王辉，曾志，曾和平，2003.木棉花醇提物中石油醚溶解组分的化学成分研究[J].林产化学与工业，23（1）：75-77.

王慧，曾熠程，侯英，等，2012.顶空固相微萃取—气相色谱/质谱法分析不同材质木片中的挥发性成分[J].林产化学与工业，32（5）：115-119.

王慧娟，周惠，谷灵灵，等，2012.北马兜铃蜜炙前后挥发油成分的GC-MS分析[J].广州化工，40（21）：112-114.

王加，王森，翁琰，等，2014.GC-MS法分析川乌炮制前后挥发性成分[J].沈阳药科大学学报，31（8）：622-628.

王嘉琳，杨春澍，达式荣，等，1994.地枫皮果挥发油的气相色谱—质谱分析[J].中国中药杂志，19（7）：422-423，448.

王嘉琳，杨春澍，杜海燕，等，1994.马蹄香挥发油的气相色谱—质谱分析[J].中国中药杂志，19（12）：736-737，762.

王建刚，2011.豆蔻天竺葵鲜叶挥发性成分的HS-SPME/GC-MS分析[J].安徽农业科学，39（18）：10787-10789.

王建玲，倪克平，姬小明，等，2012.金莲花挥发油GC-MS分析及单料烟加香应用研究[J].河南农业科学，41（5）：121-124.

王洁，孙建云，李玉琴，2003.七里香蔷薇精油化学成分的研究[J].分析测试技术与仪器，9（1）：34-37.

王洁，杨志玲，杨旭，2012.厚朴野生种与栽培种花不同部位香气成分分析[J].植物研究，32（2）：237-242.

王颉，徐继忠，陈海江，2007.鸭梨挥发油的提取及化学成分分析[J].中国果菜，（5）：25.

王金翠，杨森艳，李树发，等，2015.拉萨曲水地区引种大马士革玫瑰的精油得率及成分研究[J].香料香精化妆品，（5）：11-16.

王金梅，康文艺，2010.贴梗海棠挥发性成分研究[J].天然产物研究与开发，22：248-252.

王巨媛，何金明，翟胜，等，2010.GC-MS法分析天竺葵叶片精油成分[J].江苏农业科学，（1）：270-271.

王巨媛，翟胜，何金明，等，2010.天竺葵茎挥发油的气相色谱—质谱联用分析[J].时珍国医国药，21（7）：1597-1598.

王巨媛，崔庆新，翟胜，等，2012.天竺葵根系干鲜样挥发性成分比较分析[J].时珍国医国药，23（2）：304-305.

王巨媛，翟胜，崔庆新，等，2010.天竺葵花瓣中精油成分分析[J].湖北农业科学，49（5）：1196-1197.

王凯，岳宣峰，范智超，等，2009.两种不同方法提取铁牛七挥发油的GC-MS分析[J].陕西师范大学学报（自然科学版），37（1）：47-51.

王凯，张志琪，王瑞斌，2010.金牛七超临界萃取物的GC-MS分析[J].陕西科技大学学报，，，28（3）：71-74.

王丽，周诚，麦惠珍，2003.白花蛇舌草及水线草挥发性成分分析[J].中药材，26（8）：563-564.

王苗，刘爱玲，李心悦，等，2014.蛇莓挥发油化学成分的气相色谱—质谱联用法分析[J].时珍国医国药，25（7）：1553-1554.

王明林，乔鲁芹，张莉，等，2006.固相微萃取—气相色谱/质谱测定植物叶片中的挥发性物质[J].色谱，24（4）：343-346.

王乃馨，王卫东，李超，等，2010.杜衡挥发油的超声辅助提取及其GC/MS分析[J].粮油加工，（8）：9-12.

王如刚，薛才宝，韦梦鑫，等，2013.火棘果挥发油的GC-MS分析及抗氧化活性[J].食品工业科技，34（07）：95-97.

王锐，陈耀祖，1992.松潘乌头和展毛多根乌头挥发油的GC/MS分析[J].高等学校化学学报，13（8）：1087-1089.

王升匀，罗亚男，姜艳萍，2010.八月瓜挥发性成分GC-MS分析[J].安徽农业科学，38（36）：20608，20618.

王淑敏，刘春明，邢俊鹏，等，2006.玫瑰花中挥发油成分的超临界萃取及质谱分析[J].质谱学报，27（1）：45-49.

王天华，李玫，1994.多花蔷薇花挥发油化学成分的GC/MS分析[J].北京林业大学学报，16（4）：128-131.

王祥培，黄婕，靳凤云，等，2008.柱果铁线莲挥发油化学成分分析[J].安徽农业科学，36（25）：10936-10937.

王祥培，许乔，许士娜，等，2011.山木通挥发油成分的气相色谱—质谱联用分析[J].时珍国医国药，22（3）：630-631.

王晓林，王建刚，钟方丽，等，2013.刺玫果挥发性成分的顶空固相微萃取—气质联用分析[J].食品科学，34（06）：223-226.

王晓霞，魏杰，刘劲芸，等，2011.云南食用玫瑰精油化学成分的GC/MS分析及其应用研究[J].云南大学学报（自然科学版），33（S2）：414-417.

王小明，蒋海强，吕青涛，等，2013.顶空静态进样GC-MS分析委陵菜中挥发性成分[J].广东药学院学报，29（2）：147-150.

王义潮，巩江，高昂，等，2011.枇杷叶挥发油气相色谱—质谱研究[J].，安徽农业科学，39（5）：2637-2638.

王玉敏，张宏桂，张甲生，1994.狗枣称猴桃茎挥发油的GC-MS分析[J].白求恩医科大学学报，2（4）：358-359.

汪洪武，刘艳清，鲁湘鄂，等，2007.不同方法提取含笑茎、叶和花挥发油化学成分的GC-MS分析[J].精细化工，24（5）：477-479，503.

卫强，李前荣，尹浩，等，2015.超临界CO_2萃取法与水蒸气蒸馏法提取垂丝海棠叶挥发油成分及其抗氧化活性的比较[J].中成药，37（11）：2550-2554.

卫强，桂文虎，2016.红枫叶、茎、果挥发油成分及抗病毒活性研究[J].云南大学学报（自然科学版），38（2）：282-290.

1183

卫强，徐飞，2016.栀子叶、茎挥发油成分及其抑制豆腐致腐细菌作用研究[J].食品与发酵工业，42（6）：123-130.

卫强，纪小影，2016.红叶李的叶、茎挥发油成分GC-MS分析及体外抗菌、抗病毒活性研究[J].中药新药与临床药理，27（2）：263-268.

卫强，彭喜悦，2016.碧桃花、叶、茎、果实挥发油成分及抗油脂氧化、抑菌作用[J].应用化学，33（8）：945-950.

卫世安，贾彦龙，1992.连翘果皮和种子挥发油化学成分的分析研究[J].药物分析杂志，12（6）：329-332.

卫亚丽，汤洪敏，2014.陕西茜草挥发油及脂肪酸的成分[J].贵州农业科学，42（6）：44-47.

蔚慧，杨林华，赵芳，等，2012.6种李子果实香气成分的分析研究[J].安徽农业科学，40（27）：13601-13604.

韦熹苑，郭锦明，丁扬洲，等，2010.湖南道县产凹叶厚朴发汗前后挥发油成分及含量变化的研究[J].湖南中医药大学学报，30（9）：117-120.

魏希颖，徐慧娴，杨小军，等，2010.连翘种子油GC-MS分析及抗氧化活性研究[J].陕西师范大学学报（自然科学版），38（1）：70-74.

义飞龙，张璐璐，刘智慧，等，2013.日本晚樱花挥发油化学成分GC-MS分析及其抗氧化活性分析[J].食品科学，34（20）：190-193.

温鸣章，伍岳宗，陈佩卿，等，1992.茂县玫瑰精油加工方法对化学成分含量的影响[J].资源开发与保护，8（2）：127-129.

温鸣章，肖顺昌，伍岳宗，等，1990.玫瑰新品种—蜀玫精油化学成分的研究[J].天然产物与研究开发，2（2）：61-68.

吴丹，罗世琼，杨占南，等，2015.银桂花不同组织器官的挥发性化学成分[J].贵州农业科学，43（1）：120-122.

吴新安，秦峰，都模勤，2011.短瓣金莲花挥发油成分的气相色谱-质谱联用分析[J].解放军药学学报，27（6）：519-520.

吴雪平，李明，2005.天葵块根挥发油化学成分的研究[J].安徽农业科学，33（10）：1864，1866.

吴瑛，赵小亮，2007.杜梨果实挥发油化学成分的GC-MS分析[J].安徽农业科学，35（19）：5659-5660.

武宏伟，赵丽元，郑宜婷，等，2012.小叶苦丁茶挥发油成分分析[J].安徽农业科学，40（12）：7097-7099.

武子敬，兰兰，2011.牡丹皮挥发油成分分析[J].通化师范学院学报，32（10）：42-43.

夏雪娟，冉春霞，李冠楠，等，2015.金桂和丹桂挥发油的超临界CO_2萃取和GC-MS分析[J].中国粮油学报，30（9）：66-71.

夏雪娟，李冠楠，罗东升，等，2017.不同提取方法对丹桂挥发油成分的影响[J].中国粮油学报，32（1）：67-73.

谢超，唐会周，谭谊谈，等，2011.采收成熟度对樱桃果实香气成分及品质的影响[J].食品科学，32（10）：295-299.

谢惜媚，陆慧宁，任三香，2003.野生新鲜鸡屎藤挥发油化学成分的GC/MS分析[J].分析试验室，22（增刊）：76-77.

谢宇蓉，2003.山茨菇挥发油化学成分气相色谱-质谱联用分析[J].时珍国医国药，14（1）：3-4.

解成喜，王强，崔晓明，2002.黑种草籽挥发油化学成分的GC-MS分析[J].新疆大学学报（自然科学版），19（2）：212-214.

辛广，张捷莉，孟河，等，2000.千山东北铁线莲花挥发油成分研究[J].鞍山师范学院学报，2（3）：68-70.

辛广，侯冬岩，肖兴达，等，2002.南果梨果皮挥发油成分的分析[J].食品科学，23（8）：227-230.

辛广，刘长江，侯冬岩，等，2004.南果梨果肉挥发性成分的分析[J].食品科学，25（10）：223-225.

辛广，刘长江，侯冬岩，2004.南果梨果心挥发性成分的分析[J].沈阳农业大学学报，35（1）：33-35.

熊江，戴好富，易元芬，等，2001.多花含笑叶的挥发油成分研究[J].天然产物研究与开发，13（5）：13-14.

徐海波，郑友兰，张崇禧，2005.气相层相-质谱分析法分析北五味子藤茎挥发油成分[J].成都中医药大学学报，28（1）：60-62.

徐汉虹，赵善欢，周俊，等，1996.八角茴香精油的杀虫活性与化学成分研究[J].植物保护学报，23（4）：338-342.

徐涛，杨永建，万德光，2005.秦岭铁线莲挥发油类成分研究[J].兰州大学学报（医学版），31（3）：11-12.

徐涛，杨永键，万德光，2005.峨眉山野生威灵仙挥发油类成分分析[J].中华实用中西医杂志，18（7）：1046-4047.

徐婉，石俊，蔡明，等，2014.尾叶紫薇与紫薇杂交后代花香气成分分析[J].西北植物学报，34（2）：387-394.

徐婉，蔡明，潘会堂，等，2017.紫薇'香雪云'香气成分时空动态变化研究[J].北京林业大学学报，39（6）：85-95.

徐文斌，王贤荣，江淑萍，等，2010.两个丹桂品种挥发性成分分析[J].广西林业科学，39（1）：33-36.

徐小娜，蒋军辉，谢志鹏，等，2016.气相色谱-质谱联用技术结合直观推导式演进特征投影法分析药对栀子-连翘及其单味药的挥发油成分[J].中国卫生检验杂志，26（13）：1843-1846.

徐艳，丰震，赵兰勇，等，2012.玫瑰叶片和鲜花芳香成分的测定[J].北方园艺，（09）：26-31.

徐植灵，潘炯光，朱启聪，等，1986.中国细辛属植物挥发油的气相色谱-质谱分析（第三报）[J].中药通报，11（1）：46-49.

徐植灵，潘炯光，赵中振，1989.辛夷挥发油的研究[J].中国中药杂志，14（5）：38-40.

许柏球，栾崇林，刘莉萍，等，2014.顶空固相微萃取-气相色谱-质谱法分析玉兰花的挥发性成分[J].香料香精化妆品，（3）：1-7.

薛敦渊，陈宁，李兆琳，等，1989.苦水玫瑰鲜花香气成分研究[J].植物学报，31（4）：289-295.

薛敦渊，李兆琳，陈耀祖，1991. 多花蔷薇花净油化学成分研究[J]. 高等学校化学学报，12（8）：1072-1074.

薛晓丽，张心慧，孙鹏，等，2016. 六种长白山药用植物挥发油成分GC-MS分析[J]. 中药材，39（5）：1062-1066.

宣景宏，孟宪军，辛广，等，2006. 树莓果皮及果肉挥发性成分分析研究初报[J]. 北方果树，（1）：8-9.

阎振立，张顺妮，张全军，等，2005. 华冠果实芳香物质成分的GC/MS分析[J]. 果树学报，22（3）：198-201.

闫争亮，马惠芬，李勇杰，等，2012. 橄榄园不同树叶挥发性物质对陈齿爪鳃金龟选择行为的影响[J]. 西南大学学报（自然科学版），34（2）：45-52.

颜廷才，邵丹，李江阔，等，2015. 基于电子鼻和GC-MS评价不同品种葡萄采后品质和挥发性物质的变化[J]. 现代食品科技，31（11）：290-297，270.

晏慧君，王娟，陈敏，等，2017. 月月粉（Rosa chinensis 'Pallida'）、大马士革蔷薇（R. damascene）、百叶蔷薇（R. centifolia）香气成分分析[J]. 云南农业大学学报（自然科学），32（1）：78-82.

杨波华，马英姿，杨蕾，等，2011. 含笑花精油的抑菌活性及其化学成分分析[J]. 湖南农业大学学报（自然科学版），37（3）：337-341.

杨长花，李华，王西芳，2017. 微波法与超声波法比较研究铁棒锤的挥发油[J]. 西北药学杂志，32（2）：142-146.

杨春澍，张家俊，潘炯光，等，1986. 中国细辛属植物挥发油的气相色谱-质谱分析（第四报）[J]. 中药通报，11（7）：39-43.

杨春澍，刘春生，王福成，1990. 中国八角属植物挥发油的气相色谱-质谱分析[J]. 中国药学杂志，25（10）：583-585.

杨春澍，刘慧，伍学钢，1992. 中国八角属植物果实挥发油的气相色谱-质谱分析[J]. 中国药学杂志，27（4）：206-209.

杨大峰，闫汝南，杨春澍，1997. 五个不同来源细辛挥发油气相色谱-质谱分析[J]. 中国中药杂志，22（7）：426-429.

杨丹，曾凯芳，2012. 1-MCP处理对冷藏'红阳'猕猴桃果实香气成分的影响[J]. 食品科学，33（08）：323-329.

杨广民，周天达，1986. 湖南细辛属（Asarum L.）植物资源及利用研究—湘细辛挥发油含量测定及成份分析[J]. 湖南中医杂志，（4）：40-42.

杨虹，赵晨曦，方洪壮，等，2007. 紫丁香挥发油的化学成分研究[J]. 中草药，38（11）：1613-1619.

杨华，李龚，陈炳旭，2011. 榆叶梅精油的提取及成分分析[J]. 广东农业科学，（15）：87-88.

杨健，徐植灵，潘炯光，等，1998. 辛夷挥发油的成分分析[J]. 中国中药杂志，23（5）：295-298.

杨锦竹，刘银燕，王广树，等，2009. 蚊子草叶挥发油成分GC-MS分析[J]. 特产研究，（3）：62-64.

杨静，魏彩霞，边军昌，2006. 女贞花挥发油化学成分的研究[J]. 中草药，37（5）：679，752.

杨婧，张博，辛广，等，2012. 果胶酶处理软枣猕猴桃挥发性成分的研究[J]. 食品研究与开发，33（11）：6-9.

杨克迪，葛利，曾东强，等，2009. 山石榴果实挥发油的化学成分分析[J]. 广西植物，29（3）：424-426.

杨美林，仲崇林，朱惠京，等，1997. 东北铁线莲果的挥发油化学成分研究[J]. 中草药，28（4）：204.

杨敏，周围，魏玉梅，2008. 桃品种间香气成分的固相微萃取-气质联用分析[J]. 食品科学，29（05）：389-392.

杨明非，赵秋雁，刘广平，2006. 软枣猕猴桃挥发物质的提取及GC-MS分析[J]. 植物研究，26（1）：127-129.

杨迺嘉，刘文炜，霍昕，等，2008. 绣线菊挥发性成分研究[J]. 天然产物研究与开发，20：852-854.

杨秦，李杭橙，肖洪，等，2017. 云南滇红玫瑰与墨红玫瑰香气成分比较与分析[J]. 食品研究与开发，38（8）：153 157.

杨琼梁，欧阳婷，杨仁义，等，2016. 市售不同产地辛夷中挥发油成分分析及木兰脂素的含量测定[J]. 湖南中医药大学学报，36（10）：39-44.

杨守晖，曹奇龙，张艳平，等，2009. 光叶拟单性木兰挥发油的化学成分及其生物活性的初步研究[J]. 福建林业科技，36（1）：38-42.

杨文胜，孙丽华，张德志，等，1992. 白玫瑰挥发油化学成分的研究[J]. 吉林林学院学报，8（2）：7-11.

杨晰，杨继涛，赵琦，2012. 蕨麻挥发性物质的提取与分析[J]. 甘肃科技，28（15）：156-158.

杨潇，罗静，张广峰，等，2016. 超临界CO_2萃取所得细齿樱桃籽油和挥发油的抗氧化活性和成分分析[J]. 食品与发酵工业，42（3）：207-211.

杨新周，2016. 气相色谱-质谱法测定云南食用玫瑰花中挥发性成分[J]. 云南化工，43（1）：46-52.

杨艳，高渐飞，2018. 冷饭团不同部位挥发性成分及抗氧化活性分析[J/OL]. 广西植物，38（07）：943-952[2020-07-08]. http://kns.cnki.net/kcms/detail/45.1134.Q.20180111.1148.012.html

杨占南，罗世琼，余正文，等，2012. 凹叶厚朴不同组织器官挥发性物质比较分析[J]. 中国实验方剂学杂志，18（17）：115-119.

杨占南，林俊清，余正文，等，2012. 厚朴种子挥发性物质的评价[J]. 种子，31（4）：80-82.

杨宗辉，李丽莹，尹建元，等，2000. 软枣猕猴桃根挥发油成分分析[J]. 黑龙江医药，13（3）：137-138.

姚慧娟，姚慧敏，王帅，等，2014. 长白山区野生北五味子藤皮挥发油成分分析[J]. 中国医药导报，11（10）：79-82.

姚惠平，贺云彪，2015.气相色谱/质谱和多维分辨法分析仙鹤草挥发性成分[J].中南药学，13（10）：1096-1099.

叶灵军，张立，张启翔，2008.现代月季品种主要香气成分的分析[J].北方园艺，（9）：93-95.

叶生梅，孙俊峰，庞宽壮，等，2017.广玉兰花精油的化学成分、抗氧化及抑菌活性分析[J].中国粮油学报，32（8）：71-76.

尹海波，陈永新，韩荣春，2009.牻牛儿苗挥发性成分GC-MS分析[J].辽宁中医杂志，36（11）：1963-1964.

尹卫平，赵天增，张占旺，等，1998.河南小叶丁香挥发油成分的研究[J].中草药，29（4）：225-226.

易浪波，彭清忠，田向荣，等，2007.光萼小蜡花精油的超临界CO_2萃取及其GC-MS分析[J].吉首大学学报（自然科学版），28（1）：98-101.

于荟，马文平，刘延平，等，2015.顶空-气相色谱-质谱法分析牡丹鲜花精油中的挥发性成分[J].食品科学，36（18）：167-171.

余峰，张彬，周武，等，2012.玫瑰精油的提取和理化性质分析[J].天然产物研究与开发，24（6）：784-789，807.

余辉攀，曹丹亮，李广雷，等，2014.凤丹牡丹花精油化学成分分析[J].现代中药研究与实践，28（5）：17-18.

余炼，滕建文，左俊，等，2008.广西百色地区不同品种芒果香气成分分析[J].现代食品科技，24（3）：276-280，284.

郁浩翔，郁建平，2012.贵州梵净山藤茶及其近缘种广东蛇葡萄挥发性成分比较[J].山地农业生物学报，31（6）：557-560.

袁家谟，陈训，先静缄，等，1990.毛叶蔷薇花的精油成分[J].云南植物研究，12（1）：463-466.

袁敏之，吴宇凌，1983.气相色谱法分析17种月季花香成份的初报[J].香料与香精，（1）：18-21，25.

袁尚仪，魏俊德，林洪，2004.宜昌细辛挥发油化学成分的GC-MS测定分析[J].中国中药杂志，29（3）：280.

苑鹏飞，姬志强，康文艺，2010.垂丝海棠花蕾和花挥发性成分研究[J].天然产物研究与开发，22（6）：1036-1039，1092.

昝立峰，叶嘉，李丹花，等，2017.黄刺玫花和果实挥发油成分分析[J].食品研究与开发，38（8）：129-133.

曾红，邓先清，黄玉珊，2015.井冈山产凹叶厚朴挥发油中化学成分分析[J].中药材，46（24）：3649-3654.

曾祥国，韩永超，向发云，等，2015.不同品种草莓果实挥发性物质的GC-MS分析[J].亚热带植物科学，44（1）：8-12.

曾祯，陈琳，2017.顶空固相微萃取气质联用分析天山翠雀花中挥发性成分[J].药学研究，36（11）：649-651.

曾祯，陈琳，2017.顶空固相微萃取气质联用分析伊犁翠雀花中挥发性成分[J].广州化学，42（6）：37-40，67.

曾志，赵富春，蒙绍金，2006.厚朴水蒸气蒸馏和超临界CO_2提取物化学成分的比较研究[J].林产化学与工业，26（3）：81-84.

张博，李书倩，辛广，等，2012.金枕榴莲果实各部位挥发性物质GC/MS分析[J].食品研究与开发，33（1）：130-134.

张春江，刘春梅，负田，等，2009.藏药榜嘎挥发油成分和抑菌活性研究[J].Journal of Chinese Pharmaceutical Sciences，18：240-244.

张翠英，俞捷，王冰，等，2004.北马兜铃果实中挥发油的GC-MS分析[J].中国天然药物，2（2）：126-128.

张大军，王兆华，张育新，等，1991.长瓣金莲花挥发油化学成分的研究[J].中草药，22（4）：172.

张丹，韦广鑫，王文，等，2016.安顺普定刺梨与无籽刺梨营养成分及香气物质比较研究[J].食品工业科技，37（12）：149-154，177.

张丹，韦广鑫，曾凡坤，2016.贵州不同产地无籽刺梨的基本营养成分及香气物质比较[J].食品科学，37（22）：166-172.

张峰，徐青，付绍平，等，2004.杜衡挥发油的化学成分研究[J].中草药，35（11）：1215-1217.

张凤娟，武晓颖，王骏，等，2005.复叶槭挥发物的超临界CO_2萃取及其TCT/GC-MS分析[J].分析测试学报，24（5）：78-81.

张凤娟，武晓颖，杨莉，等，2007.超临界CO_2萃取五角枫挥发物及其对光肩星天牛的嗅觉行为反应[J].林业科学，43（6）：146-150.

张国彬，刘利军，王明奎，等，1994.山沉香挥发油成分的研究[J].中国药学杂，29（5）：271-273.

张海丰，郗瑞云，张宏桂，等，2008.东北铁线莲根与茎叶化学成分的GC-MS比较分析[J].中医研究，21（3）：22-24.

张海松，岳宣峰，张志琪，2006.猫爪草挥发油的提取及其化学成分的GC-MS分析[J].中国中药杂志，31（7）：609-611.

张海云，吕传润，孟宪水，等，2009.新品种丰花玫瑰与紫枝玫瑰出油率及成分的探讨[J].香料香精化妆品，（2）：11-16.

张詠，姜力，姜永新，等，2017.白花木瓜果实香气成分GC-MS分析[J].中国南方果树，46（4）：117-120.

张继，刘阿萍，姚健，等，2003.榴莲果皮挥发性化学成分的分析[J].食品科学，24（6）：128-131.

张佳，姜鑫，王瑞琦，等，2017.HS-SPME结合GC-MS分析着色香葡萄中挥发性香气成分[J].食品工业，38（10）：133-136.

张建业，唐思丽，张亚洲，等，2015.广东3个地区的木棉花挥发油GC-MS分析[J].中药材，38（1）：108-111.

张捷莉，闫磊，李铁纯，等，2005.葡萄籽中挥发性成分的气相色谱-质谱分析[J].质谱学报，26（2）：99-100.

张静，周小婷，胡立盼，等，2013.SPME-GC-MS测定不同品种牡丹花挥发性物质成分分析[J].西北林学院学报，28（4）：136-143.

张军，刘建福，范勇，等，2016.顶空固相微萃取-气相色谱-质谱联用分析库尔勒香梨花序香气成分[J].食品科学，37（02）：115-120.

张俊巍，丁先露，张连富，1994. 小花八角叶精油化学成分的研究[J]. 中药材，17（12）：27-28.

张俊巍，张连富，丁先露，1996. 大八角叶精油化学成分的研究[J]. 贵阳中医学院学报，18（2）：61-62.

张俊巍，张连富，张水国，1988. 红花八角精油化学成分的研究[J]. 贵阳中医学院学报，（4）：57-59

张兰胜，董光平，刘光明，2010. 密蒙花挥发油化学成分的研究[J]. 安徽农业科学，38（9）：4585-4586.

张良菊，徐慧慧，徐志红，等，2017. 对节白蜡树叶中挥发性成分提取、GC-MS分析及杀菌活性研究[J]. 河南农业科学，46（6）：80-83.

张娜，赵恒，阎瑞香，2015. 不同草莓香气成分贮藏过程中变化的研究[J]. 食品科技，40（12）：286-290.

张巧，顾欣哲，吴永进，等，2016. 枇杷果皮热风干燥前后功能性成分含量变化与挥发性成分分析[J]. 食品科学，37（16）：117-122.

张荣祥，赵德刚，2011. 黔产乌头挥发性化学成分的GC-MS分析[J]. 贵州农业科学，39（12）：55-58.

张睿，魏安智，杨途熙，等，2003. 3种不同香型玫瑰精油特性的研究[J]. 西北植物学报，23（10）：1768-1771.

张睿，魏安智，杨途熙，等，2003. 秦渭玫瑰精油研究[J]. 西北植物学报，23（11）：1991-1993.

张文，倪穗，2018. 固相微萃取-气相色谱-质谱联用法分析6个食用玫瑰品种的芳香成分[J]. 食品工业科技，39（02）：261-266.

张文，华佳甜，褚宁宁，等，2018. 基于固相微萃取和气相色谱—质谱法的玫瑰'滇红'不同花期芳香成分的分析[J]. 中国野生植物资源，37（2）：26-32，39.

张文环，钱瀚，宋亚洁，等，2017. 蒙古绣线菊六个化合物及其挥发油化学成分和清除DPPH自由基活性、抗菌活性的测定分析[J]. 现代食品科技，33（10）：89-95.

张文静，郑福平，孙宝国，等，2008. 同时蒸馏萃取/气-质联用分析紫丁香花精油[J]. 食品科学，29（9）：523-525.

张雯，张红梅，宋龙，2011. 粗齿铁线莲挥发油化学成分分析[J]. 医学信息，（3）：1211-1212.

张序，李延菊，孙庆田，等，2014. 不同品种甜樱桃果实芳香成分的GC-MS分析[J]. 果树学报，31（增刊）：134-138.

张绪成，赵秉义，杨文峰，1993. 天女木兰精油的化学成份及应用[J]. 吉林林业科技，（2）：13-15.

张雁冰，王桂红，李玲，等，2004. 植物马桑中挥发油成分的GC-MS分析[J]. 郑州大学学报（理学版），36（3）：73-75.

张怡莎，周欣，陈华国，等，2008. 不同方法提取的蓝布正挥发油的化学成分研究[J]. 药物分析杂志，28（2）：263-266.

张银华，熊秀芳，徐盈，1999. 湖北栀子花挥发油的GC/MS分析[J]. 武汉植物学研究，17（1）：61-63.

张映华，李冲，高燕，等，2005. 甘肃醉鱼草低极性成分分析[J]. 兰州大学学报（医学版），31（3）：1-4.

张永欣，杨立新，王宏洁，等，2011. 不同颜色玉兰花瓣挥发油化学成分的GC-MS分析[J]. 中国实验方剂学杂志，17（22）：57-59.

张友胜，杨伟丽，熊浩平，2001. 显齿蛇葡萄挥发油化学成分分析[J]. 湖南农业大学学报（自然科学版），27（2）：100-101.

张玉凤，陆群，1997. 几种阔叶树枝叶精油的提取及化学成分分析[J]. 内蒙古林业科技，（3）：37-39，48.

张正居，浦帆，史岩，等，1991. 一种快速提取香成分的微量方法-能量程序微波加热吹气吸附法[J]. 香料香精化妆品，（4）：34-37.

张忠，马朝玲，丁若珺，等，2017. 乙烯利处理对采后软儿梨果实不同时间点香气成分的影响[J]. 食品科学，38：1-14.

赵德修，王华亭，吴承顺，等，1988. 暴马丁香花净油的主要成分研究[J]. 植物学报，30（1）：109-112.

赵东方，赵东欣，2017. 朱砂玉兰及其变种辛夷挥发油的化学成分比较分析[J]. 化学研究，28（3）：359-363.

赵东欣，卢奎，2010. 两产地伊丽莎白玉兰的辛夷挥发油化学成分[J]. 信阳师范学院学报（自然科学版），23（1）：72-74.

赵辉，姜芳婷，杨玉霞，等，2004. 绵毛马兜铃挥发油化学成分的GC/MS分析[J]. 河南大学学报（自然科学版），34（3）：44-46.

赵庆柱，杨志莹，邱玉宾，等，2015. 5种欧丁香鲜花香气成分的比较研究[J]. 中国农学通报，31（7）：131-137.

赵秋雁，2003. 稠李（Prunus padus Linn.）挥发油化学组成分析[J]. 植物研究，23（1）：91-93.

赵武，赵芸玉，李建霞，等，2015. 玉兰肉质外种皮挥发性成分与功能的初步研究[J]. 西北植物学报，35（6）：1254-1261.

赵秀英，张振杰，张宏利，等，1994. 黄蔷薇花精油化学成分的研究[J]. 西北植物西北，14（5）：254-256.

赵燕强，王伟，杨立新，等，2017. 3种铁线莲挥发性成分的GC-MS分析[J]. 云南中医学院学报，40（5）：85-91.

赵彦贵，张慧娟，2018. 迎春花花蕾挥发性成分分析[J]. 化学与生物工程，35（3）：66-68.

赵印泉，周斯建，彭培好，等，2011. 不同类型梅花品种及近缘种山桃挥发性成分分析[J]. 安徽农业科学，39（26）：16164-16165.

赵印泉，周斯建，彭培好，等，2011. 三轮玉蝶梅花朵挥发性成分的分析[J]. 广西植物，31（4）：554-558.

赵英永，戴云，崔秀明，等，2007. 草乌中挥发油化学成分的研究[J]. 中成药，29（4）：588-590.

甄汉深，葛静，梁洁，等，2008. 美味猕猴桃根挥发油的GC-MS分析[J]. 中药材，31（5）：677-678.

郑怀舟，汪滢，黄儒珠，2011. 含笑叶、花挥发油成分的GC-MS分析[J]. 福建林业科技，38（1）：53-56，71.

郑青荷，姜萍，周晓兰，2011.香叶天竺葵鲜叶挥发油的镇咳活性成分分析[J].生物质化学工程，45（1）：37-40.

郑伟颖，俞志刚，陈延辉，等，2016.HS-SPME/GC-MS 法分析5个不同品种芍药花挥发性成分[J].化学研究与应用，28（3）：355-359.

钟宏波，陈青，韦黄山，2012.固相微萃取-气质联用法对红子种子挥发性组分的测定[J].湖北农业科学，51（16）：3594-3596.

钟可，刘芃，2008.黔产苗药鸡矢藤和贵州鸡矢藤挥发油化学成分的研究[J].中国民族医药杂志，（8）：34-36.

钟凌云，龚千锋，祝婧，等，2010.气-质联用分析比较麻黄及其炮制品中挥发性成分[J].Journal of Chinese Pharmaceutical Sciences，19：67-73.

钟瑞敏，曾庆孝，张振明，等，2006.气质联用结合保留指数对比在五种木兰科芳香精油成分鉴定中的应用[J].分析测试学报，25（5）：16-20.

钟瑞敏，张振明，曾庆孝，等，2005.金叶含笑中芳香精油成分的气相色谱-质谱分析[J].植物生理学通讯，41（4）：505-508.

钟瑞敏，张振明，肖仔君，等，2006.华南五种木兰科植物精油成分和抗氧化活性[J].云南植物研究，28（2）：208-214.

钟莹，张翠仙，林朝展，等，2012.山大颜茎、叶挥发油的化学成分研究[J].时珍国医国药，23（1）：144-145.

周葆华，2008.清香木叶与黄连木叶挥发油化学成分的对比，安庆师范学院学报（自然科学版），14（2）：60-62.

周波，许小燕，杜夏玮，2011.黄兰叶挥发油化学成分研究[J].中国现代中药，13（3）：29-31.

周剑，李祥，武露凌，2008.四物汤组方前后脂溶性化学成分的GC/MS分析[J].现代中药研究与实践，22（3）：35-38.

周玲，范欣生，唐于平，等，2008.气相色谱-质谱联用分析三拗汤加味及其组方药材挥发性成分[J].中国医科大学学报，39（6）：515-518.

周玫，陈青，罗江鸿，等，2012.顶空固相微萃取-气质联用分析金樱子种子的挥发性成分[J].江苏农业科学，40（10）：284-285.

周铁生，杨庆宽，张正居，等，1995.云南山草果精油化学成分及香气的研究[J].香精香料化妆品，（3）：13-17.

周围，魏玉梅，杨敏，等，2008.甘肃主栽杏果实品种间香气成分的固相微萃取-气质联用分析[J].分析试验室，27（8）：40-44.

周欣，赵超，杨付梅，等，2002.贵州苦丁茶挥发油化学成分的研究[J].中草药，33（3）：214-215.

周意，卢金清，孟佳敏，等，2018.白蔹生品及其炮炙品挥发性成分对比研究[J].中国现代中药，20（4）：469-472.

周玉，任孝敏，吴雨真，等，2011.超临界CO_2流体萃取石楠叶挥发油化学成分的研究[J].农产品加工·学刊，（6）：71-73.

朱翠英，付喜玲，李玲，等，2015.2个设施油桃新品种糖酸组分及香气成分研究[J].山东农业大学学报（自然科学版），46（5）：641-647.

朱翠英，刘利，付喜玲，等，2015.设施无土栽培条件下草莓芳香物质和营养品质的研究[J].天津农业科学，21（12）：1-7.

朱俊洁，孟祥颖，乌垠，等，2005.稠李果、茎、叶、皮及树干挥发油化学成分的分析[J].分析化学，33（11）：1615-1618.

朱亮锋，陆碧瑶，罗友娇，1984.茉莉花头香化学成分的初步研究[J].植物学报，26（2）：189-194.

朱亮锋，刘琳，李宝灵，等，1994.用不同方法收集端红玉兰（Magnolia rufidula Law et Zhou）鲜花香气的研究[J].分析测试技术与仪器，（1）：40-47.

朱亮锋，陆碧瑶，李宝灵，等，1993.芳香植物及其化学成分[M].海口：海南出版社.

朱小勇，邵敏敏，张宏建，等，2011.夜合花挥发油化学成分的GC-MS分析[J].中国实验方剂学杂志，17（8）：125-127.

朱艳华，石玉坤，付起超，等，2013.火棘叶挥发油化学成分的GC-MS分析[J].化学研究与应用，25（9）：1279-1282.

朱艳玲，赵雷，陈宣钦，等，2017.安宁滇红和紫枝玫瑰精油的出油率和香气成分分析[J].食品工业科技，38（04）：299-304.

朱玉，文飞龙，齐应才，等，2014.小叶女贞果实挥发油的GC-MS分析及其抗氧化活性[J].天然产物研究与开发，26（4）：553-557.

朱玉梅，李蒙禹，王世清，2013.黔产华中五味子藤茎挥发性成分的GC-MS分析[J].微量元素与健康研究，30（6）：31-32.

朱岳麟，王文广，熊常健，2009.玫瑰香精油化学成分分析[J].北京工业大学学报，35（9）：1253-1257

祝美莉，丁德生，黄祖萱，等，1985.桂花不同变种的头香成分研究[J].植物学报，27（4）：412-418.

庄晓虹，刘声远，马岩松，等，2007.南果梨芳香成分分析研究[J].保鲜与加工，（4）：19-21.

纵伟，赵光远，张文叶，等，2006.水晶梨中香气成分的GC-MS分析[J].食品研究与开发，27（10）：105-106.

左定财，范会，刘婉颐，等，2017.基于固相微萃取-气质联用分析贵州黄连的挥发性成分[J].贵州农业科学，45（3）：101-103.